市政基础设施工程施工技术资料系列丛书

市政基础设施工程施工技术交底记录

主编单位　北京土木建筑学会

北　京
冶金工业出版社
2016

内 容 提 要

本书共分6章，分别对道路工程中的路基、基层、面层以及挡墙及附属物编写技术交底。对桥梁工程中的通用技术、下部结构、桥跨承重结构、桥面系及附属结构编写技术交底。管道工程中的给水管道、排水管道、燃气管道编写技术交底。以及对城市地下交通工程、垃圾填埋工程、市政测量工程分别进行技术交底的编制。

本书内容广泛、插图精致，是施工管理人员和施工技术人员必备的工具书，也可作为培训教材和参考书。

图书在版编目(CIP)数据

市政基础设施工程施工技术交底记录 / 北京土木建筑学会编 . — 北京 ：冶金工业出版社，2016.1

(市政基础设施工程施工技术资料系列丛书)

ISBN 978-7-5024-7155-2

Ⅰ. ①市…　Ⅱ. ①北…　Ⅲ. ①基础设施－市政工程－工程施工－安全技术　Ⅳ. ①TU99

中国版本图书馆 CIP 数据核字（2016）第 010608 号

出 版 人　谭学余

地　　址　北京市东城区嵩祝院北巷 39 号　邮编　100009　电话　(010)64027926

网　　址　www. cnmip. com. cn　电子信箱　yjcbs@cnmip. com. cn

责任编辑　肖　放　美术编辑　李达宁　版式设计　付海燕

责任校对　齐丽香　责任印制　牛晓波

ISBN 978-7-5024-7155-2

冶金工业出版社出版发行；各地新华书店经销；三河市双峰印刷装订有限公司印刷

2016 年 1 月第 1 版，2016 年 1 月第 1 次印刷

787mm×1092mm　1/16；29 印张；778 千字；455 页

69.00 元

冶金工业出版社　投稿电话　(010)64027932　投稿信箱　tougao@cnmip. com. cn

冶金工业出版社营销中心　电话　(010)64044283　传真　(010)64027893

冶金书店　地址　北京市东四西大街 46 号(100010)　电话　(010)65289081(兼传真)

冶金工业出版社天猫旗舰店　yjgycbs. tmall. com

市政基础设施工程施工技术交底记录
编 委 会 名 单

前　言

市政工程作为城市的基础设施，有着重要的社会功能，不仅关系到市民的衣、食、住、行，还影响到城市政治、经济、文化环境的建设。而技术交底是施工企业极为重要的一项技术管理工作，其目的是使参与建筑工程施工的技术人员与工人熟悉和了解所承担的工程项目的特点、设计意图、技术要求、施工工艺及应注意的问题。随着市政基础设施工程项目建设和投资规模逐年扩大，为了加强工程资料的规范化管理、提高工程技术水平和管理水平，我们组织编写了这本《市政基础设施工程施工技术交底记录》。

在编写过程中我们按照“结合实际、强化管理、过程控制、合理分类”的指导原则，依据国家现行相关的法律、法规、规范、规程，并参考了相关地方标准等文件，征求了相关单位和专家的意见，结合市政基础设施工程专业特点，并考虑到市政基础设施建设工程管理的发展趋势进行编写，力求理论与实际相结合，注重施工实践经验的总结，并将新规范的内容融会贯通，做到通俗易懂，体现知识性、权威性、前瞻性、适用性和可操作性。

本书共分为6章：第1章　道路工程、第2章　桥梁工程、第3章　管道工程、第4章　城市地下交通工程、第5章　垃圾填埋工程、第6章　市政测量工程。

本书在编写过程中，得到了有关单位、专家的大力支持，同时受到各位同仁的热切关注，在此表示衷心感谢！

由于编者水平所限，错漏之处在所难免，或因编者编著的角度不同，书中尚有许多不足及可商榷之处，恳请各位读者批评指正，并期待着各位读者、专家提出宝贵意见，以便本书的修订与完善。

编　者

2016年1月

目　录

第1章

道路工程

1.1 路 基

1.1.1 路基土石方

1.1.1.1 适用范围

适用于新建和改建城镇道路路基土石方施工，其他道路路基施工可参照执行。

1.1.1.2 施工准备

1. 技术准备

(1) 认真审核图纸及设计说明书。

(2) 施工组织设计已经审定批复，并做好施工技术及安全交底。

(3) 路基施工前应详细检查、核对纵横断面图，发现问题进行复测。若设计单位未提供断面图，应全部补测。

(4) 根据恢复的路线中桩、设计图表、施工工艺和有关规定测设路基用地界桩和路堤坡脚、路堑堑顶、边沟、取土坑、护坡道、弃土堆等具体位置桩。

(5) 路基材料各项试验合格。

(6) 试验路段

1) 开工之前，应选择试验路段进行填筑压实试验，以确定土方工程的正确压实方法、为达到规定的压实度所需要的压实设备的类型及其组合工序、各类压实设备在最佳组合下的各自压实遍数以及能被有效压实的压实层厚度等，从中选出路基施工的最佳方案以指导全线施工。

2) 在开工前至少28d完成试验路段的压实试验，并以书面形式向监理工程师按试验情况提出拟在路堤填料分层平行摊铺和压实所用的设备类型及数量清单，所用设备的组合及压实遍数、压实厚度、松铺系数，供监理工程师审批。

3) 试验段的位置由监理工程师现场选定，长度为不小于200m的全幅路基为宜。采用监理批准的压实设备、筑路材料进行试验。压实试验进行到达到规定的压实度所必须的施工程序为止，并记录压实设备的类型和工序及碾压遍数。对同类材料以此作为现场控制的依据。

4) 不同的筑路材料应单独做试验段。

2. 材料要求

高速公路路基施工的主要材料为土、石方、土石混合料。淤泥、沼泽土、冻土、有机土以及含草皮、树根、垃圾和腐朽物质的土不得用于路基施工中。填方材料最小强度和最大粒径应符合表1—1的规定。

表1—1 路基填料强度(CBR)的最小值

填方类型	路床顶面以下深度(cm)	最小强度(%)	
		城市快速路、主干路	其他等级道路
路床	0～30	8.0	6.0
路基	30～80	5.0	4.0
路基	80～150	4.0	3.0
路基	＞150	3.0	2.0

3. 机具设备

(1) 土方工程机械:推土机、铲运机、平地机、挖掘机、装载机。

(2) 运输机械:自卸卡车。

(3) 压实机械:压路机、强夯机、内燃夯锤、蛙式打夯机、振动平板夯。

(4) 含水量调节机械:旋耕犁、圆盘耙、洒水车、五铧犁。

(5) 测量和检验实验设备:全站仪或经纬仪、水准仪、灌砂筒、环刀、平整度检测仪、弯沉检测仪等。

(6) 应根据工程量、施工进度计划、施工条件及筑路材料合理选择施工机械。如土方、灰土施工中应增加旋耕犁和圆盘耙,压路机可以为羊足碾配合光轮压路机;在石方路基施工中应选择光轮振动压路机。自卸卡车数量应根据取土场远近来确定。如取土场与施工作业面距离在100m～1000m范围,运输路线不需经过正式道路,可以使用铲运机进行运输。

(7) 施工机械的机械性能和动力性能必须能满足施工需要。

4. 作业条件

(1) 每层土石方施工应在前一层施工的路基施工完毕,经检测各项指标达到规范要求,并经监理工程师同意转序后再进行。

(2) 施工前已对路基基底进行处理,或已将前一层施工的路基表面清理干净。

1.1.1.3 施工工艺

1. 工艺流程

(1) 填土路基

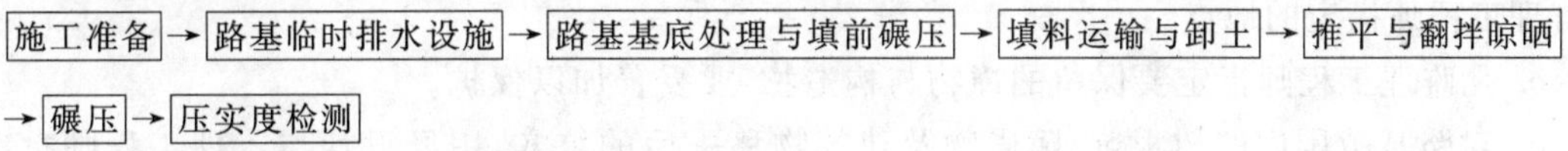

施工准备 → 路基临时排水设施 → 路基基底处理与填前碾压 → 填料运输与卸土 → 推平与翻拌晾晒 → 碾压 → 压实度检测

(2) 石方路基:参照“1.1.2 填石路基”相应内容。

(3) 土石混合路基:同本条1款“填土路基”。

(4) 挖方路基

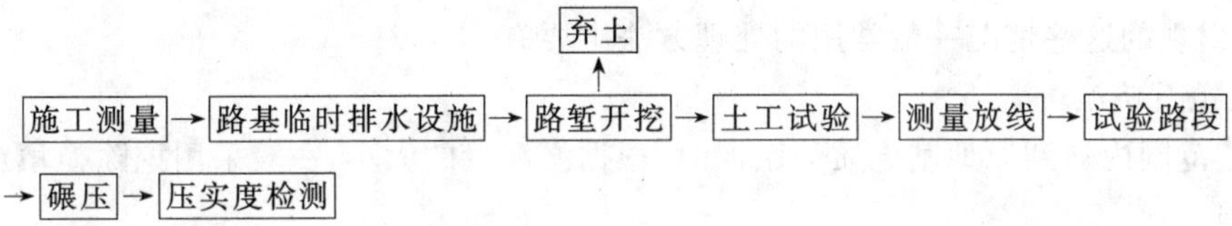

施工测量 → 路基临时排水设施 → 路堑开挖(→ 弃土) → 土工试验 → 测量放线 → 试验路段 → 碾压 → 压实度检测

2. 操作工艺

(1) 填土路基施工

1) 施工准备

① 中心试验室按照设计文件及监理工程师的要求,对取自挖方、借土场、料场的填方材料及路基基底进行土工试验,试验内容主要有:液限、塑限、塑性指数、天然稠度或液性指数;颗粒大小分析试验;含水量试验;密度试验;相对密度试验;土的击实试验;土的强度试验(CBR值);有机质含量试验及易溶盐含量试验。

将试验结果提交监理工程师,批准后方可采用。

② 施工测量

a. 在开工之前应做好施工测量工作,内容包括导线、中线及水准点的复测,水准点的增设,横断面的检查、补测与绘制等。

b. 原有导线点不能满足施工要求时,应进行加密,保证在道路施工的全过程中,相邻导线点间能相互通视。对有碍施工的导线点，施工前可以采用交点法或其他的固定方法加以固定。

c. 导线和水准点的复测必须和相邻施工段进行闭合。

d. 计算每一桩号对应的路基宽度，放出路基边线。为了保证边坡的压实度，在每侧路基设计边线外加宽500mm作为填筑边线。中线桩随填方上传。

e. 在施工测量完成前不得进行施工。如果遇到不适用的材料，要予以挖除。在挖除之前，对不适用材料的范围先行测量，经监理工程师确认批准后方可施工，并在开挖完成后及回填之前重新测量。

2）路基临时排水设施

① 路基排水按"截、导、排"的原则进行处理，并尽可能与设计排水系统相结合，勿使路基附近积水。

② 施工时，先在征地线边缘培置400mm高的土埂，挡住外界地表水，并在土埂内侧挖临时排水沟，路基与便道内的水导入排水沟，利用临时排水沟，将水排入路基外的现状沟渠。

3）路基基底处理与填前碾压

① 场地清理

a. 在路基填筑前，将取土场和路基范围内的树木、垃圾、有机物残渣及原地面杂草等不适用材料清除，并排除地面积水。对妨碍视线、影响行车的树木、灌木丛等会同有关部门协商后在施工前进行砍伐、移植处理。

b. 路基范围内的树根要全部挖除，清除下来的垃圾、废料、树根及表土等不适用的材料堆放在监理工程师指定的地点。

c. 凡监理工程师指定要保留的撞物与构造物，要妥善加以保护。

d. 对路基范围内的树根坑、障碍物及建筑物移去后的坑穴，用经设计与监理工程师批准的材料回填至周围标高。回填分层压实，密实度不小于95％。

② 特殊地基处理：在场地清理掘除中经常碰到有局部地段地质情况和原来设计不同，出现局部地基承载力达不到设计要求，或者由于局部地段含水量过大造成地基软弹（翻浆，弹簧土地段等现象）。根据出现的这些情况一般常用的处理方法主要有：

a. 挖除换填、抛石挤淤

i. 在路基施工范围内遇到原地基土质为淤泥时，根据淤泥量的大小，一般采用挖除换填或抛石挤淤的方法处理。

ii. 当原地基的淤泥量较小时，可以直接挖除换填。将一定深度和范围内的淤泥挖除，换填符合规定要求的材料。换填时，应分层铺筑，逐层压实，使之达到规定的压实度。

iii. 当原地基的淤泥范围、深度较大时，一般采用抛石挤淤处理。抛石挤淤应按图纸或监理工程师的要求采用符合要求的片石，从路基中部向两侧对称地抛填，使泥沼或软土向两侧挤出。待抛石填出水面后，应用较小石块填塞整平，用重夯或重型振动压路机压实。直到最后两遍夯击或碾压石面下沉不超过20mm为达到要求。压实结束后在其上铺设500mm以上的碎石或砂砾作为反滤层。

b. 砂或砂砾换填

i. 在路基施工范围内遇到原地基部分位置土质湿度过大，且位于地下水最高水位以下时，宜采用排水性能好，被水浸泡仍能保持足够承载力的砂或砂砾换填。

ii. 根据设计和监理工程师的要求，在清理完的基底上分层铺筑符合要求的砂或砂砾，分层铺筑松铺厚度不得超过300mm，并逐层压实至规定的压实度。若换填位置达到路基边缘，则应宽出路基边脚不少于500mm，侧端用片石护砌。

c. 灰土换填

i. 在路基施工范围内遇到原地基部分位置含水量较大、但未受地下水影响时，宜在土中掺入生石灰拌和均匀后分层填筑压实。

ii. 施工时应按设计要求的石灰含量将灰土拌和均匀，控制含水量，如土料水分过多或不足时应晾干或洒水润湿，以达到灰土最佳含水量。掌握分层松铺厚度，按采用的压实机具现场试验来确定，一般情况下松铺厚度不大于300mm，分层压实厚度不大于200mm。

iii. 压实后的灰土应采取排水措施，3d内不得受水浸泡。灰土层铺筑完毕后，要防止日晒雨淋，及时铺筑上层。

③ 填前碾压

场地清理与拆除完成后，进行填前碾压，使基底达到规定的压实度标准。

4）填料运输与卸土

① 填料运输顺序应符合以下规定：

a. 不同性质的土应分别填筑，不得混填，每种填料层累计厚度应在500mm以上。

b. 强度较小的土应填在下层，不受潮湿、冻融影响而改变体积的优良土应填在上层。

c. 透水性较小的土填筑于路基下层时，应做成4%的双向横坡；用于填筑上层时，除干旱地区外，不应覆盖在由透水性好的土所填筑的路堤边坡上。

② 采用自卸车运土至作业面上，由专人指挥卸车，根据自卸车装土量及土的松铺厚度确定卸车间距。土堆应形成梅花形，这样可使推土机推平后松铺厚度大致相同。松铺厚度由试验段确定，最大厚度不应超过300mm。路床顶面最后一层的压实厚度不应小于80mm。

5）推平与翻拌晾晒

① 用推土机将土大致推平，松铺厚度经检测合格后，进行含水量检测。

② 若含水量过大，采用五铧犁、圆盘耙进行翻拌晾晒。

③ 填料含水量不足时，采用洒水车洒水再用拌合设备拌和均匀。

④ 当土的含水量达到最佳含水量的±2%范围内时由推土机进行初平，然后用平地机刮平。

6）碾压

① 碾压前应再次检测松铺厚度、平整度和含水量。

② 首先用压路机静压一遍，再用平地机刮一遍，然后根据试验段得到的压实工序和碾压遍数用压路机进行碾压，直至达到密实度要求。

③ 压路机的振动频率应控制在30Hz～45Hz的范围，过大的振动频率也会降低压实效果。压路机的振幅应控制在0.7mm～1.8mm，在达到试验段的碾压遍数后，应检查压实度效果。

④ 碾压时第一遍应不振动静压，然后先慢后快，由弱振至强振。压路机最大行驶速度不宜超过4km/h。碾压时直线段先压两边再压中间，小半径曲线段由内侧向外侧，纵向进退式进行。碾压时轮迹重叠0.3m，横向接头时振动压路机重叠0.4m～0.5m。应达到无漏压、无死角，确保碾压均匀。

⑤ 振动压路机碾压后的表层比较疏松，为了消除这种缺陷，振动碾压完成后应慢速静压一遍。

⑥ 填方宽度应大于路基设计宽度两侧各500mm以上，压实宽度应大于设计宽度。若填方分几个作业段施工，先填的作业段应按1∶1的坡度分层留台阶。若同时施工，应分层相互交叠衔接，搭接长度应大于2m。

⑦ 碾压完成后进行密实度检测，若合格，进行下一道工序；若不合格，重复碾压工序。

(2) 石方路基施工

参照“1.1.2 填石路基”施工。

(3) 土、石混合路基施工

土、石混合路基施工工序与填土路基基本相同,但应注意以下几个问题:

1) 天然土石混合材料中,所含石料强度大于20MPa时,石料的最大粒径不得超过压实层的2/3,超过的应清除掉;当所含石料为软质岩时(强度小于15MPa),石料最大粒径不得超过压实层厚,超过的应打碎。

2) 土石路堤应分层填筑、分层压实,每层铺填厚度应根据压实机械类型和规格通过试验段确定,不宜超过400mm。

3) 压实后渗水性差异较大的土石混合填料应分层或分段填筑,不宜纵向分辐填筑,如确需纵向分辐填筑,应将渗水性好的材料填筑路堤两侧。

4) 土石混合填料中,石料含量超过70%时,应先铺填大块石料,且大面向下,放置平稳,再铺小块石料、石渣或石屑嵌缝找平,然后碾压。当石料含量小于70%时,土石可混合铺填,但应避免硬质石块集中。

5) 路床顶面以下500mm范围内,应填筑符合路床要求的土,并分层压实,填料最大粒径不大于100mm。

(4) 挖方路基施工

1) 施工测量同填土路基施工相应内容。

2) 路基开挖前应做好截水沟,并视土质情况做好防渗工作。土方工程施工期间应修建临时排水设施。

3) 路堑开挖

① 土方开挖应自上而下进行,不得乱挖超挖,严禁掏洞取土,采用爆破施工时应经过设计审批。土方路堑开挖根据路堑整个横断面的宽度和深度,有以下开挖方式:

a. 单层横向全宽掘进法:对路堑整个宽度,沿路线纵向一端或两端向前开挖。掘进深度等于路基设计高度。通常用于短而深的路基。

b. 双层二次横向全宽掘进法:当路堑较深时,也为了扩大施工操作面,横向全宽掘进亦可分为两个或两个以上的阶梯,同时分层进行挖掘。每层都应留运土路线,并注意临时排水,及防止上下层干扰。

c. 纵向通道掘进法:沿路堑全宽以深度不大的纵向分层挖掘前进。先沿路堑纵向挖掘一通道,然后将通道两侧进行拓宽。上层通道拓宽至路堑边坡后再开挖下层通道。适用于路堑较长、较深,两端地面纵坡较小的路堑开挖。

d. 混合掘进法:对于特别深、长的路堑,可采用混合掘进法,先沿路堑挖出纵向通道,再沿横向两侧挖出若干条辅助道。可集中人力、机具,沿纵横通道同时平行作业。混合掘进要特别注意运土和临时排水的统一安排。

② 路堑路床表层下的土不宜用于路床施工时,应清除换填。

③ 挖方路基施工时一般采用机械开挖,挖至基底标高以上200mm时停止机械挖土,改用人工捡底。挖方路基施工标高,应考虑因压实后的下沉量,其值应通过试验确定。

4) 土工试验:路堑挖方施工完成后,对路基表层土进行土工试验。若通过实验段发现在0～300mm范围内进行碾压回填无法满足路床压实度要求时,应向下超挖1～2层,对底层碾压密实后,再分层回填压实。

5）碾压：采用推土机、平地机整平，根据试验段得到的数据用压路机碾压至达到压实度要求，碾压工艺和要求同填土路基施工相应内容。

3. 季节性施工

（1）路基冬期施工

1）在反复冻融地区，昼夜平均温度在－3℃以下，连续10d以上时，路基施工进入冬期施工。当昼夜平均温度上升到－3℃以上，但冻土还没完全融化时仍按照冬期施工办理。

2）冬期施工的填料禁止使用冻结填料。填筑时按横断面全宽填筑，每层松铺厚度应按正常施工减少20％～30％，最大松铺厚度不得超过300mm。当天填的土必须当天完成碾压。

3）当路堤距路床顶面1m时，碾压密实后应停止填筑，在上面铺松土保温。待冬期过后整理复压，再分层填筑至设计标高。

4）挖填方交界处，填土低于1m的路堤都不应在冬期施工。

5）路堤填筑宽度应超填500mm并压实；挖方段边坡不应开挖到位，应预留300mm厚台阶，待冬期过后修整边坡。

6）路堑挖至路床面上1m时应停止开挖，挖好临时排水沟，在表面铺松土保温，待正常施工时再挖去其余部分。

7）冬期开挖路堑应从上往下挖，严禁从下往上掏空挖土。

（2）路基雨期施工

1）雨期路基施工一般应选在丘陵和山岭地区的砂类土、碎砾土和岩石地段和路堑的弃方地段。重粘土、膨胀土及盐渍土地段不宜在雨期施工，平原地区排水困难，不宜安排雨期施工。

2）修建临时排水设施，保证雨期作业的场地不被洪水淹没并能及时排除地表水。

3）填筑路堤前应在填方坡脚外挖掘排水沟，保持场地不积水，如原地面松软，应换填。

4）选用透水性好的填筑材料作为填料，利用挖方土作填方时应随挖随填，及时压实。含水量过大无法晾干的土不得用做雨期施工填料。

5）路堤应分层填筑，每一层的表面应做成2％～4％的排水横坡。当天填筑的土层应当天完成压实。

6）雨期填筑路堤需要借土时，取土坑距离填方坡脚不宜小于3m。平原区顺路基纵向取土时，取土坑深度一般不宜大于1m。

7）雨期路堑开挖前，应在路堑边坡坡顶2m以外开挖截水沟并接通出水口。

8）雨期开挖路堑应分层开挖，每层均应设置排水纵横坡。挖方段边坡不应开挖到位，应预留300mm厚，待雨期过后修整到设计坡度。以挖做填的挖方应随挖随运随填。

9）雨期开挖路堑挖至路床设计标高500mm时应停止开挖，并在两侧挖排水沟，待雨期过后再挖到设计标高后压实。若土的强度达不到要求应超挖500mm，用粒料分层回填并按路床要求压实。

1.1.1.4 质量标准

1. 基本要求

（1）在路基用地和取土坑范围内，应清除地表植被、杂物、积水、淤泥和表土，处理坑塘，并按规范和设计要求对基底进行压实。

(2)路基填料应符合规范和设计的规定，经认真调查、试验后合理选用。

（3）填方路基须分层填筑压实，每层表面平整，路拱合适，排水良好。

（4）施工临时排水系统应与设计排水系统结合，避免冲刷边坡，勿使路基附近积水。

(5) 在设定取土区内合理取土，不得滥开滥挖。完工后应按要求对取土坑和弃土场进行修整，保持合理的几何外形。

2. 实测项目

见表1－2、表1－3。

表1－2　　土方路基实测项目

<table>
<tr><th rowspan="2">项　目</th><th rowspan="2">允许偏差</th><th colspan="4">检验频率</th><th rowspan="2">检验方法</th></tr>
<tr><th>范围(m)</th><th colspan="3">点数</th></tr>
<tr><td>路床纵断高程(mm)</td><td>－20
＋10</td><td>20</td><td colspan="3">1</td><td>用水准仪测量</td></tr>
<tr><td>路床中线偏位(mm)</td><td>≤30</td><td>100</td><td colspan="3">2</td><td>用经纬仪、钢尺量取最大值</td></tr>
<tr><td rowspan="3">路床平整度(mm)</td><td rowspan="3">≤15</td><td rowspan="3">20</td><td rowspan="3">路宽(m)</td><td><9</td><td>1</td><td rowspan="3">用3m直尺和塞尺连续量两尺，取较大值</td></tr>
<tr><td>9～15</td><td>2</td></tr>
<tr><td>>15</td><td>3</td></tr>
<tr><td>路床宽度(mm)</td><td>不小于设计值＋B</td><td>40</td><td colspan="3">1</td><td>用钢尺量</td></tr>
<tr><td rowspan="3">路床横坡</td><td rowspan="3">±0.3%且不反坡</td><td rowspan="3">20</td><td rowspan="3">路宽(m)</td><td><9</td><td>2</td><td rowspan="3">用水准仪测量</td></tr>
<tr><td>9～15</td><td>4</td></tr>
<tr><td>>15</td><td>6</td></tr>
<tr><td>边坡</td><td>不陡于设计值</td><td>20</td><td colspan="3">2</td><td>用坡度尺量，每侧1点</td></tr>
</table>

注：B为施工时必要的附加宽度。

表1－3　　石方路基实测项目

项　目	允许偏差	检验频率		检验方法
		范围(m)	点数	
路床纵断高程(mm)	＋50 －100	20	1	用水准仪测量
路床中线偏位(mm)	≤30	100	2	用经纬仪、钢尺量取最大值
路床宽(mm)	不小于设计规定＋B	40	1	用钢尺量
边坡(%)	不陡于设计规定	20	2	用坡度尺量，每侧1点

注：B为施工时必要的附加宽度。

3. 外观鉴定

(1)路基表面平整，边线直顺，曲线圆滑。

(2)路基边坡坡面平顺、稳定，不得亏坡，曲线圆滑。

(3) 取土坑、弃土堆、护坡道、碎落台的位置适当，外形整齐、美观，防止水土流失。

(4) 上边坡不得有松石。

1.1.1.5 成品保护

1. 路基施工中填土宽度应大于路基宽度500mm，压实宽度应大于路基宽度，保证施工过程中标准边坡位置外侧有多余土保护。刷边坡应安排在路基施工完成后进行，刷完边坡的部位应立即进行防护或植草施工。

2. 为防止路基被雨水浸泡和边坡被雨水冲刷，路基施工中每层的表面应做成2%～4%的排水横坡，路基边缘培土埂，路基边坡上应施工临时排水急流槽。临时急流槽每30m～50m设一道，道路低点和桥梁两侧锥坡边缘应增设。临时急流槽应随着路基施工向上延伸。

3. 土方路基在雨后没有晾干以前，应采取断路措施，禁止车辆进入。

4. 已经完工的路基不应用做施工道路，施工中的重型车辆应尽量通过施工便道行驶，防止碾压路床。

1.1.1.6 应注意的质量问题

1. 防止高填方路基下沉应采取的措施

(1) 严格按照路基填筑工艺施工，层层验收，确保路基压实度满足规范要求。

(2) 适当提高高填方段路堤的基底压实度，路床800mm以下压实度可按93%控制。

(3) 路基填筑层碾压前，必须做到表面平整，确保碾压均匀。

(4) 对于工程地质不良地段，必须会同设计人员和监理进行现场查看，指定科学合理的施工方案，施工时认真执行。

(5) 取土场的清理与掘除工作要认真，加强填料的检测，使填料符合规范要求。

(6) 重视路基排水工程施工，使水流通畅，防止浸泡路基。

2. 防止路基基底压实度达不到标准应采取的措施

(1) 路基填筑前先按规范要求彻底清除地表种植土、草皮、树根、淤泥，然后再进行基底地面压实。

(2) 基底土壤含水量高时，换填灰土或砂砾，或换填含水量接近最佳含水量的土，再分层填筑进行压实。

3. 防止路基填土压实度达不到标准应采取的措施

(1) 检测土的含水量，在接近最佳含水量时进行碾压。

(2) 优先选择级配较好的粗粒土作为路基填料。

(3) 填筑分层虚铺厚度不应超过300mm，路床顶面最后一层的最小压实度厚度不应小于80mm。

(4) 通过试验段确定压实机具和碾压遍数。

4. 防止路基弹软应采取的措施

(1) 避免用天然稠度小于1.1，液限大于40，塑性指数大于18，含水量大于最佳含水量两个百分点的土作为路基填料。

(2) 填土在压实时，含水量控制在最佳含水量的两个百分点之内。

(3) 填上层土时，对下层填土的压实度和含水量进行检查，待合格后方能填筑上层土。

1.1.1.7 环境、职业健康安全管理措施

1. 环境管理措施

(1)各种临时设施和场地，如堆料场、材料加工厂等，一般宜远离居民区(其距离不宜小于1000m)，而且应设于居民区主要风向的下风处。当无法满足时，应采取适当的防尘及消声等措施。

(2)运输粉状材料应采用袋装或其他密封方法运输,不得散装散卸。施工运输道路,宜采取防止尘土飞扬的措施。

(3) 消解块状生石灰时,应选定远离易燃物的消解加工场地。施工人员应配备劳动保护用品,并采取降尘措施。

(4)工程施工用的粉末材料,宜存放在室内。当受条件限制在露天堆存时,应采取篷布遮盖。

(5)在城镇居民居住地区施工时,由机械设备和工艺操作所产生的噪声,不得超过当地政府规定的标准,否则应采取消声措施或避开夜间施工作业。

(6)公路施工所产生的垃圾和废弃物,如清理场地的表层腐殖土、砍伐的荆棘丛林、工程剩余的废料,应根据各自不同的情况,分别处理,不得任意裸露弃置。

(7)清洗施工机械、设备及工具的废水、废油等有害物质以及生活污水,不得直接排放于河流、湖泊或其他水域中,也不得倾泻于饮用水源附近的土地上,以防污染水体和土壤。

(8)使用工业废渣填筑公路路基,如废渣中含有可溶性有害物质,可能造成土质、水质污染时,应采取隔离措施予以处理。

2. 职业健康安全管理措施

(1)施工现场必须做好交通安全工作,设专人指挥车辆、机械。交通繁忙的路口应设立标志,并有专人指挥。夜间施工,路口及基准桩附近应设置警示灯或反光标志,专人管理灯光照明。

(2)施工机械设备应有专人负责保养、维修和看管,确保安全生产。施工现场的电线、电缆应尽量放置在无车辆、人、畜通行的部位。各种机械操作手、电工必须持证上岗,同时加强对司机、电工的教育。

(3)现场操作人员必须按规定佩戴防护用具。机械燃料操作时,其防火应按有关规定严格执行。

(4)对现场易燃、易爆物品必须分开存放,保持一定的安全距离,设专人看管。

1.1.2 填石路基

1.1.2.1 适用范围

适用于新建和改建城镇道路填石路基施工,其他道路填石路基施工可参照执行。

1.1.2.2 施工准备

1. 技术准备

(1) 认真审核工程施工图纸及设计说明书,做好图纸会审记录。

(2) 编制施工方案,制定质量、安全等技术保证措施,并经有关单位审定批复。对施工人员进行详细的技术、安全交底。

(3) 检测石料的抗压强度和路床顶面填土强度 CBR 值,并进行其他土工试验项目检测。

(4) 根据设计文件,对导线点、中线、水准点进行复核,依据路线中桩确定路基填筑边界桩和坡脚桩。在距中线一定安全距离处设立控制桩,其间隔不宜大于 50m;在不大于 200m 的段落内埋设控制标高的控制桩。

(5) 开工前选择长度不小于 200m 的全幅路基作为试验路段,以确定填石路基施工方法,即压实设备的机组类型和施工工序,得出压实设备在最佳组合下的压实遍数以及能被有效压实的压实层厚度等。编制试验段总结报告并上报审批,根据试验数据制定填石路基施工措施,从而指导大面积填石路基施工。

2. 材料要求

(1) 填石路基施工的主要材料为石料，石料强度不小于15MPa，护坡的石料强度不小于20MPa，石料最大粒径不宜超过层厚的2/3。

(2) 路床顶面以下0.5m范围的填土，其强度CBR值应符合设计和技术规范要求，填料最大粒径不得大于100mm。

3. 机具设备

(1) 工程机械：履带式液压挖掘机、装载机、自卸汽车、大型推土机、重型振动压路机、洒水车等。

(2) 施工测量仪器和试验检验设备：全站仪、水准仪、经纬仪、灌砂筒、3m靠尺、钢尺等。

4. 作业条件

(1) 路基施工前由业主办理土地征用手续，并经设计、建设和施工部门核对地质资料，检查路基土壤与工程地质勘察报告、设计图纸是否相符，有无破坏原状土壤结构或发生较大扰动现象，在核查各项无误后，检验确定路基承载力满足设计和规范要求。

(2) 对路基施工范围内的地上地下障碍物进行拆迁、改移或加固。消除淤泥及杂物，对原地面的坑、洞、墓穴等按技术规范要求回填密实。

(3) 对路基基底强度不符合要求的原状土进行换填，并分层压实。压实度符合有关规定要求。

(4) 施工用水、用电已接通，运输便道修筑完毕。

1.1.2.3 施工工艺

1. 工艺流程

测量放线 → 填料装运 → 路基填筑 → 摊铺整平 → 碾压成型 → 路基压实度检测验收

2. 操作工艺

(1) 测量放线

做好导线、中线及水准点的复测工作，原有导线点不能满足施工要求时，应对其加密，以保证在施工过程中，相邻导线点间能够通视。根据设计文件和图纸，对导线点、水准点进行复核；对中线及其各点的高程和横断面进行测量；对路基设计(横断面设计图和路基设计计算表)进行复核；对设计路线各线形要素用中桩和边桩进行现场标志。为保证路基边坡的压实度，路基两侧设计边线外各加宽0.5m作为填筑边线。

(2) 填料装运

确定填料运输路线，专人指挥运输车辆。在铲运过程中，注意粗细料的均匀搭配，避免出现大粒径石料分开运输用于石方路基填筑的现象。不同岩性的石料不能混合运输。

(3) 路基填筑

1) 填石路基的石料如其岩性相差较大，应将不同岩性的填料分层或分段填筑。如路堑或隧道基岩为不同岩种互存，允许用挖出的混合石料填筑路基，但石料的强度和粒径必须符合本书相应内容要求。

2) 用强风化石料或软质岩石填筑路基时，应按土质路堤施工规定，先进行CBR值检验，符合要求时按填土路基技术规定施工。

3) 当填筑石料级配较差、粒径较大、填层较厚、石块间空隙较大时，可于每层表面空隙间填入石渣、石屑或中、粗砂，再以压力水将其冲入下部，使空隙填满为止。

4) 路基边坡坡脚应采用大于300mm的硬质石料码砌。当设计无规定，路基设计高度不大于6m时，其码砌厚度不应小于1m；设计高度大于6m时，码砌厚度不应小于2m。

5）路基设计顶面以下0.5m范围内，参见“1.1.1 路基土石方”施工。

（4）摊铺整平

1）高等级公路填石路基施工应分层填筑、分层压实。分层松铺厚度不宜大于0.5m；采用重型振动压路机压实填石路基时，松铺厚度可加厚至1.0m。其他等级公路填石路基、路床底面1.0m以下可采用倾倒填筑施工。

2）根据石料粒径大小及组成采用相应摊铺方法：大粒径石料采用渐进式摊铺法铺料，运料汽车在新填的松料上呈梅花形先低后高、先两侧后中央逐渐向前卸料，推土机随时摊铺整平。其主要优点为：容易整平，容易控制填石料的厚度，为自卸车和机械振动碾压提供较好工作面。

对细料含量较多的石料宜采取后退法铺料。运料汽车在已压实的层面上后退卸料，形成梅花形密集料堆，采用推土机推铺整平。松铺厚度不大于0.5m，石料最大粒径不超过层厚的2/3。大面积路基填石可用两台推土机并列作业，两机铲刀相距150mm～300mm，每次作业长度以20m～50m为宜。

人工铺填粒径250mm以上石料时，应先铺填大块石料，大面向下，小面向上，摆平放稳，再用小石块找平，石屑塞缝，最后压实。人工铺填粒径250mm以下石料时，可直接分层摊铺，分层碾压。

3）填石路基在压实前，应摊铺平整，局部不平整处人工配合机械以细石屑找平。

（5）碾压成型

1）摊铺完成的石料表面平整，无明显大石料露头，表面无明显孔洞、孔隙，无多余的填石料堆放。采用20t以上重型振动压路机进行分层碾压，先静压一遍，根据试验段总结的碾压遍数由弱振到强振碾压数遍，最后再静压一遍，碾压速度控制在1～2km/h。碾压时直线段由两边向中间，小半径曲线段由内侧向外侧纵向进退式进行。横向接头对于振动压路机一般重叠0.4m～0.5m，对于三轮压路机一般重叠后轮宽的1/2；前后相邻区段纵向应重叠1.0m～1.5m，达到无漏压、无死角，确保碾压均匀。

2）填石路基路床顶面以下0.5m范围内填土，按填土路基施工技术规定进行压实作业。

（6）路基压实度检测与验收

采用20t以上振动压路机进行压实试验，按照试验段确定的遍数和摊铺厚度，当压实层顶面稳定，碾压无轮迹时，可判断为密实状态；否则应重新碾压。合格后经有关方面签认，方可进行下一层填筑施工。

填石路基填筑至路床设计顶面下0.5m时，会同有关单位进行填石路基验收。

3. 季节性施工

（1）雨期应修建临时排水设施，并与永久排水设施相结合。保证雨期作业的场地不被雨水淹没并能及时排除地表水。排走的雨水不得流入农田、耕地；亦不得引起水沟淤积和冲刷路基。

（2）低洼地段和高填深挖地段，工程地质不良地段以及沿河路段，应尽可能避开雨期施工。

（3）雨期施工中，除施工车辆外，应严格控制其他车辆在施工场地通行。

（4）取土场的石方开挖过程中，如因降雨而中途停止，复工前应派专人到挖方处详细检查。如发现边坡上有裂缝，有塌方可能，应认真处理后方可继续施工。

（5）车辆机具停放地、库房、生活区域，生产设施必须选在最高洪水位以上或高地上停放，做好防潮措施，并与可能产生泥石流冲击的地方离开一定的安全距离。

1.1.2.4　质量标准

1. 基本要求

(1) 路基压实度符合有关规范要求。

(2) 修筑填石路堤时,应进行地表清理,逐层水平填筑石块,摆放平稳,码砌边部。填筑层厚度及石块尺寸应符合设计和施工规范规定。填石空隙用石碴、石屑嵌压稳定。上、下路床填料和石料最大尺寸应符合规范规定。采用振动压路机分层碾压,压至填筑层顶面石块稳定,20t以上压路机振压两遍无明显标高差异。

(3) 路基表面整修平整。

2. 实测项目

见表1—3,分层检测。

3. 外观鉴定

(1) 上边坡不得有松石。

(2) 路基边线直顺,曲线圆滑。

1.1.2.5　成品保护

1. 成型路基不得用作施工道路,施工中的重型车辆尽可能通过施工便道。

2. 分层碾压与边坡码砌同步进行,碾压宽度包括路肩同步碾压施工。

3. 坡脚2m以外挖掘排水沟,防止积水浸泡路基。

1.1.2.6　应注意的质量问题

1. 为防止路基出现整体下沉或局部下沉现象,应对工程地质不良地段,会同设计、监理人员进行现场查看,制定科学合理的施工技术措施,在施工过程中严格执行。原地面清表工作应按规范要求彻底清除地表种植土、树根等。

2. 压实度达不到标准时,应注意施工过程中严格控制填筑石料厚度、粒径,必须分层碾压,层层检测。

3. 防止路基出现边坡坍塌,做好边坡码砌和路基排水设施,保证排水畅通。

1.1.2.7　环境、职业健康安全管理措施

1. 环境管理措施

(1) 现场生活垃圾及施工过程中产生的垃圾和废弃物不得随意丢弃,应根据不同情况,分别处理,防止污染周围环境。

(2) 现场存放油料必须对库房进行防渗漏处理,储存和使用应防止油料"跑、冒、滴、漏",污染水体。

(3) 对施工噪声应进行严格控制,夜间施工作业应采取有效措施,最大限度地减少噪声扰民。

(4) 施工临时道路定期维修和养护,每天洒水2~4次,减少扬尘污染。

2. 职业健康安全管理措施

(1) 进入施工现场必须按规定佩戴防护用具。

(2) 填石路基施工期间,各种机械需设专人负责维护,操作手持证上岗,严格执行工程机械的安全技术操作规程。

(3) 石方爆破作业以及爆破器材的管理、加工、运输、检验和销毁等工作均应按国家现行标准《爆破安全规程》(GB 6722)的规定执行。

(4) 撬动岩石必须由上而下,逐层撬落,严禁上下双重作业,不得将下面撬空使其上部自然坍落。

(5) 多台压路机同时作业时,压路机前后间距应保持3m以上。

(6) 挖掘机装车作业时,铲斗应尽量放低,并不得砸撞车辆,严禁车箱内有人。严禁铲斗从汽车驾驶室顶上越过。

(7) 推土机操作人员离开驾驶室时,应将推铲落地并关闭发动机。

(8) 施工现场的临时用电必须严格遵守《施工现场临时用电安全技术规范》(JGJ 46)的规定。

(9) 施工现场做好交通安全工作,由专人负责指挥车辆、机械。路口应设置明显的限速及其他交通标志。夜间施工,保证有足够的照明,路口及基准桩附近应设置警示标志。

(10) 易燃、易爆品必须分开单独存放,并保持一定的安全距离。易燃易爆品的仓库、发电机房、变电所,应采取必要的安全防护措施,严禁用易燃材料修建。

1.1.3 湿陷性黄土路基

1.1.3.1 适用范围

适用于湿陷性黄土地区城镇道路路基填筑,也可供其他同等地质条件下其他道路路基施工参照执行。

1.1.3.2 施工准备

1. 技术准备

(1) 认真审核施工图和设计说明书,进行图纸会审,会审记录经有关方面签认。

(2) 编制实施性的施工组织设计和分项工程施工方案,开工报告已办理完毕。

(3) 做好施工测量工作,其内容包括导线、中线、水准点复测,横断面检查与补测,增设水准点等。

(4) 确定取土场,并对路堤填料进行复查和取样。

(5) 对用作填料的土进行下列试验项目:

1) 液限、塑限、塑性指数、天然稠度或液性指数。

2) 颗粒大小分析试验。

3) 含水量试验。

4) 密度试验。

5) 相对密度试验。

6) 土的击实试验。

7) 土的强度试验(CBR值)。

8) 土的有机质含量试验及易溶盐含量试验。

9) 黄土的湿陷性判定、黄土的自重湿陷性判定及湿陷等级。

(6) 试验段施工

1) 应采用不同的施工方案做试验路段,从中选出路基施工的最佳方案,指导全线施工。

2) 试验路段位置应选择在地质条件、断面形式均具有代表性的地段,路段长度不宜小于100m。

3) 试验段所有的材料和机具应与将来全线施工所用的材料和机具相同。通过试验来确定不同填料采用不同机具压实的最佳含水量、适宜的松铺厚度和相应的碾压遍数、最佳的机械组合和施工组织。一般按松铺厚度300mm进行试验,以确保压实层的均匀。

4) 试验路段施工中应加强对有关指标的检测;完成后,应及时写出试验报告。如发现路基设计有缺陷时,应提出变更设计意见。

2. 材料要求

(1) 路堤填料

1) 湿陷性黄土,其湿陷系数 $\delta_s \geqslant 0.015$,按湿陷性质不同分为非自重湿陷性黄土和自重湿陷性黄土。

2) 新、老黄土均适用于路基填筑。新黄土为良好的填料,在有条件的地方,可优先选用新黄土。老黄土透水性差,干湿难以调节,大块土料不易粉碎。所有填料应进行野外取土试验,符合表1-4的规定时,方可使用。

表1-4　　路基填方材料最小强度和最大粒径表

项目分类 (路面底面以下深度)(mm)		填料最小强度(CBR) (%)	填料最大粒径 (mm)
路堤	上路床(0～300)	8.0	10
	下路床(300～800)	5.0	10
	上路堤(800～1500)	4.0	15
	下路堤(>1500)	3.0	15
零填及路堑路床(0～300)		8.0	10

(2) 复合土工膜:采用涤纶长丝纺粘非织型复合土工膜,为二布一膜结构,符合《公路土工合成材料应用技术规范》(JTJ/T 019)的有关规定。

(3) 土工网格:采用硬质平网,其纵、横向抗拉强度、最大延伸率应满足《公路土工合成材料应用技术规范》(JTJ/T 019)的有关规定。

(4) 土工钉:采用 ϕ18 钢筋,长度为1.2m,用于加固陡坎和填挖结合部。插钉A:采用普通 ϕ18 钢筋;插钉B:采用普通 ϕ8 钢筋。以上两种插钉均用于固定土工网格,如图1-1、图1-2所示。

图1-1　插钉A　　　　图1-2　插钉B

(5) 石灰:生石灰CaMgO含量不小于80%,未消化残渣含量不大于15%。

(6) 膨胀螺钉、高强螺栓及钢板条:用于对桥头台背土工网格进行固定,其技术指标应满足设计要求。

3. 机具设备

(1) 机械:主要有推土机、铲运机、装载机、挖掘机、平地机、自行式羊足压路机、振动压路机、自卸汽车、洒水车及旋耕耙、蛙式打夯机、手扶式振动夯等。

(2) 工具及检测设备:小推车、铁锹;环刀、灌砂筒、弯沉仪、靠尺、钢尺等。

4. 作业条件

(1) 场地已清理、平整，临时施工便道已修筑完毕，施工用水、电满足施工要求。

(2) 路基沿线黄土陷穴及需做地基处理的路段已查明。

(3) 地上及地下障碍物等已处理完毕。

(4) 临时排水、防水设施已施工完毕。

1.1.3.3 施工工艺

1. 工艺流程

测量放线→清表→处理地下陷穴→地基加固→路基施工

2. 操作工艺

(1) 测量放线

参照本书相关内容进行测量放线。

(2) 清表

参照“1.1.1 路基土石方”相关内容进行。

(3) 处理地下陷穴

1) 根据施工前调查提供的陷穴，进一步探明陷穴的供给来源、水量、发展方向及对路基可能造成的危害，采取相应的技术措施进行处理。

2) 对通过路基路床的陷穴，要向上游追踪至发源地点。在发源地点把陷穴进口封堵好，并引排周围地表水，使其不再向陷穴进口流入。

3) 对已有的陷穴，可以采用灌砂、灌浆、开挖回填等措施。开挖的方法可以采用导洞、竖井和明挖等。具体措施的适用范围、处理方法及要求见表1—5。

表1—5 回填措施

措施名称	适用范围	处理方法及要求
灌砂法	小而直的陷穴	以干砂灌实整个陷穴
灌浆法	洞身不大，但洞壁起伏曲折较大，并离路基中线较远的小陷穴	先将陷穴出口用草袋装土堵塞，再在陷穴顶部每隔4m～5m钻孔作为灌浆孔，待灌好的土浆凝固收缩后，再在各孔作补充灌浆，一般需重复2～3次，必要时可灌水泥砂浆
开挖回填夯实法	各种埋深较浅的陷穴	填料一般用就地黄土分层夯实
导洞和竖井法	较大较深的陷穴	由洞内向外逐步回填夯实，在回填前应将陷穴内虚土和杂物彻底清除，当接近地面0.5m时，应用老黄土或新黄土加10%的石灰拌匀回填夯实

4) 处理好的陷穴，其土层表面均应用3∶7灰土填筑夯实或铺填老黄土等不透水材料加以改善，其厚度应按设计要求执行。如原设计未作明确规定时，其厚度不宜小于300mm，并将流向陷穴的附近地面水引离，防止形成地表积水及水流集中产生冲刷。

5) 黄土陷穴的处理范围，应视具体情况而定，宜在路基填方或挖方边坡外，上侧50m，下侧10m～20m。若陷穴倾向路基，虽在50m以外，仍应作适当处理。对串珠状陷穴应彻底进行处治。

6) 黄土陷穴的处理方案、工作量等应由施工单位会同建设、设计及监理单位认可，并履行相关手续后执行。

(4) 地基加固

1) 当地基土层具有强湿陷性或较高的压缩性,且容许承载力低于路堤自重压力时,应考虑地基在路堤自重和活载作用下所产生的压缩下沉。可分别采用重型压路机碾压、重锤夯实、强夯、灰土桩挤密加固、换填土等措施,以提高地基承载力,减少下沉量。

2) 地基加固验收符合设计及规范要求后,方可进行路基施工。

(5) 路基施工

1) 排水、防水设施

① 在路堑顶部及路堤的靠山侧做好排水工程,将地表水、地下水引入有防渗层的水沟内排走。

② 若基底为非湿陷性黄土,且无地下水活动时,做好两侧的施工排水、防水设施。

③ 若地基为湿陷性黄土,应采取拦截、排除地表水的措施,防止地表水下渗,减少地基地层湿陷性下沉。其地下排水构造物与地面排水沟渠必须采取防渗措施。

④ 高路堤路基施工期间,应在两侧或一侧(超高段)设临时阻水、拦水设施,以防雨水冲毁边坡。

2) 挖方路堑施工:操作方法详见"1.1　路基土石方"相关内容。

3) 一般路堤填筑

① 施工中严格控制碾压时黄土的含水量,在最佳含水量的+3%范围内,并不低于最佳含水量,有利于保证实际碾压含水量在要求范围之内。

② 要求在路堤填筑施工过程中,加强含水量的检测,当含水量达到要求后,随即碾压;当含水量过小时,采用洒水车对土体水分进行补充,再进行碾压;若含水量过大时,不要急于碾压,应进行翻松晾晒至所需含水量再进行碾压,必要时可掺入适量石灰处理,降低含水量,掺灰后应将土、灰拌匀。

③ 路堤填至设计高程后,应根据设计及时修筑外侧边缘的拦水、截水沟构造物和急流槽,将水引至坡脚以外。

4) 特殊路基(陡坎、高填方)填筑:应做好填挖界面的结合部,挖好向内倾斜的台阶。如结合面陡立,无法挖成台阶时,可根据不同断面,采用土工钉加强结合。

① 陡坎高度或填挖结合部高差 H 小于等于 8m,路堤全幅填筑的情况按图1—3处理。过程如下:

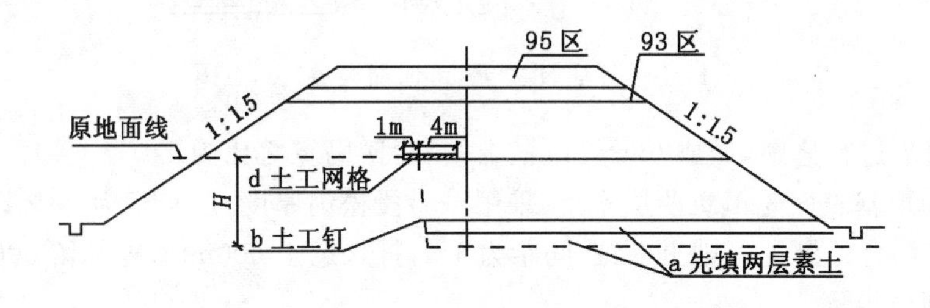

图1—3　路堤全幅填筑示意图

注:图中93区、95区代表该区压实度为93%和95%,以下各图同

a. 在清表碾压后的地基表面先填筑两层素土,采用试验段松铺厚度,压实度标准以设计和规范要求为准。

b. 在新老土结合处楔进一排土工钉,间距为1m,打入老土600mm,外部留600mm。

c. 重复a、b两个步骤。

d. 当填筑高程达到老土平台高度时，在结合处加铺一层土工网格，采用插钉 A、B 进行固定。

e. 按设计及规范要求填筑到设计标高。

② 陡坎高度或填挖结合部高差 H 小于等于 8m，路堤非全幅填筑的情况按图 1－4 处理。

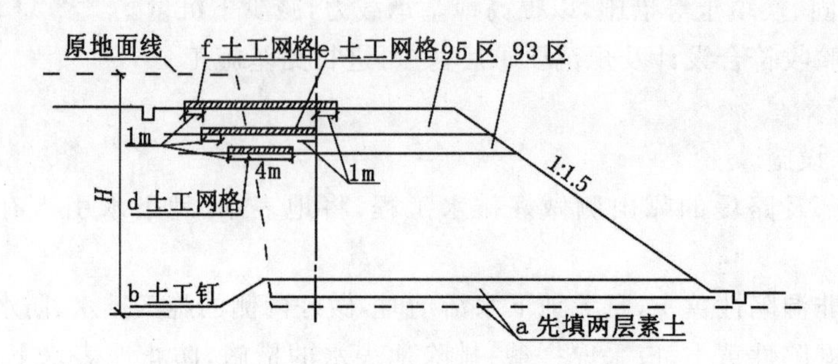

图 1－4 路堤非全幅填筑示意图

过程如下：

a. 在清表碾压后的地基表面先填筑两层素土，采用试验段松铺厚度，压实度为 90％以上。

b. 在新老土结合处楔进一排土工钉，间距为 1m，打入老土 600mm，外部留 600mm。

c. 重复前两个步骤。

d. 当填筑达到 90 区顶标高，即将进入 93 区时，加铺一层土工网格，采用插钉 A、B 进行固定。

e. 当填筑高度距路基设计标高即将进入 95 区时，加铺一层土工网格，并采用插钉 A、B 进行固定。

f. 当填筑高度达到路基设计标高时，加铺一层土工网格，同样，采用插钉 A、B 进行固定。

③ 陡坎高度或填挖结合部高差 H 大于 8m 的情况按图 1－5 处理。

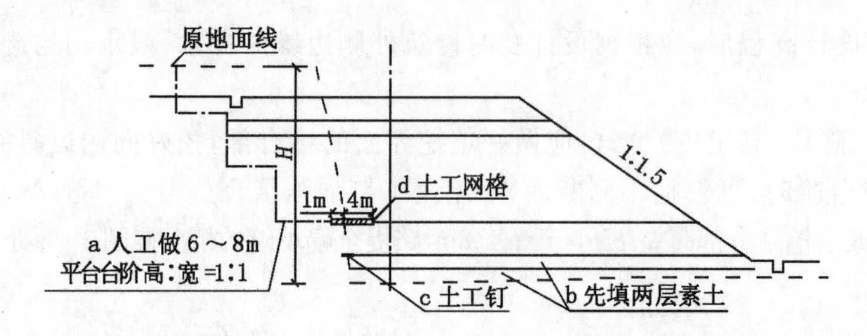

图 1－5 高差 H 大于 8m 时路堤填筑示意图

a. 为将高边坡进行修整，做成 6m～8m 的台阶，台阶高宽之比为 1∶1。

b. 碾压后的地基表面先填筑两层素土，采用试验段松铺厚度，压实度为 90％以上。

c. 在新老土结合处楔进一排土工钉，间距为 1m，打入老土 600mm，外部留 600mm。

d. 重复前两个步骤。

e. 铺设土工网格的方法同图 1－4。

④ 高填方：冲沟深度大于 20m，路段长度大于 20m 的路段按图 1－6 描述的方法处理。处理过程如下。

a. 在冲沟底部，依照路基施工技术规范要求填筑，要求压实度达 90％以上。

b. 当填筑标高达到路基 90 区、93 区分界线时，加铺一层土工网格，固定方法同前。

c. 当填筑标高达到路基 93 区、95 区分界线时，加铺一层土工网格，固定方法同前。

d. 当填筑标高达到路基设计高程时，加铺一层土工网格，固定方法同前。

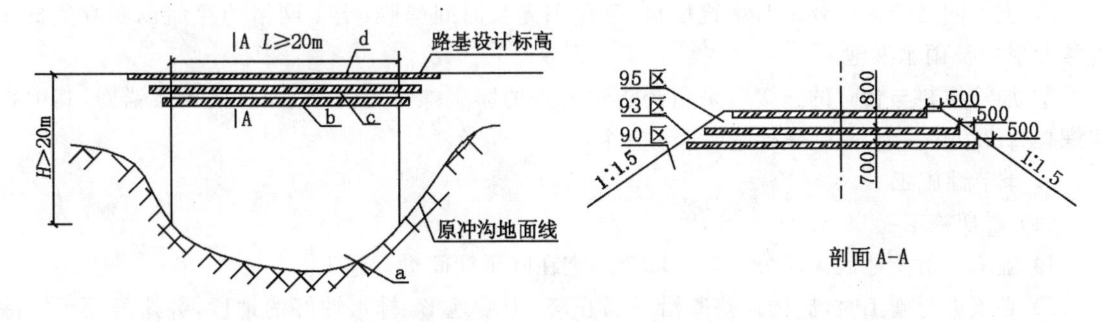

图 1－6　填方示意图

⑤ 高填方冲沟深度大于 20m，路段长度小于 12m 的情况（参见图 1－7）。

a. 在冲沟底部，依照路基施工技术规范要求填筑，要求压实度达 90%以上。

b. 当填筑标高达到路基 90 区、93 区分界时，加铺一层土工网格，长度通铺至挖方段内部 1m（施工中做 1m 的平台）。

c. 当填筑标高达到路基 93 区、95 区分界时，加铺一层土工网格，长度通铺至挖方段内部，比下层土工网格多伸出 1m。

d. 当填筑标高达到路基设计高程时，加铺一层土工网格，长度通铺至挖方段内部，比中层土工网格多伸出 1m。

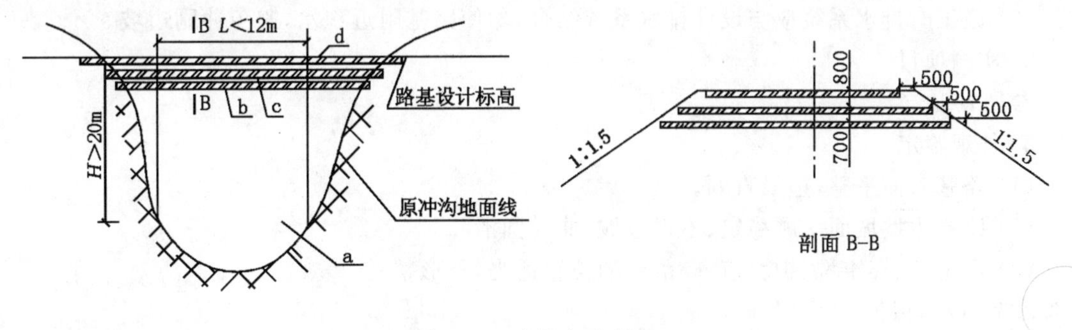

图 1－7　高填方示意图

⑥ 对高度大于 20m 的路堤，应按设计预留竣工后路堤自重压密固结产生的压缩下沉量。

5）桥涵台背回填

① 桥梁台背填土高度小于 5m 或大于 10m 时，土工网格的铺设应在换填范围底基层以下 1.5m的深度范围，每 500mm 铺设一层，共铺设三层；当填土高度大于等于 5m 且小于等于 10m 时，台背应通铺，加筋范围应延伸到锥坡前缘。

② 桥梁台背处治不在原地面上进行，必须对原地面整平、压实，并铺设 300mm 灰土垫层后，再铺设土工网格。

③ 土工网格铺设时人工拉紧，不允许出现卷曲或褶皱，必要时用插钉将其固定在填土表面。

④ 土工网格强度高的方向垂直路基轴线方向铺设，相临两幅网格的搭接宽度不得小于 200mm，搭接部位用延伸率较小的尼龙绳呈“Z”字型穿绑。

⑤ 铺设土工加筋材料的土层表面应平整，严禁表面有坚硬凸出物，施工时为防止对土工材料造成损伤，在铺设后不得使用施工机械对土工网格进行直接碾压，先松铺 300mm 回填土后再进行碾压。

⑥ 土工网格摊铺后要及时填筑填料，避免阳光长时间暴晒；土工网格的存储也要避免日光直接照射或被雨水淋泡。

⑦ 加筋材料与台背的连接应采用经防锈处理的膨胀螺钉、高强螺栓及钢板条锚固，其中膨胀螺栓每2.0m一个，高强螺栓每1.0m一个。

3. 季节性施工

(1) 雨期施工

1) 湿陷性黄土地区高速公路路堤填筑不宜在降雨期间进行施工。

2) 必须进行施工时，应选择路基沿线属丘陵、山岭地形，排水性好的地段，并避开雨天。除施工车辆外，应严格控制其他车辆在施工场地通行。临时排水、防水设施必须保证畅通、并设专人进行监管，及时排除积水。

3) 台背填筑应选择透水性好的碎、卵石、砂砾等作为填料。

4) 利用挖土作填方时，应随挖随填及时压实，并严格控制填土含水量。

(2) 冬期施工

土堤填筑不宜在冬期施工，如遇特殊情况，应编制冬期施工方案，保证路基填筑质量。

1.1.3.4 质量标准

1. 基本要求

(1) 路基填料强度(CBR)值和路基压实度应符合规范和设计规定。

(2) 路基必须分层填筑压实，每层表面平整，路拱坡度满足排水要求。

(3) 施工时排水系统应与设计排水系统结合，勿使路基附近积水，避免冲刷边坡。

2. 实测项目

参见表1－2。

3. 外观鉴定

(1) 路基表面平整，边线直顺。

(2) 路基边坡坡面平顺稳定、不得亏坡，曲线圆滑。

(3) 取土坑、弃土堆、护坡道、碎落台的位置适当，外形整齐、美观。

1.1.3.5 成品保护

1. 路基施工中填土宽度应大于路基宽度500mm，压实宽度应大于路基宽度。刷边坡应安排在路基施工完成后进行，并应立即防护。

2. 路基施工中每层的表面应做成2%～4%的排水横坡，路基边缘培土埂，路基边坡上应做临时排水急流槽。临时急流槽每30m～50m一道，道路低点和桥梁两侧锥坡边缘应适当增设。临时急流槽应随着路基施工向上延伸。

3. 土方路基在雨后没有晾干以前，应采取断路措施，禁止车辆进入。

4. 已经完工的路基禁止用作施工道路，施工中的重型车辆应通过施工便道行驶。

5. 在黄土路基填筑达到设计标高，经检测合格后，应尽快进行路面结构层的施工。如跨冬期施工，应铺筑一层松土，待可以进行填筑时，用推土机将该层松土铲除，并进行充分碾压，压实度达到95%后，方可进行稳定层施工。

1.1.3.6 应注意的质量问题

1. 在施工时应控制填料的含水量在最佳含水率的0～3%之间，防止因含水量过大，出现路基软弹；若发生该现象，应将反弹处的软土翻开晾晒、风干至最佳碾压含水量时，再进行压实。

2. 应按试验段和规范规定的碾压工艺进行路基填筑；适当提高压实度控制标准；根据不同

地形，采取适宜的加固办法，以增加土体的整体稳定性，防止高填方、陡坎路段路基沉降量过大。

3. 施工中应认真做好防洪、排水设施及必要的护坡等工程，避免地上地下水浸入地基引起湿陷。

1.1.3.7　环境、职业健康安全管理措施

1. 环境管理措施

（1）路基施工必须遵守国家有关土地管理法规，应节约用地，保护耕地和农田水利设施。

（2）路基施工应保护生态环境，尽量少破坏原有植被地貌。清除的杂物，必须分别情况，予以妥善处理，不得倾弃于河流水域中。

（3）路基清表后的施工垃圾应及时运到指定地点。

（4）施工产生的废水、废油等有害物质以及生活污水，不得随意排放，应集中处理以防污染水质和土壤。

（5）在距居民较近的施工区，尽可能不在夜间进行地基处理作业，以免噪声扰民。

（6）对施工范围内的运输道路，要经常洒水保持湿润，避免扬尘。

2. 职业健康安全管理措施

（1）根据施工现场实际情况，制定出切实可行的技术安全措施，并向有关人员进行详细交底。

（2）土方施工机械操作人员应熟悉本机械操作规程，持证上岗，不得擅离岗位。严禁酒后操作机械，严禁机械带故障运转或超负荷运转。

（3）驾驶室或操作室内严禁存放易燃、易爆物品。

（4）机械设备在施工现场停放时，应选择安全的停放地点，关闭好驾驶室，拉上制动闸。坡道上停车时，要用三角木或石块抵住车轮。夜间应有人看管。

（5）在路基沿线与公路、街道、交通繁忙道路的交通路口及施工便道地面起伏较大、转弯急的地方，必须有专人警戒，设立适当的交通标志，防止交通事故。

（6）高陡边坡处开挖施工应与装运作业面相互错开，严禁上、下双重作业。

（7）路基碾压作业时，必须保证前后无人才能启动机械。并根据土质情况，按规定放边坡，派专人巡视边坡稳定情况。靠近路堤边缘作业时，应根据路堤高度留有必要的安全距离，一般不少于 500mm。

（8）在已查明或正在进行处理的陷穴洞口周围设安全围挡，并设警示牌和信号灯，直至处理完毕。

1.2　基层

1.2.1　水泥稳定土基层和底基层

1.2.1.1　适用范围

适用于新建和改建城镇道路水泥稳定土铺筑的基层和底基层施工。水泥稳定土包括：水泥土、水泥砂、水泥石屑、水泥碎石、水泥砂砾等。

1.2.1.2　施工准备

1. 技术准备

（1）设计施工图、设计说明及其他设计文件已经会审。

（2）施工方案审核、批准已完成。

（3）施工技术书面交底已签认完成。

（4）基层用料检验试验合格。

(5) 恢复中线，直线段每 20m 设一中桩，平曲线段每 10m～15m 测设一中桩，同时测放摊铺面宽度，并在摊铺面每侧 200mm～500mm 处安放测墩，同时测设高程。摊铺应采用双基准线控制，基准线可采用钢丝绳或铝合金导梁，高程控制桩间直线段宜为 20m，曲线段宜为 10m。当采用钢丝绳作为基准线时，应注意张紧度，200m 长钢丝绳张紧力不应小于 1000N。

2. 材料要求

(1) 土：对土的一般要求是易于破碎，满足一定的级配，便于碾压成型。高速公路工程上用于水泥稳定层的土，通常按照土中组成颗粒(包括碎石、砾石和砂颗料，不包括土块或土团)的粒径大小和组成，将土分为下列三种：

细粒土：颗粒的最大粒径小于 9.5mm，且其中小于 2.36mm 的颗粒含量不小于 90%(如塑性指数不同的各种粘性土、粉性土、砂性土、砂和石屑等)。

中粒土：颗粒的最大粒径小于 26.5mm，且其中小于 19mm 的颗粒含量不少于 90%(如砂砾石、碎石土、级配砂砾、级配碎石等)。

粗粒土：颗粒的最大粒径小于 37.5mm，且其中小于 31.5mm 的颗粒含量不小于 90%(如砂砾石、碎石土、级配砂砾、级配碎石等)。

(2) 对于高速公路和一级公路，水泥稳定土所用的粗粒土和中粒土应满足下列要求：

1) 水泥稳定土用作底基层时，组成颗粒的最大粒径不应超过 37.5mm。土的均匀系数应大于 5。细粒土的液限不超过 40%，塑性指数不应超过 17。对于中粒土和粗粒土，如土中小于 0.6mm的颗粒含量在 30%以下，塑性指数可稍大。实际工作中，宜选用均匀系数大于 10、塑性指数小于 12 的土。对于中粒土和粗粒土，其小于 0.075mm 的颗粒含量和塑性指数可不受限制。

2) 水泥稳定土用作基层时，单个颗粒的最大粒径不应超过 31.5mm。土的颗粒组成符合表 1－6 的规定。

表 1－6　　水泥稳定土类的颗粒范围及技术指标

项　目		通过质量百分率(%)				
		底基层		基　层		
		次干路	城市快速路、主干路	次干路		城市快速路、主干路
筛孔尺寸(mm)	53	100	—	—		—
	37.5	—	100	100	90～100	—
	31.5	—	—	90～100	—	100
	26.5	—	—	—	66～100	90～100
	19	—	—	67～90	54～100	72～89
	9.5	—	—	45～68	39～100	47～67
	4.75	50～100	50～100	29～50	28～84	29～49
	2.36	—	—	18～38	20～70	17～35
	1.18	—	—	—	14～57—	
	0.60	17～100	17～100	8～22	8～47	8～22
	0.075	0～50	0～30②	0～7	0～30	0～7①
	0.002	0～30	—	—		—
液限(%)		—	—	—		＜28
塑性指数		—	—	—		＜9

注：① 集料中 0.5mm 以下细粒土有塑性指数时，小于 0.075mm 的颗粒含量不超过 5%；细粒土无塑性指数，小于 0.075mm 的颗粒含量不超过 7%。

② 当用中粒土、粗粒土作城市快速路、主干路底基层时，颗粒组成范围宜采用作次干路基层的组成。

3）水泥稳定土中碎石或砾石的压碎值应符合下列要求：

基层：不大于30%；

底基层：不大于30%。

有机质含量超过2%的土酸性大，不应用于水泥稳定土施工。如需采用这种土，必须先用石灰进行处理，闷料一夜后才能使用。硫酸盐含量超过0.25%的土禁止使用。

（3）水泥

1）品种：普通硅酸盐水泥、矿渣硅酸盐水泥和火山灰质硅酸盐水泥都可用于水泥稳定土，快硬水泥、早强水泥以及其他特种水泥不应使用。水泥应有出厂合格证和质量证明文件，进场后应取样复试合格后使用。

2）水泥初、终凝时间：宜选用初、终凝时间较长的水泥以适应工艺要求，一般要求初凝时间大于3h和终凝时间大于6h的水泥。

3）强度等级：宜采用强度等级为42.5级的水泥或品质稳定的强度等级为32.5级的水泥。

（4）水：饮用水（含牲畜饮用水）均可用于水泥稳定土施工。

3. 机具设备

（1）主要机械及仪器、检测设备：灰土搅拌机、摊铺机、铲车、自卸汽车、振动压路机、胶轮压路机、水车、全站仪、经纬仪、水准仪、钻芯机、弯沉仪、3m靠尺。

（2）一般机具：测墩、3mm或5mm直径钢丝绳、倒链、钢钎、铝合金导梁、试验设备等。

4. 作业条件

（1）水泥稳定土的下承层已施工完毕并交验。表面应平整、坚实，各项检测必须符合有关规定。检测项目包括压实度、弯沉、平整度、纵断高程、中线偏差、宽度、横坡度、边坡等。

（2）路肩处理：在路堑式断面的路段，两侧路肩上每隔5m～10m距离交错开挖泄水沟；在路堤断面的路段，当路肩用料与稳定层用料不同时，应采取培路肩措施，先将两侧路肩土培好。路肩料层的压实厚度应与稳定土层的压实厚度相同。在路肩和边坡上，每隔5m～10m距离交错开挖泄水沟。

1.2.1.3　施工工艺

1. 工艺流程

混合料配合比设计 → 原材料试验 → 室内混合料配合比试验 → 调试拌合机 → 混合料拌和 → 运混合料 → 摊铺 → 碾压 → 接缝 → 养生

2. 操作工艺

（1）混合料配合比设计

水泥稳定土的混合料组成设计的6d保湿养生及1d浸水抗压强度应满足：高速公路基层3～5MPa；高速公路底基层1.5～2.5MPa，具体强度依设计要求。通过试验选取最适宜于稳定的土，确定水泥剂量、最佳含水量和掺合料的比例。

（2）原材料试验

1）土和集料：颗粒分析、液限和塑性指数、相对密度、重型击实试验、碎石或砾石的压碎值试验、有机质含量（必要时做）、硫酸盐含量（必要时做）。

2）改善级配的调整试验：对级配不良的碎石、碎石土、砂砾、砂砾土、砂等掺加某种土或集料改善其级配的调整试验。

3）水泥的强度等级、安定性、标准稠度用水量及初终凝时间试验结果应满足水泥稳定土对原材料的品质要求。

(3) 室内混合料配合比试验

1) 制备同一种土样、不同水泥剂量的水泥稳定土混合料，以水泥重量占全部集料和土的干重的百分比表示。

① 做基层用：稳定中粒土和粗粒土：一般为3%、4%、5%、6%、7%；强度要求较高时为4%、5%、6%、7%、8%；稳定塑性指数小于12的细粒土：5%、7%、8%、9%、11%；稳定其他细粒土：8%、10%、12%、14%、16%。

② 做底基层用：稳定中粒土和塑性土：3%、4%、5%、6%、7%；稳定塑性指数小于12的细粒土：4%、5%、6%、7%；稳定其他细粒土：6%、8%、10%、12%。

在能估计合适剂量的情况下，可以将五个不同剂量缩减到三或四个。

2) 通过击实试验确定各种混合料的最佳含水量和最大干密度，至少应做三个不同水泥剂量混合料的击实试验，即最小剂量、中间剂量和最大剂量。其他两个剂量混合料的最佳含水量和最大干密度可用内插法确定。

3) 按工地预定达到的压实度，分别计算不同水泥剂量的无侧限抗压强度试件应有的干密度。

试件干密度＝击实试验所得最大干密度×现场要求压实度

4) 按最佳含水量和计算所得的干密度制备强度试验的试件。试件的最少试验数量应符合表1－7的规定。如试验结果的偏差系数大于表中规定的值，则应重做试验，并找出原因，加以解决。如不能降低偏差系数，则应增加试验数量。

5) 无侧限抗压强度试验：试件在规定的养生温度下保湿养生6d、浸水1d后，进行无侧限抗压强度试验。

规定的养生温度为：冰冻地区20±2℃；非冰冻地区25±2℃。

计算强度试验结果的平均值$\bar{R}$和偏差系数C_v。

表1－7　最少的试件数量

稳定层类型	下列偏差系数时的试件数量		
	小于10%	10%～15%	小于20%
稳定细粒土	6	9	—
稳定中粒土	6	9	13
稳定粗粒土	—	9	13

6) 根据强度标准选定合适的水泥剂量。该水泥剂量试件室内试验结果的平均抗压强度$\bar{R}$应符合下式要求：

$$\bar{R} \geqslant R_d/(1-Z_a C_v) \quad (1-1)$$

式中：R_d——设计抗压强度；

C_v——试验结果的偏差系数(以小数计)；

Z_a——标准正态分布表中随保证率(或置信度a)而变的系数，高速公路、一级公路应取保证率95%，此时$Z_a=1.645$。

7) 工地实际水泥剂量应略高于试验剂量。工地实际采用的水泥剂量应比室内试验确定的剂量多0.5%～1.0%。采用集中厂拌法施工时，可只增加0.5%。

8）为保证拌和的均匀性应取最小剂量。当混合料组成设计所确定的水泥剂量小于最小剂量(表1－8)要求时,应取最小剂量。

表1－8 水泥最小剂量

稳定层类型	集中厂拌(%)
稳定中粒土和粗粒土	3
稳定细粒土	4

9）延迟时间对混合料强度和所达到的干密度的影响:从加水拌和到碾压终了的延迟时间对混合料强度和所达到的干密度有明显的影响。在进行混合料配合比设计时,混合料拌和后每隔2h取样进行重型击实试验,并制作无侧限抗压强度试件。即拌和后相隔0h、2h、4h、6h、8h分别做击实试验确定最大干密度和制作无侧限抗压强度试件,确定现场最迟碾压时间。

(4) 调试拌合机

在正式拌制混合料之前,必须先调试所用的设备,通过筛分检查混合料的颗粒组成,并测定混合料含水量,使混合料颗粒组成及含水量达到规定的要求。若原集料的颗粒组成发生变化时,应重新调试设备。

(5) 混合料拌和

配料应准确,拌和应均匀,应根据集料和混合料含水量的大小,及时调整加水量。拌和前反复调试好机械,以使拌合机运转正常,拌和均匀。各成分拌和按比例掺配,并以重量比加水,拌和时加水时间及加水量应进行记录。随时抽查混合料的级配及集料的级配。拌和时混合料的含水量宜大于最佳含水量1%～2%,并根据天气状况及运输距离的远近调整含水量,使混合料运到现场摊铺后碾压时的含水量大于最佳含水量,以补偿后续工序的水分损失;施工现场实际采用的水泥剂量比室内试验所确定的剂量适当增加,一般不少于0.5%,最多不超过1%。在拌和过程中随时采用EDTA曲线法抽测水泥剂量,拌和完成的混合料应无灰团、色泽均匀,无离析现象。

(6) 运混合料

拌和好的混合料要尽快运到现场进行摊铺,从第一次在拌合机内加水拌和到现场压实成型的时间不得超过延迟时间。当运距较远时,车上的混合料应加以覆盖以防运输过程中水分蒸发,保持一定的装载高度以防离析。运输混合料的自卸车,应避免在未达到养生强度的铺筑层表面上通过,以减少车辙对已碾压成型的稳定层造成损坏。

(7) 摊铺

1）确定松铺系数:根据不同的机械和材料,正式施工前应铺筑试验路段,确定松铺系数。通过试验路段检验所采用的施工设备能否满足上料、拌和、摊铺和压实的施工工艺、施工组织,以及一次碾压长度的适应性等。试验路段拟采用不同的压实厚度,测定其干密度、含水量及使混合料达到合格压实度时的压实系数、压实遍数、压实程序的施工工艺。

2）如下承层是稳定细料土,应先将下承层顶面拉毛,再摊铺混合料。当水泥稳定土需分两层施工时,在铺筑上层前,应当在下层表面先撒薄层水泥或水泥净浆。在铺筑上层稳定土之前应根据下承层湿润情况洒水,始终保持下承层表面湿润。

3）应采用沥青混凝土摊铺机或稳定土专用摊铺机摊铺混合料,在摊铺机后面设专人消除粗细集料离析现象,特别应该铲除局部粗集料"窝",并用新拌混合料填补。

4）拌合机与摊铺机的生产能力应互相匹配。摊铺机宜连续作业,拌合机的总产量宜大于400t/h。如拌合机生产能力较小,摊铺机摊铺混合料时,应采用最低速度摊铺,减少摊铺机停机待料的情况。根据路幅宽度确定摊铺机组合个数，在两个以上的摊铺机进行摊铺作业时，应保持摊铺机前后相距5m～10m，并对摊铺混合料同时进行碾压。

(8) 碾压

摊铺后，当混合料的含水量略高于最佳含水量时，应立即展开压实工作。碾压分初压、复压、终压。初压时，采用轻型压路机配合轮胎式振动压路机，对结构层在全宽内进行碾压，先静压一遍。复压时，采用重型压路机加振碾压，在碾压过程中测定压实度，直到达到规定的压实度为止。终压时，采用轻型压路机，静压一遍。

碾压完一般需6～8遍。直线段由两侧向中心碾压，曲线段由内侧向外侧碾压，每道碾压应与上道碾压相重叠300mm，使每层整个厚度和宽度完全均匀压实。压路机的碾压速度，头两遍以采用1.5～1.7km/h为宜，以后宜采用2.0～2.5km/h。压实后表面应平整，无轮迹或隆起、裂纹搓板及起皮松散等现象。水泥稳定层宜在水泥初凝前并应在试验确定的延迟时间内完成碾压，并达到要求的压实度。碾压过程中，水泥稳定层表面应始终保持湿润。

碾压过程中，如有“弹簧”、松散、起皮等现象，应及时翻开重新拌和(加适量的水泥)或用其他方法处理，使其达到质量要求。

分层施工时，分层厚度的确定与碾压机具有关。用20t以上轮胎式振动压路机碾压时，每层的压实厚度不应超过200mm。压实厚度超过200mm时，应分层铺筑，每层的最小压实厚度为100mm。分层摊铺时，下层宜稍厚。

应严格控制水泥稳定层压实厚度和高程，其路拱横坡应与路面面层一致，水泥稳定层施工时严禁用薄层贴补法进行找平。

(9) 接缝

1) 横向接缝要求

① 摊铺机摊铺混合料时，不宜中断。如因故中断时间超过2h，应设置横向接缝。

② 设置横向接缝时，摊铺机应驶离混合料末端。人工将末端含水量、高程、厚度、平整度合适的混合料修整整齐，紧靠混合料放两根方木，方木的高度应与混合料的压实厚度相同。方木的另一侧用砂砾或碎石回填约3m长，其高度应稍许高出方木高度。将混合料碾压密实。在重新开始摊铺混合料之前，将砂砾或碎石和方木除去，并将下承层顶面清扫干净。摊铺机返回到已压实层的末端，重新开始摊铺混合料。

③ 如摊铺中断后未按上述方法处理横向接缝，且中断时间已超过延迟时间，应将摊铺机附近及其下面未经压实的混合料铲除，并将已碾压密实且高程和平整度符合要求的末端挖成与路中心线垂直并垂直向下的断面，然后再摊铺新的混合料。

2) 纵向接缝处理：原则上应避免纵向接缝。若分两幅摊铺时，宜采用两台摊铺机一前一后相隔约5m～10m同步向前摊铺混合料，并一起进行碾压。

(10) 养生

1) 每一施工段碾压完成并经压实度检查合格后，应立即开始养生。水泥稳定土层分层施工时，下层水泥稳定土碾压完后，若采用重型振动压路机进行上层碾压作业时，其下层水泥稳定土层应养生7d后铺筑上层水泥稳定土。

2) 养生方法

① 宜采用砂层保护法进行养生，砂层厚度宜为70mm～100mm。砂铺匀后，应立即洒水，并在整个养生期间保持砂的潮湿状态。不得用湿粘性土覆盖。养生结束后，必须将覆盖物清除干净。

② 对于基层，也可采用沥青乳液进行养生。沥青乳液的用量按0.8～1.0kg/m²(指沥青用

量)选用。沥青乳液宜分两次喷洒:第一次喷洒沥青含量约35%的慢裂沥青乳液,使其能稍透入基层表层。第二次喷洒浓度较大的沥青乳液。如不能避免施工车辆在养生层上通行,应在乳液分裂后撒布3mm～8mm的小碎(砾)石,做成下封层。

③ 无上述条件时,也可用洒水车经常洒水进行养生。每天洒水的次数应视气候而定。整个养生期间应始终保持稳定土层表面潮湿。

3) 交通控制:在养生期间未采用覆盖措施的水泥稳定土层上,除洒水车外,应禁止一切其他机械车辆通行。在采用覆盖措施的水泥稳定土层上,不能封闭交通时,应限制车速不得超过30km/h,禁止重车通行。

3. 季节性施工

(1) 水泥稳定土施工宜在春末或夏季组织施工,施工期间的最低气温应在5℃以上,并保证在冻前半月至一个月完成,以防冻融破坏。

(2) 在雨季施工水泥稳定土结构层时,应特别注意气候变化,勿使水泥混合料遭雨淋。并采取措施排除表面水,勿使运到路上的集料过分潮湿,避免降低水泥稳定土强度。

1.2.1.4　质量标准

1. 基本要求

(1) 土和粒料应符合设计和施工规范要求,土块应经粉碎,并应根据当地料源选择质坚干净的粒料。

(2) 水泥用量应按设计要求控制准确。

(3) 摊铺时注意消除离析现象。

(4) 混合料应处于最佳含水量状况下,用重型压路机碾压至要求的压实度。

(5) 碾压检查合格后应立即覆盖或洒水养生,养生期应符合规范要求。

2. 实测项目。

见表1-9。

表1-9　　水泥稳定土基层和底基层实测项目

<table>
<tr><th colspan="2" rowspan="2">项　目</th><th rowspan="2">允许偏差</th><th colspan="4">检验频率</th><th rowspan="2">检验方法</th></tr>
<tr><th>范围</th><th colspan="3">点数</th></tr>
<tr><td colspan="2">中线偏位(mm)</td><td>≤20</td><td>100m</td><td colspan="3">1</td><td>用经纬仪测量</td></tr>
<tr><td colspan="2">路床中线偏位(mm)</td><td>≤30</td><td>100</td><td colspan="3">2</td><td>用经纬仪、钢尺量取最大值</td></tr>
<tr><td rowspan="2">纵断高程(mm)</td><td>基层</td><td>±15</td><td rowspan="2">20m</td><td colspan="3" rowspan="2">1</td><td rowspan="2">用水准仪测量</td></tr>
<tr><td>底基层</td><td>±120</td></tr>
<tr><td rowspan="3">平整度(mm)</td><td>基层</td><td>≤10</td><td rowspan="3">20m</td><td rowspan="3">路宽(m)</td><td><9</td><td>1</td><td rowspan="3">用3m直尺和塞尺连续量两尺,取较大值</td></tr>
<tr><td rowspan="2">底基层</td><td rowspan="2">≤15</td><td>9～15</td><td>2</td></tr>
<tr><td>>15</td><td>3</td></tr>
<tr><td colspan="2">宽度(mm)</td><td>不小于设规定+B</td><td>40m</td><td colspan="3">1</td><td>用钢尺量</td></tr>
<tr><td colspan="2" rowspan="3">横坡</td><td rowspan="3">±0.3%且不反坡</td><td rowspan="3">20m</td><td rowspan="3">路宽(m)</td><td><9</td><td>2</td><td rowspan="3">用水准仪测量</td></tr>
<tr><td>9～15</td><td>4</td></tr>
<tr><td>>15</td><td>6</td></tr>
<tr><td colspan="2">厚度(mm)</td><td>±10</td><td>1000m²</td><td colspan="3">1</td><td>用钢尺量</td></tr>
</table>

3. 外观鉴定

(1) 表面平整密实、无坑洼、无明显离析。

(2) 施工接茬平整、稳定。

1.2.1.5 成品保护

1. 封闭施工现场,非施工人员不得进入养护路段。

2. 悬挂醒目的禁行标志,设专人引导交通,看护现场。

3. 严禁车辆进入处于养生期间的路段。

4. 严禁压路机在已完成的或正在碾压的路段上调头或急刹车,如必须调头,应在调头处覆盖100mm厚砂砾,以保证基层表面不受破坏。

1.2.1.6 应注意的质量问题

1. 水泥稳定土结构层施工时,水泥稳定土从拌和到碾压之间时间宜控制在3～4h。确保水泥稳定土在终凝前完成碾压,防止因延迟时间降低水泥稳定土的强度。

2. 水泥稳定土基层施工中,两施工段的衔接处按规定认真处理,防止接茬处出现裂纹和压实度达不到设计要求。

1.2.1.7 环境、职业健康安全管理措施

1. 环境管理措施

(1) 对细颗粒散体材料应尽可能在库内存放或严密遮盖,运输时采取封闭措施以减少扬尘,保护周围环境。

(2) 现场存放油料必须对库房进行防渗漏处理,储存和使用时都要采取隔油措施,以防油料污染水质。

(3) 对施工噪声应进行严格控制,最大限度地减少噪声扰民。

(4) 施工临时道路定期维修和养护,每天洒水2～4次,防止扬尘。

2. 职业健康安全管理措施

(1) 施工现场应有施工机械安装、使用、检测、自检记录,做好施工机械设备的日常维修保养,保证机械的安全使用性能。

(2) 施工现场的材料保管应依据材料性能采取必要的防雨、防潮、防晒、防冻、防火、防爆等措施。

(3) 施工现场应设专人指挥运输车辆。

1.2.2 石灰稳定土基层

1.2.2.1 适用范围

适用于城市道路石灰土基层施工,其他道路基层施工可参照执行。

1.2.2.2 施工准备

1. 技术准备

(1) 原材料试验

1) 应取所定料场中有代表性的土样进行下列试验:颗粒分析、液限和塑性指数、击实试验、碎石或砾石的压实值、有机质含量(必要时)、硫酸盐含量(必要时)。

2) 如使用碎石、碎石土、砂砾、砂砾土等级配不好的材料,宜先改善其级配。

3) 检验石灰的有效钙和氧化镁含量。

(2) 根据设计文件的要求,按土壤种类及石灰质量确定配合比。确定石灰土最佳含水量、最

大干容重。

(3) 施工前进行100m～200m试验段施工，确定机械设备组合效果、压实虚铺系数和施工方法。

2. 材料要求

(1) 土

1) 稍具粘性的土壤(塑性指数大于4)砂性土、粉砂土、粘性土均可使用；以塑性指数10～20的粘性土为宜；用石灰稳定无塑性指数的级配砂砾、级配碎石、未筛分碎石时，应添加15%左右的粘性土；使用塑性指数偏大的粘性土时，应进行粉碎，粉碎后土块的最大尺寸不应大于15mm。

2) 土的有机含量超过10%，硫酸盐含量超过0.8%时不宜用石灰稳定。

3) 使用特殊类型的土壤如级配砾石、砂石、杂填土等应经试验决定。碎石或砾石的压碎值应符合以下要求：用于城市快速路及主干道基层应不大于30%；用于次干路基层应不大于35%。

(2) 石灰、水和掺加料应符合以下要求：

1) 石灰宜用1～3级的新灰。对储存较久或经过雨期的消解石灰应经过试验，根据活性氧化物的含量，决定使用办法。考虑具体情况建议使用袋装熟石灰、磨细的生石灰，不宜在现场消解块灰，必要时对熟石灰进行筛分处理(10mm方孔)。生石灰的技术指标见表1－10。钙质和镁质消石灰技术指标应符合国家现行标准《公路路面基层施工技术规范》(JTJ 034)的有关规定。

表1－10 生石灰的技术指标

项目＼级别	钙质生石灰			镁质生石灰		
	一级	二级	三级	一级	二级	三级
灰渣(%)不大于	7	11	17	10	14	20
活性氧化物(%)大于	85	80	70	80	75	65
氧化镁含量	≤5			>5		

注：灰渣系未消解残渣含量(5mm圆孔筛筛余)。

2) 水：凡饮用水(含牲畜饮用水)均可用于石灰土施工。

3) 掺加料：利用级配砾石、砂石等材料时，其最大粒径不宜超过0.6倍分层厚度，且不大于100mm，掺入量根据试验确定。

3. 机具设备

(1) 石灰土施工主要机械：推土机、平地机、振动压路机、轮胎压路机、装载机、水车。厂拌时选用强制式拌合机，路拌时选用路拌机、圆盘耙、铧犁等。

(2) 小型机具及检测设备：蛙夯或冲击夯、四齿耙、双轮手推车、铁锹；水准仪、全站仪、3m直尺、平整度仪、灌砂筒等。

4. 作业条件

(1) 下承层已通过各项指标验收，其表面应平整、坚实，压实度、平整度、纵断高程、中线偏差、宽度、横坡度、边坡等各项指标必须符合有关规定。

(2) 施工前对下承层进行清扫，并适当洒水润湿。

(3) 恢复施工段的中线，直线段每20m设一中桩，平曲线每10m设一中桩。

(4) 相关地下管线的预埋及回填等已完成并经验收合格。

1.2.2.3 施工工艺

1. 工艺流程

(1) 厂拌法

石灰土拌和→石灰土运输→石灰土摊铺→粗平整型→稳压→精平整型→碾压成活→养生

(2) 路拌法

备料→拌和→摊铺→整型→压实→养生

2. 操作工艺

(1) 厂拌法施工

1) 石灰土拌和:原材料进场检验合格后,按照生产配合比生产石灰土,当原材料发生变化时,必须重新调试灰土配比。出场石灰土的含水量应根据当时天气情况综合考虑,晴天、有风天气一般稍大1%～2%,应对石灰土的含水量、灰剂量进行及时监控,检验合格后方能允许出场。

2) 石灰土运输:采用有覆盖装置的车辆进行运输,按照需求量、运距和生产能力合理配置车辆的数量,运输车按既定的路线进出现场,禁止在作业面上急刹车、急转弯、掉头、超速行驶。

3) 石灰土摊铺:在湿润的下承层上按照设计厚度计算出每延米需要灰土的虚方数量,设专人按固定间隔、既定车型、既定的车数指挥卸料。卸料堆宜按照梅花桩形布置,以便于摊铺作业。摊铺前人工按虚铺厚度用白灰撒出高程点,用推土机、平地机进行摊铺作业,必要时用装载机配合。

4) 粗平整型:先用推土机进行粗平1～2遍,粗平后宜用推土机在路基全宽范围内进行排压1～2遍,以暴露潜在的不平整,其后用人工通过拉线法用白灰再次撒出高程点(预留松铺厚度),根据大面的平整情况,对局部高程相差较大(一般指超出设计高程±50mm时)的面继续用推土机进行整型,推土机整平过程中本着"宁高勿低"的原则,大面基本平整高程相差不大时(一般指±30mm以内时),再用平地机整型。

5) 稳压:先用平地机进行初平一次,质检人员及时检测其含水量,必要时通过洒水或晾晒来调整其含水量,含水量合适后,用轮胎压路机快速全宽静压一遍,为精平创造条件。

6) 精平整型:人工再次拉线用白灰撒出高程点,平地机进行精平1～2次,并及时检测高程、横坡度、平整度。对局部出现粗细集料集中的现象,人工及时处理。对局部高程稍低的灰土面严禁直接采取薄层找补,应先用人工或机械耕松100mm左右后再进行找补。

7) 碾压:石灰土摊铺长度约50m时宜进行试碾压,在最佳含水量-1%～+2%时进行碾压,试压后及时进行高程复核。碾压原则上以"先慢后快"、"先轻后重"、"先低后高"为宜。

直线和不设超高的平曲线段,由两侧路肩向路中心碾压,设超高的平曲线,由内侧路肩向外侧路肩进行碾压。碾压时应重叠200mm～300mm,后轮必须超过两段的接缝。

压路机的碾压速度头两遍以1.5～1.7km/h为宜,以后宜采用2～2.5km/h。

首先压路机静压一遍,再进行振动压实3～5遍,根据试验段的经验总结,结合现场自检压实的结果,确定振动压实的遍数,最后用钢轮压路机和轮胎压路机静压1～2遍,最终消除轮迹印,使表面达到坚实、平整、不起皮、无波浪等不良现象,压实度达到质量要求。

在涵洞、桥台背后等难以使用压路机碾压的部位,用蛙夯或冲击夯压实。由于检查井、雨水口周围不易压实,可采取先埋后挖的逆做法施工,先在井口上覆盖板材,石灰土基层成活后,再挖开,接着长井圈、安井盖、必要时对井室周围浇筑混凝土处理。

8）接茬的处理：工作间断或分段施工时，应在石灰土接茬处预留300mm～500mm不予压实，与新铺石灰土衔接，碾压时应洒水湿润；宜避免纵向接茬缝，当需纵向接茬时，茬缝宜设在路中线附近；接茬应做成梯级形，梯级宽约500mm。

9）成活后即进行洒水养生，养生期不少于7d。养生期间封闭交通，如分层连续施工应在24h内完成。

（2）路拌法施工

1）备料：将土料、石灰粉料运到作业面，按配合比采用方格法进行布料。

2）拌和：将过筛的土和石灰粉料先翻拌1～2遍，检测并调整含水量，然后采用路拌机械翻拌，一般为2～3遍。

3）摊铺、整型、碾压方法基本同厂拌法施工。

3. 季节性施工

（1）雨期施工

1）多雨地区，应避免在雨季进行石灰土结构层的施工。

2）备用的石灰及土堆宜堆成大堆，表面采用塑料布等覆盖，四周挖排水沟排水，防止运到路上的集料过分潮湿，并应采取措施保护石灰免遭雨淋。

3）缩短摊铺长度，摊铺的石灰土当天成活。

（2）冬期施工

1）石灰土基层不应在冬期施工，施工期的日最低气温应在5℃以上。

2）石灰土基层应在第一次重冰冻（－3℃～－5℃）到来之前一个月到一个半月完成。

3）石灰土基层养生期进入冬期，应在石灰土内掺加防冻剂，如掺加3%～6%的硝盐。

1.2.2.4 质量标准

1. 基本要求

（1）土质应符合设计要求，土块应经粉碎。

（2）石灰质量应符合设计要求，块灰须经充分消解才能使用。

（3）石灰和土的用量应按设计要求控制准确，未消解的生石灰块必须剔除。

（4）路拌深度应达到层底。

（5）混合料应处于最佳含水量状况下，用重型压路机碾压至要求的压实度。

（6）保湿养生，养生期应符合规范要求。

2. 实测项目

（1）基层、底基层的压实度应符合下列要求：

① 城市快速路、主干路基层大于或等于97%，底基层大于或等于95%。

② 其他等级道路基层大于或等于95%，底基层大于或等于93%。

检查数量：每1000m^2，每压实层抽检1点。

检验方法：环刀法、灌砂法或灌水法。

（2）基层、底基层试件作7d无侧限抗压强度，应符合设计要求。

检查数量：每200m^2抽检1组（6块）。

检验方法：现场取样试验。

（3）表面应平整、坚实、无粗细骨料集中现象，无明显轮迹、推移、裂缝，接荐平顺，无贴皮、散料。

（4）基层及底基层允许偏差应符合表1－11的规定。

表 1－11 石灰稳定土类基层及底基层允许偏差

项目		允许偏差	检验频率			检验方法
			范围	点数		
中线偏位(mm)		≤20	100m	1		用经纬仪测量
纵断高程(mm)	基层	±15	20m	1		用水准仪测量
	底基层	±120				
平整度(mm)	基层	≤10	20m	路宽(m)	<9	1	用 3m 直尺和塞尺连续量两尺，取较大值
	底基层	≤15			9～15	2	
					>15	3	
宽度(mm)		不小于设规定＋B	40m	1		用钢尺量
横坡		±0.3%且不反坡	20m	路宽(m)	<9	2	用水准仪测量
					9～15	4	
					>15	6	
厚度(mm)		±10	1000m²	1		用钢尺量

3. 外观鉴定

(1) 表面平整密实、无坑洼。

(2) 施工接茬平整、稳定。

1.2.2.5 成品保护

1. 封闭施工现场，非施工人员及车辆不得进入养护路段。

2. 严禁压路机和重型车辆在已成活的路段上行驶，洒水车等不得在成活的路面上调头或急刹车。

3. 洒水、保湿、养生 7d 以上，此项工作应由专人负责，配备必需的资源，一般按每公里配备 5～10t 的专用水车一台，加水站的供水能力每小时不应小于 8m³。随时保持灰土基层表面的潮湿状态。

1.2.2.6 应注意的质量问题

1. 为防止含水量过高时造成表面弹软，过低时造成表面松散，施工时应加强对碾压前含水量的控制，拌和前应对土、石灰等原材料的含水量进行检测，拌和时必须加大对出厂灰土含水量的检测力度，含水量超标的灰土不得出厂。

2. 为防止石灰土拌和不均匀，应根据具体情况对石灰或土进行过 20mm 的方孔筛处理；同时检查拌合机械的拌轴的间隙，延长灰土的拌和时间，并严格控制含水量。

3. 为防止灰土基层的缩裂，应加强养生管理；正确调整土料级配；及早进行上层施工。

1.2.2.7 环境、职业健康安全管理措施

1. 环境管理措施

(1) 对施工垃圾应及时运至垃圾消纳地点；对施工污水应沉淀后通过临时下水道，排入市政的污水系统。

(2) 应对施工现场进行围挡，并对噪声较大的设备(如发电机)进行专项隔离，防止噪声扰民。

(3) 采用低噪声的机械设备，尽量避免在夜间、清晨、中午休息时间施工。

(4) 对施工便道进行日常养护，洒水保湿抑制灰尘；必要时在施工现场的出入口、施工便道与社会道路的交叉路口，铺设一层碎石或草袋等截留泥尘，或设清洁池清洗车辆轮胎。对现场的存土堆、裸露的地表采用防尘网覆盖、喷洒抑尘剂或进行临时绿化处理。

2. 职业健康安全管理措施

(1) 应根据施工特点做好安全交底工作。

(2) 现场要设置专职安全员，负责调度现场施工人员及车辆。

(3) 现场施工机械应做好日常维修保养，保证机械的安全使用性能。

(4) 机械操作手必须持证上岗，专人专岗，且不得疲劳驾驶。

(5) 现场配合机械施工人员必须集中注意力，面向施工机械作业。

1.2.3 石灰粉煤灰稳定砂砾基层和底基层

1.2.3.1 适用范围

适用于城镇道路工程采用石灰粉煤灰稳定天然砂砾的基层和底基层施工。

1.2.3.2 施工准备

1. 技术准备

(1) 认真审核设计图纸，编制路面基层施工方案已经审批，并向有关人员进行技术交底。

(2) 各种原材料经检验合格，已获得最佳含水量和最大干密度数据。混合料的配合比设计已完成。

(3) 根据设计文件校核平面和高程控制桩，复核和恢复路床路面中心线、边线等全部基本桩号。按基层施工要求加密坐标点、水准点控制网。直线段每10m、曲线段每5m钉桩，确定平面位置和高程。

(4) 大面积施工前应完成试验段施工，通过试验段确定合理的机械组合、碾压遍数、施工含水量、虚铺厚度以及生产能力等工艺指标。

2. 材料要求

(1) 石灰：应采用经磨细的生石灰粉或消石灰，消石灰应过筛去掉大于5mm的灰块，石灰等级为Ⅲ级以上，含水量不得超过4%。石灰的其他技术指标应符合国家现行标准《公路路面基层施工技术规范》(JTJ 034)的规定。

(2) 粉煤灰：应采用二级以上的粉煤灰，粉煤灰中 SiO_2、Al_2O_3 和 Fe_2O_3 总的含量应大于70%，烧失量不超过20%；粉煤灰的比表面积宜大于2500cm^2/g或通过0.075mm筛孔总量不少于70%、通过0.3mm筛孔总量不少于90%；使用湿粉煤灰时含水量不宜超过35%。

(3) 砂砾：压碎值应小于30%(底基层小于35%)，最大粒径不应大于37.5mm。级配砂砾中集料的颗粒组成范围应符合国家现行标准《公路路面基层施工技术规范》(JTJ 034)的规定。

(4) 水：凡饮用水(含牲畜饮用水)均可使用。

3. 机具设备

(1) 机械设备

1) 采用摊铺机施工时：摊铺机、振动压路机、水车、铲车、运输卡车等。

2) 采用平地机施工时：推土机、平地机、振动压路机、水车、铲车、运输卡车等。

(2) 工具：手推车、铁锹、筛子、小线、靠尺、刮板等。

(3) 测量仪器：水准仪、经纬仪、钢尺等。

(4) 检测仪器：灌砂筒、弯沉仪、钻心机等。

4. 作业条件

(1) 石灰粉煤灰砂砾基层的下承层表面要平整、坚实，具有规定的路拱，宽度、高程、平整度、压实度、弯沉或 CBR 值符合要求。

(2) 当下承层为新施工的水泥稳定或石灰稳定层时，应确保其养生 7d 以上。当下承层为土基时，必须用 10t 以上压路机碾压 3～4 遍，过干或表层松散时应适当洒水，对过湿有弹簧现象应挖开晾晒、换土或掺石灰、水泥处理。当下承层为老路面时，应将老路面的低洼、坑洞、搓板、辙槽及松散处处理好。

(3) 路肩填土、中央分隔带填土已完成。

(4) 下承层应洒水湿润，但不能过多，不能有积水现象。

(5) 下承层已经过检查验收，并办理交接手续。

1.2.3.3　施工工艺

1. 工艺流程

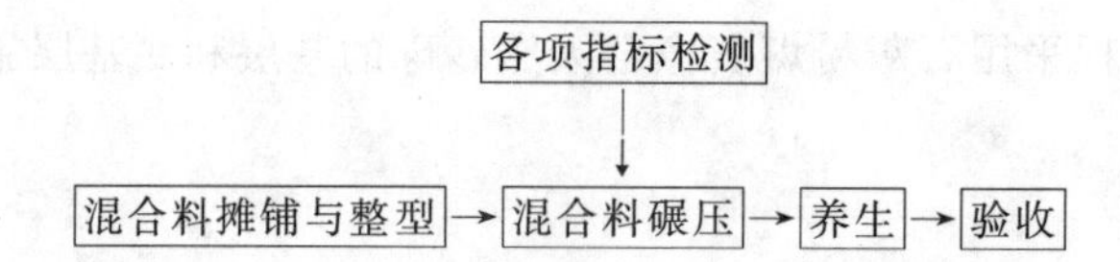

2. 操作工艺

(1) 混合料摊铺与整型

1) 采用摊铺机摊铺

① 摊铺时混合料的含水量应大于最佳含水量 1%～2%，以补偿摊铺及碾压过程中的水分损失。

② 在摊铺机后面设专人消除粗细集料离析现象，特别是粗集料窝或粗集料带应铲除，并用拌和均匀的新混合料填补或补充细混合料并拌和均匀。

③ 用摊铺机摊铺混合料时，每天的工作缝应做成横向接缝，先将摊铺机附近未经压实的混合料铲除，再将已碾压密实且高程等符合要求的末端挖成一横向、与路中心线垂直向下的断面，然后再摊铺新的混合料。

④ 路幅较宽时，为消除纵向接缝，一般用两台摊铺机双机作业，摊铺时，采用两台摊铺机前后相距 10m～20m 同时进行。

⑤ 当必须分两幅施工时，纵缝应垂直相接，在前一幅施工时，靠中央一侧用方木做支撑，其高度和混合料压实厚度相同，养生结束后，在摊铺另一幅之前，拆除支撑方木。

2) 采用平地机摊铺

① 按铺筑厚度计算好每车混合料的铺筑面积，用白灰线标出卸料方格网，由运料车将混合料运至现场，按方格网卸料，每车的混合料装载量要基本一致。

② 当混合料堆放 40m～50m 后，推土机开始作业，按照虚铺厚度用白灰点做出标记，指示推土机操作手，严格按所打白灰点作业，不得出现坑洼现象。

③ 推土机推出 20m～30m 后，应开始进行稳压，稳压速度不宜过快，由低到高全幅静压一遍，为平地机刮平创造条件。

④ 稳压过后，测量人员应检测此时高程，并在边桩上做标记，随后根据稳压后的混合料虚铺厚度，挂线打白灰点指示平地机进行刮平作业。

⑤ 平地机按规定的坡度和路拱初步整平后，施工人员应对表面有集料离析现象的位置进行翻起，搅拌处理后，用压路机碾压 1～2 遍，以暴露潜在的不平整。

⑥ 再用平地机重复上述操作过程，直至基层高程符合要求。

(2) 混合料碾压

1) 在混合料含水量合适的情况下进行碾压,碾压分初压、复压、终压三个阶段。

2) 初压、复压、终压均采用钢轮振动压路机进行,压路机吨位应在12t以上。

3) 混合料经摊铺和整型后,应立即在全宽范围内进行碾压。采用轮胎式单钢轮振动压路机,直线段由两侧向中心碾压,超高段由内侧向外侧碾压,每道碾压应与上道碾压重叠300mm,使每层整个厚度和宽度完全均匀地压实到规定的密实度为止。

4) 压实后表面应平整、无轮迹或隆起、裂纹搓板及起皮松散等现象,压实度达到规定要求。碾压过程中,混合料的表面层应始终保持湿润。如果表面水蒸发过快时,应及时补洒少量的水。

5) 每层碾压后,试验人员测压实度,测量人员测量高程,并做好记录。如标高达不到要求时应根据实际情况进行机械或人工整平,使之达到要求。

6) 在碾压过程中应始终保持表面湿润,集料含水量控制在最佳含水量1%~2%以内,终压完成后应检测压实度和设计高程,达到要求后进行下一步施工。

(3) 养生

1) 碾压完成后应立即进行洒水养生,洒水次数视气温情况以保持基层表面湿润为度。也可以采用覆盖塑料布的方式养生,覆盖前应洒水,养生期间要随时检查覆盖情况,并用砂或土压住。

2) 当基层上为封层或透层沥青层时,可进行封层或透层乳化沥青施工,代替洒水和覆盖养生。

3) 养生期一般为7d。

3. 季节性施工

(1) 冬期施工

1) 基层应在第一次重冰冻(-3℃~-5℃)到来之前一个月停止施工,以保证其在达到设计强度之前不受冻。

2) 必要时可采取提高早期强度的措施,防止基层受冻:

① 在混合料中掺加2%~5%的水泥代替部分石灰。

② 在混合料结构组成规定范围内加大集料用量。

③ 采用碾压成型的最低含水量的情况下压实,最低含水量宜小于最佳含水量1%~2%。

(2) 雨期施工

1) 根据天气预报合理安排施工,做到雨天不施工。

2) 雨期施工时应对石灰、粉煤灰和砂砾进行覆盖,材料场地做好排水,使原材料避免雨淋浸泡。

3) 应合理安排施工段长度,各项工序紧密连接,集中力量分段铺筑,在雨前做到碾压密实。

4) 对软土地段和低洼之处,应在雨期前先行施工。

1.2.3.4 质量标准

1. 基本要求

(1) 粒料应符合设计和施工规范要求,并应根据当地料源选择质坚干净的粒料。

(2) 石灰和粉煤灰质量应符合设计要求,石灰须经充分消解才能使用。

(3) 混合料配合比应准确,不得含有灰团和生石灰块。

(4) 摊铺时应注意消除离析现象。

(5) 碾压时应先用轻型压路机稳压,后用重型压路机碾压至要求的压实度。

(6) 保湿养生,养生期应符合规范要求。

2. 实测项目

同本书"1.2.2.4"相应内容。

3. 外观鉴定

(1) 表面平整密实、无坑洼、无明显离析。

(2) 施工接茬平整、稳定。

1.2.3.5 成品保护

1. 严禁压路机在已完成或正在碾压的路段上调头或急刹车,如必须调头,应在调头处覆盖100mm厚砂砾,以保证基层表面不受破坏。

2. 养生期间应封闭交通,除洒水车辆外,禁止一切车辆通行。洒水车应在养生区段以外的路段上掉头。

3. 养生7d后必须开放交通时,在28d内应限制重型车辆通行,车速应控制在30km/h以内。

4. 养生期结束后,应及时铺筑下一层基层或面层,当铺油的条件不具备时,应先做好封层或透层,并撒石屑保护。

5. 保护好测量标志,如水准点、控制坐标点和高程桩,防止覆盖、移动、碰撞。

6. 禁止在已做完的基层上堆放材料和停放机械设备,防止破坏基层结构。

7. 做好临时路面排水,防止浸泡已施工完的基层。

1.2.3.6 应注意的质量问题

1. 为防止基层表面开花、鼓包,甚至拱起,应严格控制石灰中未经消解的、大于10mm的生石灰块掺入混合料中。

2. 为防止混合料含水量过大出现弹软现象,要严格控制石灰、粉煤灰和砂砾的含水量,并做好覆盖工作。

3. 为确保整体强度,混合料摊铺后,必须针对局部表面离析、骨料集中等现象,采用人工重新局部翻拌均匀后再进行碾压。

4. 为防止基层裂缝,在施工过程中应对混合料含水量、粗骨料含量、养生、开放交通时间等方面进行严格控制。

1.2.4 石灰粉煤灰钢渣基层

1.2.4.1 适用范围

适用于城市道路基层施工,对于其他道路基层施工可参照执行。

1.2.4.2 施工准备

1. 技术准备

(1) 完成石灰粉煤灰钢渣混合料配合比设计。

1) 石灰粉煤灰钢渣混合料配合比设计:根据工程设计书提供的参考配合比并参考以往的经验,确定进行试验的配合比系列,并对这些配合比进行击实试验和7d无侧限抗压强度试验,通过横向对比确定合理的施工配合比。

2) 拌和设备的预拌调试:通过预拌,并对拌出的混合料进行石灰剂量、强度、筛分、击实、含水量等指标的测试,以完成对拌合站控制参数的调试。

3) 按照施工组织设计做好技术交底工作。

(2) 完成试验段施工,编制试验段总结报告并履行审批手续或批复完成。正式施工作业以前,要选择具有代表性的路段,进行200m左右的试验段施工,以确定虚铺系数和施工设备的组合、数量以及摊铺压实工艺等。

2. 材料要求

(1) 石灰:宜用质量符合表1－12规定的Ⅲ级以上消石灰或生石灰,石灰存放时间超过7d或遭受雨淋后,要通过试验来确定新的掺配比例,对于有效钙和氧化镁(CaO＋MgO)含量大于35%并小于55%的消石灰,可通过试验确定新的掺配比例来加以利用,当(CaO＋MgO)小于35%时,不得使用。

表1－12 石灰质量指标表

项目 \ 指标 \ 类别		钙质生石灰			镁质生石灰			钙质消石灰			镁质消石灰		
		等级											
		Ⅰ	Ⅱ	Ⅲ	Ⅰ	Ⅱ	Ⅲ	Ⅰ	Ⅱ	Ⅲ	Ⅰ	Ⅱ	Ⅲ
有效钙加氧化镁含量(%)		≥85	≥80	≥70	≥80	≥75	≥65	≥65	≥60	≥55	≥60	≥55	≥50
未消化残渣含量(5mm圆孔筛的筛余,%)		≤7	≤11	≤17	≤10	≤14	≤20	—	—	—	—	—	—
含水量(%)		—	—	—	—	—	—	≤4	≤4	≤4	≤4	≤4	≤4
细度	0.71mm方孔筛的筛余(%)	—	—	—	—	—	—	0	≤1	≤1	0	≤1	≤1
	0.125mm方孔筛的累计筛余(%)	—	—	—	—	—	—	≤13	≤20	—	≤13	≤20	—

(2) 粉煤灰:SiO_2 和 Al_2O_3 总量应大于70%;700℃时烧失量应小于10%;与石灰混合时能起水硬作用;细度应满足4500孔筛通过量50%～80%,干质量密度500～800kg/m^3;含水量宜为15%～20%。

(3) 钢渣:钢渣应采用崩解达到稳定的陈渣。钢渣级配、破碎率、稳定性指标、粉化率应符合要求;钢渣应经过磁选,保证清洁,不得含有有害物质,钢渣的游离CaO、MgO含量不得超过3%;钢渣最大粒径应小于40mm;其颗粒组成应符合表1－13的规定。

表1－13 钢渣混合料中钢渣颗粒组成范围

通过下列筛孔(mm,方孔)的质量(%)								
37.5	26.6	16	9.5	4.75	2.36	1.18	0.60	0.075
100	95～100	60～85	50～70	40～60	27～47	20～40	10～30	0～15

(4) 水质:采用饮用水或不含有机物杂质的河水、井水等清洁的中性水(pH6～8)。

3. 机具设备

(1) 机械:摊铺机、推土机、平地机、振动压路机、胶轮压路机、装载机、运料卡车和洒水车等。

(2) 检测设备:全站仪、经纬仪、水准仪、钻芯机、弯沉仪、3m靠尺、灌砂筒等。

(3) 工具:测墩、直径3mm或5mm的钢丝绳、倒链、钢钎、铝合金导梁等。

4. 作业条件

(1) 下承层已通过验收,其表面应平整、坚实,压实度、平整度、纵断高程、中线偏差、宽度、横坡度、边坡等各项指标应符合设计要求和有关规范规定。

(2) 施工前对下承层进行清扫,并适当洒水润湿。

(3) 进行施工测量放线

1) 恢复施工段的中线,直线段每20m设一中桩,平曲线每10m设一中桩。

2）放施工宽度线和高程控制点：当采用摊铺机进行施工作业时，用双基准线法控制施工宽度和高程，在距摊铺面两侧各200mm～500mm处安放测墩，同时测量设置高程。基准线可采用钢丝绳或铝合金导梁；对于采用推土机配合平地机进行作业时，可直接采用边桩控制。当采用钢丝绳作为基准线时，应注意张紧度，200m长钢丝绳张紧力不应小于1000N。

1.2.4.3　施工工艺

1. 工艺流程

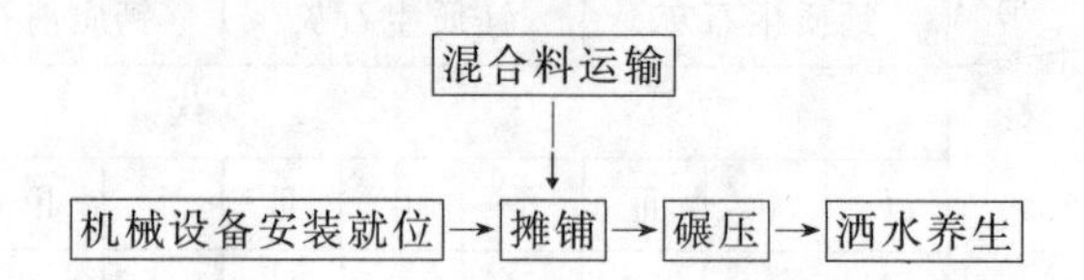

2. 操作工艺

(1) 机械设备安装就位

当采用摊铺机进行摊铺作业时，摊铺机要提前进入现场并进行安装调试，确保其作业能力满足设计宽度的要求，作业时摊铺机进入施工段起点，并按试验段确定的虚铺厚度落下熨平板，同时将高程传感器放在摊铺机两侧的高程细钢丝绳上。

(2) 石灰粉煤灰钢渣混合料的运输

要采用与摊铺方式相匹配的自卸车辆，数量要根据拌合站的产量以及运距等具体情况确定，运料车要进行覆盖处理，运输路线要统筹安排，确保便捷、省时。

(3) 混合料摊铺

1）摊铺作业宜整幅完成，可一台或多台联合摊铺。料车到场后，由专人站在摊铺机料斗一侧，负责指挥料车向料斗中卸料。同时启动摊铺机向两侧的搅笼中搅料，随后即可开动摊铺机前行作业。施工期间，料车要始终紧贴摊铺机前端，防止滑脱。

2）作业人员要对新铺路面的高程、厚度、横坡等指标进行检测，并及时对摊铺机进行调整，以尽快使摊铺作业进入正常状态。当采用推土机和平地机配合作业时，可将混合料直接卸在工作区内，卸料位置采用梅花形布置，疏密程度要提前计算，做到既利于推土机作业，又满足虚铺厚度要求。推土机将混合料均匀摊开并用履带板对全幅静压一遍，平地机随后进行刮平作业，做到施工段表面平整光洁，高程、横坡满足质量要求。

3）当分层摊铺作业且作业面出现纵横缝时，纵横缝应做成梯级型，梯级宽度为500mm。

(4) 碾压

1）碾压分为初压、复压、终压三个阶段。

① 初压采用小于12t的压路机静压1～2遍，静压速度小于2km/h，静压之后要进行适当的人工找补。

② 复压采用大于12t的压路机进行，碾压一般需2～3遍，复压速度2.5km/h左右，要边压边通过灌砂法进行压实度测试，确保压实度合格。

③ 终压在复压合格后进行，采用压路机进行静压赶光作业，终压速度控制在3km/h左右，必要时采用胶轮压路机赶光一遍。

2）碾压作业中应注意的原则：正常段作业时由两侧向路中侧碾压，超高段由内侧向外侧进行碾压；每道碾压应与上一道碾压带重叠300mm，并确保均匀压实全幅；如作业期间出现松散、起皮等现象，应及时进行处理，待处理后方可进行压实。

(5) 洒水养生

摊铺完成后及时进行养生，养生期不少于7d。可采用洒水养生或薄膜覆盖。洒水车宜采用喷淋式水车。

3. 季节性施工

(1) 冬期施工

不宜在冬期进行施工。当日最低气温5℃以上并持续15d时方可施工,在冰冻地区须在结冻前15～30d停止施工。

(2) 雨期施工

1) 工作面的维护:若下承层是土基,应确保雨前土基碾压密实,对软土地段或低洼地段,应安排在雨期前施工,路床两侧应开挖临时排水槽,以利于排水。

2) 混合料要边摊铺、边碾压。对已摊铺好的混合料,要在雨前或冒雨进行初压,雨后再加压密实。对已铺好而尚未碾压的混合料,雨后应封闭交通,晾晒至适当含水量后再进行碾压。

3) 当出现连阴雨天情况时,不宜施工。

1.2.4.4 质量标准

1. 基本要求

(1) 石灰粉煤灰钢渣基层的无侧限抗压强度、压实度应符合设计要求和施工规范规定。

(2) 钢渣、石灰、粉煤灰质量要符合设计要求,钢渣要用一年以上的陈渣,石灰应经充分消解后才能使用。

(3) 混合料配合比应准确,不得含有灰团和生石灰块。

(4) 摊铺层无明显的粗细颗粒离析现象。

2. 实测项目

同本书"1.2.2.4"相应内容。

3. 外观鉴定

(1) 表面平整坚实,无坑洼和明显离析。用12t以上压路机碾压后,轮迹深度不得大于5mm,并不得有浮料、脱皮、松散、颤动现象。

(2) 接茬处应平整、稳定。

1.2.4.5 成品保护

1. 封闭施工现场,非施工人员及车辆不得进入养护路段。

2. 严禁压路机和重型车辆在已成活的路段上行驶,洒水车等不得在成活的面上调头或急刹车。

3. 养生7d以后,仍不能进行沥青混凝土面层施工时,应提前洒布乳化沥青封层,并均匀撒布石屑,以免在通行车辆机械时过分磨损。

1.2.4.6 应注意的质量问题

1. 为避免集料离析现象,在拌合站装料时,应采用间歇装料法;在摊铺作业期间应通过调整搅笼高度及挡板与搅笼间距离来尽量消除离析。如摊铺时产生离析现象需人工进行处理。

2. 为保证接缝平顺,施工中应尽量减少横缝,避免纵缝。出现横缝时应采用直茬连接,由人工将已铺面凿至高程平整度等满足质量要求的位置,摊铺机就位时要垫高至虚铺高度方可摊铺作业。上下层两相邻横缝间距不少于10m,纵缝可通过多机联合作业来消除。

1.2.4.7 环境、职业健康安全管理措施

1. 环境管理措施

(1) 及时对施工垃圾进行收集消纳。

(2) 尽量减少鸣笛;控制施工时间段,尽量避免夜间施工噪声扰民。

(3) 现场要配备足够的洒水车进行洒水，以确保施工现场及施工便道不起尘。

2. 职业健康安全管理措施

(1) 应根据施工特点做好安全交底工作。

(2) 现场要设置专职安全员，负责调度现场施工人员及车辆。

(3) 现场施工机械应做好日常维修保养，保证机械的安全使用性能。

(4) 机械操作手必须持证上岗，专人专岗，且不得疲劳驾驶。

(5) 现场配合人员必须面向施工机械作业。

1.2.5 级配碎(砾)石基层和底基层

1.2.5.1 适用范围

适用于城市道路碎(砾)石基层和底基层施工，其他公路施工可参照执行。

1.2.5.2 施工准备

1. 技术准备

(1) 级配碎(砾)石已检验、试验合格。

(2) 施工方案编制、审核、审批已完成。

(3) 试验段施工选取100m～200m的具有代表性的路段，并采用计划用于主体工程的材料、配合比、压实设备和施工工艺进行实地铺筑试验，已确定在不同压实条件下达到设计压实度时的松铺厚度、压实系数、压实机械组合、最少压实遍数和施工工艺流程等。

2. 材料要求

(1) 轧制碎石的材料可以是各种类型的岩石(软质除外)，宜采用石灰岩。

(2) 进场的碎石应进行颗粒组成、压碎值、级配试验检查，其试验指标应符合表1－14和表1－15的规定。

表1－14　级配碎石及级配碎砾石的颗粒范围及技术指标

项目		通过质量百分率(%)			
		基层		底基层③	
		次干路及以下道路	城市快速路、主干路	次干路及以下道路	城市快速路、主干路
筛孔尺寸(mm)	53	—	—	100	
	37.5	100	—	85～100	100
	31.5	90～100	100	69～88	83～100
	19.0	73～88	85～100	40～65	54～84
	9.5	49～69	52～74	19～43	29～59
	4.75	29～54	29～54	10～30	17～45
	2.36	17～37	17～37	8～25	11～35
	0.6	8～20	8～20	6～18	6～21
	0.075	0～7②	0～7②	0～100	0～10
液限(%)		<28	<28	<28	<28
塑性指数		<6(<9①)	<6(<9①)	<6(<9①)	<6(<9①)

注：① 示潮湿多雨地区塑性指数宜小于6，其他地区塑性指数宜小于9；

② 示对于无塑性的混合料，小于0.075mm的颗粒含量接近高限；

③ 示底基层所列为未筛分碎石颗粒组成范围。

表1－15　级配碎石及级配碎砾石压碎值

项　目	碎　碎　值	
	基　层	底基层
城市快速路、主干路	＜26％	＜30％
次干路	＜30％	＜35％
次干路以下道路	＜35％	＜40％

(3) 碎石中针片状颗粒的总含量不得超过20％；碎石中不应有粘土块、植物等有害颗粒。石屑或其他细集料石可以使用一般碎石场的细筛余料，或专门轧制的细碎石集料，也可以用天然砂砾或粗砂代替石屑，天然砂砾或粗砂应有较好的级配。砂砾底基层的级配范围见表1－16。液限应小于28％，塑性指数应小于9。

表1－16　砂砾底基层的级配范围

筛孔尺寸(mm)	53	37.5	9.5	4.75	0.6	0.075
通过质量百分率(％)	100	80～100	40～100	25～85	8～45	0～15

3. 机具设备

(1) 主要机械设备：装载机、推土机、摊铺机、平地机、压路机、水车、自卸汽车等。

(2) 主要测量检测设备：全站仪、水准仪、经纬仪、灌砂筒、3m直尺、钢尺等。

(3) 一般机具：测墩、3mm或5mm直径钢丝绳、倒链、铝合金导梁等。

4. 作业条件

(1) 级配碎(砾)石的下承层表面应平整、坚实，并验收合格。检测项目包括压实度、弯沉(封顶层)、平整度、纵断高程、中线偏差、宽度、横坡度等。

(2) 运输、摊铺、碾压等设备及施工人员已就位；拌合及摊铺设备已调试运转良好。

(3) 施工现场运输道路畅通。

1.2.5.3　施工工艺

1. 工艺流程

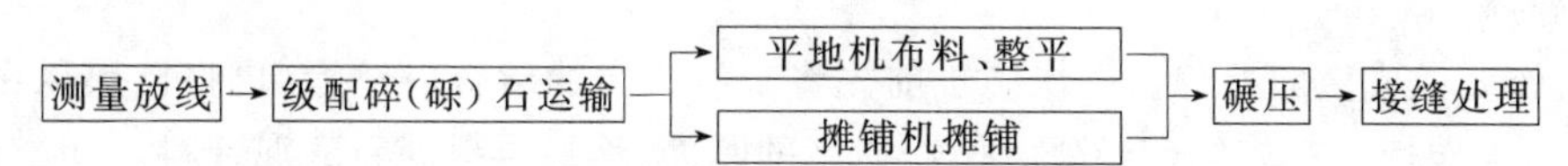

2. 操作工艺

(1) 测量放线

在底基层或路床上恢复道路中线，直线段每20m设一中桩，平曲线段每10m～15m测放一中桩；平曲线段每10m设高程桩；并测设路基边桩，标示出基层面设计高程。摊铺机作业时，4m～6m放置测墩，并依据钢丝绳或铝合金导梁及摊铺厚度测设墩顶标高，控制设计标高。

(2) 级配碎(砾)石运输

1) 集料装车时，应控制每车料的数量基本相等。

2) 根据各路段基层或底基层的宽度、厚度及设计干密度计算各段需要的集料数量，并计算料堆的堆放距离。卸料时应严格控制料堆距离。

(3) 摊铺、整平

1）平地机布料整平

① 应通过试验段确定集料的松铺系数，并确定松铺厚度。平地机摊铺混合料时，松铺系数宜为 1.25～1.35。

② 卸料后及时用推土机将混合料均匀摊铺，表面应力求平整。

③ 用平地机将拌和均匀的混合料按规定的路拱进行整平和整型，在整型过程中，应注意消除粗细集料离析现象。

④ 用压路机在已初平的路段上快速碾压一遍，以暴露潜在的不平整。并采用平地机进行精平。

2）摊铺机摊铺

① 摊铺时混合料的含水量宜高于最佳含水量约 1%，以补偿摊铺及碾压过程中的水分损失。在摊铺机后面设专人消除粗细集料离析现象，特别是粗集料窝或粗集料带应该铲除，并用新混合料填补或补充细混合料并拌和均匀。

② 路宽大于 8m 时宜采用双机作业，两台摊铺机组成摊铺作业梯队，其前后间距约为 10m～15m。摊铺机内、外侧用铝合金导梁控制高程。摊铺机起步后，测量、质检人员要立即检测高程、横坡和厚度，并及时进行调试。施工过程中摊铺机不得随意变速、停机，保持摊铺的连续性和匀速性。

（4）碾压

1）当混合料的含水量等于或略大于最佳含水量时，立即用压路机静压 1～2 遍，再用振动压路机或轮胎压路机碾压 4～6 遍。

2）直线和不设超高的平曲线段，由两侧路肩开始向路中心碾压；在设超高的平曲线段，由内侧路肩向外侧路肩进行碾压。

3）碾压时，后轮必须超过两段的接缝处。后轮压完路面全宽时，即为一遍。碾压一直进行到规定的压实度为止。终压时静压 1～2 遍，使表面无明显轮迹。压路机的碾压速度宜先慢后快，头两遍采用 1.5～1.7km/h，之后采用 2.0～2.5km/h，路面的两侧应多压 2～3 遍。

4）严禁压路机在已完成的或正在碾压的路段上调头或急刹车。

5）凡含土的级配碎石，都应进行滚浆碾压，一直压到碎石层中无多余细土泛到表面为止。滚到表面的浆（或事后变干的薄土层）应清除干净。

（5）接缝的处理

1）每天的工作缝做成横向接缝。下次施工前先将未经压实的混合料铲除，再将已碾压密实且高程符合要求的末端挖成一横向（与路面垂直）向下的断面，然后再摊铺新的混合料。

2）为消除纵向接缝，采用两台摊铺机双机联合摊铺作业，两台摊铺机前后相距 10m～15m 同时行进。

3. 季节性施工

（1）雨期施工时注意及时收听天气预报，并采取相应的排水措施，以防雨水进入路面基层，冲走基层表面的细粒土，从而降低基层强度。

（2）雨期施工期间应随铺随碾压，当天碾压成活。

（3）级配碎（砾）石冬期不宜施工。

1.2.5.4 质量标准

1. 基本要求

（1）应选用质地坚韧、无杂质的碎石、砂砾、石屑或砂，级配应符合要求。

(2) 配料必须准确，塑性指数必须符合规定。

(3) 混合料应拌和均匀，无明显离析现象。

(4) 碾压应遵循先轻后重的原则，洒水碾压至要求的压实度。

2. 实测项目

(1) 级配碎石压实度，基层不得小于97%，底基层不应小于95%。

检查数量：每1000m² 抽检1点。

检验方法：灌砂法或灌水法。

(2) 弯沉值，不应大于设计规定。

检查数量：设计规定时每车道、每20m，测1点。

检验方法：弯沉仪检测。

(3) 外观质量：表面应平整、坚实，无推移、松散、浮石现象。

检查数量：全数检查。

检验方法：观察。

(4) 级配碎石及级配碎砾石基层和底基层的偏差应符合规范表1－17的有关规定。

表1－17　级配砂砾及级配砾石基层和底基层允许偏差

<table>
<tr><th colspan="2" rowspan="2">项　　目</th><th rowspan="2">允许偏差</th><th colspan="4">检验频率</th><th rowspan="2">检验方法</th></tr>
<tr><th>范围</th><th colspan="3">点数</th></tr>
<tr><td colspan="2">中线偏位(mm)</td><td>≤20</td><td>100m</td><td colspan="3">1</td><td>用经纬仪测量</td></tr>
<tr><td rowspan="2">纵断高程(mm)</td><td>基层</td><td>±15</td><td rowspan="2">20m</td><td colspan="3" rowspan="2">1</td><td rowspan="2">用水准仪测量</td></tr>
<tr><td>底基层</td><td>±120</td></tr>
<tr><td rowspan="3">平整度(mm)</td><td>基层</td><td>≤10</td><td rowspan="3">20m</td><td rowspan="3">路宽(m)</td><td><9</td><td>1</td><td rowspan="3">用3m直尺和塞尺连续量两尺，取较大值</td></tr>
<tr><td rowspan="2">底基层</td><td rowspan="2">≤15</td><td>9～15</td><td>2</td></tr>
<tr><td>>15</td><td>3</td></tr>
<tr><td colspan="2">宽度(mm)</td><td>不小于设规定＋B</td><td>40m</td><td colspan="3">1</td><td>用钢尺量</td></tr>
<tr><td colspan="2" rowspan="3">横坡</td><td rowspan="3">±0.3%且不反坡</td><td rowspan="3">20m</td><td rowspan="3">路宽(m)</td><td><9</td><td>2</td><td rowspan="3">用水准仪测量</td></tr>
<tr><td>9～15</td><td>4</td></tr>
<tr><td>>15</td><td>6</td></tr>
<tr><td rowspan="2">厚度(mm)</td><td>砂石</td><td>＋20
－10</td><td rowspan="2">1000m²</td><td colspan="3" rowspan="2">1</td><td rowspan="2">用钢尺量</td></tr>
<tr><td>砾石</td><td>＋20
－10%层厚</td></tr>
</table>

3. 外观鉴定

表面平整密实，边线整齐，无松散。

1.2.5.5　成品保护

1. 封闭施工现场，悬挂醒目的禁行标志，设专人引导交通，看护现场。

2. 严禁车辆及施工机械进入成活路段，倘若车辆必须走碾压完的基层，必须对基层表面采取保护措施。

3. 级配碎(砾)石成活后,如不连续施工应适当洒水湿润。

1.2.5.6 应注意的质量问题

1. 为防止施工缝处衔接不平顺,施工作业段之间的横缝衔接应认真处理,在碾压时预留 5m～10m 不压,待下一个施工段一起碾压。对于纵缝,预留 300mm 与下一幅搭接,一起碾压。

2. 施工时自卸汽车倾倒速度要慢,应使混合料缓缓落下,若在摊铺时局部有粗细集料离析严重时,应更换材料或按照设计配比,筛分掺拌,以消除因离析造成的基层强度降低。

1.2.5.7 环境、职业健康安全管理措施

1. 环境管理措施

(1) 现场存放油料必须对库房进行防渗漏处理,储存和使用都要采取隔离措施,以防油料污染环境。

(2) 对施工噪声应进行严格控制,最大限度地减少噪声扰民。

(3) 施工临时道路定期维修、养护、洒水,防止扬尘。

2. 职业健康安全管理措施

(1) 做好施工机械设备的日常维修保养,保证机械的安全使用性能。

(2) 施工现场设专人指挥施工机械设备和车辆,施工中车辆前禁止站人。

(3) 油料库应有健全的防火防爆措施和配备消防器材。

1.2.6 沥青透层、粘层与封层

1.2.6.1 适用范围

适用于各种等级公路和城市道路的透层、粘层及封层施工。

1.2.6.2 施工准备

1. 材料要求

(1) 乳化石油沥青

1) 乳化石油沥青的质量应符合《公路沥青路面施工技术规范》(JTJ 032)的有关规定。

2) 乳化石油沥青可利用胶体磨或匀油机等乳化机械在沥青拌合厂制备,乳化剂用量(按有效含量计)宜为沥青用量的 0.3%～0.8%。制备乳化石油沥青的温度应通过试验确定,乳化剂水溶液的温度宜为 40℃～70℃,石油沥青宜加热至 120℃～160℃,乳化沥青制成后应及时使用,存放期内要求不离析、不冻结、不破乳。

(2) 液体石油沥青:液体石油沥青的质量应符合《公路沥青路面施工技术规范》(JTJ 032)的有关规定。使用前应由试验确定掺配比例。

(3) 煤沥青

1) 煤沥青的质量应符合《公路沥青路面施工技术规范》(JTJ 032)的有关规定。

2) 煤沥青使用期间在储油池或沥青罐中储存温度宜为 70℃～90℃,并应避免长期储存。经较长时间存放的煤沥青在使用前应抽样检测,质量不合格不得使用。

(4) 集料

1) 集料质量应符合《公路沥青路面施工技术规范》(JTJ 032)的矿料要求,颗粒状集料(大于 1mm)应选用强度高、硬度大、耐磨耗的砂石集料。

2) 稀浆封层所需集料适宜用矿渣、碎石,不适宜用轻质材料、页岩及泥岩等。对于小于 5mm 的细集料,应选用坚硬、干燥、洁净、无泥土和有机杂质,级配适当、砂当量不低于 45%的石屑

或砂。

（5）填料：可用水泥、石灰或粉煤灰等作为填料，要求松散、干燥、不含泥土。

（6）水：水质应满足洁净水标准，盐水、工业废水及含泥水不能使用。

（7）沥青路面透层及粘层材料规格和用量见表1－18。

表1－18　沥青路面透层及粘层材料规格和用量

用途		乳化沥青		液体石油沥青		煤沥青	
		规格	用量（L/m^2）	规格	用量（L/m^2）	规格	用量（L/m^2）
透层	粒料基层	PC－2 PA－2	1.1～1.6	AL(M)－1或2 AL(S)－1或2	0.9～1.2	T－1 T－2	1.0～1.3
透层	半刚性基层	PC－2 PA－2	0.7～1.1	AL(M)－1或2 AL(S)－1或2	0.6～1.0	T－1 T－2	0.7～1.0
粘层	沥青层	PC－3 PA－3	0.3～0.6	AL(R)－1或2 AL(M)－1或2	0.3～0.5	T－3、T－4、 T－5	0.3～0.6
粘层	水泥混凝土	PC－3 PA－3	0.3～0.5	AL(R)－1或2 AL(M)－1或2	0.2～0.4	T－3、T－4、 T－5	0.3～0.5

（8）乳化沥青稀浆封层的矿料级配及沥青用量范围如表1－19所示。

表1－19　乳化沥青稀浆封层的矿料级配及沥青用量范围

	筛孔（mm）		级配类型		
	方孔筛	圆孔筛	ES－1	ES－2	ES－3
通过筛孔的质量百分比（%）	9.5	10	100	100	100
	4.75	5	90～100	90～100	70～90
	2.36	2.5	65～90	65～90	45～70
	1.18	1.2	40～60	45～70	28～50
	0.6		25～42	30～50	19～34
	0.3		15～30	18～30	12～25
	0.15		10～20	10～21	7～18
	0.075		—	5～15	5～15
沥青用量（油石比）（%）			10～16	7.5～13.5	6.5～12
适宜的稀浆封层厚度（mm）			2～3	3～5	4～6
稀浆混合料用量（kg/m^2）			3～5.5	5.5～8	＞8

注：1. 表中沥青用量指乳化沥青中水分蒸发后的沥青数量，乳化沥青用量可按其浓度计算。

2. ES－1型适用于较大裂缝的封缝或中、轻交通道路的薄层罩面处理；

ES－2型是铺筑中等粗糙度磨耗层最常用的级配，也可适用于旧路修复罩面；

ES－3型适用于高速公路、一级公路和城市快速路、主干路的表层抗滑处理，铺筑高粗糙度的磨耗层。

2. 机具设备

（1）主要机械设备：沥青洒布车、手工沥青洒布机、双钢轮压路机、稀浆封层铺筑机等。

（2）其他机械设备：水车、空压机、铲车、运输车等。

3. 作业条件

（1）当气温低于10℃时，不得进行透层、粘层及封层施工，风力大于4级或即将降雨时，不得浇洒透层油，当路面潮湿时不得浇洒粘层沥青。

(2) 透层、粘层及封层施工前，下承层必须经监理工程师验收合格。

(3) 当在已有旧路面上铺筑稀浆封层时，施工前应先修补坑槽、整平路面。

(4) 乳化沥青由沥青拌合站集中生产，运至现场。

1.2.6.3 施工工艺

1. 工艺流程

(1) 透层施工

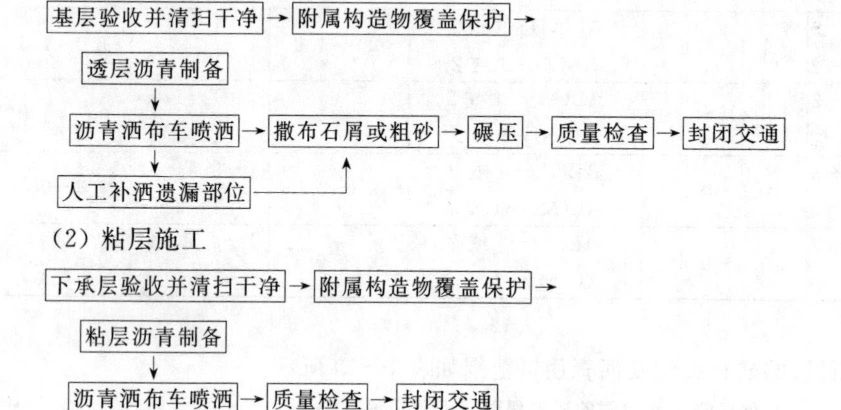

(2) 粘层施工

下承层验收并清扫干净 → 附属构造物覆盖保护 →

粘层沥青制备

沥青洒布车喷洒 → 质量检查 → 封闭交通

人工补洒遗漏部位

(3) 封层施工

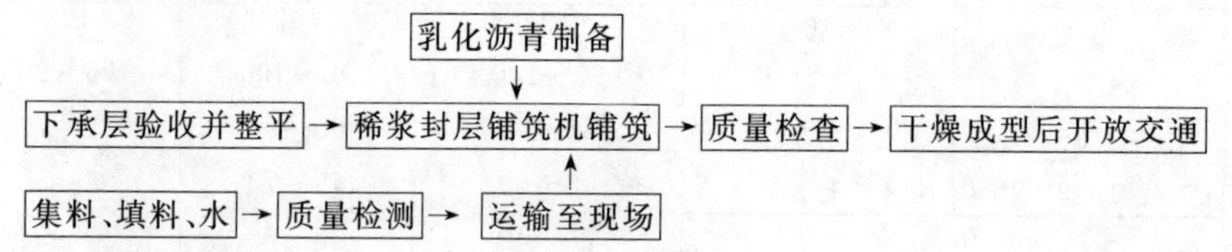

2. 操作工艺

(1) 透层施工

1) 透层宜紧接在基层施工结束表面稍干后浇洒，当基层完工时间较长，表面过分干燥时，应对基层进行清扫，在基层表面少量洒水，并对附属构造物覆盖保护，待表面稍干后浇洒透层沥青。

2) 透层大面积施工前应在路上先行试洒，以确定喷洒速度及洒油量。施工时采用沥青洒布车按设计沥青用量一次喷洒均匀，当有遗漏及路边缘喷洒不到部位，应采用人工洒布机补洒，应做到外观检查不露白、不缺边。

3) 在无机结合料稳定半刚性基层上浇洒透层沥青后，宜立即撒布用量(2～3)$m^3/1000m^2$ 的石屑。在无机结合料粒料基层上浇洒透层沥青后，当不能及时铺筑面层，并需开放施工车辆通行时，也应撒铺适量的石屑或粗砂，此种情况下透层沥青用量宜增加10%。撒布石屑或粗砂后，应用6～8t双钢轮压路机稳压1～2遍。在铺筑沥青面层前如发现局部地方透层沥青剥落应予修补；当有多余的浮动石屑或粗砂时，应予扫除。

4) 透层洒布后应尽早铺筑沥青面层。当用乳化沥青作透层时，洒布后应待其破乳且洒布时间不宜少于24h之后，方可铺筑沥青面层。

5) 在铺筑沥青面层前，若局部地方尚有多余的透层沥青未渗入基层时，应予以清除。

(2) 粘层施工

1）粘层沥青宜采用沥青洒布车喷洒，洒布时应保持稳定的速度和喷洒量。沥青洒布车在整个洒布宽度内必须喷洒均匀。在路缘石、雨水口、检查井等局部应用刷子人工涂刷。

2）粘层沥青应均匀洒布或涂刷，浇洒过量处应予刮除，洒布不到部分，采用人工进行补洒。

3）粘层沥青洒布后应紧接铺筑沥青面层，但乳化沥青应待破乳、水分蒸发完后铺筑。

（3）封层施工

1）上封层及下封层可采用拌合法或层铺法施工的单层式沥青表面处置，也可采用乳化沥青稀浆封层。新建的高速公路、一级公路的沥青路面上不宜采用稀浆封层铺筑上封层。

2）拌和法沥青表面处置铺筑上封层或下封层，应按《公路沥青路面施工技术规范》(JTJ 032)中热拌沥青混合料的规定执行。

3）单层式沥青表面处置铺筑上封层或下封层，施工工艺可参照透层施工工艺，沥青用量及碎石规格用量按设计要求确定。

4）稀浆封层施工应采用稀浆封层铺筑机进行。铺筑机应具有储料、送料、拌和、摊铺和计量控制等功能。摊铺时应控制好集料、填料、水、乳液的配合比例。当铺筑过程中发现有一种材料用完时，必须立即停止铺筑，重新装料后再继续进行。

5）稀浆封层铺筑机工作时，应匀速前进，达到厚度均匀、表面平整的要求。

6）稀浆封层混合料的湿轮磨耗试验的磨耗损失不宜大于800g/m²；轮荷压砂试验的砂吸收量不宜大于600g/m²。稀浆封层混合料的加水量应根据施工摊铺和易性的程度由稠度试验确定，要求的稠度应为20mm～30mm。

7）稀浆封层铺筑后，必须待乳液破乳、水分蒸发、干燥成型后方可开放交通。

3. 季节性施工

（1）雨期施工：透层施工如遇阴雨天，可在雨停后，基层表面无积水时进行施工。粘层、封层施工，应在下承层干燥后再进行施工，对局部潮湿的路段，可采用喷灯进行烘干。

（2）冬期施工：当气温低于10℃时，不得进行透层、粘层和封层施工。

1.2.6.4　质量标准

1. 基本要求

（1）沥青材料的各项指标和石料的质量规格及用量应符合设计要求。

（2）沥青浇洒应均匀、无露白，不得污染其他构筑物。

2. 实测项目

见表1－20。

表1－20　**实测项目**

检查项目	规定值或允许偏差	检查方法和频率
沥青用量（kg/m²）	±10%	每工作日每层洒布沥青按T0982检查一次

1.2.6.5　成品保护

1. 透层、粘层沥青洒布后，严禁车辆、行人通行，必要时设置围挡保护。

2. 施工过程中应加强对路缘石、绿化等附属工程的保护，采用塑料布或编织布覆盖保护。

1.2.6.6　应注意的质量问题

1. 透层、粘层和封层喷洒应均匀，不得露白，防止出现布量过多或过少现象，防止造成路面泛油或剥落等质量问题。

2. 为保证路面质量，面层、透层撒布的石屑必须坚硬、清洁、无风化、无杂质，撒布量应适宜，不得有多余的浮动石屑。

3. 透层、粘层和封层施工前，下承层必须清扫干净，粘层、封层施工应在下承层干燥情况下进行。防止路面和基层出现两层皮现象。

1.2.6.7 环境、职业健康安全管理措施

1. 环境管理措施

(1) 严格执行作业时间，尽量避免噪声扰民，控制强噪声机械在夜间作业。

(2) 喷洒透层、粘层、封层沥青时，应采取措施保护道路构筑物，防止污染周围环境。

2. 职业健康安全管理措施

(1) 所有机械操作手都必须持证上岗，杜绝酒后操作设备。

(2) 现场施工人员必须配备齐相应的劳动防护用品。

(3) 操作人员应定期进行体检，对沥青材料过敏者和皮肤病患者不宜从事此项工作。

(4) 运输车辆进入施工现场应注意控制车速，安全行驶。

1.3 面 层

1.3.1 沥青混凝土路面

1.3.1.1 适用范围

适用于城市道路工程沥青混凝土路面的机械摊铺施工。

1.3.1.2 施工准备

1. 技术准备

(1) 调查现场情况，编制详细可行的沥青混凝土路面施工计划和施工方案，并经监理审批后组织交底。

(2) 沥青混凝土路面施工必须成立施工组织机构，使施工准备、摊铺、压实、质检、后勤和设备保障等全过程处于受控状态。

(3) 对计划使用的机械设备和混合料配合比，应通过铺筑试验段进行检验，对拌和、运输、摊铺、碾压以及工序衔接等进行优化，提出标准施工方法。

2. 材料要求

热拌沥青混合料应符合《城镇道路工程施工与质量验收规范》(CJJ1)的有关规定。

3. 机具设备

(1) 主要机械设备

1)履带式沥青混凝土摊铺机、轮胎式沥青混凝土摊铺机。

2)压实机械：6～14t 双轮钢筒振动压路机，16～20t 轮胎式压路机，1～2t 手扶式小型振动压路机。

3)其他机械：铣刨机、运输车、铲车、水车、加油车、路面切缝机。

(2) 施工及检测工具

1)施工工具：平铁锹、耙子、小火车、浮动机准梁、筛子、墩锤、烙铁、手锤、测墩、铝合金导梁、钎子、绕线支架、紧线器、喷灯。

2)检测工具：3m 直尺、测平车、核子仪、取芯机、数显测温计、水准仪、经纬仪、钢尺、小线等。

4. 作业条件

(1) 沥青混凝土下面层必须在基层验收合格并清扫干净、喷洒乳化沥青24h后方可进行施工。

(2) 沥青混凝土下面层施工应在路缘石安装完成并经监理验收合格后进行。路缘石与沥青混合料接触面应涂刷粘结油。

(3) 沥青混凝土中、表面层施工前,应对下面层和桥面混凝土铺装进行质量检测汇总。对存在缺陷部分进行必要的铣刨处理。

(4) 沥青混凝土中、表面层施工应在下面层及桥面防水层施工完成经监理验收合格后进行。对中、下面层表面泥泞、污染等必须清理干净并喷洒粘层油。

(5) 施工前对各种施工机具做全面检查,经调试证明处于性能良好状态,机械数量足够,施工能力配套,重要机械宜有备用设备。

1.3.1.3　施工工艺

1. 工艺流程

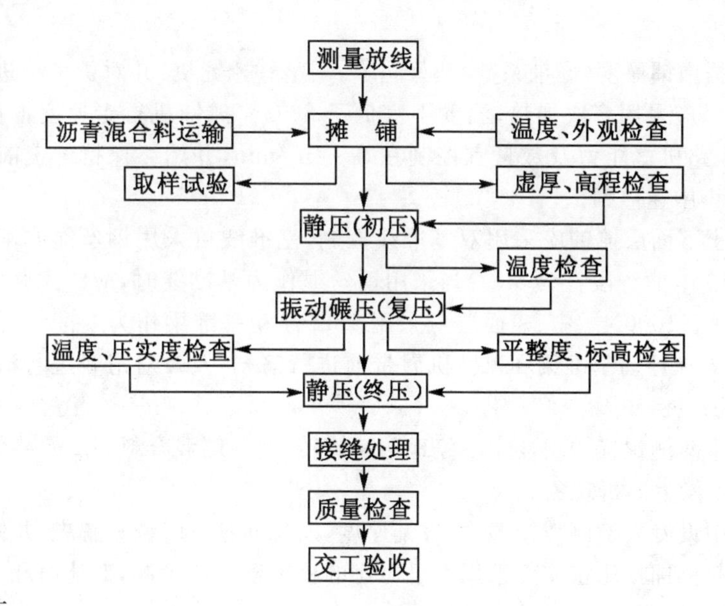

2. 操作工艺

(1) 测量放线

参照本书相关内容进行测放。

(2) 沥青混凝土混合料的运输

1) 运输沥青混凝土混合料的车辆应每天进行检查,确保车况良好。对运输车司机应进行教育培训。

2) 沥青混凝土混合料应采用后翻式大吨位自卸汽车运输,车厢应清扫干净。为防止沥青混合料与车厢板粘结,车厢底板和侧板可均匀涂抹一薄层油水(柴油与水的比例可为1∶3)。

3) 从拌合机向运料车装料时,每卸一斗混合料挪动一下汽车位置,以减少粗细集料的离析现象。

4) 沥青混合料运输车的数量应与搅拌能力或摊铺速度相适应,施工过程中摊铺机前方应有运料车在等候卸料。对高速公路和一级公路开始摊铺时,在施工现场等候卸料的运料车不宜少于5辆。

5）沥青混凝土混合料在运送过程中，应用篷布全面覆盖，用以保温、防雨、防污染。

6）运料车卸料时，设专人进行运料车辆的指挥，在运料车距摊铺机料斗 200mm～300mm 处停车挂空挡，由摊铺机推动前进，严禁冲撞摊铺机。

7）现场设专人进行收料，并检查沥青混合料质量和检测温度。对结团成块、花白料、温度不符合规范规定要求的沥青混合料不得铺筑在道路上，应予以废弃。

（3）摊铺

1）铺筑沥青混合料前，应检查确认下层的质量。当下层质量不符合要求，或未按规定洒布透层、粘层、铺筑下封层时，不得铺筑沥青混凝土面层。

2）高速公路沥青混凝土路面施工宜采用两台摊铺机进行组合梯队摊铺，固定板摊铺机组装宽度不宜大于 10m，伸缩式摊铺机铺筑宽度不宜大于 7.5m，相邻两幅的宽度应重叠 50mm～100mm 左右。两台摊铺机宜相距 10m～30m。当混合料供应及时，全断面施工不发生离析现象时，也可采用一台摊铺机全宽度摊铺。在加宽段摊铺时，应另配备液压伸缩摊铺机，与主机前后错开 10m 左右呈梯队平行作业，以消除纵向冷接缝。为保证接缝顺直，在摊铺前设置摊铺机行走标志线。

3）摊铺前根据虚铺厚度（虚铺系数）垫好垫木，调整好摊铺机，并对烫平板进行充分加热，为保证烫平板不变形，应采用多次加热，温度不宜低于 80℃。摊铺机行走速度根据沥青混凝土厂供应能力及配套压路机械能力及数量宜控制在 2～4m/min，并始终保持匀速前进，不得忽快忽慢，无特殊情况不得中途停顿。

4）沥青混凝土下面层摊铺应采用双基准线控制，基准线可采用钢丝绳或基准梁，高程控制桩间直线段宜为 10m，曲线段宜为 5m。当采用钢丝绳作为基准线时，应注意张紧度，200m 长钢丝绳张紧力不应小于 1000N。中、表面层应采用 18m 浮动基准梁作为基准装置，摊铺过程中和摊铺结束后，设专人在浮动基准梁和摊铺机履带前进行清扫，及时对滑靴进行清理润滑，保证其表面洁净无粘着物。

5）摊铺过程中两侧螺旋送料器应不停地匀速旋转，使两侧混合料高度始终保持熨平板的 2/3 高度，使全断面不发生离析现象。

6）摊铺过程中设专人检测摊铺温度、虚铺厚度，发现问题及时调整解决，并做好记录。

7）沥青混合料摊铺预压密实度采用经过对比的核子密度仪检测，对比时相关系数 γ 值不得小于 0.98。

8）所有路段均应采用摊铺机摊铺，但对于边角等机械摊铺不到的部位，必须采用人工摊铺时，则必须配备足够的人力，尽可能地缩短整个摊铺及找平过程。摊铺时，将沥青混合料根据需要数量卸至指定地点，并在地面上铺垫钢板，由人工进行扣锨摊铺，用耙子进行找平 2～3 次，但不应反复刮平，以免造成混合料离析。在施工过程中，应对铁锨、耙子等施工工具进行加热，再蘸少许柴油与水混合液（但不要过于频繁），找平后及时进行碾压。

（4）碾压

1）沥青混合料的碾压一般分为初压、复压、终压三个阶段。

① 初压应紧跟在摊铺机后较高温度下进行，采用 6～14t 振动压路机进行静压 1～2 遍。初压温度不宜低于 120℃，碾压速度为 1.5～2km/h，碾压重叠宽度宜为 200mm～300mm，并使压路机驱动轮始终朝向摊铺机。

② 复压应紧接在初压后进行，宜采用 6～14t 高频、低振幅振动压路机振压 1～2 遍，然后采用 16～26t 轮胎压路机碾压 2～4 遍，直至达到要求压实度。复压温度不宜低于 100℃，速度控制

在4～5km/h。

③ 终压紧接在复压后进行，采用6～14t的振动压路机进行静压2～3遍，至表面无轮迹。终压温度不宜低于80℃，碾压速度为3～4km/h。

2）碾压段长度以温度降低情况和摊铺速度为原则进行确定，压路机每完成一遍重叠碾压，就应向摊铺机靠近一些，在每次压实时，压路机与摊铺机间距应大致相等，压路机应从外侧向中心平行道路中心线碾压，相邻碾压带应重叠1/3轮宽，最后碾压中心线部分，压完全幅为一遍。

3）在碾压过程中应采用自动喷水装置对碾轮喷洒掺加洗衣粉的水，以避免粘轮现象发生，但应控制好洒水量。

4）压路机不得在未压实成型的混合料上停车，振动压路机在已压实成型的路面上行驶应关闭振动。

5）设专人检测碾压密度和温度，避免沥青混合料过压。

6）对路边缘、拐角等局部地区采用手扶式压路机、平板夯及人工镦锤进行加强碾压。

（5）接缝处理

1）横向接缝

① 每天施工缝接缝应采用直茬直接缝，用3m靠尺检测平整度，用人工将端部厚度不足和存在质量缺陷部分凿除，使下次连接成直角连接。

② 将接缝清理干净后，涂刷粘接沥青油。下次接缝继续摊铺时应重叠在已铺层上5mm～10mm，摊铺完后用人工将已摊铺在前半幅上的混合料铲走。

③ 碾压时在已成型路幅上横向行走，碾压新层100mm～150mm，然后每碾压一遍向新铺混合料移动150mm～200mm，直至全部在新铺层上为止，再改为纵向碾压，充分将接缝压实紧密。

2）纵向接缝

对已施工的车道，当其边缘部分由于行车或其他原因已发生变形污染时，应加以修理。对塌落部分或未充分压实的部分应采用铣刨机或切割机切除并凿齐，缝边要垂直，线型成直线，涂刷粘接沥青油后再摊铺新沥青混合料。碾压时应紧跟在摊铺机后立即碾压。

3. 季节性施工

（1）沥青面层不得在雨天施工，当施工中遇雨时，应停止施工，雨期施工时必须切实做好路面排水。

（2）冬期环境温度低于10℃时，风力大于4～5级不宜进行沥青混凝土路面施工。

1.3.1.4　质量标准

1. 基本要求

（1）沥青混合料的矿料质量及矿料级配应符合设计要求和施工规范的规定。

（2）严格控制各种矿料和沥青用量及各种材料和沥青混合料的加热温度，沥青材料及混合料的各项指标应符合设计和施工规范要求。沥青混合料的生产，每日应做抽提试验、马歇尔稳定度试验。矿料级配、沥青含量、马歇尔稳定度等结果的合格率不小于90％。

（3）拌和后的沥青混合料均匀一致，无花白，无粗细料分离和结团成块现象。

（4）基层必须碾压密实，表面干燥、清洁、无浮土，其平整度和路拱度符合要求。

（5）摊铺时应严格控制摊铺厚度和平整度，避免离析，注意控制摊铺和碾压温度，碾压至要求的密实度。

2. 实测项目

(1) 热拌沥青混合料质量应符合下列要求：

1)道路用沥青的品种、标号应符合国家现行有关标准和《城镇道路工程施工与质量验收规范》(CJJ1)第8.1节的有关规定。

检查数量：按同一生产厂家、同一品种、同一标号、同一批号连续进场的沥青(石油沥青每100t为1批，改性沥青每50t为1批)每批次抽检1次。

检验方法：查出厂合格证，检验报告并进场复验。

2)沥青混合料所选用的粗集料、细集料、矿粉、纤维稳定剂等的质量及规格应符合《城镇道路工程施工与质量验收规范》(CJJ1)第8.1节的有关规定。

检查数量：按不同品种产品进场批次和产品抽样检验方案确定。

检验方法：观察、检查进场检验报告。

3)热拌沥青混合料、热拌改性沥青混合料、SMA混合料，查出厂合格证、检验报告并进场复验，拌合温度、出厂温度应符合《城镇道路工程施工与质量验收规范》(CJJ1)第8.2.5条的有关规定。

检查数量：全数检查。

检验方法：查测温记录，现场检测温度。

4)沥青混合料品质应符合马歇尔试验配合比技术要求。

检查数量：每日、每品种检查1次。

检验方法：现场取样试验。

(2) 热拌沥青混合料面层质量检验应符合下列规定：

1)沥青混合料面层压实度，对城市快速路、主干路不应小于96%；对次干路及以下道路不应小于95%。

检查数量：每1000m² 测1点。

检验方法：查试验记录(马歇尔击实试件密度，试验室标准密度)。

2)面层厚度应符合设计规定，允许偏差为+10～-5mm。

检查数量：每1000m² 测1点。

检验方法：钻孔或刨挖，用钢尺量。

3)弯沉值，不应大于设计规定。

检查数量：每车道、每20m，测1点。

检验方法：弯沉仪检测。

(3) 表面应平整、坚实，接缝紧密，无枯焦；不应有明显轮迹、推挤裂缝、脱落、烂边、油斑、掉渣等现象，不得污染其他构筑物。面层与路缘石、平石及其他构筑物应接顺，不得有积水现象。

检查数量：全数检查。

检验方法：观察。

(4) 热拌沥青混合料面层允许偏差应符合表1-21的规定。

表1-21　　热拌沥青混合料面层允许偏差

项　目	允许偏差	检验频率		检验方法
		范围	点数	
纵断高程(mm)	±15	20m	1	用经纬仪测量
中线偏位(mm)	≤20	100m	1	用经纬仪测量

续表

<table>
<tr><th colspan="2" rowspan="2">项　目</th><th colspan="2" rowspan="2">允许偏差</th><th colspan="4">检验频率</th><th rowspan="2">检验方法</th></tr>
<tr><th>范围</th><th colspan="3">点数</th></tr>
<tr><td rowspan="6">平整度(mm)</td><td rowspan="3">标准差σ值</td><td rowspan="2">快速路、主干路</td><td rowspan="2">≤1.5</td><td rowspan="3">100m</td><td rowspan="3">路宽(m)</td><td><9</td><td>1</td><td rowspan="3">用测平仪检测</td></tr>
<tr><td>9～15</td><td>2</td></tr>
<tr><td>次干路、支路</td><td>≤2.4</td><td>>15</td><td>3</td></tr>
<tr><td rowspan="3">最大间隙</td><td rowspan="3">次干路、支路</td><td rowspan="3">≤5</td><td rowspan="3">20m</td><td rowspan="3">路宽(m)</td><td><9</td><td>1</td><td rowspan="3">用3m直尺和塞尺连续量取两尺，取最大值</td></tr>
<tr><td>9～15</td><td>2</td></tr>
<tr><td>>15</td><td>3</td></tr>
<tr><td colspan="2">宽度(mm)</td><td colspan="2">不小于设计值</td><td>40m</td><td colspan="3">1</td><td>用钢尺量</td></tr>
<tr><td colspan="2" rowspan="3">横　坡</td><td colspan="2" rowspan="3">±0.3%且不反坡</td><td rowspan="3">20m</td><td rowspan="3">路宽(m)</td><td><9</td><td>2</td><td rowspan="3">用水准仪测量</td></tr>
<tr><td>9～15</td><td>4</td></tr>
<tr><td>>15</td><td>6</td></tr>
<tr><td colspan="2">井框与路面高差(mm)</td><td colspan="2">≤5</td><td>每座</td><td colspan="3">1</td><td>十字法，用直尺、塞尺量取最大值</td></tr>
<tr><td rowspan="4">抗滑</td><td rowspan="2">摩擦系数</td><td colspan="2" rowspan="2">符合设计要求</td><td rowspan="2">200m</td><td colspan="3">1</td><td>摆式仪</td></tr>
<tr><td colspan="3">全线连续</td><td>横向力系数车</td></tr>
<tr><td rowspan="2">构造深度</td><td colspan="2" rowspan="2">符合设计要求</td><td rowspan="2">200m</td><td colspan="3" rowspan="2">1</td><td>砂铺法</td></tr>
<tr><td>激光构造深度仪</td></tr>
</table>

3. 外观鉴定

(1) 表面应平整密实，不应有泛油、松散、裂缝和明显离析等现象。半刚性基层的反射裂缝可不计作施工缺陷，但应及时进行灌缝处理。

(2) 搭接处应紧密、平顺，烫缝不应枯焦。

(3) 面层与路缘石及其他构筑物应密贴接顺，不得有积水或漏水现象。

1.3.1.5　成品保护

1. 设专人维护压实成型的沥青混凝土路面，必要时设置围挡，完全冷却后(一般不少于24h)才能开放交通。

2. 施工过程中应加强对路缘石、绿化等附属工程的保护，路边缘应采用小型机械压实。

3. 施工人员不得随意在未压实成型的沥青混凝土路面上行走。

4. 当天碾压完成的沥青混凝土路面上不得停放一切施工设备，以免发生沥青混凝土路面面层变形。

5. 严防设备漏油污染路面。

1.3.1.6　应注意的质量问题

1. 沥青混凝土路面摊铺中常见的质量缺陷

厚度不准、平整度差(小波浪、台阶)、混合料离析、裂纹、拉沟等质量缺陷。为防止和消除在施工中可能发生的各种质量缺陷应注意以下几点：

(1) 波浪型基层的摊铺,应对有大波浪的基层,在其凹陷处预先铺一层混合料,并予以压实。在平整度较差的地段摊铺联结层和面层时,应采用自动调平装置。

(2) 为了保持恒定的摊铺厚度,除了用厚度调节器进行调整外,应尽可能利用烫平装置的自动调平能力予以调整。

(3) 严格控制沥青混合料的质量,以消除裂纹、拉沟等铺层质量缺陷现象,提高沥青混凝土路面的承载力。

(4) 应严格控制轮胎摊铺机的轮胎气压(一般为 0.5～0.55MPa),防止因轮胎气压超限,摊铺机打滑;或因气压过低,机体随受料重量变化而上下变动,造成铺层出现波浪。应防止履带式摊铺机履带松紧度超限而导致摊铺机速度发生脉冲,而使铺层面形成搓板。

2. 压实

压实是沥青混凝土路面施工的最后一道工序,路面质量最终要通过碾压来体现,应结合工程实际,考虑摊铺机的生产率、混合料特性、摊铺厚度、施工现场的具体条件等因素,合理选择压实机种类、吨位、数量及组合方式。

3. 控制碾压温度

为提高压实质量,应控制碾压温度(一般为 110℃～120℃之间),确定合理的压实速度与遍数及选择合理的振频和振幅。

1.3.1.7 环境、职业健康安全管理措施

1. 环境管理措施

(1) 严格执行作业时间,尽量避免噪声扰民,控制强噪声机械在夜间作业。

(2) 对施工剩余的沥青混凝土路面材料及凿除接茬的废渣,不得随意扔弃,应集中外运到规定地点进行处理。

(3) 喷洒粘油时,对路缘石进行防护以免污染周围环境及其他工序。

(4) 清扫路面基层时,应先洒水润湿,防止扬尘。

2. 职业健康安全管理措施

(1) 所有机械操作手都必须持证上岗,严禁酒后操作设备。

(2) 做好施工机械设备日常维修保养,保证机械安全使用性能。严禁故障机械进入施工现场。

(3) 现场施工人员必须配备相应的劳动保护用品。

(4) 从事沥青混合料的操作人员应定期进行体检,对沥青材料过敏者和皮肤病患者不宜从事此项工作。对核子密度仪的试验人员也应定期进行身体检查。

(5) 施工现场设专人指挥运输车辆。运输车辆进入现场应注意控制车速,安全行驶。

1.3.2 改性沥青混凝土路面

1.3.2.1 适用范围

适用于城市主干道和机场跑道等改性沥青路面工程施工,其他道路可参照执行。

1.3.2.2 施工准备

1. 技术准备

(1) 提前对现场情况进行调查,并制定出详细的 100m～200m 试验路段摊铺、碾压方案、质量保证措施和预防措施,对参施人员进行技术交底,并做好试验段施工总结工作,并据此制定正式的施工程序,以确保良好的施工质量和路面施工顺利进行。

(2) 对各种计量仪器、设备进行调试、标定。

(3) 建立测量控制系统：按施工要求加密坐标点、水准点控制网，按照设计位置、宽度和高程测设出边线、桩位，调整好摊铺机熨平板横坡、虚铺厚度。

2. 材料要求

改性沥青混合料应符合设计和施工规范的要求，当用于高速公路、一级公路或特重交通路段时沥青混合料的高温稳定性、低温抗裂性和水稳定性能应符合国家现行标准《公路改性沥青路面施工技术规范》(JTJ 036)及有关公路沥青路面设计、施工规范的规定。进场商品沥青混合料应提供配合比文件、原材料试验报告单、出场温度记录等质量证明材料。

3. 机具设备

(1) 摊铺、碾压设备：改性沥青路面常用于高等级路面，质量标准高，要求的摊铺及碾压设备应具有性能优良、稳定的特点，常用设备有摊铺机、压路机等。

(2) 其他设备：15t以上自卸汽车、浮动基准梁或非接触式基准平衡梁、空压机、装载机、水车、加油车、移动照明车。

(3) 小型施工工具：手推车、铁锹、扫把、铁钎、耙子。

(4) 检测、测量设备：平整度仪、水准仪、全站仪、钢卷尺、3m直尺、摆式摩擦仪、构造深度仪、核子密度仪等。

4. 作业条件

(1) 正式施工前应准备好改性沥青混合料运输、摊铺、压实等相关设备，并进行必要的校验调试工作。

(2) 铺筑改性沥青混合料前，应检查下承层的质量，检验合格方可铺筑沥青混合料。路缘石与沥青混合料接触面应涂刷粘结油。

(3) 在旧沥青路面或水泥混凝土路面上加铺改性沥青面层时，应修补破损的路面、填补坑洞、封填裂缝或失效的水泥路面接缝；松动的水泥混凝土板应清除或进行稳定处理；表面应整平，摊铺前应清扫干净，喷洒粘层油。

(4) 夜间施工时，必须有充足良好的照明条件。

(5) 施工前对摊铺、压实度等各种施工机具做全面检查，经调试证明处于性能良好状态，机械设备数量应足够，施工能力应配套，关键设备宜有备用设备或应急方案。

(6) 当气温低于10℃时，不得进行改性沥青混合料路面施工。

1.3.2.3　施工工艺

1. 工艺流程

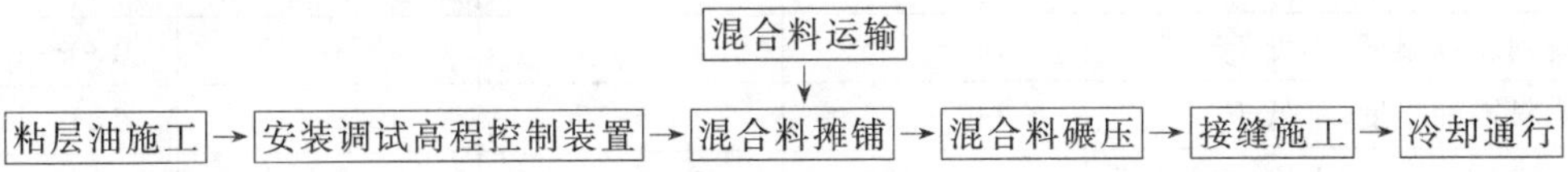

混合料运输 ↓

粘层油施工 → 安装调试高程控制装置 → 混合料摊铺 → 混合料碾压 → 接缝施工 → 冷却通行

2. 操作工艺

(1) 粘层油施工

1) 粘层的沥青材料宜采用快裂的洒布型乳化沥青，也可采用快、中凝液体石油沥青，粘层沥青应符合《沥青路面施工及验收规范》(GB 50092)附录C的规定。

2) 粘层沥青宜采用沥青洒布车喷洒，洒布时应保持稳定的速度和喷洒量。沥青洒布车在整个洒布宽度内必须喷洒均匀。粘层沥青也可采用人工喷洒方式，手工喷洒必须由具有熟练喷洒技术的工人操作，均匀洒布。

3) 在路缘石、雨水进水口、检查井等局部应用刷子人工涂刷。

4）粘层沥青浇洒过量处应予刮除。

5）路面有脏物尘土时，应采用人工清扫或空压机吹扫的方式清除干净，必要时采用水车进行冲洗，并待表面干燥后进行浇洒作业。

（2）安装调试高程控制装置

1）改性沥青混合料通常摊铺高程控制宜采用浮动基准梁或非接触式基准平衡梁。对于有些特殊要求的路段，施工可采用基准高程线导引方式，即固定板两侧按设计高程每5m设一个测墩，在测墩（顶盘式）上放置经检验合格的铝梁，作为高程基准面，并设专人看护。

2）当路面较宽时，应采用多台摊铺机成梯队联合摊铺方式。当采用联合摊铺方式时，内侧宜设置一台固定熨平板的摊铺机并凸前行使，外侧设置一台液压伸缩式摊铺机紧随其后。后方摊铺机靠前方摊铺机侧宜以前一台摊铺机已摊铺的面层为基准面，采用滑靴方式控制摊铺高程。

3）当采用浮动基准梁或非接触式平衡梁作为高程控制装置时，在使用前应根据其产品指导书进行调试，符合相关规定时方可投入使用。

（3）混合料运输

1）应采用大吨位自卸车辆运输，车辆的数量应与摊铺机数量、摊铺能力、运输距离相适应，在摊铺机前应形成一个不间断的供料车流。

2）为便于卸料，运输车车厢的底板和侧板应均匀涂抹一层隔离剂，一般采用油水混合物（柴油：水＝1：3），并擦净积存的余液。

3）运输车装料时，应通过前后移动分层装料的方式消除离析现象。

4）装好混合料的车辆为避免温度下降和尘土污染以及防雨应用篷布覆盖整个车厢。每车混合料应设专人进行温度检测，温度应符合表1－22，并填写随车单。

表1－22　　热拌沥青混合料的搅拌及施工温度（℃）

施工工序		石油沥青的标号			
		50号	70号	90号	110号
沥青加热温度		160～170	155～165	150～160	145～155
矿料加热温度	间隙式搅拌机	集料加热温度比沥青温度高10～30			
	连续式搅拌机	矿料加热温度比沥青温度高5～10			
沥青混合料出料温度①		150～170	145～165	140～160	135～1355
混合料贮料仓贮存温度		贮料过程中温度降低不超过10			
混合料废弃温度，高于		200	195	190	185
运输到现场温度，不低于①		145～165	140～155	135～145	130～140
混合料摊铺温度，不低于①		140～160	135～150	130～140	125～135
开始碾压的混合料内部温度，不低于①		135～150	130～145	125～135	120～130
碾压终了的表面温度，不低于②		80～85	70～80	65～75	60～70
		75	70	60	55
开放交通的路表面温度，不高于		50	50	50	45

注：1　沥青混合料的施工温度采用具有金属探测针的插入式数显温度计测量。表面温度可采用表面接触式温度计测定。当用红外线温度计测量表面温度 时，应进行标定。

2　表中未列人的130号、160号及30号沥青的施工温度由试验确定。

3　①常温下宜用低值，低温下宜用高值。

4　②视压路机类型而定。轮胎压路机取高值，振动压路机取低值。

(4) 混合料摊铺

1) 由于改性沥青混合料粘度较高，摊铺温度较高，摊铺阻力比较大，应采用履带式摊铺机，且单机摊铺宽度不宜超过8m，伸缩板摊铺机摊铺宽度不宜大于7.5m，相邻两幅的宽度应重叠50mm～100mm。两机宜相距5m～15m。

2) 改性沥青混合料摊铺温度不应低于160℃，为保证平整度，摊铺时要均匀、连续不间断地摊铺。一般要求摊铺机前至少要有3台以上的运料车等候。

3) 摊铺过程中，摊铺机两侧螺旋送料器应不停地匀速旋转，使两侧混合料高度始终保持熨平板的2/3高度，以减少离析现象。

4) 在摊铺过程中，一旦不能连续供料时，摊铺机应将剩余混合料摊铺完，抬起熨平板，做好临时接头，将混合料压实，避免出现等候时间长、混合料冷却结硬现象。

5) 所有路段均应采用摊铺机摊铺，但对于个别加宽、边角等机械无法摊铺到的部位，则应配备充足而熟练的人力进行人工摊铺。摊铺时必须扣锹布料，并用耙子找平2～3次，施工过程中，应对铁锹、耙子等工具进行加热、涂抹少许油水混合液。找平时应迅速，应在碾压前找平完成，以免温度下降过大，难以压实。

6) 摊铺过程中和摊铺结束后，设专人在基准梁和摊铺机履带处清扫洒落的材料。

7) 改性沥青混合料摊铺尽量减少人工处理，防止破坏表面纹理，但混合料出现离析现象时必须采取人工筛料处理。处理时要随用随筛，筛孔不宜小于10mm。

(5) 混合料压实

1) 改性沥青混合料的压实应根据路面宽度、厚度，改性沥青与混合料类型，混合料温度、气温、拌和、运输、摊铺能力等条件综合确定压路机的数量、质量、类型以及压路机的组合、编队等。

2) 改性沥青混合料压实应在摊铺以后紧接着进行，初压压路机与摊铺机间最大未摊铺距离应在30m以内。在初压和复压过程中，宜采用同类压路机并列呈梯队压实，初压时温度不应低于150℃，复压时温度不应低于130℃。

3) 压路机碾压的速度选择应根据压路机本身的能力、压实厚度、碾压位置等确定。采用振动压路机时，压路机的振频、振幅大小应与路面铺筑厚度协调，厚度较薄时应采用高频低振幅。

4) 采用振动压路机碾压时，压路机轮迹的重叠宽度不应超过200mm，静压时轮迹重叠宽度不应少于200mm。碾压时应由低向高、由外及内梯次碾压。

5) 采用轮胎压路机进行复压时，应在双钢轮压路机已经碾压完成30m左右碾压段后及时跟进复压。由于改性沥青粘度高，为避免粘轮，在轮胎压路机进入碾压段前30m左右停留路段的路面，铺一宽6m、长30m左右的苫布或彩条布，让轮胎压路机开上去以后，在轮胎上均匀喷涂浸润4∶6比例的油水混合液，待其反复行走使得轮胎完全浸润后方可进入工作区碾压作业，并派专人跟机前后检查有无粘轮现象，如有粘轮应及时刮除，待轮胎温度升高后，粘轮现象即可消失。

6) 碾压路段长度以摊铺面温度下降情况和摊铺的速度为参考确定，压路机每完成一个来回的碾压，应追随向摊铺机靠近，形成阶梯形碾压。

7) 压路机不得在未成型冷却的工作面上停车、急转向、急刹车、起步和加油、水。振动压路机不得原地起振，必须行进起来后加振或停止行进前减振。

8) 设专人在摊铺、压实过程中对厚度、压实度、平整度和外观情况等进行跟踪检测。应重点对摊铺前后的混合料温度、摊铺后虚铺厚度、复压一遍后的平整度设专人检查、检测。

9) 改性沥青混合料碾压终了温度不应低于表1－22的规定。

10) 对于SBS类改性沥青混合料不宜采用轮胎压路机碾压。

11）改性沥青混合料的正常施工温度范围见表1－22。

(6) 接缝施工

1）纵向缝：当采用两台摊铺机成并列梯队摊铺作业时，纵向缝应采用热接缝，两台摊铺机相距宜为10m～20m，熨平板设置在同一水平。当不得不采用冷接时宜采用平接缝或自然缝。

① 平接缝：施工时采用挡板或施工后用切割机切齐可形成平接缝。

② 自然缝：在施工中自然形成的缝，施工前应清除松散的混合料。

③ 摊铺前切缝应涂上粘层油；摊铺时，搭接宽度不应大于100mm；新铺层的厚度通过松铺系数计算获得。

2）横向缝

① 改性沥青混合料路面铺筑期间，当需要暂停施工时，应采用平接缝，宜在当天施工结束后用3m直尺检查挂线切割、清扫、成缝。

② 接续摊铺前，应再次用直尺检查接缝处已压实的路面，当发现不平整、厚度不符合要求时，应切除后再摊铺新的混合料。

③ 横向缝接续施工前，应涂刷粘层油或用喷灯烘烤至沥青混合料熔融状态。

④ 重新开始摊铺前，应在摊铺机的熨平板下放置厚度为松铺厚度减去压实厚度之差的垫板，其长度应超过熨平板的前后边距。

⑤ 横向接缝处摊铺混合料后应先清缝，然后检查新摊铺的混合料松铺厚度是否合适。

⑥ 横向接缝碾压时，宜按垂直车道方向沿接缝进行，并应在路面纵向边处放支撑木板，其长度应足够压路机驶离碾压区。接缝处不得转向。

(7) 冷却通行

当路面经碾压合格，温度不高于60℃时可开放交通。

3. 季节性施工

(1) 雨期施工

1）当气温低于10℃以及大风天气时，不得进行改性沥青混合料路面施工。

2）雨期施工时，应加强施工现场与沥青拌和场的联系，缩短施工长度，做到随摊随压，各工序应紧密衔接。

3）运料车辆和施工现场应备有防雨设施，并做好基层及路肩排水。

4）当遇雨或下层潮湿时，不得摊铺沥青混合料，对未经压实即遭雨淋的混合料应全部清除。

(2) 冬期施工

冬期改性沥青路面施工不宜低于10℃。

1.3.2.4 质量标准

1. 基本要求

(1) 拌和后的混合料应均匀一致，无花白、无粗细料分离和结团成块现象。

(2) 下承层必须碾压密实，表面干燥、清洁、无浮土，其平整度和路拱度符合要求。

(3) 摊铺时应严格掌握摊铺厚度和平整度，避免矿料离析，要注意控制摊铺和碾压温度，碾压至要求的密实度。

2. 实测项目

同本书1.3.1.4相应内容。

3. 外观鉴定

(1) 表面应平整密实，不应有泛油、松散、裂缝、粗细料明显离析等现象。

(2) 搭接处应紧密、平顺。

(3) 面层与路缘石及其他构筑物应接顺,不得有积水现象。

1.3.2.5 成品保护

1. 改性沥青路面碾压完成后,派人维护,封闭交通,应待摊铺层完全冷却,表面温度低于60℃后,方可开放交通。交工前应限制重型、超载车辆。

2. 施工中注意加强对路缘石、护栏等附属工程的保护,必要时采用塑料布等覆盖措施。

3. 摊铺面无异常情况,人员不得在其上行走。

4. 设立明显标识,禁止有遗洒、漏油的车辆上路,防止污染成品路面。

5. 当天施工结束,所有机械不得停放在新铺沥青混凝土面上,以免造成面层永久变形。

1.3.2.6 应注意的质量问题

1. 为防止拉沟、麻面,应提高熨平板预热温度,严格控制混合料温度。

2. 混合料碾压应及时,应选择适宜的碾压设备。对于改性沥青混合料,宜采用重型压路机,并在混合料温度较高时趁热碾压,避免出现压实度不足。

3. 为防止平整度差,应保证摊铺连续、保持混合料温度稳定;适当增加运输车辆,使摊铺机保持均匀稳定摊铺,加强对沥青混合料各阶段要求温度的控制。

4. 为防止表面离析,应针对具体情况,采取调整级配、运输车分层放料和调整摊铺机螺旋分料器距地高度。同时,对离析处根据严重程度采取换料等方式及时处理。

1.3.2.7 环境、职业健康安全管理措施

1. 环境管理措施

(1) 施工现场的施工垃圾主要是切边、局部处理产生的废弃混合料,应采取集中收集,施工结束后统一清运至环保部门认可的填埋场填埋处理。

(2) 喷洒粘层油时应封闭交通,对路缘石等附属工程进行防护,在4级以上的风力下不宜喷洒,以免污染环境。

(3) 施工现场各种机械应加强检修、保养,防止因故障造成噪声增大,有条件时尽量采用低噪声设备。

(4) 对于运输道路应经常洒水降尘,进出现场的路口应采取用篷布铺垫措施。

(5) 在城市施工时,振动压路机在作业时对周边建筑会造成共振影响,因此,在保证质量的同时应避免对周围建筑物损害,采用大吨位钢轮压路机和重型轮胎压路机压实时,适当减少振动作业。

2. 职业健康安全管理措施

(1) 各设备应有专人负责管理、使用,实行"定人、定机、定岗位"的三定制度。

(2) 施工期间应封闭施工现场,并在来车方向前方适当位置设明显禁行标志。

(3) 所有现场施工人员应注意防止混合料烫伤,施工时穿着防护鞋、戴防护手套。

(4) 所有设备操作人员都要熟读各相关设备的操作指南,必须经培训后持证上岗。严禁疲劳、酒后操作。

(5) 压路机的配合人员不得在压路机行进前方作业。

(6) 各设备性能应处于良好状态,严禁故障机械进入施工现场。

(7) 运输车辆必须控制车速,不得强行超车。

(8) 准备灭火器材及急救药箱,确认放置场所,并按国家消防规则进行清点检查。

(9) 无关人员禁止接近设备,对允许接近的人员要进行安全教育。

1.3.3 混凝土路面滑模摊铺

1.3.3.1 适用范围

适用于新建和改建道路的混凝土路面滑模摊铺施工。

1.3.3.2 施工准备

1. 技术准备

(1) 认真审核设计图纸和设计说明书，编制详细的施工方案并经监理审批认可，施工前对有关人员进行书面技术交底和安全交底。

(2) 配合比设计：配合比要结合地方材料供应情况、摊铺机具和气候条件等进行设计，混凝土必须满足水泥混凝土摊铺的工作要求，可按规范要求掺加适量粉煤灰，以提高可滑性。配合比设计的抗弯拉强度应满足设计要求。混凝土拌合物坍落度，碎石混凝土宜在30mm～50mm之间，砾石混凝土宜在20mm～40mm之间，水灰比(W/C)<0.44，有抗冻要求时水灰比为0.42。

2. 材料要求

(1) 水泥

1) 水泥应优先选用硅酸盐水泥、普通硅酸盐水泥及道路水泥，在中等及轻量级交通道路上可使用矿渣水泥。水泥强度等级不低于42.5。水泥中不得掺有火山灰、煤矸石、窑灰和粘土四种混合材料，路面有抗盐冻要求时不宜使用掺5%石灰石粉的Ⅱ型硅酸盐水泥和普通水泥。不宜采用快硬水泥。施工中宜采用散装水泥，搅拌时水泥温度不得高于50℃。冬季施工时水泥温度不宜低于10℃。

2) 水泥的各项路用品质必须合格，应有产品合格证和出厂检验报告，进场后应取样复试，并通过混凝土配合比试验，根据其试配弯拉强度、耐久性和工作性，确定可使用水泥的品种、强度等级及生产厂家。

(2) 石子：石子可使用碎石、破碎砾石和砾石，应质地坚硬、耐久、洁净。岩石的抗压强度一般不应小于所配混凝土的1.3倍。砾石最大粒径不得大于20mm，破碎砾石和碎石的最大粒径不得大于30mm，粒径小于0.15mm的石粉含量不宜大于1%。针片状含量不大于5%，压碎值不小于10%。

(3) 砂：砂可采用质地坚硬、耐久、洁净的河砂、机制砂、沉积砂和山砂。河砂含泥量不大于3%，机制砂石粉含量不大于1%。细集料应采用中砂或偏细的粗砂，其细度模数应控制在2.3～3.2范围内，不宜采用细砂。

(4) 外加剂：外加剂应采用有国家或省级外加剂检测机构认定的一等品。有产品说明书、出厂检验报告和合格证，产品质量应符合国家现行标准的规定。

(5) 粉煤灰：粉煤灰应采用散装干粉煤灰。粉煤灰质量应符合Ⅰ、Ⅱ级标准，严禁使用已结块的粉煤灰。

(6) 水：宜采用饮用水，或符合国家现行标准《混凝土拌合用水标准》(JGJ 63)规定的其他水源。

(7) 钢筋：滑模摊铺水泥混凝土路面所用钢筋网、传力杆、拉杆等钢筋应有产品合格证和检验报告单，进场后应取样复试，其质量应符合国家现行标准的规定。

(8) 接缝材料

1) 胀缝接缝板应选用能适应混凝土面板膨胀收缩、施工时不变形、弹性复原率高、耐久性良好的材料。

2）填缝材料宜使用树脂类、橡胶类的填缝材料及其制品，各种性能应符合有关规程要求。

3. 机具设备

（1）主要机械

1）混凝土滑模摊铺机：摊铺机按铺筑要求宽度在现场进行组装，应特别注意履带行走位置要满足摊铺行进宽度，高频振捣棒要全部有效，布料设备状况应良好。摊铺开始前，应对摊铺机进行全面性能检查和施工部件位置参数的正确设定。

摊铺机燃料质量要求高，每天使用数量大，工作前一定要认真调配好燃油和润滑油的供应源，配备足够的专用运油车。

2）搅拌机（每台最小生产能力不宜小于 $90m^3/h$）：搅拌机应采用电脑计量的大型设备，混凝土供应量应满足摊铺最低施工速度 1m/min 的要求，最小的搅拌能力和运输能力为：一次摊铺一个车道时，稳定可靠地供应 $100m^3/h$ 混凝土供应量。

3）其他机械：挖掘机、推土机、发电机、自卸汽车、铲车、油车。

（2）小型机具及检测设备：切缝机、钢筋切断机、钢筋调直机、电焊机、全站仪、经纬仪、水准仪、水泥试验仪器。

切缝机应备手扶式切缝机和桁架式切缝机，切缝时应以桁架式切缝机为主，手扶式进行补充，常用的易磨损件要备足。切缝时水车和发电机要保持良好状态。

4. 作业条件

（1）基层条件：应对基层的中心线、标高、宽度、坡度、平整度、回弹弯沉值、强度进行检测，基层完工长度不小于 4km，宽度应比混凝土板每侧宽出 500mm～800mm，确认合格后，认真清扫干净并洒水湿润。

（2）测量准备：依据设计图纸和施工要求对测量数据加密。测量放线应至少完成 200m，悬挂基准绳，并要求旁站监理认可。

（3）传力杆、拉杆、钢筋网准备：做好传力杆、拉杆及支架和钢筋网片的制作和加工，并根据施工进度要求，制作出足够数量的钢筋支架并合理堆放。

1.3.3.3 施工工艺

1. 工艺流程

施工测量 → 混凝土拌和 → 混凝土运输 → 路面钢筋布设 → 混凝土布料 → 路面摊铺 → 接缝施工 → 养护 → 刻纹 → 灌缝 → 路面验收

2. 操作工艺

（1）施工测量

1）摊铺时的高程控制：采用两侧同时拉线方式，拉线桩距面板边缘 1.0m～1.5m，间距在直线段为 10m，平面缓和曲线段或纵断面曲线段加密至 5m。夹线臂高度应高于路面表面 150mm～300mm，夹口到桩的水平距离为 200mm～300mm。拉线材料应使用 3mm～5mm 的钢丝绳。拉线长度以 100m～150m 为宜，两端应设固定紧线器。拉线必须拉紧，每侧拉线应施加 1000N 的拉力。拉线采用单向坡双线式和单向坡单线式（相邻车道连接摊铺）。单向坡双线式的两根拉线间的横坡应与路面一致。

2）摊铺时的方向控制：摊铺机设置了方向传感器，传感器搭挂在拉线上（一侧即可），对行进方向进行调整。

3）拉线的保护：拉线设置完成后，禁止扰动。如在施工中风力达到 5～6 级，造成拉线振动过大而不稳定时，应停止施工。

(2) 混凝土拌和

1) 搅拌站计量：必须采用自动称料及控制系统。在施工中，搅拌站控制室应打印出每盘的配料数据和误差，按需要打印每天(周、旬、月)对应摊铺桩号拌合料配料的统计数据及误差。

2) 掺加外加剂：外加剂宜使用水质外加剂，如使用粉质外加剂则应在使用前充分溶解。外加剂溶液宜在施工前一天准备好，施工中连续不断地搅拌均匀。为防止外加剂罐有沉淀，每隔1～3d应进行一次清理。

3) 坍落度控制：新搅拌的混凝土应均匀一致。站与站之间和同一搅拌站的盘与盘之间，坍落度差别应小于10mm，路面不应看出颜色差异。坍落度的大小应根据摊铺所需坍落度、运距的长短以及天气情况等因素进行调整。

4) 搅拌时间的控制：搅拌时间应尽量调整合适，双卧轴式的搅拌机总拌合时间为60～90s(含每盘的上料和出料时间)，原材料上齐后纯拌合时间不宜少于25s，最长不得超过高限值的2倍。在保证拌合料的匀质性的前提下，宜尽量压缩拌合时间，增加搅拌站的生产能力。

(3) 混凝土运输

混凝土运力的配备应综合考虑施工时的搅拌能力、摊铺速度和运距等因素，总运力以略大于搅拌能力为宜。运输的车辆，在装料时，每盘间应适当挪动车位，以防离析。运输途中应防止漏浆、漏料和污染路面。如在车内超过初凝时间，不得继续使用，并及时清除。运输时间应根据混凝土初凝时间和施工时的气温而定，具体应符合表1－23的规定。

表1－23 运输时间控制表

施工气温(℃)	允许最长时间(h)	备注
5～10	2.5	1. 气温指日平均气温； 2. 运输不宜大于混凝土初凝时间的2/3
10～20	2.0	
20～30	1.5	
30～35	1.25	

(4) 路面钢筋布设

1) 钢筋的布设方法：面板纵向缩缝处的拉杆钢筋由摊铺机自动打入，而横向缩缝及胀缝处的传力杆钢筋、角隅钢筋、结构物上的加强钢筋、桥面及桥头搭板钢筋则需由人工辅助铺设。

2) 传力杆钢筋布设：传力杆钢筋每5m一道，由ϕ8台式支架钢筋按设计高度架起并焊牢(如图1－8、图1－9所示)。铺设时，应先在基层上弹出位置线，在卸混凝土前放置好，并用锚固钢筋或射钉枪(垫以薄铁片)与基层固定牢靠，以免卸料或摊铺机推进时产生偏移。

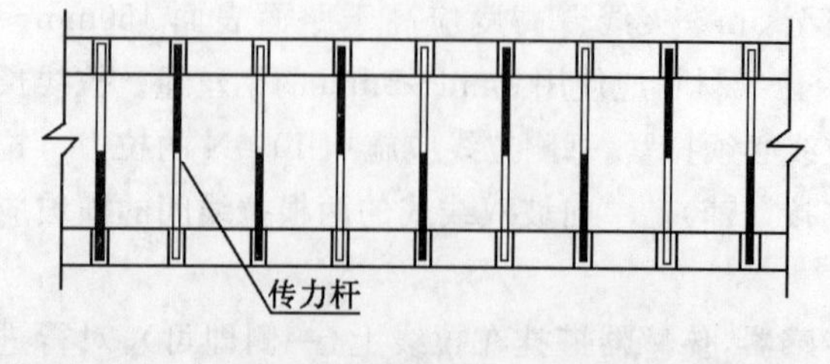

图1－8 传力杆布置图

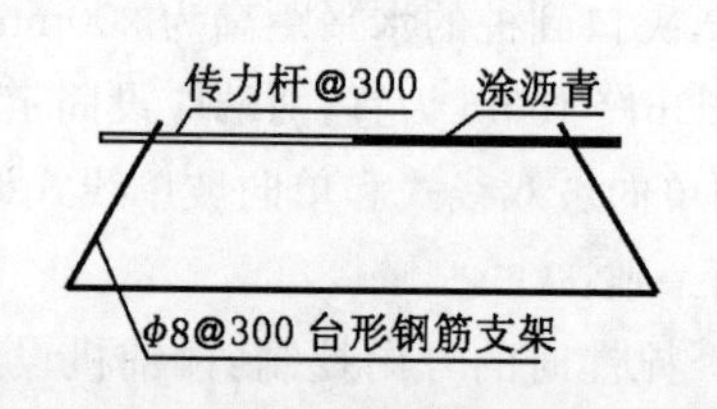

图1－9 钢筋支架图

3）角隅钢筋底部焊接短钢筋支架（详见图1—10）。角隅钢筋与传力杆钢筋同时铺设，并与传力杆钢筋绑扎牢固，接近摊铺机时，应密切注意，以免钢筋端部绞入螺旋布料器中。

4）结构物加强筋的布设：结构物上的加强钢筋应事先绑扎成网片，但不宜过长（每片长4m～5m即可），否则会给现场卸料及布料造成不便。施工时，钢筋网片用马凳筋按设计高度架起，待布料均匀后，再与下一张网片进行绑扎。桥面及桥头搭板钢筋可参照加强钢筋进行铺设。

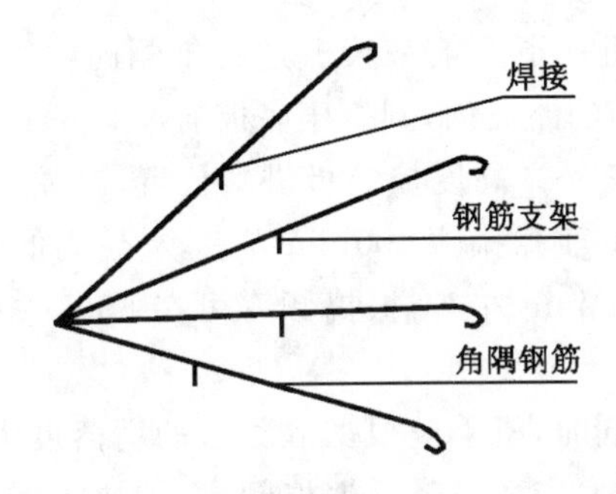

图1—10　角隅钢筋底部焊接短钢筋支架图

（5）混凝土布料

布料未配置布料机时，应以挖掘机或装载机辅助施工。将卸在摊铺机前的料堆均匀平摊在摊铺机前，或对机前（螺旋布料器）局部缺料的区域进行补充送料。机前的料堆不得高于摊铺机松方控制板顶面，正常高度应在螺旋布料器叶片最高点以下。供料应与摊铺速度协调，以免造成长时间待料或坍落度损失过大的现象。采用布料机布料时，松铺系数应视坍落度大小由试铺确定，布料机与摊铺机之间距离视天气而定，应控制在5m～10m范围内。

（6）路面摊铺

1）摊铺前的准备：摊铺前，应对以下工作进行全面检查：搅拌站是否运转正常；摊铺机性能是否稳定；拉线是否符合设计及施工要求；端模板、振动搓平梁、钢筋是否到位；基层质量是否达到要求并洒水湿润；摊铺机履带行走部位是否坚实够宽，不得有积水或淤泥，以免摊铺机陷入或倾斜。对摊铺机工作部件进行正确施工位置设定，并将这些有关的施工参数通过试铺调整固定下来，正式摊铺时只根据情况变化进行少量微调。振捣棒下缘位置应在挤压板最低点以上，间距不宜超过450mm，并均匀排列；最边缘振捣棒与摊铺边沿不宜大于250mm。挤压板前倾角应调整为3°左右。振动搓平梁的高度应在挤压板后端以下1mm～2mm，并与路面高程相同。

2）首次摊铺注意事项

① 首次摊铺时，在无纵坡和弯道的摊铺起点位置钉与挤压底板相同的4个矩形分布的木桩，其顶面高程分别为挤压底板的4角点高程，后2桩为路面对应点高程，设前倾角的摊铺机的前2桩在路面高程上应加挤压底板前倾角高程。有路拱应增设拱中2个桩，后桩为路拱对应点高程，设前倾角的摊铺机应在前桩路拱高程上加挤压板底板前倾角高程。将传感器挂到拉线上，并检查传感器的灵敏度和反应方向，开动摊铺机进入设好的桩位，调整水平传感器立柱高度，使摊铺机挤压底板恰好落在精确测量设置好的木桩上，再校核测量摊铺机底板高程、横坡度或路拱，同时，调整好摊铺机机架前后左右的水平度。令摊铺机挂线自动行走，再返回桩顶校核1～2遍，正确无误，方可开始摊铺。

② 在开始摊铺的5m内，必须对所摊出的路面标高、边缘厚度、宽度、中线、横坡度等技术参数进行测量。机手应根据测量结果及时缓慢地在摊铺机行进中微调摊铺机上传感器、挤压底板、拉杆打入深度及压力、抹平板的压力及边缘位置。禁止停机剧烈调整高程、中线及横坡等，以免严重影响平整度等质量指标。从摊铺机起步、调整到正常摊铺，应在10m内完成，并应将摊铺机工作参数设置固定保护起来，不允许非操作手任意更改。

3）摊铺

① 连接摊铺时，应将摊铺机后退到前一天做过的带侧向收缩口工作缝(收口每侧20mm～40mm，长度与侧模等长或略长)的路面内，到挤压底板前缘对齐工作缝端部，开始摊铺。

② 摊铺中，机手应随时调整松方高度控制板进料位置，开始应略设高些，以保证进料，正常状态应保持振捣仓内砂浆料位高于振捣棒100mm左右，料位高低上下波动宜控制在±40mm之内。摊铺机正常摊铺速度为1m/min左右；振捣频率可在6000～11000r/min之间调整，宜采用9000r/min左右。

应防止过振、漏振、欠振。同时，机手应根据混凝土的坍落度大小调整摊铺的速度和振捣频率。当混凝土坍落度显得偏大时，应适当降低振捣频率，加快摊铺速度，最快摊铺速度视混凝土坍落度宜控制在1.5～3m/min之间，最大不得超过3m/min，最小振捣频率不得小于6000r/min；当新拌混凝土坍落度偏小时，应提高振捣频率，最大不得大于11000r/min，并减慢摊铺速度，最小宜控制在0.5～1m/min。

摊铺机起步时，应先开启振捣棒再行走。摊铺机离开工作面后，应立即关闭振捣棒(否则极易损坏振捣棒)。摊铺中应经常检查振捣棒的工作情况。发现路面上经常在横断面某处出现麻面，表示该处的振捣棒出了问题，必须停机检查或更换该处的振捣棒。摊铺后，发现路面上留有发亮的振捣棒拖出的砂浆条带，则表明振捣棒位置过深，必须调整到正确位置；振捣棒底缘在挤压底板的后缘高度以上。

③ 摊铺中应尽可能使摊铺机缓慢、均匀、连续不间断地作业。混合料正常的滑模摊铺速度，根据设备性能控制在0.5～1.5m/min之间比较适宜。当料的稠度发生变化时，先调振捣频率，后改变摊铺速度。不得料多追赶，然后随意停机等待，间歇摊铺。

④ 当混合料供应不上，或搅拌站出现故障等情况时，停机等待时间不得超过当时气温下混凝土初凝时间的2/3，一般为1.5h左右。在此期间，应每隔15～20min开动振捣棒3～5min。如超过此时间，应开出摊铺机做施工缝处理。

⑤ 拉杆打入装置应根据设计需要设在摊铺机一侧、双侧或中央(摊铺2个或2个以上车道时)，并由专门人员负责供料。侧向打拉杆装置的插入位置应在挤压底板下或偏后一些。打入压力应满足一次到位的要求，不允许多次打入。

⑥ 摊铺结束后，应及时做好以下两项工作：首先，将摊铺机驶离工作面，先把所有传感器从拉线上解脱，并解除摊铺机上的拉线自动跟踪控制，再升起机架，用水冲洗干净，对附着的已经结块混凝土，可轻敲打掉。清理干净后，应对与接触的机件喷涂废机油或擦干防锈。其次，设置横向施工缝。先将从摊铺机振动仓内脱出的厚砂浆铲除丢弃，然后支设施工缝的端模和侧模，并检测标高。为使下次摊铺能紧接着施工缝开始，两侧模板应适当向内收进20mm～40mm，长度视摊铺机侧模而定。支撑牢固后，在空缺部位添入混凝土，再打入传力杆钢筋，并用振捣棒振捣密实。木抹子找平后，用靠尺逐块检测平整度，不足部位再进行适当修复。

⑦ 滑模摊铺机采用自动抹平板装置进行抹面，以消除表面气孔和石子移动带来的缺陷。自动抹平板压力不可过大，适宜的压力是路面上不出现其端部推出的“W”形砂浆棱。对于局部的

麻面，应在挤压板后搓平梁前，最迟在自动抹平板前加入适量混凝土，由搓平梁或抹平板进行机械修整。滑出侧模的面板边缘有200mm左右是自动抹平板抹不到的地方，此处应由人工用木抹子抹平。有时因混凝土的坍落度较大，会造成局部坍边的现象，这时应人工支模找平。

⑧ 摊铺机后设可滑动工作桥，支架长度应大于摊铺宽度加上拉杆外露的长度，宽度可供一人通行，高度比路面高出150mm即可。支架由摊铺机拖拽，后拖挂1～3层叠合麻布或帆布，布片接触路面的拖行长度以700mm～1500mm为宜。施工时洒水湿润，布片随摊铺机的前进而拖过路面，即制作出抗滑构造。对于细度模数偏大的粗砂，拖行长度取小值；偏细中砂，取大值。人工修整过的路面，微观抗滑构造已被抹掉，必须再拖麻布使之恢复。抗滑构造施工可采用硬刻纹技术，待养生7d具备一定强度后，用专用刻纹机进行施工。

4）两幅摊铺及特殊部位处理

① 两幅摊铺施工方法：若摊铺机无法满足路面宽度的一次摊铺，则须分两次进行衔接摊铺。每次摊铺宽度应以车道的划分和摊铺机的摊铺宽度范围而定。完成第一宽度的全线摊铺后，对摊铺机进行改装，使其满足相邻车道所需的宽度，并拆除连接侧的模板。连接摊铺前，应校正前一次路面摊铺已插入的拉杆钢筋，并在侧壁上半部涂饱满沥青。摊铺时，连接侧的标高可用滑靴进行控制。其余施工方法与(3)相同。摊铺机一侧履带行驶的已成型面板应养护7d以上，至少不得少于5d。同时，摊铺机履带上如没有橡胶垫，底部应铺橡胶垫保护已成型路面。

② 特殊部位处理

a. 为加强结构物台背上方路面的抗剪性，在此部位的面板中加入了一层或双层加强钢筋网片。钢筋网片应事先绑扎好，为方便现场施工，不宜过长过宽，每片长4m～5m，宽度4m左右(按摊铺宽度的1/2计)即可，下料时留出接头。施工时，先将钢筋网片用马凳筋按设计高度架起，马凳筋间距1m～1.5m，卸料时不要直接将混凝土卸在钢筋上，以免压弯网片；可在网片前的区域内卸下，然后用挖掘机将混凝土均匀地布在钢筋网片上，挖掘机倒料时也应将料斗尽量贴近网片，避免高位卸料，增大混凝土的下冲力。待摊铺机摊铺完此段后(留出钢筋的绑扎长度)，再与下一张网片进行绑扎。摊铺钢筋网片区域时，摊铺机应慢行，使混凝土能得到充分的振捣，并暂停中央打拉杆装置的工作。

b. 摊铺桥面和桥头搭板时，因钢筋设置密集连续，应周密考虑施工时摊铺机的行走方式、运输车的卸料路线及拉线方式。为避免摊铺机履带碾压钢筋，可制作重型马凳，架在钢筋上，供摊铺机行走。卸料时，可用加撑厚铁板将两幅桥面连通，运输车可由此通行。拉线可用可调托架将钢线架起，或将线桩固定在钻孔的桥面上。混凝土应适当加大坍落度至40mm～50mm。如设计桥面混凝土厚度较小，可对摊铺机做适当调整，如全部或部分拆除摊铺机侧模等，视具体情况而定。

(7) 接缝施工

1）纵向接缝的施工：纵向接缝必须与路中线平行，包括纵向缩缝和相邻摊铺板块间的施工缝。

① 一次摊铺两车道以上时，应设置纵向缩缝，具体可见图1－11。切缝前，应用高压水枪将缝内杂物清除干净。

② 对未能一次完成摊铺的路面，应设置纵向施工缝，具体可见图1－12。在连接摊铺前，应校正前一次路面摊铺已插入的拉杆钢筋，并在侧壁上半部涂饱满沥青。

2）横向接缝：横向接缝包括横向缩缝、横向施工缝和胀缝。

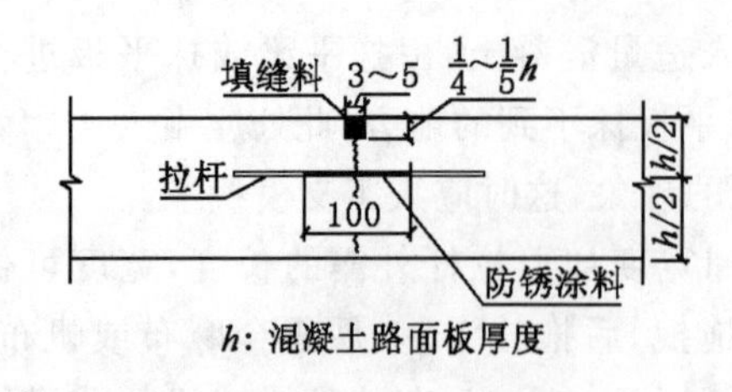

图 1－11　纵向缩缝设置图

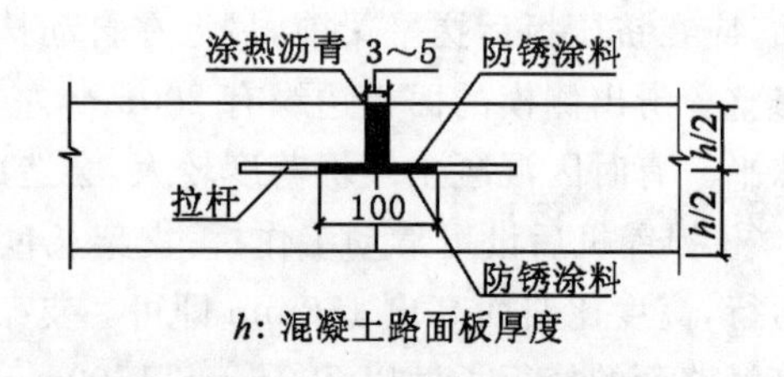

图 1－12　纵向施工缝设置图

① 横向缩缝应等间距设置，一般采用 5m 板长，特殊情况可进行调整，最长不宜大于 5.5m，最短不宜小于板宽，具体可见图 1－13。锐角处设角隅钢筋补强。横向缩缝中设传力杆钢筋，每根传力杆一半涂上沥青，铺设时交错分布。传力杆固定在支架上，在摊铺前按弹线位置铺好并固定在基层上。同时应在路侧做出记号，以确保切缝位置的准确。切缝设在传力杆中间以上的位置，应尽早施工，以免造成断板或大面积面板的断裂。切缝时间宜在摊铺完 12h 内完成。

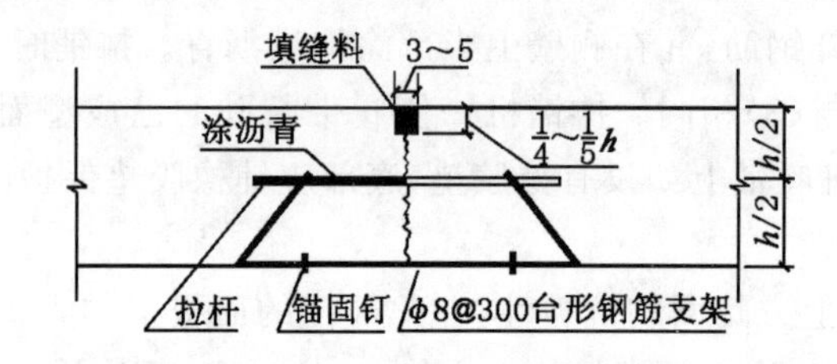

图 1－13　横向缩缝设置图

② 每次结束摊铺后，应设置横向施工缝。横向施工缝应与路中心线垂直，并最好与横向缩缝或胀缝重合。横向施工缝为平缝加传力杆构造。施工时，应采用焊接牢固的钢制端头模板，每 1.5m 不应少于 1 个钉钢钎的垂直固定孔。端模上应按设计传力杆间距留有水平插入孔，并在距离插入孔外侧 100mm 处通过横梁焊接短钢管，以便对传力杆进行位置固定。具体可见图 1－14。

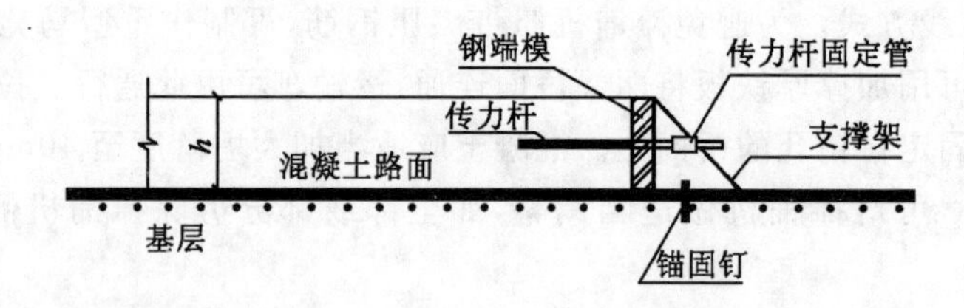

图 1－14　传力杆固定图

③ 再次施工时，先将从摊铺机振动仓内脱出的厚砂浆铲除丢弃，然后支设施工缝的端模和侧模，并检测标高。为使下次摊铺能紧接着施工缝开始，两侧模板应适当向内收进 20mm～40mm，长度视摊铺机侧模而定。支撑牢固后，在空缺部位添入，再打入传力杆钢筋，并用振捣棒振捣密实。经木抹子找平后，用靠尺逐块检测平整度，不足部位再进行适当修复。

④ 路面孤立胀缝一般设置在如下地方：在较长距离的结构物之间、变板厚处、纵曲线的凹点、与沥青路面相接处等。其构造形式可见图 1－15。胀缝施工应先加工好钢筋支架，传力杆未

涂沥青的一端焊接在支架上，接缝板夹在两支架之间。摊铺前，将支架按弹线位置准确固定在基层上，浇入混凝土，并人工振捣密实，然后让摊铺机驶过，并暂停中央打拉杆装置。

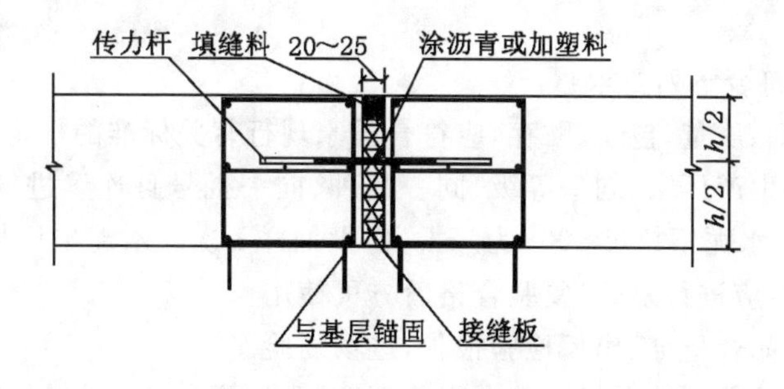

图1－15　胀缝设置图

(8) 养生

面板微观抗滑构造制作完成后应立即养生。养生宜采用塑料布全幅覆盖后蓄水的方法，以塑料布表面始终存微小水珠为最佳，养生时间根据混凝土抗弯拉强度增长情况而定，小于80%时不宜停止养生，一般养生天数宜为14～21d。掺粉煤灰的水泥混凝土路面，最短养生时间不应少于21d。在达到设计强度40%以上、撤除养生覆盖物后，方可供行人通行。

(9) 刻纹

混凝土路面的刻纹是形成路面宏观抗滑构造的关键工序。目前国内多采用手推刻纹机和桁架式刻纹机。刻纹时要特别注意纹理的直顺，在弯道较大时，要事先规划好刻纹的距离。每道纹的宽度不一定完全一样，这样可减少行车噪声。刻纹完成后，要及时清理好现场水泥浆。

(10) 灌缝

灌缝通常采用沥青灌缝，也可采用填缝橡胶条。施工时用切缝机将伸缩缝清理干净，然后将沥青灌入或胶条抹胶后镶入。

3. 季节性施工

(1) 雨期施工

雨季施工时应准备足够的防雨篷或塑料薄膜。防雨篷支架宜采用焊接钢结构，材料宜使用帆布或编织布，以便在突发雷阵雨时遮盖刚铺好的路面。严防路面和无模板支撑的低侧边缘冲垮破坏。已被阵雨轻微冲刷过的路面，平整度和微观抗滑构造满足要求者，宏观抗滑构造宜硬刻槽恢复。对被暴雨冲刷后路面平整度严重损坏的部位，应尽早铲除重铺。

(2) 冬期施工

1) 冬期负温施工时，当低温温度为－3℃以上，应采用路面保温覆盖措施施工。当最低气温－10℃以上，应同时使用保温覆盖和加防冻剂的冬季负温施工方式。搅拌机出料温度不得低于10℃，摊铺温度不得低于5℃，否则，应采用热水拌和。在养生期间，应始终保持混凝土板温度在5℃～10℃之间，最低不得低于5℃。

2) 防冻剂的选择，对钢筋路面和桥面不宜采用氯盐类防冻剂，钢纤维路面和桥面不应使用氯盐类防冻剂，不宜使用(亚)硝酸盐类防冻剂。不得不使用上述防冻剂时，应同时加阻锈剂。

3) 应通过试验得出使用防冻剂时混凝土表面结冰的最低临界负温值和达到抗冻临界弯拉强度(≥1.0MPa)时的覆盖保温养生天数。冬季负温施工覆盖保温养生的最少天数不得少于21d。

4) 养生方式为先洒养生剂，加盖塑料薄膜保湿，再盖保温材料保温。

5）冬期施工时，混凝土应采用R型水泥或使用42.5级水泥，单位体积用量较多的不掺粉煤灰。应随时检测气温和水泥、拌合水、拌合物及路面的温度。

1.3.3.4 质量标准

1. 原材料质量应符合下列要求：

(1)水泥品种、级别、质量、包装、贮存，应符合国家现行有关标准的规定。

检查数量：按同一生产厂家、同一等级、同一品种、同一批号且连续进场的水泥，袋装水泥不超过200t为一批，散装水泥不超过500t为一批，每批抽样1次。水泥出厂超过三个月(快硬硅酸盐水泥超过一个月)时，应进行复验，复验合格后方可使用。

检验方法：检查产品合格证、出厂检验报告，进场复验。

(2)混凝土中掺加外加剂的质量应符合现行国家标准《混凝土外加剂》GB8076和《混凝土外加剂应用技术规范》GB50119的规定。

检查数量：按进场批次和产品抽样检验方法确定。每批不少于1次。

检验方法：检查产品合格证、出厂检验报告和进场复验报告。

(3)钢筋品种、规格、数量、下料尺寸及质量应符合设计要求及国家现行有关标准的规定。

检查数量：全数检查。

检验方法：观察，用钢尺量，检查出厂检验报告和进场复验报告。

(4)钢纤维的规格质量应符合设计要求及《城镇道路工程施工与质量验收规范》(CJJ1)第10.1.7条的有关规定。

检查数量：按进场批次，每批抽检1次。

检验方法：现场取样、试验。

(5)粗集料、细集料应符合《城镇道路工程施工与质量验收规范》(CJJ1)第10.1.2、10.1.3条的有关规定。

检查数量：同产地、同品种、同规格且连续进场的集料，每400m³为一批，不足400m³按一批计，每批抽检1次。

检验方法：检查出厂合格证和抽检报告。

(6)水应符合《城镇道路工程施工与质量验收规范》(CJJ1)第7.2.1条第3款的规定。

检查数量：同水源检查1次。

检验方法：检查水质分析报告。

2. 混凝土面层质量应符合设计要求。

(1)混凝土弯拉强度应符合设计规定。

检查数量：每100m³的同配合比的混凝土，取样1次；不足100m³时按1次计。每次取样应至少留置1组标准养护试件。同条件养护试件的留置组数应根据实际需要确定，最少1组。

检验方法：检查试件强度试验报告。

(2)混凝土面层厚度应符合设计规定，允许误差为±5mm。

检查数量；每1000m²抽测1点。

检验方法：查试验报告、复测。

(3)抗滑构造深度应符合设计要求。

检查数量：每1000m²抽测1点。

检验方法：铺砂法。

(4)水泥混凝土面层应板面平整、密实，边角应整齐、无裂缝，并不应有石子外露和浮浆、脱皮、踏痕、积水等现象，蜂窝麻面面积不得大于总面积的0.5%。

检查数量：全数检查。

检验方法：观察、量测。

(5)伸缩缝应垂直、直顺，缝内不应有杂物。伸缩缝在规定的深度和宽度范围内应全部贯通，传力杆应与缝面垂直。

检查数量：全数检查。

检验方法：观察。

(6)混凝土路面允许偏差应符合表1－24的规定。

表1－24 混凝土路面允许偏差

项目		允许偏差或规定值		检验频率		检验方法
		城市快速路、主干路	次干路、支路	范围	点数	
纵断高程(mm)		±15		20m	1	用水准仪测量
中线偏位(mm)		≤20		100m	1	用经纬仪测量
平整度	标准差σ(mm)	≤1.2	≤2	100m	1	用测平仪检测
	最大间隙(mm)	≤3	≤5	20m	1	用3m直尺和塞尺连续量两尺，取较大值
宽度(mm)		0 －20		40m	1	用钢尺量
横坡(%)		±0.30%且不反坡		20m	1	用水准仪测量
井框与路面高差(mm)		≤3		每座	1	十字法，用直尺和塞尺量，取最大值
相邻板高差(mm)		≤3		20m	1	用钢板尺和塞尺量
纵缝直顺度(mm)		≤10		100m	1	用20m线和钢尺量
横缝直顺度(mm)		≤10		40m		
蜂窝麻面面积①(%)		≤2		20m	1	观察和用钢板尺量

注：①每20m查1块板的侧面。

1.3.3.5 成品保护

1. 路面养生结束后(一般至少14d)，仍应封路，禁止大型车辆行驶，1个月后方可全面开放交通。

2. 路面分幅施工时的成品保护

路面分两幅施工时，第一幅施工完毕后，如遇雨季，应采取必要的排水措施，特别注意未摊铺半幅不能有积水，以防止产生水对已摊铺路面和未摊铺路基的破坏。

3. 对已摊铺路面的预留钢筋要指派专人看管，以防破坏。

1.3.3.6 应注意的质量问题

1. 运输要注意根据距离、天气、原材料情况在搅拌时调整用水量，保证混凝土坍落度，减少路面出现麻面现象。

2. 摊铺前应对滑模摊铺机滑动侧模清理干净，并刷机油，防止拆模时损坏路面。

3. 传力杆应固定牢固，以防摊铺时移动。

4. 切缝时应视施工地区13时到15时最高温度与凌晨1时到3时最低温度的温差决定切缝方式，防止发生断板。

5. 应严格控制摊铺速度，滑模机理想速度为2～4m/min。防止边缘坍落，影响路面的平整度和横坡。

1.3.3.7 环境、职业健康安全管理措施

1. 环境管理措施

(1) 大宗材料堆放场地必须进行硬化或遮盖，以保持场地清洁。

(2) 搅拌机应加防尘罩，卸料口下地面应铺筑至少50m长200mm厚的路面，以使行车方便和场地干净整洁。

(3) 搅拌站应设污水沉淀池和必要的排水沟，以使污水排出后不污染环境。

(4) 搅拌站应尽量设在远离村庄和居民区的场地，如无可能应加装隔音棚，以防噪声扰民。

(5) 运至现场的不合格混凝土需按指定地点集中处理，不得乱弃。

(6) 养生用塑料布在使用时要采取措施使其不被风吹跑，使用完毕后要及时回收处理。

(7) 现场生活垃圾应集中处理不得随意丢弃，防止污染周围环境。

2. 职业健康安全管理措施

(1) 应根据滑模机械化施工特点，做好安全生产和保卫工作。施工前，施工单位应对员工进行安全生产教育，树立安全第一的思想。

(2) 施工现场必须做好交通安全工作。施工区段应进行封闭，严禁非施工车辆入内。交通繁忙的路口应设立标志，并有专人指挥。夜间施工，路口及基准桩附近应设置警示灯或反光标志，专人管理灯光照明。

(3) 施工机电设备应有专人负责保养、维修和看管，确保安全生产。施工现场的电线、电缆应尽量放置在无车辆、人、畜通行的部位。

(4) 现场操作人员必须按规定佩戴防护用具。有毒、易燃的燃料、填缝材料操作时，其防毒、防火等应按有关规定严格执行。

(5) 滑模摊铺机、搅拌站、储油站、发电站、配电站等重要施工设备上应配备消防设施，确保防火安全。工地所有施工设备和机具，在停工或夜间必须有专人值班保卫，严防原材料、机械、机具及零件等丢失。

(6) 在搅拌站的拌合机内清理粘结，无电视监控的搅拌站，必须有两人以上方可进行，一人清理，一人值守操作台。有电视监控的搅拌站，必须打开电视监控系统，关闭主电机电源，并在主开关箱上加锁，并挂警示红牌。搅拌站机械上料时，在铲斗及拉铲活动范围内，人员不得逗留和通过。

(7) 施工中，布料机支腿臂、松铺高度梁和滑模摊铺机支腿臂、搓平梁、抹平板上严禁站人及操作。

1.3.4 现浇混凝土路面

1.3.4.1 适用范围

适用于城镇道路现场浇筑混凝土路面施工，其他公路可参照执行。

1.3.4.2 施工准备

1. 技术准备

(1) 认真审核设计图纸和设计说明书，编制详细的施工方案，已对班组进行书面技术交底和安全交底。

（2）混凝土路面原材料已进行试验，并确定混凝土配合比。混凝土配合比满足混凝土的设计强度、耐磨、耐久和混凝土拌合物和易性的要求。

2. 材料要求

（1）水泥

1）宜采用硅酸盐水泥或普通硅酸盐水泥，水泥强度等级不应低于32.5MPa。

2）水泥进场应有产品合格证和出厂检验报告，进场后应对强度、安定性及其他必要的性能指标进行取样复试。其质量必须符合国家现行标准《硅酸盐水泥、普通硅酸盐水泥》（GB 175）等的规定。

3）对水泥质量有怀疑或出厂期超过3个月或受潮的水泥，必须经过试验，按其试验结果决定正常使用或降级使用。已经结块变质的水泥不得使用。不同品种的水泥不得混合使用。

（2）石子：石子应使用质地坚硬、耐久、洁净的碎石、碎卵石和卵石。卵石最大公称粒径不宜大于19.0mm，碎卵石最大公称粒径不宜大于26.5mm，碎石最大公称粒径不应大于31.5mm。粗集料的含泥量小于1.5%，泥块含量小于0.5%。进场后应取样复试，其质量应符合国家现行标准的有关规定。

（3）砂：砂应采用质地坚硬、耐久、洁净的天然砂、机制砂或混合砂。砂宜采用符合规定级配、细度模数在2.0～3.5之间的粗、中砂，不宜使用细砂。含泥量小于3%，泥块含量小于2%，进场应取样复试，其质量应符合国家现行标准的规定。

（4）外加剂：外加剂的质量和应用技术应符合国家现行标准《混凝土外加剂》（GB 8076）和《混凝土外加剂应用技术规范》（GB 50119）的有关规定。

外加剂应有产品说明书、出厂检验报告及合格证性能检测报告，进场后应取样复试，并应检验外加剂与水泥的适应性。有害物含量检测报告应由相应资质检测部门出具。

（5）粉煤灰及其他掺合料：粉煤灰宜采用散装灰，质量应符合Ⅰ、Ⅱ级标准。也可使用硅灰或磨细矿渣，使用前应经过试配检验，确保路面混凝土弯拉强度、抗磨性、抗冻性等技术指标合格。

各种掺合料应有出厂合格证或质量证明书和法定检测单位提供的质量检测报告，进场后应取样复试合格。掺合料质量应符合国家现行相关标准规定，其掺量应通过试验确定。

（6）水：宜采用饮用水。当采用其他水源时，其水质应符合国家现行标准《混凝土拌合用水标准》（JGJ 63）的规定。

（7）钢筋：混凝土路面所用的钢筋网、传力杆、拉杆等钢筋的品种、规格、级别、质量应符合设计要求，钢筋应顺直，不得有裂纹、断伤、刻痕、表面油污和锈蚀。钢筋进场应有产品合格证和出厂检验报告单，进场后应按规定抽取试件做力学性能检验，其质量必须符合有关标准的规定。

（8）接缝材料

1）应选用能适应混凝土面板膨胀和收缩、施工时不变形、弹性复原率高、耐久性好的胀缝板。

2）填缝材料：常温施工填缝料主要有聚（氨）酯、硅树脂类、氯丁橡胶、沥青橡胶等。加热施工填缝料主要有沥青玛碲脂类、聚氯乙烯胶泥类、改性沥青类等。填缝材料应具有与混凝土板壁粘结牢固、回弹性好、不溶于水、不渗水、高温时不挤出、不流淌、嵌入能力强、耐老化龟裂、负温拉伸量大、低温时不脆断、耐久性好等性能。

3. 机具设备

（1）搅拌、运输机具：配有自动控制系统的混凝土搅拌机站一套、自卸车、小翻斗车、手推车、混凝土搅拌运输车、散装水泥运输车、洒水车等。

(2) 振捣机具:平板振动器、插入式振动器、振捣梁等小型机具。

(3) 其他工具:混凝土切缝机、纹理制作机、灌缝机、普通水泵、计量水泵、移动式发电机、移动式照明设备等。

(4) 抹面机具:木抹子、铁抹子等。

(5) 施工测量和检验试验仪器设备。

4. 作业条件

(1) 混凝土路面施工应在基层施工完毕,经检测各项指标达到设计和规范要求,并经监理工程师同意后进行。

(2) 基层表面应清理干净,并洒水湿润。

1.3.4.3 施工工艺

1. 工艺流程

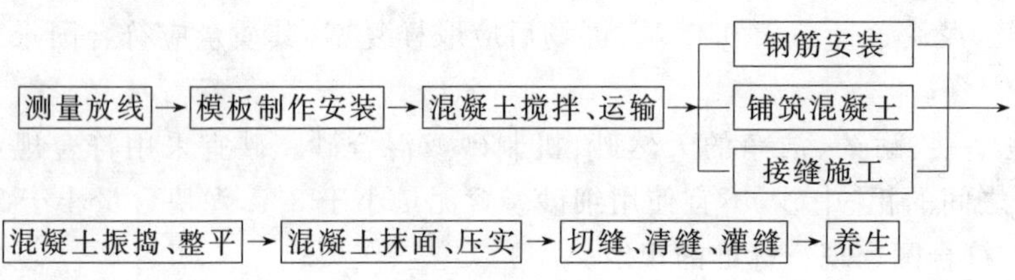

2. 操作工艺

(1) 测量放线

根据设计文件及交桩资料放出道路中线和边线。除在道路中线上每20m设一中线桩外,同时在胀缝、曲线起讫点和纵坡转点位置也应设置中线桩,并在中线桩两侧相应位置设置边桩。主要控制桩应设在路旁稳定的位置,其精度应符合有关规定。在离道路边线适当位置每100m设一个临时水准点,以便施工中对路面高程进行复核。

(2) 模板制作、安装

1) 木模板

① 制作:木模板应选用质地坚实,变形小,无腐朽、扭曲、裂纹的木料。模板厚度宜为40mm~60mm,其高度应与混凝土板厚度相同。模板内侧面、顶面要刨光,拼缝紧密牢固,边角平整无缺。

② 安装:将木模板按放线位置支立立模的平面位置与高程,应符合设计要求,并应支立稳固,接头紧密平顺,不得有前后错茬和高低不平等现象。模板与基层接触处不得漏浆。两侧用铁橛钉牢并紧靠模板,内侧铁橛应高于模板(约100mm),间距0.8m~1.0m,外侧铁橛顶应与模板同高或低10mm。弯道处铁橛应加密,间距为0.4m~0.8m。模板支好后,内侧均匀涂刷隔离剂。

2) 钢模板

① 制作:宜采用槽钢或型钢制作,若采用钢板制作时其厚度应满足强度、刚度要求。

② 安装:钢模板和木模板支立方法相同。

(3) 混凝土的搅拌、运输

1) 混凝土最大水灰比,公路、城市道路和厂矿道路不应大于0.50,冰冻地区冬期施工不应大于0.46。混凝土的单位水泥用量,应根据选用的水灰比和单位用水量进行计算,单位水泥用量不宜小于305kg/m³。混凝土拌合物的坍落度宜为10mm~40mm。

2) 投入搅拌机每盘的拌合物数量,应按混凝土施工配合比和搅拌机容量计算确定,并应符合下列规定：

① 砂、石料必须准确过秤。磅秤每班开工前应检查校正合格。

② 散装水泥应采用电子计量装置。袋装水泥，当以袋计量时，应抽查其重量是否准确。

③ 严格控制加水量。每班开工前，实测砂、石料的含水量，根据天气变化，由工地试验确定施工配合比。

④ 混凝土原材料按质量计的允许误差，不应超过下列规定：水泥±1%，粗细骨料±2%，水±1%，外加剂±1%。

3）搅拌机装料顺序，宜为砂、水泥、碎（砾）石，或碎（砾）石、水泥、砂。进料后，边搅拌边加水。

4）搅拌第一盘混凝土拌合物前，应先用适量的混凝土拌合物或砂浆进行试拌，然后再按规定的配合比进行搅拌。

5）混凝土拌合物每盘的搅拌时间，应根据搅拌机的性能和拌合物的和易性确定。混凝土拌合物的最短搅拌时间，自材料全部进入搅拌机起，至拌合物开始出料止的连续搅拌时间，应符合表1－25的规定。搅拌最长时间不得超过最短时间的2倍。

表1－25　混凝土拌合物最短搅拌时间

搅拌机容量(L)		转速（r/min）	搅拌时间(s)	
			低流动性混凝土	干硬性混凝土
自由式	400	18	105	120
	800	14	165	210
强制式	375	38	90	100
	1500	20	180	240

6）混凝土拌合物的运输，宜采用自卸机动车。当运距较远时，宜采用搅拌运输车运输。混凝土拌合物从搅拌机出料后，运至铺筑地点进行铺筑、振捣直至成活的允许最长时间，由试验室根据水泥初凝时间及施工气温确定，并应符合表1－26的规定。

表1－26　混凝土从搅拌机出料至成活的允许最长时间

施工气温(℃)	允许最长时间(h)
5～9	2
10～19	1.5
20～29	1.25
30～35	1

7）装运混凝土拌合物，不得漏浆，并应防止离析。夏季和冬季施工时应采取遮盖或保温措施。出料及铺筑时的卸料高度，不应超过1.5m。

(4) 铺筑混凝土

1）混凝土板块分格、分幅及跳仓顺序应根据施工设计图纸的要求，结合混凝土拌合站的生产能力，在保证混凝土浇筑流水作业和提高模板周转次数的前提下进行分格、分幅及跳仓施工。

2）混凝土拌合物铺筑前，应对模板支撑、基层的平整、润湿情况、钢筋的位置和传力杆装置等进行全面检查。

3）应从模板一端入模卸料。

4）混凝土板厚大于220mm时，可分二次铺筑，下部厚度宜为总厚度的2/3；板厚小于220mm时可一次铺筑。铺筑虚厚一般高出模板15mm～25mm。

5）混合料铺筑至板厚的2/3时即可拔出模内铁橛。

6）铺筑工作须在分缝处结束，不得在一块板内有接茬。

7）铺筑加筋混凝土时要配合传力杆、边缘及角隅钢筋的安放进行，先铺筑钢筋下部混凝土，振捣密实，钢筋放置后再铺上层混凝土。

8）钢筋安装

① 钢筋混凝土板的钢筋网片

a. 不得踩踏钢筋网片。

b. 安放单层钢筋网片时，应在底部先摊铺一层混凝土拌合物，摊铺高度应按钢筋网片设计位置预加一定的沉落度。待钢筋网片安放就位后，再继续浇筑混凝土。

c. 安放双层钢筋网片时，对厚度不大于250mm的板，上下两层钢筋网片可事先用架立筋扎成骨架后一次安放就位。厚度大于250mm的，上下两层钢筋网片应分两次安放。

② 安放角隅钢筋时，应先在安放钢筋的角隅处摊铺一层混凝土拌合物，摊铺高度应比钢筋设计位置预加一定的沉落度。角隅钢筋就位后，用混凝土拌合物压住。

③ 安放边缘钢筋时，应先沿边缘铺筑一条混凝土拌合物，拍实至钢筋设置高度，然后安放边缘钢筋，在两端弯起处，用混凝土拌合物压住。

④ 传力杆钢筋加工应锯断，不得挤压切断，断口应垂直、光圆，并用砂轮打磨掉毛刺。

9）接缝施工

① 胀缝

a. 胀缝应与路面中心线垂直；缝壁必须垂直；缝隙宽度必须一致；缝中不得连浆。缝隙上部应浇灌填缝料，下部应设置胀缝板。

b. 固定后的传力杆必须平行于板面及路面中心线，其误差不得大于5mm。传力杆的固定，可采用顶头木模固定或支架固定安装的方法，并应符合下列规定：

i. 顶头木模固定传力杆安装方法，宜用于混凝土板不连续浇筑时设置的胀缝。传力杆长度的一半应穿过端头挡板，固定于外侧定位模板中。混凝土拌合物浇筑前应检查传力杆位置；浇筑时，应先铺筑下层混凝土拌合物用插入式振捣器振实，并应在校正传力杆位置后，再浇筑上层混凝土拌合物。浇筑邻板时应拆除顶头木模，并应设置胀缝板、木制嵌条和传力杆套管（见图1－16）。

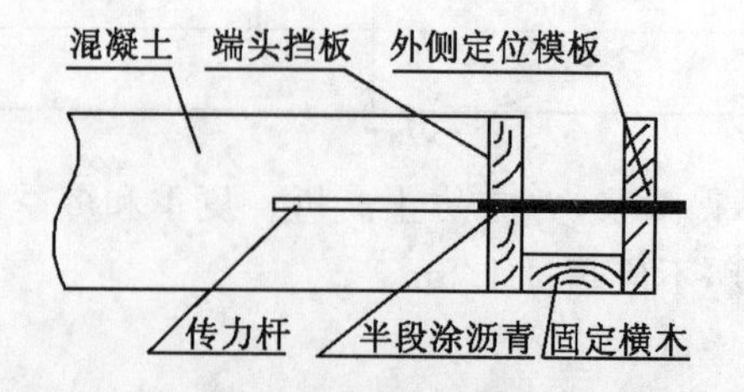

图1－16 顶头木模固定传力杆安装图

ii. 支架固定传力杆安装方法，宜用于混凝土板连续浇筑时设置的胀缝。传力杆长度的一半应穿过胀缝板和端头挡板，并应用钢筋支架固定就位。浇筑时应先检查传力杆位置，再在胀缝两侧铺筑混凝土拌合物至板面，振捣密实后，抽出端头挡板，空隙部分填补混凝土拌合物，并用插入式振捣器振实（见图1－17）。

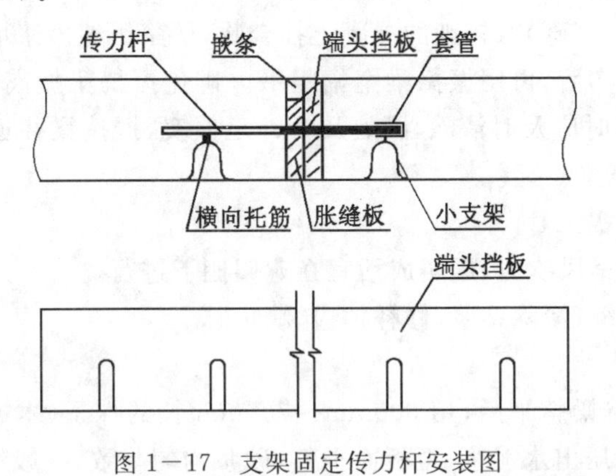

图1－17 支架固定传力杆安装图

② 缩缝的施工方法，应采用切缝法。当受条件限制时，可采用压缝法。

压缝法施工，当混凝土拌合物做面后，应立即用振动压缝刀压缝。当压至规定深度时，应提出压缝刀；用原浆修平缝槽，严禁另外调浆。然后，应放入铁制或木制嵌条，再次修平缝槽，待混凝土拌合物初凝前泌水后，取出嵌条，形成缝槽。

③ 施工缝的位置宜与胀缝或缩缝设计位置吻合。施工缝应与路面中心线垂直，施工缝传力杆长度的一半锚固于混凝土中，另一半应涂沥青，允许滑动。传力杆必须与缝壁垂直。

④ 纵缝

a. 平缝纵缝，对已浇混凝土板的缝壁应涂刷沥青，并应避免涂在拉杆上。浇筑邻板时，缝的上部应压成规定深度的缝槽。

b. 企口缝纵缝，宜先浇筑混凝土板凹榫的一边；缝壁应涂刷沥青。浇筑邻板时应靠缝壁浇筑。

纵缝设置拉杆时，拉杆应采用螺纹钢筋，并应设置在板厚中间。设置拉杆的纵缝模板，应预先根据拉杆的设计位置放样打眼。

⑤ 混凝土板养护期满后，缝槽应及时填缝。在填缝前必须保持缝内清洁，防止砂石等杂物掉入缝内。

(5) 混凝土的振捣、整平

1) 混凝土拌合物的振捣

① 对厚度不大于220mm的混凝土板，靠边角应先用插入式振捣器顺序振捣，再用平板振捣器纵横交错全面振捣。纵横振捣时，应重叠100mm～200mm，然后用振捣梁振捣拖平。有钢筋的部位，振捣时应防止钢筋变位。

② 振捣器在每一位置振捣的持续时间，应以拌合物停止下沉、不再冒气泡并泛出水泥砂浆为准。

③ 当采用插入式与平板式振捣器配合使用时，应先用插入式振捣器振捣，后用平板式振捣器振捣。分两次铺筑的，振捣上层混凝土拌合物时，插入式振捣器应插入下层混凝土拌合物50mm，上层混凝土拌合物的振捣必须在下层混凝土拌合物初凝以前完成。插入式振捣器的移动间距不应大于其作用半径的0.5倍，其至模板的距离不应大于振捣器作用半径的0.5倍，并应避

免碰撞模板和钢筋。

④ 振捣时应辅以人工找平，并应随时检查模板。如有下沉、变形或松动，应及时纠正。

2）混凝土拌合物整平

① 填补板面应选用碎(砾)石较细的混凝土拌合物，严禁用纯砂浆填补找平。

② 用平板振捣器振实后，再用振捣梁全幅粗平。避免振捣梁振离模板，并保持同步缓慢匀速前进，振捣前积料过多时应及时清除，凹处及时补足振实，振捣梁往返振捣2～3遍，达到表面平整、均匀、不露石子为度。

(6) 混凝土抹面、压实

1）当烈日暴晒或干旱风吹时，压实成活宜在遮阳棚下进行。

2）修整时应清边整缝，清除粘浆，修补掉边、缺角。

3）抹面

① 第一遍抹面：振捣梁整平后，用600mm～700mm长的抹子(木或塑料)采用揉压方法，将混凝土板表面挤紧压实，压出水泥浆，至板面平整，砂浆均匀一致，一般约抹3～5次。

② 第二遍抹面：等混凝土表面无泌水时，再做第二次抹平，将析水全部赶出模板。

③ 第三遍抹面：在析水现象全部停止、砂浆具有一定稠度时进行，宜使用小抹子赶光压实。

④ 抹面时操作人员必须在跳板上操作，不能踩蹬混凝土板面。

4）拉毛：抹面抹平后沿横坡方向拉毛或采用机具刻纹。公路和城市道路、厂矿道路的拉毛和刻纹深度应为1mm～2mm。

(7) 切缝、清缝、灌缝

1）当采用切缝法设置缩缝时，采用混凝土切缝机进行切割，切缝宽度控制在4mm～6mm。

2）切缝法施工，有传力杆缩缝的切缝深度应为1/3～1/4板厚，最浅不得小于70mm；无传力杆缩缝的切缝深度应为1/4～1/5板厚。当混凝土达到设计强度的25%～30%时，应采用切缝机进行切割。切缝用水冷却时，应防止切缝水渗入基层和土基。

3）切缝后、填缝前进行清缝，清缝可采用人工抠除杂物、空压机吹扫的方式，保证缝内清洁无污泥、杂物。

4）灌入式填缝

① 灌注填缝料必须在缝槽干燥状态下进行，填缝料应与混凝土缝壁粘附紧密不渗水。

② 填缝料的灌注深度宜为30mm～40mm。当缝槽大于30mm～40mm时，可填入多孔柔性衬底材料。填缝料的灌注高度，夏天宜与板面平，冬天宜稍低于板面。

③ 热灌填缝料加热时，应不断搅拌均匀，直至规定温度。当气温较低时，应用喷灯加热缝壁。施工完毕，应仔细检查填缝料与缝壁粘结情况，在有脱开处，应用喷灯小火烘烤，使其粘结紧密。

5）预制嵌缝条填缝

① 预制胀缝板嵌入前，缝壁应干燥，并应清除缝内杂物，使嵌缝条与缝壁紧密结合。

② 缩缝、纵缝、施工缝的预制嵌缝条，可在缝槽形成时嵌入。嵌缝条应顺直整齐。

(8) 养生

1）混凝土板压实成活后，应及时养生，养生应根据施工工地情况及条件，选用湿治养生和塑料薄膜养生等方法。

2）湿治养生

① 宜用塑料保湿膜、土工毡、土工布、麻袋、草袋、草帘等，在混凝土终凝以后覆盖于混凝土

板表面；每天应均匀洒水，经常保持潮湿状态。

② 昼夜温差大的地区，混凝土板浇筑后3d内应采取保温措施，防止混凝土板产生收缩裂缝。

③ 混凝土板在养生期间和填缝前，应禁止车辆通行。在达到设计强度的40%以后，方可允许行人通行。

④ 养生时间应根据混凝土强度增长情况而定，一般宜为14～21d。养生期满方可将覆盖物清除，板面不得留有痕迹。

3）塑料薄膜溶液喷洒养生

① 塑料薄膜溶液的配合比应由试验确定。常用有过氧乙酸树脂和氯偏乳液薄膜等材料。薄膜溶剂一般具有易燃或有毒等特性，应做好储运和安全工作。

② 当混凝土表面不见浮水和用手指压无痕迹时，应进行喷洒。

③ 喷洒厚度宜以能形成薄膜为度。

④ 在高温、干燥、刮风时，在喷膜前后，应用遮阳棚加以遮盖。

⑤ 养生期间应保护塑料薄膜的完整。当破裂时应立即修补。薄膜喷洒后3d内禁止行人通行，养生期和填缝前禁止一切车辆行驶。

4）模板的拆除

① 拆模时间应根据气温和混凝土强度增长情况确定，采用普通水泥时，一般允许拆模时间应符合表1－27的规定。

表1－27　**混凝土板允许拆模时间**

昼夜平均气温(℃)	允许拆模时间(h)
5	72
10	48
15	36
20	30
25	24
30以上	18

注：1. 允许拆模时间为自混凝土成型后至开始拆模时的间隔时间。
2. 当使用矿渣水泥时，允许拆模时间宜延长50%～100%。

② 拆模应仔细，不得损坏混凝土板的边、角，尽量保持模板完好。

5）混凝土板达到设计强度时，可允许开放交通。当遇特殊情况需要提前开放交通时，混凝土板应达到设计强度的80%以上，其车辆荷载不得大于设计荷载。混凝土板的强度，应以同条件混凝土试块强度作为依据。

3. 季节性施工

(1) 雨期施工

1）地势低洼的搅拌站、水泥仓及砂石堆料场，应按汇水面积修建排水沟或预备抽排水设施。水泥和粉煤灰罐仓顶部通气口、料斗等部位应有防潮、防水覆盖措施，砂石料堆应防雨覆盖。

2）雨期施工时，应备足防雨篷或塑料薄膜。防雨篷支架宜采用焊接钢结构，并具有人工饰面拉槽的足够高度。

3）铺筑中遭遇阵雨时，应立即停止铺筑，并使用防雨篷或塑料薄膜覆盖尚未硬化的混凝土路面。

4）被阵雨轻微冲刷过的路面，视平整度和抗滑构造破损情况，采用硬刻槽或先磨平再刻槽的方法处理。对被暴雨冲刷后，路面平整度严重损坏的部位，应尽早铲除重铺。

（2）高温期施工

1）当现场气温大于等于35℃时，应避开中午高温时段施工，可选择在早晨、傍晚或夜间施工。

2）砂石料堆应有遮阳棚。模板和基层表面，在浇筑混凝土前应洒水湿润。

3）混凝土拌合物浇筑中应尽量缩短运输、铺筑、振捣、压实成活等工序时间，浇筑完毕应及时覆盖、养生。

4）切缝应视混凝土强度的增长情况，宜比常温施工适当提早切缝，以防断板。特别是在夜间降温幅度较大或降雨时，应提早切缝。

（3）冬期施工

当室外日平均气温连续五昼夜低于5℃时，混凝土路面的施工应按冬期施工规定进行。

1）混凝土路面在弯拉强度尚未达到1.0MPa或抗压强度尚未达到5.0MPa时，应严防路面受冻。

2）混凝土搅拌站应搭设工棚或其他挡风设施。

3）混凝土拌合物的浇筑温度不应低于5℃。当气温在0℃以下或混凝土拌合物的浇筑温度低于5℃时，应将水加热搅拌（砂、石料不加热）；如水加热仍达不到要求时，应将水和砂、石料都加热。加热搅拌时，水泥应最后投入。材料加热应遵守下列规定：

① 在任何情况下，水泥都不得加热。

② 加热温度应为：混凝土拌合物不应超过35℃，水不应超过60℃，砂、石料不应超过40℃。

③ 水、砂、石料在搅拌前和混凝土拌合物出盘时，每台班至少测四次温度；室外气温每4h测一次温度；混凝土板浇筑后的头两天内，应每隔6h测一次温度；7d内每昼夜应至少测两次温度。

4）混凝土板浇筑时，基层应无冰冻，不积冰雪，模板及钢筋积有冰雪时，应清除。混凝土拌合物不得使用带有冰雪的砂、石料，且搅拌时间应比规定的时间适当延长。

5）混凝土拌合物的运输、铺筑、振捣、压实成活等工序，应紧密衔接，缩短工序间隔时间，减少热量损失。

6）应加强保温保湿覆盖养生，可先用塑料薄膜保湿隔离覆盖或喷洒养生剂，再采用草帘、泡沫塑料垫等在其上保温覆盖。遇雨雪必须再加盖油布、塑料薄膜等。

7）冬期施工时，应在现场增加留置同条件养护试块的组数。

8）冬期养生时间不得少于28d。允许拆模时间也应适当延长。

1.3.4.4　质量标准

同本书1.3.3.4条。

1.3.4.5　成品保护

1. 改性沥青路面碾压完成后，派人维护，封闭交通，应待摊铺层完全冷却，表面温度低于60℃后，方可开放交通。交工前应限制重型、超载车辆。

2. 施工中注意加强对路缘石、护栏等附属工程的保护，必要时采用塑料布等覆盖措施。

3. 摊铺面无异常情况，人员不得在其上行走。

4. 设立明显标识，禁止有遗洒、漏油的车辆上路，防止污染成品路面。

5. 当天施工结束，所有机械不得停放在新铺沥青混凝土面上，以免造成面层永久变形。

1.3.4.6　应注意的质量问题

1. 为防止拉沟、麻面，应提高熨平板预热温度，严格控制混合料温度。

2. 混合料碾压应及时，应选择适宜的碾压设备。对于改性沥青混合料，宜采用重型压路机，并在混合料温度较高时趁热碾压，避免出现压实度不足。

3. 为防止平整度差，应保证摊铺连续、保持混合料温度稳定；适当增加运输车辆，使摊铺机保持均匀稳定摊铺，加强对沥青混合料各阶段要求温度的控制。

4. 为防止表面离析，应针对具体情况，采取调整级配、运输车分层放料和调整摊铺机螺旋分料器距地高度。同时，对离析处根据严重程度采取换料等方式及时处理。

1.3.4.7　环境、职业健康安全管理措施

1. 环境管理措施

(1) 施工现场的施工垃圾主要是切边、局部处理产生的废弃混合料，应采取集中收集，施工结束后统一清运至环保部门认可的填埋场填埋处理。

(2) 喷洒粘层油时应封闭交通，对路缘石等附属工程进行防护，在4级以上的风力下不宜喷洒，以免污染环境。

(3) 施工现场各种机械应加强检修、保养，防止因故障造成噪声增大，有条件时尽量采用低噪声设备。

(4) 对于运输道路应经常洒水降尘，进出现场的路口应采取用篷布铺垫措施。

(5) 在城市施工时，振动压路机在作业时对周边建筑会造成共振影响，因此，在保证质量的同时应避免对周围建筑物损害，采用大吨位钢轮压路机和重型轮胎压路机压实时，适当减少振动作业。

2. 职业健康安全管理措施

(1) 各设备应有专人负责管理、使用，实行“定人、定机、定岗位”的三定制度。

(2) 施工期间应封闭施工现场，并在来车方向前方适当位置设明显禁行标志。

(3) 所有现场施工人员应注意防止混合料烫伤，施工时穿着防护鞋、戴防护手套。

(4) 所有设备操作人员都要熟读各相关设备的操作指南，必须经培训后持证上岗。严禁疲劳、酒后操作。

(5) 压路机的配合人员不得在压路机行进前方作业。

(6) 各设备性能应处于良好状态，严禁故障机械进入施工现场。

(7) 运输车辆必须控制车速，不得强行超车。

(8) 准备灭火器材及急救药箱，确认放置场所，并按国家消防规则进行清点检查。

(9) 无关人员禁止接近设备，对允许接近的人员要进行安全教育。

1.4　挡墙及附属

1.4.1　现浇重力式钢筋混凝土挡土墙

1.4.1.1　适用范围

适用于公路、城市道路和桥梁现浇钢筋混凝土挡土墙工程施工。

1.4.1.2 施工准备

1. 技术准备

(1) 施工前应核对道路、桥梁设计图纸，测量人员按道路、桥梁的施工中线、高程控制点进行挡土墙平面与高程控制测量及施工测量。

(2) 完成分项开工报告、混凝土试配、材料报验和审批手续以及业主、监理要求的技术性文件。

(3) 编制混凝土挡土墙施工方案已经审批，并对相关人员进行安全技术交底。

2. 材料要求

(1) 水泥：一般采用硅酸盐水泥、普通硅酸盐水泥、矿渣硅酸盐水泥。水泥进场应有产品合格证和出厂检验报告，进场后应对强度、安定性及其他必要的性能指标进行取样复试，其质量必须符合国家现行标准《硅酸盐水泥、普通硅酸盐水泥》(GB 175)等的规定。当对水泥质量有怀疑或水泥出厂超过3个月时，在使用前必须进行复试，并按复试结果使用。不同品种的水泥不得混合使用。

(2) 砂：一般采用中、粗砂。砂的品种、质量应符合国家现行标准《公路桥涵施工技术规范》(JTJ 041)的要求，进场后按国家现行标准《公路工程集料试验规程》(JTJ 058)的规定进行取样试验合格。

(3) 石子：应采用坚硬的卵石或碎石，应按产地、类别、加工方法和规格等不同情况，按国家现行标准《公路工程集料试验规程》(JTJ 058)的规定分批进行检验，其质量应符合国家现行标准《公路桥涵施工技术规范》(JTJ 041)的规定。

(4) 水：宜采用饮用水。当采用其他水源时，其水质应符合国家现行标准《混凝土拌合用水标准》(JGJ 63)的规定。

(5) 钢筋：钢筋应具有出厂质量证明书和试验报告单；钢筋的品种、级别、规格应符合设计要求；钢筋进场时应抽取试样做力学性能试验，其质量必须符合国家现行标准《钢筋混凝土用热轧光圆钢筋》(GB 13013)、《钢筋混凝土用热轧带肋钢筋》(GB 1499)和《冷轧带肋钢筋》(GB 13788)等的规定。

当发现钢筋脆断、焊接性能不良或力学性能显著不正常现象时，应对该批钢筋进行化学分析或其他专项检验。

(6) 电焊条：选用的电焊条应与钢筋母材相匹配，进场应有合格证。

(7) 外加剂：外加剂应有产品说明书、出厂检验报告及合格证、性能检测报告，有害物含量检测报告应由有相应资质等级的检测部门出具。进场应取样复试合格，并应检验外加剂与水泥的适应性。外加剂的质量和应用技术应符合国家现行标准《混凝土外加剂》(GB 8076)和《混凝土外加剂应用技术规范》(GB 50119)有关规定。

(8) 掺合料：掺合料应有出厂合格证或质量证明书和法定检测单位提供的质量检测报告，进场后应取样复试合格。掺合料质量应符合国家现行相关标准规定，其掺量应通过试验确定。

(9) 预埋件的规格、材质应符合设计要求。

3. 机具设备

(1) 机械：混凝土搅拌机、混凝土输送泵(采用泵送时使用)、混凝土搅拌车、卷扬机、切割机、弯曲机、电焊机、汽车吊、翻斗车、磅秤、移动发电机。

(2) 工具：钢板、小推车、刮杠、水平尺、靠尺、铁锹、振捣器等。

4. 作业条件

(1) 桥梁主体结构施工完成或路基填筑高程超过挡土墙基础底标高,密实度达到设计要求后方可进行施工。

(2) 基底验收合格并办理完隐检手续。

1.4.1.3 施工工艺

1. 工艺流程

测量放线 → 垫层施工 → 基础钢筋制作与安装 → 支立基础模板 → 浇筑基础混凝土 → 墙体钢筋及预埋件制作与安装 → 支立墙体模板 → 浇筑墙体混凝土 → 养生及拆模

2. 操作工艺

(1) 测量放线

根据施工图纸及坐标点测放出挡土墙中心线、基础平面位置线和纵断高程线,做好平面、高程控制点。

(2) 垫层施工

1) 垫层混凝土强度应符合设计要求,振捣密实、抹压平整。

2) 垫层底面不在同一高程时,施工应按先深后浅的顺序进行。

3) 垫层施工完成后,应复核设计高程并按设计图纸和挡墙中线桩弹出墙体轴线、基础尺寸线和钢筋控制线。

(3) 基础钢筋制作与安装

1) 应按有关规定进行钢筋复验、见证取样检验,合格后方可使用。

2) 钢筋应按品种规格、批号、分类存放,不得混存。有严重锈蚀、麻坑、劈裂、夹砂、夹层、油污等钢筋不得使用。

3) 钢筋绑扎前应将垫层清理干净,并用粉笔在垫层上划好主筋、分布筋间距。按划好的间距,先摆放受力主筋、后放分布筋。预埋件、预留孔等应及时配合安装。

4) 绑扎钢筋时一般用顺扣或八字扣,除外围两根筋的相交点应全部绑扎外,其余各点可交错绑扎。

5) 在钢筋与模板之间垫好垫块,间距不大于1.5m,保护层厚度应符合设计要求。

6) 垫块一般采用水泥砂浆制成,垫块厚度应与保护层厚度相同,垫块内预埋火烧丝,或用塑料卡来保证保护层厚度。

7) 钢筋连接方法宜采用焊接或机械连接。

8) 在绑扎双层钢筋网片时,应设置足够强度的撑脚,以保证钢筋网片的定位准确。稳定牢固,在浇筑混凝土时不得松动变形。

9) 钢筋焊接成型时,焊前不得有水锈、油渍;焊缝处不得咬肉、裂纹、夹渣,焊药皮应清除干净。

(4) 支立基础模板

1) 模板应具有足够的强度、刚度和稳定性,能承受灌筑混凝土的冲击力、混凝土的侧压力。

2) 模板应保证挡土墙设计形状、尺寸及位置准确,并便于拆卸,模板接缝应严密,不得漏浆、错台。

3) 模板脱模剂应涂刷均匀,不得污染钢筋。

4) 轴线、模板线放线完毕,应办理好预检手续。

5) 模板安装后,应检查预留洞口及预埋件位置,符合设计要求后,方可进行下道工序。

6）模板支撑时，模板下口先做水平支撑，再加斜撑固定。

（5）浇筑基础混凝土

1）混凝土浇筑前，钢筋应隐检验收合格。模板安装牢固，缝隙平整、严密，杂物应清理干净，积水排除，并办理预检手续。

2）混凝土配合比应符合设计强度要求。

3）混凝土浇筑时自由落差一般不大于2m，当大于2m时，应用导管或溜槽输送。

4）现浇重力式钢筋混凝土挡土墙，应根据挡土墙的具体形式、尺寸确定浇筑方案。当基础与墙体分期浇筑时应符合下列规定：

① 基础混凝土强度达到2.5MPa以上时方可支搭挡土墙墙体模板。

② 浇筑基础混凝土时，宜在基础内埋设供支搭墙体模板定位连接件。

5）混凝土振捣

① 基础混凝土宜采用插入式振捣棒振捣，当振捣棒以直线行列插入时，移动距离不得超过振捣棒作用半径的1.5倍；若以梅花式行列插入，移动距离不得超过作用半径的1.75倍；振捣时振捣器不得直接放在钢筋上。

② 振捣至混凝土不再下沉，无显著气泡，表面平坦一致，开始浮现水泥浆为度。若发现表面呈现水层，应分析原因，予以解决。

③ 振捣棒宜与模板保持50mm～100mm净距。不宜振捣的部位应采用人工振捣。

④ 混凝土应分层浇筑，分层厚度不超过300mm。各层混凝土浇筑不得间断；应在前层混凝土振实尚未初凝前，将次层混凝土浇筑、捣实完毕。振捣次层混凝土时振捣棒应插入前层50mm～100mm。

（6）墙体钢筋及预埋件制作与安装要求参照3款有关规定施工。

（7）支立墙体模板

1）按位置线安装墙体模板，模板应支牢固，下口处加扫地方木，占口模内加方木内撑，以防模板在浇筑混凝土时松动、跑模。

2）按照模板设计方案先拼装好一面的模板并按位置线就位，然后安装拉杆或斜撑，安装套管和穿墙螺栓，穿墙螺栓规格和间距在模板设计中应明确规定。

3）清扫墙内杂物，再安装另一侧模板，调整支撑至模板垂直后，拧紧对拉螺栓。

4）模板隔离剂涂刷应均匀，不得污染钢筋。

5）模板安装完成后，检查扣件、螺栓是否牢固，模板拼缝及下口是否严密，并办理预检手续。

（8）浇筑墙体混凝土

1）墙体混凝土浇筑前，在底部接茬处先均匀浇筑15mm～20mm厚与墙体混凝土强度等级相同的减石子混凝土。

2）混凝土应按规范规定分层浇筑，振捣密实，分层厚度不大于300mm。混凝土下料点应分散布置。墙体应连续进行浇筑，每层间隔时间不超过混凝土初凝时间。墙体混凝土施工缝宜设在设计伸缩缝处。

3）预留洞口两侧混凝土浇筑高度应对称均匀浇筑。振捣棒距洞边300mm以上，防止洞口移位、变形。

4）混凝土浇筑振捣完毕，将上口甩出的钢筋加以整理，用木抹子按设计标高控制线对墙体上口进行找平。

5）墙体混凝土的其他施工可参照5款施工。

(9) 混凝土养生

1) 混凝土浇筑完毕后,应在12h以内加以覆盖和浇水,浇水次数应能保持混凝土有足够的湿润状态,养护期一般不少于7d,可根据空气的湿度、温度和水泥品种及掺用的外加剂的情况,适当延长。

2) 对大体积混凝土挡墙的养护,应根据气候条件采取控温措施,将温度控制在设计要求的范围内。

(10) 模板拆除

1) 当混凝土强度达到2.5MPa以上时,方可拆除侧面模板。

2) 首先逐段松开并拆除拉杆,一次松开长度不宜过大。不允许以猛烈地敲打和强扭等方法进行。

3) 逐块拆除模板,拆除时注意保护墙体防止损坏。

4) 将模板及支撑拆除后应维修整理,分类妥善存放。

3. 季节性施工

(1) 雨期施工

1) 混凝土浇筑施工时必须随时准备遮盖挡雨和排出积水,以防雨水浸泡、冲刷,影响混凝土质量。

2) 雨期施工期间,砂石含水率变化较大,要及时测定,并调整施工配合比,确保混凝土的质量。

3) 混凝土开盘前应了解天气变化情况,尽量避免下雨时浇筑混凝土。下雨时应对已入模振捣成型的混凝土及时覆盖,防止雨水冲淋。

4) 涂刷水溶性脱模剂的模板,应采取有效措施,防止雨水直接冲刷而脱落流失,影响脱模及混凝土表面质量。

5) 在浇灌混凝土时,若突然遇雨,停歇时间过长,超过混凝土初凝时间时,应按施工缝处理。雨后继续施工时,应先对接合部位进行技术处理后,再进行浇筑。

(2) 冬期施工

1) 冬期施工的混凝土可选用普通硅酸盐水泥,控制水灰比≤0.5,并掺加防冻剂。

2) 混凝土在浇筑前,应清除模板上的冰雪。当采用泵送混凝土时,泵管应采取保温措施。

3) 混凝土浇筑时在裸露部位表面采用塑料薄膜覆盖并加盖保温被。对结构边、棱角等易受冻的部位应采取防止混凝土过早冷却的保温措施。

4) 模板和保温层,应在混凝土强度达到其临界强度后方可拆除。当混凝土表面与外界温差大于15℃时,拆模后的混凝土表面,应采取使其缓慢冷却的临时覆盖措施。

1.4.1.4 质量标准

1. 现浇混凝土挡土墙

(1) 基本要求

1) 预拌混凝土要求生产厂家报分包单位资质、随车提供的预拌混凝土发货单、系列配合比单、碱含量试验和预拌混凝土出厂合格证等。

2) 混凝土强度实测值应符合设计及规范要求。

3) 混凝土应振捣密实、无蜂窝、麻面、露筋等缺陷。

(2) 实测项目

现浇钢筋混凝土挡土墙检查项目及允许偏差见表1—28。

表1－28　现浇钢筋混凝土挡土墙允许偏差

项次	检查项目		规定值或允许偏差(mm)	检验频率		检验方法
				范围	点数	
1	混凝土抗压强度(MPa)		符合设计要求	每台班	1组	见《混凝土强度检验评定标准》(GBJ 107)
2	长度		±20	每座	1	用钢尺量
3	断面尺寸	厚度	≥±5	每20延米	1	用钢尺量
		高度	≥±5		1	
4	垂直度		0.15%H且≯10	每20延米	1	用经纬仪或垂线检测
5	外露面平整度		≤5	每20延米	1	用2m直尺和塞尺量取最大值
6	顶面高程		±5	每20延米	1	用水准仪测量

注：H为挡墙高度(m)。

(3) 外观鉴定

1) 混凝土表面的蜂窝、麻面不得超过该面积的0.5%，深度不超过10mm。

2) 泄水孔坡度向外，无堵塞现象。

3) 沉降缝整齐垂直，上下贯通。

2．模板

(1) 基本要求

1) 模板安装支撑牢固，不得有松动、跑模、下沉等现象。

2) 应保证挡土墙设计形状、尺寸及位置准确，并便于拆卸；应按设计要求设置变形缝，变形缝应贯通，缝板应平直，安设牢固。

(2) 实测项目

现浇钢筋混凝土挡土墙基础及墙身模板允许偏差应符合表1－29、表1－30的规定。

(3) 外观鉴定

1) 模板拼缝必须严密不漏浆，模内应清洁。

2) 模板隔离剂涂刷均匀，不得对钢筋造成污染。

表1－29　现浇钢筋混凝土挡土墙基础模板允许偏差

项次	检查项目		规定值或允许偏差(mm)	检验频率		检验方法
				范围	点数	
1	相邻两板表面高差	刨光模板	≤2	20m	2	用钢尺和塞尺量测
		不刨光模板	≤4			
		钢模板	≤2			
2	表面平整度	刨光模板	≤3	20m	2	用2m直尺和塞尺量测
		不刨光模板	≤5			
		钢模板	≤3			

续表

项次	检查项目		规定值或允许偏差(mm)	检验频率		检验方法
				范围	点数	
3	断面尺寸	宽度	±10	20m	2	用钢尺量
		高度	±10			
		杯槽宽度	+20,0			
4	轴线位移	杯槽中心线	≤10	20m	1	用经纬仪测量
5	基础底面高程(支撑面)		+5,−10	20m	1	用水准仪测量
6	预埋件	高程	±5	每个	1	用水准仪测量，用钢尺量位移
		位移	±15			

表1−30　现浇钢筋混凝土挡土墙模板允许偏差

项次	检查项目		规定值或允许偏差(mm)	检验频率		检验方法
				范围	点数	
1	相邻两板表面高差	刨光模板　钢模板	≤2	每20延米	4	用钢尺量
		不刨光模板	≤4			
2	表面平整度	刨光模板　钢模板	≤3		4	用2m直尺量
		不刨光模板	≤5			
3	垂直度		0.1%H且≯6		2	用垂线或经纬仪检测
4	模内尺寸		+3,−5		3	用钢尺量长、宽、高各1点
5	轴线位移		≤10		2	用经纬仪测量纵、横向各1点
6	顶面高程		+2,−5		1	用水准仪测量

注：表中H为挡土墙高度(mm)。

3. 钢筋成型与安装

(1) 基本要求

1) 所配置钢筋的级别、钢种、根数、直径、强度等应符合设计要求。

2) 绑扎成型，绑丝应扎紧，不得松动、折断、位移，绑丝头应弯回背向模板。

3) 焊缝不得有缺口、咬肉、裂纹、夹渣现象，焊药皮应敲除干净。

4) 绑扎或焊接成型的网片或骨架应稳固，浇筑混凝土时不得松动和变形。

(2) 实测项目

挡土墙钢筋成型与安装允许偏差应符合表1−31的规定。

(3) 外观鉴定

1) 钢筋表面无铁锈及焊渣。

2) 多层钢筋网要有足够的钢筋支撑，保证骨架的施工刚度。

表 1－31 挡土墙钢筋成型与安装允许偏差

项次	检查项目	规定值或允许偏差(mm)	检验频率		检验方法
			范围	点数	
1	配置两排以上受力筋时钢筋的排距	±5	每10延米	2	用钢尺量较大偏差值
2	受力筋间距	±10		2	用钢尺量较大偏差值
3	箍筋间距	±20		2	5个箍筋间距量一尺，取较大偏差值
4	保护层厚度	±5		2	用钢尺量较大偏差值

1.4.1.5 成品保护

1. 现浇混凝土拆模后要及时覆盖并洒水养生，尤其是夏季气温高，防止混凝土表面出现干裂现象。

2. 挡土墙基础及墙体模板，应在混凝土具有保证结构不因拆除模板受损伤的强度后进行。混凝土强度达到设计强度标准值75%及其以上时方可拆除侧模。拆模板时不要硬砸硬撬，损坏混凝土的表面及棱角。基础底板混凝土达到设计强度的25%以上时方可搭设挡土墙墙体模板。

3. 安装模板要轻起轻放，防止碰撞已完混凝土成品。

4. 施工中要有防雨措施，避免混凝土浇筑时、终凝前表面遭雨淋水冲。

1.4.1.6 应注意的质量问题

1. 为防止出现漏浆现象，模板的拼缝应结合紧密，拼缝处可用腻子或海绵条进行封堵。

2. 为防止混凝土表面出现气泡、麻面、水波纹等缺陷，混凝土的浇筑应严格按技术交底中的顺序进行，每层浇筑厚度不大于300mm，振捣密实，不漏振、不过振。

3. 浇筑混凝土时，应经常观察模板、支架、钢筋、预埋件和预留孔洞的情况，当发现有变形、移位时应立即停止浇筑，并应在已浇筑的混凝土凝结前修整完好，保证墙体的整体质量。

4. 为保证钢筋施工质量，所用钢筋表面应洁净，应清除浮皮、铁锈、油渍、漆皮、污垢及焊点处的水锈、药皮等。

5. 为防止泄水孔堵塞，应在墙背后填筑反滤材料，反滤材料的级配要按设计要求施工，外包滤布，防止泥土流入。用含水量较高的粘土回填时，可在墙背设置用渗水材料填筑厚度大于300mm的连续排水层，用以防止泄水孔堵塞。

1.4.1.7 环境、职业健康安全管理措施

1. 环境管理措施

(1) 施工垃圾要分类处理、封闭清运，防止遗洒、污染环境。

(2) 在邻近居民区施工作业时，要采取低噪声振捣棒，混凝土拌合设备要搭设防护棚，减少噪声扰民。同时在施工中，采用声级计定期对操作机具进行噪声量监测。

(3) 混凝土罐车退场前，要在指定地点清洗料斗，防止遗洒和污物外流。

2. 职业健康安全管理措施

(1) 所有进入工地人员必须戴安全帽。

(2) 上班前应根据施工项目进行安全交底，安全员每天检查，发现问题及时纠正。

(3) 工地电线按有关规定架设。电闸箱内开关及电器必须完整无损，具有良好的防漏电保护装置，接线正确。各类接触装置灵敏可靠，绝缘良好，无灰、无杂物、固定牢固。

(4) 基槽两侧安装护栏。防护栏杆用架子管搭设,高1.2m,上下两道横杆。

(5) 钢筋及混凝土吊装作业时,由专人指挥,吊臂下不得站人,非施工人员不得进入吊装作业现场。

(6) 混凝土振捣过程中,振捣器应由两人(一人操作振捣器,一人持振捣棒)操作,操作人员必须戴绝缘手套,穿绝缘鞋。

1.4.2 装配式钢筋混凝土挡土墙

1.4.2.1 适用范围

适用于公路及城市道路工程中装配式钢筋混凝土挡土墙施工。

1.4.2.2 施工准备

1. 技术准备

(1) 对工人进行技术培训,未经培训合格者不得上岗。

(2) 依据设计图纸编制挡土墙施工方案,已经审批;并做好安全技术交底工作。

(3) 已办理挡土墙开工报告、材料报验等审批手续。

(4) 完成混凝土配合比设计和混凝土试配工作。

2. 材料要求

(1) 预制混凝土挡土墙板

1) 挡土墙板应有生产日期、检验合格出厂标识及相应的钢筋、混凝土原材料检测、试验资料。

2) 预制挡土墙板质量应符合下列规定:

① 混凝土的原材料、配合比应符合规范规定,强度应符合设计要求。

② 墙板外露面光洁、色泽一致,不得有蜂窝、露筋、缺边、掉角等。

③ 墙板如有硬伤、裂缝不得使用(经设计和有关部门鉴定,并采取措施者除外)。

④ 预制混凝土挡土墙板质量允许偏差应符合表1-32的规定。

表1-32 预制混凝土挡土墙板质量允许偏差

项目	规定值或允许偏差	检验频率		检验方法
		范围	点数	
混凝土抗压强度(MPa)	符合设计要求	每台班	1组	见《混凝土强度检验评定标准》(GBJ 107)
厚、高(mm)	±5	抽查板数的10%且不少于5块	1	用钢尺量,每抽查一块板,各计一点
宽度(mm)	0,-10		1	
侧弯(mm)	$L/1000$		1	
板面对角线差(mm)	≤10		1	
外露面平整度(mm)	≤3		2	用2m直尺和塞尺量取最大值

注:L为挡土墙板长度(mm)。

(2) 水泥:一般采用普通硅酸盐水泥和硅酸盐水泥,水泥进场应有产品合格证和出厂检验报告,进场后应对强度、安定性及其他必要的性能指标进行取样复试。其质量必须符合国家现行标准《硅酸盐水泥、普通硅酸盐水泥》(GB 175)等的规定。

当对水泥质量有怀疑或水泥出厂超过3个月时，在使用前必须进行复试，并按复试结果使用。不同品种的水泥不得混合使用。

(3) 砂：砂的品种、质量应符合国家现行标准《公路桥涵施工技术规范》(JTJ 041)的要求，进场后按国家现行标准《公路工程集料试验规程》(JTJ 058)的规定进行取样试验合格。

(4) 石子：应采用坚硬的卵石或碎石，应按产地、类别、加工方法和规格等不同情况，按国家现行标准《公路工程集料试验规程》(JTJ 058)的规定分批进行检验，其质量应符合国家现行标准《公路桥涵施工技术规范》(JTJ 041)的规定。

(5) 水：宜采用饮用水。当采用其他水源时，其水质应符合国家现行标准《混凝土拌合用水标准》(JGJ 63)的规定。

(6) 钢筋：钢筋应具有出厂质量证明书和试验报告单；钢筋的品种、级别、规格应符合设计要求；钢筋进场时应抽取试样做力学性能试验，其质量必须符合国家现行标准《钢筋混凝土用热轧光圆钢筋》(GB 13013)、《钢筋混凝土用热轧带肋钢筋》(GB 1499)和《冷轧带肋钢筋》(GB 13788)等的规定。

当发现钢筋脆断、焊接性能不良或力学性能显著不正常现象时，应对该批钢筋进行化学分析或其他专项检验。

3. 机具设备

(1) 机械：挖土机、吊车、料斗、混凝土罐车(预拌)、混凝土输送泵(采用泵送时)、机械翻斗车、自行式振动压路机、蛙式打夯机、气夯机、振捣棒、电焊机等。

(2) 检测用具：水准仪、全站仪、经纬仪、50m钢卷尺、5m盒尺、坍落度桶、混凝土试模、3m靠尺、塞尺。

4. 作业条件

(1) 混凝土预制挡土墙板已在工厂加工订货。

(2) 挡土墙基础范围内地下管线和各种障碍物已拆迁改移。

(3) 已做好基槽排降水设施，能保持基底干槽施工。

1.4.2.3 施工工艺

1. 工艺流程

测量放线→基础土方开挖→基槽验收→基础钢筋绑扎→基础模板支立→基础混凝土浇筑→挡土墙板安装(联结)→基础钢筋二次绑扎→基础混凝土二次浇筑→板缝间灌注细石混凝土→挡土墙顶混凝土浇筑

2. 操作工艺

(1) 测量放线

认真审核图纸和测量交桩通知书，经核对坐标、高程准确无误后，结合道路、桥梁施工中线、高程点放出挡土墙基础平面位置线和纵断高程，并做好高程平面控制桩的保护。放出基础开挖边线和槽底边线，槽底边线应符合设计和施工要求。

(2) 基础土方开挖

1) 土方开挖：根据基础和土质以及现场出土等条件，合理确定开挖顺序。在场地有条件堆放土方时，一定要留足回填需用的好土，多余的土方应一次运至弃土处，避免二次搬运。

2) 基槽开挖时，不得扰动基底原状土，如有超挖，应回填原状土，并按道路击实标准夯实。

3) 基槽开挖应按土方开挖施工方案留置工作宽度和边坡坡度，确保边坡稳定防止塌方。

4）修边和清底：在挖到距槽底0.5m以内时，测量放线人员应配合抄出距槽底0.5m的控制线；并自槽端部0.2m处每隔2m～3m在槽帮上钉水平标高小木橛。在挖至接近槽底标高时，用尺或事先量好的0.5m标尺杆，随时校核槽底标高。最后由两端（中心线）桩拉通线，检查距槽边尺寸，据此修整槽帮，最后清除槽底土方。

（3）基槽验收

1）基槽开挖后，按设计要求进行基底钎探，并请有关方面人员进行验槽。

2）若基槽地基现状与勘探资料不相符时，应及时与勘探、设计单位联系，办理变更洽商。按勘探、设计的要求进行基底处理。

（4）基础钢筋绑扎

1）绑扎前对加工好的钢筋规格、型号进行检查，合格后方可使用。

2）施工时由测量人员在垫层（找平层）上放出基础位置边线和基础预埋钢板位置线。对同一高度较长基础按墙面板排放位置放出沉降缝位置线，沉降缝设置间距应符合设计要求。并据此用墨斗线弹出钢筋及预埋件的位置线。钢筋由一端沉降缝处向另一端进行绑扎。

3）当钢筋主筋直径大于等于25mm时，接头采用搭接焊接或机械连接。搭接焊接时，双面焊缝长度不小于$5d$，单面焊缝长度不小于$10d$。焊缝处不得咬肉、裂纹、夹渣，焊渣应敲除干净，焊条符合设计要求并与母材相适应。

4）绑扎钢筋时，应保证钢筋位置准确，绑扎稳定牢固，绑丝头必须弯曲背向模板。保护层垫块采用混凝土垫块，垫块要与主筋绑扎牢固，并采用梅花形布置。

5）预埋件安装准确、牢固。

（5）基础模板支立

1）模板应具有足够的强度、刚度和稳定性，能承受浇筑混凝土的冲击力和混凝土的侧压力。

2）模板应保证挡土墙基础设计形状、尺寸及位置准确，并便于拆卸，模板接缝应严密，不得漏浆、错台。

3）模板脱模剂应涂刷均匀，不得污染钢筋。

4）轴线、模板线放线完毕，应办理好预检手续。

5）基础模板一般采用组合钢模板。模板接口处应设方木立带，下口处先做水平支撑，再加斜撑固定。

6）模板安装后，应检查预留洞口及预埋件位置，符合设计要求后，方可进行下道工序。

（6）基础混凝土浇筑

1）混凝土配合比应符合设计强度要求。

2）浇筑顺序：先浇筑基础预埋件下部混凝土，待挡土墙板安装后，再浇筑埋件以上基础混凝土，应注意不同基础段第一次混凝土浇筑的高度不同。

3）混凝土要振捣密实，对预埋钢板部位应加细振捣，以防空鼓不实。

4）基础混凝土初凝前按设计要求进行压槽处理，使二次基础混凝土与一次基础混凝土结合紧密。

5）基础混凝土在浇筑期间，除按规定留置标准养护试件外还应根据需要留置同条件下养护的混凝土试块，作为墙面板安装和板后回填等工序进行的依据。

6）浇筑完的基础要及时养护，其养护方法为洒水结合塑料布包裹养护。

（7）挡土墙板安装

1）对符合设计要求，外观没有缺棱、掉角、裂缝的墙板方可安装。

2）浇筑的基础下部混凝土强度达到75%后，安装预制挡土墙板。安装前测量人员弹出安装控制线。当墙面板与肋同时座入基础上，且位置及垂直度经检测符合设计及规范要求后，将肋板预留钢板与基础预留钢板用钢筋焊接，并用三角形钢板加固焊接，使板体与基础的联结牢固。

3）焊条符合设计要求。焊缝质量符合国家现行规范的规定。

4）挡土墙板应从高处向低处施工。

5）墙面板安装后对肋板与基础联结件采取防锈处理，刷防锈漆两遍。

6）挡土墙基础与其挡土墙板的缝隙不得用砂浆勾缝填平。具体处理方法应同有关方面协商确定。

（8）基础钢筋二次绑扎：挡土墙板与基础联结后，绑扎二次基础钢筋，钢筋绑扎应与预埋钢筋连接牢固。

（9）基础混凝土二次浇筑：参照“（6）基础混凝土浇筑”。

（10）板缝间灌注细石混凝土：灌缝前将板缝内清理干净。板缝两侧用夹板卡牢，不得漏浆。挡土墙板间缝隙用符合设计要求的细石混凝土进行灌缝，且振捣密实。

（11）挡土墙顶混凝土浇筑

1）按设计图纸要求，在墙面板上放出高程控制点。

2）墙顶混凝土浇筑之前，对墙顶的钢筋进行绑扎，并将墙顶混凝土面凿毛清理干净。

3）支模时要沿三角区的混凝土挡土墙板面上粘贴泡沫塑料不干胶条，以防因漏浆而污染挡土墙面。

4）混凝土材料、施工和养护要求参照“（6）基础混凝土浇筑”。

3. 季节性施工

（1）雨期施工

1）基槽开挖应尽量避免在雨期施工，无法避免时应在基槽外挖排水沟排水，基槽边坡采取防冲刷措施。

2）在雨期，砂石含水率变化较大，应及时测定，并调整施工配合比，确保混凝土的质量。

3）混凝土开盘前应了解天气变化情况，避免突然遇雨而影响混凝土浇筑。已入模振捣成型的混凝土，应及时覆盖，防止雨水冲刷。

4）涂刷水溶性脱模剂的模板，应采取有效措施，防止雨水冲刷而脱落流失，影响脱模及混凝土表面质量。

5）在浇筑混凝土时，若突然遇雨，应做好临时施工缝方可收工。如超过混凝土初凝时间，按施工缝处理。雨后继续施工时应先对结合部位进行技术处理，再进行浇筑。

6）要准备好充足的防洪防汛材料、工具、器材和设备，以便应急使用。

（2）冬期施工

1）开挖基槽时，必须防止基础下的土层受冻。如基槽开挖完毕，有较长的停歇时间，应在基底标高以上预留适当厚度的松土，或用其他保温材料覆盖。如开挖土方引起邻近建筑物（构筑物）的地基和基础暴露时，应采取防冻措施。

2）冬期施工的混凝土宜选用硅酸盐水泥、普通硅酸盐水泥，水泥的强度等级不宜低于42.5级，控制水灰比不宜大于0.5，并按试配要求掺加防冻剂，防冻剂应符合国家现行标准《混凝土外加剂》（GB 8076）的规定。

3）混凝土浇筑前应清除模板上的冰雪和污垢。成型开始养护时的温度，用蓄热法养护时不得低于10℃。

4）混凝土浇筑时，入模温度不得低于5℃，在暴露部位表面采取塑料薄膜覆盖并加盖保温被。对结构边、棱角等易受冻的部位应采取防止混凝土过早冷却的保温措施。

5）大雪、大雾及5级以上大风时应停止挡土墙板吊装作业。

1.4.2.4　质量标准

1. 基本要求

（1）挡土墙板混凝土抗压强度实测值应符合设计及规范要求。

（2）挡墙基础预埋件安装位置准确，安装牢靠。

（3）墙板安装、焊接质量防腐和焊道符合设计要求。

（4）墙板间勾缝密实、平顺、美观，砂浆强度符合设计要求。

（5）挡土墙板、帽石、基础沉降装置上下垂直贯通。

2. 实测项目

见表1－33。

表1－33　挡土墙板安装允许偏差

项次	检查项目		规定值或允许偏差(mm)	检查频率		检查方法
				范围	点数	
1	顶面高程		±5	20m	1	用水准仪测量
2	墙面垂直度		0.5%H且≯15	20m	1	用垂线挂全高线量测
3	直顺度		≤10	20m	1	挂20m小线和钢尺量取最大值
4	板间错台		≤5	20m	1	用尺量最大值
5	轴线偏位		10	20m	1	经纬仪测量
6	预埋件	高程	±15	每个	1	用水准仪测量
		位移	≤15			用钢尺量位移

注：H为挡土墙高度(mm)。

3. 外观鉴定

墙板外露面光洁、色泽一致，不得有蜂窝、露筋、缺边、掉角现象。如有缺边、掉角等缺陷应修补完好；墙板如有硬伤、裂缝不得使用。规格、型号符合要求，并有产品合格证等。

4. 挡土墙基础模板、钢筋和混凝土浇筑基本要求和允许偏差

详见“1.4.1　现浇重力式钢筋混凝土挡土墙”的相关规定。

1.4.2.5　成品保护

1. 基础混凝土施工中，要有防雨措施，避免混凝土浇筑时，终凝前表面遭雨淋水冲。

2. 基础混凝土强度未达到2.5MPa前不应进行下道工序施工，并根据气温情况，适时覆盖和养护。

3. 预制构件应采取必要的保护措施，防止棱角磕碰。

1.4.2.6　应注意的质量问题

1. 墙板安装前应检查预制墙板预埋件位置及高程是否准确，板面是否平整，不得将缺棱少角及裂缝的墙板安装就位。

2. 为防止焊接应力变形，连接钢板先点焊，再满焊。

3. 墙板的垂直度，应在安装过程中随时用水平尺进行校正，保证其准确性。

4. 焊接时应彻底清根、打磨和掌握好焊接电流，正确施焊，保证焊缝饱满、平整、无空鼓、无咬肉，焊缝长度满足设计要求。遇大风或寒流时，在未采取可靠措施前不得进行焊接作业。

1.4.2.7 环境、职业健康安全管理措施

1. 环境管理措施

(1) 施工中的中小机具要由专人负责，集中管理，使用前要进行修理养护，避免油渍污染结构和周围环境。

(2) 施工现场应经常洒水，运土车辆出场时应清洗。

(3) 施工垃圾要分类处理、封闭清运。混凝土罐车退场前要在指定地点清洗料斗及轮胎。

(4) 在邻近居民区施工作业时，要采取低噪声振捣棒，混凝土拌合设备要搭设防护棚，降低噪声污染。

2. 职业健康安全管理措施

(1) 在技术交底中要对施工安全进行重点交底，在作业地点挂警示牌，严禁违章操作、野蛮施工。

(2) 凡进入施工场地，须戴好安全帽，操作时要穿戴好相关劳动保护用品。

(3) 机械作业时，应随时检查安全隐患，不得违章操作。

(4) 吊车作业时，其吊臂下严禁站人，信号工不得违规指挥。

(5) 钢筋及混凝土吊装作业时，不得碰撞桥梁结构。

(6) 电焊机具、混凝土振捣机具等要有漏电保护装置，接电要由专职电工操作，用电过程中的故障，非专业人员不得私自处置。

(7) 挡土墙板安装就位后，将肋板预留钢板与基础预留钢板点焊固定后方可松吊钩。

(8) 大雪及风力5级以上(含5级)等恶劣天气时，应停止作业。

1.4.3 砌石挡土墙

1.4.3.1 适用范围

适用于公路及城市道路工程中砌石挡土墙施工。

1.4.3.2 施工准备

1. 技术准备

(1) 施工方案已审批完成，根据施工方案内容对工人进行技术培训并交底。

(2) 绘制砌体平面及立面构造图，设置泄水孔位置。

(3) 根据砌石高度及石料规格、灰缝厚度计算皮数和排数，制作皮数杆。

(4) 确定砂浆配合比，准备好砂浆试模。

2. 材料要求

(1) 石料：石料应符合设计规定的类别和强度，石质应均匀，不易风化，无裂纹。石料强度、试件规格及换算应符合设计要求，石料强度的测定应按现行《公路工程石料试验规程》(JTJ 054)执行。石料种类、规格要求应符合表1－34的规定。

(2) 一月份平均气温低于－10℃的地区，除干旱地区的不受冰冻部位或根据以往实践经验证明材料确有足够抗冻性外，所用石料及混凝土材料须通过冻融试验证明符合表1－35的抗冻性指标时，方可使用。

表1－34　石料规格要求表

石料种类	规格要求
片石	片石形状不受限制，最小长度及中部厚度不小于150mm，每块重量宜为20～30kg
块石	块石形状大致方正，厚度不宜小于200mm；长、宽不宜小于及等于厚度，顶面及底面应平整。用做镶面时，应稍加修凿，打去棱凸角，表面凹入部分不得大于20mm
细料石	形状规则的六面体，经细加工，表面凹凸深度不得大于20mm，厚度和宽度均不小于200mm，长度不大于厚度的3倍
半细料石	除对表面凹凸深度要求不大于10mm外，其他规格与细料石相同
粗料石	除对表面凹凸深度要求不大于20mm外，其他规格与细料石相同
毛料石	稍加修整，形状规则的六面体，厚度不小于200mm，长度为厚度的1.5～3倍
板石	形状规则的六面体，厚度和宽度均不小于200mm，长度超过厚度的3倍，按其表面修凿程度分为细板石、半细板石和毛板石

表1－35　石料及混凝土材料抗冻性指标

结构物类别	大、中桥	小桥及涵洞
镶面或表层	50	25

注：抗冻性指示系指材料在含水饱和状态下经－15℃的冻结，与融化的循环次数。试验后的材料无明显损伤（裂缝、脱层），其强度不低试验前的0.75倍。

(3) 水泥

1) 应根据结构物所处环境选用水泥品种。对于冬期施工及无侵蚀性环境的地区、严寒地区、受水及冰冻共同作用的环境，宜采用硅酸盐水泥或普通水泥；对于侵蚀环境，宜采用火山灰水泥或矿渣水泥。

2) 水泥进场应有产品合格证和出厂检验报告，进场后应对强度、安定性及其他必要的性能指标进行取样复试。其质量必须符合国家现行标准《硅酸盐水泥、普通硅酸盐水泥》(GB 175)等的规定。

当对水泥质量有怀疑或水泥出厂超过3个月时，在使用前必须进行复试，并按复试结果使用。不同品种的水泥不得混合使用。

(4) 砂

1) 砂宜采用中砂或粗砂并应过筛，当缺少中粗砂时，也可用细砂。砂的质量标准应符合混凝土工程相应材料的质量标准。

2) 砂的最大粒径：用于砌筑片石时不宜超过5mm；用于砌筑块石、粗料石时，不宜超过2.5mm。

3) 砂的含泥量：当砂浆强度等级小于M5时，含泥量应不大于7%；当砂浆强度大于等于M5时，含泥量应不大于5%。

(5) 水：宜采用饮用水，当采用其他水源时，应按有关标准对其进行化验，确认合格后使用。

(6) 砂浆

1) 砂浆的类别和强度等级应符合设计规定。

2) 砂浆的配合比应通过试验确定，可采用质量比或体积比，并应满足国家现行标准《公路桥涵施工技术规范》(JTJ 041)中13.2.3的砂浆技术要求。

3）砂浆应有良好的和易性，圆锥体沉入度50mm～70mm，气温较高时可适当增大。

3. 机具设备

(1) 机具：砂浆强制搅拌机、小推车、筛子、铁锹、洒水喷壶、磅秤；托灰板、半截大桶、橡皮锤、大铲、小手锤、抹子、皮数杆等。

(2) 安全防护设施：脚手架(适用于高挡墙)、安全帽、安全带、防护手套。

(3) 计量检测用具：水平尺、塞尺、小线、靠尺、坡度尺。

4. 作业条件

(1) 挡土墙基槽按设计要求验收。基础或垫层已施工完毕，并已办理基础隐检手续。

(2) 测量放线经复核无误，并对桩点进行加密和保护。

(3) 按技术要求，设置分段施工位置，一般宜设在基础变形缝部位。

1.4.3.3 施工工艺

1. 工艺流程

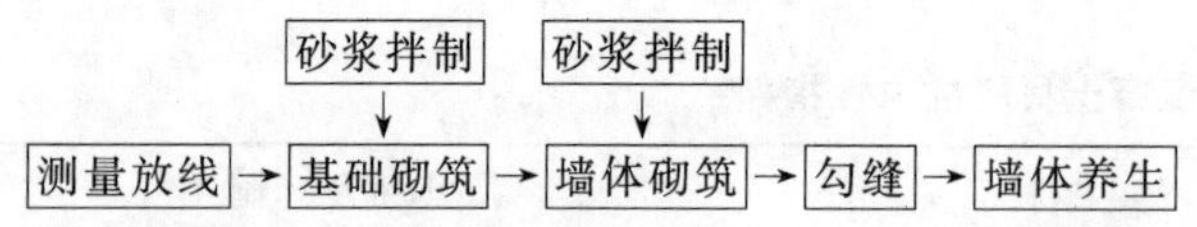

2. 操作工艺

(1) 测量放线

1）根据设计图纸，按照道路、桥梁施工中线、高程点测放挡墙的平面位置和纵断高程。

2）在基础或垫层表面弹出轴线及墙身线。

(2) 砂浆拌制

1）砂浆宜利用机械搅拌，投料顺序应先倒砂、水泥、掺合料，最后加水。搅拌时间宜为3～5min，不得少于90s。砂浆稠度应控制在50mm～70mm。

2）砂浆配制应采用质量比，砂浆应随拌随用，保持适宜的稠度，一般宜在3～4h内使用完毕，气温超过30℃时，宜在2～3h内使用完毕。发生离析、泌水的砂浆，砌筑前应重新拌和，已凝结的砂浆不得使用。

3）为改善水泥砂浆的和易性，可掺入无机塑化剂或以皂化松香为主要成分的微沫剂等有机塑化剂，其掺量可以通过试验确定。

4）砂浆试块：各个构筑物或每50m^{3}砌体制作边长为70.7mm立方体试块一组(6块)，如砂浆配合比变化时，应相应制作试块。

(3) 基础砌筑

1）将皮数杆立于石砌体的转角处和交接处，在皮数杆之间挂线控制水平灰缝高度。

2）基础石料砌筑时，基础第一皮石块应座浆，即在开始砌筑前先铺砂浆30mm～50mm，然后选用较大较整齐的石块，大面朝下，放稳放平。从第二皮开始，应分皮卧砌，并应按上下错缝，内外搭接，不得采用外面侧立石块中间填心的砌法。

3）基础转角和交接处应同时砌筑，对不能同时砌筑而又必须留置的临时间断处，应留成斜槎。

4）挡土墙基础与原有构筑物基础相衔接时，基础结合部位应按设计要求处理。

5）基础砌筑时，石块间较大的空隙应先填塞砂浆，后用碎石块嵌塞，不得采用先摆碎石块，后塞砂浆或干填碎石块方法。

6）基础的最上一皮，宜选用较大的片石砌筑。转角处、交接处和洞口处，应选用较大的平石砌筑。

7）基础灰缝厚度20mm～30mm，砂浆应饱满，石块间不得有相互接触现象。

（4）墙体砌筑

1）分段砌筑时，分段位置应设在基础变形缝或伸缩缝处，各段水平砌缝应一致。相邻砌筑高差不宜超过1.2m。缝板安装应位置准确、牢固，缝板材料应符合设计规定。

2）相邻挡土墙体设计高差较大时应先砌筑高墙段。挡土墙每天连续砌筑高度不宜超过1.2m。砌筑中墙体不得移位变形。

3）预埋管、预埋件及砌筑预留口应位置准确。

4）挡土墙外露面应留深10mm～20mm的勾缝槽，按设计要求勾缝。

5）砌筑挡墙应保证砌体宽（厚）度符合设计要求，砌筑中应经常校正挂线位置。

6）砌石底面应卧浆铺砌，立缝填浆捣实，不得有空缝和贯通立缝。砌筑中断时，应将砌好的石层空隙用砂浆填满。再砌筑时石层表面应清扫干净，洒水湿润。工作缝应留斜茬。

7）墙体片石砌筑

① 宜以2～3层石块组成一工作层，每工作层的水平缝应大致找平。立缝应相互错开，不得贯通；应选择大尺寸的片石砌筑砌体下部；转角外边缘处应用较大及较方正的片石长短交替与内层砌块咬砌。

② 砌筑外露面应选择有平面的石块，使砌体表面整齐，不得使用小石块镶垫。

③ 砌体中的石块应大小搭配、相互错叠、咬接牢固，较大石块应宽面朝下，石块之间应用砂浆填灌密实，不得干砌。

④ 较大空隙灌缝后，应用挤浆法填缝，挤浆时，可用小锤将小石块轻轻敲入较大空隙中。

8）墙体块石砌筑

① 每层块石应高度一致，每砌高0.7m～1.2m找平一次。

② 砌筑块石，错缝应按规定排列，同一层中用一丁一顺或用一层丁石一层顺石。灰缝宽度宜为20mm～30mm。

③ 砌筑填心石，灰缝应彼此错开，水平缝不得大于30mm，垂直灰缝不得大于40mm，个别空隙较大的，应在砂浆中用挤浆填塞小石块。

9）砌筑方法

① 丁顺叠砌：一皮丁石与一皮顺石相互叠加组砌而成，先丁后顺，竖向灰缝错开1/4石长。

② 丁顺组砌：同皮石中用丁砌石和顺砌石交替相隔砌成。丁石长度为基础厚度，顺石厚度一般为基础厚度的1/3，上皮丁石应砌于下皮顺石的中部，上下皮竖向灰缝至少错1/4石长。

10）墙体砌筑镶面石

① 镶面块石表面四周应加修整，其修整进深不应小于70mm，尾部应较修整部分略缩小，镶面丁石的长度，不应短于顺石宽度的1.5倍，每层镶面石均应事先按规定灰缝宽及错缝要求配好石料，再用铺浆法顺序砌筑，并应随砌随填立缝。

② 砌筑前应先计算层数，选好料。砌筑曲线段镶面石应从曲线部分开始，并应先安角石。

③ 一层镶面石砌筑完毕，方可砌填心石，其高度应与镶面石平。

④ 每层镶面石均应采用一丁一顺砌法，砌缝宽度应均匀，不应大于20mm。相邻两层的立缝应错开不得小于100mm，在丁石的上层和下层不得有立缝。所有立缝均应垂直。

⑤ 砌筑应随时用水平尺及垂线校核。

⑥ 在同一部位上使用同类石料。

(5) 勾缝

1) 砌体勾缝除设计有规定外,一般可采用平缝或凸缝,浆砌较规则的块材时,可采用凹缝。

2) 勾缝前应将石面清理干净,勾缝宽度应均匀美观,深(厚)度为 10mm～20mm,勾缝完成后注意浇水养生。

3) 勾缝砂浆宜用过筛砂,勾缝砂浆强度不应低于砌体砂浆强度,勾缝应嵌入砌缝内 20mm,缝槽深度不足时,应凿够深度后再勾缝。除料石砌体勾凹缝外,其他砌体勾缝一般勾平缝。片石、块石、粗料石缝宽不宜大于 20mm,细料石缝宽不宜大于 5mm。

4) 勾缝前须对墙面进行修整,再将墙面洒水湿润,勾缝的顺序是从上到下,先勾水平缝后勾竖直缝。勾缝后应用扫帚用力清除余灰,做好成品保护工作,避免砌体碰撞、振动、承重。

5) 成活的灰缝水平缝与竖直缝应深浅一致、交圈对口、密实光滑,搭接处平整,阳角方正,阴角处不能上下直通,不能有丢缝、瞎缝现象。灰缝应整齐、拐弯圆滑、宽度一致、不出毛刺,不得空鼓、脱落。

(6) 墙体养生

墙体养生应在砂浆初凝后,洒水或覆盖养生 7～14d,养护期间应避免碰撞、振动或承重。

3. 季节性施工

(1) 冬期施工

1) 砌石工程不宜在冬期施工。如在冬期施工时,需采用暖棚法、蓄热法等施工方法进行,砌块温度在 5℃以上,并须根据不同气温条件编制具体施工方案。

2) 冬季施工时施工前应清除冰雪等冻结物。水泥砂浆在拌和前应对材料进行加热处理,但水温不超过 80℃,砂子不超过 40℃,使砂浆温度不低于 20℃。

3) 冬期砌筑砂浆,必须使用水泥砂浆或水泥石灰砂浆,严禁使用无水泥配制的砂浆,砂浆宜选用普通硅酸盐水泥拌制。砂浆应随拌随用,搅拌时间应比常温时增加 0.5～1 倍,砌体砂浆稠度要求 40mm～60mm。

4) 冬期当日气温低于－15℃时,采用抗冻砂浆的强度等级按常温提高一级,抗冻砂浆不应低于 5℃。抗冻砂浆的抗冻剂掺量可通过试验确定。

5) 气温低于 5℃时,不能洒水养护。

6) 解冻期间应对砌体进行观察,当发生裂缝、不均匀沉降的情况,应具体分析原因并采取相应补救措施。

(2) 雨期施工

1) 雨期施工应有防雨措施,防止雨水冲刷砌体,下雨时应立即停止砌筑,并对已砌完的墙体进行覆盖、遮雨。

2) 在深槽处砌筑挡墙时,应采取必要的排水措施以防水浸泡墙体。

3) 填土路基挡墙也应做好排水设施,以防路基坍塌挤倒挡墙。

1.4.3.4 质量标准

1. 基本要求

(1) 石料的质量和规格应符合有关规范和设计要求。

(2) 砂浆所用的水泥、砂、水的质量应符合有关规范的要求,按规定的配合比施工。

(3) 地基承载力必须满足设计要求。

2. 实测项目

见表 1－36。

表1－36　砌石挡土墙实测项目

项次	检查项目		规定值或允许偏差	检查方法和频率
1△	砂浆强度(MPa)		在合格标准内	按JTG F80/1附录F检查
2	平面位置(mm)		50	经纬仪:每20m检查墙顶外边线3点
3	顶面高程(mm)		±20	水准仪:每20m检查1点
4	竖直度或坡度(%)		0.5	吊垂线:每20m检查2点
5△	断面尺寸(mm)		不小于设计	尺量:每20m量2个断面
6	底面高程(mm)		±50	水准仪:每20m检查1点
7	表面平整度(mm)	块石	20	2m直尺:每20m检查3处,每处检查竖直和墙长两个方向
		片石	30	

3. 外观鉴定

(1) 砌体表面平整,砌缝完好、无开裂现象,勾缝平顺、无脱落现象。

(2) 泄水孔坡度向外,无堵塞现象。

(3) 沉降缝整齐垂直,上下贯通。

1.4.3.5　成品保护

1. 墙面砌筑时,防止砂浆流到墙面造成表面污染。

2. 现场搬运砌块应轻搬轻放,防止砌块表面损坏和碰撞已砌好的墙体。

3. 砌体砌筑完成后,未经有关人员检查验收,轴线桩、水准点不得扰动和拆除。

1.4.3.6　应注意的质量问题

1. 为避免出现整体性差的情况,按设计和规范的规定,设置拉结带、拉结筋及压砌钢筋网片。

2. 严格按皮数杆控制分层高度,掌握铺灰厚度。基底不平处事先用细石混凝土找平,确保墙面垂直度、平整度。

3. 浆砌石应卧浆铺砌,立缝填浆捣实,防止有空缝和贯通立缝。

4. 为防止泄水孔堵塞,在墙背后填筑反滤材料,反滤材料的级配要按设计要求施工,外包滤布,防止泥土流入。用含水量较高的粘土回填时,可在墙背设置用渗水材料填筑厚度大于300mm的连续排水层,用以防止泄水孔堵塞。

5. 为防止勾缝砂浆脱落,勾缝前先将石块之间的间隙用砂浆填满捣实,并用刮刀刮出深于砌体20mm的凹槽,然后洒水湿润,再进行勾缝;加强洒水养护,气温较高时应覆盖草袋或塑料薄膜养生。

1.4.3.7　环境、职业健康安全管理措施

1. 环境管理措施

(1) 砌块切割时,应搭设加工棚,加工棚应具有隔音降噪功能和除尘设施,切割人员应佩戴防噪、防尘、护目、鞋盖等防护用品。

(2) 砂浆搅拌站应设沉淀池,污水经沉淀后才能排入市政管线。

(3) 落地灰和垃圾应及时清理,分类堆放,并装袋或封闭清运到指定地点。现场严禁抛掷砂子、白灰。

2. 职业健康安全管理措施

(1) 施工前编制专项安全技术方案,并对施工管理和操作人员进行详细安全技术交底。

(2) 砌筑高度超过 1.2m 应搭设脚手架。向脚手架上运块石时,严禁投抛。脚手架上只能放一层石料,且不得集中堆放。

(3) 汽车运输石料时,石料不应高出槽帮,车槽内不得乘人;人工搬运石料时,作业人员应协调配合,动作一致。

(4) 砂浆搅拌机、起重设备、切割机具操作和临时用电应符合有关安全用电使用管理规定。

1.4.4 加筋土挡土墙

1.4.4.1 适用范围

适用于公路及城市道路工程中土工带加筋土挡土墙施工。

1.4.4.2 施工准备

1. 技术准备

(1) 施工前应审核图纸,编制施工方案报监理审批,并对有关人员进行详细交底。

(2) 施工测量:中线测量、恢复原有中线桩,测定加筋土工程的墙面板基线,直线段 20m 设一桩,曲线段 10m 设一桩,还可根据地形适当加桩,并应设置施工用固定桩;水平测量、测量中线桩和加筋土工程基础标高,并设置施工水准点;复测中线桩核对横断面,并按需要增补横断面测量。

2. 材料要求

(1) 填料

1) 加筋土的填料的选用应符合设计及规范要求,一般可采用天然土、稳定土或工业废渣。

2) 填料采集前,应取样做标准击实试验,确定填料的最大干密度和最佳含水量,作为压实过程的压实度控制标准。当料场变化时,按新料场填料做标准击实试验。填料不得含有冻块、有机料及垃圾。填料粒径不宜大于填料压实厚度的 2/3,且最大粒径不得大于 150mm。

3) 当建设和设计单位需核定加筋体填料与筋带的似摩擦系数是否与设计相符时,似摩擦系数可在现场做拉拔试验。

(2) 筋带

1) 筋带采用聚丙烯土工带。进场材料应有出厂质量证明书和出厂试验报告,进场后应取样进行技术指标测定,测定的主要项目为断裂抗拉强度、伸长率及偏斜度,其质量应符合国家现行标准《公路加筋土工程施工技术规范》(JTJ 035)的规定。

2) 聚丙烯土工带应采用专业工厂生产的防老化聚丙烯土工带,以 5t 为一批量进行检测。表面压纹清晰,色泽均匀,无开裂、损伤、穿孔等缺陷,断面一致。带宽不小于 18mm,带厚不小于 0.8mm,其允许误差宽为±1mm,厚为±0.1mm。在 25℃时断裂拉应力不小于 220MPa,断裂伸长率不宜大于 10%,偏斜度为不大于 20mm/m。

(3) 墙面预制混凝土块

1) 墙面预制混凝土块所用水泥、砂、石料等材料的质量规格,应符合国家现行标准《公路桥涵施工技术规范》(JTJ 041)的有关规定。

2) 混凝土墙面预制混凝土块应表面平整,外光内实,外形轮廓清晰,企口分明,线条直顺,不得有露筋翘曲、掉角、啃边,蜂窝、麻面面积不得超过该面面积的 0.5%。墙面预制混凝土块各部位尺寸应符合设计要求,混凝土的配合比及混凝土的拌和、浇筑、养生应符合国家现行标准《公路桥涵施工技术规范》(JTJ 041)的有关规定。

(4) 面板填缝材料

1) 沉降缝用沥青木板、沥青甘蔗板、沥青麻絮等填塞。

2) 面板间的水平接缝处的混凝土局部承压强度不能满足要求时，可采用低强度砂浆砌筑或用沥青软木板衬垫。

(5) 水：宜采用饮用水。当采用其他水源时，其水质应符合国家现行标准《混凝土拌合用水标准》(JGJ 63)的规定。

3. 机具设备

(1) 机械：吊车、推土机、振动压路机。

(2) 其他机具：杵子、振动板、蛙式夯、手扶式振动压路机。

(3) 计量检测用具：经纬仪、水准仪、钢卷尺、3m 靠尺等。

4. 作业条件

(1) 施工方案和分项工程开工报告已审批。

(2) 现场原材料经检验合格，并符合设计要求。

(3) 加筋土工程的施工现场已按国家现行标准《公路路基施工技术规范》(JTJ 033)的有关规定进行场地清理、整平压实作业，经监理工程师验收满足构件安装和筋带铺设的要求。

1.4.4.3　施工工艺

1. 工艺流程

基础工程 → 安装混凝土预制块 → 铺设筋带 → 填料、摊铺 → 填料碾压

2. 操作工艺

(1) 基础工程

1) 基槽(坑)开挖

① 基槽(坑)开挖前，应进行详细测量定位并标示开挖线。

② 基槽(坑)应按设计图纸要求开挖到设计标高，槽(坑)底平面尺寸一般大于基础外缘 300mm。

③ 基槽(坑)开挖应做好防、排水工作。

④ 基槽(坑)底土质为碎石土、砂性土、粘性土等时，应整平夯实。

⑤ 对未风化的岩石应将岩面凿成水平台阶，台阶宽度不宜小于 500mm，台阶长度除满足面板安装需要外，高度比不宜大于 1∶2。

⑥ 基槽(坑)开挖其他施工工艺参见“2.2.1　桥梁基础明挖基坑”。

2) 基础砌(浇)筑施工

① 在砌基础之前，基底土质及地层情况须经有关人员验槽签认，符合设计要求后，方可进行下一道工序。

② 基础的砌(浇)筑应按国家现行标准《公路桥涵施工技术规范》(JTJ 041)的有关规定进行施工，并严格控制基础顶标高，砌筑基础可用水泥砂浆找平。

③ 基础砌(浇)筑时，应按设计要求预留沉降缝。

④ 当基础和面板为预制混凝土块时，宜采用工厂化制造。

(2) 安装面板

1) 墙面混凝土预制块安装

① 第一层预制块安装

a. 在清洁的条形基础顶面上，准确划出预制块外缘线，曲线部位应加密控制点。

b. 在确定的外缘线上定控制点，然后进行水平测量。

c. 预制块安装时用低强度砂浆砌筑调平，同层相邻预制块水平误差不大于10mm；轴线偏差每20m不大于10mm。

d. 按要求的垂直度、坡度挂线安装，安装缝宽宜小于10mm。

e. 当填料为粘性土时，宜在预制块后不小于0.5m范围内回填砂砾材料。

f. 预制块安装可用人工或机械吊装就位。安装时，单块预制块倾斜度，一般可内倾1%以内，并设置测斜观测点。预制块安装后，经校测无误，浇筑基础槽口混凝土。

② 以后各层预制块安装

a. 沿预制块纵向每5m间距设标桩，每层安装时用垂球或挂线核对，每三层预制块安装完毕均应测量标高和轴线，其允许偏移量与第一层相同。

b. 为防止相邻预制块错位，第一层用斜撑固定，以后各层宜用夹木螺栓固定施工。水平误差用软木条或低强度砂浆逐层调整，避免累计误差。

c. 严禁采用坚硬石子及铁片支垫。上层预制块应在下层预制块填土作业完成后安装。

d. 对于上下板的承压面积较大的情况，水平及竖直安装缝一般不做处理，采用干砌。

e. 当上下板预制块的承压面积小、板轻、填料不流失、加筋土体有少量水渗出时，水平缝宜采用低强度砂浆砌筑，垂直缝采用干砌。

f. 对于上下预制块的承压面积小、板轻、加筋土体干燥不渗水的情况，采用水平缝铺浆，并对所有缝预勾缝的做法。当缝宽较大时，采用沥青木板、沥青甘蔗板、沥青麻絮等填缝料进行填塞。

g. 对预制块尺寸大、质量大（如大型十字形板、六角形板），应在水平缝间垫以具有一定强度的衬垫，在垂直缝中宜嵌入聚氨酯泡沫塑料。

③ 设有错台的高加筋挡土墙，上墙预制块的底部应按设计要求进行处理，随同上墙预制块的铺筑，错台表面按设计要求及时封闭。

2）桥台墙面混凝土预制块的安装

① 在条形基础上准确划出前墙、翼墙预制块外缘线。

② 处于同一水平层的桥台前墙、翼墙的预制块宜同时进行安装，转角处应采取角隅预制块，并不得留有竖直通缝。

③ 加筋土挡土墙的顶面纵坡，可采用异型预制块、浆砌块（片）石或现浇混凝土等做顶面调整。

（3）筋带铺设

1）裁料：聚丙烯土工带的裁料长度一般为2倍设计长度加上穿孔所需长度。

2）筋带的连接、铺设及固定

① 连接：聚丙烯土工带与面板的连接，一般可将土工带的一端从面板预埋拉环或预留孔中穿过，折回与另一端对齐，穿孔方式有单孔穿、上下穿或左右环孔合并穿三种，并以活结绑扎牢固。

② 铺设：筋带底面的填料压实整平后，铺设筋带。筋带铺设应平顺，不宜重叠、扭曲，聚丙烯土工带应呈扇形辐射状铺设，并拣除硬质棱角填料。在拐角处和曲线部位，布筋方向应与墙面垂直，当设有加强筋时，加强筋可与面板斜交。土工布搭接宽度为300mm～400mm，并按设计要求留出折回长度。

③ 固定：聚丙烯土工带在铺设时，可用夹具将筋带两端均力拉紧，再用少量填料压住筋带，使之固定并保持正确位置。

④ 拉环与聚丙烯土工带隔离：可利用拉环上的三油二布、涂塑防锈层或橡胶等垫衬物隔离。

(4) 填料、摊铺

1) 卸料时机具与面板距离不应小于1.5m，机具不得在未覆盖填料的筋带上行驶。

2) 填料应根据筋带竖向间距进行分层等厚摊铺和压实，摊铺机具作业时距面板不应小于1.5m，距离面板1.5m范围内，应用人工摊铺。填筑时，距面板1.5m范围内先不填筑，推土机应平行面板按作业幅宽由远及近顺次作业，填筑的进度应为近墙面处快于远墙面处。

(5) 填料碾压

1) 碾压前应进行压实试验。根据碾压机械和填料性质确定填料分层摊铺厚度、碾压遍数。每层虚铺土不宜大于250mm，压实度应符合设计规定，并应大于95%(重型击实)。

2) 距加筋土面墙1000mm范围外，填料采用大中型振动压实机械压实，距加筋土面墙1000mm范围内，采用小型压实机械(5t以下)压实。

3) 应分层碾压，作业方式一般先轻后重，压实顺序应先从筋带中部开始，逐步碾压至筋带尾部，再碾压靠近墙体部位。每层填料摊铺完毕应及时碾压成型，并随时检查含水量，确保压实度。用小型压实机械(5t以下)压实时，先由墙面混凝土块后轻压，再逐步向路线中心压实。当碾压困难时，可用人工夯实，确保面板不错位。

4) 填料压实度要求应符合表1－37的规定。

表1－37　　加筋土工程填料压实度表

填土范围	路槽底面以下深度(mm)	压实度(%)	
		高速、一、二级公路	二、三、四级公路
距面板1.0m范围以外	0～80	>95	>93
	80以下	>90	>90
距面板1.0m范围以内	全部墙高	≥90	≥90

注：高速公路，一、二级公路按重型击实试验方法确定压实标准，三级以下(包括三级)公路按轻型击实试验方法求得。

3. 季节性施工

(1) 冬期施工：加筋土挡土墙不宜在冬期施工。

(2) 雨期施工

1) 加筋土施工现场应做好临时排水设施。

2) 雨天应停止混凝土浇筑和墙体砌筑作业。若需在雨天施工，则应采取必要的防护措施。

1.4.4.4　质量标准

1. 基本要求

(1) 筋带布设、填土层厚、压实度符合设计和有关规范的要求。

(2) 基础挡土墙板与加筋土形成稳定的结构整体。

2. 实测项目

见表1－38～表1－40。

3. 外观鉴定

(1) 墙面板表面平整光洁，线条顺直美观，不得有破损翘曲、掉角、啃边等现象。蜂窝、麻面面积不得超过该面面积的0.5%。

表 1－38　　筋带实测项目

项次	检查项目	规定值或允许偏差	检查方法和频率
1	筋带长度	不小于设计	尺量:每 20m 检查 5 根(束)
2	筋带与面板连接	符合设计要求	目测:每 20m 检查 5 处
3	筋带与钢带连接	符合设计要求	目测:每 20m 检查 5 处
4	筋带铺设	符合设计要求	目测:每 20m 检查 5 处

表 1－39　　面板安装实测项目

项次	检查项目	规定值或允许偏差	检查方法和频率
1	每层面板顶高程(mm)	±10	水准仪:每 20m 抽查 3 组板
2	轴线偏位(mm)	10	挂线、尺量:每 20m 量 3 处
3	面板竖直度或坡度	＋0,－0.5％	吊垂线或坡度板:每 20m 检查 3 处
4	相邻面板错台(mm)	5	尺量:每 20m 检查面板交界处 3 处

表 1－40　　加筋土挡土墙总体实测项目

<table>
<tr><th>项次</th><th colspan="2">检查项目</th><th>规定值或允许偏差</th><th>检查方法和频率</th></tr>
<tr><td rowspan="2">1</td><td rowspan="2">墙顶平面位置(mm)</td><td>路堤式</td><td>＋50,－100</td><td rowspan="2">经纬仪:每 20m 检查 3 处</td></tr>
<tr><td>路肩式</td><td>±50</td></tr>
<tr><td rowspan="2">2</td><td rowspan="2">墙顶高程(mm)</td><td>路堤式</td><td>±50</td><td rowspan="2">水准仪:每 20m 测 3 点</td></tr>
<tr><td>路肩式</td><td>±30</td></tr>
<tr><td>3</td><td colspan="2">墙面倾斜度(mm)</td><td>＋0.5％H 且不大于＋50,－1％H 且不小于－100</td><td>吊垂线或坡度板:每 20m 测 2 处</td></tr>
<tr><td>4</td><td colspan="2">面板缝宽(mm)</td><td>10</td><td>尺量:每 20m 至少检查 5 条</td></tr>
<tr><td>5</td><td colspan="2">墙面平整度(mm)</td><td>15</td><td>2m 直尺:每 20m 测 3 处,每处检查竖直和墙长两个方向</td></tr>
</table>

注:1. 平面位置和倾斜度"＋"指向外,"－"指向内。

2. H 为墙高。

(2) 墙面直顺,线形顺适,板缝均匀,沉降缝上下贯通顺直。

(3) 附属及防护排水工程齐全,泄水孔通畅。

1.4.4.5　成品保护

1. 混凝土面板可竖向堆放,也可平放,但应防止扣环变形和碰坏翼缘角隅。当面板平放时,其高度不宜超过 5 块,板块间宜用方木衬垫。聚丙烯土工带应堆放在通风遮光的室内。

2. 不得在未完成填土作业的面板上安装上一层面板,以确保面板插销孔和板块翼缘不受损坏。

3. 施工作业由专人指挥,不同作业区设立明显标牌。卸料和摊铺机械作业时,距面板距离不应小于 1.5m,大中型压实机械施工作业距面板距离不得小于 1000mm,机具不得在未覆盖填料的筋带上行驶或停车,禁止碾压机械在筋带埋设区急剧改变方向和急刹车。

4. 加筋土体完工后应按设计要求及时修筑护角。

1.4.4.6　应注意的质量问题

1. 挡墙外鼓凸出、面板之间出现裂缝

(1) 碾压前应进行压实试验，以确定填料分层厚度和碾压遍数，并做到分层摊铺，分层碾压。

(2) 筋带安装应按施工技术规范进行，筋带必须拉直，不宜重叠，应成扇形辐射状放置，不得卷曲、折叠；穿孔时筋带与拉环应隔离，对穿孔的筋带应绑扎不能抽动，但不得在环上绕成死结。

(3) 面板安装前应先检查面板的质量，面板应平整无掉角；拉环完好无损伤，与面板间锚固结实，并已进行防锈处理；插销无裂缝、不变形，位置正确。

(4) 大型压实机具距面板距离不小于1000mm，不得用羊足碾碾压，也不得在未覆盖填料的筋带上行驶；距面板1000mm内的填料，选用透水性材料填筑，由小型压实机械先由墙面板后轻压，再逐渐向路线中压实。

(5) 面板安装时应注意安装质量，做到板面上下、左右对齐，为防止相邻板错位，宜用夹木螺栓或斜撑固定面板。

(6) 施工过程中发现面板鼓凸时，应查明原因，重新安装。

2. 挡墙倾斜

(1) 严格按设计要求进行填料摊铺、压实；填料必须做到分层摊铺、分层压实。采用稳定土做填料时，要做到配比正确，拌和均匀，随拌随铺，随铺随压。

(2) 做好基底清理工作，做到基槽平整、密实、无浮土杂质。

(3) 安装下层面板时一般可向内倾斜1/100～1/200，作为填料压实时面板外倾的预留度；安装时产生的水平和倾斜误差应逐层调整，不得将误差累计后再进行总调整。

(4) 采用路肩式挡土墙时，路肩部分应进行封闭。

(5) 施工时如发现挡墙倾斜，应立即停止施工，查明原因，采取纠正措施和拆除重砌；如系填料原因，应挖除填料，纠正面板位置后，重新砌筑。

3. 挡墙沉陷

(1) 按技术要求进行基槽整修，做到基底平整、夯实、排水畅通。对于软土地基或地基承载力较低时，应进行地基处理。

(2) 采用适当的排水和防水措施，可封闭渗水部分裂缝，设置地表散水坡等。

4. 挡墙漏土

(1) 安装底层面板时，要用砂浆调平，以后各层面板安装时要使面板之间相互密贴、平顺，当缝隙较大时，应用填塞材料进行填塞。

(2) 按设计要求设置沉降缝，沉降缝必须垂直，缝间填塞材料的深度不得小于80mm。

(3) 出现漏土的部位，先将漏土清理干净，将面板缝隙晒干，用沥青麻絮等填塞材料嵌塞缝隙内。

1.4.4.7　环境、职业健康安全管理措施

1. 环境管理措施

(1) 施工中的中小机具应经常维修保养，防止漏油。

(2) 施工垃圾要分类处理、封闭清运。混凝土罐车退场前要在指定地点清洗料斗及轮胎。

(3) 在邻近居民区施工作业时，应采取降噪措施，严格控制作业时间，尽量避免夜间施工。

2. 职业健康安全管理措施

(1) 混凝土预制构件吊装作业时，应由专人指挥，吊装设备不得碰撞桥梁结构，非施工人员不得进入作业区。

(2) 电动机具的接电应有漏电保护装置，接电及用电过程中的故障不得由非专业人员私自处置。

(3) 施工机械的操作应符合操作规程、由专人指挥。操作人员要经过专业培训，持证上岗。

1.4.5 道路附属物

1.4.5.1 适用范围

适用于城市道路路缘石(道牙)、预制块人行步道铺装工程。

1.4.5.2 施工准备

1. 技术准备

(1) 对隐蔽工程进行验收，经签认合格。

(2) 施工方案已经有关方面审定，并向作业人员进行交底。

(3) 原材料合格证及复试报告单齐全、砂浆配合比经试验室确定。

2. 材料要求

(1) 路缘石：路缘石主要包括立缘石、平缘石、专用缘石，宜用石材或混凝土制作，应有出厂合格证。施工前应根据设计图纸要求，选择符合规定的石材或预制混凝土路缘石。安装前应按产品质量标准进行现场检验，合格后方可使用。石质路缘石允许偏差应符合表1—41的规定，预制混凝土路缘石允许偏差应符合表1—42的规定。

表1—41 石质路缘石允许偏差

检验项目	规定值或允许偏差(mm)
外形尺寸	长≤±5，宽、厚≤±3
细剁斧石面平整度	≤3
对角线(大面长边相对差)	≤5
剁斧纹路	应直顺、无死坑

表1—42 预制混凝土路缘石允许偏差

检验项目	规定值或允许偏差
混凝土28d抗压强度	符合设计规定，设计未规定时，设计抗压强度≥30MPa；抗折标准试验荷载≥26kN
外形尺寸(长、宽、高)	±5mm
外露面缺边掉角长度	≤20mm且不多于1处
外露面平整度	≤3mm

(2) 人行步道砖：人行步道砖表面应颜色一致，无蜂窝、露石、脱皮、裂缝等现象，表面应平整、宜有倒角，应有必要的防滑功能，以保证行人安全。出厂应有合格证，其外观质量、规格尺寸及其允许偏差分别符合表1—43～表1—45的规定。

(3) 水泥：采用强度等级不小于32.5级的硅酸盐水泥或普通硅酸盐水泥。水泥应有产品合格证和出厂检验报告，进场后应对强度、安定性及其他必要的性能指标进行取样复试。其质量必须符合国家现行标准《硅酸盐水泥、普通硅酸盐水泥》(GB 175)等的规定。

表1—43　步道砖外观质量(mm)

<table>
<tr><th colspan="2">检验项目</th><th>优等品</th><th>一等品</th><th>合格品</th></tr>
<tr><td colspan="2">正面粘皮及缺损的最大投影尺寸　≤</td><td>0</td><td>5</td><td>10</td></tr>
<tr><td colspan="2">缺棱掉角的最大投影尺寸　≤</td><td>0</td><td>10</td><td>20</td></tr>
<tr><td rowspan="2">裂纹</td><td>非贯穿裂纹长度最大投影尺寸　≤</td><td>0</td><td>10</td><td>20</td></tr>
<tr><td>贯穿裂纹</td><td colspan="3">不允许</td></tr>
<tr><td colspan="2">分层</td><td colspan="3">不允许</td></tr>
<tr><td colspan="2">色差、杂色</td><td colspan="3">不明显</td></tr>
</table>

表1—44　步道方砖规格尺寸(mm)

边长	100，150，200，250，300，400，500
厚度	50，60，80，100，120

表1—45　步道砖尺寸允许偏差(mm)

检验项目	优等品	一等品	合格品
长度、宽度	±2.0	±2.0	±2.0
厚度	±2.0	±3.0	±4.0
厚度差	≤2.0	≤3.0	≤3.0
平整度	≤1.0	≤2.0	≤2.0
垂直度	≤1.0	≤2.0	≤2.0

当对水泥质量有怀疑或水泥出厂超过3个月时，在使用前必须进行复试，并按复试结果使用。不同品种的水泥不得混合使用。

(4) 砂：中砂、粗砂，其含泥量不大于3%，砂进场后应有试验报告。砂的质量应符合国家现行标准《普通混凝土用砂质量标准及检验方法》(JGJ 52)的规定。

(5) 石灰：宜采用Ⅰ～Ⅲ级石灰，石灰应有出厂合格证和质量证明书。进场后抽样试验，其技术指标应符合国家现行标准《公路路面基层施工技术规范》(JTJ 034)的规定。

(6) 砂浆拌合用水：宜采用饮用水，当采用其他水源时，其水质应符合国家现行标准《混凝土拌合用水标准》(JGJ 63)的规定。

2. 机具设备

(1) 机械：砂浆搅拌机、打夯机、机动翻斗车等。

(2) 具：磅秤、手推车、木抹子、橡皮锤、3m靠尺、弯面压子、钢卷尺、灰槽、小水桶、小线、筛子、扫帚、铁抹子、铁锹。

4. 作业条件

(1) 道路基层经有关方面验收合格。

(2) 材料已基本准备齐全，经现场复试符合设计要求。

1.4.5.3　施工工艺

1. 路缘石安装

(1) 工艺流程

测量放线→路面基层刨槽→路缘石安装→勾缝→养护→背后还土

(2) 测量放线:路缘石安装前,应校核道路中线,测设路缘石安装控制桩,直线段桩距不大于10m,曲线段不大于5m,路口为1m～5m。

(3) 路面基层刨槽:按桩线位置拉小线或撒白灰线,以线为准,对路面基层进行刨槽,刨槽深度应比设计要求加深10mm～20mm,以保证基础厚度,槽底要修理平整、夯实。

(4) 路缘石安装

1) 钉桩挂线后,沿基础一侧把路缘石依次排好。安装路缘石时,先拌制1∶3砂浆铺底,砂浆厚10mm～20mm,按放线位置安装路缘石。

2) 事先计算好每段路口路缘石块数,路缘石调整块应用机械切割成型或以现浇同强度等级混凝土制作,不得用砖砌抹面方式做路缘石调整块,雨水口处的路缘石应与雨水口配合施工。相邻路缘石缝隙用8mm厚木条或塑料条控制,缝隙宽不应大于10mm。

3) 路缘石安装后,必须再挂线,调整路缘石至顺直、圆滑、平整,对路缘石进行平面及高程检测,当平面及高程超过标准时应进行调整。无障碍路缘石、盲道口路缘石应按设计要求安装。

(5) 勾缝及养护:勾缝前先将路缘石缝内的土及杂物剔除干净,并用水润湿,然后用符合设计要求的水泥砂浆灌缝填充密实后勾平,用弯面压子压成凹型。用软扫帚扫除多余灰浆,并应适当洒水养护。

(6) 路缘石背后还土:路缘石背后宜用水泥混凝土浇筑三角支撑,还土应用素土或石灰土夯实,夯实宽度不应小于500mm,每层厚度不应大于150mm。

2. 人行步道砖铺设

(1) 工艺流程

测量放线→基底找平→人行步道砖铺设→平面、高程检测→灌缝及养护

(2) 测量放线:人行步道砖施工前,根据设计的平面及高程,沿步道中线(或边线)进行测量放线,每5m～10m安测一块步道砖作为控制点,并建立方格网,以控制高程及方向。

(3) 基底找平:根据测量测设的位置及高程,进行基底找平和冲筋,如基底有缺陷,采用与基底同材料找平处理。

(4) 人行步道砖铺设

1) 人行铺砌步道砖采用的砂浆强度及厚度应符合设计要求。砂浆摊铺宽度应大于步道砖宽度的50mm～100mm。

2) 铺砖时应轻拿平放,用橡胶锤敲打稳定,但不得损伤砖的边角。

3) 砂浆层不平时,应拿起步道砖重新用砂浆找平,严禁向砖底填塞砂浆或支垫碎砖块等。大方砖接缝10mm,小方砖及盲道方砖接缝宽3mm。

4) 井室周围、边角及不合模数处,小方砖采取切割,大方砖采用现浇同强度混凝土补齐。铺盲道砖,应将导向行走砖与止步砖严格区分,不得混用。

(5) 平面、高程检测:方砖铺好后,应对步道砖进行平面及高程检测,当平面及高程超过规定时,应返工处理。并检查方砖是否稳固及表面平整度,发现步道砖有活动现象时,应立即修整。

(6) 灌缝及养生:方砖铺筑后,经检查合格方可进行灌缝。用过筛干砂掺水泥(设计无要求时按1∶5)拌和均匀将砖缝灌满,并在砖面洒水使砂灰下沉,再灌砂灰补足;养生3d后方可通行。大方砖铺好后,用过筛干砂掺水泥(设计无要求时按1∶5)拌和均匀将砖缝灌满,并在砖面

洒水使砂灰下沉，表面用符合设计要求的水泥砂浆勾缝(设计无要求时水泥砂浆强度不低于M7.5)，勾缝必须勾实勾满，并在表面压成凹缝；待砂浆凝固后，洒水养生7d方可通行。

3. 季节性施工

路缘石和步道砖不得在雨天施工。冬期施工气温不应低于5℃。

1.4.5.4 质量标准

1. 路缘石安装

(1) 基本要求

1) 路缘石稳固，并应做到线条平直、曲线圆顺，表面洁净不被污染，路缘石的勾缝应严密。

2) 路缘石背后回填应密实；背后回填混凝土，其配合比符合要求。

3) 路缘石混凝土抗压强度符合设计要求。

(2) 实测项目

见表1—46。

表1—46 路缘石实测项目

项次	检查项目	规定值或允许偏差	检验频率		检验方法
			范围	点数	
1	直顺度	≤10	100m	1	拉20m小线量取最大值
2	相邻块高差	≤3	20m	1	用塞尺量取最大值
3	缝宽	±3	20m	1	用钢尺量取最大值
4	顶面高程	±10	20m	1	用水准仪测量
5	外露尺寸	±10	20m	1	用钢尺量取最大值

2. 人行步道砖铺设

(1) 基本要求

1) 铺砌应平整、稳定，灌缝应饱满，不得有翘动现象。

2) 人行道与其他构筑物应接顺，不得有积水现象。

(2) 实测项目

见表1—47。

表1—47 人行步道砖实测项目

<table>
<tr><th rowspan="2">项次</th><th rowspan="2" colspan="2">检查项目</th><th rowspan="2">规定值或允许偏差(mm)</th><th colspan="2">检验频率</th><th rowspan="2">检验方法</th></tr>
<tr><th>范围</th><th>点数</th></tr>
<tr><td>1</td><td colspan="2">平整度</td><td>≤5</td><td>20m</td><td>1</td><td>用3m直尺和塞尺连续量取2尺取最大值</td></tr>
<tr><td>2</td><td colspan="2">宽度</td><td>不小于设计值</td><td>40m</td><td>1</td><td>用钢尺量</td></tr>
<tr><td>3</td><td colspan="2">相邻块高差</td><td>≤2</td><td>20m</td><td>1</td><td>用塞尺量取最大值</td></tr>
<tr><td>4</td><td colspan="2">横坡</td><td>±0.5%</td><td>20m</td><td>1</td><td>用水准仪测量</td></tr>
<tr><td>5</td><td colspan="2">纵缝直顺度</td><td>≤10</td><td>40m</td><td>1</td><td>拉20m小线量取最大值</td></tr>
<tr><td>6</td><td colspan="2">横缝直顺度</td><td>≤10</td><td>20m</td><td>1</td><td>沿路宽拉小线量取最大值</td></tr>
<tr><td rowspan="2">7</td><td rowspan="2">缝宽</td><td>大方砖</td><td>≤3</td><td>20m</td><td>1</td><td>用钢尺量取最大值</td></tr>
<tr><td>小方砖</td><td>≤2</td><td>20m</td><td>1</td><td>用钢尺量取最大值</td></tr>
<tr><td>8</td><td colspan="2">井框与路面高差</td><td>≤3</td><td>每座</td><td>4</td><td>十字法 用塞尺量最大值</td></tr>
</table>

1.4.5.5 成品保护

1. 路缘石勾缝及人行步道方砖施工完成后应洒水养护，养护不得少于3d，不得碰撞路缘石和踩踏步道。

2. 当路缘石安装后进行透层、封层洒布时，应对路缘石进行遮盖。

3. 当路缘石安装后进行路面面层施工时，应采取措施，防止损坏路缘石。

4. 严禁在已铺好的步道方砖上拌和砂浆。

1.4.5.6 应注意的质量问题

1. 为避免路缘石不顺直，施工前应做好技术交底及测量放线，并挂线施工。

2. 为避免步道平整度超差及下沉，步道砖基底施工应与路基、路面同时碾压，以保证整体的压实度。

3. 为避免错台，应严格控制路缘石基础标高和路缘石顶面标高，人行步道砖与路缘石衔接应平顺。

4. 为避免砖缝过大，施工前应根据线型和设计宽度，事先做好铺砌方案。

1.4.5.7 环境、职业健康安全管理措施

1. 环境管理措施

(1) 施工现场应经常洒水润湿，防止扬尘。

(2) 运送回填土、水泥砂浆、白灰、水泥等车辆应采取防遗撒措施。

2. 职业健康安全管理措施

(1) 装卸路缘石、步道方砖的人员应戴手套、穿平底鞋，必须轻装轻放，严禁抛掷和碰撞，防止挤手、砸脚等事故发生。

(2) 用机动翻斗车运送材料时，司机应持证上岗，不得违章带人行驶。

(3) 砂浆搅拌机应经常保养，作业后应对搅拌机全面清洗，如需进入筒内清洗时，必须切断电源，设专人在外监护。

第2章

桥梁工程

2.1 通用技术

2.1.1 桥梁钢筋加工及安装

2.1.1.1 适用范围

适用于桥梁工程钢筋加工及安装。

2.1.1.2 施工准备

1. 技术准备

(1) 认真审核结构图纸和钢筋料表，绘制钢筋节点大样图。

(2) 编制钢筋安装方案，并对操作人员进行培训，向有关人员进行安全、技术交底。

2. 材料要求

(1) 钢筋：品种、规格和技术性能等应符合国家现行标准规定和设计要求，应有出厂合格证及检测报告，进入现场应进行复试，确认合格后方可使用。

钢筋在加工过程中，如有发生脆断、焊接性能不良或力学性能显著不正常等现象时，应对该批钢筋进行化学分析或其他专项检验。

(2) 电焊条：应有产品出厂合格证，品种、规格和技术性能等应符合国家现行标准规定和设计要求，选用的焊条型号应与主体金属强度相适应，经烘干后使用。

(3) 其他材料：绑扎丝、氧气、乙炔等。

3. 机具设备

(1) 主要机具设备：钢筋弯曲机、钢筋调直机、钢筋切断机、电焊机、卷扬机、砂轮切割机等。

(2) 工具：气焊割枪、钢筋扳手、锤子、钢筋钩、撬棍、钢丝刷、粉笔、手推车、尺子等。

4. 作业条件

(1) 所需材料机具及时进场，机械设备状况良好。

(2) 钢筋加工厂场地平整、道路畅通，供电等满足施工需求。

(3) 钢筋安装方案已审批，作业面已具备安装条件。

2.1.1.3 施工工艺

1. 工艺流程

钢筋接头连接 ↓

钢筋进场检查 → 钢筋储存 → 钢筋取样试验 → 钢筋加工 → 钢筋绑扎及安装

2. 操作工艺

(1) 钢筋进场检查

1) 钢筋进场时，应按表2－1进行外观检查，并将外观检查不合格的钢筋及时剔除。

表2－1 钢筋外观要求

钢筋种类	外观要求
热轧钢筋	表面无裂缝、结疤和折叠，如有凸块不得超过螺纹的高度，其他缺陷的高度或深度不得超过所在部位的允许偏差，表面不得沾有油污
热处理钢筋	表面无肉眼可见的裂纹、结疤和折叠，如有凸块不得超过横肋的高度，表面不得沾有油污
冷拉钢筋	表面不得有裂纹和局部缩颈，不得沾有油污

2）核对每捆或每盘钢筋上的标志是否与出厂质量证明书的型号、批号(炉号)相同，规格及型号是否符合设计要求。

(2) 钢筋储存

1）钢筋的外观检验合格后，应按钢筋品种、等级、牌号、规格及生产厂家分类堆放，不得混放，且应设立识别标志。

2）钢筋在储存过程中，应避免锈蚀和污染，宜在库内或棚内存放，露天堆置时，应架空存放，离地面不宜小于300mm，应加以遮盖。

(3) 钢筋取样试验

1）按不同批号和直径，按照表2－2规定抽取试样做力学性能试验。

表2－2 钢筋力学性能试验

钢筋种类	验收批钢筋组成	每批数量	取样方法和数量
热轧钢筋	同一厂别、同一炉罐号、同一规格、同一交货状态	≤60t	每一验收批取一组试件(拉伸、弯曲各2个)
热处理钢筋	1. 同一牌号、同一炉罐号、同一规格、同一交货状态。 2. 同一牌号、同一冶炼方法、同一浇注方法的不同炉罐号组成混合批，每批不多于6个炉罐号	≤60t	任选2根钢筋切取，数量2个
冷拉钢筋	同级别、同直径	≤20t	从每批冷拉钢筋中抽取2根钢筋，每根取2个试样分别进行拉力和冷弯试验

2）检验合格的判定标准：如有一个试样一项指标试验不合格，则应另取双倍数量的试样进行复验，如仍有一个试样不合格，则该批钢筋判为不合格。

(4) 钢筋加工

1）配料单编制：钢筋加工前，依据图纸进行钢筋翻样并编制钢筋配料单，配料单应结合钢筋来料长度和所需长度进行编制，以使钢筋接头最少和节约钢筋；钢筋的下料长度应考虑钢筋弯曲时的弯曲伸长量，在允许误差范围内尺寸宜小不宜大，以保证保护层厚度及施工方便。

2）钢筋调直：钢筋应平直、无局部弯折，对弯曲的钢筋应调直后使用。调直可采用冷拉法或调直机调直，冷拉法多用于较细钢筋的调直，调直机多用于较粗钢筋的调直，采用冷拉法调直时应匀速慢拉，Ⅰ级钢筋冷拉率应≤2%，HRB 335、HRB 400牌号钢筋冷拉率应≤1%。

3）钢筋除锈去污：钢筋加工前要清除钢筋表面油漆、油污、锈蚀、泥土等污物，有损伤和锈蚀严重的应剔除不用。

4）钢筋宜在加工棚内集中加工，运至现场绑扎成型。

5）钢筋下料

① 下料前认真核对钢筋规格、级别及加工数量，无误后按配料单下料。

② 钢筋的切割宜采用钢筋切断机进行；在钢筋切断前，先在钢筋上用粉笔按配料单标注下料长度将切断位置做明显标记，切断时，切断标记对准刀刃将钢筋放入切割槽将其切断；钢筋较细时，可用铁钳人工切割；个别情况下也可用砂轮锯进行钢筋切割。

6）钢筋弯制

① 钢筋的弯制应采用钢筋弯曲机或弯箍机在工作平台上进行。

② 钢筋弯制和末端弯钩均应符合设计要求，设计未作具体规定时，应符合表 2－3 的规定。

③ 箍筋的末端应做弯钩，弯钩的型式应符合设计要求，设计未作具体规定时，应符合表 2－4 的规定。

用Ⅰ级钢筋制作的箍筋，其弯钩的弯曲直径应大于受力钢筋直径且不小于箍筋直径的 2.5 倍；弯钩平直部分的长度，对一般结构，不宜小于箍筋直径的 5 倍，对有抗震要求的结构不应小于箍筋直径的 10 倍。

（5）钢筋接头连接

1）钢筋接头连接型式有焊接接头、绑扎接头及机械连接接头，具体接头型式、焊接方法、适用范围应符合国家现行标准《钢筋焊接及验收规程》（JGJ 18）的规定。

2）普通混凝土中钢筋直径等于或小于 25mm 时，在没有焊接条件时，可以采用绑扎接头，但对轴心受拉或小偏心受拉构件中的主钢筋均应焊接，不得采用绑扎接头。

3）对轴心受压和偏心受压柱中的受压钢筋接头，当直径大于 32mm 时，应采用焊接；冷拉钢筋的接头应在冷拉前焊接。

表 2－3　　钢筋弯制及末端弯钩形状

弯曲部位	弯曲角度	形状图	钢筋牌号	弯曲直径(D)	平直部分长度	备注
末端弯钩	180°		HPB 235	≥2.5d	≥3d	d为钢筋直径
	135°		HRB 335	≥4d	按设计要求（一般≥5d）	
			HRB 400	≥5d		
	90°		HRB 335	≥4d	按设计要求（一般≥10d）	
			HRB 400	≥5d		
中间弯制	90°以下		各类	≥20d		d为钢筋直径

表2—4 箍筋末端弯钩

结构类别	弯曲角度	图示
一般结构	90°/180°	
	90°/90°	
抗震结构	135°/135°	

4）焊工必须经考试合格后持证上岗。钢筋焊接前，必须根据施工条件进行试焊，试样数量应与检查验收每批抽样数量要求相同，并应符合《公路桥涵施工技术规范》(JTJ 041)的有关规定；考试要求参见《钢筋焊接及验收规程》(JGJ 18)。

5）钢筋连接应优先选用电弧焊，包括帮条焊、搭接焊、坡口焊、窄间隙焊和熔槽帮条焊五种接头型式，选择接头型式应符合《公路桥涵施工技术规范》(JTJ 041)的规定。

6）钢筋电弧焊所用焊条牌号应符合设计要求，其性能应符合国家现行标准《碳钢焊条》(GB/T 5117)或《低合金钢焊条》(GB/T 5118)的规定。若设计无规定时，可按表2—5选用。

表2—5 钢筋电弧焊焊条型号

钢筋牌号	电弧焊接头型式			
	帮条焊、搭接焊	坡口焊、熔槽帮条焊、预埋件穿孔塞焊	窄间隙焊	钢筋与钢板搭接焊、预埋件T型角焊
HPB 235	E4303	E4303	E4316　E4315	E4303
HRB 335	E4303	E5003	E5016　E5015	E4303
HRB 400	E5003	E5503	E6016　E6015	—

7）手工电弧焊施焊准备

① 检查电源、焊机及工具。焊接地线应与钢筋接触良好，防止引弧而烧伤钢筋。

② 选择焊接参数。根据钢筋级别、直径、接头型式和焊接位置选择焊条、焊接工艺和焊接参数。

③ 试焊、做模拟试件。在每批钢筋正式焊接前，应焊接3个模拟试件做拉力试验，经试验合格后，方可按确定的焊接参数成批生产。

8）手工电弧焊施焊操作

① 引弧：带有垫板或帮条的接头，引弧应在垫板、帮条或形成焊缝部位进行，不得烧伤主筋。

② 定位：焊接时应先焊定位点再施焊。

③ 运条：运条时的直线前进、横向摆动和送进焊条3个动作应协调平稳。

④ 收弧：收弧及拉灭电弧时，应将熔池填满，注意不要在表面造成电弧擦伤。

⑤ 多层焊：如钢筋直径较大，需要进行多层施焊时，应分层间断施焊，每焊一层后，应清渣再焊接下一层；应保证焊缝的长度和高度。

⑥ 熔合：焊接过程中应有足够的熔深。主焊缝与定位焊缝应结合良好，避免气孔、夹渣和烧

伤缺陷，并防止产生裂纹。

⑦ 平焊：平焊时应注意熔渣和铁水混合不清的现象，防止熔渣流到铁水前面，熔池也应控制成椭圆形，一般采用右焊法，焊条与工作表面成70°夹角。

⑧ 立焊：立焊时，铁水与熔渣易分离，要防止熔池温度过高使铁水下坠形成焊瘤，操作时焊条应与垂直面成60°～80°角，使电弧略向上，吹向熔池中心；焊第一道时，应压住电弧向上运条，同时做较小的横向摆动，其余各层用半圆形横向摆动加挑弧法向上焊接。

⑨ 横焊：焊条倾斜70°～80°角，防止铁水在自重作用下坠到下坡口上，运条到上坡口处不做运弧停顿，迅速带到下坡口根部做微小横拉稳弧动作，依次匀速进行焊接。

⑩ 仰焊：仰焊时宜用小电流短弧焊接，熔池宜薄，且应确保与母材熔合良好；第一层焊缝用短电弧做前后推拉动作，焊条与焊接方向成80°～90°角；其余各层焊条横摆，并在坡口侧略停顿稳弧，保证两侧熔合。

⑪ 焊接过程中应及时清渣，焊缝表面应光滑，焊缝余高应平缓过渡，弧坑应填满。

9）采用帮条焊或搭接焊连接钢筋时，还应符合下列要求：

① 接头焊缝宜采用双面焊，当不能进行双面焊时，可采用单面焊，其帮条或搭接长度应符合表2－6的规定。

表2－6 钢筋帮条长度

钢筋牌号	焊缝型式	帮条长度
HPB 235	单面焊	≥8d
	双面焊	≥4d
HRB 335 HRB 400	单面焊	≥10d
	双面焊	≥5d

注：d 为主筋直径(mm)。

② 应保证焊接母材轴线一致：采用搭接焊时，两搭接钢筋的端部应预先折弯，见图2－1。采用帮条焊时，帮条直径宜与接头钢筋直径相同，与接头钢筋直径不同时，帮条直径可允许小一个规格；两主筋端头之间应留2mm～5mm的间隙。

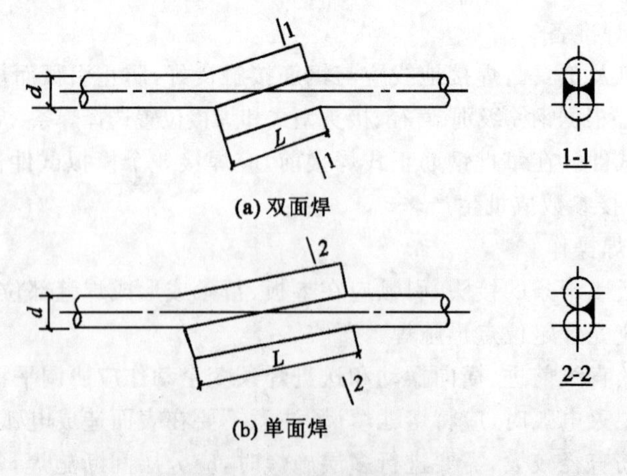

图2－1 钢筋搭接焊接头

d—钢筋直径；L—搭接长度

③ 帮条焊或搭接焊接头的焊缝厚度 s 不应小于主筋直径的0.3倍；焊缝宽度 b 不应小于主筋直径的0.7倍，见图2－2。

10）对钢筋接头的质量必须分批抽样检查和验收，合格后方准使用。

11）各受力钢筋之间的焊接接头位置应相互错开，在构件中的位置应符合下列规定：

① 在任一焊接接头中心至长度为钢筋直径 d 的35倍且不小于500mm的区段 L 内，同一根钢筋不得有两个接头；有接头的受力钢筋截面面积与受力钢筋总面积的百分率，应符合下列规定：受压区及装配式构件的连接处不限制；受拉区不大于50%。区段划分和焊接接头设置见图2－3。

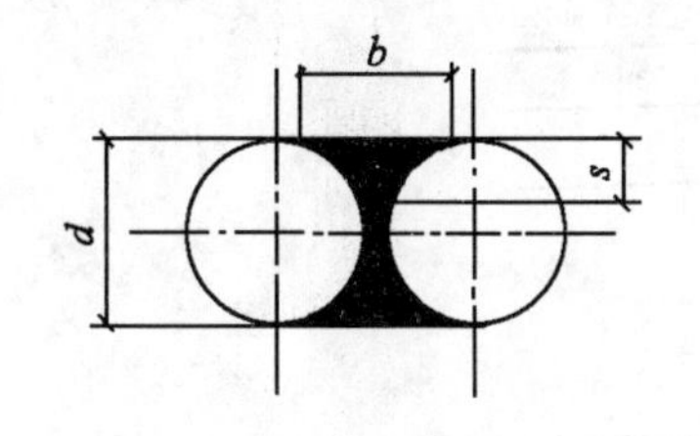

图2－2　焊缝尺寸示意图

b—焊缝宽度；s—焊缝厚度；d—钢筋直径

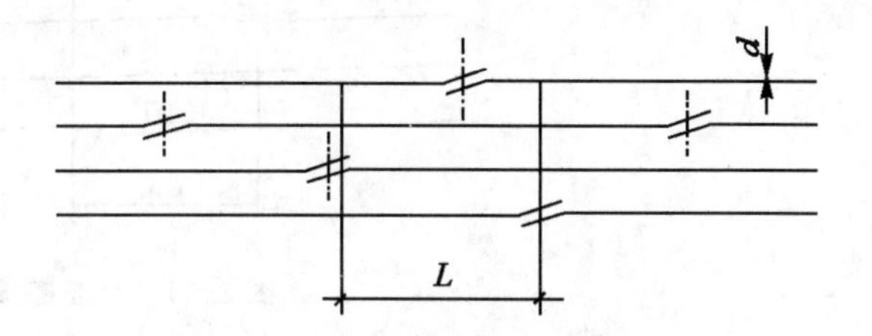

图2－3　搭接焊接头位置

注：图中所示 L 区段内有接头的钢筋面积按两根计。

② 在同一根钢筋上宜少设接头，接头宜设置在受力较小的部位；接头距钢筋的弯折处，不应小于钢筋直径的10倍，且不宜位于构件的最大弯矩处。

12）钢筋的绑扎接头应符合下列规定：

① 受拉区域内，Ⅰ级钢筋绑扎接头的末端应做成弯钩，HRB 335、HRB 400牌号钢筋可不做弯钩。

② 直径不大于12mm的受压Ⅰ级钢筋的末端，以及轴心受压构件中任意直径的受力钢筋的末端，可不做弯钩，但搭接长度不应小于钢筋直径的35倍。

③ 应在搭接头中心和两端至少三处用铁丝绑扎牢，钢筋不得滑移。

④ 受拉钢筋绑扎接头的搭接长度，应符合表2－7的规定；受压钢筋绑扎接头的搭接长度，应取受拉钢筋绑扎接头长度的0.7倍。

表2－7　　受拉钢筋绑扎接头的搭接长度

钢筋牌号		混凝土强度		
		C20	C25	高于C25
HPB 235		$35d$	$30d$	$25d$
月牙纹	HRB 335	$45d$	$40d$	$35d$
	HRB 400	$55d$	$50d$	$45d$

注：1. 当HRB 355、HRB 400牌号钢筋直径 d 大于25mm时，其受拉钢筋的搭接长度应按表中的数值增加 $5d$ 采用。

2. 当螺纹钢筋直径 d 不大于25mm时，其受拉钢筋的搭接长度应按表中值减少 $5d$ 采用。

3. 当混凝土在凝固过程中受力钢筋易受扰动时，其搭接长度应适当增加。

4. 在任何情况下，纵向受拉钢筋的搭接长度不应小于300mm；受压钢筋的搭接长度不应小于200mm。

5. 轻骨料混凝土的钢筋绑扎接头搭接长度应按普通混凝土搭接长度增加 $5d$。

6. 当混凝土强度等级低于C20时，HPB 235、HRB 335牌号钢筋的搭接长度应按表中C20的数值相应增加 $10d$，HRB 400牌号钢筋不宜采用。

7. 对有抗震要求的受力钢筋的搭接长度，对一、二级抗震等级应增加 $5d$。

8. 两根直径不同的钢筋的搭接长度，以较细钢筋的直径计算。

⑤ 施工中钢筋受力分不清拉、压的按受拉处理。

13）各受力钢筋之间的绑扎接头应互相错开，其在构件中的位置应符合下列规定：

① 从任一绑扎接头中心至搭接长度 L_1 的 1.3 倍区段 L 范围内（见图 2－4），有绑扎接头的受力钢筋截面面积占总面积的百分率满足以下要求：受拉区不得超过 25%；受压区不得超过 50%。

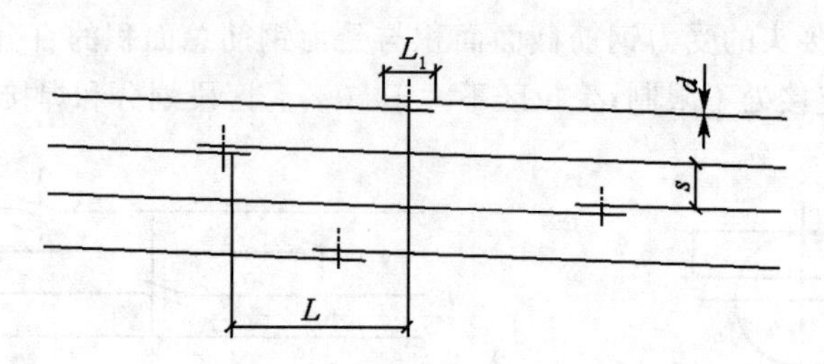

图 2－4　钢筋搭接示意图

注：图中所示 L（1.3 倍 L_1）区段内有接头的钢筋面积按两根计。

② 搭接长度的末端距钢筋弯折处，不得小于钢筋直径的 10 倍，接头不宜位于构件最大弯矩处。

③ 绑扎接头中的钢筋横向净距 s 不应小于钢筋直径 d 且不应小于 25mm。

④ 对焊接骨架和焊接网在构件宽度内，其接头位置应错开，在绑扎接头区段 L 内（见图 2－4），有绑扎接头受力钢筋截面面积不得超过受力钢筋总面积的 50%。

注：1. 采用绑扎骨架的现浇柱，在柱中及柱与基础交接处，当采用搭接接头时，其接头面积允许百分率，经设计单位同意，可适当放宽。

2. 绑扎接头区段 L 的长度范围，当接头受力钢筋截面面积百分率超过规定时，应采取专门措施。

（6）钢筋绑扎及安装

1）钢筋的级别、种类和直径应按设计要求采用。当需要替换时，应征得设计同意和监理工程师的签认，预制构件的吊环，必须采用未经冷拉的Ⅰ级热轧钢筋制作，严禁以其他钢筋代替。

2）在结构配筋情况和现场运输起重条件允许时，可先预制成钢筋骨架或钢筋网片，入模就位后再进行焊接或绑扎。

钢筋骨架应具有足够的刚度和稳定性，以便运输和安装，为使骨架不变形、不发生松散，必要时可在钢筋的某些交叉点处加以焊接或添加辅助钢筋（斜杆、横撑等）。

3）焊接钢筋网片宜采用电阻点焊。所有焊点应符合设计要求，当设计无要求时，可按下列规定进行点焊：

① 焊接骨架的所有钢筋交叉点必须焊接。

② 当焊接网片只有一个方向受力时，受力主筋与两端边缘的两根锚固横向钢筋的全部相交点必须焊接；当焊接网为两个方向受力时，则四周边缘的两根钢筋的全部交点均应焊接，其余的相交点可间隔焊接。

4）钢筋骨架的焊接应在坚固的工作支架上进行，操作时应注意下列各点：

① 拼装骨架应按设计图纸放大样，放样时梁板结构应考虑焊接变形和预留拱度，简支梁的预拱度可参考表 2－8 的数值。

② 拼装前应检查所有焊接接头的焊缝有无开裂，如有开裂应及时补焊。

③ 拼装时可在需要焊接点位置，设置楔形卡卡住，防止焊接时局部变形。待所有焊点卡好后，先在焊缝两端点定位，然后再施焊。

表2-8　简支梁钢筋骨架预拱度

构件跨度(m)	工作台上预拱度(mm)	骨架拼装拱度(mm)	构件预拱度(mm)
7.5	30	10	0
10～12.5	30～50	20～30	10
15	40～50	30	20
20	50～70	40～50	30

注:跨度大于20m时,应按设计规定预留拱度。

④ 施焊次序应由中到边或由边到中,采用分区对称跳焊,不得顺方向一次焊成。

5) 焊接骨架和焊接网片需要绑扎连接时,应符合下列规定:

① 焊接骨架和网片的搭接接头,不宜位于构件的最大弯矩处。

② 焊接网片在非受力方向的搭接长度,宜为100mm。

③ 受拉焊接骨架和焊接网在受力钢筋方向的搭接长度应符合表2-9的规定,受压焊接骨架和焊接网在受力钢筋方向的搭接长度,可取受拉焊接骨架和焊接网在受力钢筋方向的搭接长度的0.7倍。

表2-9　受拉焊接骨架和焊接网绑扎接头的搭接长度

钢筋牌号		混凝土强度		
		C20	C25	高于C25
HPB 235		30d	25d	20d
月牙纹	HRB 335	40d	35d	30d
	HRB 400	45d	40d	35d

注:1. 搭接长度除符合本表规定外,在受拉区不得小于250mm,在受压区不得小于200mm。

2. 当混凝土强度等级低于C20时,HPB 235牌号钢筋的搭接长度不得小于40d,HRB 335牌号钢筋的搭接长度不得小于50d。

3. 当螺纹钢筋直径d大于25mm时,其搭接长度应按表中数值增加5d。

4. 当螺纹钢筋直径d不大于25mm时,其搭接长度应按表中数值减少5d。

5. 当混凝土在凝固过程中受力钢筋易受扰动时,其搭接长度宜适当增加。

6. 轻骨料混凝土的焊接骨架和焊接网绑扎接头的搭接长度,应按普通混凝土搭接长度增加5d。

7. 当有抗震要求时,对一、二级抗震等级应增加5d。

6) 现场安装钢筋应符合下列要求:

① 钢筋的交叉点应采用铁丝绑扎牢。

② 板和墙的钢筋网,除靠近外围两行钢筋交叉点全部绑扎牢外,中间部分交叉点可间隔交错绑扎牢,但必须保证受力钢筋不产生偏移;双向受力的钢筋,必须全部扎牢。

③ 梁和柱的箍筋,除设计有特殊要求外,应与受力钢筋垂直设置;箍筋弯钩叠合处,应沿受力钢筋方向错开设置;在柱中应沿柱高方向交错布置,对方柱则必须位于柱角竖向筋交接点上,但有交叉式箍筋的大截面柱,可在与任何一根中间纵向筋的交接点上。螺旋形箍筋的起点和终点均应绑扎在纵向钢筋上。有抗扭要求的螺旋箍筋,钢筋应伸入核心混凝土中。

④ 在墩、台及墩柱中的竖向钢筋搭接时,角部钢筋的弯钩平面与模板面的夹角,对矩形柱应为45°角,对多边形柱应为模板面的夹角的平分角;对圆柱形钢筋弯钩平面应与模板的切平面垂

直;中间钢筋的弯钩平面应与模板平面垂直;当采用插入式振捣器浇筑小型截面柱时,弯钩平面与模板面的夹角不得小于15°。

⑤ 在绑扎骨架中非焊接的搭接接头长度范围内的箍筋间距:当钢筋受拉时应<5d,且不应大于100mm;当钢筋受压时应<10d(d为受力钢筋的最小直径),且不应大于200mm。

⑥ 受力钢筋的混凝土保护层厚度,应符合设计要求。为保证钢筋保护层厚度的准确性,应采用不同规格的垫块,并应将垫块与钢筋绑扎牢固,垫块应交错布置。

2. 季节性施工

(1) 雨期施工

1) 雨期施工应采取有效防雨、防潮措施,避免钢筋锈蚀及电焊条受潮。

2) 雨天不得露天进行焊接作业,并避免未冷却的接头与雨水接触。

(2) 冬期施工

1) 焊接钢筋宜在室内进行,当必须在室外进行时,最低温度不宜低于－20℃,并应采取防雪挡风措施,以减小焊件温度差,严禁未冷却的接头与冰雪接触。

2) 冷拉钢筋时的温度不宜低于－15℃,当采取可靠的安全措施时可不低于－20℃;当采用冷拉率和控制应力方法冷拉钢筋时,冷拉控制应力宜较常温时适当予以提高,提高值应经试验确定,但不得超过30MPa。

2.1.1.4　质量标准

1. 一般规定

(1) 钢筋应按不同品种、型号、规格及检验状态分别标识存放。在运输、加工和储存过程中应防止锈蚀、污染和变形。

(2) 当钢筋的品种、级别或规格需作变更时,应办理设计变更文件。

2. 原材料

(1)主控项目

钢筋进场时,除应具有出厂质量证明书外,还应按批抽取试件作力学性能(屈服强度、抗拉强度、伸长率)和工艺性能(冷弯)试验。其质量应符合《钢筋混凝土用钢 第1部分:热乳光圆钢筋》GB 1499.1、《钢筋混凝土用钢 第2部分:热乳带肋钢筋》GB 1499.2等现行国家标准的规定和设计要求。

检查数量:以同型号、同炉号、同规格、同交货状态的钢筋,每60t为一批,不足60t也按60t计,每批抽检一次。

检验方法:检查产品合格证、出厂检验报告和进场复验报告。

(2)一般项目

钢筋应平直、无损伤。表面无裂纹、油污、颗粒状或片状老锈。

检查数量:全部。

检验方法:观察。

3. 钢筋连接

(1)主控项目

1) 钢筋连接接头,应按批抽取试件做力学性能试验,其质量应符合《钢筋焊接及验收规程》JGJ 18和《钢筋机械连接通用技术规程》JGJ 107等现行国家标准的规定和设计要求。

检查数量:钢筋接头的外观质量全部。焊接接头的力学性能检验以同级别、同规格、同接头形式和同一焊工完成的每300个作为一批;不足300个,也按一批计。机械连接接头的力学性能检验以同级别、同规格、同接头形式的每500个作为一批；不足500个，也按一批计。每批抽检一次。

检验方法：钢筋接头外观检验观察和尺量。焊接接头和机械连接接头力学检验做拉伸试验，闪光对焊接头增做冷弯试验。

2）受力钢筋和绑扎钢筋接头应设置在内力较小处，并应分散布置。配置在“同一截面”内受力钢筋接头的截面面积，占受力钢筋接头总截面面积的百分率，应符合设计要求。当设计未提出要求时，应符合下列规定：

① 焊(连)接接头在构筑物(构件)的受拉区不得大于50%，在受压区可不受限制；

② 绑扎接头在构筑物(构件)的受拉区不得大于25%，在受压区不得大于50%；

③ 钢筋接头应避开钢筋弯曲处，距弯曲点的距离不得小于钢筋直径的10倍；

④ 在同一根钢筋上应尽量少设接头；同一截面内，同一根钢筋上不得超过一个接头。

注：1. 两焊(连)接接头在钢筋直径35倍范围内不小于500mm以内、两绑扎接头在1.3倍搭接长度范围且不小于500mm以内，视为“同一截面”；

2. 装配式构件连接处的受力钢筋焊接接头，可不受本条限制。

检查数量：全部。

检验方法：观察。

(2)一般项目

1）受拉钢筋绑扎接头的搭接长度，应符合表2－10的规定；受压钢筋绑扎接头的搭接长度，应取受拉钢筋绑扎接头的搭接长度的0.7倍。

表2－10　受拉钢筋绑扎接头的搭接长度

<table>
<tr><th colspan="2" rowspan="2">接头型式</th><th colspan="4">接头面积最大百分率(%)</th></tr>
<tr><th>C15</th><th>C20～C25</th><th>C30～C35</th><th>≥C40</th></tr>
<tr><td>光圆钢筋</td><td>HPB235级</td><td>45d</td><td>35d</td><td>30d</td><td>25d</td></tr>
<tr><td rowspan="3">带肋钢筋</td><td>HRB335级</td><td>55d</td><td>45d</td><td>35d</td><td>30d</td></tr>
<tr><td>HRB400级</td><td rowspan="2">—</td><td rowspan="2">55d</td><td rowspan="2">45d</td><td rowspan="2">35d</td></tr>
<tr><td>RRB400级</td></tr>
</table>

注：1. 表中d为钢筋直径；

2. 当带肋钢筋直径大于25mm时，其受拉钢筋绑扎接头的搭接长度应按相应数乘以系数1.1取用；

3. 当混凝土凝固过程中受力钢筋易受扰动时，其搭接长度应按相应数乘以系数1.1取用；

4. 在任何情况下，纵向受力钢筋的搭接长度不应小于300mm；受压钢筋的搭接长度应按相应数乘以系0.7取用，但不应小于200mm；

5. 对一、二级抗震等级应按相应数乘以系数1.15取用；对三级抗震等级应按相应数乘以系数1.05取用；

6. 两根不同直径的钢筋的搭接长度，以较细的钢筋直径计算；

7. 受拉区内HPB235级钢筋绑扎接头的末端应做弯钩，HRB335级、HRB400级钢筋绑扎接头末端可不做弯钩，直径等于和小于12mm的受压HPB235级钢筋的末端，可不做弯钩，但绑扎长度不应小于钢筋直径的30倍，钢筋搭接应在中心和两端用铁丝扎牢；

8. 施工中钢筋受力分不清拉压的按受拉处理。

检查数量：全部。

检验方法：观察或用钢尺量。

2）钢筋闪光接触对焊接头处不得有横向裂纹。与电极接触处的钢筋表面，对 HPB235 级、HRB335 级、HRB400 级钢筋不得有明显的烧伤，对 RRB400 级钢筋不得有烧伤。低温对焊时，对于 HPB235 级、HRB335 级、HRB400 级、RRB400 级钢筋均不得有烧伤。接头机械性能与允许偏差应符合表 2－11 规定。

表 2－11　闪光接触对焊接头机械性能及允许偏差

序号	项　目	允许偏差	检查频率		检查方法
			范　围	点数	
1	抗拉强度	符合材料性能指标	每件（每批各抽 3 件）	1	按《金属材料室温拉伸试验方法》GB/T 228
2	冷弯				
3	接头弯折	不大于 4°	每件（每批抽 10%且不少于 10 件）		用刻槽直尺和楔形塞尺最大值
4	接头处钢筋轴线的偏移（mm）	≯0.1d，且≯2			

注：表中 d 为钢筋直径。

检验数量和检验方法：按表 2－11 的规定检验。

3）钢筋电弧焊接头焊缝表面应平整，不得有较大的凹陷或焊瘤；接头处不得有裂纹。其机械性能、缺陷及尺寸允许偏差应符合表 2－12 规定。

表 2－12　钢筋电弧焊接头的机械性能、缺陷及尺寸允许偏差

序号	项　目		允许偏差	检查频率		检查方法
				范　围	点数	
1	抗拉强度（MPa）		符合材料性能指标	每个接头（每批抽查 3 件）	1	按《金属材料室温拉伸试验方法》GB/T 228
2	帮条沿接头中心线的纵向偏移（mm）		0.5d	每个接头（每批抽 10%且不少于 10 件）		用焊接工具尺和用钢尺量
3	接头处钢筋轴线的弯折		≯4°			
4	接头处钢筋轴线的偏移（mm）		≯0.1d，且≯3			
5	焊缝厚度（mm）		＋0.05d		2	
6	焊缝宽度（mm）		＋0.1d			
7	焊缝长度（mm）		－0.5d			
8	横向咬边深度（mm）		0.05d，且≯1			
9	焊缝表面气孔及夹渣的数量和其尺寸	在 2d 长度上	不多于 2 个		3	
		直径（mm）	≯3			

注：表中 d 为钢筋直径。

检验数量和检验方法：按表 2－12 的规定检验。

4）接触点焊焊接骨架和焊接网片的焊点处熔化金属应均匀；焊点无脱落、漏焊、裂纹、多孔性缺陷及明显的烧伤现象，压入深度应满足规定。焊接网片及焊接骨架允许偏差应符合表 2－13 规定。

表2－13 焊接网片及焊接骨架允许偏差

序号	项目		允许偏差	检查频率		检查方法
				范围	点数	
1	焊接网片	长度	±10	每个接头（每一类型抽查10%且不少于5件）	1	用钢尺量
		宽度				
		网格尺寸				
		网片两对角线之差				
2	焊接骨架	长度	10			
		宽度				
		高度				
3	骨架箍筋间距		±10			
4	受力钢筋	间距				
		排距	±5			

检验数量和检验方法：按表2－13的规定检验。

5）预埋件骨架T型接头焊包应均匀，钢板无焊穿、凹陷现象。其缺陷和尺寸允许偏差应符合表2－14规定。

表2－14 T型接头强度、缺陷和尺寸允许偏差

序号	项目		允许偏差	检查频率		检查方法
				范围	点数	
1	抗拉强度	HPB235级	≮360MPa	每个接头（每批各抽3件）	1	按《金属拉力试验方法》GB 228
		≮500MPa	≮500MPa			
2	焊接高度(mm)		≥0.6d	每个接头（每批抽10%且不少于5件）		用焊接尺和工具尺量
3	咬肉深度(mm)		≯0.5			
4	T型轴线偏差		≯4°			
5	焊缝表面上气孔及夹渣的数量和其尺寸	数量	不多于3个			观察
		直径(mm)	≯1.5			用钢尺量

注：表中d为钢筋直径。

检验数量和检验方法：按表2－14的规定检验。

4. 钢筋安装

(1) 主控项目

钢筋安装时，其品种、级别、规格和数量应符合设计要求。

检查数量：全部。

检验方法：观察或用钢尺量。

(2) 一般项目

1）钢筋安装应符合下列规定：

① 安装后的钢筋应牢固，在浇筑混凝土时不得松动或变形；

② 同一截面内同一根钢筋上只应有一个接头；

③ 绑扎或焊接接头与钢筋弯曲处相距不应小于10倍主筋直径，也不宜位于最大弯矩处。

检查数量：全部。

检验方法：观察或用钢尺量。

2）钢筋网片、骨架成型、钢筋成型和安装位置允许偏差应符合表2－15规定。

表2－15 钢筋网片、骨架成型、钢筋成型和安装允许偏差

序号	检查项目			允许偏差(mm)	检验频率		检查方法
					范围	点数	
1	受力钢筋(mm)	间距	梁板、柱、塔、板、墙	±10	每个构筑物或构件	4	在任意一个断面连续量取钢筋间(排)距，取其平均作为1点
			基础、墩、台	±20			
		顺高度配置两排以上的排距		±5			
2	网片(mm)		长度	±10		5	用钢尺量，纵横方向各连续量取5档，计一平均值
			宽度				
			高度				
			风格尺寸				
3	骨架(mm)		长度	10		3	用钢尺量
			宽度、高度或直径	+5，−10		3	
4	箍筋及构造筋间距(mm)			±20		3	连续量取5档、计一平均值
5	同一截面内受拉钢筋接头截面面积占钢筋总面积		焊接	≯50%		—	观察
			绑接	≯25%			
6	保护层厚度(mm)		墩、台、基础	±10		8	用钢尺量
			梁、柱、塔、桩	±5			
			板、墙	±3			

检验数量和检验方法：按表2－15的规定检验。

2.1.1.5 成品保护

1. 焊接作业时，严禁在主筋上打火引弧，以防烧伤主筋。

2. 绑扎好的钢筋不得随意变更位置或进行切割，当其与预埋件或预应力孔道等发生冲突时，应按设计要求处理，设计未规定时，应适当调整钢筋位置，不得已切断时应予以恢复。

3. 应尽量避免踩踏钢筋，当不得不在已绑好的钢筋(如箱梁顶板及底板)上作业且骨架刚度较小时，应在作业面铺设木板；绑扎墩台等较高结构钢筋时，应搭设临时架子，不准踩踏钢筋。

4. 应采取措施避免钢筋被脱模剂等污物污染。

2.1.1.6 应注意的质量问题

1. 绑扎接头搭接长度不够。绑扎时应对每个接头进行尺量，检查搭接长度是否符合设计和规范要求。

2. 钢筋接头位置错误。翻样配料加工时，应根据图纸预先画出施工翻样图，注明各号钢筋搭配顺序，并避开受力钢筋的最大弯矩处。

3. 绑扎接头与焊接接头未错开。在钢筋下料及绑扎时，要注意钢筋焊接接头与相邻钢筋及同一钢筋的绑扎接头应错开。

4. 露筋。钢筋绑扎完毕后，应按750mm间距梅花形布置保护层垫块，垫块应具有足够的强度及刚度。

5. 钢筋骨架变形。绑扎时应注意绑扣方法，宜采用十字扣或套扣绑扎。

6. 焊接接头质量不合格。

(1) 焊接前，对所有焊工进行培训及考试，合格后持证上岗。

(2) 焊接前，绑条焊接头应检查绑条尺寸、主筋端头间隙、钢筋轴线偏位以及钢材表面质量等；搭接焊接头应检查搭接长度、弯折角度、钢筋轴线偏位以及钢材表面质量等，不符合要求时不得焊接。

(3) 焊接时，根据钢筋级别、直径、接头型式和焊接位置，选择适宜的焊条直径和焊接电流。

(4) 焊接时，应确保焊缝有效长度、高度及宽度等达到规范及设计要求，每层焊完应及时清渣，焊缝应表面平整、光滑、美观。

2.1.1.7　环境、职业健康安全管理措施

1. 环境管理措施

(1) 对所用机械设备进行检修，防止带故障作业，产生噪声扰民。

(2) 加强人为噪声的管理，要防止人为敲打、叫嚷、野蛮装卸产生噪声等现象。

(3) 发电机等强噪声机械必须安装在工作棚内，工作棚四周必须严密围挡。

2. 职业健康安全管理措施

(1) 卷扬机冷拉钢筋

1) 冷拉钢筋前，必须检查卷扬机钢丝绳、滑轮组、地锚、钢筋夹具、电气设备等，确认安全后方可作业；导向滑轮不得使用开口滑轮，与卷扬机的距离不得小于5m。

2) 冷拉钢筋时，应设专人值守，钢筋两侧3m以内及冷拉线两端不得有人，严禁跨越钢筋或钢丝绳；冷拉速度不宜过快，卷扬机前和冷拉钢筋两端必须装设防护挡板。

3) 冷拉钢筋时，必须将钢筋卡牢，待人员离开后方可开启机械；出现滑丝等情况时，必须停机并放松钢筋后方可进行处理。

(2) 调直机调直钢筋

1) 调直机上不得堆放物料，送钢筋时，手与轧辊应保持安全距离，机器运转中不得调整轧辊，严禁戴手套作业。

2) 作业中机械周围不得有无关人员，严禁跨越牵引钢丝绳和正在调直的钢筋，钢筋调直到末端时，作业人员必须与钢筋保持安全距离，料盘中的钢筋即将用完时，应采取措施防止端头弹出。

3) 调直短于2m或直径大于9mm的钢筋时，必须低速运行。

4) 展开盘条钢筋时，应卡牢端头；切断或调直前应压稳。

(3) 切断机切断钢筋

1) 作业时应摆直、握紧钢筋，应在活动切刀向后退时送料入刀口，并在固定切刀一侧压住钢筋；严禁在活动切刀向前运动时送料；严禁两手同时在切刀两侧握住钢筋俯身送料。

2) 切长料时应设置送料工作台，并设专人扶稳钢筋，操作时动作应一致；手握端的钢筋长度不得小于400mm，手与切口间距离不得小于150mm；切断长度小于400mm的钢筋时，应用钢导

管或钳子夹牢钢筋，严禁直接用手送料。

3）作业中严禁用手清除铁屑、断头等杂物；作业中严禁进行检修、加油、更换部件。暂停作业或停电时，应切断电源。

（4）弯曲机弯制钢筋

1）弯制未经冷拉或有锈皮的钢筋时，必须戴护目镜及口罩。

2）作业中不得用手清除铁屑等杂物；清理工作必须在机械停稳后进行。

（5）钢筋焊接安全

1）电焊工应持证上岗，作业时按要求佩戴好防护用品，作业现场周围10m范围内不得堆放易燃易爆物品。

2）作业前，应检查电焊机、线路、焊机外壳保护接零等，确认安全后作业。

3）作业时，临时接地线头严禁浮搭，必须固定、压紧、用胶布包严；焊把线不得放在电弧附近或炽热的焊缝旁。

4）作业时，二次线必须双线到位，严禁用其他金属物作二次线回路。

5）下班或暂停作业时，应拉闸断电，必须将地线和把线分开。

6）在遇到移动二次线、转移工作地点、检修电焊机、改变电焊机接头、暂停焊接作业等情况时，应切断电源。

7）操作中应注意防火，消防设施应齐全有效。

（6）钢筋绑扎安全

1）吊装钢筋骨架时，下方不得有人，骨架较长时应设控制缆绳，就位后必须支撑稳固方可摘除吊钩。

2）对易倾覆的钢筋骨架，应支撑牢固或用缆风绳拉牢，在施工中不得攀爬钢筋骨架。

3）不得在脚手架上集中码放钢筋，应随用随运送。

2.1.2 模板、支架和拱架安装

2.1.2.1 适用范围

本工艺适用于城市桥梁工程就地浇筑和预制加工的混凝土结构工程、砌体圬工所用模板、拱架及支架的施工作业。

2.1.2.2 施工准备

1. 材料要求

（1）制作模板所需原材料（钢板、型钢、钢铸件、木材、胶合板、塑料板等材料）应符合现行国家标准规定和施工组织设计要求。

（2）模板、拱架支撑体系所用型钢、钢管、连接件、焊接件、预埋件的材料、规格、型号应符合设计要求及相关标准规定。

2. 施工机具与设备

（1）模板、支架和拱架加工制作设备、焊接设备。

（2）模板、支架和拱架运输车辆，模板吊装机械（吊车、塔吊），模板提升设备（液压油泵、油缸、千斤顶等），模板安装工具（扳手、撬杠、手锤等）。

（3）模板检查检测仪器工具（全站仪、经纬仪、水平仪、水平尺、线坠、靠尺、方尺、盒尺等）。

3. 作业条件

（1）现场道路畅通，施工场地已清理平整，现场用水、用电接通，备有夜间照明设施。

(2) 模板、支架和拱架所需的工程数量已备足,进场。

(3) 支架体系(排架)安装支设前,基础(基底、平台)坚固、可靠,基础表面已清理。

(4) 模板安装(支设)前,测量放线已完成。

(5) 地下构筑物调查已完成,地下构筑物的保护措施已落实。

4. 技术准备

(1) 模板、支架和拱架的设计

① 模板、支架和拱架的设计,应根据结构型式、设计跨径、荷载大小(含风荷载)、地基土类别、施工方法、施工设备、材料供应及有关的设计、施工规范进行。

② 模板、支架和拱架的设计应包括下列主要内容:

绘制模板、拱架和支架总装图、细部构造图;

按模板、拱架和支架的结构受力体系在施工荷载作用下,分别验算其强度、刚度及稳定性;编制模板、拱架和支架结构的安装程序;

编制模板、拱架和支架结构安装、运输、加载、拆卸保养等有关技术安全措施和注意事项;编制模板、拱架和支架结构的设计说明书。

③ 模板、拱架及支架设计须经批准后方可施工。

(2) 对关键的分项工程的模板、支架和拱架的设计应分别编制专项施工方案(以下简称"专项方案");对危险性较大的分部分项工程,应按《危险性较大的分部分项工程安全管理办法》(建质[2009]87号文)组织专家对专项方案进行论证。

2.1.2.3 施工工艺

1. 模板材料及加工

城市桥梁工程施工宜采用大型组合钢模板或大模板;大型组合钢模板或大模板应定型化、标准化、可多次重复使用,并且接合严密,装拆方便、操作安全。

城市桥梁工程所用模板宜采用集中加工、专业化、工厂化生产或在基地内制作;模板及配件制作时,应按模板设计加工图制作,成品检验合格后方可使用。

城市桥梁工程混凝土结构外露面宜采用光洁度高的整体钢模板或采用防水胶合板(防水竹胶板)做面板。

模板应有控制结构整体性、混凝土侧压力和控制结构尺寸的连接螺栓、对拉螺栓和支撑系统。

2. 组合钢模板制作

(1) 普通钢模板宜采用标准化的组合模板。组合钢模板的制作、施工、运输、维修与保管应遵守《组合钢模板技术规范》GB 50214的规定。模板上的重要拉杆宜采用螺纹钢杆并配以垫圈。伸出混凝土外露面的拉杆宜采用端部可拆卸的钢丝杆。

(2) 组合钢模板制作时按长度模数150mm进级,宽度模数按50mm进级。

(3) 钢模板的槽板制作宜采用冷乳冲压整体成型的生产工艺,沿槽板纵向的凸棱倾角应严格按设计图纸尺寸控制。

钢模板的组装焊接宜采用组装胎具定位,并采用合理的焊接顺序。组焊后的变形处理宜采用模板整形机校正。手工校正时不得碰伤模板棱角,且不得留有锤痕。

钢模板的焊缝不得有表面气孔、夹渣、弧坑裂纹、电弧擦伤、咬边、未焊满等缺陷。

(4) 钢模板的U形卡、L形插销、螺栓等连接件的加工应遵守现行标准规定。

3. 全钢大模板制作

(1) 全钢大模板应根据桥梁结构物的形式、模板的使用周转次数、施工流水的划分等具体情况进行配板设计。模板面板的配板应根据具体情况确定，一般采用横向或竖向排列。

(2) 全钢大模板面板由4～6mm钢板制作，边框采用80mm宽，6～8mm厚的扁钢或钢板，横竖肋采用6～8mm扁钢，模板背楞采用8号或10号槽钢，或由角钢、薄壁型钢或轻型槽钢制作，圆墩柱半圆形或圆弧形肋板可由6～8mm钢板仿形切割或仿形煨制。

(3) 模板与模板之间采用M16螺栓连接或专用卡具连接。

(4) 以定型组合大模板拼装而成的大模板必须安装2个或2个以上的吊环，吊环必须采用未经冷拉的HPB235级热轧钢筋制作。

(5) 组装后的模板应配置支撑体系和操作平台，以确保混凝土浇筑过程中模板体系的稳定。

4. 木模板

(1) 与混凝土接触的木模表面应平整、光滑，多次重复使用的木模板宜在内侧加钉薄铁板或使用防水胶合板(防水竹胶板)板面。模板的所有接缝处应密合不漏浆，木模板接缝可做成平缝、搭接缝或企口缝，转角处应加嵌条或做成斜角。

(2) 重复使用的木模板应始终保持其表面平整、形状准确，并有足够的强度和刚度。

5. 其他材料模板

(1) 钢框覆面胶合板模板的板面组配宜采用错缝布置，支撑系统的强度和刚度应满足要求。吊环必须采用未经冷拉处理的HPB235级热轧光圆钢筋制作。

(2) 高分子合成材料面板、硬塑料或玻璃钢模板，制作接缝应严密，边肋及加强肋安装牢固，与模板成一体，施工时安放在支架的横梁上。

(3) 圬工外模

1) 土胎模制作的场地应平整、坚实，底模应拍实找平，土胎模表面应光滑、尺寸准确，表面涂隔离剂。

2) 砖胎模与木模配合时，砖做底模、木做侧模，砖与混凝土接触面应抹面，表面涂隔离剂。

3) 混凝土胎模制作时应保证尺寸准确，表面涂隔离剂。

6. 支架安装技术要求

(1) 模板和支架必须安置于可靠的基底上或牢固地固定在构筑物上，并有足够的支承面积以及有防水、排水和保护地下管线的措施。

(2) 安装模板应与钢筋工序配合进行，妨碍绑扎钢筋的模板，应待钢筋工序结束后再安装。模板与脚手架之间，除模板与脚手架整体设计外不得发生联系。

(3) 安装侧模时，应防止模板移位和凸出。基础侧模可在模板外侧设立支撑固定，墩、台、梁的侧模可设拉杆固定。浇筑在混凝土中的拉杆，应按拉杆拨出或不拨出的要求，采取相应措施。

(4) 墩柱模板高度大于4m时，宜采用定型钢模板，墩柱钢筋绑扎后方可支模板，钢模板底部应与基础预埋件连接牢固，上部用拉杆固定，墩柱较高时中间应增设拉杆以确保柱模的稳定。

(5) 现浇混凝土结构外露表面模板，宜用喷塑钢模板、防水胶合板、防水竹胶板、镀锌钢板等材料做成的定型模板，每块定型模板的面积宜大于1.5m^2，不得在模板面上涂画各种标志符号。

(6) 固定在模板上的预埋件和预留孔洞不得遗漏，应安装牢固，位置准确。

(7) 模板在安装过程中，必须设置防倾覆设施。

(8) 梁底模板应按设计要求起拱。当结构自重和1/2汽车荷载(不计冲击力)产生的向下挠度超过1/1600时，钢筋混凝土梁、板的底模板应设预拱度，预拱度值应等于结构自重和汽车荷载

(不计冲击力)产生的挠度。纵向预拱度可做成抛物线或圆曲线。

(9) 后张法预应力梁、板,应注意预应力、自重和汽车荷载等综合作用下所产生的上拱或下挠,应设置适当的预挠或预拱。

(10) 模板安装后,应对其平面位置、顶部高程、各部尺寸、节点联系及整体稳定进行检查。在浇筑混凝土时发现问题及时采取措施处理。

7. 支架、拱架制作宜采用标准化、系列化和通用化的构件拼装。无论使用何种材料的支架和拱架,均应进行施工图设计,并应验算其强度、刚度和稳定性验算。

8. 城市桥梁工程所用支架体系宜采用集中加工、工厂化生产或在基地内制作,支架体系制作时应按支架设计加工图加工,成品检验合格后方可使用。

9. 支架体系(支撑排架)可用碗扣支架、万能杆件、军用制式器材(军用墩、军用梁)支架、贝雷架或钢桁架组成,支撑排架顶部横托可用方木、型钢等材料,支撑排架底部应垫方木、木板、型钢或可调底座(可调底托)等。

10. 支架、拱架必须安置于可靠的基底上或牢固地固定在承台、混凝土扩大基础、桩基础等已建构筑物上,并有足够的支承面积,以及有防水、排水和保护地下管线的措施。支架地基严禁被水浸泡,冬施应采取防止冻融引起的冻涨及沉降。

11. 支架、拱架的弹性变形、非弹性变形和地基沉陷等形成的沉降,都必须在混凝土浇筑之前采取有效的措施予以消除,以保证工程结构和构件各部形状尺寸和相互位置的正确。支(拱)架还应有高程的调整措施。

12. 支架基础基底处理

(1) 支架的支承部分必须安置于可靠的基底(地基)上。基底不得受水浸泡和受冻,基底上的淤泥必须清除干净,其他不符合施工方案规定要求的杂物必须处理。支架基础应高于现况地面,支架周边应设置排水措施。

(2) 采用换填法进行基底处理时,先将地基表面不适宜材料彻底清理干净,然后铺筑换填材料,每层松铺厚度不应大于 300mm,摊铺时用推土机推平,然后用压路机碾压,人工配合施工,压实度和平整度等指标达到专项施工方案规定要求。

(3) 采用压实法进行基底处理时,先将地基表面不适宜材料彻底清理干净,用推土机推平,然后用压路机碾压,人工配合施工,压实度和平整度等指标达到专项施工方案规定要求。

13. 支架基础

(1) 支架基础形式应本着经济、施工方便的原则通过计算确定,一般可采用原状地基土、稳定粒料基底、混凝土或钢筋混凝土底板,混凝土或钢筋混凝土条形基础及桩基等形式,铺设枕木、木板、方木、型钢等方法。

(2) 当采用钢筋混凝土基础时,其断面尺寸及强度等级应依据施工荷载及地基情况等因素确定。

(3) 当采用枕木、木板或型钢基础时,枕木、木板或型钢规格应依据施工荷载及地基情况等因素确定,但其顶宽不宜小于 200mm。

14. 碗扣式钢管支架安装

碗扣式钢管支架的设计、施工、安装及安全技术措施应符合《建筑施工扣件式钢管脚手架安全技术规范》JGJ 130 的规定。

(1) 支架安装前必须依照施工图设计、现场地形、浇筑方案和设备条件等编制施工方案,按施工阶段荷载验算其强度、刚度及稳定性,报批后实施。

(2) 横桥向按照支架的拼装要求，严格控制立杆的垂直度以及扫地杆和剪力撑的数量和间距。顺桥向支架和墩身连接，以抵消顺桥向的水平力。

(3) 碗扣式支架的底层组架最为关键，其组装质量直接影响支架整体质量，要严格控制组装质量；在安装完最下两层水平杆后，首先检查并调整水平框架的方正和纵向直顺度；其次应检查水平杆的水平度，并通过调整立杆可调底座使水平杆的水平偏差小于 $L/400$(L 为水平杆长度)；同时应逐个检查立杆底脚，并确保所有立杆不悬空和松动；当底层架子符合搭设要求后，检查所有碗扣接头并锁紧，在搭设过程中应随时注意检查上述内容，并予以调整。

(4) 支架搭设严格控制立杆垂直度和水平杆水平度，整架垂直度偏差不得大于 $h/500$(h 为立杆高度)，但最大不超过 100mm；纵向直线度应小于 $L/200$(L 为纵向水平杆总长)。

(5) 纵、横向应每 5～7 根立杆设剪刀撑一道，每道宽度不应小于 4 跨且不应小于 6m，与地面的夹角宜控制在 45°～60°之间，在剪刀撑平面垂直方向应每 3～5 排设一组；剪刀撑与水平杆或立杆交叉点均应用旋转扣件扣牢，钢管长度不够时可用对接扣件接长；剪刀撑的设置须上到顶下到底，剪刀撑底部与地基之间垫实，以增强剪刀撑承受荷载的能力。

(6) 支架应设专用螺旋千斤顶托，用于支模调整高程及拆模落架使用，顶托应逐个顶紧，达到所有立杆均匀受力；顶托的外悬长度不应小于 50mm，且不宜大于自身长度的 1/2。

(7) 顶排水平杆至底模距离不宜大于 500mm。

(8) 支架高度超过其宽度 5 倍时，应设缆风绳拉牢。

15. 军用制式器材的拼装

(1) 军用墩的拼装：拼装前要检查基础顶面平整度，其误差要不大于 3mm。为减少高空作业量，拼装立柱前即上满接头板，立柱安装过程中随时检查立柱的垂直、方正与水平，立柱安装完毕后紧接着上拉撑。军用墩顶架设垫梁，立柱与垫梁间上满螺栓，垫梁挑出梁体外边缘 1m，作为施工完毕后军用梁的吊卸平台。垫梁上铺设枕木以便与军用梁柔性铰接。

(2) 军用梁的拼装：施工前先搭设组装平台，将标准构件拼装成整体后，用汽车吊提升至支墩顶，按设计位置就位。军用梁按简支梁使用，其支点放置在端构架的竖杆处。

(3) 墩梁式支架的整体性处理：墩梁式支架通常采用军用梁或贝雷梁作为纵梁，军用墩或其他形式支餘作为临时支墩。军用梁或贝雷梁作为受力纵梁，其横向刚度通常较弱，在使用前，军用墩采用型钢和 U 形卡将各片连接成整体，军用梁全部吊装就位后，安装联系杆，使各片梁予以固定。然后沿梁横向铺设钢枕，钢枕两端挑出梁体外边缘各 1m 作为施工作业平台。

16. 钢支架(组合钢支柱、钢桁架)

(1) 组合钢支柱在组装前，应根据平面施工图支撑点的分布进行测量放线；对单元柱、顶托进行质量检查，不准使用有开裂、锈蚀或长度不够的部件。对每个可调顶托要注入润滑油，保持旋转灵活。

(2) 为了保证组合钢支柱的安全、稳定、可靠，在施工时，单列横向间距不宜超过 3m，纵向间距不超过 4.5m。单根组合钢柱高度，最高不宜超过 8m。

(3) 组合钢支柱一般采用人工配ˆ吊车安装。每个单元柱采用绳索吊运，单元柱吊运时下方严禁站人。下层组装支搭完成后，作业面必须支搭临时脚手架，铺脚手板，方可进行上层支搭。

组合钢支柱支搭组装施工，应按排、列顺序施工，每排第每层组装时，应随支随用水平钢管拉杆连接牢固。当高度达到 4m 时，必须在纵、横两个方向钢柱的排距间加剪刀撑，以保证支撑系统下部的稳定可靠。

(4) 当组合钢支柱支撑达到设计标高时，上部顶托必须用水平拉杆加固，吊放钢桁架或工字钢后，应采用连接板、连接螺栓或 U 形螺栓固定。钢桁架采用在基地(加工厂)内组合，人工配合吊车现场安装。

17. 钢拱架

常备式钢拱架纵、横向应根据实际情况进行合理组合，以保证结构的整体性。

钢管拱架排架的纵、横距离应按承受拱圈自重计算，各排架顶部标高应符合拱圈底的轴线。

18. 安装拱架前，对拱架立柱和拱架支承面进行详细检查，准确调整拱架支承面和顶部标高，并复核跨度，确认无误后方可进行安装。各片拱架在同一节点的标高应尽量一致，以便于拼装平联杆件。在风力较大的地区，应设置风缆。

19. 支架、拱架结构应稳定、坚固，应能抵抗在施工过程中有可能发生的偶然冲撞和振动，架立时应遵守以下要求：

(1) 支架立柱必须落在有足够承载力的地基上，立柱底端应放置垫木或混凝土预制块来分布和传递压力，应保证浇筑混凝土后不发生超过允许的沉降量。支架地基严禁被水浸泡，冬期施工必须采取措施防止冻融引起的冻胀及沉降。

(2) 支架安装可从盖梁一端开始向另一端推进，也可从中间开始向两端推进，工作面不宜开设过多且不宜从两端开始向中间推进，应从纵横两个方向同时进行，以免支架失稳。

(3) 施工用的支架及便桥不得与结构物的拱架或支架连接。支架通行孔的两边应加护桩，夜间应用灯光标明行驶方向。施工中易受漂流物冲撞的河中支架应设牢固的防护设施。

(4) 安设支架过程中，应随安装随架设临时支撑，确保在施工过程中支架、拱架的牢固和稳定，待施工完后再拆除临时支撑。

20. 当支架和拱架的高度大于 5m 时，可使用桁架支模或多层支架支模。当采用多层支架支模时支架的横垫板应平整，支柱应铅直，上下层支柱应在同一中心线上。

21. 支架的立柱在排架平面内和平面外均应有水平横撑及斜撑(或剪刀撑)，水平横撑及斜撑应根据支架形式全高布置，斜撑与水平交角以 45°左右为宜。

立柱高度在 5m 以内时，水平撑不少于两道，立柱高于 5m 时，水平撑间距应不大于 2m，并在两横撑之间加双向剪刀撑，保持支架稳定。

高度在 20m 以上的高支架宜采用大型型钢制作成的装配式钢桁节，现场拼装成桁架梁和塔架。

22. 为便于拆除拱架和支架，可根据跨度大小采用如下方法：板式桥、梁式桥和拱桥的跨径不超过 10m 者可用木楔法。梁式桥跨径不超过 30m 或跨径为 10～15m 的拱桥，宜用木凳或砂箱法，跨径大于 30m 的梁式桥或跨径大于 15m 的拱桥宜用砂箱法或其他设备。

23. 支架或拱架安装完后应对其平面位置、顶部标高、节点联系、各向稳定性进行全面检查，符合要求后方可进行下一道工序。

24. 工厂化生产的定型产品支架、架设时应遵守产品说明书规定。

25. 拆除期限的原则规定模板、支架和拱架拆除的时间应根据结构物的特点、部位和混凝土所达到的强度决定。

(1) 非承重侧模应在混凝土强度能保证其表面及棱角不致因拆模受损害时方可拆除。一般应在混凝土抗压强度达到 2.5MPa 方可拆除侧模。

(2) 钢筋混凝土结构的承重模板、支架和拱架的拆除，应符合设计要求。当设计无要求时，应在混凝土强度能承受自重力及其他可能的叠加荷载时，方可拆除，底模板拆除还应符合表 2－16 规定。

表 2－16　　现浇结构拆除底模时的混凝土强度

结构类型	结构跨度(m)	按设计的混凝土强度标准值的百分率(%)
板	≤2	50
	>2,≤8	75
	>8	100
梁、拱	≤8	75
	>8	100
悬臂构件	≤2	75
	>2	100

注:构件混凝土强度应通过同条件养护的试件强度确定。

26. 浆砌石、混凝土砌块拱桥拱架的卸落应符合下列要求:

(1) 浆砌石、混凝土砌块拱桥应在砂浆强度达到设计要求强度后卸落拱架,设计未规定时,砂浆强度须达到设计标准值的80%以上。

(2) 跨径小于10m的拱桥宜在拱上建筑全部完成后卸落拱架;中等跨径实腹式拱桥宜在护拱砌完后卸落拱架;大跨径空腹式拱桥宜在主拱上小拱横墙砌好(未砌小拱圈)时卸落拱架。

(3) 当需要进行裸拱卸落拱架时,应对主拱进行强度及稳定性验算并采取必要的稳定措施。

27. 拆除时的技术要求

(1) 模板拆除应按设计规定的程序进行;设计无要求时,应遵循先支后拆、后支先拆的顺序,拆卸时严禁抛扔。

(2) 卸落拱架和支架,应按施工设计规定的程序进行;分几个循环卸完,卸落量开始时宜小、以后逐渐增大,拱架和支架横向应同时卸落、纵向应对称均衡卸落。在拟定卸落程序时应按下列要求:

1) 在卸落前应在卸架装置上划好每次卸落量的标记;

2) 满布式拱架卸落时,可从拱顶向拱脚依次循环卸落,拱式拱架可在支座处同时卸落;

3) 简支梁、连续梁宜从跨中向支座处依次循环卸落,悬臂梁应先卸挂梁及悬臂的支架,再卸无铰跨内的支架;

4) 多孔拱桥卸架时,若桥墩允许承受单向推力,可单孔卸落,否则应多孔同时卸落,或各连续孔分阶段卸落;

5) 卸落拱架时,应设专人用仪器观测拱圈挠度和墩台变位情况并详细记录。

28. 预应力混凝土结构构件模板的拆除,侧模应在预应力张拉前拆除,底模应在结构构件建立预应力后方可拆除。

29. 墩台模板宜在其上部结构施工前拆除。

30. 拆除模板,卸落支架、拱架时不得用猛烈敲打和强扭等方法。模板、支架和拱架拆除后,应维护整理,分类妥善存放。

2.1.2.4　质量标准

1. 主控项目

(1) 模板、支架和拱架应符合下列规定：

1) 模板、支架和拱架必须满足稳定性、刚度、强度要求，能可靠地承受施工荷载；

2) 模板、支架和拱架应按施工组织设计、专项施工方案支搭和安装；

3) 模板、支架和拱架拆除的顺序及安全措施应按施工方案执行。

检查数量：全数检查。

检验方法：对照施工组织设计、专项施工方案观察检查，检查施工记录。

(2) 承重模板、支架和拱架的拆除，其混凝土必须达到设计规定强度。

检查数量：全数检查。

检验方法：检查同条件养护的试件报告。

(3) 浆砌石、混凝土砌块拱桥拱架的卸落应符合设计要求和本规程的规定。

检查数量：全数检查

检验方法：对照专项施工方案检查。

2. 一般项目

(1) 模板制作允许偏差应符合表 2－17 规定。

表 2－17　　模板制作允许偏差表

序号	项目			允许偏差(mm)	检验频率		检验方法
					范围	点数	
1	木模板	模板的长度和宽度		±3	每个构筑物或每个构件	4	用钢尺(钢板尺)量
2		不刨光模板相邻两板表面高低差		3			
3		刨光模板和相邻两板表面高低差		1			
4		平板模板表面最大的局部不平(刨光模板)		3			用 2m 直尺检查
5		平板模板表面最大的局部不平(不刨光模板)		5			
6		拼合板中木板间的缝隙宽度		2			用钢尺量
7		榫槽嵌接紧密度		2		2	
8	钢模板制作	模板的长度和宽度		0，－14		4	
9		肋高		±5		2	
10		面板端偏斜		≤0.5		2	用水平尺
11		连接配件(螺栓、卡子等)的孔眼位置	孔中心与板面的间距	±0.3		4	用钢尺量
12			板端孔中心与板端的间距	0，－0.5			
13			沿板长宽方向的孔	±0.6			
14		板面局部不平		1.0			用 300mm 长平尺检查
15		板面和板侧挠度		±1.0		1	用水准仪或拉线量

注：木模板第 5 项已考虑木板干燥后在拼合板中发生缝隙的可能；2mm 以下的缝隙，可在浇筑前浇湿模板，使其密合。

(2) 模板、支架和拱架制作和安装允许偏差应符合表 2－18 规定。

表 2－18　　模板、支架和拱架安装允许偏差

项目			允许偏差(mm)	检验频率		检验方法
				范围	点数	
相邻两板表面高低差	清水模板		2	每个构筑物或每个构件	4	用钢板尺和塞尺量
	混水模板		4			
	钢模板		2			
表面平整度	清水模板		3		4	用 2m 直尺和塞尺量
	混水模板		5			
	钢模板		3			
垂直度	墙、柱		$H/1000$,且不大于 6		2	用经纬仪或垂线和钢尺量
	墩、台		$H/500$,且不大于 20			
	塔柱		$H/3000$,且不大于 30			
模内尺寸	基础		±10		3	用钢尺量，长、宽、高各1点
	墩、台		+5,−8			
	梁、板、墙、柱、桩、拱		+3,−6			
轴线偏位	基础		15		2	用经纬仪测量，纵、横向各 1 点
	墩、台、墙		10			
	梁、柱、拱、塔柱		8			
	悬浇各梁段		8			
	横隔梁		5			
支承面高程			＋ 2,−5	每支承面	1	用水准仪测量
悬浇各梁段底面高程			＋ 10,0	每个梁段	1	用水准仪测量
预埋件	支座板、锚垫板、连接板等	位置	5	每个预埋件	1	用钢尺量
		平面高差	2		1	用水准仪测量
	螺栓、锚筋等	位置	3		1	用钢尺量
		外露长度	±5		1	
预留孔洞	预应力筋孔道位置(梁端)		5	每个预留孔洞	1	用钢尺量
	其他	位置	8		1	用钢尺量
		孔径	+10,0		1	
梁底模拱度			＋ 5,−2	每根梁、每个构件、每个安装段	1	沿底模全长拉线，用钢尺量
对角线差	板		7		1	用钢尺量
	墙板		5			
	桩		3			
侧向弯曲	板、拱肋、桁架		$L/1000$,且不大于 10		1	沿侧模全长拉线，用钢尺量
	柱、桩		$L/2000$,且不大于 10			
	梁		$L/2000$,且不大于 30			
支架、拱架	纵轴线的平面偏位		$L/2000$,且不大于 30		3	用经纬仪测量
拱架高程			+20,−10			用水准仪测量

注：1. H 为构筑物高度(mm)，L 为计算长度(mm)；

2. 支承面高程系指模板底模上表面支撑混凝土面的高程。

(3) 模板外观质量应符合下列规定：

1) 模板接缝不得漏浆；在浇筑混凝土前，木模板应洒水湿润，但模板内应无积水，无杂物；

2) 模板表面(与混凝土接触面)的隔离剂应涂刷均匀，不得使用影响结构性能和妨碍装饰的隔离剂；

3) 构筑物外露表面模板应平整、光洁、美观、清晰。

检查数量：全数检查。

检验方法：观察检查。

(4) 固定在模板上的预埋件、预留孔洞不得遗漏、且安装牢固。

检查数量：每个预留孔洞。

检验方法：观察检查。

2.1.2.5　成品保护

1. 模板架设后应保持模板内清洁，清理、清除模板内所有杂物。

2. 混凝土拆模，应在混凝土强度达到规定要求后，且其表面及棱角不因拆模而受损时，方可拆除。拆模宜按立模顺序逆向进行，不得损伤混凝土，并减少模板破损。当模板与混凝土脱离后，方可拆卸、吊运模板。

3. 除模板时，不得影响或中断混凝土的养护工作。

2.1.2.6　应注意的质量问题

1. 轴线位移

(1) 模板轴线测放后，组织专人进行技术复核验收，确认无误后才能支模。

(2) 支模时要拉水平、竖向通线，并设竖向垂直度控制线，以保证模板水平、竖向位置准确。

(3) 根据混凝土结构特点，对模板进行专门设计，以保证模板及其支架具有足够强度、刚度及稳定性。

2. 标高偏差

(1) 模板顶部设标高标记，严格按标记施工。

(2) 预埋件及预留孔洞，在安装前应与图纸对照，确认无误后准确固定在设计位置上，必要时用电焊或套框等方法将其固定，在浇筑混凝土时，应沿其周围分层均匀浇筑，严禁碰击和振动预埋件与模板。

3. 接缝不严

(1) 严格控制木模板含水率，制作时拼缝要严密。

(2) 木模板安装周期不宜过长，浇筑混凝土时，木模板要提前浇水湿润，使其胀开密缝。

(3) 钢模板变形，特别是边框外变形，要及时修整平直。

(4) 钢模板间嵌缝措施要控制，不能用油毡、塑料布，水泥袋等去嵌缝堵漏。

2.1.2.7　环境、职业健康安全管理措施

1. 环境管理措施

(1) 为防止大气污染，现场严禁烧杂物。

(2) 工程施工现场采用砖砌围墙进行现场围挡，并保证高度在2.5m以上。

(3) 对进出现场的车辆，进行严格的清扫，做好防遗撒工作。

(4) 临时施工道路进行路面硬化，在干燥多风季节定时洒水。

(5) 结构施工中的施工垃圾采用容器吊运至封闭垃圾站，并及时清运。

(6) 施工阶段昼间不超过70分贝，夜间不超过55分贝，并经常测试。做好周围居民的工作

并向环保局提出书面报告，同时要尽量采取降噪措施，做到最大限度的减少扰民。

(7) 对强噪声机械如电锯、电刨等，使用时须在封闭工棚内，尽量选用低噪声或备有消声降噪设备的施工机械。

(8) 施工期间，尤其是夜间施工尽量减少撞击声、哨声，禁止乱扔模板、拖铁器及禁止大声喧哗等人为噪声。

2. 职业健康安全管理措施

(1) 模板支架搭设和拆除人员必须是经过按现行国家标准《特种作业人员安全技术考核管理规则》(GB5036)考核合格的专业架子工。上岗人员应定期体检，合格者方可持证上岗。

(2) 搭设模板支架人员必须戴安全帽、系安全带、穿防滑鞋。

(3) 模板支架使用期间，不得任意拆除杆件。

(4) 当有六级及六级以上大风和雾、雨、雪天气时应停止模板支架搭设与拆除作业。雨、雪后上架作业应有防滑措施，并应扫除积雪。

(5) 混凝土浇筑过程中，应派专人观测模板支撑系统的工作状态，观测人员发现异常时应及时报告施工负责人，施工负责人应立即通知浇筑人员暂停作业，情况紧急时应采取迅速撤离人员的应急措施，并进行加固处理。

(6) 混凝土浇筑过程中，应均匀浇捣，大梁进行全面分层浇捣。

(7) 工地临时用电线路的架设，应按现行行业标准《施工现场临时用电安全技术规范》(JGJ46)的有关规定执行。

(8) 在模板支架上进行电、气焊作业时，必须有防火措施和专人看守。

(9) 模板支架拆除时，应在周边设置围栏和警戒标志，并派专人看守，严禁非操作人员入内。

2.1.3 桥梁混凝土施工

2.1.3.1 适用范围

适用于桥梁工程混凝土的施工，不含水下混凝土的灌注、真空脱水混凝土及喷射混凝土等的施工。

2.1.3.2 施工准备

1. 技术准备

(1) 进行混凝 土配合比设计。

(2) 编制分项工程施工方案，并对班组进行培训及交底。

2. 材料要求

配置混凝土的各种原材料品种规格和技术性能应符合国家现行标准规定和设计要求。水泥、外加剂及掺合料等还应进行碱含量检测，砂、石子等应进行碱活性检测，碱含量或碱活性应符合设计要求和有关国家现行标准的规定。

(1) 水泥

1) 配置混凝土所使用的水泥，一般采用普通硅酸盐水泥、硅酸盐水泥，有特殊要求时可采用其他品种水泥。

2) 水泥进场应有出厂合格证和出厂试验报告，并应按其品种、强度等级、包装或散装仓号、出厂日期等进行检查验收，进场后应进行复试，试验合格后方可使用。

(2) 砂

1) 混凝土用砂，一般采用质地坚硬、级配良好、颗粒洁净、粒径小于5mm的砂。各类砂应按有关标准规定分批检验，各项指标合格方可使用。

2）普通混凝土所用的砂应以细度模数2.5～3.5之间的中、粗砂为宜，其含泥量应小于3%。

（3）石子

1）混凝土用的石子，应采用坚硬的碎石或破碎卵石，并应按产地、类别、加工方法和规格等不同情况，按有关标准规定分批进行检验，确认合格后方可使用。

2）石子最大粒径应按混凝土结构情况及施工方法选择，但最大粒径不得超过结构物截面最小尺寸的1/4，且不得超过钢筋最小净距的1/2；泵送混凝土时石子最大粒径除应符合上述规定外，对碎石不宜超过输送管径的1/3，对于破碎卵石不宜超过输送管径的1/2.5；同时应符合混凝土输送泵的使用规定。

（4）外加剂：必须经有关部门检验并附有检验合格证明，使用前应进行复验，确认合格后方可使用，使用方法应符合产品说明书及现行国家有关标准的规定。

（5）掺合料：可采用粉煤灰、矿粉等，进场时应附有产品出厂检验报告，进场后应按有关标准规定进行复试，确认合格后方可使用。

（6）水：宜采用饮用水，当采用其他水源时，应按有关标准对其进行化验，确认合格后方可使用。

3. 机具设备

（1）混凝土搅拌设备：混凝土搅拌机、装载机、计量设备、手推车等。

（2）混凝土运输设备：混凝土运输车、机动翻斗车等。

（3）混凝土浇筑设备：混凝土输送泵、汽车吊及吊斗、混凝土振捣器等。

（4）其他设备：空压机、风镐、发电机、水泵、水车等。

（5）工具：抹子、铁锹、串筒、漏斗、溜槽、锤子、铁錾等。

4. 作业条件

（1）配制混凝土的各组成材料进场并经检验合格，数量或补给速度满足施工要求。

（2）混凝土搅拌站已安装就位，并经验收合格。

（3）混凝土浇筑作业面及搅拌站通水通电，混凝土运输道路畅通。

（4）模板、钢筋及预埋件等经验收合格，具备混凝土浇筑条件。

（5）混凝土浇筑施工方案已经有关部门及监理审批。

2.1.3.3 施工工艺

1. 工艺流程

混凝土搅拌 → 混凝土运输 → 混凝土浇筑 → 混凝土养护

2. 操作工艺

（1）混凝土搅拌

1）开始搅拌前，应进行如下准备工作：

① 对搅拌机及上料设备进行检查并试运转。

② 对所有计量器具进行检查并定磅。

③ 校对施工配合比。

④ 对所用原材料的质量、规格、品种、产地及牌号等进行检查，并与施工配合比进行核对。

⑤ 对砂、石的含水率进行检测，如有变化，及时调整配合比用水量。

2）计量：各种衡器应定期校验，保持准确；骨料含水率应经常测定，雨天施工应增加测定次数。

① 砂、石计量：砂、石计量的允许偏差为≤±3%。

② 水泥计量:采用袋装水泥时,对每批进场的水泥应抽查10袋的重量,并计量每袋的平均实际重量。小于标定重量的要开袋补足,或以每袋的实际水泥重量为准,调整其他材料的用量,按配合比的比例重新确定每盘混凝土的施工配合比。采用散装水泥的,应每盘精确计量。不同强度等级、不同品种、不同厂家的水泥不得混合使用。水泥计量的允许偏差为≤±2%。

③ 外加剂计量:对于粉状的外加剂,应按施工配合比每盘的用量,预先在外加剂存放的仓库中进行计量,并以小包装运到搅拌地点备用。液态外加剂要随用随搅拌,并用比重计检查其浓度。外加剂计量的允许偏差为≤±2%。

④ 掺合料计量:对于粉状的掺合料,应按施工配合比每盘的用量,预先在掺合料存放的仓库中进行计量,并以小包装运到搅拌地点备用。掺合料计量的允许偏差为≤±2%。

⑤ 水计量:水必须盘盘计量,其允许偏差为≤±2%。

3) 上料:现场拌制混凝土,一般是计量好的原材料先汇集在上料斗中,经上料斗进入搅拌筒。水及液态外加剂经计量后,在往搅拌筒中进料的同时,直接注入搅拌筒。原材料汇集到上料斗的顺序如下:

① 无外加剂、掺合料时,依次进入上料斗的顺序为石子、水泥、砂。

② 有掺合料时,其顺序为石子、水泥、掺合料、砂。

③ 有干粉状外加剂时,其顺序为石子、外加剂、水泥、砂,或顺序为石子、水泥、砂、外加剂。

4) 混凝土应使用强制式搅拌机搅拌,混凝土最短搅拌时间可按表2－19采用。

表2－19　　混凝土搅拌的最短时间(s)

混凝土坍落度(mm)	搅拌机出料量(L)		
	＜250	250～500	＞500
≤30	60	90	120
	90	120	150
＞30	60	60	90
	90	90	120

注:1. 混凝土搅拌的最短时间系指自全部材料装入搅拌筒中起,到开始卸料止的时间。

2. 当掺有外加剂时,搅拌时间应适当延长。

5) 首盘混凝土拌制时,先加水使搅拌筒空转数分钟,搅拌筒被充分湿润后,将剩余水倒净。搅拌第一盘时,由于砂浆粘筒壁而损失。因此,石子的用量应按配合比减10%。从第二盘开始,按给定的混凝土配合比投料。

6) 混凝土在拌和过程中,除对搅拌时间进行控制外,还应对混凝土拌合物的均匀性进行检查,保证混凝土颜色一致,不得有离析和泌水现象。

7) 混凝土搅拌完毕后,应按下列要求检测混凝土拌合物的各项性能:

① 混凝土拌合物的坍落度及和易性,应在搅拌地点和浇筑地点分别取样检测,评定时应以浇筑地点的测值为准,每一工作班至少两次。

如混凝土拌合物从搅拌机出料至浇筑入模的时间不超过15min时,其坍落度可以在搅拌地点取样检测。

② 在检测坍落度时,还应观察混凝土拌合物的粘聚性和保水性。

③ 按有关规定制作混凝土试块。

(2) 混凝土运输

1) 混凝土的运输能力必须满足混凝土浇筑的连续性,并确保在混凝土初凝前浇筑完毕。

2) 当混凝土拌合物运距较近时,可采用无搅拌器的运输工具运输、但容器必须不吸水漏浆。

当采用搅拌运输车运输且运距较远时,途中应以每分钟约 2～4 转的慢速进行搅动,卸料前应快转 2～3min,混凝土的装载量应为搅拌筒几何容量的 2/3。

3) 混凝土运至浇筑地点后发生离析、严重泌水现象时不得使用。

4) 采用泵送混凝土应符合下列规定:

① 混凝土的供应必须保证混凝土输送泵能连续工作。

② 输送管线宜顺直,转弯宜缓,接头应严密。如管道向下倾斜,应防止混入空气产生阻塞。

③ 泵送前应该先用适量的与混凝土成分相同的水泥砂浆润滑内壁;预计泵送间歇时间超过 45min 时,应立即用压力水或其他方法清理管内残留混凝土。

④ 在泵送过程中,受料斗内应留有足够的混凝土,以防止吸入空气而产生阻塞。

(3) 混凝土浇筑

1) 混凝土浇筑前应对支架、模板、钢筋和预埋件等分别进行检查验收,符合要求后方能浇筑混凝土。模板内的杂物、积水和钢筋上的污垢应清理干净;模板内面应涂刷脱模剂。

2) 混凝土自高处倾落的自由高度不宜超过 2m。倾落高度超过 2m 时,应通过串筒、溜槽等设施下落;倾落高度超过 10m 时,应设置减速装置。

3) 混凝土应按一定厚度、顺序和方向分层浇筑,分层浇筑时应在下层混凝土初凝前浇筑上层混凝土;上下层同时浇筑时,上层与下层前后浇筑距离应保持 1.5m 以上。

在倾斜面上浇筑混凝土时,应从低处开始,逐层扩展升高,保持水平分层。

混凝土分层浇筑厚度不宜超过表 2－20 的规定。

表 2－20　　混凝土分层浇筑厚度

捣实方法		浇筑层厚度(mm)
用插入式振动器		300
用附着式振动器		300
用表面振动器	无筋或配筋稀疏时	250
	配筋较密时	150

注:表列规定可根据结构物和振动器型号等情况适当调整。

4) 浇筑混凝土时,应采用振动器捣实,边角处可采用人工辅助振捣。用振动器振捣混凝土时,应符合下列规定:

① 使用插入式振动器时,移动间距不应超过振动器作用半径的 1.5 倍;与倒模应留有 50mm～100mm 的距离,插入下层混凝土 50mm～100mm;每一处振动完毕后应边振动边徐徐拔出振动棒;振动棒应避免碰撞模板、钢筋、芯管和预埋件,如靠近模板处钢筋较密,在使用插入式振动器之前先以人工仔细插捣。

② 表面振动器的移动间距,应保证振动器的平板能覆盖已振实部分 100mm 左右为宜。

③ 附着式振动器的有效作用半径和振动时间应视结构形状、模板坚固程度及振动器的性能情况,通过试验确定。

④ 每一振动部位的振捣延续时间,应使混凝土表面呈现泛浆和不再沉落为度。

5) 施工缝应按下列要求进行处理:

① 应凿除混凝土表面的水泥浆和软弱层，凿除时，混凝土强度应满足下列要求：水冲洗或钢丝刷处理混凝土表面时，应达到 0.5MPa；用人工凿毛时，应达到 2.5MPa。

② 经过凿毛处理的混凝土表面，应用压力水冲洗干净，使表面保持湿润但不积水。在浇筑混凝土前，对水平缝应铺一层厚为 10mm～20mm 的同配比减渣混凝土。

③ 对于重要部位，有防震要求的混凝土结构或钢筋稀疏的结构，应在接缝处补插锚固钢筋或做榫槽；有抗渗要求的施工缝宜做成凹、凸形或设置钢板止水带。

④ 施工缝为斜面时，应浇筑成或凿成台阶状。

⑤ 施工缝处理后，须待下层混凝土达到一定强度后才允许继续浇筑上层混凝土。需要达到的强度不得低于 1.2MPa，当结构物为钢筋混凝土时，不得低于 2.5MPa。

混凝土达到上述抗压强度的时间宜通过试验确定，如无试验资料，可参考有关规范确定。

6）混凝土浇筑过程中或浇筑完成时，如混凝土表面泌水较多，应及时采取措施，在不扰动已浇筑混凝土的条件下，将泌水排除；继续浇筑时，应查明原因采取措施减少泌水。

7）结构混凝土浇筑完成后，对混凝土顶面应及时进行修整、抹平，待定浆后再抹第二遍并压光或拉毛。

8）浇筑混凝土时，严禁在混凝土中加水改变稠度。

9）大体积混凝土的浇筑宜在室外气温较低时进行，混凝土的浇筑温度不宜超过 28℃，并应采取有效措施降低混凝土水化热。

10）混凝土在浇筑过程中，应随时检查模板、支架、钢筋、预埋件和预留孔洞的情况，如发现有变形、移位或沉陷等情况时应立即停止浇筑，查明原因，并在混凝土凝结前修整完好。

（4）混凝土养护

1）浇筑完成的混凝土，应加以覆盖和洒水养护，并应符合以下规定：

① 混凝土应在终凝后及时进行覆盖养护，覆盖时不得损伤或污染混凝土表面。

② 混凝土养护的时间不得少于 7d，可根据大气的温度、湿度和水泥品种及掺用的外加剂等情况，酌情延长；对掺用缓凝型外加剂或有抗渗要求的混凝土不得少于 14d；预应力混凝土养护至预应力张拉。

③ 洒水的次数应能保持混凝土表面经常处于湿润状态。

④ 当气温低于 5℃时，应覆盖保温，不得向混凝土表面洒水。

⑤ 混凝土养护用水应与拌合用水要求相同。

2）对于大体积混凝土的养护，应根据气候条件采取温控措施，并按需要测定浇筑后的混凝土表面和内部温度，将温差控制在设计要求的范围内，当设计无具体要求时，温差不宜超过 25℃。

3）采用蒸汽养护混凝土时应符合下列规定：

① 混凝土浇筑完毕后，应静放一段时间后再加温，静放时间为 2～4h，静放环境温度不宜低于 10℃；蒸养温度不宜超过 80℃。

② 升降温速度应符合表 2－21 的规定。

表 2－21　　加热养护混凝土的升降温速度

表面系数	升温速度（℃/h）	降温速度（℃/h）
≥6	15	10
<6	10	5

注：配筋稠密，连续长度较短（6m～8m）的薄型结构，升温速度为 20℃/h。

3. 季节性施工

(1) 雨期施工

1) 水泥等材料应存放于库内或棚内,散装水泥仓应采取防雨措施。

2) 雨期施工中,对骨料含水率的测定次数应增加,并及时对施工配合比进行调整。

3) 模板涂刷脱模剂后,要采取措施避免脱模剂受雨水冲刷而流失。

4) 及时准确地了解天气预报信息,避免在雨中进行混凝土浇筑,必须浇筑时,应采取有效措施确保混凝土质量。

5) 雨期施工中,混凝土模板支架及施工脚手架地基须坚实平整、排水顺畅。

(2) 冬期施工

1) 室外日平均气温连续5d稳定低于5℃时,混凝土施工应采取冬施措施。

2) 冬期施工混凝土的搅拌

① 应优先选用硅酸盐水泥或普通硅酸盐水泥,水泥强度等级不应低于32.5级,最小水泥用量不宜低于300kg/m³,水灰比不宜大于0.6。

② 宜使用无氯盐类防冻剂,对抗冻性要求高的混凝土,宜使用引气剂或引气减水剂,其掺量应根据混凝土的含气量要求,通过试验确定。在钢筋混凝土和预应力混凝土中不得掺有氯盐类防冻剂。

③ 混凝土所用骨料必须清洁,不得含有冰、雪等冻结物及易冻裂的矿物质。

④ 混凝土的搅拌宜在保温棚内进行;应优先选用水加热的方法,水和骨料的加热温度应通过计算确定,但不得超过表2-22的规定。

表2-22 拌合水和骨料加热最高温度(℃)

项 目	拌合水	骨料
强度等级<42.5的普通硅酸盐水泥、矿渣硅酸盐水泥	80	60
强度等级≥42.5的普通硅酸盐水泥、矿渣硅酸盐水泥	60	40

水泥不得直接加热,宜在使用前运入保温棚存放。

当骨料不加热时,水可加热到100℃,但投料时水泥不得与80℃以上的水直接接触。投料顺序为先投入骨料和已加热的水,然后再投入水泥。

⑤ 混凝土拌制前,应用热水或蒸汽冲洗搅拌机,拌制时间应取常温的1.5倍;混凝土拌合物的出机温度不宜低于10℃,入模温度不得低于5℃。

3) 冬施混凝土拌合物除应进行常温施工项目检测外,还应进行以下检查:

① 检查外加剂的掺量。

② 测量水和外加剂溶液以及骨料的加热温度和加入搅拌机时的温度。

③ 测量混凝土的出机温度和入模温度。

以上检查每一工作班应至少测量检查4次。

④ 混凝土试块除应按常温施工要求留置外,还应增设不少于2组与结构同条件养护的试件,分别用于检验受冻前的混凝土强度和转入常温养护28d的混凝土强度。

4) 混凝土运输车应采取保温措施,宜采用混凝土罐车运输,采用混凝土输送泵进行混凝土浇筑时,对泵管应采取保温措施。

5) 及时准确地了解天气预报信息,浇筑混凝土要避开寒流及雪天,必须浇筑时,应采取有效措施确保混凝土质量。

6）混凝土浇筑成型后，应及时对其进行保温养护。

2.1.3.4 质量标准

1. 城市桥梁工程结构构件的混凝土强度应按现行国家标准《混凝土强度检验评定标准》GBJ 107 的规定分批检验评定。

2. 原材料

(1) 主控项目

1）水泥进场时应对其品种、级别、包装或散装仓号、出厂日期等进行检查，并应对其强度、安定性及其他必要的性能指标进行复验，其质量应符合现行国家标准《通用硅酸盐水泥》GB 175 等的规定。

当在使用中对水泥质量有怀疑或水泥出厂超过三个月（快硬硅酸盐水泥超过一个月）时，应进行复验，并按复验结果使用。

钢筋混凝土结构、预应力混凝土结构中，严禁使用含氯化物的水泥。

检查数量：按同一生产厂家、同一等级、同一品种、同一批号且连续进场的水泥，散装不超过 500t 为一批，袋装不超过 200t 为一批，当不足上述数量时也按一批计。每批抽检一次。

检验方法：检查产品合格证、出厂检验报告并进行强度、凝结时间、安定性试验。

2）混凝土掺用的矿物掺和料，应按细度、含水量、需水量比、抗压强度比进行试验，其质量应符合《用于水泥和混凝土中的粉煤灰》GB 1596 等现行国家标准的规定。

检验数量：同品种、同级配且连续进场的矿物掺和料，每 200t 为一批，不足 200t 时，也按 200t 计。每批抽检一次，

检验方法：检查出厂合格证并进行试验。

3）混凝土外加剂进场时，应按批对减水率、凝结时间差、抗压强度比进行检验，其质量应符合《混凝土外加剂》GB 8076，《混凝土外加剂应用技术规范》GB 50119 等现行国家标准和其他有关环境保护的规定。

预应力混凝土结构中，严禁使用含氯化物的外加剂。钢筋混凝土结构中，当使用含氯化物的外加剂时，混凝土中氯化物的总含量应符合《混凝土质量控制标准》GB 50164 的规定。

检验数量：同生产厂家、同批号、同品种、同出厂日期且连续进场的外加剂，每 50t 为一批，不足 50t 时，也按 50t 计。每批抽检一次。

检验方法：检查产品合格证、出厂检验报告并进行试验。

(2) 一般项目

1）拌制混凝土所用的细骨料，应按批进行检验。其颗粒级配、细度模数和有害物质含量等应符合本规程及《普通混凝土用砂、石质量及检验方法标准》JGJ 52 的规定。

检验数量：同产地、同品种、同规格且连续进场的细骨料，每 500t 为一批，不足 500t 也按一批计。每批抽检一次。

检验方法：观察和试验。

2）拌制混凝土所用的粗骨料，应按批进行检验。其颗粒级配、压碎指标值、坚固性和有害物质含量等指标应符合本规程及《普通混凝土用砂、石质量及检验方法标准》JGJ 52 的规定。

检验数量：同产地、同品种、同规格且连续进场的粗骨料，每 500t 为一批，不足 500t 也按一批计。每批抽检一次。

检验方法：观察和试验。

3）拌制混凝土宜采用饮用水：当采用其他水源时，水质应符合国家现行标准《混凝土用水标准》JGJ 63的规定。

检查数量：同一水源检查不应小于一次。

检查方法：水质试验报告。

3．配合比设计

（1）主控项目

混凝土应按国家现行标准《普通混凝土配合比设计规程》（JGJ 55）的有关规定，根据原材料性能、混凝土强度等级、耐久性、工作性等要求进行配合比设计。

对有特殊要求的混凝土，其配合比设计尚应符合国家现行有关标准的专门规定。

检查方法：检查配合比设计资料。

（2）一般项目

1）首次使用的混凝土配合比应进行开盘鉴定，其工作性应满足设计配合比的要求。

开始生产时应至少留置一组标准养护试件，作为验证配合比的依据。

检验方法：检查开盘鉴定资料和试件强度试验报告。

2）混凝土拌制前，应测定砂、石含水率并根据测试结果调整材料用量，提出施工配合比。

检查数量：每工作班检查一次。

检验方法：检查含水率测试结果和施工配合比通知单。

3）当使用具有潜在碱活性骨料时，混凝土中的总碱含量应符合《混凝土结构设计规范》GB 50010的规定和设计要求。

检验数量：对每一混凝土配合比进行一次总碱含量计算。

检验方法：核算。

4．混凝土施工

（1）主控项目

1）结构混凝土的强度等级必须符合设计要求。用于检查结构构件混凝土抗压强度的试件，应在混凝土的浇筑地点或拌合点随机抽取，并以标准条件下养护28d龄期的抗压强度进行评定。取样与试件留置应符合下列规定：

① 每拌制100盘不超过100m^3的同配合比的混凝土，取样不得少于一次；

② 每工作班拌制的同一级配的混凝土不足100盘时，取样不得少于一次；

③ 每次取样应至少留置一组，每组为3块试件。

④ 每次取样应至少留置一组标准养护试件，同条件养护试件留置组数应根据实际需要确定。

检验数量：每工作班至少一次。

检验方法：检查施工记录及试件强度试验报告。

2）对有抗渗要求的混凝土结构，混凝土试件应在浇筑地点随机取样。同一工程、同一配合比的混凝土，取样不应少于一次，留置组数可根据实际需要确定。

检验方法：检查试件抗渗试验报告。

3）混凝土原材料每盘称量的偏差应符合表2－23的规定。

检查数量：每工作班抽查不应少于一次。

检验方法：复称。

表 2－23 原材料每盘称量的允许偏差

材料名称	允许偏差
水泥、掺合料	±2%
粗、细骨料	±3%
水、外加剂	±2%

注：1. 各种衡器应定期校验丨每次使用应进行零点校核，保持计量准确；

2. 当雨天或含水率有显著变化时，应增加含水率检测次数，并及时调整水和骨料的用量。

4）混凝土运输、浇筑及间歇的全部时间不应超过混凝土的初凝时间。同一施工段的混凝土应连续浇筑，并应在底层混凝土初凝之前将上一层混凝土浇筑完毕。当底层混凝土初凝后浇筑上一层混凝土时，应按施工技术方案中对施工缝的要求进行处理。

检查数量：全数检查。

检查方法：观察，检查施工记录。

（2）一般项目

1）施工缝的位置应在混凝土浇筑之前按设计要求和施工技术方案确定。施工缝的处理应符合本规程有关章节的规定。

检查数量：全数检查。

检验方法：观察，检查施工记录。

2）后浇筑带的留置位置应按设计要求和施工技术方案进行。

检查数量：全数检查。

检验方法：观察，检查施工记录。

3）混凝土浇筑完毕后，应按施工技术方案及时采取有效的养护措施，并应符合下列规定：

① 应在浇筑完毕后的 12h 以内对混凝土加以覆盖并保湿养护；

② 混凝土浇水养护的时间：对采用硅酸盐水泥、普通硅酸盐水泥或矿渣硅酸盐水泥拌制的混凝土，不得少于 7d；对掺用缓凝型外加剂或有抗渗要求的混凝土，不得少于 14d；

③ 浇水次数应能保持混凝土处于湿润状态；混凝土养护用水应与拌制用水相同；

④ 采用塑料布覆盖养护的混凝土，其敞露的全部表面应覆盖严密，并应保持塑料布内有凝结水；

⑤ 混凝土强度达到 1.2MPa 前，不得在其上踩踏或安装模板及支架。

注：1. 当日平均气温低于 5℃：时，不得浇水；

2. 当采用其他品种水泥时，混凝土的养护时间应根据所采用的水泥的技术性能确定；

3. 混凝土表面不便浇水或使用塑料布时，宜涂刷养护剂；

4. 对大体积混凝土的养护，应根据气候条件按施工技术方案采取控温措施。

检查数量：全数检查。

检验方法：观察，检查施工记录。

5. 结构物外观质量

（1）主控项目

1）结构混凝土外观质量应符合下列规定：

① 表面应密实、平整。

② 蜂窝、麻面，其面积不得超过结构同侧面积的 0.5%。

2）裂缝，其宽度不得大于设计规范的有关规定。

3）预制桩桩顶、桩尖等重要部位无掉角或蜂窝、麻面。

4）小型构件无翘曲现象。

（2）一般项目

混凝土和钢筋混凝土结构物位置及外形尺寸允许偏差应符合本规程各章节的有关规定。

2.1.3.5　成品保护

1. 在已浇筑的混凝土未达到 1.2MPa 以前，不得在其上踩踏或进行施工操作。

2. 在拆除模板时不得强力拆除，以免损坏结构棱角或清水混凝土面。

3. 不应在清水混凝土面上乱涂乱画，以免影响美观。

4. 在模板拆除后，对易损部位的结构棱角（如方柱的四角）应采取有效措施予以保护。

2.1.3.6　应注意的质量问题

1. 蜂窝、麻面与孔洞

（1）要求模板拼缝严密不漏浆，以免水泥浆流失而造成麻面甚至蜂窝。

（2）模板表面应光滑，均匀涂刷脱模剂并避免脱模剂流失，以免粘模而造成脱皮麻面。

（3）一次下料厚度不得过大，以免振捣不实或漏振而造成蜂窝甚至孔洞。

（4）钢筋较密时混凝土坍落度不宜过小，骨料粒径不宜过大，以免混凝土被卡而造成蜂窝甚至孔洞。

（5）混凝土振捣应适度，漏振易形成蜂窝甚至孔洞，过振易形成麻面。

2. 露筋

（1）按施工方案要求的间距将钢筋保护层垫块绑扎牢固，不得出现漏放及松动位移现象，垫块应具有足够的强度。

（2）混凝土浇筑时应分层振捣密实。

3. 缝隙及夹层

（1）施工缝处杂物应清理干净。在浇筑混凝土前，对水平缝宜铺一层厚为 10mm～20mm 同强度等级的减渣混凝土。

（2）墩台混凝土浇筑前，应在基础顶浇筑减渣混凝土，并保证混凝土供应的连续性。

4. 烂根

（1）墩台、基础及现浇护栏等结构混凝土浇筑前，要认真用高强度等级砂浆将底口封严，并采取措施避免模板上浮。

（2）箱梁混凝土浇筑应先浇底板后浇腹板，浇筑腹板混凝土时，应采取措施防止底板及埂斜处的混凝土上涌。

（3）箱梁、盖梁及预制梁等结构的侧模与底模的拼缝应严密不漏浆。

5. 混凝土强度不足

（1）严格控制原材料质量，进场后应按有关规定抽样试验，试验合格方可使用。

（2）按混凝土配合比施工，严格原材料的计量，混凝土应搅拌均匀。

（3）混凝土经运输出现离析等质量问题时不得使用。

（4）混凝土的养护应及时，养护措施得当，养护期满足规范要求。

（5）冬期施工的混凝土，应严格控制其入模温度，成型后视气温情况应采取保温措施，确保混凝土在达到临界强度前不受冻。

6. 裂缝

(1) 首先要求配合比设计要合理,水灰比不宜过大,单方石子用量不宜过小。

(2) 严格控制砂石杂质含量及针片状含量在规范允许范围内,级配应合理,并避免使用细度大的水泥。

(3) 混凝土浇筑前,对混凝土的质量进行严格检查,不合格品严禁进行浇筑。

(4) 混凝土要振捣均匀,避免出现过振现象,以防局部出现塑性收缩裂缝和干缩裂缝,并严禁用振捣棒赶料。

(5) 严格控制混凝土表面温差,不得超过 25℃,以避免出现表面温差裂缝。

(6) 模板拆除不宜过早,以免混凝土水分大量散失形成收缩裂缝。

2.1.3.7 环境、职业健康安全管理措施

1. 环境管理措施

(1) 必须在搅拌机前台及运输车清洗处设置排水沟、沉淀池,废水经沉淀后方可排入市政污水管道。

其他污水也不得直接排入市政污水管道内,必须经沉淀后方可排入。

(2) 加强人为噪声的监管力度,要防止人为敲打、叫嚷、野蛮装卸噪声等现象,最大限度减少噪声扰民。

(3) 搅拌机、空压机、发电机等强噪声机械应安装在工作棚内,工作棚四周应严密围挡。

(4) 对施工场地内的临时道路要按要求硬化或铺以炉渣、砂石,并经常洒水降尘。

(5) 水泥和其他易飞扬的细颗粒散体材料,应安排在库内存放或严密遮盖。

(6) 运输水泥和其他易飞扬的细颗粒散体材料和建筑垃圾时,必须封闭、包扎、覆盖、不得沿途泄漏遗洒。

2. 职业健康安全管理措施

(1) 高处作业时,上下应走马道(坡道)或安全梯。

(2) 采用吊斗浇筑混凝土时,吊斗升降应设专人指挥。落斗前,下部的作业人员必须躲开,不得身倚栏杆推动吊斗。

(3) 浇筑墩台等结构混凝土时,应搭设临时脚手架并设防护栏,不得站在模板或支撑上操作。

(4) 使用溜槽浇灌基础等结构混凝土时,不准站在溜槽帮上操作,必要时应设临时支架。

(5) 使用内部振动器振捣混凝土时,振捣手必须戴绝缘手套并穿胶鞋。

(6) 高压电线下施工时必须满足安全距离。

2.2 下部结构

2.2.1 桥梁基础明挖基坑

2.2.1.1 适用范围

适用于公路及城市桥梁工程的桥墩和桥台基坑土方工程。

2.2.1.2 施工准备

1. 技术准备

(1)熟悉图纸,编制土方开挖施工方案,并向有关人员进行技术交底和安全交底。

(2)根据施工区域的地形与作业条件、土的类别与基坑深度、土方量选择机械或人工挖土。

(3)开挖低于地下水位的桥墩台基坑时，应根据当地工程地质资料，采取措施将地下水位降至基础底面以下0.5m后再开挖。

2. 机具设备

(1) 机械：挖土机、推土机、自卸汽车等。

(2) 工具：铁锹(尖、平头两种)、手推车、小线或20#铅丝和钢卷尺等。

3. 作业条件

(1) 土方开挖前，应根据施工图纸和施工方案的要求，将施工区域内的地下、地上障碍物清除，完成对地下管线进行改移和采取保护措施。

(2) 场地平整，并做好临时性排水沟。

(3) 夜间施工时，应有足够的照明设施；在危险地段应设置明显标志。

(4) 施工机械进入现场所经过的道路、桥梁等应事先经过检查，并进行必要的加固或加宽。

(5) 施工区域运行路线的布置，应根据桥梁工程墩台的大小、埋深、机械性能、土方运距等情况加以确定。

(6) 配备人工修理边坡、清理槽底，完成机械施工无法作业的部位。

2.2.1.3 施工工艺

1. 工艺流程

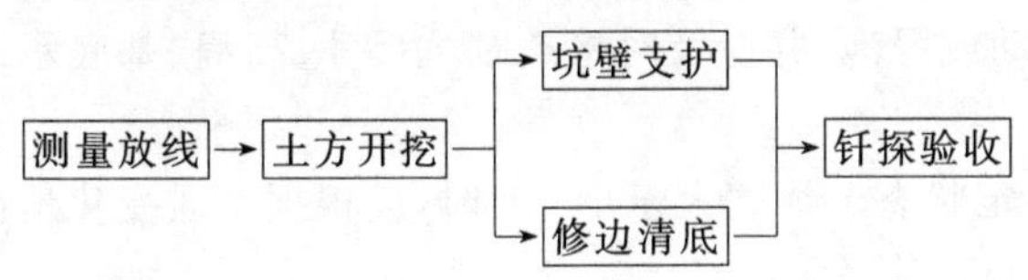

2. 操作工艺

(1) 测量放线

1) 桥墩台施工测量放线可参照“6.2 桥梁工程施工测量”规定进行。

2) 桥墩台的定位控制线(桩)，水准基点(桩)和开槽的上口灰线尺寸，必须经检验合格，并办理预检手续。

(2) 土方开挖

1) 基坑尺寸和坡度的确定

① 桥墩台基坑尺寸应满足施工要求。当基坑为渗水的土质基底，坑底尺寸应根据排水要求(包括排水沟、集水井、排水管网等)和基础模板设计所需基坑大小而定。一般基底应比基础设计的平面尺寸宽0.5m～1.0m。当不设模板时，可按基础的设计尺寸开挖基坑。

② 基坑坑壁坡度应按地质条件、基坑深度、施工方法等情况，一般确定如下：

a. 在天然湿度的土中，开挖基坑时，当挖土深度不超过下列规定时，可不放坡，不加支撑。

密实、中密的砂土和碎石类土(充填物为砂土)不深于1.0m；

硬塑、可塑的粘质粉土及粉质粘土不深于1.25m；

硬塑、可塑的粘土和碎石类土(充填物为粘性土)不深于1.5m；

坚硬的粘土不深于2.0m。

b. 超过上述规定深度，在3m以内时，当土具有天然湿度、构造均匀、水文地质条件好，且无地下水，基坑可不加支撑，但必须放坡。边坡最陡坡度应符合表2-24的规定。

表 2－24　　　　各类土的边坡坡度

坑壁土类	坑壁坡度		
	坡顶无荷载	坡顶有静载	坡顶有动载
砂类土	1∶1	1∶1.25	1∶1.5
碎、卵石类土	1∶0.75	1∶1	1∶1.25
亚砂土	1∶0.67	1∶0.75	1∶1
亚砂土、粘土	1∶0.33	1∶0.5	1∶0.75
极软土	1∶0.25	1∶0.33	1∶0.67
软质岩	1∶0	1∶0.1	1∶0.25
硬质岩	1∶0	1∶0	1∶0

c. 如土的湿度有可能使坑壁不稳定而引起坍塌时，基坑坑壁坡度应缓于该湿度下的天然坡度。

d. 当基坑有地下水时，地下水位以上部分可以放坡开挖；地下水位以下部分应采取措施加固后再开挖。

2）开挖放坡的基坑时，应按施工方案规定的坡度，随挖随修坡，一次成活。

3）开挖基坑时，应合理选择开挖机械，确定开挖顺序、路线，尽可能将墩台基坑土方一次挖除。挖至标高的土质基坑不得长期暴露、扰动或浸泡，并应及时检查基坑尺寸、高程、基底承载力符合要求后，立即进行基础施工。

4）在开挖过程中，应随时检查边坡的稳定状态。深度大于 1.5m 时，应根据土质变化情况做好基坑的支撑准备，以防塌方。

5）挖基坑时，不得超挖，避免扰动基底原状土。可在设计基底标高以上暂留 0.3m 不进行土方机械开挖，应在抄平后由人工挖出。如超挖，应将松动部分清除，其处理方案应报监理、设计单位批准。

6）在机械施工挖不到的土方（如桩基间土方），应配合人工随时进行清除。

7）开挖基坑的土方，在场地有条件堆放时，一定留足回填需用的好土；多余的土方应一次运走，避免二次倒运。

8）在基槽边弃土时，应保证边坡的稳定。当土质良好时，槽边的堆土应距基槽上口边缘 1.0m以外，高度不得超过 1.5m。

（3）当土体不稳定时，应根据现场实际情况采用土钉墙、锚喷、板撑等措施对坑壁加以支护，具体施工应按国家现行标准《公路桥涵施工技术规范》(JTJ 041)明挖地基有关规定执行。

（4）修边和清底：在距基底设计标高 0.2m～0.5m 槽帮处，抄出水平线，钉上小木橛，然后用人工将暂留土层挖走。同时由两端轴线（中心线）引桩拉通线，检查距槽边尺寸，确定基槽宽度，以此修整槽边。

（5）钎探验收：开挖完成后，对于墩台采用扩大基础应按设计地基承载力要求对基底进行钎探，具体施工参照有关施工规范国家现行的规定。

3. 季节性施工

（1）雨期施工

1）雨期施工时，在基坑四周外 0.5m～1m 处设排水沟和挡水埝，防止地面水流入基坑内。

当基坑较大、地下水位较高时，应设临时排水沟和集水坑。基坑人工清底到设计标高后，应及时浇筑垫层混凝土。

2）雨期开挖基坑，应注意边坡稳定。必要时，可以适当放缓边坡或设置支撑。

（2）冬期施工

1）冬期开挖基坑土方时，应在冻结以前用保温材料覆盖或将表层土翻耕耙松，其翻耕深度应根据当地气温条件确定，一般不小于0.3m。

2）开挖基坑时，必须防止基底土受冻。当混凝土垫层不能及时施工时，应在基底标高以上预留适当厚度的松土，或用其他保温材料覆盖。

2.2.1.4　质量标准

1. 不得扰动基底原状土。如基坑扰动超挖，应按规定处理至不低于基底原状土状态。

检查数量：全数检查。

检验方法：观察。

2. 地基承载力（和地基处理结果）必须符合设计要求。

检查数量：全数检查。

检验方法：观察；按设计要求进行标准贯入试验、触探试验或其他形式试验。检查地基处理记录（或报告）。

3. 基坑放坡或基坑支护必须符合设计规定或施工组织设计规定要求；基坑支护必须有足够的强度、刚度和稳定性。

检查数量：全数检查。

检验方法：观察检查、用钢尺量，检查基坑监控、监测记录和施工记录。

4. 支撑系统所用材料品种、规格和数量应符合设计规定或方案要求；支撑方式、支撑结构尺寸应符合设计或方案要求。

检查数量：全数检查。

检验方法：观察、用钢尺量，检查施工记录。

5. 基坑开挖偏差应符合表2－25的规定。

表2－25　基坑开挖允许偏差表

序号	项目		允许偏差（mm）	检验频率		检验方法
				范围	点数	
1	基底高程	土方	0，－20	每座	5	用水准仪测量四角和中心
		石方	＋50，－200		5	
2	轴线位移		≤50		4	用经纬仪测量，纵横各计2点
3	基坑尺寸		不小于规定		4	用钢尺量每边各计1点
4	对角线差		0，50		1	用钢尺量两对角线

6. 基坑内应无积水和其他杂物，基底在填筑前应清理干净，无任何影响填筑质量的物质。填料应符合设计要求，一切不适宜的物质必须清除。

检查数量：全数检查。

检验方法：观察检查，检查回填压实度报告和施工记录。

7. 基坑填筑应分层回填、分层夯实。

检查数量:全数检查。

检验方法:观察检查,检查回填压实度报告和施工记录。

8. 填方的压实度标准应符合表2－26规定。

表2－26 填方压实度标准表

序号	项目	允许偏差(mm)	检验频率		检验方法
			范围	点数	
1	一般情况	≥95%(轻型击实)	每个构筑物	每层4点	用环刀法或灌砂法
2	填土上当年筑路	按道路标准		每层4点	

2.2.1.5 成品保护

1. 开挖完成后,严禁对边坡、基底进行扰动。施工人员必须从指定地点的梯道上下。

2. 土方开挖时,应防止邻近已有道路、管线发生下沉和变形,并与有关单位协商采取保护措施。

3. 土方开挖时应对定位桩、轴线引桩、标准水准点加以保护、防止挖土时碰撞。

2.2.1.6 应注意的质量问题

1. 开挖基坑不得超过基底标高。如个别地方超挖时,其处理方法应取得设计单位的同意,不得私自处理。

2. 基坑开挖后应尽量减少对基底土的扰动。如遇承台不能及时施工时,可在基底标高以上预留0.3m土层不挖,待做承台时再挖。

3. 基坑底部的开挖宽度和坡度,除应考虑结构尺寸要求外,宜根据施工需要增加工作面宽度,如排水设施、支撑结构等所需的宽度,以防开挖尺寸不足。

2.2.1.7 环境、职业健康安全管理措施

1. 环境管理措施

(1) 施工现场道路和场地应做硬化处理,配备洒水车洒水降尘。

(2) 土方施工在城区运输时,必须封闭、覆盖,不得沿途遗洒;运土车辆出工地时,应对轮胎进行清洗,防止污染社会道路。

(3) 夜间土方开挖时,司机不得随意鸣笛,应控制施工机械人为噪声,防止噪声扰民。

2. 职业健康安全管理措施

(1) 沟槽深度超过1.5m时,必须按规定放坡或做可靠支撑,并设置人员上下坡道或爬梯。深度超过2m时,在距沟槽边1m处设置两道不低于1.2m高的护身栏。施工期间设警示牌,夜间设红色标志灯。

(2) 夜间施工要有足够的照明。

(3) 沟槽边堆土高度不得超过1.5m,堆土距沟槽边大于1m。

(4) 汛期开槽时,要放缓边坡坡度,并做好排水措施。

(5) 严禁在机械运行范围内停留,机械行走前应检查周围情况,确认无障碍后鸣笛操作。

2.2.2 预制钢筋混凝土墩柱安装

2.2.2.1 适用范围

适用于公路及城市桥梁工程中预制钢筋混凝土墩柱的安装。

2.2.2.2 施工准备

1. 技术准备

(1) 完成混凝土各种原材料的送检试验工作，并取得混凝土配合比通知单。

(2) 编制分项工程施工方案并向班组进行书面及口头交底。

(3) 完成对构件的进场检验。

2. 材料要求

(1) 预制构件：预制墩柱要有出厂合格证，几何尺寸、强度等必须满足设计要求。

(2) 水泥：宜采用硅酸盐水泥和普通硅酸盐水泥。水泥进场应有产品合格证或出厂检验报告，进场后应对强度、安定性及其他必要的性能指标进行取样复试、其质量必须符合国家现行标准《硅酸盐水泥、普通硅酸盐水泥》(GB 175)等的规定。

当对水泥质量有怀疑或水泥出厂超过3个月时，在使用前必须进行复试，并按复试结果使用。不同品种的水泥不得混合使用。

(3) 砂：应采用级配良好、质地坚硬、颗粒洁净、粒径小于5mm的河砂，河砂不易得到时，也可用山砂或用硬质岩石加工的机制砂，使用前应按国家现行标准《公路工程集料试验规程》(JTJ 058)取样进行试验，确认合格后使用。

(4) 石子：应采用坚硬豆石，石子粒径不得大于15mm，根据产地、类别、加工方法和规格等不同情况，按国家现行标准《公路工程集料试验规程》(JTJ 058)的规定分批进行检验，其质量应符合国家现行标准《公路桥涵施工技术规范》(JTJ 041)的规定。

(5) 外加剂：必须经有关部门检验并附有检验合格证明，使用前应复验其效果，确认合格后使用，使用方法应符合产品说明书及现行国家有关标准的规定。

(6) 掺合料：包括粉煤灰、火山灰质材料、粒化高炉矿渣等，掺合料应有出厂合格证或质量证明书和法定检测单位提供的质量检测报告，进场后应取样复试合格。掺合料质量应符合国家现行标准规定，其掺量应通过试验确定。

(7) 水：宜采用饮用水。当采用其他水源时，其水质应符合国家现行标准《混凝土拌合用水标准》(JGJ 63)的规定。

(8) 电焊条：进场应有合格证。品种、规格、性能等应符合现行国家产品标准和设计要求，并与母材相适应。

(9) 其他材料：塑料布、阻燃保水材料、方木、缆风绳。

3. 机具设备

(1) 混凝土施工机械：混凝土搅拌机、混凝土运输车、混凝土振捣器。

(2) 吊装机械：行走式起重机。

(3) 其他机械设备：水泵、水车、电焊机。

(4) 工具：墨斗、钢楔、丝杆千斤顶、锤子、铁錾、铁锹、抹子、钢丝刷。

4. 作业条件

(1) 承台和杯口经验收合格。

(2) 承台与墩柱接缝位置充分凿毛，满足施工缝处理的有关规定；埋件已充分除锈。

(3) 作业面已临时通水通电，道路畅通和场地平整。

(4) 所需机具已进场，机械设备状况良好。

2.2.2.3 施工工艺

1. 工艺流程

安装准备 → 墩柱安装 → 杯口混凝土浇筑 → 拆除钢楔及斜撑

2. 操作工艺

(1) 安装准备

1) 测量放线:安装前必须在杯口上放出墩柱中心纵横轴线,并弹好墨线,矩形墩柱还要弹出外边线。

2) 检查杯口底标高,高出部分应凿除修整。杯口底部用不同厚度钢板垫平,钢板间用高强度等级的水泥砂浆抹平,使底部标高达到设计要求。

3) 检查杯口长、宽、高尺寸,对安装间隙不符合要求的(间隙应不小于80mm)应修整合格。杯口与预制墩柱接触面均应凿毛处理,对预埋件应除锈并复核其位置,合格后安装。

4) 预制墩柱侧面用墨线弹出中线和标高控制线,以便就位时控制其位置。墩柱安装前对柱各部位尺寸进行丈量检验,保证墩柱安装后柱顶高程符合设计要求。

5) 墩柱的运输应符合预制构件运输的有关规定,支垫位置应符合设计要求。

(2) 墩柱安装

1) 用起重机将墩柱对准轴线位置垂直下放到杯口内,起吊时人工配合要放慢下落速度,并在易损部位垫以木板或橡胶垫。

2) 两面吊线校正位置,必要时用2台经纬仪从纵横轴线方向进行监测使墩柱垂直,误差较大时起吊重新就位,误差较小时可用丝杆千斤顶进行调整,准确就位后柱每侧用两个钢楔卡紧固定,并加斜撑保持柱体稳定,在确保稳定后方可摘去吊钩。

3) 墩柱起吊吊点应符合设计要求。

(3) 杯口混凝土浇筑

对墩柱就位再次复测无误后即可浇筑杯口豆石混凝土,混凝土应对称振捣,浇筑至楔底时停止浇筑。

(4) 拆除钢楔及斜撑

当杯口混凝土硬化后拆除钢楔,并按有关要求对施工缝进行处理,然后补浇二次豆石混凝土,并用抹子将顶面压光。待混凝土强度达到设计强度的75%后方可拆除斜撑。

(5) 墩柱与基础间需焊接时应符合有关规定。

3. 季节性施工

(1) 雨期施工

1) 杯口内存有积水时,应在墩柱安装前清理干净。

2) 雨期应避免在雨中进行预制墩柱安装及混凝土浇筑。如必须施工时应采取防雨措施。

(2) 冬期施工

1) 编制冬施方案,根据混凝土搅拌、运输、浇筑及养护进行热工计算,混凝土入模温度不得低于10℃,混凝土浇筑后应及时覆盖保温,确保混凝土在达到临界强度前不受冻。

2) 杯口内存有积雪时,应在墩柱安装前清理干净。

3) 及时了解天气预报信息,浇筑混凝土要避开寒流。

4) 混凝土运输车应采取保温措施。

2.2.2.4 质量标准

1. 预制墩柱混凝土强度、质量、几何尺寸必须符合设计要求,配合比符合规范要求。使用商品混凝土须有合格证明。

检查数量:全数检查。

检验方法:原材料检查产品合格证、进场验收记录、进场复验报告和氯化物、碱的总含量计算书；配合比检查其设计资料；商品混凝土检查出厂合格证书、配合比设计资料和氯化物、碱的总含量计算书；检查同条件养护试件试验报告；预制构件还应检查其出厂合格证书；几何尺寸用钢尺量。

2. 预制混凝土墩、柱成品不应有蜂窝、露筋和裂缝。

检查数量：全数检查。

检验方法：观察。

3. 预制墩柱埋入基座的深度必须符合设计要求。

检查数量：全数检查。

检验方法：用钢尺量。

4. 墩、柱安装与基础连接处必须接触严密、焊接牢固、混凝土灌注密实，混凝土强度符合验收标准。

检查数量：全数检查。

检验方法：观察，检查施工记录；用焊缝量规量测；检查同条件养护试件试验报告。

5. 预制混凝土墩、柱偏差应符合表2－27的规定。

表2－27　预制混凝土墩、柱允许偏差表

序号	项目		允许偏差（mm）	检验频率		检验方法
				范围	点数	
1	混凝土抗压强度		符合设计要求	每个墩柱	按规定检测	
2	孔道压浆水泥净浆强度		符合设计要求		按孔道压浆规定检查	
3	断面尺寸	厚、宽（直径）	±5		4	用钢尺量厚、宽各计2点（圆断面量直径）
	高度		±10		2	用钢尺量
4	预应力筋孔道位置		≤10	每个孔道	1	
5	侧向弯曲		$H/750$	每个墩	1	沿构件全高拉线量最大矢高
6	平整度		≤3		2	用2m直尺量
7	麻面		≤1%		1	用钢尺量麻面总面积

注：表中 H 为墩、柱高度(mm)。

6. 预制墩、柱安装允许偏差应符合表2－28规定。

表2－28　预制墩、柱安装允许偏差表

序号	项目	允许偏差（mm）	检验频率		检验方法
			范围	点数	
1	平面位置	≤10	每个墩柱	2	用经纬仪测量，纵、横向各计1点
2	埋入基础深度	不小于设计要求		1	用钢尺量
3	相邻间距	±10		1	用钢尺量
4	垂直度	0.5%H，且≯20		2	用垂线或经纬仪检验，纵横向各计1点
5	墩、柱顶高程	±10		1	用水准仪测量

注：表中H为墩、柱高度(mm)。

7. 预制墩、柱安装后不应有缺边掉角现象。

检查数量:全数检查。

检验方法:观察。

2.2.2.5 成品保护

1. 在进行基坑回填时,墩柱易损部位要用木板包裹,以免夯实机械运行过程中将其损坏。回填时宜对称回填对称夯实,距离结构 0.5m～0.8m 范围内宜采用人工夯实。

2. 预制墩柱在运输及吊装过程中,与钢丝绳等钢性物件接触处要衬垫橡胶板,防止损坏墩柱棱角。

3. 混凝土浇筑结束后及时对其进行围挡并有专人看守,斜撑拆除前任何人不得扰动斜撑及墩柱,防止墩柱倾斜。

2.2.2.6 应注意的质量问题

为防止墩柱平面位置及垂直度偏差超标,混凝土浇筑过程中应进行校核,出现问题应及时纠正。混凝土浇筑时应对称振捣,并不得碰撞四周铁楔。

2.2.2.7 环境、职业健康安全管理措施

1. 环境管理措施

混凝土凿毛和清理杯口时,要采取降尘措施,防止粉尘污染周围环境。

2. 职业健康安全管理措施

(1) 吊装作业时,必须设信号工专人指挥,信号工与起重机驾驶员应协调配合,做到稳起、稳落。在起重机机臂回转范围内不得站人。

(2) 暂停作业时,必须把构件支撑稳定,连接牢固后方可离开现场。

(3) 在摘钩时,必须保证构件已支撑牢固。摘钩工不得攀爬构件,应系好安全带站在脚手架上摘钩。

2.2.3 钢筋混凝土墩台施工

2.2.3.1 适用范围

适用于公路及城市桥梁工程中基础(承台或扩大基础)以上的现浇钢筋混凝土轻型墩台、重力式墩台的施工。

2.2.3.2 施工准备

1. 技术准备

(1)认真审核设计图纸,编制分项工程施工方案,进行模板设计并经审批。

(2)已进行钢筋的取样试验、钢筋翻样及配料单编制工作。

(3)组织有关方面对模板进行进场验收。

(4) 进行混凝土各种原材料的取样试验工作,设计混凝土配合比。

(5) 对操作人员进行培训,向有关人员进行安全、技术交底。

2. 材料要求

(1) 钢筋:钢筋出厂时,应具有出厂质量证明书和检验报告单。品种、级别、规格和性能应符合设计要求;进场时,应抽取试件做力学性能复试,其质量必须符合国家现行标准《钢筋混凝土用热轧带肋钢筋》(GB 1499)、《钢筋混凝土用热轧光圆钢筋》(GB 13013)等的规定。当发现钢筋脆断、焊接性能不良或力学性能显著不正常等现象时,应对该批钢筋进行化学分析或其他专项检验。

(2) 电焊条:电焊条应有产品合格证,品种、规格、性能等应符合国家现行标准《碳素钢焊条》(GB/T 5117)的规定。选用的焊条型号应与母材强度相适应。

(3) 水泥:宜采用硅酸盐水泥和普通硅酸盐水泥。水泥进场应有产品合格证或出厂检验报告,进场后应对强度、安定性及其他必要的性能指标进行取样复试,其质量必须符合国家现行标准《硅酸盐水泥、普通硅酸盐水泥》(GB 175)等的规定。

当对水泥质量有怀疑或水泥出厂超过3个月时,在使用前必须进行复试,并按复试结果使用。不同品种的水泥不得混合使用。

(4) 砂:应采用级配良好、质地坚硬、颗粒洁净、粒径小于5mm的河砂,也可用山砂或用硬质岩石加工的机制砂。砂的品种、质量应符合国家现行标准《公路桥涵施工技术规程》(JTJ 041)的规定,进场后按国家现行标准《公路工程集料试验规程》(JTJ 058)进行复试合格。

(5) 石子:应采用坚硬的碎石或卵石。石子的品种、规格、质量应符合国家现行标准《公路桥涵施工技术规程》(JTJ 041)的规定,进场后按现行《公路工程集料试验规程》(JTJ 058)进行复试合格。

(6) 外加剂:外加剂应标明品种、生产厂家和牌号。出厂时应有产品说明书、出厂检验报告及合格证、性能检测报告,有害物含量检测报告应由有相应资质等级的检测部门出具,其质量和应用技术应符合国家现行标准《混凝土外加剂》(GB 8076)和《混凝土外加剂应用技术规范》(GB 50119)的规定。进场应取样复试合格,并应检验外加剂与水泥的适应性。

(7) 掺合料:掺合料应标明品种、等级及生产厂家。出厂时应有出厂合格证或质量证明书和法定检测单位提供的质量检测报告,进场后应取样复试合格。混合料质量应符合国家现行相关标准的规定,其掺量应通过试验确定。

(8) 水:宜采用饮用水。当采用其他水源时,其水质应符合国家现行标准《混凝土拌合用水标准》(JGJ 63)的规定。

3. 机具设备

(1) 脚手架:ϕ48扣件式钢管脚手架或碗扣式钢管脚手架、钢管扣件、脚手板、可调底托等。

(2) 钢筋加工机具:钢筋弯曲机、钢筋调直机、钢筋切断机、电焊机、砂轮切割机等。

(3) 模板施工机具:电锯、电刨、手电钻、模板、方木或型钢、可调顶托等。

(4) 混凝土施工机具:混凝土搅拌机、混凝土运输车、混凝土输送泵、行走式起重机、混凝土振捣器等。

(5) 其他机具设备:空压机、发电机、水车、水泵等。

(6) 工具:气焊割枪、扳手、铁錾、铁锹、铁抹、木抹、斧子、钉锤、缆风绳、对拉螺杆及PVC管、钉子、8#铁丝、钢丝刷等。

4. 作业条件

(1) 基础(承台或扩大基础)和预留插筋经验收合格。

(2) 基础(承台或扩大基础)与墩台接缝位置按有关规定已充分凿毛。

(3) 作业面已临时通水通电,道路畅通,场地平整,满足施工要求。

(4) 所需机具已进场,机械设备状况良好。

2.2.3.3 施工工艺

1. 工艺流程

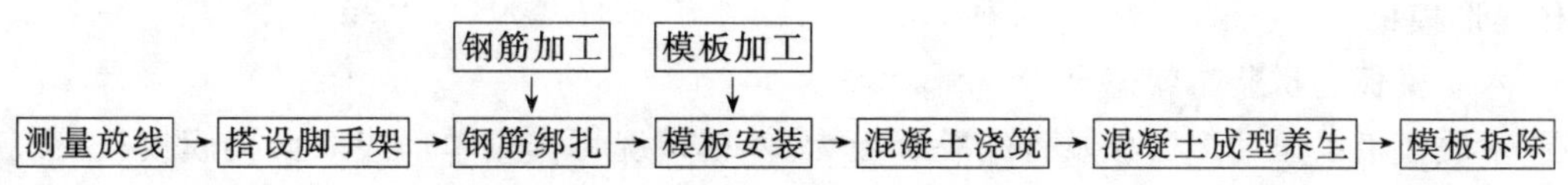

2. 操作工艺

(1) 测量放线

墩柱和台身施工前应按图纸测量定线,检查基础平面位置、高程及墩台预埋钢筋位置。放线时依据基准控制桩放出墩台中心点或纵横轴线及高程控制点,并用墨线弹出墩柱、台身结构线、平面位置控制线。测放的各种桩都应标注编号,涂上各色油漆,醒目、牢固,经复核无误后进行下道工序施工。

(2) 搭设脚手架

1) 脚手架安装前应对地基进行处理,地基应平整坚实,排水顺畅。

2) 脚手架应搭设在墩台四周环形闭合,以增加稳定性。

3) 脚手架除应满足使用功能外,还应具有足够的强度、刚度及稳定性。

(3) 钢筋加工及绑扎

1) 墩、台身钢筋加工应符合一般钢筋混凝土构筑物的基本要求,严格按设计和配料单进行,加工方法参照"2.1.1　桥梁钢筋加工及安装"。

2) 基础(承台或扩大基础)施工时,应根据墩柱、台身高度预留插筋。若墩、台身不高,基础施工时可将墩、台身钢筋按全高一次预埋到位;若墩、台身太高,钢筋可分段施工,预埋钢筋长度宜高出基础顶面1.5m左右,按50%截面错开配置,错开长度应符合规范规定和设计要求,一般不小于钢筋直径的35倍且不小于500mm,连接时宜采用帮条焊或直螺纹连接技术。预埋位置应准确,满足钢筋保护层要求。

3) 钢筋安装前,应用钢丝刷对预埋钢筋进行调直和除锈除污处理,对基础混凝土顶面应凿去浮浆,清洗干净。

4) 钢筋需接长且采用焊接搭接时,可将钢筋先临时固定在脚手架上,然后再行焊接。采用直螺纹连接时,将钢筋连接后再与脚手架临时固定。在箍筋绑扎完毕即钢筋已形成整体骨架后,即可解除脚手架对钢筋的约束。

5) 墩、台身钢筋的绑扎除竖向钢筋绑扎外,水平钢筋的接头也应内外、上下互相错开。

6) 所有钢筋交叉点均应进行绑扎,绑丝扣应朝向混凝土内侧。

7) 钢筋骨架在不同高度处绑扎适量的垫块,以保持钢筋在模板中的准确位置和保护层厚度。保护层垫块应有足够的强度及刚度,宜使用塑料垫块。使用混凝土预制垫块时,必须严格控制其配合比,保证垫块强度,垫块设置宜按照梅花形均匀布置,相邻垫块距离以750mm左右为宜,矩形柱的四面均应设置垫块。

(4) 模板加工及安装

1) 圆形或矩形截面墩柱宜采用定型钢模板,薄壁墩台、肋板桥台及重力式桥台视情况可使用木模、钢模和钢木混合模板。

2) 采用定型钢模板时,钢模板应由专业生产厂家设计及生产,拼缝以企口为宜。

3) 圆形或矩形截面墩柱模板安装前应进行试拼装,合格后安装。安装宜现场整体拼装后用汽车吊就位。每次吊装长度视模板刚度而定,一般为4m～8m。

4) 采用木质模板时,应按结构尺寸和形状进行模板设计,设计时应考虑模板有足够的强度、刚度和稳定性,保证模板受力后不变形,不位移,成型墩台的尺寸准确。墩台圆弧或拐角处,应设计制作异形模板。

5) 木质模板的拼装与就位

① 木质模板以压缩多层板及竹编胶合板为宜,视情况可选用单面或双面覆膜模板,覆膜一

侧面向混凝土一侧，次龙骨应选用方木，水平设置，主龙骨可选用方木及型钢，竖向设置，间距均应通过计算确定。内外模板的间距用拉杆控制。

② 木质模板拼装应在现场进行，场地应平整。拼装前将次龙骨贴模板一侧用电刨刨平，然后用铁钉将次龙骨固定于主龙骨上，使主次龙骨形成稳固框架，然后铺设模板，模板拼缝夹弹性止浆材料。要求设拉杆时，须用电钻在模板相应位置打眼。每块拼装大小应根据模板安装就位所采用设备而定。

③ 模板就位可采用机械或人工。就位后用拉杆、基础顶部定位橛、支撑及缆风绳将其固定，模板下口用定位楔定位时按平面位置控制线进行。模板平整度、模内断面尺寸及垂直度可通过调整缆风绳松紧度及拉杆螺栓松紧度来控制。

6）墩台模板应有足够的强度、刚度和稳定性。模板拼缝应严密不漏浆，表面平整不错台。模板的变形应符合模板计算规定及验收标准对平整度控制要求。

7）薄壁墩台、肋板墩台及重力式墩台宜设拉杆。拉杆及垫板应具有足够的强度及刚度。拉杆两端应设置软木锥形垫块，以便拆模后，去除拉杆。

8）墩台模板，宜在全桥使用同一种材质、同一种类型的模板，钢模板应涂刷色泽均匀的脱模剂，确保混凝土外观色泽均匀一致。

9）混凝土浇筑时应设专人维护模板和支架，如有变形、移位或沉陷，应立即校正并加固。预埋件、保护层等发现问题时，应及时采取措施纠正。

（5）混凝土浇筑

1）浇筑混凝土前，应检查混凝土的均匀性和坍落度，并按规定留取试件。

2）应根据墩、台所处位置、混凝土用量、拌合设备等情况合理选用运输和浇筑方法。

3）采用预拌混凝土时，应选择合格供应商，并提供预拌混凝土出厂合格证和混凝土配合比通知单。

4）混凝土浇筑前，应将模内的杂物、积水和钢筋上的污垢彻底清理干净，并办理隐、预检手续。

5）大截面墩台结构，混凝土宜采用水平分层连续浇筑或倾斜分层连续浇筑，并应在下层混凝土初凝前浇完上层混凝土。

水平分层连续浇筑上下层前后距离应保持1.5m以上。

倾斜分层坡度不宜过陡，浇筑面与水平夹角不得大于25°。

6）墩柱因截面小，浇筑时应控制浇筑速度。首层混凝土浇筑时，应铺垫50mm～100mm厚与混凝土同配比的减石子水泥砂浆一层。混凝土应在整截面内水平分层，连续浇筑，每层厚度不宜大于0.3m。如因故中断，间歇时间超过规定则应按施工缝处理。

7）柱身高度内如有系梁连接，则系梁应与墩柱同时浇筑，当浇筑至系梁上方时，浇筑速度应适当放缓，以免混凝土从系梁顶涌出。V形墩柱混凝土应对称浇筑。

8）墩柱混凝土施工缝应留在结构受剪力较小，且宜于施工部位，如基础顶面、梁的承托下面。

9）在基础上以预制混凝土管等作墩柱外模时，预制管节安装时应符合下列要求：

① 基础面宜采用凹槽接头，凹槽深度不应小于50mm。

② 上下管节安装就位后，用四根竖方木对称设置在管柱四周并绑扎牢固，防止撞击错位。

③ 混凝土管柱外模应加斜撑以保证浇筑时的稳定性。

④ 管口应用水泥砂浆填严抹平。

10）钢板箍钢筋混凝土墩柱施工，应符合下列要求：

① 钢板箍、法兰盘及预埋螺栓等均应由具有相应资质的厂家生产，进场前应进行检验并出具合格证。厂内制作及现场安装应满足钢结构施工的有关规定。

② 在基础施工时应依据施工图纸将螺栓及法兰盘进行预埋，钢板箍安装前，应对基础、预埋件及墩柱钢筋进行全面检查，并进行彻底除锈除污处理，合格后施工。

③ 钢板箍出厂前在其顶部对称位置焊吊耳各一个，安装时由吊车将其吊起后垂直下放到法兰盘上方对应位置，人工配合调整钢板箍位置及垂直度，合格后由专业工人用电焊将其固定，稳固后摘下吊钩。

④ 钢板箍与法兰盘的焊接由专业工人完成，为减小焊接变形的影响，焊接时应对称进行，以便很好的控制垂直度与轴线偏位。混凝土浇筑前按钢结构验收规范对其进行验收。

⑤ 钢板箍墩柱宜灌注补偿收缩混凝土。

⑥ 对钢板箍应进行防腐处理。

11）浇筑混凝土一般应采用振捣器振实。使用插入式振捣器时，移动间距不应超过振捣器作用半径的1.5倍；与侧模应保持50mm～100mm的距离；插入下层混凝土50mm～100mm；必须振捣密实，直至混凝土表面停止下沉、不再冒出气泡、表面平坦、不泛浆为止。

（6）混凝土成型养生

1）混凝土浇筑完毕，应用塑料布将顶面覆盖，凝固后及时洒水养生。

2）模板拆除后，及时用塑料布及阻燃保水材料将其包裹或覆盖，并洒水湿润养生。养生期一般不少于7d。也可根据水泥、外加剂种类和气温情况而确定养生时间。

（7）模板及脚手架拆除

侧模在混凝土强度能够保证结构表面及棱角不因拆模被损坏时进行，上系梁底模的拆除应在混凝土强度达到设计值的75%后进行。

3．季节性施工

（1）雨期施工

1）雨期施工中，脚手架地基须坚实平整、排水顺畅。

2）模板涂刷脱模剂后，要采取措施避免脱模剂受雨水冲刷而流失。

3）及时准确地了解天气预报信息，避免雨中进行混凝土浇筑。

4）高墩台采用钢模板时，要采取防雷击措施。

（2）冬期施工

1）应根据混凝土搅拌、运输、浇筑及养护的各环节进行热工计算，确保混凝土入模温度不低于5℃。

2）混凝土的搅拌宜在保温棚内进行，对集料、水泥、水、掺合料及外加剂等应进行保温存放。

3）视气温情况可考虑水、集料的加热，但首先应考虑水的加热，若水加热仍不能满足施工要求时，应进行集料加热。水和集料的加热温度应通过计算确定，但不得超过有关标准的规定。投料时水泥不得与80℃以上的水直接接触。

4）混凝土运输时间尽可能缩短，运输混凝土的容器应采取保温措施。

5）混凝土浇筑前应清除模板、钢筋上的冰雪和污垢，保证混凝土成型开始养护时的温度，用蓄热法时不得低于10℃。

6) 根据气温情况和技术经济比较可以选择使用蓄热法、综合蓄热法及暖棚法进行混凝土养护。

7) 在确保混凝土达到临界强度且混凝土表面温度与大气温度温差小于15℃时，方可撤除保温及拆除模板。

2.2.4.4 质量标准

1. 墩、台施工涉及的模板与支架、钢筋、混凝土、预应力混凝土质量检验应遵守应遵守本书相关内容的要求。

2. 钢管混凝土柱的钢管制作质量检验应符合相关规范的有关规定。

混凝土与钢管必须紧密结合，无空隙。

检查数量：全数检查。

检验方法：手锤敲击检查为主，有疑问时进行超声波检测。

3. 水泥混凝土墩、台、柱、墙不得有蜂窝、露筋和裂缝。

检查数量：全数检查。

检验方法：观察。

4. 沉降装置必须垂直、上下贯通。

检查数量：全数检查。

检验方法：观察或用铅锤检测。

5. 柱顶钢箍的材质、厚度必须符合设计要求，焊缝的焊接质量必须符合规范要求。

钢板边缘与柱混凝土接顺无错台。

(1) 钢箍、钢管柱的检查数量和检验方法按本规程钢梁章节执行。

(2) 柱顶钢箍与柱混凝土接顺质量。

检查数量：全数检查。

检验方法：观察。

6. 混凝土墩身、台身、柱、侧墙偏差应符合表2－29、表2－30规定。

表2－29 现浇混凝土墩、台允许偏差表

序号	项目		允许偏差(mm)	检验频率		检验方法
				范围	点数	
1	敏、台身尺寸	长	0,+15	每个构筑物	2	用钢尺量
		高	0,10		2	
		厚	+10,−8		4	用钢尺量每侧上、下各1点
2	顶面高程		±10		4	用水准仪测量
3	轴线位移		≤10		4	用经纬仪测量，纵、横各计2点
4	墙面垂直度		0.25%H≯25		2	用经纬仪或垂线测量
5	墙面平整度		≤3		4	用2m直尺量最大值
6	麻面		≤1%		3	用钢尺量麻面总面积

注：表中H系构筑物高度(mm)。

表 2—30　　现浇混凝土柱允许偏差表

序号	项目		允许偏差(mm)	检验频率		验方法
				范围	点数	
1	断面尺寸	长、宽(直径)	±5	每根柱	2	用钢尺量,长、宽各1点,圆柱量2点
2	柱高		±10		1	用钢尺量柱全高
3	顶面高程		±10		1	用水准仪测量
4	垂直度		0125%H,且≯10		2	用垂线或经纬仪测量
5	轴线位移		≤8		2	用经纬仪测量
6	平整度		≤3		2	用2m直尺量最大值
7	麻面		≤1%		1	用钢尺量麻面总面积

注:表中H系构筑物高度(mm)。

7. 混凝土表面平整,线条直顺、清晰。

检查数量:全数检查。

检验方法:观察。

2.2.4.5　成品保护

1. 钢模板安装前均匀涂抹脱模剂,涂好后立即进行安装,防止污染,不得在模板就位后涂刷脱模剂,以免污染钢筋。

2. 现浇墩台拆模(不含系梁)须在混凝土强度达到2.5MPa后进行,在拆除模板时注意轻拿轻放,不得强力拆除,以免损坏结构棱角或清水混凝土面。

3. 在进行基坑回填或台背填土时,结构易损部位要用木板包裹,以免夯实机械运行过程中将其损坏。回填时,宜对称回填对称夯实,距离结构0.5m～0.8m范围内宜采用人工夯实。

2.2.4.6　应注意的质量问题

1. 混凝土浇筑前要用高强度等级砂浆将底口封严,以防出现烂根现象。

2. 为防止出现露筋现象,要按要求的位置或数量安装保护层垫块。当使用混凝土垫块时,要保证其具有足够的强度。在施工中宜使用塑料垫块。

3. 为保证结构表面质量,要保证脱模剂涂刷均匀并避免脱模剂流失,以免混凝土硬化收缩出现粘模现象;混凝土浇筑时振捣适宜,以防产生孔洞及麻面。

4. 保证混凝土供应的连续性,以确保混凝土不出现冷缝。

5. 墩台混凝土浇筑脚手架,不得与模板支架联结,应自成体系,防止模板出现位移。

2.2.4.7　环境、职业健康安全管理措施

1. 环境管理措施

(1) 施工垃圾及污水的清理排放处理

1) 在施工现场设立垃圾分拣站,施工垃圾及时清理到分拣站后统一运往处理站处理。

2) 进行现场搅拌作业的,必须在搅拌机前台及运输车清洗处设置排水沟、沉淀池,废水经沉淀后方可排入市政污水管道。

3) 其他污水也不得直接排入市政污水管道内,必须经沉淀后方可排入。

(2) 施工噪声的控制

1) 要杜绝人为敲打、叫嚷、野蛮装卸噪声等现象,最大限度减少噪声扰民。

2）电锯、电刨、搅拌机、空压机、发电机等强噪声机械必须安装在工作棚内，工作棚四周必须严密围挡。

3）对所用机械设备进行检修，防止带故障作业、噪声增大。

（3）施工扬尘的控制

1）对施工场地内的临时道路要按要求硬化或铺以炉渣、砂石，并经常洒水压尘。

2）对离开工地的车辆要加强检查清洗，避免将泥土带上道路，并定时对附近的道路进行洒水压尘。

3）水泥和其他易飞扬的细颗粒散体材料，应安排在库内存放或严密遮盖。

4）运输水泥和其他易飞扬的细颗粒散体材料和建筑垃圾时，必须封闭、包扎、覆盖，不得沿途泄漏遗撒，卸车时采取降尘措施。

5）运输车辆不得超量运载。运载工程土方最高点不得超过槽帮上沿500mm，边缘低于车辆槽帮上沿100mm，装载建筑渣土或其他散装材料不得超过槽帮上沿。

2. 职业健康安全管理措施

（1）施工前应搭好脚手架及作业平台，脚手架搭设必须由专业工人操作。脚手架及工作平台外侧设栏杆，栏杆不少于两道，防护栏杆须高出平台顶面1.2m以上，并用防火阻燃密目网封闭。脚手架作业面上脚手板与龙骨固定牢固，并设挡脚板。

（2）采用吊斗浇筑混凝土时，吊斗升降应设专人指挥。落斗前，下部的作业人员必须躲开，不得身倚栏杆推动吊斗。

（3）高处作业时，上下应走马道（坡道）或安全梯。梯道上防滑条宜用木条制作。

（4）混凝土振捣作业时，必须戴绝缘手套。

（5）暂停拆模时，必须将活动件支稳后方可离开现场。

2.2.4　预应力钢筋混凝土盖梁施工

2.2.4.1　适用范围

适用于公路及城市桥梁工程中现浇预应力钢筋混凝土盖梁的施工，现浇钢筋混凝土盖梁的施工可参照执行。

2.2.4.2　施工准备

1. 技术准备

（1）认真审核设计图纸，编制分项工程施工方案，进行模板及支架设计计算并报业主及监理审批。

（2）进行钢筋的取样试验、钢筋翻样及配料单编制工作。

（3）对模板、支架进行进场验收。

（4）对混凝土各种原材料进行取样试验及混凝土配合比设计。

（5）对操作人员进行培训，向班组进行交底。

（6）进行预应力张拉设备的检定校验及预应力材料的取样试验。

（7）组织施工测量放线。

2. 材料要求

（1）钢筋：钢筋出厂时，应具有出厂质量证明书和检验报告单。品种、级别、规格和性能应符合设计要求；进场时，应抽取试件做力学性能复试，其质量必须符合国家现行标准《钢筋混凝土用热轧带肋钢筋》（GB 1499）、《钢筋混凝土用热轧光圆钢筋》（GB 13013）等的规定。当发现钢筋脆断、焊接性能不良或力学性能显著不正常等现象时，应对该批钢筋进行化学分析或其他专项检验。

(2) 电焊条:电焊条应有产品合格证,品种、规格、性能等应符合国家现行标准《碳素钢焊条》(GB/T 5117)的规定。选用的焊条型号应与母材强度相适应。

(3) 水泥:宜选用硅酸盐水泥和普通硅酸盐水泥。水泥进场应有产品合格证或出厂检验报告,进场后应对强度、安定性及其他必要的性能指标进行取样复试,其质量必须符合国家现行标准《硅酸盐水泥、普通硅酸盐水泥》(GB 175)等的规定。

当对水泥质量有怀疑或水泥出厂超过 3 个月时,在使用前必须进行复试,并按复试结果使用。不同品种的水泥不得混合使用。

(4) 砂:应采用级配良好、质地坚硬、颗粒洁净、粒径小于 5mm 的河砂,也可用山砂或用硬质岩石加工的机制砂。砂的品种、质量应符合国家现行标准《公路桥涵施工技术规范》(JTJ 041)的规定,进场后按现行《公路工程集料试验规程》(JTJ 058)进行复试合格。

(5) 石子:应采用坚硬的碎石或卵石。石子的品种、规格、质量应符合国家现行标准《公路桥涵施工技术规范》(JTJ 041)的规定,进场后按现行《公路工程集料试验规程》(JTJ 058)进行复试合格。

(6) 混凝土拌合用水:宜采用饮用水。当采用其他水源时,其水质应符合国家现行标准《混凝土拌合用水标准》(JGJ 63)的规定。

(7) 外加剂:外加剂应标明品种、生产厂家和牌号。出厂时应有产品说明书、出厂检验报告及合格证、性能检测报告,有害物含量检测报告应由有相应资质等级的检测部门出具,其质量和应用技术应符合国家现行标准《混凝土外加剂》(GB 8076)和《混凝土外加剂应用技术规范》(GB 50119)的规定。进场应取样复试合格,并应检验外加剂与水泥的适应性。

(8) 掺合料:掺合料应标明品种、等级及生产厂家。出厂时应有出厂合格证或质量证明书和法定检测单位提供的质量检测报告,进场后应取样复试合格。混合料质量应符合国家现行相关标准的规定,其掺量应通过试验确定。

(9) 对水泥、粉煤灰、外加剂必须有法定检测单位出具的碱含量检测报告,砂、石必须有法定检测单位出具的碱活性检验报告,混凝土中的氯化物和碱的总含量应符合国家现行标准《混凝土结构设计规范》(GB 50010)等的规定。

(10) 钢绞线:钢绞线应根据设计规定的规格、型号和技术指标来选用。钢绞线每批重量不大于 60t,出厂时应有材料性能检验证书或产品质量合格证,进场时除应对其质量证明书、包装、标志和规格等进行检查外,还应抽样进行表面质量、直径偏差和力学性能复试,其质量应符合国家现行标准《预应力混凝土用钢绞线》(GB/T 5224)的规定。

(11) 波纹管(金属螺旋管):进场时除应按出厂合格证和质量保证书核对其类别、型号、规格及数量外,还应对其外观、尺寸、集中荷载下的径向刚度、荷载作用后的抗渗漏及抗弯曲渗漏等进行检验。在工地自己加工制作的波纹管也应进行上述检验,其质量应符合国家现行标准《预应力混凝土用金属螺旋管》(JC/T 3013)的规定。

(12) 锚具、夹具和连接器:锚具、夹具和连接器应具有可靠的锚固性能、足够的承载能力和良好的适应性。进场应按出厂合格证和质量证明书核查其锚固性能类别、型号、规格及数量,无误后分批进行外观、硬度及静载锚固性能检验,确认合格后使用。

(13) 其他材料:模板、方木(型钢)、可调顶托、火烧丝、氧气、乙炔、塑料布、阻燃保水材料(混凝土养护用)、PVC 管(预应力管道排气用)、木塞、脱模剂等。

3. 机具设备

(1) 支架:ϕ48 扣件式钢管支架或碗扣式钢管支架、钢管扣件、脚手板、可调顶托及可调底座等。

（2）钢筋施工机具：钢筋弯曲机、钢筋调直机、钢筋切断机、电焊机、砂轮切割机等。

（3）模板施工机具：电锯、电刨、手电钻等。

（4）混凝土施工机具：混凝土搅拌机、混凝土运输车、混凝土输送泵、汽车吊、混凝土振捣器等。

（5）预应力施工机具：千斤顶(压力表)、油泵、注浆机、手提砂轮切割机、卷扬机等。

（6）其他机具设备：空压机、发电机、水车、水泵等。

（7）工具：气焊割枪、扳手、直尺、铁錾、铁锹、铁抹子、木抹子、斧子、钉锤、缆风绳、对拉螺杆及 PVC 管、钉子、8# 铁丝、钢丝刷、限位板、工具锚等。

4. 作业条件

（1）墩柱经验收合格。

（2）作业面已具备“三通一平”，满足施工要求。

（3）材料按需要已分批进场，并经检验合格，机械设备状况良好。

（4）墩柱顶面与盖梁接缝位置充分凿毛，满足有关施工缝处理的要求。

2.2.4.3　施工工艺

1. 工艺流程

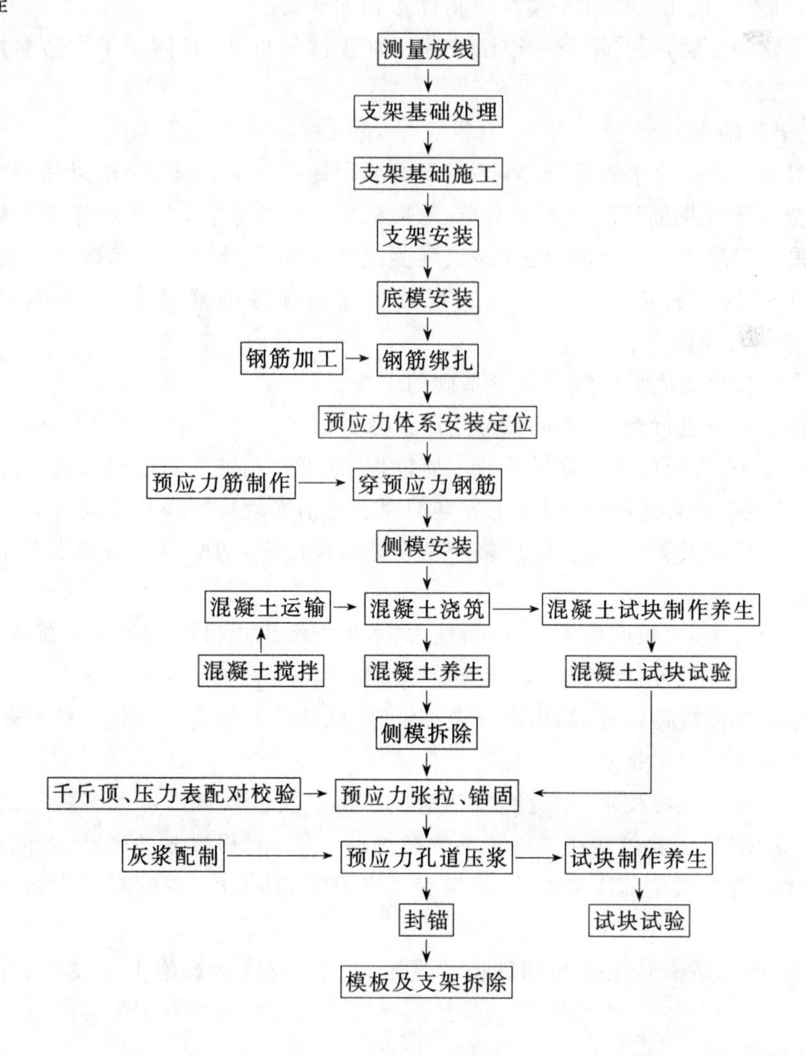

2. 操作工艺

(1) 测量放线

1) 依据基准控制桩在地基上放出盖梁中心点及纵横向轴线控制桩。

2) 按支架施工方案设计的地基处理宽度,用钢尺从控制桩向轴线两侧放出地基边线控制桩。地基四周边线距支架外缘距离不宜小于500mm。

3) 用白灰线标出地基边线控制桩,确定地基处理范围。

4) 用水准仪,依据支架施工方案,将地基处理的标高控制线标注在墩柱上,墩柱间距较大时应适当加密控制桩。

(2) 支架基础处理

1) 支架地基处理可采用换填法(灰土、砂砾、碎石等材料)、夯实法等方法;对于软弱土层可采用挤密桩法或化学加固法等方法。

2) 采用换填法时,先将地基表面不适宜材料彻底清理干净,然后铺筑换填材料,每层松铺厚度不应大于300mm,摊铺时用推土机推平,然后用压路机碾压,人工配合施工,使压实度大于95%,平整度小于15mm。

3) 采用夯实法时,先将地基表面不适宜材料彻底清理干净,用推土机推平,然后用压路机碾压,人工配合施工,使压实度和平整度等指标达到标准要求。

4) 对于软弱土层,可采用挤密桩法或化学加固法等方法;具体施工方法参照相应软弱地基处理施工工艺标准。

(3) 支架基础施工

1) 支架基础形式应本着经济、施工方便的原则通过计算确定,一般可采用混凝土或钢筋混凝土底板、混凝土或钢筋混凝土条形基础、双向或单向铺枕木、木板或型钢等方法。

2) 当采用混凝土或钢筋混凝土底板、混凝土或钢筋混凝土条形基础时,其断面尺寸及强度等级应依据施工荷载、负荷时混凝土龄期及地基情况等因素确定,条形基础顶宽不应小于200mm,其施工程序如下:

① 用全站仪放出底板边线或条形基础的中线。

② 对地基标高进行检查,超高部分全部铲除。

③ 模板安装:模板可采用钢模板或木质模板,也可在基础顶面挖出凹槽作为模板。

④ 钢筋安装:设有钢筋时,按施工方案的要求将钢筋就位并绑扎牢固。

⑤ 混凝土浇筑及养生:施工时严格控制平整度及标高,初凝后适当洒水养生,洒水时注意不得浸泡地基。

3) 当采用枕木、木板或型钢基础时,枕木、木板或型钢规格应依据施工荷载及地基情况等因素确定,但其顶宽不宜小于200mm,其施工程序如下:

① 对地基标高进行检查,高出部分全部铲除,低洼处回填适宜材料并整平夯实。

② 用全站仪放出每排基础的中线。

③ 依据基础中线将枕木、木板或型钢就位。枕木及木板就位可人工进行,型钢就位采用人工困难时应采用机械,就位前在基础顶部泼撒细砂一层,使其与地基密贴;双向铺设时可采用焊接、螺栓及销钉等方式使其成为整体,纵横交叉点有缝隙时应用薄钢板或木板予以填充,不得留有空隙。

4) 按现行《公路桥涵地基与基础设计规范》(JTJ 024)验算施工阶段荷载作用下的强度及沉降。

(4) 支架安装

1) 支架可采用碗扣式钢管支架及扣件式钢管支架等支架形式。

2) 碗扣式钢管支架安装程序及方法

① 依据施工方案设计的位置,在基础上用墨线弹出纵、横向每排立杆位置线。

② 在基础上墨线交叉点摆放底座,将立杆插于底座上,采用3.0m和1.8m两种不同长度立杆相互交错布置。

③ 安装扫地杆,将水平杆接头插入立杆最端碗扣内,使接头弧面与立杆密贴,将上碗扣沿限位销扣下并顺时针旋转将其锁紧。

④ 采用3m长立杆向上接长,顶部再用1.8m长立杆找齐(或同一层用同一种规格立杆,最后找齐),以避免立杆接头处于同一水平面内;立杆接长时,将上部立杆底端连接孔同下部立杆顶端连接孔对齐,插入立杆连接销并锁定。

⑤ 进行水平杆安装,安装方法同"安装扫地杆"。

⑥ 安装剪刀撑。

⑦ 安装可调顶托。

3) 碗扣式钢管支架安装施工要求

① 支架安装前必须依照施工图设计、现场地形、浇筑方案和设备条件等编制施工方案,按施工阶段荷载验算其强度、刚度及稳定性,报批后实施。

② 支架安装可从盖梁一端开始向另一端推进,也可从中间开始向两端推进,工作面不宜开设过多且不宜从两端开始向中间推进,应从纵横两个方向同时进行,以免支架失稳。

③ 若基础平整坚实,立杆底座可直接用立杆垫座,若基础不平或不够坚实,支架底部应采用立杆可调底座。

④ 所有构件,必须经检验合格后方可投入使用。

⑤ 碗扣式支架的底层组架最为关键,其组装质量直接影响支架整体质量,要严格控制组装质量。在安装完最下两层水平杆后,首先检查并调整水平框架的方正和纵向直顺度;其次应检查水平杆的水平度,并通过调整立杆可调底座使水平杆的水平偏差小于$L/400$(L为水平杆长度);同时应逐个检查立杆底脚,并确保所有立杆不悬空和松动;当底层架子符合搭设要求后,检查所有碗扣接头并锁紧,在搭设过程中应随时注意检查上述内容,并予以调整。

⑥ 支架搭设严格控制立杆垂直度和水平杆水平度,整架垂直度偏差不得大于$h/500$(h为立杆高度),但最大不超过100mm;水平杆水平度偏差小于$L/400$(L为水平杆长度);纵向直线度应小于$L/200$(L为纵向水平杆总长)。

⑦ 纵、横向应每5~7根立杆设剪刀撑一道,每道宽度不应小于4跨且不应小于6m,与地面的夹角宜控制在45°~60°之间,在剪刀撑平面垂直方向应每3~5排设一组;剪刀撑与水平杆或立杆交叉点均应用旋转扣件扣牢,钢管长度不够时可用对接扣件接长;剪刀撑的设置须上到顶下到底,剪刀撑底部与地基之间垫实,以增强剪刀撑承受荷载的能力。

⑧ 支架应设专用螺旋千斤顶托,用于支模调整高程及拆模落架使用,顶托应逐个顶紧,达到所有立杆均匀受力;顶托的外悬长度不应小于50mm,且不宜大于自身长度的1/2。

⑨ 顶排水平杆至底模距离不宜大于600mm。

⑩ 支架高度超过其宽度5倍时,应设缆风绳拉牢。

4) 扣件式钢管支架安装程序及方法

① 依据施工方案设计的位置,在基础上用墨线弹出纵、横向每排立杆位置线。

② 在基础上墨线交叉点摆放底座，将两排立杆按纵(横)向插于底座上。

③ 用直角扣件将扫地杆按纵(横)向与立杆扣牢(主节点)。

④ 取两根水平杆用直角扣件将其按横(纵)向扣紧在主节点上角，使其形成稳固框架。

⑤ 按上述程序安装其他立杆及水平杆。

⑥ 安装剪刀撑。

⑦ 安装顶托。

5）扣件式钢管支架安装施工要求

① 支架安装前按有关标准对杆件及扣件等进行检查，不合格者严禁使用，规格不同的钢管不得混用，扣件与钢管应配套使用。

② 支架应设专用可调底座，可调底座的外悬长度视情况而定，但必须满足扫地杆上缘距基础顶的距离不得大于 200mm 的要求。

③ 立杆需接长时，必须采用对接扣件对接，接口应交错布置，两个相邻立杆接头不应设在同步同跨即两竖向相邻水平杆之间，且错开距离不得小于 500mm，各接头中心距其较近水平杆与立杆交叉点距离不得大于水平杆步距的 1/3。

④ 纵、横向水平杆可安装在立杆的左侧或右侧，横向水平杆可安装在纵向水平杆的上方或下方，但同一独立支架应统一。

⑤ 水平杆长度不够时宜采用对接扣件连接，也可采用搭接连接；采用对接时，接口应交错布置，两个相邻接头不应设在同步同跨即两相邻立杆之间且错开距离不得小于 500mm，各接头中心距较近立杆与水平杆交叉点距离不得大于立杆步距的 1/3；采用搭接时，搭接长度不宜小于 1.0m，并应等距设置 3 个旋转扣件固定，端部扣件盖板边缘距杆端的距离不小于 100mm；顶排水平杆至底模距离不宜大于 600mm。

⑥ 每一主节点上角均须设置垂直于主节点平面的水平杆，并采用直角扣件扣紧在主节点上角，该杆轴线距主节点中心的距离不得大于 150mm。

⑦ 扫地杆即最下方水平杆的上缘距基础顶的距离不得大于 200mm，当立杆基础不在同一高度上时，必须将高处的扫地杆向低处延长不少于 2 跨并与立杆固定，高处靠边坡的立杆中心距坡顶的距离不小于 500mm。

⑧ 脚手架搭设严格控制立杆垂直度和水平杆水平度，立杆垂直度偏差不得大于 $h/200$(h 为支架高度)，一根水平杆的两端高差不得大于 20mm，各节点应连接牢固，扣件螺栓拧紧扭力矩应在 40～60N·m 之间。

⑨ 对接扣件的开口应朝上或朝内。

⑩ 扣件式钢管支架安装其他要求见 4 款(3)中 1)、2)、7)、8)、10)项的规定。

(5) 底模安装

1）底模宜采用压缩多层板或竹编胶合板，以保证模板与柱头接缝的严密。

2）底模安装程序及方法

① 复核支架顶标高。

② 安装主龙骨，主龙骨接头部位应增设立杆。

③ 安装次龙骨，用铁钉、销钉等方式将次龙骨与主龙骨固定，主次龙骨交叉点有缝隙时，用木楔填塞密实。

④ 用手提电刨将次龙骨顶面刨平。

⑤ 用手电钻在模板上打眼，依据底模安装方案用铁钉将模板固定在次龙骨上，然后在拼缝

处粘贴弹性止浆材料，随后进行下一块模板安装。

3）底模安装要求

① 底模安装前根据结构设计尺寸编制盖梁整体模板拼装方案，底模铺设严格按拼装方案进行。

② 主龙骨宜采用型钢、方木或其他符合支架设计要求的材料，主龙骨宜垂直盖梁长度方向设置；次龙骨宜采用方木，以便固定模板，次龙骨宜顺盖梁长度方向设置。

③ 应避免底模长期暴晒及模板暴露时间过长使其表面挠曲和鼓包，施工时应加强模板保护。

④ 全桥宜使用同一种材质、同一种类型的模板，模板覆膜较好的一面应向上，确保混凝土外观色泽均匀一致。

⑤ 模板应具有足够的刚度、强度和稳定性，模板表面应平整光滑，拼缝应严密不漏浆。

⑥ 模板底部应设排渣口，以便于排出杂物；排渣口设在最低处。

（6）钢筋加工及绑扎

1）钢筋加工参照“2.1.1 桥梁钢筋加工及安装”的相关规定施工。

2）钢筋绑扎程序及方法

① 在盖梁两侧安装悬吊梁立柱，立柱顶设可调顶托。

② 片状钢筋骨架就位，在骨架下垫以方木以免损坏模板，并将骨架临时固定以防倾倒。

③ 将横梁穿过骨架并支撑于悬吊梁立柱上。

④ 旋紧顶托，横梁吊起骨架，使其距模板距离不小于200mm。

⑤ 按图示尺寸调整骨架间距，安装主筋及箍筋并对所有交叉点进行绑扎。

⑥ 安装梁底保护层垫块并将钢筋落于底模上。

⑦ 绑扎腰筋及其他构造筋。

⑧ 安装侧模保护层垫块，安装抗震墩钢筋或抗震锚栓。

3）钢筋绑扎要求

① 钢筋安装前，对柱顶进行凿毛清理，凿毛程度满足“2.1.3 桥梁混凝土施工”关于施工缝处理的有关规定。

② 悬吊梁立柱应与支架联结牢固，立柱及横梁应具有足够的强度及刚度，其间距视骨架重量及悬吊梁所用材料规格而定，一般不宜大于3m。

③ 钢筋骨架宜加工成型后现场安装就位。

④ 靠模板一侧所有绑丝扣应朝向盖梁混凝土内侧。

⑤ 保护层垫块应具有足够的强度及刚度；底板宜使用混凝土预制垫块，必须严格控制其配合比，配合比及组成材料应与梁体一致，保证垫块强度及色泽与梁体相同；侧面宜使用塑料垫块；垫块设置宜按照梅花形均匀布置，间距不宜大于750mm。

⑥ 绑扎过程中要注意预应力孔道的预留，以免钢筋成型后孔道预留难度增大。

⑦ 钢筋绑扎的其他要求参照“2.1.1 桥梁钢筋加工及安装”的相关规定。

（7）预应力体系安装定位

1）按照设计要求的材料和施工方法进行孔道预留施工，设计无要求时，宜采用预埋波纹管的方法预留孔道。

2）波纹管安装定位程序及方法

① 依据图纸中孔道中心到底模及侧模的距离，用粉笔在模板及钢筋上划出波纹管纵横向

位置。

② 将定位筋及轨道筋与骨架筋焊接或用双扣绑扎牢固。

③ 安装波纹管并设置排气孔及泄水孔。

3）预应力孔道施工要求

① 定位放线时，曲线孔道除应放出波峰、波谷控制点外，还应放出所有井字架或架立钢筋位置。

② 固定波纹管应用钢筋井字架或架立钢筋绑扎或焊接，钢筋井字架或架立钢筋间距按设计进行，设计无规定时，不宜大于 0.8m，曲线段应适当加密。

③ 排气孔应设在孔道的波峰或最高点，排气孔宜用 PVC 管做成，排气管底座即带嘴塑料弧形接头板应用胶带与波纹管缠裹严密，PVC 管安装完毕后在管内插入钢筋一根，以免堵管或因受外力而折断；泄水孔宜设置在波谷处，泄水孔可用胶管或 PVC 管做成，管端要引到模板外侧。

④ 波纹管与普通钢筋位置发生矛盾时，按设计要求进行，设计未规定时，应调整普通钢筋位置，确保预留孔道位置准确。

⑤ 波纹管接长应保证波纹管接口平顺，使用大一号波纹管做管箍进行联结，其长度为被联结波纹管孔径的 5～7 倍，且要用胶带缠裹严密，波纹管接头不宜设在孔道弯起部位。

4）锚垫板安装及要求

① 在模板上准确放出锚垫板位置，然后在其中央打孔，孔径略大于波纹管孔径，以便穿束或做拉通准备。

② 用木螺钉将锚垫板固定在模板上，锚垫板与模板夹角应通过计算确定。

③ 安装模板，将波纹管伸入喇叭口内，将接头位置用胶带缠裹严密，检验合格后将模板固定。

④ 要求锚垫板位置准确，垫板平面应与预应力孔道轴线垂直。

⑤ 螺旋筋应按设计要求安装，其轴线应与锚垫板平面垂直。

5）预应力体系安装定位的其他施工要求按国家现行标准《公路桥涵施工技术规范》(JTJ 041)的规定执行。

(8) 穿预应力筋

1）预应力筋制作及要求

① 搭设工作平台，平台离地不宜小于 300mm。

② 按施工方案要求的长度切割预应力筋，切割时采用砂轮切割机，应在工作平台上进行。

③ 将切割好的预应力筋在工作平台上逐根理顺并编号。

④ 按 1.5m 绑丝间距将预应力筋绑扎牢固，端头 2m 范围内间距不大于 0.5m，以防止松散及相互缠绕。

⑤ 穿束牵引端应做成圆顺的尖端，不应做成齐头，以免穿束时阻力增大或被孔道卡住。

2）穿预应力筋

① 检查锚垫板及孔道的位置是否准确，孔道内是否留有杂物。

② 将穿束牵引钢丝穿入孔内。

③ 人工搬运预应力筋至工作面。

④ 将预应力筋牵引端与牵引钢丝拴接，并将牵引端放入孔内。

⑤ 通过卷扬机将预应力筋穿入孔道，当孔道较短时，也可人工穿束。

3）穿束要求

① 穿束牵引时应慢速进行，操作人员应在入孔端手扶配合进行，以减小阻力及避免预应力筋磨损。

② 穿束行进过程中，应逐个将绑丝解除。

③ 后张预应力盖梁，两端设锚垫板的孔道可以先穿束，也可以后穿束；一端张拉一端设固定锚的预应力束，必须先穿束并且使用金属波纹管或塑料波纹管等有足够强度和刚度的防渗成孔材料成孔。

4）预应力筋制作及安装的其他施工按国家现行标准《公路桥涵施工技术规范》(JTJ 041)的规定执行。

(9) 侧模安装

1）侧模宜采用定型钢模板、压缩多层板或竹编胶合板，定型钢模板应由专业生产厂家设计及加工。

2）定型钢模板安装

① 将钢模板清洗并刨光，刷脱模剂。

② 在侧模与底模拼缝处粘贴弹性止浆材料。

③ 用汽车吊将钢模板就位。

④ 安装对拉螺杆。

⑤ 安装缆风绳。

3）木质模板加工及安装

① 先按拼装方案要求尺寸将模板切割好，然后在模板上次龙骨固定位置用手提电钻打眼。

② 将次龙骨与模板紧贴的一面用电刨刨平，用铁钉将次龙骨固定在模板上。

③ 在侧模与底模拼缝处粘贴弹性止浆材料。

④ 人工搬运将模板就位，然后将其与钢筋临时固定，避免其倾倒。

⑤ 在拼缝处粘贴弹性止浆材料，然后将相邻模板就位。

⑥ 进行主龙骨安装，可用铁钉或铁丝等将主次龙骨固定。

⑦ 安装对拉螺杆。

⑧ 安装缆风绳。

4）侧模安装

① 钢模板不应有水平接缝，在吊装条件允许的情况下应少设竖向接缝，接缝以企口为宜。

② 为增加侧模刚度及整体稳定性，宜上、下各设一排拉杆，上排拉杆宜走盖梁上方，下排拉杆宜走底模下方，即拉杆不穿过混凝土；拉杆及垫板应具有足够的强度和刚度。

③ 宜采用侧模包底模的施工方法。

④ 主龙骨竖向设置，次龙骨水平设置。

⑤ 墩柱位置下侧无法设拉杆，其左右各 1m 范围内主龙骨应适当予以加密。

⑥ 侧模安装的其他施工要求参照 5 款有关方法施工。

(10) 混凝土浇筑

1）混凝土浇筑前检查及准备工作

① 使用压缩空气对模内进行彻底清理。

② 对模板、钢筋、预应力体系及预埋件等进行全面检查，将预应力孔道及预埋件设置明显标

记，以免浇筑时损坏。

③ 测量放线，标明浇筑高度。

④ 混凝土浇筑前，必须对墩台中线、标高及各部位尺寸进行复核，无误后浇筑。

2）混凝土浇筑要求

① 混凝土搅拌、运输、浇筑一般要求见“2.1.3 桥梁混凝土施工”。

② 盖梁混凝土浇筑应连续浇筑完毕，混凝土浇筑方法应水平分层，纵向压茬赶浆，从中间开始向两端阶梯推进。对于两端高低不一的盖梁应由低端开始向高端推进。宜采用插入式振捣器振捣，因锚区钢筋较密，浇筑时应人工配合机械振捣。

③ 若采用后穿束，混凝土浇筑前宜在波纹管内穿入铅丝棉球做拉通准备，混凝土浇筑时设专人由两端往复拉通，采用先穿束时，混凝土浇筑时可用卷扬机由两端往复拉动预应力筋，防止渗入水泥浆凝块堵孔，直至混凝土初凝后停止。

④ 混凝土浇筑时应设专人检查钢筋、模板、波纹管、锚垫板、预埋件等，出现位移、松动时，及时纠正修复。

⑤ 浇筑完毕后将混凝土顶面整平，并用木抹拍实、压平。

⑥ 除按“2.1.3 桥梁混凝土施工”要求制作标准条件养护试块外，还应制作同条件养护试块，以确定张拉时间。

⑦ 对于非预应力结构，混凝土达到设计要求的拆除底模强度后，可以拆除底模；设计无要求时，宜按以下规定实施：跨度小于等于 8m 时，混凝土强度应达到设计值的 75%；跨度大于 8m 时，混凝土强度应达到设计值的 100%。

⑧ 垫石宜采用二次浇筑，以保证其位置高程准确；垫石浇筑前应对基面凿毛清洗，钢筋除锈去污。

⑨ 混凝土盖梁上的抗震墩施工时，抗震墩与梁体必须保持设计规定的间隙，保证梁板安装后的自由伸缩。

（11）混凝土养生

宜采用覆盖洒水养生法，养生时间不少于 7d，预应力混凝土养护至预应力张拉，养生期间应保持梁体湿润。

（12）侧模拆除

1）首先逐段松开并拆除拉杆，一次松开长度不得过大。

2）逐块拆除模板，拆除时注意保护模板。

3）将模板及支撑码放整齐。

（13）预应力张拉、锚固

1）施工程序及方法

① 对同条件养护试块强度进行检验。

② 强度达到要求后进行摩阻检测。

③ 按预应力筋编号安装工作锚，不得出现预应力筋绞结现象。

④ 安装千斤顶。

⑤ 安装工具锚。

⑥ 施加预应力：张拉程序应满足设计要求，设计无要求时，可按以下步骤进行：

普通松弛力钢绞线 0→初应力→$1.03\sigma_{con}$（锚固）；

低松弛力钢绞线 0→初应力→σ_{con}（持荷 2min 锚固）。

注：1. σ_{con}为张拉控制应力，包括预应力损失值。

2. 初应力宜取10%～20%σ_{con}。

2）施加预应力的施工要求

① 施加预应力前，应对盖梁混凝土外观进行检查，且应将限制位移的模板全部拆除后方可进行张拉。

② 施加预应力前，应对千斤顶及压力表进行配对校验，当千斤顶使用超过6个月或200次或在使用过程中出现不正常情况及检修后，应重新进行校验。

③ 张拉时的结构混凝土强度应符合设计规定，设计未规定时，应不低于设计强度标准值的75%。

④ 张拉顺序应符合设计要求，设计未规定时，应采取分批、分阶段对称张拉。

⑤ 张拉端设置按设计进行，设计未规定时，对曲线预应力筋及长度大于等于25m的直线预应力筋，宜在两端张拉；对长度小于25m的直线预应力筋，可在一端张拉；同一截面中有多根一端张拉的预应力筋时，张拉端宜交叉设在构件的两端。

⑥ 施加预应力应采用应力与应变"双控"。

⑦ 两端同时张拉时，两端千斤顶升降压、划线、测伸长等工作应基本同步。

⑧ 预应力张拉的其他施工要求执行现行《公路桥涵施工技术规范》(JTJ 041)。

(14) 预应力孔道压浆

1）孔道压浆程序方法

① 切除预应力筋锚固后的外露部分，但外露长度不宜小于30mm。

② 用高强度等级砂浆将锚头封严。

③ 用高压水冲洗孔道。

④ 按配合比要求配制灰浆。

⑤ 压浆。

⑥ 依次封闭排气孔，保持一定稳压时间(不少于2min，压力0.5～0.7MPa)。

⑦ 封闭灌浆孔。

2）孔道压浆施工要求

① 预应力张拉完毕后应及时进行压浆，一般不宜超过14d。

② 预应力筋切割应采用手提砂轮切割机，严禁使用电焊或氧气—乙炔切割。

③ 水泥浆的强度应符合设计规定，设计无具体规定时，应不低于30MPa，对截面较大的孔道，水泥浆中可掺入适量细砂；水泥宜采用硅酸盐水泥或普通水泥，其强度等级不宜低于42.5级。

④ 水泥浆的水灰比宜为0.40～0.45，掺入适量减水剂时，水灰比可减小到0.35。

⑤ 水泥浆的泌水率最大不得超过3%，拌和后3h泌水率宜控制在2%，泌水应在24h内重新全部被浆吸回。

⑥ 通过试验后，水泥浆中可掺入适量膨胀剂，但其自由膨胀率应小于10%。

⑦ 水泥浆的稠度宜控制在14～18s之间。

⑧ 波纹管管道必要时应进行冲洗，若孔道内可能存在油污等污物，可采用对预应力筋及孔道无腐蚀的中性洗涤液或皂液用水稀释后进行冲洗，然后用不含油污的压缩空气将积水冲出。

⑨ 压浆时，对于曲线孔道应从最低点的压浆孔压入，由最高点的排气孔排气和泌水；当孔道有多层时，压浆顺序宜先压注下层管道。

⑩ 压浆应从灌浆孔压入并应达到孔道另一端饱和出浆、从排气孔流出与规定稠度相同的水泥浆为止。

⑪ 压浆应缓慢均匀进行，不得中断并应排气通畅，在压满孔道后封闭排气孔及灌浆孔。

⑫ 不掺膨胀剂的水泥浆，宜采用二次压浆以提高压浆的密实性，第一次压浆后，间隔30min左右再由另一端进行二次压浆。

⑬ 当气温高于35℃时，孔道压浆宜在夜间进行。

⑭ 压浆时，每一班组应留取不少于3组的70.7mm×70.7mm×70.7mm立方体试件，并按有关规定进行养护及试验。

⑮ 孔道压浆的其他要求执行现行《公路桥涵施工技术规范》(JTJ 041)。

(15) 封锚

1) 封锚程序及方法

① 将接触面充分凿毛。

② 绑扎钢筋。

③ 安装模板。

④ 将锚具周围冲洗干净并湿润混凝土接触面。

⑤ 浇筑混凝土。

2) 封锚施工要求

① 凿毛时不得振动锚头。

② 封锚混凝土强度应符合设计规定，设计无规定时，应不低于盖梁混凝土设计强度等级的80%。

③ 封锚混凝土的浇筑应严格控制梁体的长度。

(16) 模板及支架拆除

1) 拆除程序及方法

① 松开顶托支撑。

② 撤除主龙骨、次龙骨并逐块拆除模板。

③ 撤除顶托。

④ 自上而下拆除每根钢管或构件。

2) 模板及支架拆除施工要求

① 盖梁脱模及卸落支架应按设计规定进行，设计未规定时，应在张拉前拆除侧模，张拉后拆除底模。

② 拆除时严禁上下同时作业，施工过程中应做好对支架材料及模板的保护。

3. 季节性施工

(1) 雨期施工

1) 雨期施工中，盖梁支架地基要求排水顺畅，不积水。

2) 模板涂刷脱模剂后，要采取覆盖措施避免脱模剂受雨水冲刷而流失。

3) 及时准确地了解天气预报信息，避免雨中进行混凝土浇筑。

4) 波纹管就位后要将端口封严，以免灌入雨水而锈蚀预应力筋或波纹管。

(2) 冬期施工

1) 应根据混凝土搅拌、运输、浇筑及养护的各环节进行热工计算，确保混凝土入模温度满足有关规定，确保混凝土在达到临界强度前不受冻。

2）混凝土的搅拌宜在保温棚内进行，对集料、水泥、水、掺合料及外加剂等应进行保温存放。

3）视气温情况可考虑水、集料的加热，但首先应考虑水的加热，若水加热仍不满足施工要求时，再进行集料加热。水和集料的加热温度应通过计算确定，但不得超过有关标准的规定。投料时水泥不得与80℃以上的水直接接触。

4）混凝土运输车应采取保温措施。

5）及时准确地了解天气预报信息，浇筑混凝土应避开寒流。

6）根据气温情况可以选择使用蓄热法、综合蓄热法及暖棚法进行混凝土养护。

7）孔道压浆过程中及压浆后48h内，结构混凝土的温度不得低于5℃，否则应采取保温措施。

8）冬期拆模时，混凝土表面与大气温差不得大于15℃，否则应继续覆盖，使混凝土缓慢冷却。

2.2.4.4 质量标准

1. 基本要求

（1）钢绞线及锚、夹具等预应力材料的各项技术性能必须符合国家现行标准规定和设计要求，经检验合格后方可使用。

（2）钢绞线应梳理顺直，不得有缠绞、扭麻花现象。

（3）张拉时，单根钢绞线不允许有断丝现象。

（4）千斤顶与压力表必须配对校验。

（5）钢筋、电焊条及混凝土的各种组成材料的各项技术性能必须符合国家现行有关标准要求。

（6）盖梁混凝土及孔道灌浆的配合比必须按有关标准经过计算、试配，施工时按规定配合比进行，使用预拌混凝土需有合格证明。

（7）盖梁混凝土在浇筑前，必须先检查预埋件、锚固螺栓等，须保证位置准确，埋设牢固。

（8）盖梁混凝土应振捣密实，不应有蜂窝、孔洞，混凝土及孔道水泥浆强度必须满足设计要求。

2. 实测项目

见表2－31、表2－32。

表2－31 后张法实测项目

项次	检查项目		规定值或允许偏差	检查方法和频率
1	管道坐标（mm）	梁长方向	±30	尺量：抽查30%，每根查10个点
		梁高方向	±10	
2	管道间距（mm）	同 排	10	尺量：抽查30%，每根查5个点
		上下层	10	
3Δ	张拉应力值		符合设计要求	查油压表读表：全部
4Δ	张拉伸长率		符合设计规定，设计未规定时±6%	尺量：全部
5	钢绞线断丝滑丝数		每束1根，且每断面不超过钢丝总数的1%	目测：每根（束）

表 2－32 现浇混凝土盖梁实测项目

项次	检查项目	规定值或允许偏差	检查方法和频率
1△	混凝土强度(MPa)	在合格标准内	按 JTG F80/1 附录 D 检查
2	断面尺寸(mm)	±20	尺量:检查 3 个断面
3△	轴线偏位(mm)	10	全站仪或经纬仪:纵、横各测量 2 点
4△	顶面高程(mm)	±10	水准仪:检查 3～5 点

3. 外观鉴定

(1) 钢绞线锈蚀严重时不得使用,轻微锈蚀的在使用前应进行除锈。

(2) 混凝土表面平整、光洁,棱角线平直。

(3) 盖梁如出现蜂窝、麻面,必须进行修整。

(4) 盖梁不应出现非受力裂缝,裂缝宽度超过设计规定或设计未规定时超过 0.15mm 必须处理。

2.2.4.5 成品保护

1. 拆侧模应在混凝土强度达到 2.5MPa 后进行,不得强力拆除,以免损伤混凝土棱角。

2. 注浆完毕后,及时将喷洒到盖梁上的水泥浆冲洗干净,以免影响美观。

2.2.4.6 应注意的质量问题

1. 波纹管堵塞。混凝土浇筑前,对波纹管进行全面检查,在振捣过程中加强监督管理,防止振捣棒破坏波纹管。另外,在混凝土浇筑过程中应反复拉通,以防堵管。

2. 混凝土裂缝。应采取合理设计配合比、严格控制原材料质量、加强养护及控制混凝土表面温差等措施控制裂缝出现。

3. 梁体出现冷缝。要保证混凝土供应连续且分层浇筑,覆盖上层混凝土时间不得超过下层混凝土初凝时间。振捣时,振捣棒需插入下层混凝土深度 50mm～100mm。

4. 张拉时锚垫板陷入混凝土中。因锚区钢筋较密,振捣时需人工用钢筋棒配合机械振捣密实。处理时可剔除不密实的混凝土,重新浇筑高强度等级混凝土,达到张拉强度时再行张拉。

5. 蜂窝、麻面。要求脱模剂涂刷均匀并避免流失,施工时振捣适宜,避免漏振或过振。

7. 环境、职业健康安全管理措施

参见“2.2.3 钢筋混凝土墩台施工”相关内容。

2.2.5 桥式模架盖梁施工

2.2.5.1 适用范围

适用于桥梁工程中盖梁采用抱箍牛腿法的桥式模架施工。

2.2.5.2 施工准备

1. 技术准备

(1) 模板体系的设计与制作

1) 盖梁模板宜力求采用定型钢模板,如果采用钢木组合定型模板时,要力求方便拆装和组合,盖梁底模力求采用大块拼装,以方便拼装和拆卸,同时方便模板落架;如果采用钢木组合模板时,模板的混凝土接触面必须要用不小于 3mm 的镀锌覆盖。钢木模板的设计可参照《公路桥涵钢结构及木结构设计规范》(JTJ 025)的有关规定。如果采用其他材料如玻璃钢制作的模板时,制作接缝必须严密,变肋和加强肋安装牢固,与模板成为一个整体。

2）钢模板及钢木组合模板宜采用定型模板，并力求标准化和系列化，模板支架的设计和施工要符合国家现行标准《组合钢模板技术规范》(GBJ 214)的规定。

3）钢模板及钢木组合模板及其配件应按标准的加工图在工厂加工，成品经过验收合格后方可使用。

(2) 施工前编制详细的施工方案并进行技术交底。

2. 材料要求

(1) 钢材：盖梁支撑体系所使用的钢筋、钢材必须有出厂合格证。

(2) 电焊条：焊接用焊条应有出厂合格证，强度应与母材匹配。

(3) 高强螺栓：高强螺栓宜采用性能等级为10.9级的制成品，应有出厂合格证，进场后应按高强度螺栓有关标准抽样检验，其质量应符合国家有关标准的规定。

3. 工具设备

(1) 支撑梁：支撑梁宜优先采用桁架梁或其他组合杆件装配的强力支撑，对于体积较小、施工荷载不大的盖梁，当通过荷载计算满足施工要求时也可用钢板桩加重型钢等。

(2) 抱箍：抱箍采用A3钢板加工，钢板厚度不得小于7mm；抱箍的连接螺栓采用高强螺栓。

(3) 牛腿：牛腿采用A3钢板加工，钢板厚度宜小于7mm，并在安装前与抱箍焊接牢固。

(4) 砂箱：砂箱用A3钢板加工，钢板厚度不小于5mm，砂箱用砂必须采用粒径小于3mm的干细砂，砂的含水量不得大于5%。

(5) 横向分配梁：横向分配梁宜采用方木或型钢（如槽钢、工字钢、薄壁方钢）等材料。

(6) 其他机具设备：起重机、倒链、电焊机、钢筋弯曲机、木工刨锯机、烘干机、氧气—乙炔切焊机、刨光机等。

4. 作业条件

(1) 墩柱混凝土已浇筑完毕，其强度已达到设计强度。

(2) 模架方案已审批完成。

(3) 施工现场道路畅通、场地平整，施工用临时水、电满足施工要求。

(4) 模板、支撑体系的各个部件已加工完毕，且经过验收符合设计要求。

2.2.5.3　施工工艺

1. 工艺流程

支撑体系制作 → 安装抱箍 → 安装砂箱 → 安装支撑梁和分配梁 → 模板安装与拆除 → 绑扎钢筋及浇筑混凝土 → 卸砂落架 → 模架拆除

2. 操作工艺

(1) 支撑体系制作

1）支撑梁及支撑结构应根据设计图纸进行制作，应尽可能采用标准化、系列化、通用化的构件拼装。无论采用何种支撑体系，均应进行施工图设计，并验算其强度、刚度和稳定性。

2）支撑梁应采用桁架梁或其他组合杆件装配的强力支撑拼装；支撑梁的横向连接构件宜依据支撑体系设计图采用槽钢或角钢加工，宜用螺栓连接。

(2) 安装抱箍

1）采用简易脚手架、爬梯等方法人工安装；安装时须将抱箍位置处的立柱表面清理干净，以免抱箍与立柱表面存有杂物，影响抱箍与立柱的紧密接触、降低抱箍的摩擦力，从而影响支撑体系的承载力。

2）在安装抱箍时，首先要在立柱表面与抱箍间加垫不小于5mm厚的橡胶板，橡胶板的面积不得小于抱箍与立柱的接触面积。

3）抱箍应通过倒链固定在柱头钢筋上，通过倒链调整抱箍位置。

4）连接抱箍的螺栓必须采用高强螺栓连接，不得用普通螺栓替换，所有连接螺栓必须用公斤扳手施加到设计的预紧力，同时确保每个连接螺栓有效。

5）在紧固连接螺栓时，要两侧交替对称施加预紧力，以免不对称紧固引起部分螺栓不能充分发挥效力降低抱箍与立柱间的摩擦力。

(3) 安装砂箱

1）砂箱宜用不小于5mm厚的钢板加工，同时在砂箱的底部留好出砂口，砂箱的顶部要预留灌砂口。砂箱所用的砂宜采用洁净细干砂，不得混有小石子或其他粗砂，以免堵塞出砂口和增大砂箱的压缩量。

2）砂箱宜在地面组装好以后再安放到抱箍之上，同时砂箱组装总体高度宜不小于设计高度，以便于控制支持体系的高度。

(4) 安装支撑梁和分配梁

1）预拱度设置：为了保证结构竣工后尺寸的准确性，应在支撑梁上采用不同高度的横向分配梁设置预拱度，在确定预拱度时，应考虑以下因素：

① 支撑体系承受施工荷载引起的弹性变形。

② 超静定结构由于混凝土收缩、徐变及温度变化引起的挠度。

③ 由结构重力引起的砂箱、牛腿、反兜钢筋的压缩变形或拉伸，支撑梁的弹性挠度。

④ 受荷载后卸落设备压缩产生的非弹性变形。

预留施工沉落值参考数据见表2－33。

表2－33　计算预留施工沉落值参考数据

项　目		数　据
接头承压非弹性变形	木与木	每个接头约顺纹2mm，横纹3mm
	木与钢	每个接头2mm
卸落设备的压缩变形	砂箱	2mm～5mm

2）支撑体系使用的支撑梁采用桁架梁或其他组合杆件装配的强力支撑，支撑梁宜在地面拼装后再进行垂直吊装，吊装就位的两道支撑梁要及时设置横向连接，以确保两道支撑梁成为一整体牢固安放于砂箱之上。

3）在支撑梁上布设横向分配梁时，要严格依据设计图纸设置预拱度，预拱度可以通过横向分配梁的不同高度来调整，也可以通过在横向分配梁下面加垫木楔或木马来实现；预拱度的设置要考虑支撑梁由于承受施工荷载产生的挠度。

4）支撑体系安装完毕以后，应对其平面位置、顶部高度、节点联系及纵横向稳定性进行全面检查，符合要求后，方可进行下一工序的施工。

(5) 模板安装与拆除

1）模板应始终保持表面平整光滑、尺寸准确、不漏浆，且具有足够的刚度和强度。模板每次拆模以后要根据情况进行整修，模板的混凝土接触面要用刨光机刨光，以备下次使用时涂刷脱模剂。外露面混凝土模板的脱模剂应采用同一品种，不得使用易粘在混凝土表面上的或使混凝土变色的油料。

2）模板与钢筋的安装应配合进行，先安装底模绑扎钢筋，再安装侧模和端模。

3）模板安装完毕后，应保持位置正确。浇筑时，发现模板有超出允许偏差变形时，应及时纠正。

4）固定于模板或钢筋上的预埋件和预留洞必须安装牢固，位置准确。

5）模板安装完毕后，应对其平面位置、顶部标高、节点连接及纵横向稳定性进行检查，各专业会签以后方能浇筑混凝土。

6）浇筑混凝土后，当其强度达到2.5MPa后，方可拆除侧模。当盖梁混凝土达到设计强度要求时，方可拆除盖梁底模和支撑设备。

（6）绑扎钢筋及浇筑混凝土

参照“2.1.1　桥梁钢筋加工及安装”和“2.1.3　桥梁混凝土施工”。

（7）卸砂落架

1）砂箱卸砂时应保持均匀、同步进行。

2）个别砂箱卸砂困难时应停止卸砂，及时查找原因，排除障碍后再统一卸砂作业。

（8）模架拆除

在拆除底模和支撑体系时，先卸砂落架使模板与混凝土分离，然后用起重机或其他起重设备将支撑体系整体吊出，最后分解拆除。

3．季节性施工

参见“2.1.3　桥梁混凝土施工”中季节性施工的有关规定。

2.2.5.4　质量标准

1．基本要求

（1）施工时除严格控制模板支架的高度和平面位置外，还应控制模板预留拱度符合设计规定。

（2）模板必须拼缝严密，不得漏浆，模内必须洁净。

（3）严格控制抱箍与立柱间的摩擦力，确保抱箍满足设计要求的支撑力。

2．实测项目

见表2－34、表2－35。

表2－34　　模板制作实测项目

项次	检查项目		规定值或允许偏差(mm)	检查方法和频率
1	钢木组合模板	模板长度和宽度	±5	钢尺量：长、宽、高各检查1点
		相邻两板表面高差	3	尺量：检查4点
		模板表面平整度	1	2m直尺：检查4点
		模板缝隙宽度	1	尺量：检查1点
		支架尺寸	±5	尺量：检查1点
		预埋件偏差	±5	尺量：检查1点
2	定型钢模板	外形尺寸	＋2，－1	尺量：检查1点
		连接配件的孔眼位置	±1	尺量：检查1点
		板面平整度	1	2m直尺：检查4点
		板面与板侧的挠度	±1	尺量：检查1点

表 2－35 模板、支架安装实测项目

项次	检查项目	规定值或允许偏差(mm)	检查方法和频率
1	模板标高	±5	水准仪：测量1点
2	模板内部尺寸	＋5，0	钢尺量：长、宽、高各检查1点
3	轴线偏位	5	经纬仪：纵横向各测量1点
4	模板相邻两板面高差	1	尺量：检查4点
5	预埋件中心位置	3	钢尺量：检查1点
6	预留孔中心线位置	±5	钢尺量：检查1点
7	预留孔截面内部尺寸	＋5，0	钢尺量：检查1点
8	支撑梁中心线位置	±10	水准仪测量
9	支撑梁顶面高程	0，－10	水准仪测量

2.2.5.5 成品保护

1. 加强混凝土养护工作，保证混凝土养护时间，在拆除侧模、端模时混凝土强度不得低于2.5MPa；在拆除底模时混凝土强度未达到设计和规范规定强度前，不得拆除支架和底模。

2. 拆除模板以后，要立即采用“覆盖法”进行养护，并保证混凝土表面在养护期间始终保持湿润状态。

3. 防止在拆除支撑设备时损坏盖梁混凝土，造成结构缺棱掉角现象。

2.2.5.6 应注意的质量问题

1. 为防止抱紧力不足而导致滑架。施工时，要严格按照设计要求安装抱箍，确保抱箍的每个连接螺栓达到设计预紧力，同时要保证抱箍下面的橡胶的接触面不小于设计要求。

2. 在支撑体系设计时，应充分考虑纵梁的刚度满足几何尺寸要求，若强度满足、刚度不足时，必须加大纵梁截面，提高刚度，保证盖梁结构尺寸在允许偏差范围内。

3. 为防止盖梁悬臂端或墩柱跨中挠度过大，严格按设计预留拱度。

2.2.5.7 环境、职业健康安全管理措施

1. 环境管理措施

(1) 施工现场由专人负责清理，模板加工下脚料、锯末等不得随处乱扔；保持施工现场整齐清洁。

(2) 对模板加工机械(电锯、电刨等)应采取封闭隔音措施，防止噪声扰民。

(3) 模板涂刷隔离剂时，应采取措施防止污染钢筋和周围环境。

2. 职业健康安全管理措施

(1) 安装抱箍时，应有简易施工脚手架，脚手架应有围护设施。如采用爬梯、吊梯应牢固可靠。

(2) 在支撑梁吊装作业时，由专人指挥，严禁违章作业；在吊装作业区两端设置明显的施工标志，非施工人员禁止通行；在吊装过程中，起重臂下及吊车回转半径内严禁站人。支撑梁安装

就位后及时与牛腿进行固定,固定前严禁上人作业。

(3) 高空作业时,操作人员必须系安全带,风力在 4 级以上时,停止高空作业。对高度较高的桥墩,采取可靠的防雷击措施。在盖梁横向分配梁的外侧必须设置不低于 1.5m 的护栏,在支撑梁的下面设置防护网。支撑梁与横向分配梁、横向分配梁与护栏间均应有牢固的连接措施。

(4) 夜间施工,应有足够的照明设施。定期对施工现场的所有电器设备、临电线路进行检查,保证用电安全。

(5) 配电系统采用分级配电、三相五线制的接零保护。配电箱内保证电器可靠完好,其线形、定值要符合规定,开关标明用途,开关箱外观完整、牢固,满足防雨、防水、防尘的要求,统一编号,外涂明显色标,停用必须拉闸断电,锁好开关箱。临时配电线路按规范架设,架空线路采用绝缘导线,禁止使用塑胶软线,严禁成束架空或沿地敷设。

(6) 木工机械(电锯、电刨等)应有完善的安全防护设施。

2.3　桥跨承重结构

2.3.1　预应力钢筋混凝土箱梁施工

2.3.1.1　适用范围

适用于公路及城市桥梁工程现浇预应力钢筋混凝土箱梁的施工,现浇钢筋混凝土箱梁的施工可参照执行。

2.3.1.2　施工准备

1. 技术准备

同“2.2.4　预应力钢筋混凝土盖梁施工”相应内容。

2. 材料要求

同“2.2.4　预应力钢筋混凝土盖梁施工”相应内容。

3. 机具设备

同“2.2.4　预应力钢筋混凝土盖梁施工”相应内容。

4. 作业条件

(1) 墩台或盖梁经验收合格。

(2) 作业面已具备“三通一平”,满足施工要求。

(3) 材料按需要已分批进场,并经检验合格,机械设备状况良好。

2.3.1.3　施工工艺

1. 工艺流程

(1) 箱梁二次浇筑成型(见 P178)

(2) 箱梁一次浇筑成型(见 P179)

2. 操作工艺(二次浇筑成型)

(1) 测量放线,支架地基处理,支架基础施工,支架安装

参见“2.2.4　预应力钢筋混凝土盖梁施工”相应内容。

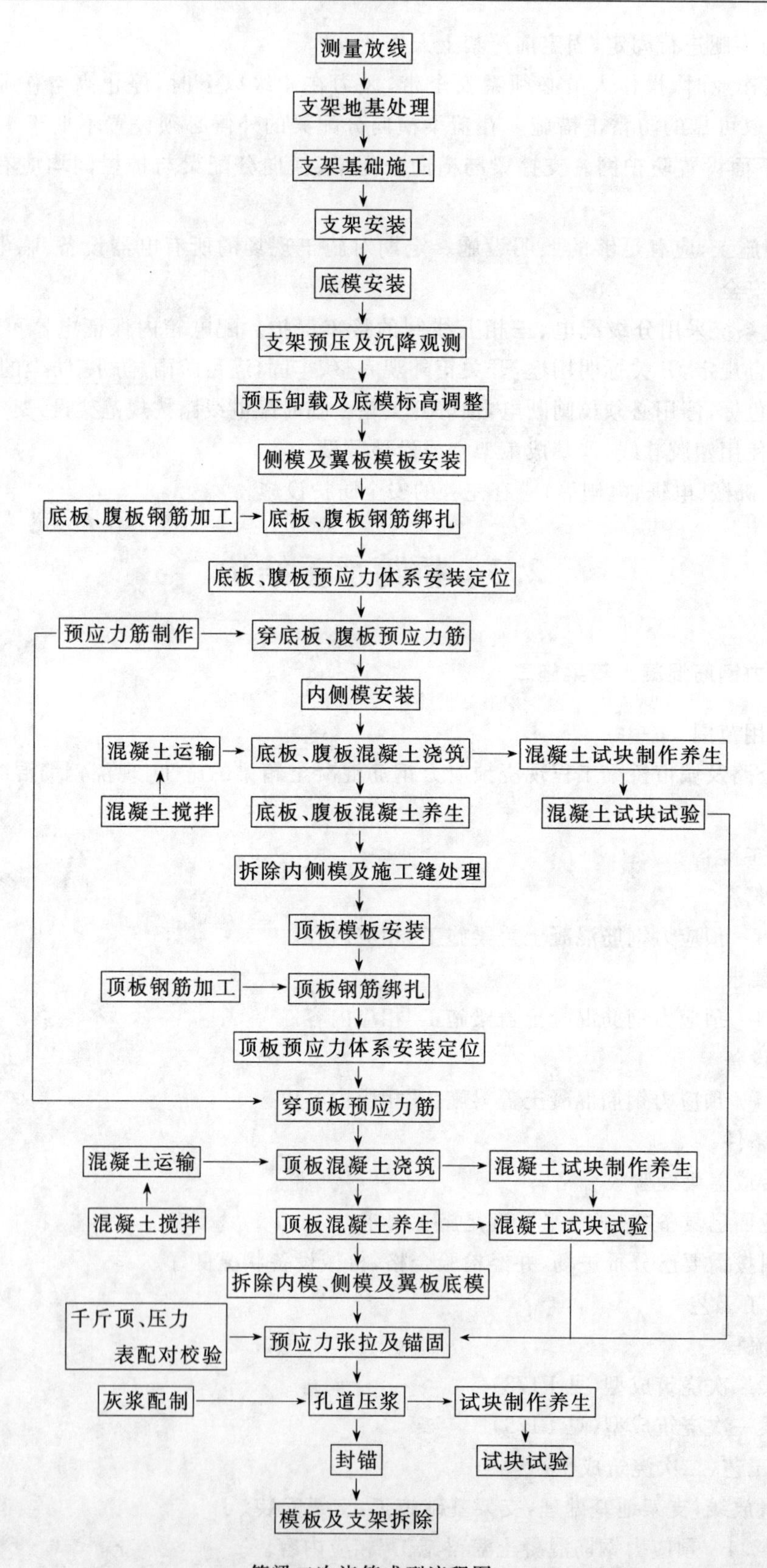

箱梁二次浇筑成型流程图

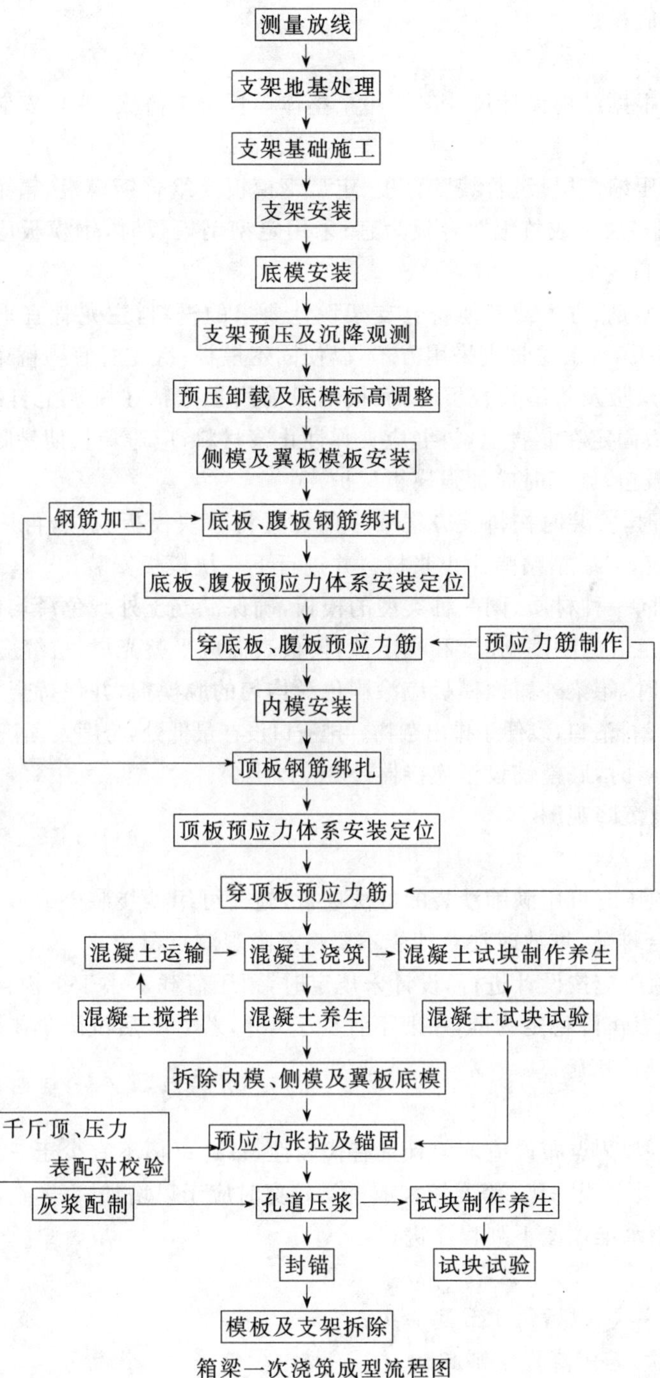

箱梁一次浇筑成型流程图

(2) 底模安装

1) 底模安装程序及方法

① 复核支架顶标高。

② 安装主龙骨,主龙骨接头部位应增设立杆。

③ 安装次龙骨,用铁钉、销钉或电焊等方式将次龙骨与主龙骨固定,主次龙骨交叉点有缝隙时,用木楔填塞密实。

④ 若次龙骨采用方木,用手提电刨将次龙骨顶面刨平。

⑤ 铺设及固定底模。

2）底模安装要求

① 底模安装前根据结构设计尺寸编制箱梁整体模板拼装方案，底模安装时应严格按拼装方案进行。

② 底模宜采用压缩多层板、竹编胶合板、定型钢模板或组合钢模板，箱梁为曲线梁或底板有竖曲线时，采用压缩多层板或竹编胶合板为宜；采用定型钢模板时，钢模板应由专业生产厂家设计及生产，拼缝以企口为宜。

③ 龙骨宜采用型钢、方木或其他符合支架设计要求的材料，主龙骨宜垂直桥梁轴线方向设置；底模采用木质模板时，次龙骨宜采用方木，以便固定模板；次龙骨宜顺桥梁轴线方向设置。

④ 采用压缩多层板及竹编胶合板时，底模铺设前用手电钻在模板上打眼，然后依据底模安装方案用铁钉将模板固定在龙骨上，拼缝应夹弹性止浆材料；应避免长期暴晒及模板暴露时间过长使其表面挠曲和鼓包，施工时应加强模板保护。

⑤ 采用钢模板时，安装时按拼装方案要求的位置将首块模板就位，再用铁丝、铁钉、销钉或卡子等方式将其固定，然后粘贴弹性止浆材料并进行下一块模板安装。

⑥ 全桥宜使用同一种材质、同一种类型的模板，确保混凝土外观色泽均匀一致。

⑦ 模板应具有足够的刚度、强度和稳定性，模板表面应平整光滑，拼缝应严密不漏浆。

⑧ 采用钢模板时，箱梁外露面模板应涂刷色泽均匀的脱模剂，并保持全桥一致。

⑨ 模板底部应设排渣口，以便于排出杂物。排渣口设在最低处，跨度大、钢筋密时应多设几处。

⑩ 当设有连接器时，底模铺设至连接器外 3m 以上。

(3) 支架预压及沉降观测

1）支架预压

① 预压方法：预压时可用满铺沙袋的方法进行，施荷可用沙袋装土或砂等材料，加载时使用汽车吊吊装人工配合堆放，堆放时注意沙袋不要将沉降观测点覆盖。

② 预压要求：预压应按设计进行，设计未规定时，预压荷载不小于结构自重与施工荷载之和的 1.2 倍，预压时间以沉降稳定为准，一般不宜少于 48h，若 48h 后沉降仍未稳定，应对地基或支架进行处理或采取其他措施。

2）沉降观测

① 观测点布设：观测点布设应均匀且具有代表性，每跨每幅不宜少于三组共 9 点，其中跨中设一组，两端 1/4 跨处各设一组；跨度较大或桥梁较宽时应予以增加。

② 观测方法：用水准仪按下列程序进行：

a. 加载前测一次。

b. 加载完毕测一次，以后每 12h 测一次。

c. 48h 后测一次，若沉降稳定则卸载。

d. 卸载后测一次。

(4) 预压卸载及底模标高调整

1）卸载时用汽车吊吊装人工配合，从先加载的一端开始，卸载时应注意沙袋要垂直起落，不得在模板上拖拉。

2）按观测结果进行底标高调整及纵横向施工预拱度预留。先对观测点处标高进行调整，每一点调高的高度为该点的非弹性变形值与弹性变形值之和，然后对观测点之间模板标高进行调整，经调整后的底模应平整、线形流畅。

(5) 侧模及翼板模板安装

1) 侧模安装：宜采用压缩多层板或竹编胶合板。

① 先按拼装方案要求尺寸将模板切割好，然后在次龙骨固定位置用手提电钻打眼。

② 将次龙骨与模板紧贴的一面用电刨刨平，用铁钉将次龙骨固定在模板上。

③ 在侧模与底模拼缝处粘贴弹性止浆材料。

④ 人工搬运将模板就位，然后将其与翼板支架固定，避免其向内侧倾倒。

⑤ 在拼缝处粘贴弹性止浆材料，然后将相邻模板就位。

⑥ 进行主龙骨安装，可用铁钉或铁丝等将主次龙骨固定。

⑦ 钢管支撑与翼板支架固定联结，并用可调顶托将其顶牢。

2) 翼板底模安装：参照2款施工。

3) 翼板底模及侧模安装要求

① 侧模采用钢模板时，应与底模配套。

② 模板安装时，先安装侧模，然后安装翼板底模，翼板底模应压于侧模上方；翼板底模安装前，首先依据设计方案复核支架顶标高，合格后进行下步施工。

③ 龙骨间距应通过受力计算确定。

④ 宜采用侧模包底模的施工方法，梁高较小时，外露面模板不宜设拉杆，以免影响美观。

(6) 底板、腹板钢筋加工及绑扎

1) 钢筋加工参照"2.1.1　桥梁钢筋加工及安装"的相关规定。

2) 钢筋绑扎程序及方法

① 用粉笔在模板上划出底板下层纵横向钢筋准确位置。

② 人工搬运钢筋逐根就位，并对所有交叉点进行绑扎。

③ 安装底板保护层垫块。

④ 横隔梁及腹板钢筋就位并与底板钢筋绑扎，安装侧模保护层垫块。

⑤ 摆放底板上层钢筋支撑马镫(如果需要设置)，用粉笔在马镫及模板上放出底板上层纵横向钢筋准确位置。

⑥ 将底板上层钢筋逐根就位并对所有交叉点进行绑扎，并将其与横隔梁及腹板钢筋绑扎。

⑦ 埂斜筋、腹板腰筋及底板架立筋等就位绑扎。

3) 钢筋绑扎要求

① 当箱梁为曲线梁时，放样时要特别注意图示钢筋间距的标注位置是其设计线还是横断面对称线。

② 底板下层钢筋形成整体后，应及时安装保护层垫块，以免到后期骨架重量增加而使其安装困难，用撬棍安装时撬棍下应垫以小木板以免损伤模板。

③ 当底板的上下层钢筋之间未设计架立筋或架立筋不足以支撑施工荷载及上层钢筋自重时，上下层钢筋之间应设马镫或增加架立筋。

④ 靠模板一侧所有绑丝扣应朝向箱梁混凝土内侧。

⑤ 保护层垫块应具有足够的强度及刚度；使用混凝土预制垫块时，必须严格控制其配合比，配合比及组成材料应与梁体一致，保证垫块强度及色泽与梁体相同；腹板宜使用塑料垫块；垫块设置宜按照梅花形均匀布置，间距不宜大于750mm。

⑥ 绑扎过程中要注意预应力孔道的预留，以免钢筋成型后孔道预留难度增大。

⑦ 钢筋绑扎的其他要求参照"2.1.1　桥梁钢筋加工及安装"的相关规定。

(7) 底板、腹板预应力体系安装定位及穿底板、腹板预应力筋

参见“2.2.4 预应力钢筋混凝土盖梁施工”相应内容。

(8) 内侧模安装

1) 内侧模安装前安装保护层垫块。

2) 内侧模支撑宜采用钢管加可调顶托。

3) 内侧模制作及安装其他要求参照5款要求施工。

(9) 底板、腹板混凝土浇筑

1) 混凝土浇筑前检查及准备工作

① 使用压缩空气对模内进行彻底清理。

② 对模板、钢筋、预应力体系及预埋件等进行全面检查，将预应力孔道及预埋件设置明显标记，以免浇筑时损坏。

③ 测量放线，标明底板及腹板浇筑高度。

2) 混凝土浇筑方法及要求

① 混凝土搅拌、运输、浇筑的一般要求参见“2.1.3 桥梁混凝土施工”的相关规定。

a. 混凝土浇筑方法应水平分层纵向压茬赶进，阶梯向前推进，高低不平时应由低向高逐渐推进。

b. 混凝土振捣时振捣棒应垂直插入，快插慢拔、边提边振，至混凝土不再下沉和出现气泡为宜。

c. 浇筑完毕后将混凝土顶面整平，并用木抹子拍实、压平。

② 多跨连续箱梁因整联长度过长，需分段张拉，或混凝土浇筑量过大，不能整联一次连续浇筑完成时，可分段浇筑，分段位置如设计无规定宜留在梁跨1/4部位处。

③ 多跨连续箱梁宜整联浇筑；必须分段浇筑时，应自一端跨逐段向另一端跨推进，每段浇筑跨数，可依设计或施工需要而定。

④ 多跨连续箱梁分段浇筑(含混凝土浇筑、预应力张拉和脱架)不宜由两端跨开始，到中间跨合龙。如果必须从两端跨开始，在中间跨合龙时，合龙段应作合龙设计，按合龙要求处理。

⑤ 简支箱梁混凝土浇筑应尽量加快浇筑速度，连续一次浇筑完毕，混凝土可从跨中向两端墩台方向浇筑，也可以从一端开始浇筑。

⑥ 底板混凝土一般不宜分层连续浇筑，底板混凝土初凝前浇筑腹板混凝土，底板与腹板交界埂斜处混凝土应饱满密实。

⑦ 浇筑时底板内多余混凝土应及时清理干净，严格控制底板厚度，底板顶面要拍实、压平。

⑧ 支点横梁两侧预应力束上弯部位不宜两次成型，应全断面一次浇筑。

⑨ 浇筑宜采用插入式振捣器振捣，因锚区钢筋较密，浇筑时应人工配合机械振捣。

⑩ 采用后穿束时，混凝土浇筑前宜在波纹管内穿入铅丝棉球做拉通准备，混凝土浇筑时设专人由两端往复拉通；采用先穿束时，混凝土浇筑时可用卷扬机由两端往复拉动预应力筋，防止渗入水泥浆凝块堵孔，直至混凝土初凝后停止。

⑪ 混凝土浇筑时应设专人检查钢筋、模板、波纹管、锚垫板、预埋件等，出现位移、松动时，及时纠正修复。

⑫ 除按“2.1.3 桥梁混凝土施工”要求制作标准条件养护试块外，还应制作同条件养护试块，以确定张拉时间。

⑬ 与顶板接缝宜留在腹板上埂斜腋下50mm处。

(10) 底板、腹板混凝土养生

底板及腹板混凝土初凝后，及时洒水养生，养生至预应力张拉且不少于7d，也可根据空气的湿度、温度和水泥品种及掺用外加剂等情况，酌情延长。养生期间应始终保持梁体湿润。

(11) 拆除内侧模及施工缝处理

1) 拆除内侧模

① 内侧模拆除应在混凝土终凝且棱角不易被损坏时进行。

② 首先松开模板支撑，然后逐块拆除模板，拆除时注意保护所拆模板及翼板模板。

③ 模板及支撑应码放整齐，将箱内清理干净。

2) 施工缝处理

① 施工缝凿毛、钢筋除污时混凝土强度不低于2.5MPa。

② 应人工进行凿毛，凿毛时不得损坏预应力孔道。

③ 凿毛程度应满足"2.1.3　桥梁混凝土施工"关于施工缝处理的规定。

④ 凿毛后应进行彻底清理并不得将垃圾清理到箱内。

(12) 顶板模板安装

1) 安装时应按设计要求位置留置人孔，设计未规定时应留在1/4跨附近。

2) 其他做法及要求参照2款施工。

(13) 顶板钢筋加工及绑扎：参照6款施工。

(14) 顶板预应力体系安装定位及穿顶板预应力筋：参照7款施工。

(15) 顶板混凝土浇筑

1) 混凝土浇筑前检查及准备工作

① 使用压缩空气对模内进行彻底清理。

② 对模板、钢筋、预应力体系及预埋件等进行全面检查，将预应力孔道及预埋件设置明显标记，以免浇筑时损坏。

③ 布设2m×2m高程控制方格网。

2) 混凝土浇筑方法及要求

① 应使用与底板腹板混凝土同品种、同强度等级、同生产厂家、同批生产的水泥。

② 浇筑宜整联一次完成，必须分段浇筑时，应自一端跨逐段向另一端跨推进，分段位置如设计无规定宜留在梁跨1/4部位处，但不得与腹板的竖向施工缝贯通，接缝处理满足"2.1.3　桥梁混凝土施工"关于施工缝处理的规定。

③ 浇筑时宜采用插入式振捣器振捣，因锚区钢筋较密，浇筑时用人工配合机械振捣。

④ 为避免收缩裂缝的出现，顶面整平后用木抹反复搓压，搓压遍数不宜少于3遍，每遍间隔时间应视天气状况、混凝土凝结速度等因素确定，最后一遍应在混凝土可重塑前完成。

⑤ 拉毛应在混凝土初凝前按设计要求进行，设计未规定时按垂直桥梁轴线方向进行拉毛处理。

⑥ 为满足拆模及预应力张拉需要，顶板应留人孔，人孔预留应按设计进行，设计未规定时宜设在距墩顶1/4跨附近。

⑦ 混凝土浇筑的其他要求参照9款施工。

(16) 顶板混凝土养生：宜使用阻燃保水材料覆盖洒水养生。其他按10款规定执行。

(17) 拆除内模、侧模及翼板底模

1) 拆除强度要求

① 内模及侧模拆除应在混凝土终凝且棱角不易被损坏时进行。

② 翼板底模的拆除，当翼板宽度大于2m时，要求其同条件养护试块强度达到设计强度的100%；当翼板宽度不大于2m时，要求其同条件养护试块强度达到设计强度的75%。

2）拆除内模、侧模及翼板底模

① 首先逐段松开并拆除模板支撑，一次松开面积不得过大。

② 逐块拆除模板，拆除时注意保护模板。

③ 将模板及支撑码放整齐，箱内清理干净。

（18）预应力张拉及锚固，孔道压浆，封锚

参照“2.2.4　预应力钢筋混凝土盖梁施工”相应内容。

（19）模板及支架拆除

1）拆除程序及方法

① 逐段松开顶托支撑。

② 拆除主龙骨、次龙骨并逐块拆除模板。

③ 拆除顶托。

④ 自上而下拆除每根钢管或构件。

2）模板及支架拆除施工要求

① 现浇箱梁脱模及卸落支架应按设计规定进行，设计未规定时，应在张拉前拆除侧模、内模及翼板底模，张拉后拆除底模。

② 多跨箱梁分段浇筑或逐孔浇筑落架时，除考虑主梁混凝土强度外，同时应考虑邻跨未浇筑混凝土对本跨的影响。

③ 多跨连梁整联浇筑时，落架脱模宜各跨同时均匀分次卸落，如必须逐跨落架时，宜由两边跨向中跨对称拆除。

④ 在柔性分段墩上浇筑连梁张拉或落架时，因支座偏心，应验算桥墩偏心荷载，墩柱抗弯不足时需设临时支撑，待邻跨加载后方可拆除。

⑤ 独柱多跨连梁或连续弯梁，宜整联连续浇筑，施加预应力后脱模、落架；如需分段或逐孔浇筑分段张拉、分段落架时，必须考虑已浇梁段的稳定性，防止偏载失稳或受扭。

⑥ 拆除时严禁上下同时作业，施工过程中应做好对支架材料及模板的保护。

（20）箱梁全断面一次浇筑成型

1）当箱内净空较大、便于操作、混凝土生产能力较强时可采用一次浇筑成型。

2）顶板模板应适度留出人孔。

3. 季节性施工

参见“2.2.4　预应力钢筋混凝土盖梁施工”相应内容。

2.3.1.4　质量标准

1. 基本要求

（1）钢绞线及锚、夹具等预应力材料的各项技术性能必须符合国家现行标准规定和设计要求，经检验合格后方可使用。

（2）钢绞线应梳理顺直，不得有缠绞、扭麻花现象。

（3）张拉时，单根钢绞线不允许有断丝现象。

（4）千斤顶与压力表必须配对校验。

（5）钢筋、电焊条及混凝土的各种组成材料的各项技术性能必须符合国家现行有关标准

要求。

(6) 箱梁混凝土及孔道灌浆的配合比必须按有关标准经过计算、试配，施工时按规定配合比进行，使用预拌混凝土需有合格证明。

(7) 箱梁混凝土在浇筑前，必须先检查预埋件、锚固螺栓、支座等，须保证位置准确，埋设牢固。

(8) 箱梁混凝土应振捣密实，混凝土及孔道水泥浆强度必须满足设计要求。

2. 实测项目

后张预应力和现浇混凝土箱梁实测项目参见表2－31、表2－36。

表2－36　**现浇混凝土箱梁实测项目**

项次	检查项目		规定值或允许偏差(mm)	检查方法和频率
1	混凝土强度		必须符合桥梁工程质量检验标准的规定	
	孔道压浆净浆强度			
2	断面尺寸	宽	+8,－5	用钢尺量：沿全长端部，$L/4$处和中间各计1点
		高	+8,－5	
		臂厚	+8,－5	
3	长度		0,－10	用钢尺量：两侧上下各计1点
4	顶面高程		±5	用水准仪测量
5	侧向弯曲		$L/1000$且<10	沿构件全长拉线取最大矢高，左、右各1点
6	轴线偏差		≤10	用全站仪和钢尺测量
7	麻面		≤0.5%	用钢尺量麻面总面积
8	平整度		≤8	用2m直尺量取最大值

注：L为箱梁跨度(mm)。

3. 外观鉴定

(1) 钢绞线锈蚀严重时不得使用，轻微锈蚀的在使用前应进行除锈。

(2) 混凝土表面应光滑、平整、颜色一致，施工缝平顺。

(3) 混凝土蜂窝麻面面积不得超过总面积的0.5%，深度不超过10mm。

(4) 混凝土表面不应出现非受力裂缝，缝宽超过0.15mm时必须处理。

2.3.1.5　成品保护

1. 拆侧模须在混凝土强度达到2.5MPa后进行，不得强力拆除，以免损伤混凝土棱角。

2. 净空较小且桥下有道路穿过的箱梁，在支架拆除后，应在箱梁两侧10m处设置限高设施及警示牌。

3. 注浆完毕后，及时将喷洒到箱梁上的水泥浆冲洗干净。

4. 铺装层浇筑前，严禁在箱梁上集中堆放施工材料或停放施工机械。

2.3.1.6　应注意的质量问题

参见“2.2.4　预应力钢筋混凝土盖梁施工”相应内容。

2.3.1.7　环境、职业健康安全管理措施

参见“2.2.3　钢筋混凝土墩台施工”相应内容。

2.3.2 钢箱梁制作

2.3.2.1 适用范围

适用于高速公路与城市桥梁的钢箱梁制作加工，其他公路桥梁钢箱梁制作也可参照执行。

2.3.2.2 施工准备

1. 技术准备

(1) 详细审查设计加工图纸，进行制作方案设计。

(2) 设计胎具施工图。

(3) 由专门的测量人员根据胎具图的要求，进行测量放线。做好详细的胎具测量记录，经质量部门认可后方能上胎具组装施工。

(4) 进行加工制作技术交底。

2. 材料要求

(1) 钢材：品种、规格必须符合设计要求和国家现行标准的规定，有质量证明书、试验报告单，进场后做探伤试验，合格后方可使用。

(2) 高强螺栓：螺栓的直径、强度必须符合设计要求和国家现行标准的规定，并有出厂质量证明书，在复试合格后方可使用。

(3) 焊条、焊丝、焊剂：所有焊接用材料必须有出厂合格证，并与母材强度相适应，其质量应符合国家现行标准。

(4) 油漆：品种、规格应符合设计图纸要求，并有出厂合格证。

(5) 剪力钉：应有材料合格证，其质量应符合设计和国家现行标准有关规定。

3. 机具设备

机械：双梁桥式起重机、刨边机、摇臂钻、龙门剪、电焊机、卷板机、钢板清理机、切割机、超声波探伤仪、X 射线探伤仪、空压机等。

4. 作业条件

(1) 提供的技术文件、加工图必须齐全。

(2) 原材料经复验合格后方可下料。

(3) 必须具备胎具搭设及构件加工、存放的场地。

(4) 操作人员已经过交底培训，持证上岗。

2.3.2.3 施工工艺

1. 工艺流程

翼板、腹板、底板、横隔板、接口板放样 → 号料 → 切割 → 矫正 → 零部件成型 → 装配 → 结构板材焊接 → 剪力钉焊接 → 制孔 → 预拼装 → 喷砂、涂装

2. 操作工艺

(1) 翼板、腹板、底板、横隔板、接口板放样

1) 钢箱梁制作时应按 1：1 放样，曲线桥放样时应注意内外环方向和钢箱梁中间的连接关系。

2) 放样时应考虑到钢箱梁在长度和高度方向上的焊接收缩量。

3) 根据各制作单元的施工图，严格按照坐标尺寸，确定其底板、腹板、横隔板、接口板的落料尺寸。

4）对较难控制的弧形面，根据其实际尺寸放大样，做出铁样板，以备随时卡样检查。

5）在整体放样时，应注意留出余量，尺寸应根据排料图确定。

（2）号料

1）号料前必须对钢板进行除锈、矫平，并确认其牌号、规格、质量，合格后方可下料。

2）号料时必须核实来料，注意腹板接料线与顶板接料线错开200mm以上，与底板接料线错开500mm以上，横向接口应错开1000mm以上，筋板焊接线不得与接料线重合。底板、腹板、上翼板和横隔板的号料必须按照整体尺寸号料。

3）号料时必须注意钢板轧制方向与桥体方向一致，不得反向。

（3）切割

1）机械剪切时，其钢板厚度不宜大于12mm，剪切面应平整。剪切钢料边缘应整齐、无毛刺、咬口、缺肉等缺陷。

2）气割钢料割缝下面应留有空隙。切口处不得出现裂纹和缺棱。切割后应清除边缘的氧化物、熔瘤和飞溅物等。

（4）矫正

1）下料后零件必须进行矫正，使其达到质量标准。

2）钢料应在切割后矫正。矫正以冷矫为主，热矫为辅。冷矫施力要慢，热矫温控要严。

3）热矫温度应控制在600℃～800℃（用测温笔测试），温度尚未降至室温时，不得锤击钢料。用锤击方法矫正时，应在其上放置垫板。热矫后缓慢冷却，严禁用冷水急冷。

4）主要受力零件冷弯时，内侧弯曲半径不得小于板厚的15倍，小于者必须热煨，冷作弯曲后零件边缘不得产生裂缝。热煨温度控制在900℃～1000℃之间。

5）杆件矫正时，还应注意冷矫时，室温不宜低于5℃，冷矫总变形率不得大于2%，时效冲击值不满足要求的拉力杆件不得冷矫。

（5）零部件成型

1）对需接料的零件，根据设计图焊接。接料焊缝必须达到Ⅰ级标准。

2）对所有腹板、底板、翼板的接料必须注意其轧制方向，轧制方向应与箱梁长度方向一致。接料焊接时应先焊横缝，后焊纵缝。

3）成型零件表面清理干净后进行工序检查，并编写零件号。

4）所有零件检查无误后进行部件组装，成型后进行矫正，保证其外部尺寸。

5）钢箱梁中的腹板与上翼板组装成一组部件。

6）横隔板可将上翼板及其加劲肋和人孔组装成一个独立的部件后进行焊接。

（6）装配

1）根据施工图搭设组装胎具，起拱高度应考虑在胎具的搭设中。

2）对装配件表面及沿焊缝每边30mm～50mm范围内的铁锈、毛刺和油污清理干净。

3）在零部件上划出其坐标等分线、定位线和定位基准线以及关键中心线，并打上标记。

4）底板整体应对接定位、点焊牢靠，并进行局部处理、调直达到设计要求。

5）对底板尺寸进行胎上定位。

6）装配中央腹板和横隔板。

7）对两侧腹板进行组装时，应注意对准底板上的坐标等分线。

8）定位焊所采用的焊接材料型号应与焊件材质相匹配。焊缝厚度不宜超过设计焊缝厚度的2/3，且不应大于7mm。焊缝长度50mm～100mm，间距400mm～600mm。定位焊缝必须布置在焊道内并距端头 30mm 以上。

9）安装底部纵长筋板及内部筋板。

10）钢箱梁组装后，对无用的夹具及时拆除，拆除夹具时不得损坏母材，不得锤击。

(7) 结构板材焊接

1）钢箱梁结构件的所有焊缝必须严格按照焊接工艺评定报告所制定的焊接工艺执行。

2）焊工应经过考试并取得合格证后方能从事焊接工作，焊工停焊时间超过 6 个月，应重新考核。

3）焊缝金属表面焊波均匀，无裂纹。不允许有沿边缘或角顶的未熔和溢流、烧穿、未填满的火口和超出允许限度的气孔、夹渣、咬肉等缺陷。

4）所有对接焊缝根据设计图纸要求达到设计等级。对于Ⅰ级焊缝要求熔透，咬合部分不小于 2mm，腹板与底板双侧贴角焊缝必须达到Ⅱ级焊缝要求，其余小筋板焊接达到Ⅱ级焊缝标准。

5）所有焊缝都应进行外观检查，内部检验以超声波为主。

6）钢结构制作所使用的切割、焊接设备，其使用性能必须满足要求。

7）焊接时，不得使用药皮脱落或焊芯生锈的焊条和受潮结块的焊剂及已熔烧过的渣壳。

8）焊丝在使用前应清除油污、铁锈。焊剂的粒度，对埋弧自动焊宜用 1.0mm～3.0mm，埋弧半自动焊宜用 0.5mm～1.5mm。

9）为防止气孔和裂纹的产生，焊条使用前应按产品说明书规定的烘焙时间和温度进行烘焙，低氢型焊条经烘焙后应放入保温筒内，随用随取。

10）施焊前，焊工应反复检查焊件接头质量和焊区处理情况。当不符合要求时，应经修整合格后方可施焊。

11）对接接头、T 型接头、角接接头、十字接头等对接焊缝及对接和角接配合焊缝，应在焊缝两端设置引弧板和引出板，其材质和坡口形式应与焊件相同，引弧和引出的焊缝长度，埋弧焊应为 80mm，手工焊和气体保护焊为 50mm，焊接完毕应采用气割切除引弧和引出板，并应磨平整，不得用锤击落。

12）为防止起弧、落弧弧坑缺陷出现在应力集中的端部，角焊缝转角处宜连续绕角施焊，起落弧点距焊缝端全部宜大于 10mm。

13）每层焊接宜连续施焊，每一层焊道焊完后应及时清理检查清除缺陷后再焊。施焊时母材的非焊接部位严禁引弧。

14）定位焊接所采用的焊接材料型号应与焊件材质相匹配，焊缝厚度不宜超过设计焊缝厚度的 2/3，且不应大于 8mm、焊缝长度为 50mm～100mm，间距 400mm～600mm，并应在距端部 30mm 以上。定位焊缝应布置在焊道内。

15）焊接完毕应清理焊缝表面的熔渣及两侧的飞溅物，检查焊缝外观质量。

16）埋弧自动焊焊接时不应断弧，如有断弧必须将停弧处刨成 1：5 斜坡后，并搭接 50mm 再引弧施焊。

17）埋弧自动焊焊剂覆盖厚度不应小于 20mm，埋弧半自动焊不应小于 10mm，焊接后应等稍冷却后再敲去熔渣。

(8) 剪力钉焊接

1）采用专用螺柱焊钉焊机进行施焊，其焊接设备设置专用配电箱及专用线路。

2）焊钉必须符合规范和设计要求。焊钉有锈蚀时，须经除锈后方可使用，特别是焊钉和大头部位不可有锈蚀和污物，严重锈蚀的焊钉不可使用。

3）采用直流正接。为防止直流电弧磁偏吹，地线尽量对称布置在焊件两侧。

4）在施焊面放线，划出焊钉的准确位置。

5）对该点进行除锈、除漆、除油污处理，以露出金属光泽为准，并使施焊点局部平整。

6）电弧保护瓷环摆放就位且瓷环要保持干燥。

7）焊后根部均匀，饱满，用榔头击成15°～30°，焊缝不产生裂纹。

（9）制孔

1）制孔必须在所有焊缝焊接完毕后，通过专检机构对桥体拱高、侧弯及接口部位进行认真检验合格后方能制孔。

2）在接头连接口500mm范围内，必须平整、厚度一致，不得有油漆、划伤现象。预装接口间缝隙10mm，检查所有装配尺寸无误后，安装上接口连接板，分清正反进行点焊固定。根据连接板划线的螺栓孔尺寸进行配钻。

3）配钻后的孔，除保证其尺寸外，还必须在不损坏其摩擦面的前提下，将肉边、毛刺清理干净。对配钻后的零件，打上钢印编号，并做好记录。配钻的孔的直径比螺栓杆公称直径大1mm～3mm。

4）制成的孔应成正圆柱形，孔壁光滑、孔缘无损伤，刺屑清除干净，组装中可预钻小孔，组装后进行扩孔，配钻孔径至少应比设计孔径小3mm。

（10）预拼装

1）钢箱梁制作完成后应在工厂进行预拼装。预拼装必须在自由状态下完成，不得强行固定。

2）预拼装前必须根据施工图坐标尺寸，搭设柱间组装胎进行试装。

3）试装时，螺栓要紧固到板层密贴。在一般情况下冲钉不得少于孔眼总数的5%，螺栓不得少于孔眼总数的25%。

4）试装平直情况和尺寸须检验合格后，再进行试孔器通过检查。

5）试装时，每一节点孔应有85%的孔，能自由通过小于螺栓公称孔径1.0mm的试孔器；100%的孔，能自由通过大于螺栓公称直径0.2mm～0.3mm的试孔器。

（11）喷砂、涂装

1）在钢桥组装焊接完成后喷漆前进行整体喷砂。喷砂和涂装应在制作质量检验合格后进行。

2）构件表面除锈方法与除锈等级应与设计要求相适应。

3）涂料涂装遍数、涂层厚度应符合设计要求。

4）涂装时的环境温度和相对湿度应符合涂料产品说明书的要求，当产品说明书无要求时，环境温度宜在5℃～38℃之间，相对湿度不应大于85%，构件表面有冰露时不得涂装，涂装后4h内不得淋雨。

3. 季节性施工

（1）钢箱梁的拼装、焊接大多在露天的室外作业。在雨季应注意天气情况，电焊机设置地点应防潮、防雨水、防漏电。

（2）施焊点不得在有水或直接雨淋的条件下施工。

（2）冬季的焊接施工应满足施焊的温度要求。

2.3.2.4　质量标准

1. 基本要求

（1）钢梁采用的钢材和焊接材料的品种、规格、化学成分及力学性能必须符合设计和有关技术规范的要求，具有完整的出厂质量合格证明，并经制作厂家和监理工程师复检合格后方可使用。

(2) 钢梁元件等的加工尺寸和钢梁预拼装精度应符合设计和有关技术规范的要求，并经监理工程师分阶段检查验收签字认可后，方可进行下一道工序。

(3) 钢梁制作前必须进行焊接工艺评定试验，评定结果应符合技术规范的要求并经监理工程师签字认可，并制订实施性焊接施工工艺。施焊人员必须具有相应的焊接资格证和上岗证。

(4) 同一部位的焊缝返修不能超过两次，返修后的焊缝应按原质量标准进行复验，并且合格。

(5) 钢梁梁段必须进行试组装，并按设计和有关技术规范要求进行验收。工地安装施工人员应参加试组装及验收。验收合格后填发梁段产品合格证，方可出厂安装。

(6) 钢梁元件和钢梁的存放，应防止变形、碰撞损伤和损坏漆面，不得采用变形元件。

2. 实测项目

见表 2—37。

表 2—37　箱形梁预拼装基本尺寸允许偏差

序号	项目		允许偏差(mm)	检验频率		验方法
				范围	点数	
1	梁高	$h\leqslant2000$	±2	每个试装组件	5	拉线用钢尺量或用水平仪、水平尺检测
		$h\leqslant2000$	±2			
2	跨度		$(5+0.5L)$		3	拉线用钢尺量
3	全长		±15		3	用钢尺量或用水平仪、水平尺检测
4	腹板中心距		±3		3	
5	盖板宽		±4		3	
6	横断面对角线差		<4		2	
7	旁弯		$3+0.1L$		3	
8	拱度		$+10,-5(L\leqslant40000)$		5	
9	支点高低差		≤5		2	
10	盖板、腹板平面度		$<h/250$ 且≤8		3	用直尺
11	扭曲		每 1m 不超过 1，且每段容≤10		3	

注：表中 L 为跨径或预拼装段长度，L 以 m 计，h 为盖板与加劲肋或加劲肋与加劲肋之间的距离。

3. 外观鉴定

(1) 钢箱梁内外表面不得有凹陷、划痕、焊疤、电弧擦伤等缺陷，边缘应无毛刺。

(2) 焊缝均应平滑，无裂纹、未溶合、夹渣、未填满弧坑、焊瘤等外观缺陷，预焊件的装焊符合设计要求。

2.3.2.5　成品保护

1. 涂装后的构件 4h 内不得淋雨。

2. 运输时采用的吊索、倒链等的固定位置应采用木块支垫，防止涂层被破坏。

3. 运输过程中应随时注意钢箱梁的位置，防止在途中被碰撞发生扭曲等变形。

4. 钢箱梁在运梁车上应摆放稳定，防止倾覆。

2.3.2.6 应注意的质量问题

1. 为防止焊接出现气孔、夹渣、咬肉和焊件变形等问题，焊工必须持证上岗，应注意焊条的选用；焊口清根、打磨、电流强度和预热等问题，应严格按焊接工艺进行操作。

2. 应注意施焊遍数和设计有关焊缝要求，确保焊缝的高度和宽度。

3. 为确保钢箱梁整体质量应严格控制胎具的搭设高程，保证钢箱梁的外形和曲度。

2.3.2.7 环境、职业健康安全管理措施

1. 环境管理措施

(1) 钢材的切割、号料均在厂房内施工，应采取措施降低噪声和浮尘的污染。

(2) 喷砂作业时，应采取围挡或封闭措施，防止噪声和粉尘污染周围环境。

2. 职业健康安全管理措施

(1) 起重工、焊工、电工、起重机司机必须经专门培训，持证上岗。

(2) 所有焊接、喷涂、喷砂等施工作业的人员均应佩戴相应的防护用品，防止噪声、粉尘和强光对人体的伤害。

(3) 吊装作业应指派专人统一指挥，并检查起重设备各部件的可靠性和安全性，应进行试吊。

(4) 电焊机应安设在干燥、通风良好的地点，周围严禁存放易燃、易爆物品。焊接钢板时，施焊部位下面应垫石棉板或铁板。

(5) 各种电器设备应配有专用开关，室外使用的开关、插座应外装防水箱并加锁，在操作处加设绝缘垫层。

(6) 设备、材料和构件要求分类码放，堆放场地必须平整坚实，码放高度要执行有关规定，并有防护措施。

2.3.3 钢箱梁及叠合梁施工

2.3.3.1 适用范围

适用于高速公路、城市桥梁工程中钢箱梁工地安装、连接及钢筋混凝土叠合梁施工，其他公路桥梁可参照执行。

2.3.3.2 施工准备

1. 技术准备

(1) 组织审查设计图纸，编制运梁方案、支架方案、吊装方案、混凝土叠合梁施工方案。

(2) 张拉所用的机具设备及仪表应经主管部门授权的法定计量检测单位进行配套校验。

(3) 混凝土及预应力孔道用水泥浆要依据设计强度，按照现行规范要求经试配确定。

(4) 依据设计图及现行施工规范要求，绘制钢筋、钢绞线和模板等加工图。

2. 材料要求

(1) 钢箱梁经检验符合国家现行标准《公路桥涵施工技术规范》(JTJ 041)的有关规定和设计要求，有出厂合格证及材质和制作检验的有关质量记录。

(2) 高强螺栓：可选用大六角形(GB/T 1228～1331)和扭剪型(GB/T 3632～3633)两类。制造高强度螺栓、螺母、垫圈的材料应符合国家现行标准《公路桥涵施工技术规范》(JTJ 041)的规定和满足设计要求。应由专门的螺栓厂制造，并应有出厂质量证明书，进场后应按有关规定抽样

检验。

(3) 钢筋:应有产品合格证和检验报告单。钢筋的品种、级别、规格应符合设计要求,钢筋进场后按有关规定抽取试样做力学性能试验,其质量应符合国家现行标准《钢筋混凝土用热轧光圆钢筋》(GB 13013)和《钢筋混凝土用热轧带肋钢筋》(GB 1499)等的规定。当发现钢筋脆断、焊接性能不良或力学性能显著不正常等现象时,应对该批钢筋进行化学分析或其他专项检查。

(4) 混凝土用材料

1) 水泥:宜采用硅酸盐水泥和普通硅酸盐水泥。水泥进场应有产品合格证和出厂检验报告,进场后应对强度、安定性及其他必要的性能指标进行取样复试,其质量必须符合国家现行标准《硅酸盐水泥、普通硅酸盐水泥》(GB 175)等的规定。

当对水泥质量有怀疑或水泥出厂超过 3 个月时,在使用前必须进行复试,并按复试结果使用。不同品种的水泥不得混合使用。

2) 砂:砂的品种、规格、质量应符合国家现行标准《公路桥涵施工技术规范》(JTJ 041)的要求。进场后应按国家现行标准《公路工程集料试验规程》(JTJ 058)的规定取样试验。

3) 石子:应采用坚硬的卵石或碎石,进场后应按产地、类别、加工方法和规格等不同情况,按国家现行标准《公路工程集料试验规程》(JTJ 058)的规定,分批进行检验,其质量应符合《公路桥涵施工技术规范》(JTJ 041)的要求。

4) 外加剂:外加剂应有产品说明书、出厂检验报告及合格证、性能检测报告,有害物含量检测报告应由有相应资质等级的检测部门出具。进场应取样复试合格,并应检验外加剂与水泥的适应性。外加剂的质量和应用技术应符合国家现行标准《混凝土外加剂》(GB 8076)和《混凝土外加剂应用技术规范》(GB 50119)的规定。

(5) 预应力体系材料

1) 预应力钢绞线或钢丝:应根据设计规定的规格型号和技术措施来选用。进场时应有供货单位出具的产品合格证和出厂检验报告,同时,应按进场的批次和产品的抽样检验方案分别进行复验和外观检查,其质量必须符合国家现行标准《预应力混凝土用钢绞线》(GB/T 5024)和《预应力混凝土用钢丝》(GB/T 5223)的规定。

2) 锚具、夹具和连接器应有出厂合格证和质量证明文件,具有可靠的锚固性能、足够的承载能力和良好的适用性,能保证充分发挥预应力筋的强度,并应符合国家现行标准《预应力筋锚具、夹具和连接器》(GB/T 14370)的要求。

进场后除应核查锚固性能类别、型号、规格及数量外,还应按国家现行标准《公路桥涵施工技术规范》(JTJ 041)的有关规定进行验收。

3) 金属螺旋管:出厂时应有产品合格证和质量证明文件,其质量应符合国家现行标准《预应力混凝土用金属螺旋管》(JG/T 3013)的有关规定。进场后除核对类别、型号、规格及数量外,还应对其外观、尺寸、集中荷载下的径向刚度、荷载作用后的抗渗漏及抗弯渗漏等进行检验。

(6) 焊条:手工焊接用焊条应符合国家现行标准《碳素钢焊条》(GB/T 5117)或《低合金钢焊条》(GB/T 5118)的规定。选用的焊条型号应与主体金属强度相适应,应有出厂产品合格证,进场后应按国家现行标准《铁路钢桥制造规范》(TB 10212)的规定进行焊接工艺评定确定。

(7) 周转材料:模板及模板支架等。

3. 机具设备

(1) 机械

1) 起重运输机械:运梁炮车、架桥机、汽车吊或履带吊等。

2）木工机械：电锯、电刨等。

3）钢筋加工机械：电焊机、钢筋切断机、钢筋弯曲机等。

（2）设备

1）混凝土施工设备：混凝土搅拌机、混凝土运输车、混凝土输送泵、振捣设备。

2）张拉及灌浆设备：千斤顶、油泵、油表，水泥浆搅拌机、压浆泵，砂轮切割机。

（3）工具：焊具及木工工具和力矩扳手等。

4. 作业条件

（1）钢箱梁经工厂加工完成并通过验收。

（2）已选定运输路线，如在市区还须与交通管理部门联系，确定运梁路线，炮车、吊车停放位置及退场路线。

（3）已做好吊运区域各种障碍物的清理和场地平整夯实工作，以及施工现场的电源、照明、焊接设备、安全防护等各项工作的准备。

（4）墩柱、支座已施工完成，经验收合格，并在支架、墩柱或盖梁上测量放出安装位置控制线。

（5）施工方案已经有关主管部门审批，并对有关人员进行技术交底。

（6）机械操作手、电工、电焊工等有关特殊工种人员经培训持证上岗。

2.3.3.3　施工工艺

1. 工艺流程

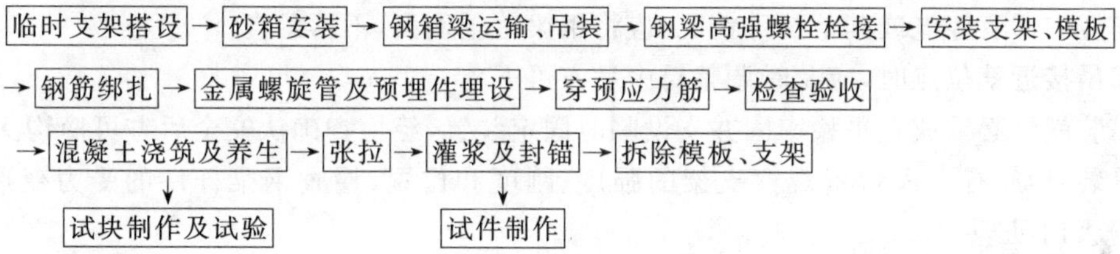

临时支架搭设→砂箱安装→钢箱梁运输、吊装→钢梁高强螺栓栓接→安装支架、模板→钢筋绑扎→金属螺旋管及预埋件埋设→穿预应力筋→检查验收→混凝土浇筑及养生→张拉→灌浆及封锚→拆除模板、支架

混凝土浇筑及养生↓试块制作及试验

灌浆及封锚↓试件制作

2. 操作工艺

（1）临时支架搭设

1）钢箱梁临时支架施工前必须通过荷载验算，在支架设计的安全系数范围内可采用碗扣式脚手架或型钢支架，并严格按照支架安装方案组织施工。

2）根据测量放线确定临时支架位置，支架基底要坚实，如落在土基上，则必须进行承载力检测，必要时做混凝土扩大基础或桩基。

3）支架搭设高度，应考虑地基沉降、支架变形、设计预留拱度。

4）支架搭设后，需组织有关人员验收合格，方可进行下道工序施工。

（2）砂箱安装

1）临时支架搭设完成后，进行砂箱安装，砂箱的数量根据设计要求确定，一般横向对称布设。

2）砂箱的主要作用是满足钢箱梁安装后受力体系的转换及方便拆除临时支架。为防止砂箱在支撑过程中沉陷，在使用前应对砂箱进行预压和密封处理。

3）砂箱底面要与临时支架焊接，以保证钢箱梁安装时砂箱受水平推力作用不致移位。

4）钢梁分段接口处，要设置分段横向、纵向定位钢板，作为钢梁放置时的现场依据。

5）为观察钢梁安装后的沉降变形，砂箱安装完成后应对基础、支架、砂箱顶面标高进行测量。

(3) 钢箱梁运输及吊装

1) 钢箱梁运输

① 钢箱梁试拼装完成后经有关方面验收合格,按钢箱梁运输方案分段用拖车或炮车运输。

② 运输中应固定牢固,前后限位,防止扭曲变形。

③ 钢梁在运输过程中损坏的涂层,应在吊装前补涂。

④ 钢梁运至工地需临时存放时应避免浸水,须置于垫木上。

2) 钢箱梁吊装

① 钢箱梁吊装前,应对桥台、墩顶面高程、中线及各孔跨径进行复测,误差在允许范围内方可吊装,并放出钢箱梁就位线。

② 钢梁安装。应根据现场情况、钢梁重量、跨径大小选择安装方法,如单机吊、双机抬吊、架桥机等;吊点位置必须经设计计算确定。

③ 采取双机抬吊安装时,两台性能应相近,单机载荷不得大于额定起重量的 80%,应进行试吊,保持两机同步。

④ 吊装时必须有专职信号员进行信号作业。起重机司机和起重工必须得到指挥人员明确的信号后方可进行起重吊装作业。

⑤ 吊装时钢梁上、下不得站人。钢箱梁四角用牵引绳控制,与吊装作业无关的人员和不直接参加吊装的人员不得进入吊装作业区域。

⑥ 钢梁起吊提升和降落速度应均匀平稳,严禁忽快忽慢和突然制动。

⑦ 吊装作业中遇有停电或其他特殊情况,应将钢梁落至地面,不得悬空。

⑧ 钢梁起吊接近就位点时,应及时调整对中后方可下落。

⑨ 钢梁吊装就位必须放置平稳牢固并支设临时固定装置,经检查确认安全后方可摘钩。

⑩ 钢梁吊装时,应有专人负责观察支架的强度、刚度和位置,检查钢梁杆件的受力变形情况,如发现问题及时处理。

(4) 钢梁高强螺栓栓接

1) 使用前,清点螺栓、螺母和垫圈数量,做外观检查,并应同批成副使用。螺栓公称直径、长度应符合设计要求。

2) 要确保钢梁的安装拱度及中心线位置。在支架上拼装钢梁时,冲钉和粗制螺栓总数不得少于孔眼总数的 1/3,其中冲钉不得多于 2/3。

3) 安装过程中,每完成一节间应测量其位置、标高和预拱度,如不符合要求时应进行校正。

4) 用扭矩法拧紧高强度螺栓连接副时,初拧、复拧和终拧应在同一日内完成。初拧扭矩由试验确定,一般为终拧扭矩的 50%,终拧扭矩用公式:

$$T_C = K \cdot P_C \cdot D \qquad (2-1)$$

式中:T_C——终拧扭矩(N·m);

P_C——施工预紧力(kN);

K——扭矩系数平均值;

D——高强度螺栓公称直径(mm)。

5) 螺栓安装次序:一般从节点板中央以辐射形式向四周边缘对称地进行,最后拧紧固端螺栓。特殊情况时,从板材刚度大、缝隙大的地方开始安装螺栓。用扭矩法施拧高强度螺栓可参照国家现行标准《铁路钢桥高强螺栓连接施工规定》(TBJ 214)的规定执行。

6) 采用带扭矩计的扭矩扳手旋拧高强螺栓时应防止漏拧或超拧,在作业前后均应进行校正,其扭矩误差不得大于使用扭矩的±5%。

7) 钢箱梁连接高强度螺栓终扭完后,应按下列规定进行质量检查:

① 检查应由专职质量检查员进行,检查扭矩扳手必须标定,其扭矩误差不得大于使用扭矩的±3%,且应进行扭矩抽查。

② 松扣、回扣法检查,先在螺栓与螺母上做标记,然后将螺母退回30°,再用检查扭矩扳手把螺母重新拧至原来位置测定扭矩,该值不小于规定值的10%时为合格。

③ 对主桁节点及板梁主体及纵、横梁连接处,每栓群以高强螺栓连接副总数的5%抽检,但不得少于两套,其余每个节点不少于一套进行终拧扭矩检查。

④ 每个栓群或节点检查的螺栓,其不合格者不得超过抽验总数的20%,如超过此值,则应继续抽验,直至累计总数80%的合格率为止。然后对欠拧补拧,超过者更换后重新补拧。

8) 钢箱梁连接固定后就位时,应符合下列规定:

① 钢箱梁就位前应清理支座垫石,其标高及平面位置应符合设计要求。

② 固定支座与活动支座的精确位置应按设计图并考虑施工安装温度、施工误差等确定。

9) 钢箱梁吊装完成后,由测量人员在钢箱纵、横梁上测量其实际标高,复核预拱度,并及时将测量结果反馈给设计及有关人员,如有必要,可用千斤顶调整标高。

(5) 安装支架及模板

1) 支架

① 钢箱梁就位栓接完成后,安装翼板外挑模板三角架,三角架可采用ϕ48的钢管焊制,见图2—5。

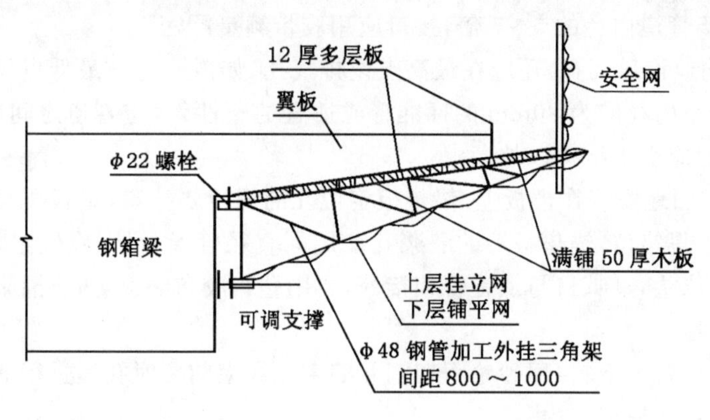

图2—5 翼板外挑模板三角架示意图

②外挂三角架间距可控制在800mm～1000mm,用ϕ22的高强螺栓与钢箱梁连接(该螺栓孔在钢箱梁加工时预留,混凝土浇筑前要在钢箱梁和外挂三角架的螺栓位置预埋钢套管,以方便螺栓和三角架的拆除),三角架下端采用可调顶撑,顶紧在钢箱梁的侧壁上,纵向采用脚手管连接,保证三角架的稳定件。

2) 安装模板

① 三角架顶铺设50mm的木板,然后铺模板,模板可采用定型钢模或12mm厚的覆膜多层板。模板拼接要提前做好模板设计,按设计图进行拼装。

② 钢混组合箱梁现浇板内模可采用50mm厚木板,背肋用50mm×100mm方木,模板表面钉塑料布,以防漏浆,也便于拆模。

(6) 钢筋绑扎

1) 钢筋绑扎前应对模板进行验收,办理预检手续。

2）钢筋必须在加工前进行调直、除锈。

3）根据设计图及钢筋加工料表进行下料和钢筋加工制作。

4）受力钢筋的焊接或绑扎接头应设置在内力较小处，并错开布置，对于绑扎接头，两接头间距离不小于1.3倍搭接长度。对于焊接接头，在接头长度区段内，同一根钢筋不得有两个接头，配置在接头长度区段内的受力钢筋，其接头的截面面积占总截面面积的百分率应符合国家现行标准《公路桥涵施工技术规范》(JTJ 041)第10.3.1条有关规定。

5）钢筋的弯制和末端的弯钩应符合设计要求，如设计无规定时应符合国家现行标准《公路桥涵施工技术规范》(JTJ 041)第10.2.2条的规定。

6）模板需设人孔时，局部钢筋切断处，在浇筑该部分混凝土前，应采用焊接方式恢复切断钢筋，且接头应满足焊接规范要求。

7）钢筋连接其他要求详见国家现行标准《公路桥涵施工技术规范》(JTJ 041)的有关规定进行施工。

(7) 金属螺旋管及预埋件埋设

1）金属螺旋管的铺设要严格按设计给定的孔道坐标位置定位(曲线段可用换算坐标定位)。固定金属螺旋管的钢筋支架应与梁体骨架钢筋焊牢，管道与定位钢筋间用铁丝绑扎，绑扎间距不应大于500mm，曲线段与锚垫板附近适当加密，确保混凝土浇筑期间不产生位移。

2）当普通钢筋与预应力钢束发生矛盾时，可适当调整普通钢筋位置。

3）管道铺设前，应清理管内杂物，接长时应用螺旋管连接接头，接头应比螺旋管的规格大一级，长度宜为被连接管道内径的5～7倍，接口应用胶带缠裹严密。

4）所有管道均应设压浆孔，还应在最高点设排气孔，如需要时在最低点设排水孔。压浆管、排气管和排水管最小内径应为20mm的标准管或适宜的塑性管，与管道之间应采用金属或塑料扣件连接，管道长度应引出结构以外。

5）锚垫板要牢固地安装在模板上，锚垫板定位孔的螺栓要拧紧，垫板要与孔道严格对中，并与孔道端部垂直，不得错位，锚垫板上的灌浆孔要用同直径管丝封堵，在锚垫板与模板之间应加一层橡胶或塑料泡沫垫，喇叭口与螺旋管相接处，要用塑料胶布缠裹，防止漏浆堵孔。

(8) 穿预应力筋

钢绞线应在放样台上下料，用砂轮锯切割并编束。穿束前要对孔道进行清理，钢绞线可多根编束人工或卷扬机穿入螺旋管内。

(9) 检查验收

混凝土浇筑前应检查模板尺寸、形状、接缝及支架牢固情况，清除模板内的杂物。检查钢筋的数量、尺寸、间距、预埋件和预留孔应齐全，位置准确。金属螺旋管应固定牢靠，接缝严密，并测量其梁顶标高，经验收合格后浇筑混凝土。

(10) 混凝土浇筑及养生

1）钢混叠合梁的混凝土宜用拌合车运输，泵车输送混凝土至浇筑面，应确保混凝土连续浇筑施工。混凝土搅拌、运输、浇筑和间歇时间不得超过混凝土初凝时间。

2）混凝土采用插入式振捣器振捣时，其移动间距不得超过有效振动半径的1.5倍。与侧模应保持50mm～100mm的距离，插入下层混凝土50mm～100mm。表面振捣器移位间距，应使振捣器平板能覆盖已振实部分100mm左右。

3）混凝土浇筑纵向宜由桥面较低的一端开始，横向宜由低向高，压茬赶浆法逐渐推进浇筑，保持水平分层。

4）混凝土浇筑时按方案规定进行。振捣棒须垂直插入混凝土中，边提棒边振捣，快插慢拔，振捣至混凝土不再下沉和不再出现气泡为宜。振捣棒不得与螺旋管或芯模碰撞。

5）桥面高程的控制采用平面振捣梁的轨道顶标高控制，当混凝土达到桥面高程时，用平板振捣梁初平，滚杠提浆，人工二次抹压平整。

6）浇筑混凝土终凝后，覆盖洒水养护，养护期最少保持7d。但冬季应按冬施方案进行养护。

7）混凝土浇筑完成后应测量梁顶面高程。

（11）张拉

1）施加预应力的准备工作

① 施工现场应具备经批准的张拉程序和现场施工说明书。

② 锚具安装正确，混凝土已达到设计或规范要求的强度。

③ 施工现场已具有预应力专业施工资质的施工队伍。

④ 施工现场已具备确保全体操作人员和设备安全的必要的预防措施。

⑤ 已进行预张拉，测试摩阻完成。

⑥ 张拉控制应力：预应力钢绞线的张拉控制应力应符合设计或现行施工规范要求。在任何情况下不得超过设计规定的最大张拉控制应力。预应力钢绞线张拉采用应力控制方法时，应以伸长值进行校核，实际伸长值与理论伸长值的差值应符合设计要求，设计无规定时，实际伸长值与理论伸长值的差值应控制在6%以内，否则应暂停张拉，待查明原因并采取措施予以调整后，方可继续张拉。

⑦ 预应力钢绞线的理论伸长值应符合国家现行标准《公路桥涵施工技术规范》(JTJ 041)第12.8.3条的规定。

2）预应力钢绞线张拉

① 张拉顺序依据同步性及对称性原则，按先中间、后左右、上下对称张拉，以防发生结构偏移或变形。

② 后张法预应力钢绞线的张拉程序：对于目前现场大多使用低松弛钢绞线、夹片式锚具张拉程序为0→初应力→σ_{con}（持荷2min锚固），其张拉工作分以下几个阶段完成：

a. 0阶段：钢绞线束逐根穿工作锚板及夹片，穿限位板及千斤顶和工具锚，调整千斤顶的位置，给千斤顶充油，使千斤顶与锚垫板紧贴。

b. 初应力阶段：张拉初应力为控制应力σ_{con}的10%～15%，伸长值应从初应力时测量，钢绞线的实际伸长值除量测的伸长值外，必须加上初应力以下的推算伸长值。达到初张拉力后，宜在全部钢绞线上划线做标记，以便观察滑丝情况。

c. 控制张拉阶段：待控制应力(σ_{con})达到并持荷2min后，千斤顶回油，钢绞线回缩带动夹片夹紧钢绞线，达到锚固的目的。

③ 拆卸千斤顶，锚具端封锚：待张拉控制阶段完成后，卸落工具锚和千斤顶，随后切除多余钢绞线至露出锚具不宜小于30mm。切完后用水泥素浆封闭锚夹具与钢绞线间的缝隙，为防止锚具端在灌浆时浆液流出。应待水泥素浆封锚，具有一定的强度后方可进行管道灌浆。

④ 在钢绞线张拉前、后应测量钢箱梁高程，观察其变化。

（12）灌浆及封锚

1）水泥浆的强度应符合设计规定，设计无具体规定时应不低于30MPa。水灰比宜为0.4～0.45，掺入适量减水剂时，水灰比可减小到0.35；水泥浆的泌水率最大不得超过3%，拌和后3h泌水率宜控制在2%，泌水应在24h内重新全部被浆吸收；通过试验后，水泥浆中可掺入适量膨胀剂，但其自由膨胀率宜小于10%；水泥浆的稠度宜控制在14～18s。

2）压浆前对孔道进行清洁处理。水泥浆自拌制至压入孔道的延续时间，视气温情况而定，一般在30～45min范围内。水泥浆在使用前和压注过程中应连续搅拌，对于因延迟使用所致的流动度降低的水泥浆，不得通过加水来增加其流动度。

3）压浆时，对曲线孔道应从最低点的压浆孔压入，由最高点的排气孔排气和泌水。压浆顺序宜先压注下层孔道。

4）压浆应缓慢、均匀地进行，不得中断，并应将所有最高点的排气孔依次放开和关闭，使孔道内排气通畅。较集中和邻近的管道，宜尽量连续压浆完成，不能连续压浆时，后压浆的孔道在压浆前用压力水冲洗，使孔道通畅。

5）对掺加外加剂泌水率较小的水泥浆，通过试验证明能达到孔道内饱满时，可采用一次压浆的方法；不掺外加剂的水泥浆，可采用二次压浆法，两次压浆的间隔时间宜为30～45min。

6）压浆的最大压力宜为0.5～0.7MPa；当孔道较长或采用一次压浆时，最大压力宜为1.0MPa。压浆应达到孔道另一端饱满和出浆，并应达到排气孔排出与规定稠度相同。

7）压浆后应从检查孔抽查压浆的密实情况，如有不实，应及时处理和纠正。压浆时，每一工作班应留取不少于3组边长为70.7mm立方体试件，标准养护28d，检查其抗压强度，作为评定水泥浆强度的依据。

8）封锚：孔道压浆完毕，先将其周围冲洗干净并对梁端混凝土凿毛，然后绑扎钢筋网，经监理验收合格后即可进行封锚混凝土浇筑。封锚混凝土强度等级与梁体混凝土强度等级一般相同。

3. 季节性施工

（1）雨期施工

1）雨期施工期间，应保证施工场地排水畅通，支架施工区内不得有积水，遇有暴雨时停止作业。

2）桥面钢筋、钢绞线要有防雨措施，钢筋堆放要防止雨淋生锈。

3）混凝土搅拌前应检测砂、石含水量，及时调整施工配合比，混凝土运输和浇筑过程中要有防雨措施。

4）压浆及压浆后48h内，结构混凝土的温度不得低于5℃，否则应采取加热及保温措施。当气温高于35℃时，压浆宜在夜间进行。

5）雨期施工为防止箱内底存水，在征得设计人员同意后，可在箱梁纵向坡度较低处增设临时排水孔。

（2）冬期施工

1）冬期钢筋进行焊接时温度不宜低于－20℃，并应采取防雪挡风措施，焊接后的接头严禁立刻接触冰雪。

2）预应力张拉设备以及仪表工作油液，应根据实际使用时的温度选用，并应在使用时的环境温度相适应的条件下进行配套校验。

3）张拉预应力钢筋时的温度不宜低于－15℃。

4）混凝土的配制、搅拌、运输、浇筑、养护冬期施工应符合国家现行标准《公路桥涵施工技术规范》（JTJ 041）中的有关规定要求。

2.3.3.4 质量标准

1. 钢梁防护与安装

(1) 基本要求

1) 钢梁在厂内应进行试装，并按设计要求和施工技术规范进行验收。

2) 防护涂装材料的品种、规格、技术性能指标必须符合设计和技术规范的要求，具有完整的出厂质量合格证明书并经防护涂装施工单位和监理工程师复验合格后方可使用。

3) 所使用的焊接材料和紧固件必须符合设计和技术规范的要求。并按设计规定的程序进行安装。

4) 工地安装焊缝应事先进行焊接工艺评定试验，施焊应按监理工程师批准的焊接工艺方案进行。施焊人员必须具有相应的焊接资格证和上岗证。

5) 同一部位的焊缝返修不能超过二次，返修后的焊缝应按原质量标准进行复验，并且合格。

6) 高强螺栓连接摩擦面的抗滑移系数应对随梁发送的试板进行检验，检验结果须符合设计要求。

7) 钢梁运输、吊装过程中应采取可靠措施防止构件变形、碰撞或损坏漆面，严禁在工地安装具有变形构件的钢梁。

(2) 实测项目

见表 2－38。

表 2－38　钢梁安装实测项目

<table>
<tr><th>项次</th><th colspan="2">检查项目</th><th>规定值或允许偏差</th><th>检查方法和频率</th></tr>
<tr><td rowspan="2">1</td><td rowspan="2">轴线偏位
(mm)</td><td>钢梁中线</td><td>10</td><td rowspan="2">经纬仪：测量 2 处</td></tr>
<tr><td>两孔相邻横梁中线相对偏位</td><td>5</td></tr>
<tr><td rowspan="2">2</td><td rowspan="2">梁底高程
(mm)</td><td>墩台处梁底</td><td>±10</td><td rowspan="2">水准仪：每支座 1 处，每横梁 2 处</td></tr>
<tr><td>两孔相邻横梁相对高差</td><td>5</td></tr>
<tr><td rowspan="3">3△</td><td rowspan="3">连接</td><td>焊缝尺寸</td><td rowspan="2">符合设计要求</td><td>量规：检查全部</td></tr>
<tr><td>焊缝探伤</td><td>超声：检查全部；射线：按设计规定，设计未规定时按 10％抽查</td></tr>
<tr><td>高强螺栓扭矩</td><td>±10％</td><td>测力扳手：检查 5％，且不少于 2 个</td></tr>
</table>

(3) 外观鉴定

1) 涂层表面完整光洁，均匀一致，无破损、气泡、裂纹、针孔、凹陷、麻点、流挂和皱皮等缺陷。

2) 钢梁安装线形平顺，无明显折变。焊缝整齐平滑。

2. 模板安装，钢筋加工及安装，预应力钢绞线加工及张拉，混凝土浇筑

参照本章相关内容要求并符合国家现行技术规范、标准的规定。

2.3.3.5　成品保护

1. 钢梁运输过程中，捆绑绳要打紧并垫上包角，防止绳索损坏钢梁漆面。

2. 吊装箱梁时，在吊装段的四角应用绳索牵引，防止钢箱梁在吊装过程中磕碰墩柱、桥台或支架。

3. 钢箱梁混凝土翼板悬挑支架安装及拆除时，要采取可靠防护措施，避免箱梁变形或漆膜脱落。

4. 钢筋绑扎、焊接时应注意不得损坏钢梁。

5. 拆除钢箱梁支架时，应先拆除砂箱，后卸落支架，不得整体倾斜将支架吊出，以免磕碰墩

柱或箱梁。

6. 钢筋、钢绞线堆放时，下部应垫方木，上盖防水篷布，以防生锈或被污染。

2.3.3.6 应注意的质量问题

1. 钢箱梁装车、运输、吊装过程中，应按吊装运输方案进行，采取严格的防护措施，防止碰撞、变形、损坏。

2. 钢箱梁安装现场，应精心施测拼装控制线，对预拱度应严格控制，防止出现钢箱梁超差影响桥面铺装层施工。

3. 为防止钢箱梁沉降过大，应对钢箱梁进行沉降观测，并将测量结果及时反馈给有关人员进行评估后，方可进行下道工序施工。

2.3.3.7 环境、职业健康安全管理措施

1. 环境管理措施

(1) 钢箱梁与钢筋混凝土叠合梁施工后，应对现场施工垃圾集中回收处理。

(2) 在城区，夜间施工时应采取降噪措施，防止噪声扰民。

2. 职业健康安全管理措施

(1) 钢梁吊装前应向有关人员进行详细的安全交底。吊装司机、信号工等必须持证上岗。

(2) 在墩台上进行吊装作业时，必须执行国家现行标准《建筑施工高处作业安全技术操作规范》(JGJ 80)有关的规定。

(3) 起重机吊装作业前应遵守下列规定：

1) 必须对施工现场作业环境、架空电线、地上建筑物、地下构筑物及钢梁重量和吊装距离进行全面了解。

2) 吊装作业应在平整坚实的场地上进行，起重臂杆起落及有效作业半径和高度范围内不得有障碍物。

3) 起重机不得支设在地下管线和构筑物之上。

4) 对松软层地基应采取加固处理，加固后的地基必须满足起重要求。

5) 起重吊装作业严禁在高压线下作业，如必须在其附近作业时，必须保持与高压线的安全距离，否则应在停电后才能进行吊装作业。

6) 吊装前检查起重设备和吊具是否符合安全要求，不符合要求应停止使用。

7) 6级以上(含6级)大风或大雨等恶劣天气应停止起重作业。

(4) 结构体系转换应设专人指挥，卸落砂箱时必须同时进行。如需千斤顶顶梁时应设保险支座，千斤顶放置位置应符合设计规定。

(5) 张拉及压浆安全措施

1) 张拉时，千斤顶行程不得超过额定行程。

2) 张拉现场应划定作业区，非作业人员禁止入内。

3) 具有自锚性的锚具，在预应力筋张拉、锚固过程中以及后期，均不得大力敲击或振动锚具，以防锚固失效飞出伤人。

4) 压浆工人应戴防护眼镜，不得正对压浆孔和排气孔，以免灰浆喷出时射伤眼睛。

2.3.4 现浇钢筋混凝土拱圈施工

2.3.4.1 适用范围

适用于公路及城市桥梁工程中拱桥现浇钢筋混凝土拱圈施工。

2.3.4.2 施工准备

1. 技术准备

(1) 进行施工图纸会审，并签认会审记录。

(2) 做好施工组织设计(方案)，进行书面技术交底。

(3) 做好测量复核和放线工作。

2. 材料要求

(1) 钢筋：钢筋应具有出厂质量证明书和检验报告单；钢筋的品种、级别、规格应符合设计要求；钢筋进场时应抽取试样做力学性能试验，其质量必须符合国家现行标准《钢筋混凝土用热轧光圆钢筋》(GB 13013)、《钢筋混凝土用热轧带肋钢筋》(GB 1499)和《冷轧带肋钢筋》(GB 13788)等的规定。

当发现钢筋脆断、焊接性能不良或力学性能显著不正常现象时，应对该批钢筋进行化学分析或其他专项检验。

(2) 水泥：宜采用硅酸盐水泥、普通硅酸盐水泥。水泥进场应有产品合格证和出厂检验报告，进场后应对强度、安定性及其他必要的性能指标进行取样复试，其质量必须符合国家现行标准《硅酸盐水泥、普通硅酸盐水泥》(GB 175)等的规定。

当对水泥质量有怀疑或水泥出厂超过3个月时，在使用前必须进行复试，并按复试结果使用。不同品种的水泥不得混合使用。

(3) 砂：砂应采用级配良好、质地坚硬、颗粒洁净、粒径小于5mm的河砂，河砂不易得到时，也可用山砂或用硬质岩石加工的机制砂。砂的品种、质量应符合国家现行标准《公路桥涵施工技术规范》(JTJ 041)的规定，进场后按国家现行标准《公路工程集料试验规程》(JTJ 058)的规定进行取样试验合格。

(4) 石子：应采用坚硬的卵石或碎石，应按产地、类别、加工方法和规格等不同情况，按国家现行标准《公路工程集料试验规程》(JTJ 058)的规定，分批进行检验(碱活性检验)，其质量应符合国家现行标准《公路桥涵施工技术规范》(JTJ 041)的规定。

(5) 混凝土用水：宜采用饮用水。当采用其他水源时，其水质应符合《混凝土拌合用水标准》(JGJ 63)的规定。

(6) 外加剂：外加剂的质量和应用技术应符合国家现行标准《混凝土外加剂》(GB 8076)和《混凝土外加剂应用技术规范》(GB 50119)有关规定。

外加剂应有产品说明书、出厂检验报告及合格证、性能检测报告，进场后应按国家现行标准《公路桥涵施工技术规范》(JTJ 041)附录F-2的要求取样复试，有害物含量检测报告应由有相应资质等级的检测部门出具，并应检验外加剂与水泥的适应性。

(7) 掺合料：所用掺合料的质量应符合国家现行标准《用于水泥和混凝土中的粉煤灰》(GB 1596)等的规定。掺合料应有出厂合格证、质量证明书和提供法定检测单位的质量检测报告，进场后应取样复试。掺量应通过试验确定。

3. 机具设备

(1) 钢筋、木工加工机械：钢筋弯曲机、钢筋调直机、钢筋切断机、电焊机、粗直径钢筋连接设备(闪光对焊机、电弧焊机、直螺纹连接设备等)、电锯、电刨、平刨等。

(2) 混凝土施工机械：混凝土搅拌机、混凝土运输车、插入式振动器、轮胎汽车吊、翻斗车、空压机等。

(3) 其他工具：钢筋钩子、撬棍、钢丝刷子、手推车、粉笔、尺子、线锤、斧子、锯、扳手等。

4. 作业条件

(1) 拱架制作完毕。

(2) 施工现场已达到“三通一平”。

(3) 墩台经有关方面验收合格。

(4) 操作人员经过培训,并取得上岗证。

(5) 机具设备根据施工进度安排已进场。

2.3.4.3 施工工艺

1. 工艺流程

支架基底处理→支架安装→拱架安装→拱圈底模安装→钢筋绑扎→拱圈侧模安装→拱圈混凝土浇筑→侧模拆除→底模、拱架拆除→成品养护

2. 操作工艺

(1) 支架基底处理

支架基底必须进行整平碾压,提高基底的承载力,使支架和拱架在受载后的沉陷度在设计规定的预留施工拱度和标高范围内。当基底承载力满足规定要求后,采用枕木或铺砌石块做支架基础;当基底承载力不能满足支架承载力要求时,应对基底采用换填、加固、强夯等方法进行处理。

(2) 支架安装

1) 支架整体、杆配件、节点、地基、基础和其他支撑物应进行强度和稳定验算。

2) 支架安装应考虑支架受载后的沉陷、弹性变形等因素预留施工拱度。

3) 支架宜采用标准化、系列化、通用化的构件拼装。常用的支架有:木支架、碗扣式支架和钢管支架。无论使用何种支架,均应进行施工图设计,并验算其强度和稳定性。

4) 为便于支架的拆卸,应根据结构型式、承受的荷载大小及需要的卸落量,在支架适当部位设置相应的木楔、木马、砂筒或千斤顶等落模设备。

5) 支架安装完毕后,应对其平面、顶部标高、节点联结及纵横向稳定性进行全面检查,符合要求后方可进行下道工序。

(3) 拱架安装

1) 安装拱架前,对拱架立柱和拱架支承面应详细检查,准确调整拱架支承面和顶部标高,并复测跨度,确认无误后方可进行安装。

2) 各片拱架在同一节点处的标高应尽量一致,以便于拼装平联杆件。在风力较大的地区,应设置缆风绳。

3) 拱架应按规定预留施工拱度。

4) 拱架应有足够的强度、刚度和稳定性,并考虑拆卸方便。无论采用何种材料的拱架,均应进行施工图设计。

5) 常用的拱架形式和安装方法如下:

① 木拱架安装

a. 拱架所用的材料规格及质量应符合要求,各杆件应当采用材质较强、无损伤及湿度不大的木材。

b. 木拱架的强度和刚度应满足变形要求。杆件在竖直与水平面内,要由交叉杆件联结牢固。

c. 木拱架制作安装时，应基础牢固，立柱正直，节点联结应采取可靠措施以保证拱架的整体稳定，高拱架横向稳定应有保证措施。

d. 应注意拱架的弧形木的制作：一般跨度为 2m～3m，弧形木上缘应按拱圈的内侧弧线制成弧形，见图 2－6。

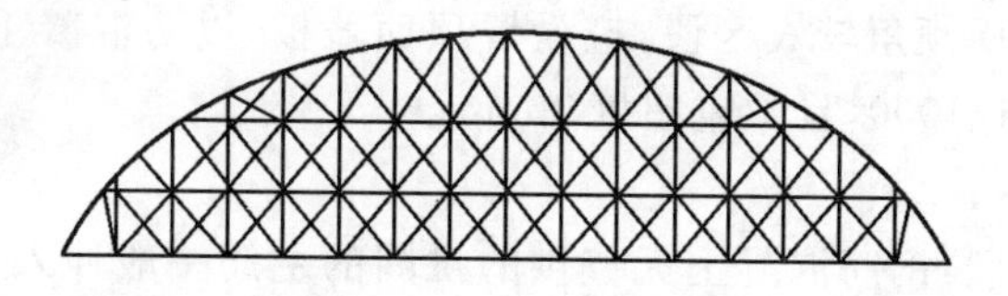

图 2－6　木拱架示意图

② 钢拱架安装

a. 工字梁钢拱架由工字钢梁基本节（分成几种不同长度）、楔形插节（由同号工字钢截成）、拱顶铰及拱脚铰等基本构件组成。用选配工字钢梁长度和楔形插节节数的方法，可使拱架使用于多种拱度和跨度的拱桥施工。

b. 横桥方向拱架的片数应根据拱圈的宽度和承重来合理组合，拱片间可用角钢或木杆等杆件联结，以保证结构的整体稳定性，见图 2－7。

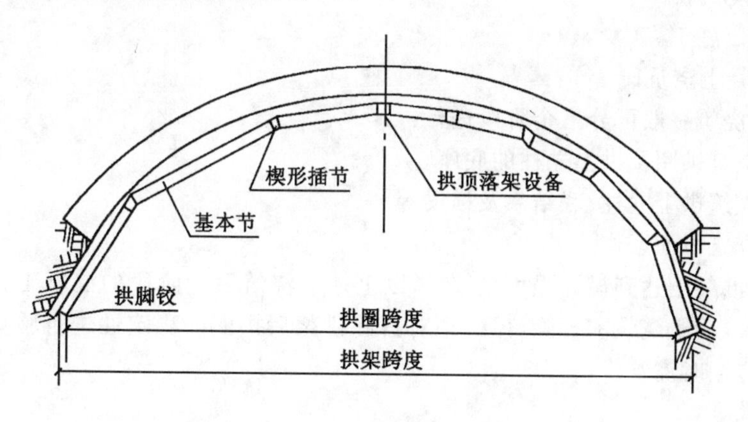

图 2－7　钢拱架示意图

c. 扣件式钢管拱架：钢管拱架组成排架的纵、横间距应按承受拱圈自重计算，各排架顶部的标高应符合设计要求，为保证排架的稳定应设置足够的斜撑、剪刀撑、扣件和缆风绳，见图 2－8。

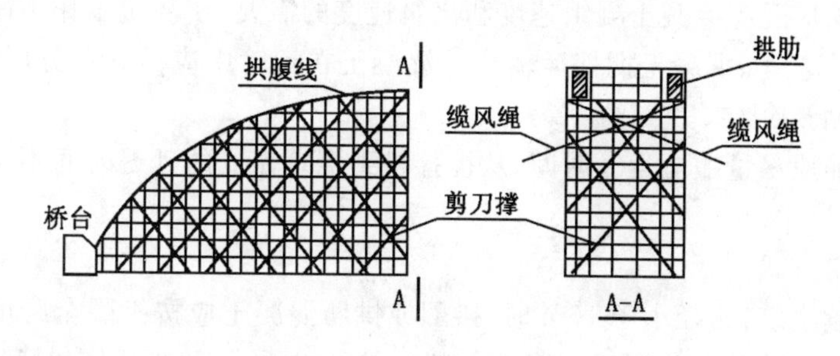

图 2－8　钢管拱架示意图

(4) 拱圈模板（底模、侧模）安装

1) 拱圈模板（底模）宜采用双面覆膜酚醛多层板（或竹胶板），也可采用组合钢模板。

2）采用多层板时，板背后加弧形木或横梁，多层板板厚依弧形木或横梁间距的大小来定。模板接缝处粘贴双面胶条填实，保证板缝拼接严密，不漏浆。

3）侧模板应按拱圈弧线分段制作，间隔缝处设间隔缝模板并应在底板或侧模上留置孔洞，待分段浇筑完成、清除杂物后再封堵。

4）在拱轴线与水平面倾角较大区段，应设置顶面盖板，以防混凝土流失。模板顶面标高误差不应大于计算跨径的 1/1000，且不应超过 30mm。

（5）钢筋绑扎

1）拱脚接头钢筋预埋：钢筋混凝土无铰拱的拱圈的主筋一般伸入墩台内，因此在浇筑墩台混凝土时，应按设计要求预埋拱圈插筋，伸出插筋接头应错开，保证同一截面钢筋接头数量不大于 50%。

2）钢筋接头布置：为适应拱圈在浇筑过程中的变形，拱圈的主钢筋或钢筋骨架一般不应使用通长的钢筋，宜在适当位置的间隔缝中设置钢筋接头，但最后浇筑的间隔缝处必须设钢筋接头，直至其前一段混凝土浇筑完毕且沉降稳定后再进行联结。

3）绑扎顺序：分环浇筑拱圈时，钢筋可分环绑扎。分环绑扎时各种预埋钢筋应临时加以固定，并在浇筑混凝土前进行检查和校正。

（6）拱圈侧模安装

参照 4 款规定施工。

（7）拱圈混凝土浇筑

上承式拱桥浇筑一般可分三个阶段进行：

第一阶段：浇筑拱圈及拱上立柱的底座。

第二阶段：浇筑拱上立柱、联结系及横梁等。

第三阶段：浇筑桥面系。

前一阶段的混凝土达到设计强度的 70%以上才能浇筑后一阶段的混凝土。拱架则在第二阶段或第三阶段混凝土浇筑前拆除，但必须对拆除拱架后拱圈的稳定性进行验算。对于多环拱桥，其对称拱圈应同时浇筑。

1）混凝土搅拌

① 使用预拌混凝土应符合国家现行标准《预拌混凝土》(GB/T 14902)的有关规定。

② 采用现场拌制混凝土可参照有关施工技术规范、标准执行。

2）混凝土运输

① 混凝土运输应适应混凝土凝结速度和浇筑速度的需要，使浇筑工作不间断。运输工具可采用手推车、机动翻斗车、混凝土搅拌运输车。混凝土在运输中应做到不分层、不离析、不漏浆，混凝土坍落度满足施工要求。

② 混凝土运输应尽量缩短运输时间，从搅拌机到浇筑完成的延迟时间不得超过混凝土初凝时间。

3）混凝土浇筑方式

① 混凝土连续浇筑：跨径小于 16m 时，拱圈或拱肋混凝土应按拱圈全跨度从两端拱脚向拱顶对称地连续浇筑，并在拱脚混凝土初凝前全部完成。如预计不能在限定时间内完成时，则应在拱脚预留一个隔缝并最后浇筑隔缝混凝土。

② 分段浇筑：当跨径大于或等于 16m 时，为避免拱架变形而产生裂缝，以及减少混凝土的收缩应力，采用沿拱跨方向分段浇筑。

a. 分段长度6m～15m。分段位置应以能使拱架受力对称、均匀和变形小为原则。各段接缝面应与拱轴线垂直,各分段点应预留间隔槽,其宽度一般为0.5m～1m,若安排有钢筋接头时,其宽度尚应满足钢筋接头的需要。如拱架变形小,可减少或不设间隔槽,而采用分段间隔浇筑。

b. 分段浇筑程序应符合设计要求,应对称于拱顶进行,并应预先做出设计,使拱架变形保持均匀,且变形最小。分段浇筑混凝土时,各分段内混凝土应一次连续浇筑完毕,因故中断时,应浇筑成垂直于拱轴线的施工缝见图2－9;如已浇筑成斜面,应凿成垂直于拱轴线的平面或台阶式接合面。

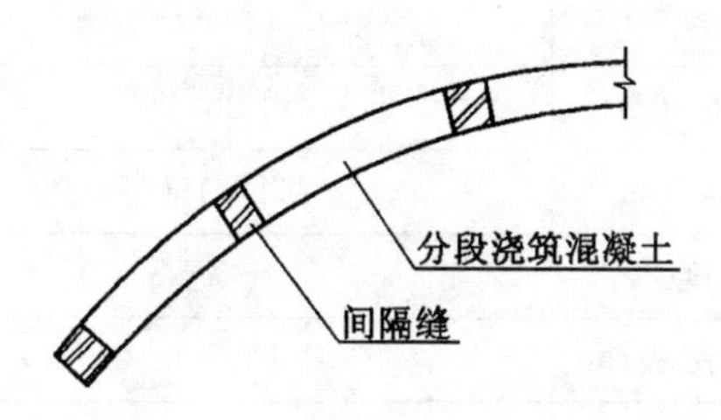

图2－9 分段浇筑施工示意图

c. 间隔槽混凝土,应待拱圈分段浇筑完成后且其强度达到75%设计强度,接合面按施工缝处理后,由拱脚向拱顶对称进行浇筑。封拱合龙温度应符合设计要求,如设计无规定时,宜在接近当地年平均温度或5℃～15℃时进行。

d. 浇筑大跨径钢筋混凝土拱圈或拱肋时,纵向钢筋接头应安排在设计规定的最后浇筑的几个间隔槽内,并应在这些间隔槽浇筑时再连接。

e. 在倾斜面上浇筑混凝土时,应从低处逐层扩展升高,保持水平分层,混凝土浇筑完成后应及时洒水养护。因拱肋中下部倾斜度较大,防止混凝土向下坍落,需在其顶部扣压模板。

(8) 模板拱架的拆除

1) 为保证支架拆除时拱肋内力变化均匀,应对称于拱顶,由拱中部向两侧同时拆除。

2) 顶部扣压模板在混凝土初凝后即可拆除。当混凝土达到设计要求抗压强度方可拆除侧模,若设计无要求时,混凝土抗压强度达到2.5MPa时方可拆除侧模。底模必须等到拱圈最后施工段混凝土抗压强度达到100%设计强度方可拆除。

3) 拱架拆除是由拱圈及上部结构的重量逐渐转移给拱圈自身承担的过程,应按拟定的卸落程序进行。拱架不得突然卸除,在卸除中,当达到一定的卸落量,拱架才脱离拱圈实现力的转移。在拱架拆除过程中应根据结构形式及拱架类型制定拆除程序和方法。

3. 季节性施工

参见“2.1.3 桥梁混凝土施工”相关要求。

2.3.4.4 质量标准

1. 技术要求

(1) 混凝土所用的水泥、砂、石、水和外掺剂的质量和规格必须符合有关规范的要求,按规定的配合比施工。

(2) 支架式拱架必须严格按照施工技术规范的要求进行制作,必须牢固稳定。

(3) 严格按照设计规定的施工顺序浇筑拱圈混凝土。

(4) 拱架的卸落必须按照设计和有关规范规定的卸架顺序进行。

(5) 不得出现露筋和空洞现象。

2. 实测项目

见表2－39。

表2－39 就地浇筑拱圈实测项目

项次	检查项目		规定值或允许偏差	检查方法和频率
1Δ	混凝土强度(MPa)		在合格标准内	按JTG F80/1附录D检查
2	轴线偏位(mm)	板拱	10	经纬仪:测量5处
		肋拱	5	
3Δ	内弧线偏离设计弧线(mm)	跨径≤30m	±20	水准仪:检查5处
		跨径＞30m	±路径/1500	
4Δ	断面尺寸(mm)	高度	±5	尺量:拱脚、$L/4$,拱顶5个断面
		顶、底、腹板厚	＋10,－0	
5	拱宽(mm)	板拱	±20	尺量:拱脚、$L/4$、拱顶5个断面
		肋拱	±10	
6	拱肋间距(mm)		5	尺量:检查5处

3. 外观鉴定

(1) 混凝土表面平整,线形圆顺,颜色一致。

(2) 混凝土麻面面积不得超过该面积的0.5%,深度超过10mm的必须处理。

(3) 混凝土表面不应出现非受力裂缝,裂缝宽度超过设计规定或设计未规定时超过0.15mm必须进行处理。

2.3.4.5 成品保护

1. 施工中不得蹬踩和随意切割钢筋。

2. 模板板面刷隔离剂时,严禁污染钢筋。

3. 吊装模板时应轻起轻放,不准碰撞,防止模板变形。

4. 拆除模板时,不得用大锤、撬棍硬砸猛撬,以免损伤混凝土表面和棱角。

5. 非承重侧模板应在混凝土强度能保证其表面及棱角不致因拆模而受损坏时方可拆除。

2.3.4.6 应注意的质量问题

1. 为使拱圈的拱轴线符合设计要求,必须在安装支架和拱架时预留施工拱度。

2. 为防止施工缝出现裂缝,拱肋合龙温度应符合设计要求,如无设计规定时,宜在气温接近当地平均温度时进行合龙。

3. 对拱架变位情况应进行控制观测,发现超过允许值时,要及时采取措施予以调整。

4. 拱架立柱应安装在有足够承载力的地基上,立柱底端应设置垫木,防止施工中支架和拱架发生较大的沉陷。

2.3.4.7 环境、职业健康安全管理措施

1. 环境管理措施

(1) 现场搅拌站应尽量设在远离居民区的场地,搅拌机上加设防尘罩或在棚内搅拌机旁装洒水喷头降尘。搅拌机前台设二级沉淀池,做到排水通畅。

(2) 水泥及其他易飞扬的细粒材料应存放在库房或用篷布严密遮盖。装卸这些材料时要采

取有效措施,减少扬尘。

(3) 生活、施工垃圾不得随意丢弃,现场设置封闭式垃圾存放场,定期封闭清运。

2. 职业健康安全管理措施

(1) 施工前,应对所有参施人员进行安全生产教育,特种作业人员必须经培训后持证上岗。

(2) 现场配电系统应实行分级配电,动力和照明线路分路设置。电气设备在使用中应实行两级漏电保护,所有电气设备的外露导电部分均应做保护接零;对产生振动的设备,其保护零线的连接点不得少于两处。电焊机应单独设开关,并设漏电保护装置。

(3) 施工机电设备应放置在防雨、防砸的地点,周围不得堆放易燃、易爆物品及其他杂物。所有施工机电设备应设专人负责保养、维修和看管。

(4) 吊车起吊重物前,应认真检查起吊物品是否捆绑牢固,索具和吊钩是否受力合理,松散材料必须采用密闭容器吊装。吊车作业半径内不得有人逗留。

(5) 拆除外模时应有操作平台,并有专人指挥,桥下面划出作业区,严禁非操作人员进入或通过。

2.3.5 桥梁支座安装

2.3.5.1 适用范围

适用于公路及城市桥梁工程中板式橡胶支座、盆式橡胶支座、球形支座的安装。

2.3.5.2 施工准备

1. 技术准备

(1) 认真审核支座安装图纸,编制施工方案,经审批后,向有关人员进行交底。

(2) 进行补偿收缩砂浆及混凝土各种原材料的取样试验工作,设计砂浆及混凝土配合比。

(3) 进行环氧砂浆配合比设计。

(4) 支座进场后取样送有资质的检测单位进行检验。

2. 材料要求

(1) 支座:进场应有装箱清单、产品合格证及支座安装养护细则,规格、质量和有关技术性能指标符合现行公路桥梁支座标准的规定,并满足设计要求。

(2) 配制环氧砂浆材料:二丁酯、乙二胺、环氧树脂、二甲苯、细砂,除细砂外其他材料应有合格证及使用说明书,细砂品种、质量应符合有关标准规定。

(3) 配制混凝土及补偿收缩砂浆材料。

1) 水泥:宜采用硅酸盐水泥和普通硅酸盐水泥。进场应有产品合格证或出厂检验报告,进场后应对强度、安定性及其他必要的性能指标进行取样复试,其质量必须符合国家现行标准《硅酸盐水泥、普通硅酸盐水泥》(GB 175)等的规定。

当对水泥质量有怀疑或水泥出厂超过3个月时,在使用前必须进行复试,并按复试结果使用。不同品种的水泥不得混合使用。

2) 砂:砂的品种、质量应符合国家现行标准《公路桥涵施工技术规范》(JTJ 041)的要求,进场后按国家现行标准《公路工程集料试验规程》(JTJ 058)的规定进行取样试验合格。

3) 石子:应采用坚硬的卵石或碎石,并按产地、类别、加工方法和规格等不同情况,按国家现行标准《公路工程集料试验规程》(JTJ 058)的规定分批进行检验,其质量应符合国家现行标准《公路桥涵施工技术规范》(JTJ 041)的规定。

4) 外加剂:外加剂应标明品种、生产厂家和牌号。外加剂应有产品说明书、出厂检验报告及合格证、性能检测报告,有害物含量检测报告应由有相应资质等级的检测部门出具。进场后应取样复试合格，并应检验外加剂的匀质性及与水泥的适应性。外加剂的质量和应用技术应符合国家现行标准《混凝土外加剂》(GB 8076)和《混凝土外加剂应用技术规范》(GB 50119)的有关规定。

5）掺合料：掺合料应标明品种、生产厂家和牌号。掺合料应有出厂合格证或质量证明书和法定检测单位提供的质量检测报告，进场后应取样复试合格。掺合料质量应符合国家现行相关标准规定，其掺量应通过试验确定。

6）水：宜采用饮用水。当采用其他水源时，其水质应符合国家现行标准《混凝土拌合用水标准》(JGJ 63)的规定。

(4) 电焊条：进场应有合格证，选用的焊条型号应与母材金属强度相适应，品种、规格和质量应符合国家现行标准的规定并满足设计要求。

(5) 其他材料：丙酮或酒精、硅脂等。

3. 机具设备

(1) 主要机械：空压机、发电机、电焊机、汽车吊、水车、水泵等。

(2) 工具：扳手、水平尺、铁錾、小铁铲、铁锅、铁锹、铁抹子、木抹子、橡皮锤、钢丝刷、钢楔、细筛、扫帚、小线、线坠等。

4. 作业条件

(1) 桥墩混凝土强度已达到设计要求，并完成预应力张拉。

(2) 墩台(含垫石)轴线、高程等复核完毕并符合设计要求。

(3) 墩台顶面已清扫干净，并设置护栏。

(4) 上下墩台的梯子已搭设就位。

2.3.5.3 施工工艺

1. 工艺流程

(1) 板式橡胶支座安装

垫石顶凿毛清理 → 测量放线 → 找平修补 → 拌制环氧砂浆 → 支座安装

(2) 盆式橡胶支座安装

1）螺栓锚固盆式橡胶支座安装

墩台顶及预留孔清理 → 测量放线 → 拌制环氧砂浆 → 安装锚固螺栓 → 环氧砂浆找平 → 支座安装

2）钢板焊接盆式橡胶支座安装

预留槽凿毛清理 → 测量放线 → 钢板就位、混凝土浇筑 → 支座就位、焊接

(3) 球形支座安装

1）螺栓连接球形支座安装

墩台顶凿毛清理 → 预留孔清理 → 拌制砂浆 → 安装锚固螺栓及支座 → 模板安装 → 砂浆浇筑

2）焊接连接球形支座安装

预留槽凿毛清理 → 测量放线 → 钢板预埋、混凝土浇筑 → 支座就位、焊接

2. 操作工艺

(1) 板式橡胶支座安装

1）垫石顶凿毛清理：人工用铁錾凿毛，凿毛程度满足“2.1.3 桥梁混凝土施工”关于施工缝处理的有关规定。

2）测量放线：根据设计图上标明的支座中心位置，分别在支座及垫石上划出纵横轴线，在墩台上放出支座控制标高。

3）找平修补：将墩台垫石处清理干净，用干硬性水泥砂浆将支承面缺陷修补找平，并使其顶面标高符合设计要求。

4）拌制环氧砂浆

① 将细砂烘干后，依次将细砂、环氧树脂、二丁酯、二甲苯放入铁锅中加热并搅拌均匀。

② 环氧砂浆的配制严格按配合比进行，强度不低于设计规定，设计无规定时不低于 40MPa。

③ 在粘结支座前将乙二胺投入砂浆中并搅拌均匀，乙二胺为固化剂，不得放得太早或过多，以免砂浆过早固化而影响粘结质量。

5）支座安装

① 安装前按设计要求及国家现行标准有关规定对产品进行确认。

② 安装前对桥台和墩柱盖梁轴线、高程及支座面平整度等进行再次复核。

③ 支座安装在找平层砂浆硬化后进行；粘结时，宜先粘结桥台和墩柱盖梁两端的支座，经复核平整度和高程无误后，挂基准小线进行其他支座的安装。

④ 当桥台和墩柱盖梁较长时，应加密基准支座防止高程误差超标。

⑤ 粘结时先将砂浆摊平拍实，然后将支座按标高就位，支座上的纵横轴线与垫石纵横轴线要对应。

⑥ 严格控制支座平整度，每块支座都必须用铁水平尺测其对角线，误差超标应及时予以调整。

⑦ 支座与支承面接触应不空鼓，如支承面上放置钢垫板时，钢垫板应在桥台和墩柱盖梁施工时预埋，并在钢板上设排气孔，保证钢垫板底混凝土浇筑密实。

6）其他板式橡胶支座安装

① 滑板式支座安装

a. 滑板式支座的不锈钢板表面不得有损伤、拉毛等缺陷，不锈钢板与上垫板采用榫槽结合时，上垫板开槽方向应与滑动方向垂直。

b. 滑板式支座安装时，支座与不锈钢板安装位置应视气温而定，不锈钢板滑板应留有足够的长度，防止伸缩时支座滑出滑道。

② 四氟板支座安装时，其表面应用丙酮或酒精擦干净，储油槽应注满硅脂。

③ 坡型板式橡胶支座上的箭头要与桥梁合成坡度的方向相对应。

（2）盆式橡胶支座安装

1）螺栓锚固盆式橡胶支座安装方法

① 将墩台顶清理干净。

② 测量放线。在支座及墩台顶分别划出纵横轴线，在墩台上放出支座控制标高。

③ 配制环氧砂浆。配制方法见 1 款(4)拌制环氧砂浆的有关要求。

④ 安装锚固螺栓。安装前按纵横轴线检查螺栓预留孔位置及尺寸，无误后将螺栓放入预留孔内，调整好标高及垂直度后灌注环氧砂浆。

⑤ 用环氧砂浆将顶面找平。

⑥ 安装支座。在螺栓预埋砂浆固化后找平层环氧砂浆固化前进行支座安装；找平层要略高于设计高程，支座就位后，在自重及外力作用下将其调至设计高程；随即对高程及四角高差进行检验，误差超标及时予以调整，直至合格。

2）钢板焊接盆式橡胶支座安装方法

① 预留槽凿毛清理。墩顶预埋钢板宜采用二次浇筑混凝土锚固，墩、台施工时应注意预留槽的预留，预留槽两侧应较预埋钢板宽 100mm，锚固前进行凿毛并用空压机及扫帚将预留槽彻

底吹扫干净。

② 测量放线。用全站仪及水准仪放出支座的平面位置及高程控制线。

③ 钢板就位，混凝土灌注。钢板位置、高程及平整度调好后，将混凝土接触面适当洒水湿润，进行混凝土灌注，灌注时从一端灌入另一端排气，直至灌满为止。支座与垫板间应密贴，四周不得有大于1.0mm的缝隙。灌注完毕及时对高程及四角高差进行检验，误差超标及时予以调整，直至合格。

④ 支座就位、焊接。校核平面位置及高程，合格后将下垫板与预埋钢板焊接，焊接时应对称间断进行，以减小焊接变形影响，适当控制焊接速度，避免钢体过热，并应注意支座的保护。

3）盆式橡胶支座安装要求

① 盆式支座安装前按设计要求及现行《公路桥梁盆式橡胶支座标准》(JT 391)对成品进行检验，合格后安装。

② 安装前对墩、台轴线、高程等进行检查，合格后进行下步施工。

③ 安装单向活动支座时，应使上下导向挡板保持平行。

④ 安装活动支座前应对其进行解体清洗，用丙酮或酒精擦洗干净，并在四氟板顶面注满硅脂，重新组装应保持精度。

⑤ 盆式支座安装时上、下各座板纵横向应对中，安装温度与设计要求不符时，活动支座上、下座板错开距离应经过计算确定。

(3) 球形支座安装

1）螺栓连接球形支座安装方法：

① 墩台顶凿毛清理。当采用补偿收缩砂浆固定支座时，应用铁錾对支座支承面进行凿毛，凿毛程度满足"2.1.3　桥梁混凝土施工"关于施工缝处理的有关规定，并将顶面清理干净；当采用环氧砂浆固定支座时，将顶面清理干净并保证支座支承面干燥。

② 清理预留孔。清理前检查校核墩台顶锚固螺栓孔的位置、大小及深度，合格后彻底清理。

③ 配制砂浆。环氧砂浆配制方法见1款(4)拌制环氧砂浆有关要求，补偿收缩砂浆的配制按配合比进行，其强度不得低于35MPa。

④ 安装锚固螺栓及支座。吊装支座平稳就位，在支座四角用钢楔将支座底板与墩台面支垫找平，支座底板底面宜高出墩台顶20mm～50mm，然后校核安装中心线及高程。

⑤ 安装模板。沿支座四周支侧模，模板沿桥墩横向轴线方向两侧尺寸应大于支座宽度各100mm。

⑥ 灌注砂浆。用环氧砂浆或补偿收缩砂浆把螺栓孔和支座底板与墩台面间隙灌满，灌注时从一端灌入从另一端流出并排气，保证无空鼓。

⑦ 砂浆达到设计强度后撤除四角钢楔并用环氧砂浆填缝。

⑧ 安装支座与上部结构的锚固螺栓。

2）焊接连接球形支座安装方法：参照2款(2)施工。

3）球形支座安装要求

① 按设计要求和订货合同规定标准对球形支座进行检查，合格后安装。

② 安装时保证墩台和梁体混凝土强度不低于30MPa，对墩、台轴线、高程等进行检查，合格后进行下步施工。

③ 安装就位前不得松动支座锁定装置。

④ 采用焊接连接时，应不使支座钢体过热，保持硅脂和四氟板完好。

⑤ 支座安装就位后，主梁施工应做好防止水泥浆渗入支座的保护措施。

⑥ 预应力张拉前应撤除支座锁定装置，解除支座约束。

3. 季节性施工

(1) 雨期施工

1) 雨天不得进行混凝土及砂浆灌注。

2) 盆式支座及球形支座安装完毕后，在上部结构混凝土浇筑前应对其采取覆盖措施，以免雨水浸入。

(2) 冬期施工

1) 灌注混凝土及砂浆应避开寒流。

2) 应采取有效保温措施，确保混凝土及砂浆在达到临界强度前不受冻。

3) 采用焊接连接时，温度低于－20℃时不得进行焊接作业。

2.3.5.4　质量标准

1. 基本要求

(1) 支座的材料、质量和规格必须满足设计和有关规范的要求，经验收合格后方可安装。

(2) 支座底板调平砂浆性能应符合设计要求，灌注密实，不得留有空洞。

(3) 支座上下各部件纵轴线必须对正。当安装时温度与设计要求不同时，应通过计算设置支座顺桥向预偏量。

(4) 支座不得发生偏歪、不均匀受力和脱空现象。滑动面上的四氟滑板和不锈钢板不得有划痕、碰伤等，位置正确，安装前必须涂上硅脂油。

2. 实测项目

见表2－40。

表2－40　支座安装允许偏差

序号	项目			允许偏差（mm）	检验频率		检验方法
					范围	点数	
1	梁桥	支座高程		±2	每个支座	1	用水准仪测量
		支座横桥向偏位		2		2	用经纬仪、钢尺量
		支座顺桥向偏位		10		2	用经纬仪、钢尺量
		支座四角高差	承压力≤500kN	1		4	用水准仪测量
			承压力＞500kN	2		4	用水准仪测量
2	斜拉桥	支座高程		±10		1	用水准仪测量
		竖向支座纵、横向偏位		5		2	用经纬仪测量
		竖向支座垫石钢板水平度		2		2	用水平仪、钢尺量
		竖向支座滑板中线与桥轴线平行度		1/1000		2	用全站仪、经纬仪测量
		横向抗风支座支挡垂直度		1		1	用水平仪、钢尺量
		横向抗风支座支挡表面平行度		1		1	用水平仪、钢尺量
		横向抗风支座表面与支挡表面间距		2		2	用卡尺量

注：支座安装偏差应符合设计要求和产品说明书规定

3. 外观鉴定

支座表面应保持清洁,支座附近的杂物及灰尘应清除。

2.3.5.5 成品保护

1. 当上部结构预制梁板就位不准确或梁板与支座不密贴时,必须吊起梁板重新就位或垫钢板消除缝隙,不得用撬棍移动梁板。

2. 当支座钢体采用焊接时,要将橡胶块用阻燃材料予以适当覆盖遮挡,防止烧伤支座,并避免钢体受热。

3. 球形支座运营一年后应进行检查,清除支座附近的杂物及灰尘,并用棉纱仔细擦除不锈钢表面的灰尘。

2.3.5.6 应注意的质量问题

1. 预制梁板就位后支座下沉。要求环氧砂浆配合比准确且有足够的固化时间。

2. 板式支座粘结不牢固。要求支座槽或垫石按要求充分凿毛且凿毛后彻底清理。

3. 支座受力不均匀。板式支座粘结应平整,且砂浆饱满。支座粘结完毕后,多余环氧砂浆应清理干净,支座周围不得有松散环氧砂浆。

4. 滑板支座活动不正常。应对滑板支座的储油槽进行彻底清洗并注满硅脂。夜间施工时要加强质量监督管理。

5. 支座四角高程误差超标。要求环氧砂浆搅拌均匀,以免受力后出现不均匀沉降,进而出现脱空现象。

2.3.5.7 环境、职业健康安全管理措施

1. 环境管理措施

(1) 要防止人为敲打、叫嚷、野蛮装卸等产生的噪声,减少噪声扰民现象。

(2) 对产生强噪声机械作业的工序,宜安排在白天进行;若安排夜间施工时,应采取隔音措施。

(3) 支座处凿毛和清扫时,应采取降尘措施,防止粉尘污染周围环境。

2. 职业健康安全管理措施

(1) 高处作业时要系好安全带。需设工作平台时,防护栏杆高于作业面不应小于 1.2m,且用密目安全网封闭。

(2) 安装大型盆式支座时,墩上两侧应搭设操作平台,墩顶作业人员应待支座吊至墩顶稳定后再扶正就位。

(3) 因乙二胺挥发性较强且属有毒物质,操作人员要按要求佩戴口罩、眼罩、手套,并选择通风良好的位置进行环氧砂浆拌制。

2.3.6 预制梁、板吊车安装

2.3.6.1 适用范围

适用于使用吊车进行公路及城市桥梁预制梁、板的安装。

2.3.6.2 施工准备

1. 技术准备

(1) 根据图纸熟悉预制梁、板安装部位,并绘制梁、板安装图,注明安装顺序。

(2) 召开吊装、梁板加工和施工单位配合会,并进行吊装梁、板交底。

(3) 进行测量放线工作。

2. 材料要求

桥梁预制梁、板和支座应符合设计要求并验收合格。

3. 机具设备

(1) 运输车辆主要采用拖车和炮车，其载重能力及技术性能必须满足运输梁板的要求。

(2) 吊车主要采用汽车吊和履带吊两大类，其吊重及技术性能必须满足吊装梁板的要求。

4. 作业条件

(1) 预制梁、板混凝土强度符合设计吊装要求，并验收合格。

(2) 墩台、盖梁等支承结构施工完毕，强度符合吊装要求，并验收合格。

(3) 支座安装完毕并验收合格。

(4) 运输车辆、吊车经检查运转正常。

2.3.6.3 施工工艺

1. 工艺流程

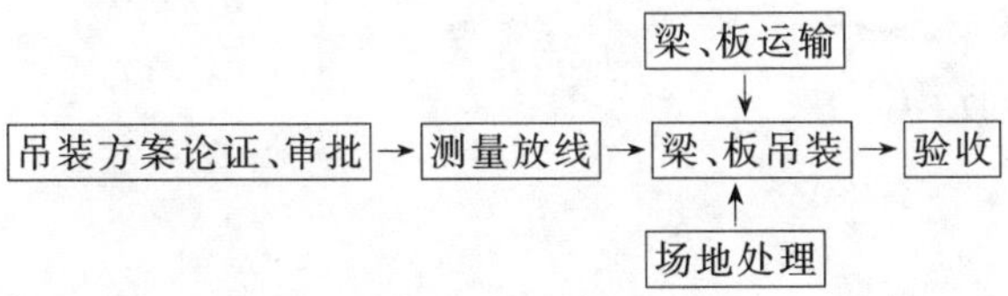

梁、板运输 ↓

吊装方案论证、审批 → 测量放线 → 梁、板吊装 → 验收

↑ 场地处理

2. 操作工艺

(1) 吊装方案论证、审批

1) 吊装方案编制完成后，应会同有关人员对方案进行论证，对有关数据进行计算复核、优化，确定施工方案。

2) 根据现场情况，复核吊车在吊装最不利梁、板时，吊车的工作幅度、起重力矩和提升高度是否满足施工要求。如果采用两台吊车同时吊装一块梁、板时，对每台吊车的参数和型号选择应单独进行计算复核，起重力矩核算时应考虑吊车配合时的降效，降效系数为80%。25m以上的预应力简支梁还应验算裸梁的稳定性。

3) 根据梁、板的重量、长度和角度，参考运距和道路情况，复核运输车辆的载重能力和技术性能是否满足运输梁板的要求。

4) 根据吊装方案中各种机械车辆运行的线路、工作的位置和车辆的工作重量，对照现场的地质情况，复核现场的场地处理方案，判断其能否满足施工要求。对吊车的支点位置应重点考虑。

5) 将编制的梁、板运输方案报交通管理部门，得到批准后方可实施。

6) 将编制的梁、板吊装方案报业主、监理及有关部门审批，批准后方可实施。

(2) 测量放线

吊装前，测量人员放出高程线、结构的中心线、支座的中心十字线、每块梁、板的端线和边线。用墨线弹出并标识清楚。

(3) 场地处理

根据吊装方案中的场地处理要求，在吊装前对现场和运输道路进行处理和加固。

(4) 梁、板运输

1) 梁、板运输前对车辆型号、车辆状况进行检查，有安全隐患的车辆不得进行运输。

2) 预制场应有专人根据吊装方案安排梁、板的发车顺序。

3) 梁、板装车后应进行固定，并对固定情况进行检查，符合安全运输要求后方可发车。

4）事先与交通部门取得联系，重要路口派专人临时维持交通秩序。

5）车辆进入吊装现场要有专人指挥，安排车辆的进出线路、临时停车地点和卸车顺序。

（5）梁、板吊装

1）按照吊装方案进行吊装，吊装过程中要有专人负责指挥。

2）吊装中，梁、板靠近桥梁时要慢起慢放，梁、板每端应有2～4人对梁、板吊装中的方向进行调整。墩台、盖梁上应有专人根据测量所弹的端、边线检查梁、板就位情况。就位不准时要吊起重放，不允许在就位后用撬棍移动梁、板。

3）每片梁、板就位后，应立即检查支座情况，如果出现个别支座悬空的现象，应将梁、板吊起，采用直径大于橡胶支座的不锈钢板，选用适当的厚度垫在支座顶部，再重新将梁、板就位。

4）吊装T梁时，第一片梁就位后应立即设置保险垛或支撑将梁固定，固定好后吊车再摘钩。以后每片梁就位后应立即用钢筋或钢板与前一片梁的横向预埋钢筋或钢板焊接牢固再摘钩，防止T梁倾倒。

（6）验收

梁板安装完成后，根据质量标准进行验收。

2.3.6.4 质量标准

1. 基本要求

（1）安装前，墩台支座垫板必须稳固。

（2）梁板就位后，梁两端支座应对位，板梁与支座须密合。

2. 实测项目

见表2－41。

表2－41　　梁、板安装实测项目

项次	检查项目		规定值或允许偏差	检查方法和频率
1	支座中心偏位（mm）	梁	5	尺量：每孔抽查4～6个支座
		板	10	
2	竖直度（%）		1.2	吊垂线：每孔2片梁
3	梁、板顶面纵向高程（mm）		＋8，－5	水准仪：抽查，每孔2片，每片3点

2.3.6.5 成品保护

1. 梁、板在运输车上应用方木在设计支承位置支垫好，固定牢固。车辆应慢速行驶，穿越桥涵通道时要有专人照看、慢速通过，防止磕碰。

2. 吊装中要防止梁、板碰撞桥梁结构。

3. 支座安装后、梁板吊装前，应安排专人看护，防止支座丢失。

4. 梁、板就位后应有专人看护，防止梁板上的预埋钢筋和预埋件出现丢失、损坏。

2.3.6.6 应注意的质量问题

1. 严格检查每片梁、板的起拱度，对于可调换顺序的梁板，应将起拱度相近的梁板安排在相邻的位置，确保吊装后梁、板顶面的高程符合设计要求，梁、板底面大致在同一平面。

2. 为预防梁、板安装完成后板缝间距不一，个别板缝过大的现象，安装时严格按照弹线位置放置梁、板，保证梁、板间距基本均匀。

2.3.6.7 环境、职业健康安全管理措施

1. 环境管理措施

(1) 施工现场及运输道路应经常洒水防止扬尘。

(2) 梁、板运输过程中,距离居民区、村落较近时,应禁止鸣笛。

2. 职业健康安全管理措施

(1) 梁、板运输

1) 梁、板运输的车辆应根据梁、板的重量、长度、角度进行选择并验算。

2) 梁、板在车辆上应采取有效固定措施。构件码放2层及以上时,每块板均应固定牢固,不能出现相对滑动。

3) 运输车应慢速、平稳行驶。驾驶室除驾驶员外还应有一名助手,协助了望,及时反映道路情况和处理安全事宜。

4) 运输前应勘测好道路和地形,确保车辆能顺利通过。在重要路口应事先与交通部门取得联系,派专人临时指挥交通。

5) 运输超高、超宽、超长梁、板时应向有关部门申报,经批准后在指定道路上行驶。车辆上悬挂安全标志。超高的部件应有专人照看,并配备适当工具,保证在有障碍物的情况下能安全通过。

6) 车辆下坡应缓慢行驶,避免紧急刹车。转弯或险要地段要降低车速,同时注意两侧行人和障碍物。

7) 在雨、雪、雾天通过陡坡时,应提前采取有效措施。

8) 装卸车应选择平坦、坚实的地点,装卸车时应防止车辆滑动。

(2) 梁、板吊装

1) 吊装方案中应包括安全技术措施,并在施工前向施工人员进行安全技术交底。

2) 吊装现场应有统一指挥。吊车司机必须掌握吊装作业的安全要求,其他人员要有明确的分工。指挥吊车的信号工应持证上岗。

3) 吊装前要严格检查吊车各部件的可靠性和安全性,吊车严禁超负荷使用。吊装用的钢丝绳安全系数应不小于6。夜间吊装必须配备足够的照明。

4) 吊车作业的位置地面应坚实、平整,支脚要支垫牢固,回转半径内不得有障碍物。两台起吊同一梁板时,钢丝绳应保持垂直,两台吊车升降应保持同步。

5) 起吊时,应先试吊。将梁、板吊起100mm左右,停机检查制动器灵敏性、可靠性和梁、板与吊钩连接的牢固程度,确认情况正常方可继续施工。

6) 起升或降下时,速度要均匀、平稳,保持机身的稳定,防止重心倾斜。严禁出现起吊的梁、板自由下落的情况。

7) 在输电线路附近进行吊装时,吊车各部位与电线的距离应符合有关安全规定。

2.3.7　预应力混凝土真空灌浆

2.3.7.1　适用范围

适用于公路、城市道路桥梁工程中后张预应力孔道灌浆施工。

2.3.7.2　施工准备

1. 技术准备

(1) 对所选材料分不同规格、品种、批次已进行抽检验收合格。

(2) 水泥浆的强度应符合设计规定,设计无具体规定时,应大于或等于30MPa。施工前已进行水泥浆材料试配，确定水泥浆配合比。

(3) 根据设计要求及施工环境，按灌浆方案对操作工人进行书面交底。

2. 材料要求

(1) 成孔材料：高密度聚乙烯塑料波纹管、连接接头等，壁厚不得小于2mm，管道的内横截面面积至少应是预应力筋净截面面积的2.0～2.5倍。出厂有合格证，进场后应按要求进行检验，其材质应符合设计和有关规范规定。

(2) 压浆材料

1) 水泥：应采用硅酸盐水泥或普通水泥，水泥强度等级不宜低于42.5级，有出厂合格证和质量检验报告。水泥进场后应按有关规定复试，各项性能指标符合国家现行标准的规定。

2) 外加剂：应有产品说明书、出厂检验报告及合格证，宜采用具有低含水量、流动性好、最小渗出及微膨胀性等特性的外加剂，不得含有对预应力筋或水泥有害的化学物质。外加剂的用量应通过试验确定，进场后应取样复试。

3) 水：宜采用饮用水。当采用其他水源时，其水质应符合国家现行标准《混凝土拌合用水标准》(JGJ 63)的规定。

3. 机具设备

(1) 设备：水环式真空泵、空气滤清器、灌浆泵、灰浆搅拌机、计量用的台秤等。

(2) 工具：水桶、耐高压胶管（承压$\sigma \geq 1.5$MPa）根据现场需要长度置备、控制阀、工具扳手、手锯等。

4. 作业条件

(1) 现场梁体钢筋骨架基本绑扎完成，塑料波纹管钢筋固定架依据设计安装完毕，并经过检查验收合格。

(2) 真空灌浆前应具备以下条件：

1) 根据确定的配合比，将外加剂按每包水泥重量50kg的掺量秤量袋包，以便使用。水泥按需要量储备，水引至使用部位。

2) 真空灌浆设备已进场，并调试完毕。

2.3.7.3 施工工艺

1. 工艺流程

梁体钢筋绑扎 → 固定波纹管支架筋 → 波纹管安装 → 锚垫板固定、穿钢绞线 → 安装排气管

→ 梁体浇筑混凝土、钢绞线张拉 →

搅拌水泥浆 ↓

锚具端头封闭 → 孔道灌浆 → 设备清理 → 封锚

↑ 制作试块

2. 操作工艺

(1) 梁体钢筋绑扎

按设计图及施工规范要求进行施工。

(2) 固定波纹管支架筋

应按设计图给出的钢绞线束控制点坐标，在梁体内定出相应位置，塑料波纹管的固定采用定位焊接钢筋托架，沿梁长方向横向钢筋托直线段间距800mm，曲线段500mm设置，见图2－10。

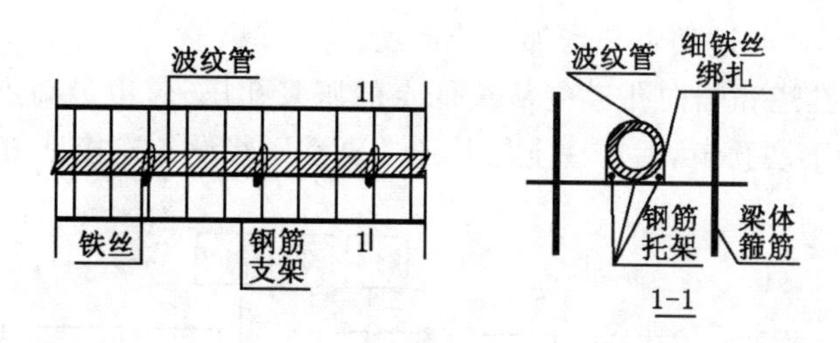

图 2－10　塑料波纹管固定示意图

(3) 波纹管安装

塑料波纹管安装应与支托架用铁丝绑牢,确保混凝土浇筑期间不产生位移。当普通钢筋与预应力钢束发生矛盾时,可适当调整普通钢筋位置。管道铺设前,应清理管内杂物,管道口先用塑料胶布封堵待安装时取开。塑料波纹管接长时,应采用专用套管接头,长度宜为被连接管道内径的 5～7 倍,接口应用胶带缠裹严密。

(4) 锚垫板、梁端模板固定、穿钢绞线,参照"2.3.1　预应力钢筋混凝土箱梁施工"。

(5) 灌浆、排气孔的设置与安装

1) 压浆孔和排气孔的设置方法:所有管道均应设压浆孔和排气孔,在开孔处应覆盖一块长约 300mm 的专用包管,包管应与塑料波纹管吻合密贴,中央开口设一圆形管嘴,管嘴与塑料波纹管开口重合并外接排气或压浆管,所有接口应用胶带缠裹严密。排气管或压浆管应是 ϕ15、ϕ20 的金属管或塑料管,管长应能引出结构物顶面 300mm 以上,并在管端设阀门。

2) 简支梁两端设锚垫板时的设置方法:锚垫板上的预留孔可作压浆孔或排气孔使用。对于预应力束较低的一端,锚垫板安装时,预留孔应放置在下方,作为压浆孔使用;对于预应力束偏高的一端,锚垫板安装时,预留孔应放置在上方,安装排气管兼抽真空使用。

3) 简支梁一端设锚垫板,另一端设 P 型(固定)锚时的设置方法:应在 P 型锚具的约束圈处,塑料波纹管内插入 ϕ15 钢管并引出结构外安装阀门,另一端排气孔或压浆孔设在锚垫板上,排气管兼作抽真空管。排气孔与压浆孔的区别,是由梁体两端的高低来确定,高的一端用作排气孔,较低的一端用作压浆孔。

4) 连续梁时的设置方法除按(1)～(3)项要求施工外,还应在曲线波纹管波峰部位设排气孔,波谷部位处可设压浆孔。

(6) 混凝土浇筑、养护、钢绞线张拉,参见"2.3.1　预应力钢筋混凝土箱梁施工"。

(7) 锚具端头封闭

待张拉控制阶段完成后,卸落工具锚和千斤顶,随后切除多余钢绞线至露出锚具不宜小于 30mm。为防止锚具端在灌浆时水气流通,使管内达到较好的真空。一般用干硬性水泥浆在锚具端封闭,其封闭厚度应大于等于 15mm,并用 ϕ16 的光圆钢筋在钢绞线间将水泥浆压实赶光。封闭锚具端头后,要待水泥干硬而又未产生裂缝时(一般需 24～48h)进行灌浆。

(8) 塑料波纹管孔道真空灌浆

1) 灌浆准备

① 检查清理抽真空端,安装引出管、阀门和接头,并检查其功能。

② 搅拌水泥浆使其水灰比、流动度、泌水性达到技术指标要求。

③ 压浆前对孔道进行清洁处理。水泥浆自拌制至压入孔道的延续时间,视气温情况而定,一般在 30～45min 时间内。水泥浆在使用前和压注过程中应连续搅拌,对于因延迟使用导致的

流动度降低的水泥浆，不得通过加水来增加其流动度。

④ 压浆时，对曲线孔道和竖向孔道应从最低点的压浆孔压入，由最高点的排气孔排气和泌水。压浆顺序宜先压注下层孔道，后压注上层孔道。真空压浆设备连接见图2－11。

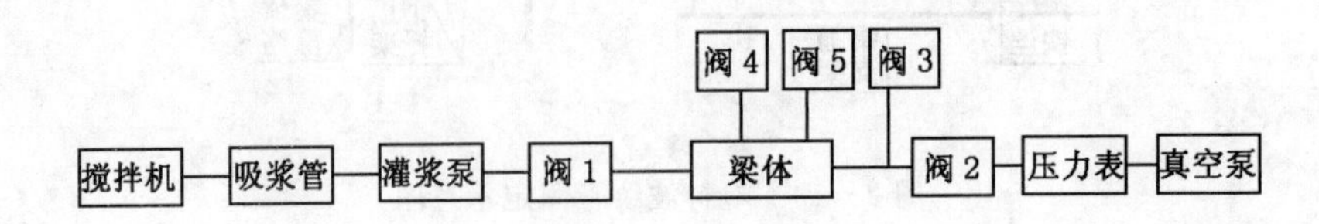

图2－11　真空灌浆施工设备连接示意图

2）塑料波纹管真空压浆

① 关闭阀1、阀3、阀4、阀5，打开阀2，启动真空泵抽真空，使塑料波纹管内真空度达到－0.06～－0.1MPa并保持稳定。

② 打开阀1，启动灌浆泵，当灌浆泵输出的浆体达到要求稠度时，将泵上的输送管接到锚垫板或桥面上的灌浆孔管上，开始灌浆。

③ 压浆应缓慢、均匀地进行，不得中断，并应将所有最高点的排气孔（如阀4、阀5），在抽真空时均关闭，使孔道内排气通畅。待抽真空端的透明波纹管中有浆体经过时，关闭空气滤清器前端的阀2及抽真空泵，稍后打开排气阀4、阀5、阀3。当水泥浆从排气阀4、阀5、阀3顺畅流出，且稠度与输入的浆体相当时，依次逐一关闭阀4、阀5、阀3。

④ 灌浆泵继续工作，在压力不小于0.5MPa时，持压2min。

⑤ 关闭灌浆泵及灌浆端阀1，完成灌浆。

⑥ 较集中和邻近的管道，宜尽量连续压浆完成，不能连续压浆时，后压浆的孔道在压浆前应用压力水冲洗，使孔道通畅。

⑦ 压浆后应从检查孔抽查压浆的密实情况，如有不实，应及时处理和纠正。压浆时，每一工作班应留取不少于3组边长为70.7mm的立方体试件，标准养护28d，检查其抗压强度，作为评定水泥浆强度的依据。

（9）设备清理

1）拆卸外接管路、附件、清洗空气滤清器及阀门等。

2）完成当日灌浆后，必须将所有沾有水泥浆的设备清洗干净。

3）安装在降压端及出浆端的阀门，应在浆体初凝后，及时拆除并进行清理。

（10）封锚

孔道压浆完毕，清理施工面并对梁端混凝土凿毛，然后绑封锚区钢筋，支封锚区模板，经监理验收合格后即可进行封锚混凝土施工。封锚混凝土强度等级应符合设计要求。混凝土洒水养护时间不少于7d。

3. 季节性施工

冬期：压浆及压浆后48h内，结构混凝土的温度不得低于5℃，否则应采取防冻或保温措施；

暑期：当气温高于35℃时，压浆宜在夜间进行。

2.3.7.4　质量标准

1. 基本要求

（1）预应力筋孔道安装位置应正确，孔道成形圆滑、通顺、洁净。

（2）孔道压浆的水泥浆强度必须符合设计要求，压浆时排水孔应有水泥浓浆溢出。

2. 实测项目

见表2－42。

表2－42　后张预应力管道安装实测项目

项次	检查项目		规定值或允许偏差	检查方法和频率
1	管道坐标（mm）	梁长方向	30	尺量：抽查30%，每根查10个点
		梁高方向	10	
2	管道间距（mm）	同排	10	尺量：抽查30%，每根查5个点
		上下层	10	

2.3.7.5　成品保护

1. 塑料波纹管安装就位过程中，应防止电焊火花烧伤管壁。

2. 振捣工事前应了解波纹管、芯模在梁体内的位置，振捣混凝土时，严禁触及波纹管或芯模，以防破坏管道或芯模。

2.3.7.6　应注意的质量问题

1. 塑料波纹管应储存在干燥通风的地方，不得靠近热源和长期受日光暴晒，防止腐蚀性气体对管材的腐蚀。

2. 塑料波纹管搬运时应轻拿轻放，不得抛甩或在地上拖拉。要防止尖锐物戳伤管壁。

3. 波纹管安装后应检查其位置、直线（曲线）形状是否符合设计要求，塑料波纹管的固定是否牢靠，接头是否完好，管壁有无破损等。防止波纹管安装位置不准，连接不牢和漏浆现象。

4. 防止灌浆不饱满，应采取下列措施：灌浆前波纹管孔道必须密封、清洁、干燥；输浆管应选用高强橡胶管，抗压能力大于等于1.5MPa，连接要牢固，不得脱管；中途换管道时间内，继续启动灌浆泵，让浆液循环流动；储浆罐的储浆体积必须大于所要灌注的一条预应力孔道体积。

2.3.7.7　环境、职业健康安全管理措施

1. 环境管理措施

(1) 压浆后应将桥面或梁端被灰浆污染的部位，用清水冲洗干净。

(2) 压浆剩余水泥浆不得随意倾倒，应集中到指定地点消纳。

2. 职业健康安全管理措施

(1) 电工、电焊工、机械操作工必须持证上岗，并熟悉本专业安全操作规程，严格按照安全防护要求进行施工。未经培训的混凝土真空灌浆操作人员不得上岗作业。

(2) 压浆工人应戴防护眼镜，以免灰浆喷出射伤眼睛。

2.4　桥面系及附属结构

2.4.1　桥面混凝土铺装层施工

2.4.1.1　适用范围

适用于公路及城市桥梁工程中桥面混凝土铺装层的施工。

2.4.1.2　施工准备

1. 技术准备

(1) 施工前已对图纸进行会审，编制施工方案已经审批，并对施工作业人员进行详细交底。

(2) 桥面梁板顶面已清理凿毛和梁板板面高程复测完毕。对最小厚度不能满足设计要求的地方,会同设计人员已进行桥面设计高程的调整和测量放样。

2. 材料要求

(1) 钢筋

1) 冷轧带肋钢筋网片

① 工厂化制造的冷轧带肋钢筋网片的品种、级别、规格应符合设计要求,进场应有产品合格证、出厂质量证明书和试验报告单,并抽取试件作力学性能试验,其质量应符合国家现行标准《冷轧带肋钢筋》(GB 13788)的规定。

② 钢筋网片必须具有足够的刚度和稳定性。

③ 钢筋网焊点应符合设计规定,并符合国家现行标准《公路桥涵施工技术规范》(JTJ 041)的规定。

2) 普通钢筋:钢筋的品种、级别、规格应符合设计要求。进场应有出厂质量证明书和试验报告单,并抽取试件作力学性能试验,其质量应符合国家现行标准《钢筋混凝土用热轧带肋钢筋》(GB 1499)的规定。

(2) 水泥:宜采用强度等级 32.5 级以上的硅酸盐水泥或普通硅酸盐水泥。水泥进场应有产品合格证和出厂检验报告,进场后应对强度、安定性及其他必要的性能指标进行取样复试,其质量必须符合国家现行标准《硅酸盐水泥、普通硅酸盐水泥》(GB 175)等的规定。

(3) 石子:应采用坚硬的碎石或砾石,粒径 5mm~20mm 连续级配,含泥量不大于 1%。进场应有法定检测单位出具的碱活性报告,进场后应按产地、类别、加工方法和规格等不同情况分批进行检验,其质量应符合国家现行标准《公路桥涵施工技术规范》(JTJ 041)的规定,禁止使用 D 种高碱活性石子。

(4) 砂:宜采用洁净、坚硬、符合规定级配的河砂,河砂不易得到时,也可用山砂或用硬质岩石加工的机制砂。砂的细度模数宜在 2.5 以上的中砂或粗砂,含泥量不大于 3%。进场应有法定检测部门出具的碱活性报告,进场后应按《公路工程集料试验规程》(JTJ 058)的规定取样试验,其质量应符合国家现行标准《公路桥涵施工技术规范》(JTJ 041)的规定。禁止使用 D 种高碱活性砂子。

(5) 掺合料:可采用质量指标符合表 2-43 规定的Ⅰ、Ⅱ级粉煤灰,进场应有合格证明书及法定检测单位出具的碱含量报告,进场后应取样复试,其质量应符合国家现行标准《用于水泥和混凝土中的粉煤灰》(GB 1596)的规定。

表 2-43 粉煤灰分级和质量指标

粉煤灰等级	细度(45μm 气流筛筛余量)(%)	烧失量(%)	需水量(%)	SO_3 含量(%)
Ⅰ	≤12	≤5	≤95	≤3
Ⅱ	≤20	≤8	≤105	≤3

(6) 外加剂:进场应有产品说明书、出厂检验报告和合格证明,进场后应取样复试,其质量应符合国家现行标准《混凝土外加剂》(GB 8076)的规定。有害物含量和碱含量应由法定检测单位出具。掺量通过试验确定。

(7) 水:宜采用饮用水。当采用其他水源时,其水质应符合国家现行标准《混凝土拌合用水标准》(JGJ 63)的规定。

3. 机具设备

(1) 混凝土铺装机具:混凝土罐车(预拌)、自卸翻斗车(现场拌制)、汽车吊、料斗、振捣棒、平板振捣器、振捣梁、振捣梁行车轨道、操作平台、混凝土泵车。

(2) 浮浆清理机具:凿毛锤、空压机、高压水枪、铁锹、扫帚。

(3) 材料加工机具:钢筋剪刀、弯曲机械、冷拉机械、电焊机、木工机械、电锤、手锤、大锤。

(4) 养护、拉毛、切缝机具:钢抹子、木抹子、排笔、切缝机。

(5) 计量检测用具:水准仪、全站仪、钢卷尺、3m 靠尺、塞尺等。

4. 作业条件

(1) 施工方案和分项工程开工报告已审批。

(2) 桥面铺装前,桥梁梁板铰缝或湿接头施工完毕,桥面系预埋件及预留孔洞的施工,如桥面排水口、止水带、照明电缆钢管、照明手孔井、波形护栏及防撞护栏处渗水花管等安装作业已完成并验收合格。

2.4.1.3　施工工艺

1. 工艺流程

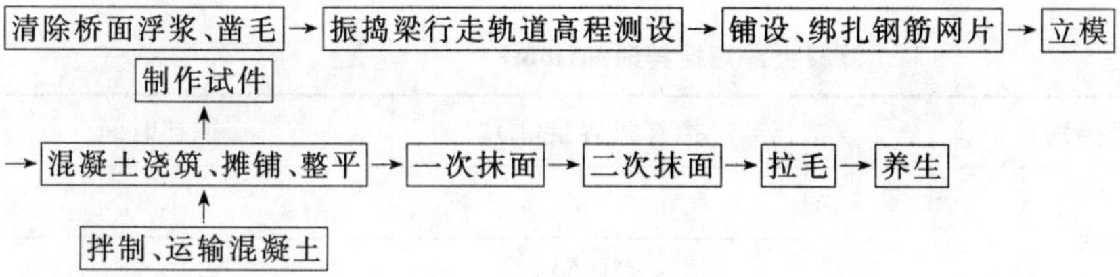

清除桥面浮浆、凿毛 → 振捣梁行走轨道高程测设 → 铺设、绑扎钢筋网片 → 立模

制作试件 ↑

→ 混凝土浇筑、摊铺、整平 → 一次抹面 → 二次抹面 → 拉毛 → 养生

↑ 拌制、运输混凝土

2. 操作工艺

(1) 清除桥面浮浆、凿毛

先采用凿毛锤对桥梁板顶面进行人工凿毛,去除浮浆皮和松散的混凝土,再对每片梁进行检查、补凿。剔凿后的桥梁顶面验收前采用空压机吹扫,若采用高压水枪冲洗时,须用空压机将水吹干。

(2) 振捣梁行走轨道高程测设

1) 轨道可采用钢管或槽钢架设。

2) 轨道沿桥面横向铺设间距不大于 3m,铺装面两侧轨道支立位置距每次浇筑铺装作业面外侧 300mm 左右。

3) 轨道纵向定位后,弹墨线,每 2m 设置高程控制点。在控制点处用电锤钻孔,打入钢筋,锚固深 60mm～80mm,外露 30mm。设定钢管顶面高程与桥面设计高程一致,用水准仪在锚固钢筋上测放,然后焊接顶托,架立钢管。为保证轨道刚度,将轨道支撑加密,支撑间距不宜大于 2000mm。

(3) 铺设、绑扎钢筋网片

1) 成品钢筋网片大小应在订货前根据每次铺筑宽度和长度确定,确保网片伸入中央隔离带宽度满足设计要求,并应考虑运输和施工方便。

2) 成品钢筋网片要严格按照图纸要求铺设,横、纵向搭接部位对应放置,搭接长度为 $30d$,采用 $10^{\#}$ 火烧丝全接点绑扎,扎丝头朝下。

3) 现场绑轧成型的钢筋网片,其横、纵向钢筋按设计要求排放,钢筋的交叉点应用火烧丝绑扎结实,必要时,可用点焊焊牢。绑扎接头的搭接长度应符合设计及规范要求。

4）钢筋网片的下保护层采用塑料耐压垫块或同强度等级砂浆垫块支垫，呈梅花形均匀布设，确保保护层厚度及网片架立刚度符合设计及规范要求。对采用双层钢筋网时，两层钢筋网片之间要设置足够数量的定位撑筋。

（4）立模

1）模板安装前桥梁顶面要经精确测量，确保铺装层浇筑宽度、桥面高程、横纵坡度。

2）模板可根据混凝土铺装层厚度选用木模或钢模两种材质。木模板应选用质地坚实、变形小、无腐朽、扭曲、裂纹的木料，侧模板厚度宜为50mm宽木条，端模可采用100mm×100mm方木。模板座在砂浆找平层上，后背用槽钢、钢管架做三角背撑。模板间连接要严密合缝，缝隙中填塞海绵条防止漏浆。铺装混凝土浇筑前，模板内侧要涂刷隔离剂。

（5）拌制、运输混凝土

1）混凝土的拌制

① 混凝土应按批准后的配合比进行拌制，各项原材料的质量应符合设计要求。

② 施工配合比按照现场骨料实际含水量进行确定。混凝土应采用强制式搅拌机拌制，严格控制搅拌时间，其时间按全部材料装入搅拌筒至开始出料的最短搅拌时间，可参照表2－45。

表 2－44 混凝土最短搅拌时间(min)

搅拌机类别	搅拌机容量(L)	搅拌时间
强制式	≤400	1.0
	≤1500	1.5

2）混凝土的运输

① 场内短距离运输混凝土时，可采用不漏浆、不吸水、有顶盖且易于卸料的自卸翻斗车运输。当运距较远时，宜采用混凝土搅拌车运输。

② 混凝土拌合物运输时间限制参见表 2－45，表列时间指从加水搅拌至入模时间。掺入外加剂的混凝土，应通过试验确定运输时间限制。

表 2－45 混凝土拌合物运输时间限制(min)

施工气温(℃)	无搅拌设施运输	有搅拌设施运输
5～9	60	90
10～19	45	75
20～30	30	60

（6）混凝土浇筑、摊铺、整平

1）混凝土浇筑前准备：混凝土浇筑前，应对支架、模板、钢筋网片和预埋件进行查核，清除作业面杂物后，将梁体表面用水湿润，但不得有积水。

2）混凝土浇筑要连续，宜从下坡向上坡进行，混凝土浇筑自由下落高度不宜大于2m。进行人工局部布料、摊铺时，应用锹反扣，严禁抛掷和搂耙，靠边角处应先用插入式振捣器顺序振捣，辅助布料。

3）混凝土的振捣：一次插入振捣时间不宜少于20s，使粗细骨料分布均匀后，再用平板振捣器纵横交错全面振捣，振捣面重合100mm～200mm，一次振捣时间不宜少于30s。然后用振捣梁沿导轨进行全幅振捣，直至水泥浆上浮表面。

4）混凝土的整平

① 采用振捣梁操作时，设专人控制行驶速度、铲料和填料，确保铺装面饱满、密实。垂直下料与整平作业面应控制在2m左右。

② 振捣梁行走轨道随浇筑、振实、整平的进度及时拆除，清洗干净后前移。轨道抽走留下的空隙，随同铺筑作业及时采用同强度等级混凝土填补找平。

5）施工缝的处理：桥面混凝土应连续浇筑不留施工缝。若需留施工缝时，横缝宜设置在伸缩缝处，纵缝应设在标线下面。施工缝处理，应去掉松散石子，并清理干净，润湿，涂刷界面剂。

6）伸缩缝处的浇灌：浇筑前可采用无机料做填缝垫平处理，桥面铺装混凝土浇筑作业时连续通过。

7）试件制作及试验：混凝土强度试验项目包括抗压强度试验、抗折强度试验、碱含量试验、抗渗试验。施工试验频率为同一配合比、同一原材料混凝土每一工作班至少应制取2组，见证取样频率为施工试验总次数的30%。

（7）抹面

1）一次抹面：振捣梁作业完毕，作业面上架立钢管焊制的马镫支架操作平台，人工采用木抹子进行第一次抹面，用短木抹子找边和对桥上排水口、手孔井进行修饰抹平。第一次抹面应将混凝土表面的水泥浆抹出。

2）二次抹面：混凝土初凝后、终凝前，采用钢抹子进行二次抹面。施工人员可在作业面上平铺木板作为操作台，操作时应先用3m刮杠找平，再用钢抹子收面。

（8）拉毛

二次抹面后，选用排笔等专用工具沿横坡方向轻轻拉毛，拉毛应一次完成，拉毛和压槽深度为1mm～2mm，线条应均匀、直顺，面板平整、粗糙。

（9）养生

混凝土拉毛成型后，采用塑料布或保水材料覆盖，开始养生时不宜洒水过多，可采用喷雾器洒水，防止混凝土表面起皮，待混凝土终凝后，再浸水养生。养生期在7d以上。

3. 季节性施工

（1）冬期施工

1）混凝土的抗折强度尚未达到1.0MPa或抗压强度尚未达到5.0MPa时，成型铺装面要采取保温材料覆盖，不得受冻。

2）混凝土搅拌站应在迎风面搭设围挡防风，设立防寒棚。

3）混凝土拌合物的入模温度不应低于5℃，当气温在0℃以下或混凝土拌合物的浇筑温度低于5℃时，应将水加热搅拌（砂、石料不加热）；如水加热仍达不到要求时，应将水和砂、石料都加热。加热搅拌时，水泥应最后投入。加热温度应使混凝土拌合物温度不超过35℃，水不应超过60℃，砂、石料不应超过40℃。

4）混凝土拌合物的运输、摊铺、振捣、做面等工序，应紧密衔接，缩短工序间隔时间，减少热量损失。

5）冬期作业面采用综合蓄热法施工养护。混凝土浇筑完后的头2d内，应每隔6h测一次温度；7d内每昼夜应至少测两次温度。混凝土终凝后，采用保温材料覆盖养护。

(2) 雨期、暑期施工

1) 雨天不宜混凝土浇筑作业。若需在雨天施工时,要采取必要的防护措施。

2) 暑期气温过高时,混凝土浇筑应尽可能安排在夜间施工,若必须在白天浇筑混凝土时,应采取降温措施。

2.4.1.4 质量标准

1. 面层与基层必须结合牢固。桥面铺装层与附属构筑物应接顺,桥面不得积水。

检查数量:全数检查。

检验方法:观察。

2. 桥面铺装面层的允许偏差应符合表 2－46 规定。

表 2－46 水泥混凝土桥面铺装面层允许偏差表

序号	项目	允许偏差(mm)	检验频率		检验方法
			范围	点数	
1	宽度	+20,0	每 20 延米	1	用钢尺量
2	中线高程	±10		1	用水准仪测量
3	横断高程	±10,且横坡差≯0.3%		4	用水准仪测量
4	平整度	符合道路面层标准			按道路工程检测规定执行

注:跨度小于 20m 时,检验频率按 20m 计算。

3. 外观检查应符合下列规定:

(1) 水泥混凝土桥面铺装面层表面应坚实、平整、无裂缝,并有足够的粗糙度;面层伸缩缝直顺,灌缝密实,不漏灌;

(2) 桥面铺装层与桥头路接茬紧密、平顺。

检查数量:全数检查。

检验方法:观察。

2.4.1.5 成品保护

1. 桥面铺装抹面时,要在工作面上架设操作架,避免在成品混凝土铺装面上留下脚印,确保平整度。

2. 混凝土初凝后,应及时覆盖养生,避免产生收缩裂缝。养生期间,桥面铺装层要严禁车辆通行或搁置重物。

2.4.1.6 应注意的质量问题

1. 铺装层空鼓

(1) 铺装基层要做到彻底清理凿毛,防止污染。

(2) 预制梁板有刻槽设计要求时,要严格技术标准,确保粘接质量。

2. 铺装层表面不平、纵横坡不准确、桥面积水、排水不畅

(1) 确保模板及振动梁轨道安装准确,支垫稳固。

(2) 严格控制混凝土坍落度和水灰比,浇筑过程要依据高程控制点标志认真找平;布料均匀,要振捣密实、压平,抹面、收面要适时,拉毛要均匀、粗糙。

(3) 严格控制砂石料质量,骨料含泥多的要洗过再用,避免骨料脱落形成坑点。

(4) 混凝土浇筑后,要加强成品保护,在未达到强度前不得踩踏和堆压重物。

3. 表层开裂

(1) 应加强桥面铺装层混凝土的振捣、二次抹面工作,并严格覆盖养生。

(2) 要严格控制预制梁的拱度。安装时做必要调整,使拱度互相协调,相邻梁顶面高差尽量减少。

(3) 严格控制保护层厚度。

4. 钢筋保护层偏差大

进行桥面铺装施工时,要搭设操作支架,不得直接在钢筋上踩踏。双层钢筋网的层间距要有架立筋固定牢固,防止上层钢筋下沉。

5. 表层龟裂

(1) 混凝土的施工配合比及各种材料用量应准确,减小混凝土的坍落度,水泥、砂、碎石的材质及各种性能要符合设计及规范要求。其中,砂、石应控制含泥量,水泥要经过安定性测试,合格后方可使用。

(2) 铺装面抹面、收面作业要及时,仔细找平,确保混凝土表面平整,避免水泥浆淤集。

(3) 根据天气状况,适时覆盖和养护。

6. 铺装层表面起砂

(1) 严格控制混凝土中砂的质量,不用细砂。

(2) 施工中,要有防雨措施,避免混凝土初凝前表面遭雨淋水冲。养护要及时。

2.4.1.7 环境、职业健康安全管理措施

1. 环境管理措施

(1) 施工中的中小机具要由专人负责,集中管理、维修,避免漏油污染结构。

(2) 施工垃圾要分类处理、封闭清运。混凝土罐车退场前要在指定地点清洗料斗,防止遗洒和污物外流。

(3) 在邻近居民区施工作业时,尽量避免夜间施工。要采取低噪声振捣棒,混凝土拌合设备要搭设防护棚,降低噪声污染。同时,施工中采用声级计定期对操作机具进行噪声监测。

2. 职业健康安全管理措施

(1) 桥面铺装作业时,防撞护栏外侧要安装安全网及操作架,防止人及物体高空坠落。

(2) 钢筋网片及混凝土吊装作业时,由专人指挥,吊装设备不得碰撞桥梁结构,吊臂下不得站人。

(3) 电焊机、混凝土振捣机具的接电应有漏电保护装置,由专职电工操作,接电及用电过程中的故障不得由非专业人员私自处置。

(4) 操作人员要经过专业培训并按操作规程操作,操作时要戴安全帽及使用相关劳动保护用品。

2.4.2 桥梁伸缩装置安装

2.4.2.1 适用范围

适用于公路及城市桥梁工程中桥面模数式伸缩装置安装施工。

2.4.2.2 施工准备

1. 技术准备

(1) 检验到场伸缩装置的质量。

(2) 进行混凝土原材料试验,确定混凝土设计配合比和施工配合比。

(3) 施工方案编制审批完，并对有关人员进行技术交底。

2. 材料要求

(1) 模数式伸缩装置

1) 模数式伸缩装置由异形钢梁与单元橡胶密封带组合而成，适用于伸缩量为80mm～120mm的桥梁工程。

2) 伸缩装置中所用异形钢梁沿长度方向的直线度应满足1.5mm/m，全长应满足10mm/10m的要求。钢构件外观应光洁、平整，不允许变形扭曲。

3) 伸缩装置必须在工厂组装。组装钢件应进行有效的防护处理，吊装位置应用明显颜色标明，出厂时应附有效的产品质量合格证明文件。

(2) 混凝土：混凝土强度应符合设计要求，混凝土中的水泥、砂和石子等原材料的各项性能指标均要符合国家现行标准《公路工程水泥混凝土试验规程》(JTJ 053)的有关规定。如采用钢纤维混凝土应符合国家现行标准《钢纤维混凝土结构设计与施工规程》(CECS 38)的规定。

(3) 钢筋：应有产品出厂合格证和检验报告单。钢筋的品种、级别、规格应符合设计要求，钢筋进场后应按国家现行标准《钢筋混凝土用热轧带肋钢筋》(GB 1499)的规定抽取试件做力学性能试验，其质量必须符合有关标准的规定。

3. 机具设备

(1) 设备：路面切割机、钢筋调直机、钢筋切断机、钢筋弯曲机、千斤顶、空压机、振捣器、交流电焊机、氧—乙炔焊接切割设备等。

(2) 检测设备：路面平整度直尺(3m)、路面平整度检测仪等。

4. 作业条件

沥青混凝土表面层施工完成，缝的长度、宽度已按设计长度和安装温度调整完毕。

2.4.2.3 施工工艺

1. 工艺流程

测量放线 → 切缝、清理 → 安装就位 → 焊接固定 → 浇筑混凝土 → 嵌缝

2. 操作工艺

(1) 测量放线

1) 在路面预留的伸缩缝位置处，放出伸缩缝中线，按设计要求从中线返出伸缩缝混凝土保护带边缘线。

2) 沿边缘标线粘贴防漏彩条布，以防止在切缝及浇筑混凝土过程中污染路面。

(2) 切缝、清理

1) 用路面切割机沿边缘标线匀速将沥青混凝土面层切断，切缝边缘要整齐、顺直，要与原预留槽边缘对齐。切缝过程中，要保护好切缝外侧沥青混凝土边角，防止污染破损。缝切割完成后，及时用胶带铺粘外侧缝边，以避免沥青混凝土断面边角在施工中损坏。

2) 人工清除槽内填充物，并将槽内混凝土凿毛，用水冲洗并吹扫干净。

(3) 安装就位

1) 安装前将伸缩缝内止水带取下。根据伸缩缝中心线的位置设置起吊位置，以便于将伸缩缝顺利吊装到位。

2) 在已清理完毕的槽上横向约2m距离采用工字钢等型钢作为担梁，使用人工将伸缩缝抬放至安装位置，使其中心线与两端预留槽间隙中心线对正，其长度与桥梁宽度对正，具体操作可用小线挂线检查。伸缩装置与现况路面的调平采用两台千斤顶配合进行(见图2－12)。如果梁

间间隙不顺直，伸缩缝中线应与桥梁端间隙中心线对应，中心位置要经反复校核合格后方可进行下道工序。初步定位后应检查槽内预埋钢筋位置是否合适，必要时进行调整。

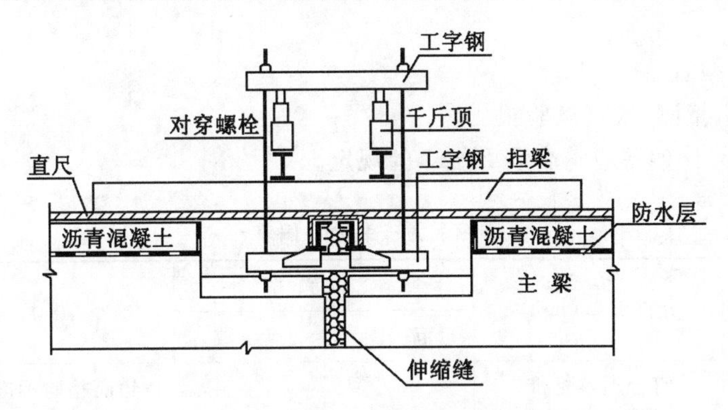

图2—12　伸缩缝安装示意图

3）用填缝材料（可采用聚苯板）将梁板（或梁台）间隙填满，填缝材料要直接顶在伸缩装置橡胶带的底部。为预防伸缩缝安装过程中焊渣烧坏填缝材料，可在填充缝隙两侧加薄铁皮对其加以保护，同时也应将伸缩缝装置的橡胶带U形槽内用聚苯板填充。

4）用3m直尺检查纵向平整度，即沿缝长方向每米不少于两个检查点，精确检查伸缩缝顶面与两侧路面是否平顺，并用3m直尺和小线检查伸缩装置的平整度及直顺情况。

（4）焊接固定

1）焊接前不得打开伸缩装置定位锁。

2）采用对称点焊定位。在对称焊接作业时伸缩缝每0.75m～1m范围内至少有一个锚固钢筋与预埋钢筋焊接，焊接长度应符合设计要求。两侧完全固定后就可将其余未焊接的锚固筋完全焊接，并穿横筋进行焊接加固，确保锚固可靠，不得在横梁上任意施焊，以防变形。

3）焊接作业过程中，边焊边用3m直尺检查纵横向平整度及直顺度。焊接完毕后，全面检查一次，必要时进行调整。

4）拆除锁定夹具，检查验收合格后，进行下道工序。

（5）浇筑混凝土

1）在对缝槽做最后一次清理和冲洗后，用塑料布或苫布覆盖槽两侧路面。同时用胶带粘封伸缩缝缝口，防止施工中混凝土污染路面或流入缝口内。

2）伸缩缝混凝土坍落度宜控制在50mm～70mm。混凝土采用人工浇筑，振捣密实，应严格控制混凝土表面的高度和平整度。

3）现浇混凝土时，必须要对称浇筑，防止已定位的构件变形。浇筑成型后用塑料布或无纺布等覆盖保水养生，养生期不少于7d。

（6）嵌缝

伸缩缝混凝土完成后，清理缝内填充物，嵌入密封橡胶带。

2.4.2.4　质量标准

1. 伸缩缝的型式和规格必须符合设计要求，缝宽应根据设计规定和安装时的气温进行调整。

检查数量：全数检查。

检验方法：观察、量测。

2. 伸缩缝安装时焊接必须牢固，应保证焊缝长度，严禁采用点焊连接。检验方法：观察。

3. 伸缩缝混凝土强度应符合设计要求，浇筑时应振捣密实、表面平整，与路面衔接平顺，并应作拉毛处理。

检查数量：全数检查。

检验方法：观察、量测、检查试验报告。

4. 伸缩缝安装允许偏差应符合表 2－47 的规定。

表 2－47 伸缩装置安装允许偏差

<table>
<tr><th rowspan="2">项　目</th><th rowspan="2">允许偏差(mm)</th><th colspan="2">检验频率</th><th rowspan="2">检验方法</th></tr>
<tr><th>范　围</th><th>点　数</th></tr>
<tr><td>顺桥平整度</td><td>符合道路标准</td><td rowspan="5">每条缝</td><td colspan="2">按道路检验标准检测</td></tr>
<tr><td>相邻板差</td><td>2</td><td rowspan="3">每车道 1 点</td><td>用钢板尺和塞尺量</td></tr>
<tr><td>缝宽</td><td>符合设计要求</td><td>用钢尺量，任意选点</td></tr>
<tr><td>与桥面高差</td><td>2</td><td>用钢板尺和塞尺量</td></tr>
<tr><td>长度</td><td>符合设计要求</td><td>2</td><td>用钢尺量</td></tr>
</table>

2.4.2.5 成品保护

1. 伸缩缝混凝土在浇筑完成后，应及时覆盖养护。混凝土养护期间应封闭交通。

2. 应清扫密封橡胶带中泥沙、石屑等杂物，防止影响伸缩装置受力时的自由伸缩，以及大石子等杂物将密封胶带刺破，造成漏水和漏砂等。

2.4.2.6 应注意的质量问题

1. 为保证梁体自由收缩，安装伸缩缝前要调整预留变形缝宽度，使其满足设计要求，并将变形缝中的建筑垃圾或杂物彻底清除。

2. 为保证伸缩缝两侧保护带宽度符合设计要求，必须保证填充料有足够的强度要求。

3. 为避免伸缩缝在焊接过程中出现焊缝长度偏短、焊缝不饱满、局部咬肉等质量问题，在伸缩缝施工过程中要认真调整钢筋位置，同时预埋筋长度要留足，个别长度不足的应凿出足够长度再焊接，焊接时要控制住电流强度，防止焊接时咬肉。

2.4.2.7 环境、职业健康安全管理措施

1. 环境管理措施

(1) 混凝土切缝机、风镐、振捣棒等强噪声机械施工，尽可能安排在白天施工。如必须夜间施工时应采取降噪措施。

(2) 伸缩缝切缝、凿毛、清理时应采取洒水降尘措施，防止粉尘污染。

2. 职业健康安全管理措施

(1) 伸缩缝安装施工作业时，在桥头两端设置禁止车辆通行的标志。

(2) 桥梁上部结构两侧要搭设防护网，夜间施工应配备足够的照明设备，并设红色标志灯。

(3) 电焊操作人员及吊装人员持证上岗。

(4) 每台电焊机单独设开关，外壳做接零及接地保护，焊线保证双线到位，无破损。

2.4.3 现浇钢筋混凝土防撞护栏施工

2.4.3.1 适用范围

适用于桥梁工程中现浇钢筋混凝土防撞护栏的施工。

2.4.3.2 施工准备

1. 技术准备

(1) 编制施工方案并经监理审批。

(2) 向有关施工人员进行技术交底。

2. 材料要求

(1) 钢筋:钢筋应有出厂质量证明书和复试报告单,钢筋的品种、级别、规格应符合设计要求。钢筋进场时,应抽取试样做力学性能试验,其质量应符合国家现行标准《钢筋混凝土用热轧光圆钢筋》(GB 13013)、《钢筋混凝土用热轧带肋钢筋》(GB 1499)等的规定。

(2) 水泥:水泥进场应有产品合格证或出厂检验报告,进场后应对强度、安定性及其他必要的性能指标进行取样复试,其质量必须符合国家现行标准《硅酸盐水泥、普通硅酸盐水泥》(GB 175)等的规定。

当对水泥质量有怀疑或水泥出厂超过3个月时,在使用前必须进行复试,并按复试结果使用。不同品种的水泥不得混合使用。

(3) 砂:砂的品种、质量应符合国家现行标准《公路桥涵施工技术规范》(JTJ 041)的要求,进场后应按产地、类别、加工方法和规格等不同情况进行抽样试验合格。

(4) 石子:石子的品种、规格、质量应符合国家现行标准《公路桥涵施工技术规范》(JTJ 041)的要求,进场后应取样复试合格。

(5) 混凝土拌合用水:宜采用饮用水。当采用其他水源时,其水质应符合《混凝土拌合用水标准》(JGJ 63)的规定。

(6) 外加剂:外加剂的质量和应用技术应符合国家现行标准《混凝土外加剂》(GB 8076)和《混凝土外加剂应用技术规范》(GB 50119)有关规定。

外加剂应有产品说明书、出厂检验报告及合格证、性能检测报告,进场应复试合格,有害物含量检测报告应由有相应资质等级的检测部门出具,并应检验外加剂与水泥的适应性。

(7) 掺合料:掺合料应有出厂合格证或质量证明书和法定检测单位的质量检测报告,进场后应抽样复试。掺合料质量应符合国家现行相关标准规定,其掺量应通过试验确定。

3. 机具设备

(1) 主要设备:混凝土搅拌机、翻斗车、混凝土罐车、混凝土泵车和吊车等。

(2) 机具:振捣器、铁锹、钢板、橡皮锤等。

4. 作业条件

桥梁梁板施工完毕,并验收合格。

2.4.3.3 施工工艺

1. 工艺流程

测量放线 → 钢筋加工及绑扎 → 模板加工及安装 → 浇筑混凝土 → 拆模养生

2. 操作工艺

(1) 测量放线

1) 由测量人员根据桥梁控制点放出护栏的内外轮廓线和模板的检查线,并用墨线弹在梁板上。

2）每隔10m在护栏预埋筋上焊接一根钢筋，测放出护栏顶面高程线并用红漆标注在钢筋上，作为钢筋绑扎时的高程控制线。

（2）钢筋加工及绑扎

1）钢筋应在施工现场钢筋加工场加工后运到桥上进行绑扎。

2）钢筋的种类、型号及规格尺寸应符合设计要求。钢筋的连接方式、接头位置、接头数量、同一截面内钢筋接头的百分率等应符合《公路桥涵施工技术规范》(JTJ 041)的规定。

3）对梁板上的预留筋进行整理，然后按照设计图纸和测量放线位置进行钢筋绑扎。绑扎时先绑扎立筋，立筋的位置调好后再绑扎横向钢筋。若护栏设有预埋钢板，预埋钢板应在钢筋绑扎完毕后安装，钢板的位置、高程应认真检查，确认无误后宜点焊在护栏钢筋上。

（3）模板加工及安装

1）防撞护栏模板一般采用外加工钢模板。钢模板的厚度、长度、横竖肋根据护栏尺寸、长度和模板周转次数确定。为了保证模板不变形，通常在模板边缘和部分横竖肋位置用槽钢加强。

2）为了固定模板，在模板底部预留穿墙螺栓孔，孔的高度以桥面铺装施工后能盖住为宜。模板上采用槽钢作为加强竖肋，槽钢高出模板顶面100mm，在高出部分预留螺栓孔作为穿墙螺栓用。穿墙螺栓的直径和间距根据护栏尺寸和模板情况计算确定。

3）在靠近护栏的湿接头位置，施工时预埋一排短钢筋，作为支模板时的支撑。

4）模板与混凝土接触面必须打磨光洁呈亮色，用洁净的棉丝擦拭，直至擦完的棉丝基本没有锈迹和脏物为止，然后均匀涂刷脱模剂。

5）根据设计图纸和测量放线位置支设模板。模板底部的梁板面应先用水泥砂浆抹带找平。相邻的模板宜用螺栓连接，相对的模板用穿墙螺栓固定，模板搭接处夹海绵双面胶条密封。在护栏内侧利用预留的短钢筋作支点，采用脚手管、方木、钢丝绳进行加固。

6）模板顶面每隔1m左右应横放一根短方木，方木用粗铁丝与梁板上的预留钢筋拉紧压住模板，防止浇筑混凝土时模板上浮。

7）护栏上的真缝、假缝应在支模时根据设计位置设好。若设计没有规定缝的位置时，一般跨中、板端和连续梁的支座位置均应设置真缝。假缝位置可以在模板上对称贴上加工好的橡胶条，真缝位置宜采用两层三合板中间夹泡沫板的做法，以利拆除。

8）护栏在桥梁伸缩缝位置应根据图纸预留伸缩缝施工槽。

9）模板验收合格后，测量人员在模板顶部的槽钢上放出护栏顶面高程控制线并用红漆标注。

（4）浇筑混凝土

1）根据现场情况确定混凝土生产和运输的方式。混凝土到现场后应先检测坍落度，符合要求后方可施工。

2）混凝土应分层浇筑，不得在一个地方集中下料，防止形成起伏不定的界面。每层浇筑厚度不得超过300mm。浇筑到护栏的倒角位置应暂时停止下灰，待该范围振捣完成后再继续浇筑。分层浇筑间隔时间应不大于混凝土初凝时间。

3）振捣棒应插入下层50mm～100mm，振捣棒与侧模应保持50mm～100mm的距离，严禁振捣棒直接接触模板。每一次振捣必须振捣至混凝土停止下沉，不再冒出气泡，表面呈现平坦、泛浆时方可提出振捣棒。

4）振捣完成后对护栏顶面混凝土进行抹面施工。

（5）拆模养生

1）混凝土浇筑完成后应根据混凝土强度能保证其表面及棱角不致因拆模而受损坏时方可拆模，对护栏表面和真缝进行清理后洒水养生。

2）洒水养生应安排专人负责，养护时间应不少于7d，也可根据气温、湿度和水泥品种、外加剂情况等，酌情延长或缩短。

3）护栏拆模后，模板下抹的砂浆带应及时剔除，清理干净。

3. 季节性施工

（1）暑期、雨期施工

1）暑期施工混凝土浇筑温度应控制在32℃以下，宜选在一天温度较低的时间内进行。

2）施工材料（特别是水泥、钢筋）的码放应采取防雨、防潮措施。

3）露天的电器设备要有可靠的防触电、漏电措施。

（2）冬期施工

1）一般情况下不宜安排混凝土护栏冬期施工。

2）冬期钢筋焊接宜在室内进行，当必须在室外进行时，最低温度不宜低于－20℃，并应采取防雪挡风措施。

3）混凝土应采用冬期施工配合比，掺加适量的防冻剂。拌制混凝土的砂、石和水的温度应满足混凝土拌合物搅拌、运输和混凝土入模温度要求。

4）运输混凝土的容器应采取适当的保温措施。混凝土浇筑前应清除模板、钢筋上的冰雪和污垢。

5）混凝土浇筑后应采取适当的覆盖保温措施，在混凝土抗压强度达到设计强度的40%前不得受冻。

2.4.3.4　质量标准

1. 基本要求

（1）所用的水泥、砂、石、水和外掺剂的质量和规格必须符合有关规范的要求，按规定的配合比施工。

（2）不得出现露筋和空洞现象。

（3）防撞护栏上的钢构件应焊接牢固，焊缝应满足设计和有关规范的要求，并按设计要求进行防护。

2. 实测项目

见表2－48。

表2－48　　混凝土防撞护栏浇筑实测项目

项次	检查项目	规定值或允许偏差	检查方法和频率
1Δ	混凝土强度（MPa）	在合格标准内	按JTG F80/1附录D检查
2	平面偏位（mm）	4	经纬仪、钢尺拉线检查：每100m检查3处
3Δ	断面尺寸（mm）	±5	尺量：每100m每侧检查3处
4	竖直度（mm）	4	吊垂线：每100m每侧检查3处
5	预埋件位置（mm）	5	尺量：每件

3. 外观鉴定

（1）防撞护栏线形直顺美观。

(2) 混凝土表面平整，不应出现蜂窝、麻面。

(3) 防撞护栏浇筑节段间应平滑顺接。

2.4.3.5　成品保护

1. 护栏施工完成后，应采取覆盖保护措施，防止磕碰混凝土表面。

2. 护栏上的部件安装，若需焊接时，应注意保护护栏表面混凝土不被损坏。

2.4.3.6　应注意的质量问题

1. 由于防撞护栏断面尺寸基本上是下大上小，模板加固时一定要通过预埋钢筋将模板压住，防止浇筑混凝土时模板上浮。

2. 护栏浇筑混凝土时侧面容易聚集气泡，浇筑时在转角位置应分两层浇筑，让下部混凝土的气泡尽量先散出来。在混凝土振捣过程中由人工加强对模板斜面的敲打，尽量减少混凝土斜面处气泡较多的现象。

3. 平曲线上的桥梁要认真核对护栏位置及与梁板的相对关系，防止护栏预埋钢筋埋错位置。

4. 真缝位置和角度要准确，支模时要确保完全断开。护栏拆模后应及时将真缝清理干净，不得在缝中残留混凝土、石子等硬物，防止出现瞎缝。

2.4.3.7　环境、职业健康安全管理措施

1. 环境管理措施

(1) 施工现场离居民区较近时，应采取隔声措施，尽可能避开夜间施工，防止噪声扰民。

(2) 模板涂刷隔离剂应采取措施，防止污染钢筋和周围环境。

(3) 凿毛清扫时，应采取降尘措施，防止扬尘。

2. 职业健康安全管理措施

(1) 施工前桥梁外侧应搭脚手架，设工作平台，挂安全网。

(2) 在桥梁外侧施工的工作人员应系安全带。

(3) 施工中严禁向桥下抛掷物品。

(4) 混凝土浇筑时的施工车辆设专人统一调度，吊车、泵车必须由持上岗证的信号工指挥。

(5) 夜间施工必须有足够的照明设施。

2.4.4　桥面 APP 卷材防水施工

2.4.4.1　适用范围

适用于高速公路及城市桥梁工程中 APP 高聚物改性沥青卷材类桥面防水施工。

2.4.4.2　施工准备

1. 技术准备

(1) 进行施工图纸审核，编制防水施工方案，经审批后向有关人员进行书面技术交底。

(2) 对原材料进行复试检验，取得卷材的试验检测数据，对于卷材的主要性能指标必须经有相应资质的检测单位检测。

2. 材料要求

(1) APP 改性沥青防水卷材

1) APP 改性沥青防水卷材厚度一般为 3mm、4mm，幅宽为 1m，卷材面积通常为 $15m^2$、$10m^2$、$7.5m^2$，出厂应有合格证及产品检验报告，进场后应抽样复试，其各项性能指标必须符合国家现行标准《塑性体改性沥青防水卷材》(GB 18243)的规定。

2) 储运卷材时应注意立式码放，高度不超过 2 层，应避免雨淋、日晒、受潮，注意通风。

(2) 辅助材料:冷底子油、密封材料等配套材料应有出厂说明书、产品合格证和质量证明书，并在有效使用期内使用;所选用的材料必须对基层混凝土有亲和力，且与防水材料材性相容。

3. 机具设备

(1) 设备:高压吹风机、刻纹机、磨盘机等。

(2) 工具:热熔专用喷枪和喷灯、拌料桶、电动搅拌器、压辊、皮尺、弹线绳、滚刷、鬃刷、胶皮刮板、剪刀、壁纸刀、小钢尺、小平铲及消防器材等。

4. 作业条件

(1) 防水施工方案已经审批完毕，施工单位必须具备防水专业资质，操作工人持证上岗。

(2) 涂刷冷底子油之前应确保基层混凝土表面坚实平整、无尖刺、无坑洼且粗糙度适宜，无酥松、起皮、浮浆等现象。

(3) 基层混凝土必须干净、干燥。含水率应控制在9%以下，采用简易检测方法，即在基层表面平铺$1m^2$卷材，自重静置3～4h后掀起检查，如基层被覆盖部位与卷材被覆盖面未见水印可进行铺设卷材防水层的施工。

(4) 卷材铺贴前应保持干燥，表面云母、滑石粉等应清除干净。

(5) 在原基层上留置的各种预埋钢件应进行必要的处理，割除并涂刷防锈漆。

(6) 基层验收合格后方可进行防水层施工。

2.4.4.3　施工工艺

1. 工艺流程

基层处理→基层涂刷冷底子油→铺贴卷材附加层→弹基准线→铺贴卷材→检查、交验

2. 操作工艺

(1) 基层处理

1) 利用钢丝刷清理基层表面上的浮渣、酥皮、浮浆等。

2) 桥面两侧防撞墙抹八字或圆弧角。泄水口周围直径500mm范围内的坡度不应小于5%，且坡向长度不小于100mm。泄水口槽内基层抹圆角、压光，PVC泄水管口下皮的标高应在泄水口槽内最低处。

3) 通过试验对基层进行检测，即任选一处($1m^2$左右)已处理好的基层，涂刷冷底子油并充分干燥(干燥时间视大气温度而定)后，按要求铺贴卷材，在充分冷却后进行撕裂试验，如为卷材撕裂开，不露出基层，则视为基层处理合格。

4) 对于基层表面过于光滑的表面，应视情况做刻纹处理，增加粗糙度。

(2) 基层涂刷冷底子油

1) 冷底子油涂刷前应确认基层表面已处理完毕，并经职能部门验收合格。

2) 冷底子油使用前应倒入专用的拌料桶中搅拌均匀，采用滚刷铺涂。

3) 铺涂时必须保证铺涂均匀，不留空白，且冷底子油分布均匀。

4) 铺涂完毕后应给足够的渗透干燥时间，冷底子油干燥的标准为手触摸不粘手且具有一定的硬度，禁止人或车辆行走。

(3) 铺贴卷材附加层

根据规范要求对异形部位(如阴阳角、管根等)采用满贴铺贴法做卷材附加层，要求附加层宽度和材质应符合设计要求。

(4) 弹基准线

按防水卷材的规格尺寸、卷材铺贴方向和顺序，在桥面铺装层上用明显的色粉线弹出防水卷

材铺贴基准线，尤其在桥面曲线部位，按曲线半径放线，以直代曲，确保铺贴接茬宽度。

(5) 铺贴卷材

1) 将卷材按铺贴方向摆正，点燃喷灯或喷枪，用喷灯或喷枪加热卷材和基层，喷头距离卷材200mm左右。加热要均匀，卷材表面熔化后(以表面熔化至呈光亮黑点为度，不得过分加热或烧穿卷材)立即向前滚铺。铺设时应顺桥方向铺贴，铺贴顺序应自边缘最低处开始，从排水下游向上游方向铺设，滚铺时不得卷入异物。

2) 用热熔机具或喷灯烘烤卷材底层近熔化状态进行粘结的施工方法。卷材与基层的粘贴必须紧密牢固，卷材热熔烘烤后，用钢压滚进行反复碾压。

3) 在卷材未冷却前用胶皮刮板把边封好，铺贴顺序应自边缘最低处开始，顺流水方向搭接，长边搭接100mm，短边搭接150mm，相邻卷材短边搭接错开1.5m以上，并将搭接边缘用喷灯烘烤一遍，再用胶皮刮板挤压熔化的沥青，使粘结牢固。

4) 路缘石和防撞护栏一侧防水卷材应向上卷起并与其粘结牢固。

5) 泄水口槽内及泄水口周围0.5m范围内采用APP改性沥青密封材料涂封，涂料层贴入下水管内50mm。然后铺设APP卷材，热熔满贴至下水管内50mm。

6) 基层面坡度小于等于3%时平行于拱方向铺贴，坡度大于3%时其铺贴方向视现场情况确定。

7) 所有卷材搭接接头施工时，应挤出一道热沥青条，以保证防水层的密实性。

3. 季节性施工

(1) 冬期施工

1) 冬季进行防水卷材施工时应搭设暖棚，保证各工序施工时的温度大于5℃时方可进行施工。采用热熔法施工时，温度不应低于－10℃。

2) 防水卷材严禁在雪天施工，5级及5级以上大风时不得施工。

(2) 雨期施工

1) 对于基层冷底子油施工前必须保证基层干燥，含水量小于等于9%。

2) 经过雨后的基层必须晾干，经现场含水量检测合格后方可进行下步施工。

3) 严禁雨天进行卷材铺贴作业。

2.4.4.4 质量标准

1. 基本要求

(1) 防水层铺设材料的品种、规格、性能、质量符合相关标准和设计要求，经检验各项指标合格，能适应动荷载及混凝土桥面开裂时不损坏的特点。冷底子油涂刷均匀，不得有漏涂处。

(2) 应严格按规定的工艺施工。防水层之间及防水层与桥面铺装层之间应粘贴紧密，结合牢固，油层厚度及搭接长度符合设计规定。

2. 实测项目

见表2－49。

表2－49 桥面卷材防水层允许偏差表

序号	项 目	允许偏差(mm)	检验频率		检验方法
			范围	点数	
1	接茬搭接宽度	不小于10	每20延米	1	用钢尺量

3. 外观鉴定

防水层表面平整，无空鼓、脱层、裂缝、翘边、油包、气泡和皱折等现象。

2.4.4.5 成品保护

1. 施工过程中，操作人员要穿软底鞋，严禁穿带钉鞋进入现场，以免损坏防水层。

2. 防水卷材施工完毕应封闭交通，严格限制载重车辆行走，进行铺装层施工时，运料汽车应慢行，严禁调头刹车。

2.4.4.6 应注意的质量问题

1. 为防止粘结不牢、空鼓，施工时应严格执行操作工艺，确保基层干燥，含水率必须控制在9%以下。如果遇到下雨，基层必须经晾干后才能进行防水施工。卷材粘结过程中要注意烘烤均匀不漏烤且不要过烤，防止卷材的胎体破坏。此外，冷底子油应注意铺涂均匀，不留空白。

2. 为防止出现防水卷材搭接长度不够，卷材铺设作业前，应精确计算用料，并按弹线铺贴。边角部位的加强层应严格按规定施工，保证卷材防水的搭接长度。

3. 施工时，应将防水卷材内衬伸进泄水口内规定长度，防止在泄水口周围接茬不良导致漏水。

2.4.4.7 环境、职业健康安全管理措施

1. 环境管理措施

(1) 有毒、易燃物品应盛入密闭容器内，并入库存放，严禁露天堆放。

(2) 施工下脚料、废料、余料要进行分类、及时清理回收。

(3) 基层处理和清扫时，应采用防尘措施。

2. 职业健康安全管理措施

(1) 施工用的材料和辅助材料多属易燃物品，在存放材料的仓库与施工现场必须严禁烟火，同时要备有消防器材。材料存放场地应保持干燥、阴凉、通风且远离火源。

(2) 操作人员必须穿戴工作服、安全帽和其他必备的安全防护用具。

(3) 所用汽油应妥善存放，避免暴晒。

(4) 施工现场严禁烟火，吸烟到专设吸烟室，用火要有用火证。

(5) 防水作业区应封闭施工，严禁闲杂人员入内。

第3章 管道工程

3.1 给水管道

3.1.1 管线基坑明挖土方

3.1.1.1 适用范围

适用于城市新建和改建的给水、排水管道机械、人工、人机混合土方开挖施工，其他管线基坑明挖土方施工可参照执行。

3.1.1.2 施工准备

1. 技术准备

(1) 开挖前认真审核设计图纸和说明，已做好图纸会审和施工组织设计，确定开挖断面和堆土位置，并经上级批准。

(2) 对有关人员做好书面技术交底工作，并已签认。

(3) 对接入原有管线的平面位置和高程进行核对，并办理手续。

(4) 已做好施工管线高程、中线及永久水准点的测量复核工作。

(5) 已测放沟槽开挖边线、堆土界限，并用白灰标识。

2. 机具设备

(1) 机械：推土机、挖土机、装载机、自卸汽车、机动翻斗车等。

(2) 机具：手推车、铁锹(尖、平头)、大锤、铁镐、撬棍、钢卷尺、梯子、坡度尺、小线等。

3. 作业条件

(1) 土方开挖前，根据设计图纸和施工方案的要求，将施工区域内的地下、地上障碍物清除完毕。

(2) 各种现状管线已改移或加固，对暂未处理的地下管线及危险地段，做好明显标志。

(3) 基坑(槽)、管沟有地下水时，已根据当地工程地质资料采取降低地下水位措施，水位降至坑(槽)底 0.5m 以下。

(4) 施工区域内供水、供电、临时设施满足土方开挖要求，道路平整畅通。

(5) 做好土方开挖机械、运输车辆及各种辅助设备的维修检查和进场工作。

3.1.1.3 施工工艺

1. 工艺流程

沟槽开挖 → 边坡修整 → 人工清底

2. 操作工艺

(1) 沟槽开挖

1) 管道沟槽底部的开挖宽度

① 管道沟槽底部开挖宽度应按设计要求留置，若设计无要求时，可按下列方法确定：

$$B = D_1 + 2(b_1 + b_2 + b_3) \quad (3-1)$$

式中：B——管道沟槽底部的开挖宽度(mm)；

D_1——管道结构的外缘宽度(mm)；

b_1——管道一侧的工作面宽度(mm)；

b_2——管道一侧的支撑厚度，可取 150mm～200mm；

b_3——现场浇筑混凝土或钢筋混凝土管渠一侧模板的厚度(mm)。

② 管道一侧预留工作宽度见表3—1。

表3—1　管道一侧的工作面宽度(mm)

管道结构的外缘宽度 D_1	管道一侧的工作面宽度 b_1	
	非金属管道	金属管道
$D_1 \leqslant 500$	400	300
$500 < D_1 \leqslant 1000$	500	400
$1000 < D_1 \leqslant 1500$	600	600
$1500 < D_1 \leqslant 3000$	800	800

注：1. 槽底需设排水沟时，工作面宽度 b_1 应适当增加。

2. 管道有现场施工的外防水层时，每侧工作面宽度宜取800mm。

2）沟槽边坡的确定

当地质条件良好、土质均匀，地下水位低于沟槽底面高程，且开挖深度在5m以内边坡不加支撑时，在设计无规定情况下，沟槽边坡最陡坡度应符合表3—2的规定。

表3—2　深度在5m以内的沟槽边坡的最陡坡度

土的类别	边坡坡度(高：宽)		
	坡顶无荷载	坡顶有静载	坡顶有动载
中密的砂土	1：1.00	1：1.25	1：1.50
中密的碎石类土(充填物为砂土)	1：0.75	1：1.00	1：1.25
硬塑的轻亚粘土	1：0.67	1：0.75	1：1.00
中密的碎石类土(充填物为亚粘土)	1：0.50	1：0.67	1：0.75
硬塑的亚粘土、粘土	1：0.33	1：0.50	1：0.67
老黄土	1：0.10	1：0.25	1：0.33
软土(经井点降水后)	1：1.00	—	—

3）机械开挖

① 开挖基坑(槽)、管沟时，应合理确定开挖顺序、路线及开挖深度，然后分段开挖，开挖边坡应符合有关规范规定，直槽开挖必须加支撑。

② 采用机械挖槽时，应向机械司机详细交底，其内容包括挖槽断面、堆土位置、现有地下构筑物情况和施工要求等；由专人指挥，并配备一定的测量人员随时进行测量，防止超挖或欠挖。当沟槽较深时，应分层开挖，分层厚度由机械性能确定。

③ 挖土机不得在架空输电线路下工作。如在架空线路下一侧工作时，与线路的垂直、水平安全距离，不得小于表3—3的规定。

④ 挖土机沿挖方边坡移动时，机械距边坡上缘的宽度一般不得小于基坑(槽)、管沟深度的1/2。土质较差时，挖土机必须在滑动面以外移动。

⑤ 开挖基坑(槽)、管沟的土方，在场地有条件堆放时，一定留足回填需要的好土；多余土方应一次运走，避免二次挖运。

表 3－3 单斗挖土机及吊车在架空输电线路一侧工作时与线路的安全距离

输电线路电压(kV)	垂直安全距离(m)	水平安全距离(m)
<1	1.5	1.5
1～20	1.5	2.0
35～110	2.5	4.0
154	2.5	5.0
220	2.5	6.0

⑥ 基坑(槽)、管沟设有明排边沟时,开挖土方应由低处向高处开挖,并设集水井。

⑦ 检查井应同基坑(槽)、管沟同时开挖。

4)人工开挖

人工开挖基坑(槽)、管沟时,其深度不宜超过 2m,开挖时必须严格按放坡规定开挖,直槽开挖必须加支撑。

5)堆土

① 在农田中开挖时,根据需要,应将表面耕植土与下层土分开堆放,填土时耕植土仍填于表面。

② 堆土应堆在距槽边 1m 以外,计划在槽边运送材料的一侧,其堆土边缘至槽边的距离,应根据运输工具而定。

③ 沟槽两侧不能堆土时,应选择堆土场地,随挖随运,以免影响下步施工。

④ 在高压线下及变压器附近堆土,应符合供电部门的有关规定。

⑤ 靠近房屋、墙壁堆土高度,不得超过檐高的 1/3,同时不得超过 1.5m。结构强度较差的墙体,不得靠墙堆土。

⑥ 堆土不得掩埋消火栓、雨水口、测量标志、各种地下管道的井盖等。

6)沟槽支护

沟槽支护应根据沟槽的土质、地下水位、开槽深度、地面荷载、周边环境等因素进行方案设计。沟槽支护型式主要有槽内支撑、土钉墙护坡、桩墙护坡。

① 槽内支撑:支撑材料可以选用钢材、木材或钢材和木材混合使用。

a. 单板撑:一块立板紧贴槽帮,撑木撑在立板上,如图 3－1。

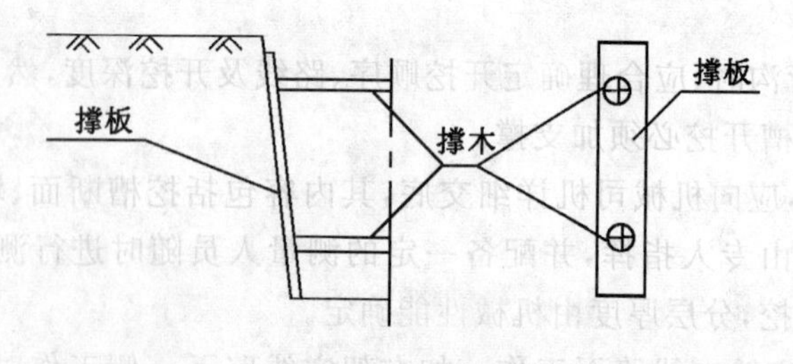

图 3－1 单板撑

b. 横板撑:横板紧贴槽帮,用方木立靠在横板上,撑木撑在方木上,如图 3－2。

c. 一立板撑:立板紧贴槽帮,顺沟方向用两根方木靠在立板上,撑木撑在方木上,如图 3－3。

d. 钢板桩支撑:钢板桩支撑可采用槽钢、工字钢或定型钢板桩。钢板桩支撑按具体条件可设计为悬臂、单锚,或多层横撑的钢板桩支撑,并应通过计算确定钢板桩入土深度和横撑的位置。

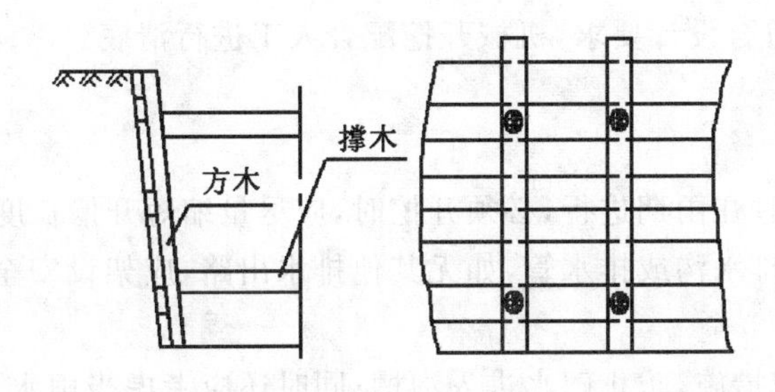

图3－2 横板撑

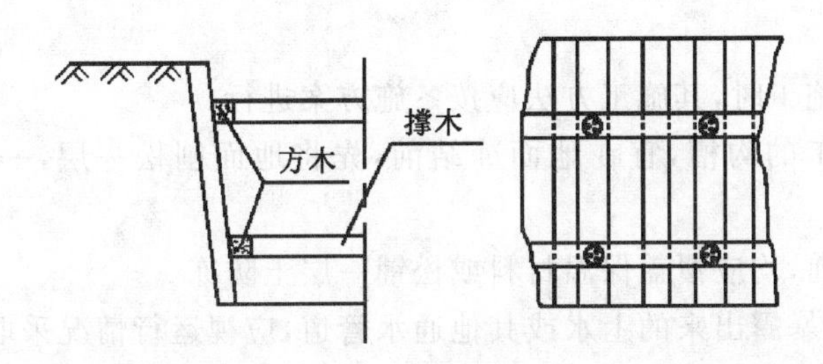

图3－3 立板密撑

② 槽内支撑基本要求：槽内支撑材质、大小及支撑密度应经计算确定。

③ 支撑的安装

a. 槽帮应平整，撑板应均匀紧贴槽帮。

b. 撑板的安装应与沟槽槽壁紧贴，当有空隙时，应填实。横排撑板应水平，立排撑板应顺直，密排撑板的对接应严密。

c. 撑木支撑的高度，应考虑下步工序的方便，避免施工中拆卸。

d. 钢板桩支撑采用槽钢作横梁时，横梁与钢板桩之间的孔隙应采用木板垫实，并应将横梁和横撑与钢板桩连接牢固。

e. 用钢管支撑时，两端需安装可调底托，并与挡土背板牢固联接。

④ 支撑拆除：支撑拆除应与基坑（槽）、管沟土方回填配合进行，按由下而上的顺序交替进行。拆除钢板桩支撑，应在回填土达到计算要求高度后，方可拔除钢板桩。钢板桩拔除后应及时回填桩孔。当采用灌砂填筑时，可冲水助沉；当控制地面沉降有要求时，宜采取边拔桩边注浆的措施。

7）现况管道处理

① 开挖沟槽与现况管线交叉时，应对现况管线采用悬吊措施，具体悬吊方案应经计算确定，并取得管理单位同意。

② 当开挖沟槽与现况管线平行时，需经过设计和管理单位制定专门保护方案。

(2) 边坡修整

开挖各种浅坑（槽）和沟槽，如不能放坡时，应先沿白灰线切出槽边的轮廓线。开挖放坡基坑（槽）、管沟时，应分层按坡度要求做出坡度线，每隔3m左右做出一条，进行修坡。机械开挖时，随时开挖随时人工修坡。

(3) 人工清底

人工清底按照设计图纸和测量的中线、边线进行。严格按标高拉线清底找平，不得破坏原状土，确保基槽尺寸、标高符合设计要求，机械开挖配合人工进行清底。

3. 季节性施工

(1) 雨期施工

1) 土方开挖一般不宜在雨期进行，必须开挖时，应尽量缩短开槽长度，逐段、逐层分期完成。

2) 沟槽切断原有的排水沟或排水管，如无其他排水出路，应架设安全可靠的渡槽或渡管，保证排水。

3) 雨期挖槽，应采取措施，防止雨水进入沟槽；同时还应考虑当雨水危及附近居民或房屋安全时，应及时疏通排水设施。

4) 雨期挖土时，留置土方不宜靠近建筑物。

(2) 冬期施工

1) 土方开挖冬期施工时，其施工方法应按冬施方案进行。

2) 计划在冬期施工的沟槽，宜在地面冻结前，先将地面刨松一层，一般厚 300mm，作为防冻层。

3) 每日施工结束前，均应覆盖保温材料或松铺一层土防冻。

4) 冬期挖槽，对所暴露出来的上水或其他通水管道，应视运行情况采取保温防冻措施。

5) 挖至基底时要及时覆盖，以防基底受冻。

3.1.1.4 质量标准

1. 沟槽开挖与地基处理应符合下列规定：

主控项目

(1) 原状地基土不得扰动、受水浸泡或受冻；

检查方法：观察，检查施工记录。

(2) 地基承载力应满足设计要求；

检查方法：观察，检查地基承载力试验报告。

(3) 进行地基处理时，压实度、厚度满足设计要求；

检查方法：按设计或规定要求进行检查，检查检测记录、试验报告。

一般项目

(4) 沟槽开挖的允许偏差应符合表 3－4 的规定。

表 3－4 沟槽开挖的允许偏差

序号	检查项目	允许偏差(mm)		检查数量		检查方法
				范围	点数	
1	槽底高程	土方	±20	两井之间	3	用水准仪测量
		石方	＋20、－200			
2	槽底中线每侧宽度	不小于规定		两井之间	6	挂中线用钢尺量测，每侧计 3 点
3	沟槽边坡	不陡于规定		两井之间	6	用坡度尺揖测，每侧计 3 点

2. 沟槽支护应符合现行国家标准《建筑地基基础工程施工质量验收规范》GB50202 的相关规定，对于撑板、钢板桩支撑还应符合下列规定：

主控项目

(1) 支撑方式、支撑材料符合设计要求；

检查方法：观察，检查施工方案。

(2) 支护结构强度、刚度、稳定性符合设计要求；

检查方法：观察，检查施工方案、施工记录。

一般项目

(3) 横撑不得妨碍下管和稳管；

检查方法：观察。

(4) 支撑构件安装应牢固、安全可靠，位置正确；

检查方法：观察。

(5) 支撑后，沟槽中心线每侧的净宽不应小于施工方案设计要求；

检查方法：观察，用钢尺量测。

(6) 钢板桩的轴线位移不得大于50mm；垂直度不得大于1.5%；

检查方法：观察，用小线、垂球量测。

3.1.1.5 成品保护

1. 应定期复测和检查测量定位桩和水准点进行保护，并做好控制桩点的保护。

2. 开挖沟槽如发现地下文物或古墓，应妥善保护，并应及时通知有关单位处理后方可继续施工，如发现有测量用的永久性水准点或地质、地震部门的长期观测点等，应加以保护。

3. 在地下水位以下挖土，应在基槽两侧挖好临时排水沟和集水井，先低后高分层施工以利排水。

4. 在有地上或地下管线、电缆的地段进行土方施工时，应事先取得有关部门的书面同意，施工中应采取措施，以防止损坏管线，造成严重事故。

3.1.1.6 应注意的质量问题

1. 土方开挖时，应防止邻近已有建筑物或构筑物、道路、管线等发生下沉和变形，并与有关单位协商采取保护措施，在施工中进行沉降或位移观测。

2. 为避免平面位置、高程和边坡坡度出现偏差，施工中应加强测量复核。

3. 为防止槽底土壤被扰动或破坏，机械开挖时，应距设计槽底高程以上预留不小于200mm土层配合人工清底。

3.1.1.7 环境、职业健康安全管理措施

1. 环境管理措施

(1) 现场堆放的土方应遮盖；运土车辆应封闭，进入社会道路时应冲洗。

(2) 对施工机械应经常检查和维修保养，保证设备始终处于良好状态，避免噪声扰民和遗洒污染周围环境。

(3) 对土方运输道路应经常洒水，防止扬尘。

2. 职业健康安全管理措施

(1) 上下沟槽必须走马道、安全梯。马道、安全梯间距不宜大于50m。

(2) 拆除支撑前，应对沟槽两侧的建筑物、构筑物和槽壁进行安全检查，并应制定拆除支撑的实施细则和安全措施。

(3) 机械开挖土方时，应按安全技术交底要求放坡、堆土，严禁掏挖，履带或轮胎应距沟槽边保持1.5m以上的距离。

(4) 挖掘机作业前应进行检查，确认大臂和铲斗运动范围内无障碍物及其他人员，鸣笛示警后方可作业。

(5) 沟槽外围搭设不低于 1.2m 的护栏，设警示灯，并有专人巡视。

(6) 人工挖槽时，堆土高度不宜超过 1.5m，且距槽口边缘不宜小于 1m，堆土不应遮压其他设施。

(7) 人工挖槽时，两人横向距离不应小于 2m，纵向间距不应小于 3m，严禁掏挖取土。

3.1.2 铸铁给水管道施工

3.1.2.1 适用范围

适用于城市给水工程中工作压力在 0.1～0.5MPa，试验压力不大于 1.0MPa 的铸铁管、球墨铸铁管给水管道施工。

3.1.2.2 施工准备

1. 技术准备

(1) 施工前做好施工图纸的会审，编制施工组织设计及交底工作。

(2) 收集掌握基础资料：施工前，根据施工需要进行调查研究，收集沿线地形、地貌、建筑物、各种地下管线和其他设施的情况；工程地质和水文地质资料；工程用地、交通运输及排水条件；施工供水、供电条件等基础资料。对现况管线和构筑物的平面位置和高程与施工管线的关系，经核实后，标注在图纸上。

(3) 施工测量：办理测量交接桩手续和复测工作，并完成护桩及加密桩的引测。

(4) 对原材料和半成品检验试验工作已完成。

2. 材料要求

(1) 普通铸铁管：管体上应有制造厂的名称和商标、制造日期及工作压力等标记，管材及管件应符合国家现行有关标准，并具有合格证。不得有裂纹、冷隔、瘪陷、凹凸不平等缺陷，表面应完整光洁，附着牢固。管、管件的尺寸允许偏差应符合表 3－5 的要求。

表 3－5 管、管件尺寸允许偏差

承插口环径 E		承插口深度 H	管子平直度(mm/m)	
$DN \leqslant 800$	$\pm E/3$	$\pm 0.05H$	$DN<200$	3
			$DN200 \sim 450$	2
$DN>800$	$\pm(E/3+1)$	—	$DN>450$	1.5

(2) 球墨铸铁管：球墨铸铁管应能进行机械加工，球墨铸铁管表面硬度不得大于 HBS230，管体上应有制造厂的名称和商标、制造日期及工作压力等标记，管材及管件应符合国家现行有关标准，并具有合格证。采用橡胶圈接口的球墨铸铁管，承口的内工作面和插口的外工作面应光滑、轮廓清晰，不得有影响接口密封性的缺陷。

(3) 胶圈：胶圈所用材料不得含有任何有害胶圈使用寿命、污染水质的材料，并不得使用再生胶制作的胶圈。胶圈应质地均匀，不得有蜂窝、气孔、皱褶、缺胶、开裂及飞边等缺陷。使用前应逐个检查，不得有割裂、破损、气泡、飞边等缺陷。其硬度、压缩率、抗拉力、几何尺寸等均应符合有关规范及设计规定。密封胶圈应有出厂检验质量合格的检验报告。产品到达现场后，应抽检 5％的密封橡胶圈的硬度、压缩率和抗拉力，其值不应小于出厂合格标准。

(4) 水泥:宜采用强度等级 32.5 级以上的硅酸盐水泥、普通硅酸盐水泥或矿渣硅酸盐水泥。应有出厂产品合格证或出厂检验报告,进场后应对强度、安定性及其他必要的性能指标进行取样复试,其质量必须符合国家现行标准《硅酸盐水泥、普通硅酸盐水泥》(GB 175)等的规定。

(5) 石棉:宜选用机选 4F 级温石棉,其质量指标应符合国家现行有关标准规定。

(6) 油麻:宜采用纤维较长、无皮质、清洁、松软、富有韧性的油麻。

(7) 铅:纯度不应小于 99%。

(8) 法兰盘:表面应平整,无裂纹,密封面上不得有斑疤、砂眼及辐射状沟纹,密封槽符合规定,螺孔位置准确。应有出厂合格证。

(9) 橡胶垫:橡胶垫不得含有污染水质的材料,并不得使用再生胶制作的橡胶垫,每块橡胶垫,接茬不得多于两处,且接茬平整,粘结牢固、无空鼓。橡胶圈内径应等于法兰内径,橡胶圈外径应与法兰密封面外缘相齐。

当管径≤600mm 时,橡胶垫厚度宜为 3mm~4mm;管径≥700mm 时,宜为 5mm~6mm。

3. 机具设备

(1) 设备:汽车吊、挖掘机、10~20t 自卸汽车、半挂拖车、推土机、振动夯、蛙式打夯机、压路机、切管机、供电设备、管接头、试压用试压泵、倒链、手扳葫芦、环链、钢丝绳、千斤顶等。

(2) 工具:吊具、钩子、撬棍、探尺、钢卷尺、盒尺、角尺、水平尺、线坠、铅笔、扳手、钳子、螺丝刀、錾子、手锤等。

4. 作业条件

(1) 拆迁工作及交通疏导:地上、地下管线设施改移或加固措施已完成,施工期交通疏导方案、施工便桥的搭设方案经有关主管部门批准。

(2) 现场条件:现场三通一平已完成,地下水位降至槽底 0.5m 以下。地下管线和其他设施物探和坑探调查清楚。

(3) 施工技术方案已完成审批手续。

3.1.2.3 施工工艺

1. 工艺流程

测量放线 → 开槽、验槽 → 砂垫层及工作坑 → 下管 → 对口 → 检查 → 管道试压 → 回填土方 → 冲洗消毒

2. 操作工艺

(1) 沟槽开挖及验槽

1) 测量放线参照“6.3 管线工程施工测量”进行施测。

2) 沟槽降水、沟槽开挖、边坡设置及沟槽支护等参照“3.1.1 管线基坑明挖土方”施工。

3) 验槽:基底高程、坡度、轴线位置、基底土质符合设计要求。槽底宽度根据设计情况确定,包括管道结构宽度及两侧工作宽度。若设计无规定时,每侧工作宽度可参照表 3-6。

表 3-6 管道结构每侧宽度

管道结构宽度(mm)	每侧工作宽度(m)	
	无排水沟	有排水沟
200~500	0.3	0.45
600~1000	0.4	0.55

续表

管道结构宽度(mm)	每侧工作宽度(m)	
	无排水沟	有排水沟
1100～1500	0.6	0.75
1600～2000	0.8	0.85
2200	0.8	1.0
2400	1.0	1.0
2600	1.0	1.0

(2) 管道垫层及工作坑

1) 管道垫层：直埋段管道一般铺设砂垫层，砂垫层的平整度、高程、厚度、宽度、密实度应符合设计要求。

2) 工作坑：砂垫层检查合格后，人工挖管道接口工作坑，对管工作坑每个接口设一个，接口工作坑开挖尺寸可参照表 3－7 执行。

表 3－7　　接口工作坑开挖尺寸(mm)

管材种类	公称直径(mm)	宽度		长度		深度
				承口前	承口后	
刚性接口铸铁管	75～300	D_1＋	600	800	200	300
	400～700		1200	1000	400	400
	800～1200		1200	1000	450	500
球墨铸铁管及滑入式柔性铸铁管	＜150	承口外径＋	800	200	承口长度＋200	200
	600～1000		1000	200		400
	1100～1500		1600	200		450
	＞1600		1800	200		500

(3) 下管

1) 管材的吊装、运输与存放

① 吊装：采用两点法吊装，平起平放。吊具与管子内衬接触处应垫缓冲垫，以防吊具将内衬损伤。起吊时吊绳长度要足够，吊点处绳间夹角小于 60°为宜。吊装时，吊重臂下严禁站人，以防发生危险。

② 运输：管子直径大于 1400mm，汽车运输超高超宽时，需到交通管理部门办理特殊通行证，同时在运输车辆上挂有信号旗、信号灯等标志。

管底部要有弧形垫木，垫木与管子之间垫有橡胶垫，同时用钢丝绳将管子固定在车厢上，用紧线器或手拉倒链将钢丝绳拉紧，防止运输途中管子滚动。

钢丝绳与管子之间应垫有软垫，或将捆绑用的钢丝绳套胶管，这样对管外防腐涂层起到保护作用。管子前端与车厢间垫方木，防止运输中管子前窜移动。

③ 管材的存放：管子运到施工现场后，应将管存放在施工便道外侧和下管吊车旋转半径范

围之内，单根顺槽码放，管下垫 150mm×150mm 的两根方木。管材摆放时承插口的位置要相对而放，留有间距。曲线段存放管材，平面布置同直线段，只是管的间距不同，按管存放在曲线内侧或外侧而定。

④ 管材附件的保管

a. 胶圈：橡胶圈应放在室内（干燥、阴凉、避光处）保存，保存时应避免扭曲。从包装中取出后尽快使用，未使用的一定要及时用原包装包好，防止胶圈粘上油或其他腐蚀性溶剂等。

b. 螺栓：从包装中取出的螺栓、螺母不得直接放在地上，必须放在指定的容器中搬运保存。螺栓、螺母应轻拿轻放，禁止丢放，以免丝扣和涂层损伤。

2）管材检测、调整与修补

① 管材检测

a. 外观检查：检查内外防腐层是否有损伤，是否有明显变形，对存在的问题应做好详细记录，并在管体上标记，以备修补和调整。

b. 承插口直径检查：采用专用伸缩尺测量承口内径，若内径误差范围超出 0～4 时应逐根做好记录，以供配管时选用公差组合最小的管节组对连接。

② 管材调整：插口呈椭圆变形时，采取双头丝杆进行调整。对于局部变形的管材，采用液压千斤顶调整。无论采用哪种调整方法，机具与管内衬接缝处均应加胶垫以防内防腐层损坏。

③ 外防腐层的修补

a. 修补材料配置

按软化料：硬化料＝9：1 的配合比进行配置，根据气温情况可以适量加入稀释剂。

b. 修补程序：将修补面清理干净，用钢丝刷除锈，并用棉纱擦净，再用修补剂涂刷 1～2 遍，厚度为 0.1mm。

c. 注意事项：修补剂随用随配，硬化后不能使用。在修补剂使用过程中如有变稠可适量加入稀释剂恢复原状。为保证涂料与基层粘结良好，施工环境相对湿度不能大于 85%，气温不能低于 5℃。

④ 内防腐层的修补

a. $1000mm^2$ 以下面积的修补：

用硬化剂：树脂＝1：1（重量比）的配比混合，配制成看不见黑色硬化剂的修补剂。用钢刷将粘结面刷净，检查粘结处无杂物、水或潮湿迹象，可将修补剂粘在该处，用抹子抹平整，硬化12h 后方可安装。注意抹平时不可留有凹凸面。

b. $1000\sim2000mm^2$ 面积的修补

先将原砂浆凿掉，露出铸铁管，凿除时砂浆内衬断面要与管壁垂直。如果发现砂浆内衬与管壁离隙，应凿至无离隙为止。

c. 大于 $2000mm^2$ 面积的修补

选用强度等级为 32.5 级的普通硅酸盐水泥，水泥与砂以 1：1 的重量比，加水拌和至手捏成团落地分散为宜。修补时按上述 4）②项进行处理，然后用水清洗，同时使伤口潮湿，并将拌好的水泥砂浆填入，抹至高出管壁 1mm～2mm，再用力压抹至砂浆面出水，从而抹光。此后将修补面铺贴上一层纸，再用塑料布及胶条覆盖，进行 24h 以上养护，养生强度达 70%时方可安装。

3）切管与切口修补

① 选管：凡是距管子承口端约 0.5m 处有宽 50mm 白线标记的管材，都能作为切管使用。

② 切口位置：切管的最小长度根据施工条件和经济性而定，原则上为不小于管直径。

③ 切管注意事项:切管原则上必须使用专用工具。切管时注意不要将管内衬损伤,最好只切铸铁部分,内衬待铸铁部分切开后,在管内侧用铲和锤子打通。切口应与管子轴线垂直。异形管不能切管。

④ 切口修补:应用砂轮机将切口毛刺磨平,修补剂补平,最后切口端面用外防腐剂涂刷一遍。

4）下管采用吊车配合人工下管,将匹配好的管节下到铺好的砂垫层的槽内,将印有厂家标记的部位朝上,利用中线桩及边线桩控制管线位置,就位后应复核中线位置,复测标高,准确无误后,进行对口。管子要均匀地铺放在砂垫层上,接口处要自然形成对齐,垂直方向发生错位时,应调整砂垫层,使之接口对齐,严禁采用加垫块或吊车掀起的方法,以免引起管道的初应力。严禁在管沟中拖拉管道,必须移位时,应利用吊装设备进行,防止损坏管外防腐层。

(4) 机械式球墨铸铁管对口方法

机械式球墨铸铁管接口形式见图 3－4 所示。

1）清理插口、压兰和胶圈:将插口、压兰和胶圈内的所有杂物先清除,并擦洗干净。

2）压兰和胶圈定位:插口、压兰及胶圈清洁后,在插口上定出胶圈的安装位置,先将压兰送入插口,然后把胶圈套在插口已定好的位置处。

3）清理承口、刷润滑剂:刷润滑剂前应将承插口和胶圈再清理一遍,然后将润滑剂均匀地涂刷在承口内表面和插口及胶圈的外表面。

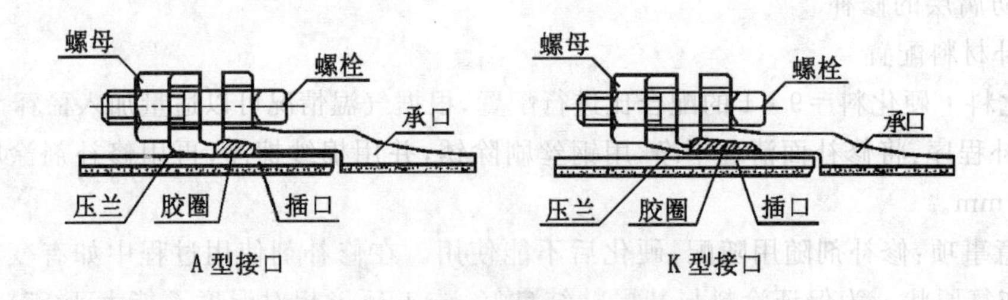

图 3－4　机械式接口型式

4）对口:管道安装时,宜自下游开始,承口朝着施工前进的方向。将管子稍许吊起,使插口对正承口装入,调整好接口间隙后固定管身,卸去吊具。对口间隙见表 3－8。

表 3－8　机械式球墨铸铁管允许对口间隙(mm)

公称直径	A 型	K 型	公称直径	A 型	K 型	公称直径	A 型	K 型
75	19	20	500	32	32	1500	—	36
100	19	20	600	32	32	1600	—	43
150	19	20	700	32	32	1650	—	45
200	19	20	800	32	32	1800	—	48
250	19	20	900	32	32	2000	—	53
300	19	32	1000	—	36	2100	—	55
350	32	32	1100	—	36	2200	—	58
400	32	32	1200	—	36	2400	—	63
450	32	32	1350	—	36	2600	—	71

5）临时紧固：将密封胶圈推入承插口的间隙，调整压兰的螺栓孔使其与承口上的螺栓孔对正，先用4个互相垂直方位的螺栓临时紧固。

6）紧固螺栓：将全部的螺栓穿入螺栓孔，并安上螺母，然后按上下左右交替紧固的顺序，对称均匀地分数次上紧螺栓。

7）检查：螺栓上紧之后，用力矩扳手检验每个螺栓的扭矩。螺栓的扭矩值见表3－9。

表3－9 螺栓的紧固扭矩

管径(mm)	螺栓规格	紧固的扭矩(N·m)
75	M－16	60
100～600	M－20	100
700～800	M－24	140
900～2600	M－30	200

8）曲线段管道对口：机械式球墨铸铁管沿曲线安装时，接口的转角不能过大，接口的转角一般是根据管子的长度和允许的转角计算出管端偏移的距离进行控制。管道沿曲线安装时，接口的允许转角不得大于表3－10的规定。

表3－10 沿曲线安装接口的允许转角

接口种类	管径(mm)	允许转角(°)
刚性接口	75～450	2
	500～1200	1
滑入式T形、梯唇式橡胶圈接口及柔性机械式接口	75～600	3
	700～800	2
	≥900	1

(5) 滑入式球墨铸铁管对口方法

滑入式球墨铸铁管安装接口形式见图3－5。

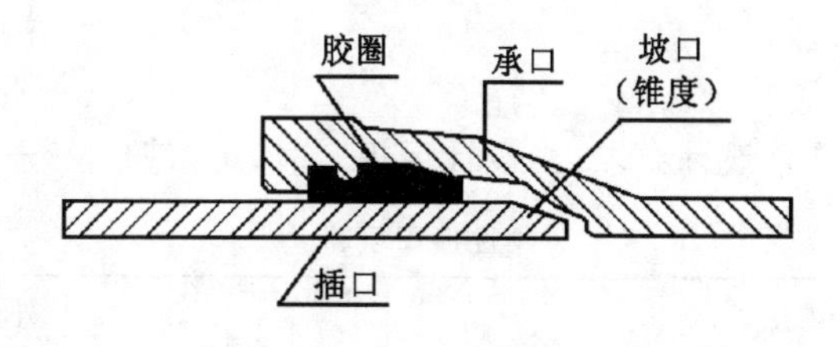

图3－5 滑入式接口

1）清理管口：将承口内的所有杂物予以清除，并擦洗干净。

2）清理胶圈、上胶圈：将胶圈上的粘接物清擦干净，把胶圈弯成心形或花形(大口径)(见图3－6)装入承口槽内，并用手沿整个胶圈按压一遍，确保胶圈各个部分不翘不扭，均匀一致地卡在槽内。

3）将准备好的机具设备安装到位，安装时防止将已清理的管子部位再次污染。

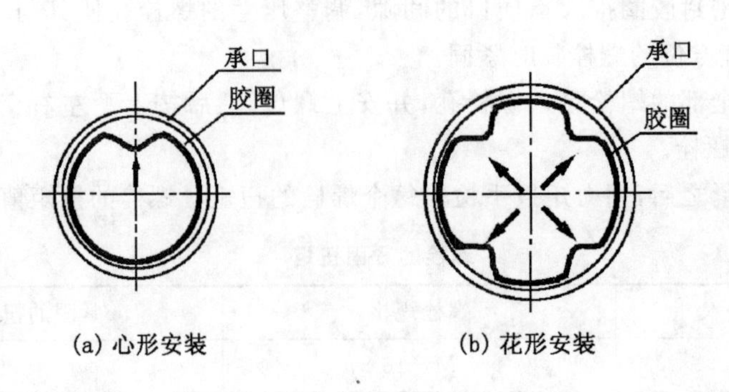

图 3－6 胶圈的安装方法

4）在插口外表面和胶圈上刷润滑剂。润滑剂由厂方提供，也可用肥皂水将润滑剂均匀地刷在承口内已安装好的胶圈内表面，在插口外表面刷润滑剂时，应注意刷至插口端部的坡口处。

5）顶推管子使之插入承口：根据施工条件、管径和顶推力的大小以及机具设备情况确定。常用的安装方法有：撬杠顶入法、千斤顶拉杆法、倒链（手拉葫芦）拉入法等。如倒链（手拉葫芦）法，在已安装稳固的管子上拴住钢丝绳，在待拉入管子承口处放好后背横梁，用钢丝绳和倒链绷紧对正，拉动倒链，即将插口拉入承口中，每接一根管子，将钢拉杆加长一节，安装数根管子后，移动一次栓管位置。

6）检查：检查插口推入承口的位置是否符合要求，用探尺伸入承插口间隙中检查胶圈位置是否正确。

（6）普通承插式铸铁管对口方法

1）刚性接口管道安装一般由嵌缝材料和密封填料两部分组成，如图 3－7。

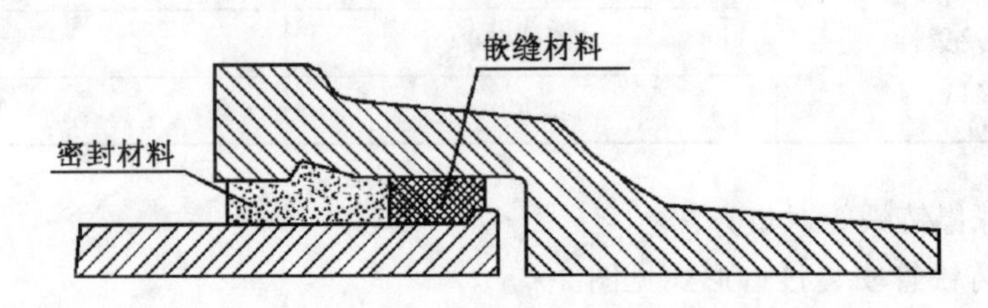

图 3－7 普通铸铁管接口形式

2）填料

① 刚性接口填料：应符合设计要求，当设计无规定时，可参照表 3－11 的规定。

表 3－11 刚性接口填料

接口种类	内层填料		外层填料	
	材料	填打深度	材料	填打深度
刚性接口	油麻辫	约占承口总深度的 1/3，不得超过承口水线里缘；当采用铅接口时，应距承口水线里缘 5mm	石棉水泥	约占承口深度的 2/3，表面平整一致，凹入端面 2mm
	橡胶圈	填打至插口小台或距插口端 10mm	石棉水泥	填打至橡胶圈表面平整一致，凹入端面 2mm

注：油麻辫直径为 1.5 倍接口环向间隙；环向搭接宜为 50mm～100mm 填打密实。

② 填料配制：石棉水泥应在填打前拌和，石棉水泥的重量配合比应为石棉30%，水泥70%，水灰比宜小于或等于0.2；拌好的石棉水泥应在初凝前用完；填打后的接口应及时潮湿养护。

③ 管道接口：刚性接口填打后，管道不得碰撞及扭转。采用油麻石棉水泥刚性接口时，稳管距已完成的刚性连接接口最近距离为3个接口；采用胶圈石棉水泥接口时稳管距已完成的刚性接口最近距离为2个接口。

④ 用石棉水泥做接口外层填料时，当地下水对水泥有侵蚀作用时，应在接口表面涂防腐层。

3）嵌缝

① 油麻嵌缝：油麻填打时，需将麻拧成麻辫，其麻辫直径约为接口环向间隙的1.5倍，长度有50mm～100mm的环向搭接，然后用特制的麻錾打入。

套管（揣袖）接口填打油麻时，一般比普通接口多，填1～2圈麻辫。第一圈麻辫宜稍粗，不用捶打，将麻塞填至距插口端约10mm处为宜，以防跳井（掉入管口内），第二圈麻填打时不宜用力过大。

② 橡胶圈嵌缝：采用圆形截面胶圈作为接口嵌缝材料可称为半柔性接口。胶圈压缩率可取34%～40%。在管子插入承口前，先将胶圈套在插口上，插入管子并测量对口间隙，然后用铁牙将接口下方环形间隙扩大，填入胶圈，然后自上而下移动铁牙，用錾子将胶圈全部填入承口，第一遍先打入承口水线，再分2～3遍打至插口小台，每遍不宜使胶圈滚入太多，以免出现“闷鼻”、“凹兜”等现象。

（7）水压试验

1）试验压力：对于管道工作压力大于或等于0.1MPa的铸铁、球墨铸铁管必须进行强度严密性试验。一般采用水压试验进行。管道工作压力≤0.5MPa的试验压力为$2P$，工作压力>0.5MPa的试验压力取$P+0.5$MPa。

2）试验长度：铸铁管、球墨铸铁管给水管道水压试验的管段长度不宜大于1000m。

3）堵头设置

① 试压堵板设计：水压试验时，管道两端设堵板封口，堵板应有足够的强度，保证试验过程中堵板本身不变形，如果试压后背为混凝土支撑，则堵板件可用装上法兰堵板的短管与管道用刚性接口连接；如果后背为方木或型钢等支撑材料时，为了消除支撑材料和土壁产生的压缩变形对接口严密性的影响，堵板件与管端的连接用柔性橡胶圈连接。

② 后背：用方木纵横交错排列紧贴于土壁上，用千斤顶支撑在堵头上。对于大型管道可用厚钢板或型钢作后背撑板。千斤顶的数量可根据堵头外推力的大小，选用一个或多个千斤顶支撑。后背必须紧贴后座墙，如有空隙用砂子填实。当后背土壤松软时，可采取加大后背受力面积，浇筑混凝土墙、板桩、换土夯实的方法进行加固。也可采用钢板桩支撑方式。

4）灌水：管道水压试验前灌满水后，有水泥砂浆衬里的，对管段进行浸泡48h以上，没有水泥砂浆衬里的浸泡24h以上。浸泡的水压不超过管道的工作压力。

5）升压：试压时，应缓缓地升压，每次升试验压力的20%，排气阀打开进行排气，检查后背及接口处、支墩的安全性，确认安全无异常后继续升压，升至试验压力的70%，升压过程中若发现弹簧压力表针摆动、不稳，且升压速度慢时，检查排气阀处，是否排气不完全，重新排气后，方可继续升压。当打开放气阀溢出不含空气的水柱时，可进行强度和严密性试验。

6）试验观测

① 强度试验：管道强度试验在水压升至试验压力后，保持恒压10min，检查接口、管身，无破损及漏水现象时，管道强度试验确认合格。

② 严密性试验:试验管体及接口不得有漏水现象,并可采用放水法或注水法实测渗水量,管道实测渗水量小于表 3－12 的规定即为合格。

对于管径小于或等于 400mm 的铸铁管,且试验管段长度小于或等于 1km 的管道,在试验压力下,10min 降压不大于 0.05MPa 时,且无漏水现象,可视为严密性合格。

7) 对于大口径的球墨铸铁管水压试验用水量大,为节约用水可采用专用设备单口试压方法进行管道的测试。

(8) 沟槽回填

1) 回填前应具备的条件

① 管道加固

a. 为防止钢管在回填时出现较大变形,回填土施工中除严格遵守操作规程及有关规定外,对直径大于等于 1000mm 的管道回填土前,应在管内采取临时竖向支撑。

表 3－12 管道允许渗水量

管径(mm)	渗水量(L/min・km)	管径(mm)	渗水量(L/min・km)
100	0.70	800	2.70
125	0.90	900	2.90
150	1.05	1000	3.00
200	1.40	1100	3.10
250	1.55	1200	3.30
300	1.70	1400	3.71
400	1.95	1600	4.00
500	2.20	2000	4.47
600	2.40	2200	4.69
700	2.55	2400	4.90

b. 在管道内竖向上、下用 50mm×200mm 的大板紧贴管壁,再用直径大于 100mm 的圆木或 100mm×100mm、100mm×120mm 的方木支顶,并在撑木和大板之间用木楔子背紧,每管节 2～3 道。支撑后的管道,竖向管径比水平管径略大 1%～2%D。

c. 回填土到设计高度后(有临时支撑的拆撑后),应再次测量管子尺寸并记录,以确认管道回填后的质量。回填前先检查管道内的竖向变形或椭圆度是否符合要求,不合格者可用千斤顶预顶合适再支撑方可回填。

② 回填时清除槽内积水、砖、石等杂物。

③ 水压试验前除接口外,管道两侧及管顶以上回填高度不应小于 0.5m,水压试验合格后,及时回填其余部分。管径大于 900mm 的钢管道,用方木作内支撑防止管顶竖向变形。

2) 土方回填:填土前检查管底两侧砂三角处是否密实,缺砂或不密实的要补填密实。管腔两侧同时进行,不得直接将土扔在管道上,沟槽底至管顶以上 500mm 的范围均应采用人工填土,超过管顶 500mm 以上采用机械还土,还土时应分层铺设夯实。

3) 胸腔回填:胸腔两侧填土必须同时进行,两侧回填高度不要相差一层(200mm～300mm)以上。胸腔填土是防止管道竖向变形的关键工序。胸腔填土至管顶以上时,要检查管道变形与支撑情况,无问题时继续回填,否则采取措施处理好后再回填。

4) 虚铺厚度:回填土压实的每层虚铺厚度根据设计要求进行,如设计无要求,铺土厚度可参照表3-13执行。

表3-13　　回填土每层虚铺厚度

压实工具	虚铺厚度(mm)
木夯、铁夯	≤200
蛙式夯	200~250
压路机	200~300
振动压路机	≤400

5) 夯实:回填土的夯实采用人工夯实和机械夯实相结合的方式。夯实时,管道两侧同时进行,不得使管道位移或损伤。采用木夯、蛙式夯等压实工具时,应夯夯相连,人工回填至管顶500mm以上后,可用压路机碾压,碾压的重叠宽度不得小于200mm。应控制土的最佳含水量,以达到设计压实度,并保证管道与砂垫层接触部分的夯实质量。

6) 压实度:回填土的压实遍数,按回填土的要求压实度、采用的工具、回填土虚铺厚度和含水量经现场试验确定。回填压实应逐层进行,管道两侧和管顶以上500mm范围内采用薄铺轻夯夯实,沟槽回填土的压实度符合设计规定,如设计无规定,可参照表3-14执行。

表3-14　　回填土压实度标准表

<table>
<tr><th rowspan="2">序号</th><th rowspan="2" colspan="3">项目</th><th rowspan="2">压实度(%)</th><th colspan="2">检验频率</th><th rowspan="2">检验方法</th></tr>
<tr><th>范围</th><th>点数</th></tr>
<tr><td rowspan="3">1</td><td rowspan="3">胸腔部分</td><td colspan="2">混凝土管、钢筋混凝土管、铸铁管</td><td>≥90</td><td rowspan="10">两井之间</td><td rowspan="10">每层1组(3点)</td><td rowspan="10">用环刀法检验</td></tr>
<tr><td colspan="2">钢管、球墨铸铁管</td><td>≥95</td></tr>
<tr><td colspan="2">矩形或拱形渠道</td><td>≥90或按设计规定</td></tr>
<tr><td rowspan="3">2</td><td rowspan="3">沟槽在路基范围外</td><td colspan="2">管顶以上500mm,宽度为管道结构外轮廓</td><td>≥85</td></tr>
<tr><td colspan="2">其余部分</td><td>≥90或按设计规定</td></tr>
<tr><td colspan="2">农田或绿地范围,表层500mm范围内</td><td>不宜压实,预留沉降量,表面整平</td></tr>
<tr><td rowspan="4">3</td><td rowspan="4">沟槽在路基范围内</td><td colspan="2">管顶以上250mm内</td><td>≥87</td></tr>
<tr><td rowspan="3">其他部位,由路槽底算起的深度(mm)</td><td>0~800</td><td rowspan="3">按道路标准执行</td></tr>
<tr><td>800~1500</td></tr>
<tr><td>>1500</td></tr>
</table>

注:1. 回填土的压实度,除设计文件规定采用重型击实标准外,其他皆以轻型击实标准试验获得最大干密度为100%。

2. 土的最佳密实度测定方法见《土工试验方法标准》(GB/T 50123)。

3. 回填土压实度应根据管材强度及设计要求确定。

(9) 管道冲洗消毒:管道安装完毕,验收前应进行冲洗消毒,使水质达到规定洁净要求,做好管道冲洗消毒验收记录,并请有关单位验收。

1) 冲洗:冲洗水采用自来水,流速不小于1.0m/s,连续冲洗,直至出水口处浊度、色度与入水口冲洗水浊度、色度相同为止。冲洗应避开用水高峰，安排在管网用水量少、水压偏高的夜间进行。

2）消毒：一般采用含氯水浸泡，含氯水应充满整个管道，氯离子浓度不低于20mg/L。管道灌注含氯水后，关闭所有阀门，浸泡24h，再次冲洗，直至水质管理部门取样化验合格为止。

3. 季节性施工

（1）冬期施工

1）挖槽及砂垫层：挖槽捡底及砂垫层施工，下班前根据气温及时覆盖，覆盖要严密，边角要压实。施工中应及时清除工作范围内的积雪和杂物。

2）管道安装：为了保证管口具有良好的润滑条件，宜在正温度时施工，以减少在低温下涂润滑剂的难度。在管道安装后，管口工作坑及管道两侧及时覆盖保温材料避免砂基受冻。施工人员在管上进行安装作业时，应采取有效的防滑措施。冬期施工进行石棉水泥接口时，应采用热水拌合接口材料，水温不应超过50℃。管口表面温度低于－3℃时，不宜进行石棉水泥接口施工。冬期施工不得使用冻硬的橡胶圈。

3）水压试验：水压试验应在管内正温度下进行，试验完应及时将管内积水清理干净，以防止受冻。管身应填土至管顶以上约0.5m，暴露的接口及管段应用保温材料覆盖。

4）回填土：胸腔回填土前，应清除砂中冻块，然后分层填筑，每天下班前均应覆盖保温材料，当气温低于－10℃时，应在已回填好的土层上虚铺300mm松土，覆盖保温，以防受冻，在进行回填前如发现受冻，应先除掉冻壳，再进行回填。当最高气温低于0℃时，回填土不宜施工。

（2）雨期施工

1）雨天不宜进行接口施工。如需施工时，应采取防雨措施，确保管口及接口材料不被雨淋。

2）沟槽两侧的堆土缺口，如运料口、下管马道、便桥桥头均应堆叠土埂，使其闭合，防止雨水流入基坑。

3）堆土向基坑的一侧边坡应铲平拍实，避免雨水冲塌。

4）回填土时要从两集水井中间向集水井分层回填，保证下班前中间高于集水井，有利于雨水排除，下班时必须将当天的虚土夯实。

5）采用井点降水的槽段，特别是过河段在雨季施工时，要准备发电机，防止因停电造成水位上升漂管。

6）基槽底两侧挖排水沟，设集水坑，及时排除槽内积水。

3.1.2.4 质量标准

1. 基本要求

（1）管道强度严密性试验必须符合设计规定。

（2）橡胶圈安装就位后不得扭曲。当用探尺检查时，沿圆周各点应与承口端面等距，其允许偏差为±3mm。

（3）安装滑入式橡胶圈接口时，推入深度应达到标记环，并复查与其相邻已安好的第一至第二个接口推入深度。

（4）安装柔性机械接口时，应使插口与承口法兰压盖的纵向轴线相重合；螺栓安装方向应一致，并均匀、对称地紧固。

（5）当特殊需要采用铅接口施工时，管口表面必须干燥、清洁，严禁水滴落入铅锅内，灌铅时铅液必须沿注孔一侧灌入，一次灌满，不得断流，脱膜后将铅打实，表面应平整，凹入承口宜为1mm～2mm。

2. 管道安装允许偏差见表3－15。

表3－15 铸铁管、球墨铸铁管安装允许偏差

项次	检查项目		规定值或允许偏差	检测频率	工序
1	槽底高程(mm)		15	10m一点	开槽
2	砂垫层高程(mm)		5	10m两点	砂垫层
3	对口高程(mm)		±5	10m两点	管道安装
4	对口中心位移(mm)		±20	5m一点	管道安装
5	螺栓扭矩(%)		－1	抽查	管道安装
6	稳压5min压力降(MPa)		0.1	每口一次	水压试验
7	覆土半年后铸管竖向变位(mm)		2%D	每口两点	检测
8	覆土15d铸管竖向变位(mm)		2%D	每口两点	检测
9	轴线位置	压力管(mm)	30	10m一点	管道安装
		无压力管(mm)	15		
	高程	压力管(mm)	±20		
		无压力管(mm)	±10		

注：D为管道直径。

3.1.2.5 成品保护

1. 管道铺设时应将管内杂物清理干净，铺设停顿时应将管口封堵好，并不得将工具等物品置于管内存放。

2. 在运输、堆码、铺设过程中，应采取相应的保护措施，做到轻装轻卸，防止管材受到损坏。

3. 接口填料未完全凝固前，防止管道受碰撞等外力作用而发生移动，使接口填料受到损坏。

4. 刚性接口管道做好后，应在2h后，及时用稀泥封盖或用湿草袋等物包裹并定时洒水养护，养护时间一般不少于7d。

5. 在回填土时，应从管道两侧对称进行，分层夯实，禁止单侧回填。

6. 管道安装后，遇到降雨或有地下水流进沟槽时，可能导致漂管或插口由承口脱出，因此在管道安装后应尽快回填土。

7. 斜面铺装管道时，应使承口朝上放置，铺管顺序由斜面下部向上进行，根据需要在管道弯头处放置混凝土支墩，以防接头脱离。斜面坡度大时或土的摩擦阻力不够时，根据设计图做基础支墩，为防止管底形成水路，混凝土支墩应分多块设置。

3.1.2.6 应注意的质量问题

1. 管道变形

(1) 当管子需要截短后再安装时，切管一定要用切管专用工具，切口应与管轴线垂直。插口端应加工成坡口形状。

(2) 对大口径球墨铸铁管在回填土施工时，直径DN大于等于1000mm的管道回填土前，在管内采取临时竖向支撑。

2. 管道轴线偏移

(1) 采用挂边线安管,线要绷紧,安装管道过程中要随时进行检查。

(2) 在管道胸腔回填土夯实时,管道两侧同时进行,其高差不得超过 300mm。

3. 橡胶圈接口漏水

(1) 严格材料验收制度,不得使用不符合技术标准的橡胶圈。

(2) 安装橡胶圈时应平展地套在插口的平台上,不得扭曲和断裂。

(3) 顶压橡胶圈时用力要均匀,压实后,将管道除接口外用回填土压住,以防止橡胶圈反弹。

(4) 管道承插口安装前应认真检查,发现毛刺、铁瘤等情况应加以剔除,避免橡胶圈被损坏。

4. 漂管

(1) 雨期施工时,施工一段应回填一段,尽量避免管道暴露在沟槽里。

(2) 在地下水位高的地段施工时,必须将水位降至槽底 0.5m 以下,并备好发电机,防止停电造成水位上升漂管。

3.1.2.7 环境、职业健康安全管理措施

1. 环境管理措施

(1) 在旧路破除期间,配备专用洒水车,及时洒水降尘。

(2) 在施工过程中随时对场区和周边道路进行洒水降尘。

(3) 对水泥等细颗粒散体材料,应尽可能在库内存放或用篷布严密遮盖,运输时要防止遗洒,避免污染周围环境。

(4) 土方运输车辆应采取遮盖等措施,防止遗洒和扬尘。

(5) 在城区施工时必须搭设围挡,将施工现场与周边道路及社区隔离,以减少噪声扰民。

2. 职业健康安全管理措施

(1) 对原有管线、设施应采取加固和保护措施,防止施工中损坏造成安全事故。

(2) 开挖槽、坑、沟深度超过 1.5m 时,除马道外,应配备安全梯子,上下沟槽必须走马道,安全梯子应由沟底搭到地面上,同时要稳定可靠,梯子小横杆间距不得大于 400mm。马道、安全梯间距不宜大于 50m。

(3) 机械挖槽、安装管道、吊装下料设专人指挥,并采取安全防护措施,如果机械吊运下料,应严格检查钢丝绳及卡子的完好情况,对重量不明物体严禁起吊。

(4) 基坑沟槽周围 1m 以内不得堆土、堆料、停置机具,施工现场的坑、洞、沟槽等危险地段,应有可靠的安全防护措施和明显标志,夜间设红色标志灯。

(5) 在配管过程中与现状地下构筑物应保持 300mm 以上距离。

(6) 电动振动夯应安装漏电保护装置。必须 2 人操作,操作手必须戴绝缘手套、穿绝缘鞋。

(7) 施工现场配电箱除总配电箱有空气开关外,各分电箱、小配电箱一律安装漏电保护器,同时配电箱应有门、有锁、有标志、外观完整、牢固、防雨、防尘,统一编号,箱内无杂物。

(8) 施工机具、车辆及人员应与电线保持安全距离,达不到规范的最小安全距离时,必须采用可靠的防护措施。

(9) 管道试压时,当管道试验压力超过 0.4MPa 时,严禁修整管道缺陷和紧固螺栓,检查管道时不得用手锤敲打管壁和接口,打泵升压管堵正前方严禁有人。

(10) 试压后、放水前应检查泄水线路,不得影响交通干线、管道、建筑物及构筑物的安全,放水口设围栏,并有专人值守。

3.1.3　钢质给水管道施工

3.1.3.1　适用范围

适用于城市给水工程中埋地钢质给水管道的施工。

3.1.3.2　施工准备

1. 技术准备

(1) 施工前做好施工图纸的会审，编制施工组织设计及已向有关人员进行施工技术和安全交底工作。

(2) 收集掌握基础资料：施工前，根据施工需要进行调查研究，收集现场地形、地貌、建筑物、各种地下管线和其他设施的情况；工程用地、交通运输及排水条件；施工供水、供电条件等基础资料。对现况管线、构筑物的平面位置和高程与施工管线的关系，经核实后，已将了解和掌握的情况标注在图纸上。

(3) 施工测量：完成施工交接桩、复测工作，并进行护桩及加密点布置。

(4) 完成对原材料和半成品检验试验工作。

2. 材料要求

(1) 钢管：钢管必须具有制造厂的合格证明书，钢管的材料、规格、压力等级，加工质量应符合国家现行标准和设计规定。表面应无显著锈蚀、裂纹、斑疤、重皮和压延等缺陷。不得有超过壁厚负偏差的凹陷和机械损伤。卷焊钢管不得有扭曲和焊缝根部未焊透的现象，直焊缝卷管管节几何尺寸允许偏差应符合表3－16的规定。

表3－16　直焊缝卷管管节几何尺寸允许偏差

项目	允许偏差(mm)	
周长	$D\leqslant600$	±2.0
	$D>600$	$\pm0.0035D$
圆度	管端 $0.005D$；其他部位 $0.01D$	
端面垂直度	$0.001D$，且不大于1.5	
弧度	用弧长 $\pi D/6$ 的弧形板测量管内壁纵缝处形成的间隙，其间隙为 $0.1t+2$，且不大于4；距管端200mm纵缝处的间隙不大于2	

注：1. D 为管内径(mm)，t 为壁厚(mm)。

2. 圆度为同端管口相互垂直的最大直径与最小直径之差。

(2) 钢管件

1) 弯头、异径管、三通、法兰及紧固件等应有产品合格证明，其尺寸偏差应符合现行标准，材质应符合设计要求。

2) 法兰密封面应平整光洁，无伤痕、毛刺等缺陷。螺栓与螺母应配合良好，无松动或卡涩现象。

3) 石棉橡胶、橡胶、塑料等作金属垫片时应质地柔韧、无老化变质或分层现象，表面不得有折损、皱纹等缺陷。

4) 金属垫片的加工尺寸、精度、粗糙度及硬度应符合要求；表面无裂纹、毛刺、凹槽等缺陷。

(3) 给水阀门

1) 阀门必须配有制造厂家的合格证书，其规格、型号、材质应与设计要求一致，阀杆转动灵活，无卡、涩现象。经外观检查，阀体、零件应无裂纹、重皮等缺陷。

2）对新阀门应解体检查。重新使用的旧阀门，应进行水压试验，合格后方可安装。

(4) 焊条：焊条应有出厂质量合格证，焊条的化学成分、机械强度应与母材相匹配，兼顾工作条件和工艺性；其质量应符合国家现行标准《碳素钢焊条》(GB/T 5117)、《低合金钢焊条》(GB/T 5118)的规定，并应干燥。

(5) 管道内防腐材料

1）采用坚硬、洁净、级配良好的天然砂，含泥量不得大于2%，最大粒径不应大于1.2mm。进场后进行试验，各项指标符合国家现行标准要求。

2）水泥：采用强度等级32.5级以上的硅酸盐水泥、普通硅酸盐水泥或矿渣硅酸盐水泥。水泥应有出厂合格证，并经复试合格后方可使用。

3）水：宜采用饮用水，当采用其他水源时，其水质应符合国家现行标准《混凝土拌合用水标准》(JGJ 63)的要求。

(6) 砂垫层用砂：采用中粗砂，砂中土含量不得超过8%，且不得含草根、垃圾等有害杂物。

(7) 管道外防腐材料

1）沥青：应采用建筑10号沥青，其质量和性能应符合《建筑石油沥青》(GB 494)的规定。

2）玻璃布：应采用干燥、脱蜡、无捻、封边网状平纹、中碱的玻璃布。当采用石油沥青涂料时，其经纬密度应根据施工环境温度选用8×8根/cm～12×12根/cm的玻璃布。当采用环氧煤沥青涂料时，应选用经纬密度为10×12根/cm～12×12根/cm的玻璃布。

3）外包保护层：应采用可适应环境温度变化的聚氯乙烯薄膜，其厚度为0.2mm，拉伸强度应大于或等于14.7N/mm^2，断裂伸长率应大于或等于200%。

4）环氧沥青涂料：宜采用双组分，常温固化型的涂料，其性能应符合国家现行标准《埋地钢质管道环氧煤沥青防腐层技术标准》(SYJ 28)中规定的指标。

3. 机具设备

(1) 机械：起重机、挖掘机、翻斗车、运输车辆、推土机、蛙式打夯机、振动夯、压路机、切管机、发电机、试压用打压泵、电焊机、对口器具、千斤顶、吊具、电火花检测仪、无损探伤仪、电动除锈机、内防腐机等。

(2) 检测工具：电火花检测仪、无损探伤仪、全站仪、水准仪等。

(3) 工具：千斤顶、倒链、吊具、盒尺、角尺、水平尺、线坠、铅笔、扳手、钳子、螺丝刀、手锤、气焊、焊缝检测尺、钢刷。

4. 作业条件

(1) 地上、地下管线和障碍物经物探和坑探调查清楚，并已拆迁或加固，施工期交通疏导方案、施工便桥经有关主管部门批准。

(2) 现场三通一平已完成，施工管沟的地下水位降至槽底0.5m以下。

(3) 施工组织设计已完成审批手续。

3.1.3.3 施工工艺

1. 工艺流程

施工准备→沟槽开挖、验槽→砂垫层铺设→下管→对口→管口焊接→焊缝检查→管件安装→试压→固定口外防腐→管道内支撑（大口径管）→土方回填、井室砌筑→管道内防腐→冲洗消毒、竣工

2. 操作工艺

(1) 施工准备

1) 选管：管材进场后，应检查管材的材质、焊接质量、规格和型号，检查内外防腐层是否损坏，已损伤的内外防腐层需经修补合格后方可使用。进场的钢管应逐根测量、编号、配管。选用其壁厚相同及管径相差最小的管节组合，以备对接。

2) 管道运输吊装：管及管件采用兜身吊带或专用工具起吊，装卸时应轻装轻放，运输时应垫稳、绑牢，不得相互撞击；管口及管道的外防腐层应采取保护措施。

3) 管道存放：管节堆放宜选择使用方便、平整、坚实的场地，垫草帘或岩棉被以防止防腐层磕碰损坏，严禁钢管垒压。钢管两端做好临时支撑，防止变形，见图3－8。

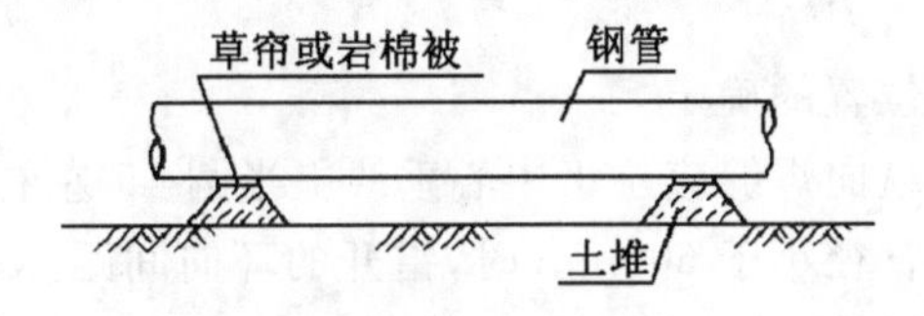

图3－8　钢管现场存放保护示意图

4) 测量放线：参照"6.3　管线工程施工测量"进行。

(2) 沟槽开挖、验槽

1) 沟槽降水、沟槽开挖、边坡设置及沟槽支护等参照"3.1　管线基坑明挖土方"施工。

2) 验槽：基底标高、轴线位置、边坡、坡度、基底土质或地基处理经验槽后，沟槽开挖质量符合国家现行标准《给水排水管道工程施工及验收规范》(GB 50268)的规定，并满足设计要求。槽底宽度应由设计确定，包括管道结构宽度及两侧工作宽度。如设计未规定，管道结构每侧宽度可参照表3－16。

(3) 砂垫层铺设

回填砂垫层。将砂子找平后用平板振动夯夯实，砂垫层的平整度、高程、厚度、宽度、压实度应符合设计要求，验收合格后方可下管。

(4) 下管

采用吊车配合下管时，严禁将管子沿槽帮滚放，使用尼龙吊带或专用吊具，不得损坏防腐层和钢管。钢管要均匀地铺放在砂垫层上，接口处要自然形成对齐，严禁采用加垫块或吊车撬起的方法，垂直方向发生错位时，应调整砂垫层，使之接口对齐。

(5) 对口

1) 管道对口前应先修口、清根，管端面的坡口角度、钝边、间隙，应符合表3－17的规定；不得在对口间隙夹焊帮条或用加热法缩小间隙施焊。

表3－17　　电弧焊管端修口各部尺寸

修口形式		间隙 b (mm)	钝边 p (mm)	坡口角度 α (°)
图示	壁厚 t(mm)			
α t p b	4～9	1.5～3.0	1.0～1.5	60～70
	10～26	2.0～4.0	1.0～2.0	60±5

2）管道对口根据管径的大小，选择合适的专用对口器具，不得强力对口。

3）钢管对口错口规定：对口时应使内壁齐平，采用300mm的直尺在接口内壁周围顺序贴靠，错口的允许偏差应符合表3－18的规定。

表3－18 钢管对口时错口允许偏差

图示	壁厚(mm)	3.5～5	6～10	12～14	≥16
错口	错口允许偏差	0.5	1.0	1.5	2

4）对口时纵、环向焊缝位置的确定

① 钢管定位时，钢管的纵向焊缝应位于中心垂线上半圆45°左右。

② 纵向焊缝应错开，当管径小于600mm时，错开的环向间距不得小于100mm，当管径大于或等于600mm时，错开的环向间距不得小于300mm。

③ 有加固环的钢管，加固环的对焊焊缝应与管节纵向焊缝错开，其间距不宜小于100mm；加固环距管节的环向焊缝不宜小于50mm。

④ 环向焊缝距支架净距不宜小于100mm。

⑤ 直管管段两相邻环向焊缝的间距不宜小于200mm。

⑥ 管道任何位置不得有十字形焊缝。

5）不同壁厚管节的对口：不同壁厚的管节对口时，管壁厚度相差不宜大于3mm。不同管径的管节相连时，当两管径相差大于小管管径的15%时，可用渐缩管连接。渐缩管的长度不应小于两管径差值的2倍，且不宜小于200mm。

6）在直线管段上加设短节时，短节的长度不宜小于800mm。

(6) 管口焊接

1）焊条：焊条使用前进行外观检查，受潮、掉皮、有显著裂纹的焊条不得使用。焊条在使用前应按出厂说明书的规定进行烘干，烘干后装入保温筒进行保温储存。

2）现场施焊应由经过培训考核、取得所施焊范围操作合格证的人员施焊。试焊件经试验合格方能进行施焊。焊工在施焊完成后在其焊口附近标明焊工的代号。

3）点焊

① 钢管对口检查合格后，方可进行点焊，点焊时，应对称施焊，其厚度应与第一层焊接厚度一致。

② 钢管的纵向焊缝及螺旋焊缝处不得点焊。

③ 点焊焊条应采用与接口相同的焊条。

④ 点焊长度与间距可参照表3－19的规定。

表3－19 点焊长度与间距

管径(mm)	点焊长度(mm)	环向点焊点(处)
350～500	50～60	5
600～700	60～70	6
≥800	80～100	点焊间距不宜大于400mm

4）管道焊接

① 管道接口的焊接应制定焊接部位顺序和施焊方法，防止产生温度应力集中。

② 焊接电流的选择

a. 平焊电流宜采用下式进行计算

$$I = kd \quad (3-2)$$

式中：I——电流（A）；

d——焊条直径（mm）；

k——系数，根据焊条决定，宜为35～50。

b. 立焊和横焊电流应比平焊小5%～10%，仰焊电流应比平焊小10%～15%。

③ 焊接层数的确定

a. 焊缝的焊接层数、焊条直径和电流强度，应根据被焊钢板的厚度、坡口形式和焊口位置确定，可参照表3－20～表3－22选用。但横、立焊时，焊条直径不应超过5mm；仰焊时，焊条直径不应超过4mm。

表3－20　不开坡口对接电弧焊接的焊接层数、焊条直径和电流强度

钢板厚度（mm）	焊缝型式	间隙（mm）	焊条直径（mm）	电流强度平均值（A）		备注
				平焊	立、仰焊	
3～5	单面	1	3	120	110	如焊不透时应开坡口
5～6	双面	1～1.5	4～5	180～260	160～230	

表3－21　V形坡口和X形坡口对接电弧焊接的焊接层数、焊条直径和电流强度

钢板厚度（mm）	层数	焊条直径（mm）		电流强度平均值（A）	
		第一层	以后各层	平焊	立、横、仰焊
4～6	2～3	3	4	120～180	90～160
10	2～3	3～4	5	140～260	120～160
12	3～4	4	6	140～260	120～160
14	4	4	5～6	140～260	120～160
16～18	4～6	4～5	5～6	140～260	120～160

表3－22　搭接与角焊电弧焊接的焊接层数、焊条直径和电流强度

钢板厚度（mm）	焊接层数	焊条直径（mm）		电流强度平均值（A）		
		第一层	以后各层	平焊	立焊	仰焊
4～6	1～2	3～4	4	120～180	100～160	90～160
8～12	2～3	4～5	5	160～180	120～230	120～160
14～16	3～4	4～5	5～6	160～320	120～230	120～160
18～20	4～5	4～5	5～6	160～320	120～230	120～160

注：搭接或角接的两块钢板厚度不同时，应以薄的计。

b. 管径大于800mm时，采用双面焊。当管壁厚18mm时，外三内二共五遍，壁厚20mm时外四内二共六遍。双面焊接时，一面焊完后，焊接另一面时，应将表面熔渣铲除并刷净后再焊接。

c. 手工电弧焊焊接钢管及附件时，厚度6mm且带坡口的接口，焊接层数不得小于2层。

④ 多层焊接时，第一层焊缝根部应焊透，且不得烧穿；焊接以后各层，应将前一层的熔渣飞溅物清除干净。每层焊缝厚度宜为焊条直径的0.8～1.2倍。各层引弧点和熄弧点应错开。

⑤ 管径大于或等于800mm时，应逐口进行油渗检验，不合格的焊缝应铲除重焊。

⑥ 钢管及管件的焊缝除进行外观检查外，对现场施焊的环形焊缝要进行X射线探伤。取样数量与要求等级应按设计规定执行，如设计无规定时，其环型焊缝探伤比例为2.5%，所有T型焊缝连接部位均进行X射线探伤。

⑦ 不合格的焊缝应返修，返修次数不得超过3次。

5）钢管的闭合口施工：钢管的闭合口施工时，夏季应在夜间且管内温度为20℃±3℃，冬季在中午温度较高的时候，且管内温度在10℃±3℃进行，必要时，可设伸缩节代替闭合焊接。

（7）管道附件安装

1）阀门安装：闸阀、蝶阀安装前应检查填料，其压盖、螺栓需有足够的调解余量，操作机构和传动装置应进行必要的调整，使之动作灵活，指示准确，并按设计要求核对无误，清理干净，不存杂物。闸阀安装应保持水平。大口径密封垫片，需拼接时应采用迷宫形式且不得采用斜口搭接或平口对接。

2）法兰

① 法兰盘密封面及密封垫片，应进行外观检查，不得有影响密封性能的缺陷存在。

② 法兰盘端面应保持平整，两法兰之间的间隙误差不应大于2mm，不得用强紧螺栓方法消除歪斜。

③ 法兰盘连接要保持同轴，螺栓孔中心偏差不超过孔径的5%，并保证螺栓的自由穿入。

④ 螺栓应使用相同的规格，安装方向一致，螺栓应对称紧固，紧固好的螺栓应露出螺母之外2～3扣。

⑤ 严禁采用先拧紧法兰螺栓，再焊接法兰盘焊口的方法。

（8）钢管的内外防腐

1）钢管除锈：涂底漆前管节表面应彻底清除油垢、灰渣、铁锈、氧化铁皮，采用人工除锈时，其质量标准应达到国家现行标准《涂装前钢材表面处理规范》(SYJ 4007)规定的St_3级；喷砂或化学除锈时，其质量标准应达到Sa2.5级。

2）钢管外防腐

① 管节石油沥青涂料外防腐

a. 钢管外防腐层的构造应符合设计规定，当设计无规定时其构造应符合国家现行标准《给水排水管道工程施工及验收规范》(GB 50268)的有关规定施工。

b. 钢管除锈后与涂底漆的间隔时间不得超过8h。应涂刷均匀、饱满，不得有凝块、起泡现象，底漆厚度宜为0.1mm～0.2mm，管两端150mm～250mm范围内不得涂刷。

c. 沥青涂料应涂刷在洁净、干燥的底漆上，常温下刷沥青涂料时，应在涂底漆后24h内实施沥青涂料涂刷，温度不得低于180℃。

d. 沥青涂料熬制温度宜在230℃左右，最高熬制温度不得超过250℃，熬制时间不大于5h，每锅料应抽样检查，性能符合《建筑石油沥青》(GB 494)的规定。

e. 涂沥青后应立即缠绕玻璃布，玻璃布的压边宽度应为30mm～40mm；接头搭接长度不得小于100mm，各层搭接接头应相互错开；玻璃布的油浸透率应达95%以上，不得出现大于50mm×50mm的空白。

f. 管端或施工中断处应留出长度150mm～250mm的阶梯形搭茬，阶梯宽度应为50mm。

g. 沥青涂料温度低于100℃时，包扎聚氯乙烯工业薄膜保护层，包扎时不得有褶皱、脱壳现象，压边宽度为30mm～40mm，搭接长度为100mm～150mm。

② 管节环氧煤沥青外防腐施工

a. 管节表面喷砂除锈应符合本款(1)项的规定。

b. 涂料配制应按产品说明书的规定操作。

c. 底漆应在表面除锈后8h之内涂刷，涂刷应均匀，不得漏涂，管两端150mm～250mm范围内不得涂刷。

d. 面漆涂刷和包扎玻璃布，应在底漆干后进行，底漆与第一道面漆涂刷的间隔时间不得超过24h。

③ 固定口防腐：应在焊接、试压合格后进行。先将固定口两侧的防腐层接茬表面清除干净，再按本款(2)项要求进行防腐处理。

3）钢管内防腐

① 管道内壁的浮锈、氧化铁皮、焊渣、油污等应彻底清除干净；焊缝突起高度不得大于防腐层设计厚度的1/3。

② 管道土方回填验收合格，且管道变形基本稳定后进行。

③ 管道竖向变形不得大于设计规定，且不应大于管道内径的2%。

④ 水泥砂浆抗压强度标准不应小于30N/mm^2。

⑤ 钢管道水泥砂浆衬里，采用机械喷涂、人工抹压、拖筒或用离心预制法进行施工。

⑥ 采用人工抹压法施工时，应自下而上分层抹压，且应符合表3－23的规定，其厚度为15mm。

⑦ 机械喷涂时，对弯头、三通等管件和邻近闸阀附近管段，可采用人工抹压，并与机械喷涂接顺。

⑧ 水泥砂浆内防腐形成后，应立即将管道封堵，不得形成空气对流；水泥砂浆终凝后应进行潮湿养护；养护期间普通硅酸盐水泥不得少于7d，矿渣硅酸盐水泥不得少于14d，通水前应继续封堵，保持湿润。

⑨ 管道端点或施工中断时，应预留阶梯形接茬。

表3－23 水泥砂浆内防腐层人工抹压施工要点

名称	操作要点
素浆层	纯水泥浆水灰比0.4，稠糊状均匀涂刮厚约1mm
过渡层	1∶1水泥砂浆厚4mm～5mm从两侧向上压实找平不必压光，24h后再做找平层
找平层	1∶1.5水泥砂浆5mm～6mm抹的厚度稍大于规定值，再用大抹子压实找平，最后用1000mm杆尺进行环向弧面找平
面层	1∶1水泥砂浆5mm～6mm抹完后用铁抹子压光，表面应光滑、平整；面层抹面、压光，应在10h内完成

(9) 水压试验

1) 试验压力：管道工作压力大于或等于0.1MPa时，应按压力管道进行强度及严密性试验，管道强度及严密性试验应采用水压试验法试验，试验压力为工作压力加 0.5MPa，但不得小于 1MPa。

2）准备工作

① 根据管径大小、试验压力、接口种类进行后背支撑、堵板的设计，并编制水压试验方案。

② 做好管段进水与排水管路设施。

③ 试验管段端部盖堵的上部及管段中间的高点，应设排气孔，宜在管段最低点设进水口。

④ 试压前应做好加压设备、压力计的选择及安装的设计并对压力表进行标定。压力表的精度等级不得低于 1.5 级，最大量程为试验压力的 1.3～1.5 倍，表壳的公称直径不应小于 50mm。

⑤ 水泵、压力计应安装在试验段下游的端部与管道轴线相垂直的支管上。

3）给水管道水压试验的管段长度不宜大于 1000m。

4）堵板设计：堵板的强度、刚度、接口型式应满足试压安全要求，在构造上满足进水、放水、放气、安装仪表等需要。管径大于或等于 1000mm 时，试压盖堵应焊接加肋钢板，具体做法可参照图 3－9 和表 3－24 进行。

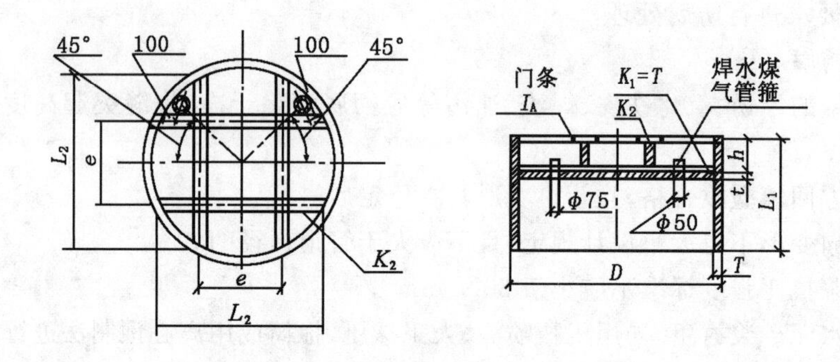

图 3－9　钢制试压盲板

5）后背

① 用方木纵横交错排列紧贴于土壁上，用千斤顶支顶在堵头上。对于大型管道可用厚钢板型钢作后背撑板。

② 千斤顶的数量可根据堵头承受外推力的大小，选用一个或多个千斤顶支顶。

③ 后背撑板必须紧贴后背座，如有空隙用砂子填实。当后背土壤松软时，可采取加大后背受力面积，或浇筑混凝土墙、板桩、换土夯实等方法进行加固。

表 3－24　钢制试压盲板尺寸表

公称直径(mm)	各部尺寸(mm)									
	D	T	L_1	t	n	I_A	L_2	e	h	K_2
400	426	8	300	10	1	I10	410	—	100	4
500	529	8	300	10	2	I10	509	—	100	4
600	630	9	350	10	2	I10	610	—	100	4
700	720	9	350	10	4	I12	663	230	120	4
800	820	10	400	12	4	I12	757	270	120	5
900	920	10	400	12	4	I14	849	300	140	5

续表

公称直径(mm)	各部尺寸(mm)									
	D	T	L_1	t	n	I_A	L_2	e	h	K_2
1000	1020	10	400	12	4	I16	944	330	160	6
1100	1120	12	400	14	4	I18	1035	360	180	6
1200	1220	12	400	16	4	I20a	1127	400	200	6
1400	1420	12	450	16	4	I24a	1318	460	240	6
1500	1520	14	450	18	4	I24b	1410	500	240	6
1600	1620	14	500	20	4	I27a	1505	530	270	7
1800	1820	16	500	22	4	I30c	1695	600	300	7
2000	2020	18	550	24	4	I36c	1882	660	360	7
2200	2220	18	550	26	4	I36c	2303	768	400	7
2400	2420	20	550	28	4	I36c	2512	837	450	7

6）试压

① 管道注水时，应将管段内的排气阀、排气孔全部打开，直至排出的水流中不带气泡，水流连续，速度均匀时，表明气已排净。

② 管道灌满水后，宜保持 0.2～0.3MPa 水压（但不要超过工作压力），充分浸泡，浸泡时间对无水泥砂浆衬里的钢管不小于 24h，对有水泥砂浆衬里的钢管不小于 48h。

③ 试压时，应缓慢地加压，每次升压试验压力的 20%为宜，每次升压后，检查后背、接口、支墩等的安全无问题时，再继续升压，升至试验压力 70%时，稳定一段时间检查，排气彻底干净，然后升至试验压力。

④ 管道强度试验在水压升至试验压力后，保持恒压 10min，检查接口、管身，无破损及漏水现象时，管道强度试验确认合格。

7）管道严密性试验

采用放水法或注水法。采用放水法时，实测渗水量按下式计算：

$$q = 1000W/(T_1 - T_2)L \tag{3-3}$$

式中：q——实测渗水量（L/min·km）；

T_1——从试验压力降至 0.1MPa 所经过的时间（min）；

T_2——放水时，从试验压力降至 0.1MPa 所经过的时间（min）；

W——T_2 时间内放出的水量（L）；

L——试验管段的长度（m）。

采用注水法时，实测渗水量按下式计算：

$$q = 1000W/TL \tag{3-4}$$

式中：q——实测渗水量（L/min·km）；

T——从开始计时至保持恒压结束的时间（min）；

W——恒压时间内补入管道的水量（L）；

L——试验管段的长度（m）。

8）管道实测渗水量

管道实测渗水量不小于设计规定，若设计无规定时，可参照不小于表 3－25 的规定。

表 3－25 管道允许渗水量

管径(mm)	渗水量(L/min・km)	管径(mm)	渗水量(L/min・km)
100	0.28	800	1.35
125	0.35	900	1.45
150	0.42	1000	1.50
200	0.56	1100	1.55
250	0.70	1200	1.65
300	0.85	1400	1.75
400	1.00	1600	2.00
500	1.10	2000	2.23
600	1.20	2200	2.44
700	1.30	2400	2.45

(10) 沟槽回填

1）回填前应具备的条件

① 管道加固

a. 为防止钢管在回填时出现较大变形，当钢管直径大于或等于 900mm 的管道回填土前，在管内采取临时竖向支撑。

b. 在管道内竖向上、下用 50mm×200mm 的大板紧贴管壁，再用直径大于 100mm 的圆木，或 100mm×100mm、100mm×120mm 的方木支顶，并在撑木和大板之间用木楔子背紧，每管节 2～3 道。支撑后的管道，竖向管径比水平管径略大 1%～2%DN。

c. 回填前先检查管道内的竖向变形或椭圆度是否符合要求，不合格者可用千斤顶预顶合适再支撑方可回填。

② 回填时应清除槽内积水、砖、石等杂物。

③ 水压试验前除接口外，管道两侧及管顶以上回填高度不应小于 0.5m，水压试验合格后，再回填其余部分。

2）虚铺厚度：回填土压实的每层虚铺厚度根据设计要求进行，如设计无要求，铺土厚度可参照表 3－13 执行。

3）压实度：回填土的压实遍数应根据回填土的要求压实度、采用压实设备、回填土虚铺厚度和含水量经现场试验确定。回填压实应逐层进行，回填土的压实度应符合设计规定，如设计无规定时，可参照表 3－14 执行。

4）土方回填：填土前应检查管底两侧三角处砂是否密实，缺砂或不密实的要补填密实。沟槽底至管顶以上 500mm 的范围应采用人工填土，超过管顶 500mm 以上采用机械还土。还土时应分层铺设夯实。

5）胸腔回填：胸腔两侧填土必须同时进行，两侧回填高度不要相差一层（200mm～300mm）以上。胸腔填土至管顶以上时，要检查管道变形与支撑情况，无问题时再继续回填。

6）夯实：回填土的夯实采用人工夯实和机械夯实相结合的方式。采用木夯、蛙式夯等压实工具时，应夯夯相连，人工回填至管顶500mm以上后方可采用压路机碾压，碾压的重叠宽度不得小于200mm。测量、控制土的最佳含水量和摊铺厚度，以达到设计压实度。

7）回填土至设计高度后，拆除管内临时支撑，应再次测量管子尺寸并记录，以确定管道填土后的质量。

（11）管道冲洗消毒

1）冲洗：冲洗水采用自来水，流速不小于1.0m/s，连续冲洗，直至出水口处浊度、色度与入水口冲洗水浊度、色度相同为止。冲洗应避开用水高峰，安排在管网用水量少、水压偏高的夜间进行。冲洗时应保证排水管路畅通安全。

2）消毒：一般采用含氯水浸泡，含氯水应充满整个管道，氯离子浓度应不低于20mg/L。管道灌注含氯水后，浸泡24h，再次冲洗，直至水质管理部门取样化验合格为止。

3. 季节性施工

（1）雨期施工

1）管道安装后应及时回填部分填土，稳定管子。做好基槽内排水，必要时向管道内灌水防止漂管。

2）分段施工缩短开槽长度，对暂时中断安装的管道、管口应临时封堵，已安装的管道验收合格后及时回填土。

3）基坑（槽）周围应设置排水沟和挡水埝，对开挖马道应封闭，防止雨水流入基坑内。

4）沟槽开挖后若不立即铺管，应暂留沟底设计标高以上200mm的原土不挖，待到下管时再挖至设计标高。

5）安装管道时，应采取措施封闭管口，防止泥砂进入管内。

6）电焊施工时，应采取防雨设施。

7）雨天不宜进行石油煤沥青或环氧煤沥青涂料外防腐的施工。

（2）冬期施工

1）冬期焊接时，根据环境温度进行预热处理，可参照表3－26进行。

表3－26　冬期焊接预热的规定

钢号	环境温度（℃）	预热宽度（mm）	预热达到温度（℃）
含碳量≤0.2%碳素钢	≤－20	焊口每侧不小于40	100～150
0.2%＜含碳量＜0.3%	≤－10		
16Mn	≤0		100～200

2）在焊接前先清除管道上的冰、雪、霜等，刚焊接完的焊口未冷却前严禁接触冰雪。

3）当工作环境的风力大于5级，雪天或相对湿度大于90%，进行电焊作业时，应采取防风防雪的保护措施，方能施焊。

4）焊条使用前，必须放在烘箱内烘干后，放到干燥筒或保温筒中，随时取用。

5）焊接时，应使焊缝自由伸缩，并使焊口缓慢降温。

6）当环境温度低于5℃时，不宜采取环氧煤沥青涂料进行外防腐，当采用石油沥青涂料时，温度低于－15℃或相对湿度大于85%时，未采取相应措施不得进行施工。

3.1.3.4 质量标准

1. 基本要求

(1) 钢给水管道的水压试验必须符合设计要求。当设计未注明时,按 3.3.3.2 条 9 款执行。

(2) 钢管环向焊缝质量检查

1) 在做油渗试验和水压试验前,先进行焊缝的外观检查,外观检查应符合表 3－27 的规定。

表 3－27 焊缝外观质量

项目	技术要求	检查方法
外观	不得有熔化金属流到焊缝外未熔化的母材上;焊缝和热影响区表面不得有裂纹、气孔、弧坑和灰渣等缺陷;表面光滑、均匀、焊道与母材应平缓过渡	每道环形焊缝必须检验,肉眼、放大镜观察
宽度	焊出坡口边缘 2mm～3mm	每道环形焊缝必须检验,用焊缝检测尺检验
表面余高	≤1＋0.2 倍坡口边缘宽度,且≤4mm	
咬边	深度≤0.5mm,焊缝两侧咬边总长不得超过焊缝长度的10%,且连续长≤100mm	
错边	≤0.2t,且≤2mm	
未焊满	不允许	观察

2) 管径大于或等于 800mm 时,每道焊缝必须做油渗试验,不合格的必须铲除重焊。

3) 无损检测

① 无损检测的取样规定:当设计要求进行无损探伤检验时,取样数量与要求等级按设计规定执行。若设计无要求时,在工厂焊接:T 型焊缝 X 射线探伤 100%,其余为超声波探伤,长度不小于总长的 20%。现场固定口焊接:T 型焊缝 X 射线探伤 100%,环型焊缝探伤比例为 2.5%。穿越障碍物的管段接口,T 型焊缝拍片 100%,每环向焊缝拍一张片做 X 射线探伤检查。

② 评片规定:X 射线探伤按《钢熔化焊对接接头射线照相和质量分级》(GB 3323)的规定,焊缝Ⅲ级为合格,超声波探伤按《钢焊缝手工超声波探伤方法和探伤结果分析》(GB 11345)规定Ⅱ级片为合格,拍片在施工单位专业人员评定的基础上,请有关单位专职人员共同核定,如有一张不合格,除此处需返修合格外,还应在不合格处附近加拍两张,若此两张之一还不合格,需在该焊道加拍四张,其一还不合格则需全部返工。

(3) 水泥砂浆内防腐裂缝宽度不得大于 0.8mm,沿管道纵向长度小于管道的周长,且不大于 2.0m。防腐层平整度:以 300mm 长的直尺,沿管道纵轴方向贴靠管壁量测防腐层表面和直尺间的间隙小于 2mm。

(4) 外防腐的质量标准,应符合表 3－28 的规定。

(5) 管道回填土:在管顶以上 500mm 之内,不得回填大于 100mm 的土块及杂物。管道胸腔部位回填土的压实度不小于最佳压实度的 95%,管顶以上 500mm 至地面,为路基时,按道路结构技术要求回填,穿越绿地其压实度为最佳压实度的 85%。管沟回填土的压实度检查为 50m 检测二点,每侧一点,管顶以上 500mm 为 100m 检测一点。

(6) 管道交付使用前必须冲洗和消毒,并经有关部门取样检验,符合国家《生活饮用水标准》方可使用。

(7) 管道交付使用前必须进行通水试验并做好记录。

表 3－28 外防腐层质量标准

<table>
<tr><th rowspan="2">材料种类</th><th rowspan="2">构造</th><th colspan="5">检查项目</th></tr>
<tr><th>厚度(mm)</th><th>外观</th><th colspan="2">电火花试验</th><th>粘附性</th></tr>
<tr><td rowspan="3">石油沥青涂料</td><td>三油二布</td><td>≥4.0</td><td rowspan="5">表面光滑平整、涂层均匀无褶皱、空泡、凝块，层次分明，油厚均匀</td><td>18kV</td><td rowspan="8">用电火花检漏仪检查无打火现象</td><td rowspan="3">以夹角为45°～60°、边长40mm～50mm的切口，从角尖端撕开防腐层；首层沥青应100%地粘附在管道的外表面</td></tr>
<tr><td>四油三布</td><td>≥5.5</td><td>22kV</td></tr>
<tr><td>五油四布</td><td>≥7.0</td><td>26kV</td></tr>
<tr><td rowspan="4">环氧煤沥青涂料</td><td>二油</td><td>≥0.2</td><td>2kV</td><td rowspan="5">以小刀割开一舌形切口，用力撕开切口处的防腐层，管道表面还为漆皮所覆盖，不得露出金属表面</td></tr>
<tr><td>三油一布</td><td>≥0.4</td><td>3kV</td></tr>
<tr><td>四油二布</td><td>≥0.6</td><td rowspan="3">表面光滑平整，无褶皱、空泡</td><td>5kV</td></tr>
<tr><td>五油三布</td><td>≥0.8</td><td>5kV</td></tr>
<tr><td>塑化沥青防蚀胶带</td><td colspan="2">中间搭接长度不小于110mm，两侧搭接长度不小于100mm</td><td>5kV</td></tr>
</table>

2. 允许偏差项目

（1）管道的周长偏差及椭圆度规定见表 3－29。

表 3－29 管道周长及椭圆度允许偏差

公称直径	＜800	800～1200	1300～1600	1700～2400	2600～3000	＞3000
周长偏差(mm)	±5	±7	±9	±11	±13	±15
椭圆度	外径的1%，且不大于4	4	6	8	9	10

（2）钢管道安装允许偏差：管道安装初始安装段一般管口中心允许偏差为±5mm，伸缩管、闸阀、蝶阀、三通连接的管节及弯管中心允许偏差为±6mm，管道安装允许偏差见表 3－30。

表 3－30 钢管道安装允许偏差

<table>
<tr><th rowspan="2">项次</th><th rowspan="2" colspan="2">检查项目</th><th rowspan="2">规定值或允许偏差(mm)</th><th colspan="2">检验频率</th><th rowspan="2">检验方法</th></tr>
<tr><th>范围</th><th>点数</th></tr>
<tr><td rowspan="2">1</td><td rowspan="2">轴线位置</td><td>无压管道</td><td>≤15</td><td rowspan="2">节点之间</td><td rowspan="2">2</td><td>挂中心线用尺量</td></tr>
<tr><td>压力管道</td><td>≤30</td><td>用水准仪量</td></tr>
<tr><td rowspan="2">2</td><td rowspan="2">高程</td><td>无压管道</td><td>±10</td><td rowspan="2">节点之间</td><td rowspan="2">2</td><td>挂中心线用尺量</td></tr>
<tr><td>压力管道</td><td>±20</td><td>用水准仪量</td></tr>
<tr><td>3</td><td colspan="2">钢管焊缝外观</td><td>见表 3－28</td><td>每口</td><td>每项1点</td><td>观察及用尺量</td></tr>
<tr><td>4</td><td colspan="2">钢管对口错口</td><td>0.2倍壁厚且不大于2</td><td>每口</td><td>1</td><td>用3m直尺贴管壁量</td></tr>
</table>

（3）钢管内防腐质量：防腐层的厚度允许偏差及麻点、空窝等表面缺陷的深度应符合表 3－31 的规定。

表 3－31 防腐层厚度允许偏差及表面缺陷的允许深度(mm)

管径	防腐层厚度允许偏差	表面缺陷允许深度
≤1000	±2	≤2
＞1000,且≤1800	±3	≤3
＞1800	＋4,－3	≤4

(4) 管道竖向变形

管道的竖向变形,在回填土完成后不得超过计算直径的±2％。

竖向变形＝(计算直径－实测直径)/计算直径×100％≤2％

竖向变形在 1.5％以内为优良工程,每根管检测一点。

3.1.3.5 成品保护

1. 严禁在管沟中拖拉钢管,必须移位时,应采用吊装设备进行,防止损坏钢管外防腐层。

2. 覆土较浅的地方应设置标志,管道在未回填到管顶以上 500mm 之前,应避免大型机械碾压,造成管道变形。

3. 水泥砂浆内防腐层成形后,应立即将管道封堵,避免风吹产生裂纹,水泥砂浆终凝后进行养护,养护期间禁止人在管内行走。

3.1.3.6 应注意的质量问题

1. 钢管敷设“甩龙”

(1) 沟槽开挖后,应认真进行测量复测,严格按测量中线、标高铺设管道。

(2) 管道铺管前设置中线桩、高程桩等措施控制轴线和标高,其间距以 10m 为宜。

2. 焊接咬肉

(1) 应选择适当的电流,避免电流过大。保持施焊运条速度均匀,电弧不宜拉得过长或过短。

(2) 焊条摆动到坡口边缘应缓慢,焊缝中间位置要快。焊接时焊条的角度位置要正确,并保持一定的电弧长度,焊条熔化终了的留置长度要适当。

3. 焊缝夹渣

(1) 焊前注意坡口及其边缘范围内的清理,多层焊接时,要认真清除每层焊渣,可防止焊缝夹渣。

(2) 避免焊缝金属冷却太快,采用焊前进行预热,焊接过程加热,并在焊后采用绝热材料在焊缝处覆盖,使其缓慢冷却,以减少夹渣的存在。

(3) 焊接操作时,要随时注意保护熔池,防止空气等杂质的侵入。

4. 未焊透

(1) 正确确定坡口加工尺寸和对口时的对口间隙。焊前认真清理坡口区域的铁锈等污物。

(2) 焊接时注意起焊处的正确接头,起焊时用长弧在接头处按焊接方向反程 3mm～5mm 先预热、后焊接,使接头处得到熔化焊透,才能保证牢固的熔合。

(3) 当焊接终点时应马上压短电弧,先填满熔池后,可稍微停留一下时间,将焊条向后拉、再回转向前灭弧,可防止起焊的接头处和焊到终点端未熔合。

(4) 焊接途中用打磨法清理焊层之间的氧化物等。

5. 焊缝出现气孔

(1) 所采用的焊条必须符合设计要求,必须有出厂合格证。

(2) 加强焊接材料的保管，防止变质或受潮，焊前烘干焊条，烘干后装入焊工保温筒内，随焊随取保持干燥。

(3) 低温条件下施焊前需对焊缝边缘不少于150mm范围内进行预热，以消除焊缝处的气体。

(4) 清除坡口及焊条表面的铁锈等污垢。

(5) 提高焊接操作地点环境温度，减少湿度。对室外现场如风速达8m/s、降雨、露、雪等应采取有效措施后，方可焊接操作。

6. 钢管焊口开裂

(1) 管道焊接时，宜选择在温差变化较小的时间进行。

(2) 焊接材料应符合规定，焊接操作人员必须有相应的操作合格证，并严格按照焊接技术规程进行施焊。

(3) 管道安装完毕后，应及时进行回填，并应使回填土的压实度和覆土厚度达到设计要求。

(4) 认真做好管基处理，特别是坚硬岩石的管基，应铺设砂垫层。

7. 防腐层空鼓，粘接不牢

(1) 防腐施工前，先将管道、焊口表面清理干净，并彻底除锈，露出金属光泽。

(2) 防腐层按设计要求进行施工，层与层间粘接要牢固，表面平整，不应有褶皱、滑溜、封口不严等现象。

(3) 沥青油膜要均匀、完整，不要有空白、漏涂等。

3.1.3.7 环境、职业健康安全管理措施

1. 环境管理措施

(1) 在旧路破除期间，配备专用洒水车，及时洒水降尘。

(2) 在施工过程中随时对场区和周边道路进行洒水降尘，降低粉尘污染。

(3) 水泥等散体材料，尽可能安排在库内存放或用篷布严密遮盖，运输时要防止遗洒，减少污染。

(4) 运土车辆应采取遮盖等措施，以免污染周围环境。

(5) 沥青油的熬制应远离居民区和施工生活区，尽可能采用冷沥青油膏，采用沥青油外防腐施工时，应防止沥青油污染环境，沥青防腐的工具和剩余沥青油应集中处理。

2. 职业健康安全管理措施

(1) 操作人员个人防护用品符合规定。如安全帽、反光背心、护目镜等根据施工需要进行配备。

(2) 电工、焊工必须持证上岗。电焊机及电动机具必须安装漏电保护装置。

(3) 基槽开挖过程中严禁掏挖，根据土质情况，应按规定放边坡进行施工。

(4) 沟槽外侧临时堆土距沟槽上口线不能小于1.0m，堆土高度一般不得大于1.5m。堆土不得覆盖消火栓、测量点位等标志。若安装轻型井点降水设备堆土距槽边不应小于1.5m。

(5) 沟槽外围搭设不低于1.2m的护栏，交通道路上施工要设警示牌和警示灯。

(6) 在高压线、变压器附近堆土及挖掘机吊装设备等大型施工机具应符合有关安全规定。

(7) 易燃易爆材料、器材严格管理，氧气、乙炔使用完毕后按要求分开进行存放。

(8) 现况管线拆除、改移，现场必须有专人进行指挥，严禁非施工人员进入现场。

(9) 电焊施工时，焊工在雨天必须穿绝缘胶鞋，戴绝缘手套，以防触电。

(10) 蛙式打夯机操作人员必须穿戴好绝缘用品，操作必须有两个人，一人扶夯一人提电线。

蛙式打夯机必须按照电气规定，在电源首端装设漏电保护器，并对蛙夯外壳做好保护接地。蛙夯的电气开关与入接线处的连接，要随时进行检查，避免入接线处因振动、磨损等原因导致松动或绝缘失效。

(11) 2台以上蛙夯同时作业时，左右间距不小于5m，前后不小于10m。相互间的胶皮电缆不得缠绕交叉。蛙夯搬运时，必须切断电源，不准带电搬运。

(12) 吊装管道时，必须有专人指挥，严禁人员在已吊起的构件下停留或穿行。

(13) 在高压线或裸线附近工作时，应根据具体情况停电或其他可靠防护措施后，方准进行吊装作业。

(14) 钢管焊接应遵守下列规定：

1) 使用电动工具打磨坡口时，必须了解电动工具的性能，掌握安全操作知识。

2) 稳管对口点焊固定时，管道工必须戴护目镜，应背向施焊部位，并与焊工保持一定距离。

(15) 法兰接口，在窜动管子对口时，动作应协调，手不得放在法兰接口处。

(16) 管道试压时，当管道试验压力超过0.4MPa时，严禁修整管道缺陷和紧固螺栓，检查管道时不得用手锤敲打管壁和接口，打泵升压管堵正前方严禁有人。

3.2 排水管道

3.2.1 现浇钢筋混凝土排水管沟施工

3.2.1.1 适用范围

适用于市政工程中现浇钢筋混凝土排水管沟施工。

3.2.1.2 施工准备

1. 技术准备

(1) 认真审核施工图纸及设计说明，并办理图纸会审记录。

(2) 认真编制施工组织设计(方案)，并经上级审核批准后，向有关人员进行交底，办理签字手续。

(3) 施工前应按照图纸标明的现况管线位置在施工现场进行实地坑探或物探，并办理变更洽商签认手续。

(4) 管沟施工前，必须验槽，经签认合格后方可进行下道工序施工。

(5) 根据设计图纸进行施工测量，定出管沟中线、高程和宽度，确定管沟变形缝的位置，并对控制桩进行加密和保护。

(6) 对原材料和半成品进行检验、试验。

2. 材料要求

(1) 水泥：水泥宜采用普通硅酸盐水泥、火山灰质硅酸盐水泥。当选用矿渣水泥时，应掺用适宜品种的外加剂；水泥应具有出厂合格证和检验报告单，进场后应取样复试合格，其质量符合国家现行标准的规定和设计要求。

(2) 钢筋

1) 钢筋出厂时应有产品合格证和检验报告单，钢筋的品种、级别、规格，应符合设计要求。钢筋进场时应抽取试件做力学性能检验，其质量必须符合国家现行标准《钢筋混凝土用热轧带肋钢筋》(GB 1499)等的规定。

2）钢筋不得有严重的锈蚀、麻坑、劈裂、夹砂、夹层等缺陷。

3）钢筋应按类型、直径、钢号、批号等条件分别堆放，并应避免油污、锈蚀。

4）当发现钢筋脆断、焊接性能不良或力学性能显著不正常等现象时，应对该批钢筋进行化学分析或其他专项检验。

（3）砂：宜选用质地坚硬、级配良好的中粗砂，其含泥量不应大于3%。砂的品种、规格、质量符合国家现行标准《普通混凝土用砂质量标准及检验方法》(JGJ 52)的要求，进场后应取样复试合格。

（4）石子：石子最大粒径不得大于结构截面最小尺寸的1/4，不得大于钢筋最小净距的3/4，且不得大于40mm。其含泥量不得大于1%，吸水率不应大于1.5%。石子的品种、规格、质量应符合国家现行标准《普通混凝土用碎石或卵石质量标准及检验方法》(JGJ 53)的要求，进场应取样复试合格。

（5）混凝土拌合用水：宜采用饮用水。当采用其他水源时，其水质应符合国家现行标准《混凝土拌合用水标准》(JGJ 63)的规定。

（6）混凝土外加剂：外加剂应有产品说明书、出厂检验报告、合格证和性能检测报告，进场后应取样复试，其质量和应用技术应符合国家现行标准《混凝土外加剂》(GB 8076)和《混凝土外加剂应用技术规范》(GB 50119)的规定。有害物含量检测报告应由有相应资质等级的检测部门出具，并应检验外加剂与水泥的适应性。

（7）爬梯：爬梯类型可以选用普通铸铁或塑钢两种，普通铸铁必须在使用前刷防锈漆，塑钢爬梯必须设置弯钩。

（8）井圈井盖、橡胶止水带：井圈井盖全部采用专业井盖，橡胶止水带应符合设计规定。

3. 机具设备

（1）机械：混凝土搅拌机、混凝土搅拌运输车、机动翻斗车、钢筋切断机、钢筋调直机、钢筋弯曲机、电锯、电刨、电焊机等。

（2）机具：插入式混凝土振捣器、平板振捣器、刮杠、溜槽、铁锹、木抹子、铁抹子等。

4. 作业条件

（1）土方开挖、基坑支护及管道交叉处理已经完成，经有关方面验收合格。

（2）现场“三通一平”满足施工需要。

（3）沟槽一侧堆土距离槽边上口1.5m以外。

（4）基坑地下水已经降至基底以下0.5m。

3.2.1.3 施工工艺

1. 工艺流程

混凝土垫层 → 底板钢筋绑扎 → 底板模板安装 → 底板混凝土浇筑 → 侧墙、顶板内模安装 → 侧墙、顶板钢筋绑扎 → 侧墙、顶板外模安装 → 侧墙、顶板混凝土浇筑

2. 操作工艺

（1）混凝土垫层

1）模板：垫层边模可采用10#槽钢或100mm×100mm方木模板，模板背后用钢钎或方木固定。

2）垫层混凝土：采用平板振捣器振捣密实，根据标高控制线，进行表面刮杠找平，木抹搓压拍实，待垫层混凝土强度达到1.2MPa后方可进行下道工序施工。

（2）底板钢筋绑扎

1）钢筋的接头型式与位置：钢筋接头型式必须符合设计要求；当设计无要求时，混凝土结构中凡直径大于 22mm 的钢筋接头宜采用焊接或机械连接；其余钢筋接头可采用绑扎搭接，其搭接长度应符合设计及相应施工规范规定。底板上、下层钢筋的接头位置应相互错开；其下层钢筋接头位置应在底板跨中 1/3 部位，上层钢筋接头位置应在底板端部 1/3 部位。

2）底板钢筋绑扎：底板上、下层双向受力钢筋应逐点绑扎，不得跳扣绑扎。底板上、下层钢筋间设钢筋马凳支撑，马凳间距应根据底板厚度不同而确定，一般为 600mm～1200mm。钢筋保护层应用砂浆垫块或塑料卡扣固定，使保护层厚度符合设计要求。

3）钢筋接头要求

① 钢筋绑扎接头的位置，其搭接长度的末端至钢筋弯曲处的距离，不得小于钢筋直径的 10 倍，且不宜在最大弯矩处。

② 钢筋的连接，无论焊接或绑扎，设置在同一构件内的接头均应相互错开 35 倍钢筋直径（绑扎接头不小于 30 倍钢筋直径），但不得小于 500mm。

4）钢筋加工质量要求见表 3－32。

表 3－32　钢筋加工质量检验标准(mm)

项　目	允许偏差	检验方法
受力钢筋顺长度方向全长的净尺寸	±10	钢尺检查
弯起钢筋的弯折位置	±20	钢尺检查
箍筋内净尺寸	±5	钢尺检查

5）绑扎钢筋接头的搭接长度应符合表 3－33 的规定。

表 3－33　绑扎接头的搭接长度

钢筋类别	受拉区(mm)	受压区(mm)	检测方法
Ⅰ	$30d$	$20d$	尺量
Ⅱ	$35d$	$25d$	尺量
Ⅲ	$45d$	$30d$	尺量

6）钢筋位置质量应符合表 3－34 的规定。

表 3－34　钢筋位置的允许偏差

<table>
<tr><th colspan="2">项　目</th><th>允许偏差(mm)</th><th>检测方法</th></tr>
<tr><td colspan="2">受力钢筋的间距</td><td>±10</td><td>尺量</td></tr>
<tr><td colspan="2">受力钢筋的排距</td><td>±5</td><td>尺量</td></tr>
<tr><td rowspan="2">箍筋、横向钢筋间距</td><td>绑扎骨架</td><td>±20</td><td>尺量</td></tr>
<tr><td>焊接骨架</td><td>±10</td><td>尺量</td></tr>
<tr><td>受力钢筋保护层</td><td>板、墙</td><td>±3</td><td>尺量</td></tr>
</table>

（3）底板模板安装

1）模板选择：基础底板模板可采用组合钢模板或胶合板模板现场拼装。对于周转次数多或有特殊要求的部位（变形缝、后浇带等），也可采用加工专用或组合式钢模板与钢支架，以适应特殊需要。

2）底板吊模安装：墙体下部施工缝宜留于距底板面或梗斜以上不少于200mm～300mm的墙身上，该部位采用吊模处理，吊模底部应采用同强度等级细石混凝土垫块与钢筋三角架支顶牢固。

3）变形缝橡胶止水带加固：当结构底板变形缝部位设计有橡胶止水带时，应特别注意橡胶止水带的加固与就位正确，在结构内的部分通过加设钢筋支架夹紧，结构外的部分可采用方木排架固定。

（4）底板混凝土浇筑

1）一般要求：底板混凝土应连续浇灌，不得留设施工缝；采取压茬赶浆的方法浇筑。

2）结构变形缝部位的浇筑：当设有结构变形缝时，应以变形缝为界跳仓施工。变形缝浇筑过程中应先将止水带下部的混凝土振实后再浇筑上部混凝土；振捣过程中不得触动止水带，振捣时间以混凝土表面开始泛浮浆和不冒气泡为标准。

3）吊模部位的浇筑：吊模内混凝土需待其下部混凝土浇筑完毕且初步沉实后方可进行，振捣后的混凝土初凝前应给予二次振捣，以提高混凝土密实度。

4）压光收面：混凝土浇筑完毕，及时用平板振捣器和刮杠将混凝土表面刮平，排除表面泌水。待混凝土收水后用木抹子搓压平实，铁抹子收光，初凝后立即覆盖养生。

5）混凝土试块的留置

① 抗压强度标准养护试块：每工作班不应少于1组，每组3块；每浇筑100m^3 或每段长不大于100m时，不应少于1组，每组3块。

② 与结构同条件养护试块应根据需要数量留置。

③ 抗渗试块：每浇500m^3 混凝土不得少于1组，每组6块。

④ 抗冻试块留置组数按抗冻标号规定留置，每浇500m^3 或不足500m^3 混凝土留置1组；当配合比和施工条件发生变化时，应增加留置组数。

6）混凝土养护：混凝土的养护应避免混凝土早期脱水和养护过程中缺水。常温下，混凝土采用覆盖浇水养护，每天浇水次数应能保证混凝土表面始终处于湿润状态，养护时间对于普通混凝土不得少于7d，其他有抗渗要求的混凝土不得少于14d。

7）底板施工缝处理

① 抗渗混凝土墙体一般只允许留设水平施工缝，其位置不应留在剪力与弯距最大处，下部施工缝宜留在高出底板面或梗斜以上不小于200mm的部位，墙体有孔洞时，施工缝距孔洞底边缘不宜小于300mm。

② 墙体施工缝可做成企口缝、高低缝和止水钢板三种形式；当墙厚在300mm以上时，宜采用企口缝，当墙厚小于300mm时，可采用外低内高的高低缝或止水钢板。施工缝留置形式见图3－10。

③ 在施工缝上继续浇筑混凝土前，已浇筑混凝土的强度不得小于2.5N/m^2；先将混凝土表面凿毛，清除浮浆和杂物，用水冲洗干净，并保持湿润，再铺一层20mm～25mm厚与所浇混凝土材料和灰砂比相同的水泥砂浆后设专人细致振实，确保新、旧混凝土紧密结合。

8）变形缝部位混凝土施工：变形缝止水带应在混凝土浇灌前固定牢固；变形缝两侧混凝土

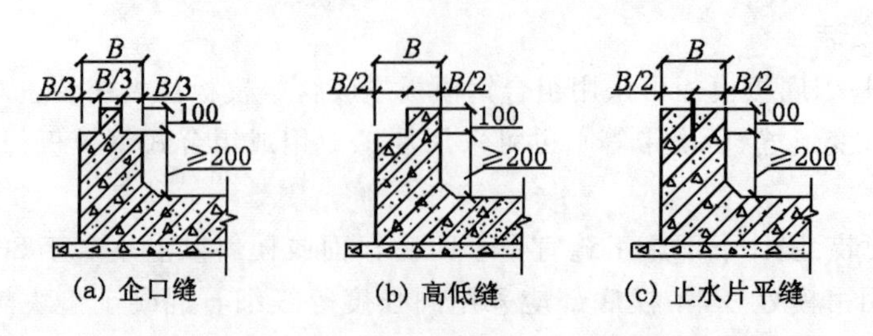

图 3－10 施工缝留置形式示意图

应间隔施工，不得同时浇筑；在一侧混凝土浇筑完毕，止水带经检查无损伤和位移现象后方可进行另一侧混凝土浇筑；混凝土浇筑时，应仔细振捣，使混凝土紧密包裹止水带，并避免止水带周边骨料集中。

（5）侧墙、顶板内模安装

1）模板支架安装：模板与支架宜采用碗扣式脚手架或钢管扣件脚手架，支架方案经设计计算确定。

2）内模安装

① 内模安装时水平和垂直支撑采用可调支撑，控制侧墙、顶板标高。

② 侧墙模板宜采用胶合板或钢模板，钢带或木带间距经计算确定。

③ 模板接缝处用细海绵胶条填实，防止漏浆。

④ 矩形管沟的直墙侧模，应用两侧带橡胶锥垫且带有套管的定型穿墙螺栓固定，安装螺栓的数量与布局应经过计算确定。拆模后剔除橡胶锥垫，抽出螺栓用微膨胀水泥砂浆塞孔压平，或将螺栓留在混凝土中只将橡胶锥垫内的螺栓切除，用微膨胀水泥砂浆补孔压平。

⑤ 矩形管沟的直墙侧模不采用螺栓固定时，其两侧模板间应加设临时支撑杆，浇筑应随混凝土面接近撑杆时，将撑杆拆除。

⑥ 模板表面应涂刷脱模剂。

⑦ 模板接缝处应紧密吻合，可以用胶条嵌缝，如果缝隙过大应重新加工或修改模板尺寸。

⑧ 固定模板的支撑不得与脚手架发生联系，侧墙模板与顶板模板的支设应自成体系，不得因拆除侧模影响顶板支撑。

⑨ 矩形管沟的模板可一次或分次支设。

⑩ 管沟顶板的底模，当跨度等于或大于 4m 时，其底模应预设适当的拱度，其起拱宜为全跨长 2‰～3‰，当设计有要求时按设计执行。

⑪ 变形缝

a. 止水带应与端部支撑同步完成。

b. 架立止水带的钢筋应预先制作成型。

c. 止水带接头宜用热接，并由经过培训的熟练技工完成。

d. 止水带宜用专用卡具固定。不得用铁钉、铁丝穿透止水带进行固定。

e. 现浇混凝土管沟变形缝的止水带应符合设计要求，安装应牢固、与变形缝垂直、与墙体中心对正。

⑫ 模板安装质量允许偏差应符合表 3－35 的规定。

表3－35　模板安装质量允许偏差

项次	检查项目		规定值或允许偏差(mm)	检验频率		检验方法
				范围	点数	
1	轴线位置	基础	≤10	每段构筑物	4	用经纬仪测量纵横各计2点
		墙板、管、拱	≤5			
2	相邻两板表面高低差	刨光模板、钢模	≤2		4	用尺量取较大值
		不刨光模板	≤4			
3	表面平整度	刨光模板、钢模	≤3		4	用2m直尺
		不刨光模板	≤5			
4	垂直度	墙、板	0.1%H且不大于6		2	用垂线或经纬仪检验
5	截面尺寸	基础	＋10，－20		3	用尺量长、宽、高各计1点
		墙、板	＋3，－5		3	用尺量长、宽、高各计1点
		管、拱	不小于设计断面		2	用尺量高、宽(直径)、厚各计1点
6	中心位置	预埋管、件及止水带	≤3	每件(孔、洞)	1	用尺量取纵横向偏差较大值
		预留洞	≤5			

注：H为墙的高度(mm)。

(6) 侧墙、顶板钢筋绑扎

1) 墙体钢筋绑扎前，应将预留插筋表面灰浆清理干净，并将插筋校正到位，如有位移时应按1∶6坡度进行纠偏。钢筋绑扎应严格执行设计与施工规范的要求。

2) 墙体双排钢筋的固定：墙体双排钢筋净距通过定位架立筋控制，架立筋的间距不宜超过1000mm，并成梅花状摆放，架立筋端头不得直接接触模板面。

3) 钢筋保护层的控制：墙体钢筋保护层厚度符合设计要求。钢筋垫块绑扎时，每1m^{2}中不得少于一块，并呈梅花形布置；对于结构拐角及腋角等边角部位应适当增加数量。

4) 顶板钢筋铺放前，应将模板面所有杂物彻底清除，并在模板表面弹好钢筋轴线，依线绑扎。当顶板为双层筋时，两层筋之间须加设钢筋马凳。

(7) 侧墙、顶板外模安装

参照5款规定施工。

(8) 侧墙顶板混凝土浇筑

1) 一般要求

① 墙体混凝土浇筑前，应在底板接茬处均匀浇筑一层30mm～50mm厚与墙体混凝土同强度等级的水泥砂浆或减石子混凝土。

② 墙体混凝土应分层连续浇筑，采用插入式振捣棒振捣密实，每层浇筑厚度不大于500mm。

③ 混凝土自由下落高度不得超过2m，否则应用串筒或溜槽的方法浇筑，防止混凝土浇筑过程中产生离析现象。

④ 墙体分层浇筑时，上一层混凝土应在下一层混凝土初凝之前完成，两侧墙体应同步对称浇筑，高差不应大于300mm。

2）顶板混凝土浇筑采用“赶浆法”施工。混凝土浇筑时呈阶梯形逐层连续浇筑，随浇筑随用平板振捣器振捣密实，平板振捣器的移动间距，应保证振捣器的平板覆盖已振实部分的边缘100mm～200mm。混凝土浇筑完毕先用木刮杠满刮一遍，再用木抹子搓毛，然后用铁抹子分三遍收光压实，最后一遍收光应在混凝土初凝前完成。

3）混凝土从搅拌机卸出到次层混凝土浇筑压茬的时间不应超过表3－36的规定，当超过时，应设置施工缝。施工缝的留置见本条4款(7)项的要求。侧墙与顶板应一次浇筑，但是在浇至墙顶后，应间歇1～1.5h，再继续浇筑顶板。

表3－36 混凝土浇筑的间歇时间

气温(℃)	间歇时间(h)
＜25	＜3
≥25	＜2.5

4）养护：墙体混凝土的养护同本条4款(6)项的规定。

5）混凝土试块的留置参照本条4款(5)项的规定执行。

6）模板拆除

① 不承重模板应在混凝土强度能保证其表面及棱角不因拆除而受损时才能拆除侧墙模板。

② 现浇混凝土拱和矩形管顶板底模应在与结构同条件养护的混凝土试块达到表3－37规定的强度时，方可拆除。

表3－37 现浇混凝土底模拆除时所需强度值

结构类型	结构跨度(m)	达到设计强度标准值(%)
板	≤2	50
	＞2，≤8	75

③ 现浇钢筋混凝土管沟的内模应待混凝土达到设计强度标准值的75%以后方可拆除，预留孔洞的内模，在混凝土强度能保证过梁和孔洞表面不发生坍塌和裂纹时，即可拆除。

3. 季节性施工

(1) 雨期施工

1）土方开挖与回填应分段进行，土方开挖后应及时组织验槽，浇筑垫层混凝土。土方回填应随填随压实。

2）钢筋原材及已加工的半成品用方木垫起，上面用篷布覆盖，防止钢筋生锈。已绑扎成型的钢筋应做好覆盖防雨措施，如因遇雨生锈，应在浇筑混凝土前用钢丝刷将锈迹彻底清除干净。

3）模板表面涂刷的脱模剂，应采取有效覆盖措施，防止因雨水直接冲刷而流失，影响混凝土表面质量。对已支设的模板及其支撑，应在雨后进行重新检查，防止模板及其支撑体系雨后松动、失稳。

4）浇筑混凝土前，应视天气变化情况，采取防雨措施避免浇筑混凝土时被雨水冲刷影响混凝土质量。

(2) 冬期施工

1）钢筋焊接时，环境气温不宜低于－20℃，且应有防雪挡风措施，已焊接完毕的部位应及时覆盖阻燃草帘被保温；焊后未冷却的接头严禁碰到冰雪。

2）模板使用前应将冻块、冰碴、积雪彻底清除干净。结构模板拆除时间除应满足强度要求外，混凝土结构表面的温度与环境温度差不得超过20℃。若大于20℃时拆模后的混凝土外表面应重新覆盖保温。

3）冬期浇筑混凝土要求

① 冬施期间，混凝土工程宜采用综合蓄热法施工，外加剂不宜采用氯盐类防冻剂。

② 混凝土搅拌时间取常温时的1.5倍。

③ 混凝土入模温度不得低于10℃。

④ 混凝土养护期间必须按规范要求进行测温，并做好冬施期间混凝土的测温记录和混凝土试块的留置。

3.2.1.4　质量标准

1. 基本要求

(1) 混凝土的抗压强度应按国家现行标准《混凝土强度检验评定标准》(GBJ 107)进行评定，抗渗、抗冻试块应按国家现行有关标准评定，并不得低于设计规定。

(2) 现浇混凝土结构底板、墙面、顶板表面应光洁，不得有蜂窝、露筋、漏振等现象。

(3) 墙和顶板的伸缩缝应与底板的伸缩缝对正贯通。

(4) 止水带安装位置正确、牢固、闭合，且止水带附近的混凝土应振捣密实。

2. 现浇混凝土排水管沟的允许偏差见表3－38。

表3－38　现浇混凝土排水管沟允许偏差

项次	检查项目	规定值或允许偏差(mm)	检查方法和频率
1	轴线位置	15	经纬仪或全站仪
2	高程	±10	水准仪
3	断面尺寸	不小于设计规定	尺量：20m两点，宽厚各计一点
4	墙高	±10	尺量：20m两点，每侧计一点
5	沟底中线每侧宽度	±10	尺量：20m两点，每侧计一点
6	墙面垂直度	15	用垂线检测：20m两点，每侧计一点
7	墙面平整度	10	2m靠尺：每20m两点，每侧计一点
8	墙厚	＋10，0	尺量：每20m两点，每侧计一点

3.2.1.5　成品保护

1. 混凝土浇筑后，应根据气温情况及时覆盖和洒水，使混凝土充分养护。

2. 冬期施工时，应制定切实可行的冬施方案，防止混凝土受冻。

3. 混凝土强度未达到1.2N/mm^{2}以前，不得在混凝土面上行走或堆放重物。

4. 应根据现浇钢筋混凝土管沟的部位、强度要求和气温情况，严格控制拆模时间。

3.2.1.6　应注意的质量问题

1. 为防止止水带处混凝土不密实，浇筑混凝土时应在管沟两段止水带钢筋密集处，采用小直径振捣棒，派专人仔细振捣密实。

2. 顶板混凝土浇筑后，在夏季应及时进行洒水养护，冬季应进行覆盖保温；混凝土在接近初凝时，进行二次压光。防止混凝土出现干缩裂缝。

3. 模板涂刷隔离剂要均匀,混凝土浇筑时应保证振捣棒的插入深度和时间,防止过振和欠振使混凝土出现蜂窝、麻面现象,确保振捣密实。

4. 为防止混凝土出现烂根现象,除对接茬处应进行彻底凿除浮浆并用水充分湿润外,模板应严密不跑浆。浇筑前先浇筑 20mm～50mm 厚的同强度等级减石子混凝土,保证新旧混凝土的结合良好。

3.2.1.7 环境、职业健康安全管理措施

1. 环境管理措施

(1) 建筑垃圾如碎砖头、混凝土块、水泥袋等物品应分类、集中处理,不得随意乱扔。

(2) 施工现场临时道路应经常洒水,防止车辆进出时出现扬尘现象。

(3) 模板脱模剂应集中存放,涂抹时合理用料,以防止遗洒污染钢筋和周围环境。

2. 职业健康安全管理措施

(1) 各种用电设备应安装漏电保护装置。电闸箱、电缆等使用前必须严格检查,防止在使用中出现漏电现象。

(2) 机械操作手必须持证上岗,严禁酒后操作机械设备。

(3) 土方开挖后,挖出的土应堆放在距离沟槽边 1.5m 以外,防止出现滑坡。

(4) 沟槽开挖时应留足够的过车道宽度,保证离沟槽边不小于 1.5m 的安全距离。

(5) 吊车吊装作业时,必须有专人指挥。吊车臂回转半径范围内严禁站人。

3.2.2 预应力钢筋混凝土排水管道施工

3.2.2.1 适用范围

适用于城市工程中压力小于 0.1MPa 的预应力钢筋混凝土排水管道工程施工。

3.2.2.2 施工准备

1. 技术准备

(1) 施工前做好施工图纸的会审,编制施工组织设计及做好技术交底工作。

(2) 施工前对现况管线构筑物的平面位置和高程与施工管线的关系,经核实后,将了解和掌握的情况标注在图纸上。

(3) 完成施工交接桩、复测工作,并进行护桩及加密桩点布置。

(4) 管节的水压试验、砂浆配合比、回填土的最佳密实度试验已完成。

2. 材料要求

(1) 预应力钢筋混凝土管

1) 管材混凝土设计强度等级不得低于 40MPa,管道抗渗性能检验压力试验合格,抗裂性能达到抗裂检验压力指标要求。

2) 承口和插口工作面光洁平整,局部凹凸度用尺量不超过 2mm,不应有蜂窝、灰渣、刻痕和脱皮现象,钢筋保护层厚度不得超过止胶台高度。

3) 管体内外表面应无露筋、空鼓、蜂窝、裂纹、脱皮、碰伤等缺陷,保护层不得有空鼓、裂纹、脱落。管体外表面应有标记,应有出厂合格证,注明管材型号、出厂水压试验的结果、制造及出厂日期、厂质检部门签章。

(2) 接口胶圈

1) 承插式钢筋混凝土排水管道接口所采用的密封胶圈,应采用耐腐蚀的专用橡胶材料制成。密封胶圈使用前必须逐个检查,不得有割裂、破损、气泡、飞边等缺陷。其硬度、压缩率、抗拉

力、几何尺寸等均应符合有关规范及设计规定。

2）密封胶圈应有出厂检验质量合格的检验报告。产品到达现场后，应抽检5%的密封橡胶圈的硬度、压缩率和抗拉力，其值不应小于出厂合格标准。

（3）水泥：采用强度等级32.5以上的硅酸盐水泥、普通硅酸盐水泥或矿渣硅酸盐水泥。水泥进场应有产品合格证和出厂检验报告，进场后应对强度、安定性及其他必要的性能指标进行取样复试，其质量必须符合国家现行标准《硅酸盐水泥、普通硅酸盐水泥》(GB 175)等的规定。

当对水泥质量有怀疑或水泥出厂超过3个月时，在使用前必须进行复试，并按复试结果使用。不同品种的水泥不得混合使用。

（4）砂：采用坚硬、洁净、级配良好的天然砂，含泥量不得大于2%。砂的品种、质量应符合国家现行标准《普通混凝土用砂质量标准及检验方法》(JGJ 52)的要求，进场后按有关规定进行取样试验合格。

（5）钢丝网：宜选用无锈、无油垢，符合设计要求的钢丝网。

3. 机具设备

（1）设备：根据埋设管线直径大小，选择适宜的汽车吊、挖掘机、自卸载重汽车、机动翻斗车、运输车辆、推土机、压路机、振动夯、蛙式打夯机、切管机、发电机、倒链、手拉葫芦、千斤顶、钢筋弯曲机、钢筋切断机、卷扬机、吊具、管堵、空气压缩机等。

（2）工具：浆筒、刷子、铁抹子、弧形抹子、盒尺、角尺、水平尺、线坠、铅笔、扳手、钳子、螺丝刀、錾子、手锤、打气筒、普通压力表、秒表等。

4. 作业条件

（1）地下管线和其他设施经物探和坑探调查清楚。地上、地下管线设施拆迁或加固措施已完成，施工期交通疏导方案、施工便桥经有关主管部门批准。

（2）现场"三通一平"已完成，地下水位降至槽底0.5m以下。

（3）施工技术方案已办理审批手续。

3.2.2.3　施工工艺

1. 工艺流程

（1）承插式柔性接口混凝土排水管道

测量放线 → 开槽、验槽 → 管道基础 → 下管、稳管 → 挖接头工作坑 → 对口

→ 闭水试验或闭气试验 → 回填土方

（2）平基法安装混凝土排水

开槽、验槽 → 浇筑混凝土平基 → 养护 → 下管 → 安管 → 浇筑管座混凝土 → 抹带接口 → 养护

→ 闭水试验 → 回填

（3）四合一法安装混凝土排水管道

开槽、验槽 → 支模 → 下管 → 排管 → 浇筑平基混凝土 → 稳管 → 做管座 → 抹带 → 养护

→ 闭水试验 → 回填

（4）垫块法安装混凝土排水管道

预制垫块 ↓

开槽、验槽 → 安垫块 → 下管 → 在垫块上安管 → 支模 → 浇筑混凝土基础 → 接口

→ 养护 → 闭水试验 → 回填

2. 操作工艺

(1) 沟槽开挖及验槽

1) 测量放线参照"6.3 管线工程施工测量"执行。

2) 沟槽降水、沟槽开挖、边坡设置及沟槽支护等参照"3.1.1 管线基坑明挖土方"施工。

3) 验槽：基底标高、坡度、宽度、轴线位置、基底土质应符合设计要求。

(2) 承插式柔性接口混凝土排水管道

1) 管道基础

① 土弧基础：采用土弧基础的排水管道铺设见图3—11所示。开槽后应测放中心线，人工修整土弧，土弧的弧长、弧高应按设计要求放线、施工，以保证土弧包角的角度。

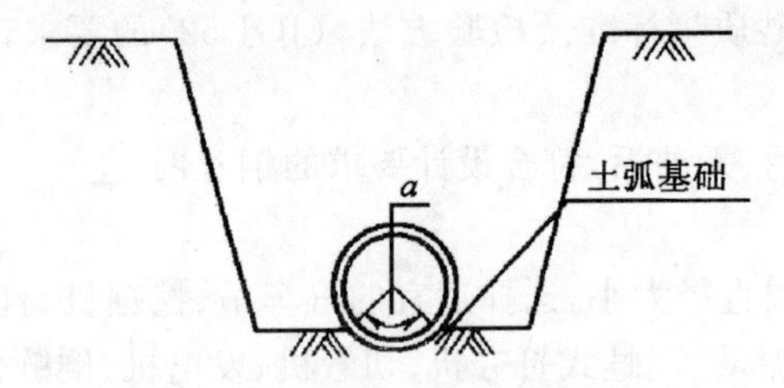

图3—11 采用土弧基础的排水管道铺设

② 砂砾垫层基础：采用砂砾垫层基础的排水管道铺设见图3—12所示。在槽底铺设设计规定厚度的砂砾垫层，并用平板振动夯夯实。夯实平整后，测中心线，修整弧形承托面，并应预留沉降量。垫层宽度和深度必须严格控制，以保证管道包角的角度。中粗砂或砂砾垫层与管座应密实，管底面必须与中粗砂或砂砾垫层与管座紧密接触。中粗砂或砂砾垫层与管座施工中不得泡水，槽底不得有软泥。

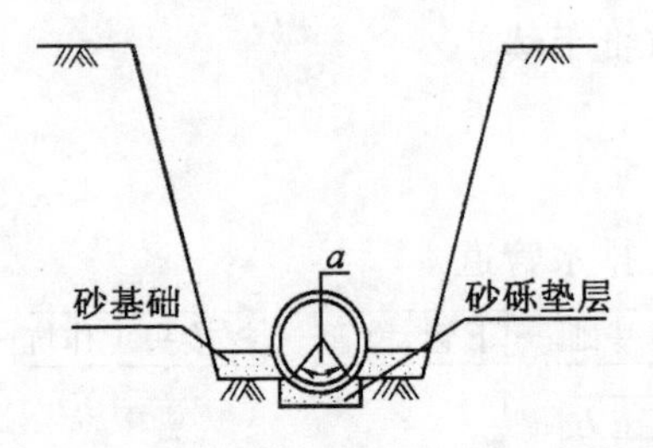

图3—12 采用砂砾垫层基础的排水管道铺设

③ 四点支承法：采用四点支承法的排水管道铺设见图3—13所示。按设计要求在槽底开挖轴向凹槽(窄槽)，铺设砂砾、摆放特制混凝土楔块，压实砂砾垫层(压实度同砂砾垫层基础)，复核砂砾垫层和混凝土楔块高程。

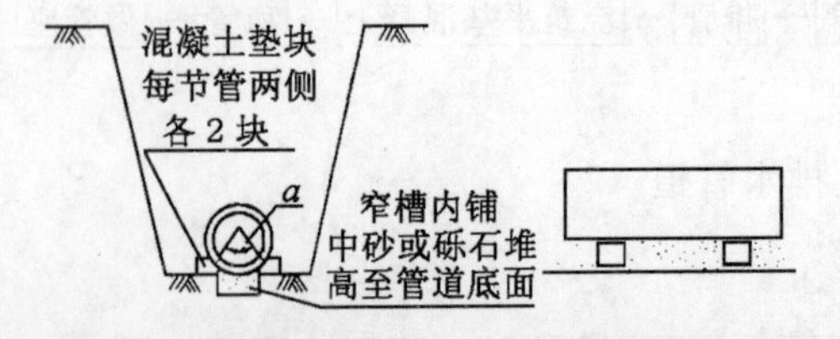

图3—13 采用四点支承法的排水管道铺设

2）下管、稳管

① 管道进场检验：管节安装前应进行外观检查，检查管体外观及管体的承口、插口尺寸，承口、插口工作面的平整度。用专用量径尺量并记录每根管的承口内径、插口外径及其椭圆度，承插口配合的环向间隙，应能满足选配的胶圈要求。

② 管道下管：采用专用高强尼龙吊装带，以免伤及管身混凝土。吊装前应找出管体重心，做出标志以满足管体吊装要求。下管时应使管节承口迎向流水方向。下管、安管不得扰动管道基础。

③ 稳管：管道就位后，为防止滚管，应在管两侧适当加两组四个楔形混凝土垫块。管道安装时应将管道流水面中心、高程逐节调整，确保管道纵断面高程及平面位置准确。每节管就位后，应进行固定，以防止管子发生位移。稳管时，先进入管内检查对口，减少错口现象。管内底高程偏差在±10mm 内，中心偏差不超过 10mm，相邻管内底错口不大于 3mm。

3）挖接头工作坑：在管道安装前，在接口处挖设工作坑，承口前大于等于 600mm，承口后超过斜面长，两侧大于管径，深度大于等于 200mm，保证操作阶段管子承口悬空，见图 3－14。

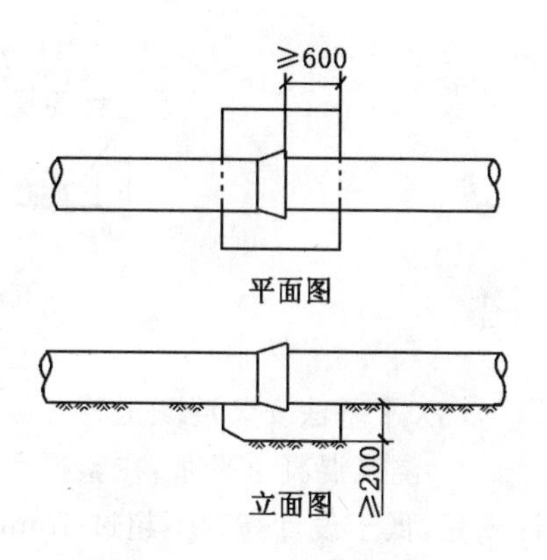

图 3－14　接口工作坑示意图

4）对口

① 清理管膛、管口：将承插口内的所有杂物予以清除，并擦洗干净，然后在承口内均匀涂抹非油质润滑剂。

② 清理胶圈：将胶圈上的粘接物清擦干净，并均匀涂抹非油质润滑剂。

③ 插口上套胶圈：密封胶圈应平顺、无扭曲。安管时，胶圈应均匀滚动到位，放松外力后，回弹不得大于 10mm，把胶圈弯成心形或花形（大口径）装入承口槽内，并用手沿整个胶圈按压一遍，确保胶圈各个部分不翘不扭，均匀一致卡在槽内。橡胶圈就位后应位于承插口工作面上。

④ 顶装接口

a. 顶装接口时，采用龙门架，对口时应在已安装稳固的管子上拴住钢丝绳，在待拉入管子承口处架上后背横梁，用钢丝绳和倒链连好绷紧对正，两侧同步拉倒链，将已套好胶圈的插口经撞口后拉入承口中。注意随时校正胶圈位置和状况。

b. 安装时，顶、拉速度应缓慢，并应有专人查胶圈滚入情况，如发现滚入不均匀，应停止顶、拉，用凿子调整胶圈位置，均匀后再继续顶、拉，使胶圈达到承插口的预定位置。

c. 管道安装应特别注意密封胶圈，不得出现“麻花”、“闷鼻”、“凹兜”、“跳井”、“外露”等现象。倒链拉入法安管示意见图 3－15、图 3－16。

⑤ 检查中线、高程：每一管节安装完成后，应校对管体的轴线位置与高程，符合设计要求后，即可进行管体轴向锁定和两侧固定。

⑥ 用探尺检查胶圈位置：检查插口推入承口的位置是否符合要求，用探尺伸入承插口间隙中检查胶圈位置是否正确。

⑦ 锁管：铺管后为防止前几节管子的管口移动，可用钢丝绳和倒链锁在后面的管子上。锁管示意见图 3－16。

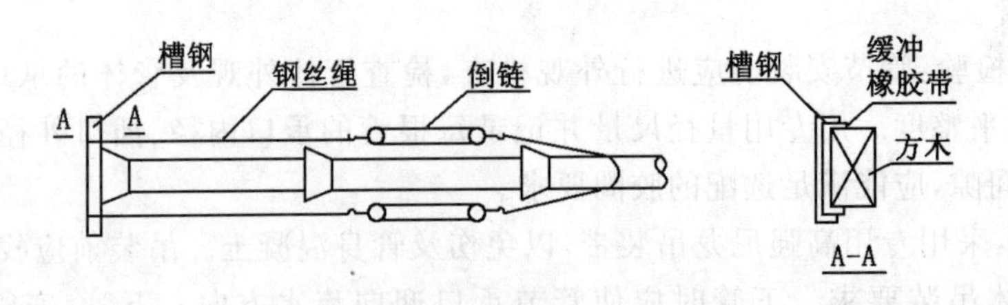

图 3－15 倒链拉入法安管示意图

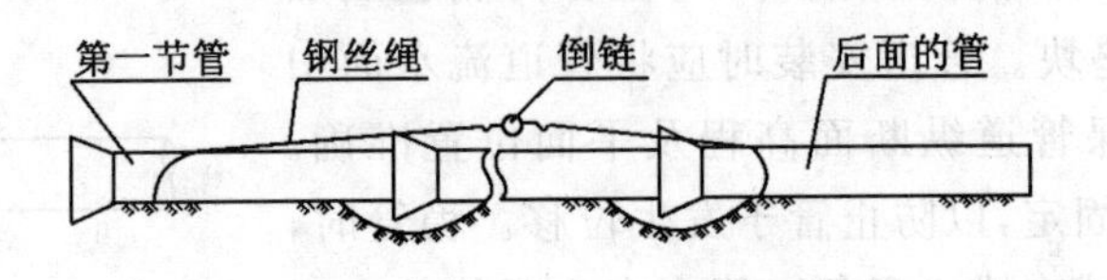

图 3－16 锁管示意图

(3) 平基法安装混凝土管

1) 浇筑混凝土平基:在验槽合格后应及时浇筑平基混凝土。平基混凝土的高程不得高于设计高程,低于设计高程不超过 10mm,并对平基混凝土覆盖养生。

2) 下管:平基混凝土强度达到 5MPa 以上时,方可下管。大直径管道采用吊车下管,小直径管道也可采用人工下管。

3) 安管:安管的对口间隙,直径大于等于 700mm 时为 10mm,直径小于 700mm 时可不留间隙。

4) 浇筑管座混凝土:浇筑管座混凝土前平基应凿毛冲洗干净,平基与管子接触的三角部位,应用与管座混凝土同强度等级混凝土填捣密实,浇筑管座混凝土时,应两侧同时进行,以防管子偏移。

5) 抹带

① 水泥砂浆抹带:抹带及接口均用 1∶2.5 水泥砂浆。抹带前将管口及管外皮抹带处洗刷干净。直径小于等于 1000mm,带宽 120mm;直径大于 1000mm,带宽 150mm,带厚均为 30mm。抹带分两层做完,第一层砂浆厚度约为带厚的 1/3,并压实使管壁粘接牢固,在表面划成线槽,以利于与第二层结合。待第一层初凝后抹第二层,用弧形抹子捋压成形,初凝前再用抹子赶光压实。抹带完成后,立即用平软材料覆盖,3～4h 后洒水养护。

② 钢丝网水泥砂浆抹带:带宽 200mm,带厚 25mm,钢丝网宽度 180mm。抹带前先刷一道水泥浆,抹第一层砂浆厚约 15mm,紧接着将管座内的钢丝网兜起,紧贴底层砂浆,上部搭接处用绑丝扎牢,钢丝网头应塞入网内使网表面平整。第一层水泥砂浆初凝后再抹第二层水泥砂浆,初凝前赶光压实,并及时养护。

③ 预制套环石棉水泥接口:套环应居中,与管子的环向间隙用木楔背匀。填油麻位置要正确,宽为 20mm,油麻打口要实。填打油麻时,要少填多打,一般直径大于等于 600mm 时,用四填六打,即每次填灰 1/3,共三次,每次打四遍,最后用填灰找平,打两遍;直径小于 600mm 时,用四填八打,即每次填灰 1/3,共三次,每次打两遍,最后用灰找平,打两次。养护用湿草袋或湿草绳盖严,1h 后洒水,养护时间不少于 3d。

(4) 四合一法安装混凝土管

1) 支模、下管、排管:由于“四合一”施工法要在模板上滚运和排放管子,故模板安装应特别牢固。模板材料一般使用木模和组合钢模板,底模可用 150mm×150mm 的方木,模板内部可用方木临时支撑，外侧用铁钎支牢。若管道为90°管座时，可一次支设组合钢模板，支设高度略高于90°基础高度；如果是135°及180°管座基础，模板宜分两次支设，上部模板应待管子铺设合格后再安装。详见图3－17。

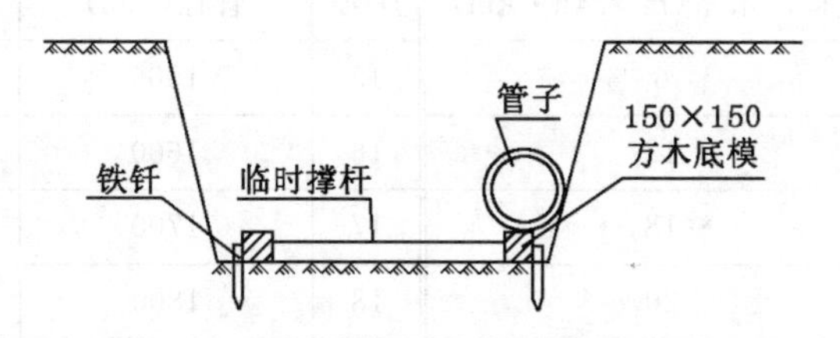

图3－17 “四合一”法安管支模排管示意图

2）浇筑平基混凝土：平基混凝土应振捣密实，混凝土面作弧形，并高出平基面20mm～40mm(视管径大小而定)。混凝土坍落度一般采用20mm～40mm，稳管前在管口部位应铺适量的抹带砂浆，以增加接口的严密性。

3）稳管：将管子从模板上移至混凝土面，轻轻揉动至设计高程，如果管子下沉过多，可将管子撬起，在下部填补混凝土或砂浆，重新揉至设计高程。

4）管座混凝土：若平基混凝土和管座混凝土为一次支模浇筑，管子稳好后，直接将管座的两肩抹平。分两次支设模板时，管子稳好后，支搭管座模板，浇筑两侧管座混凝土，补填接口砂浆，捣固密实，抹平管座两肩，同时用麻袋球或其他工具在管内来回拖动，拉平砂浆。

5）抹带：管座混凝土浇筑完毕后立即进行抹带，使带和管座连成一体。抹带与稳管至少相隔2～3节管子，以免稳管时碰撞管子影响接口质量。抹带完成后随即勾捻内缝。

(5) 垫块法安装混凝土管

1）预制混凝土垫块：垫块混凝土的强度等级同混凝土基础。垫块长等于管径的0.7倍，高等于平基厚度，允许偏差为(＋0～－10)，宽大于或等于高。每根管垫块个数一般为2个。“垫块法”安装管道见图3－18。

2）在垫块上安管：垫块应放置平稳，高程符合要求；安管时，应及时将管子固定，防止管子从垫块上滚下伤人。

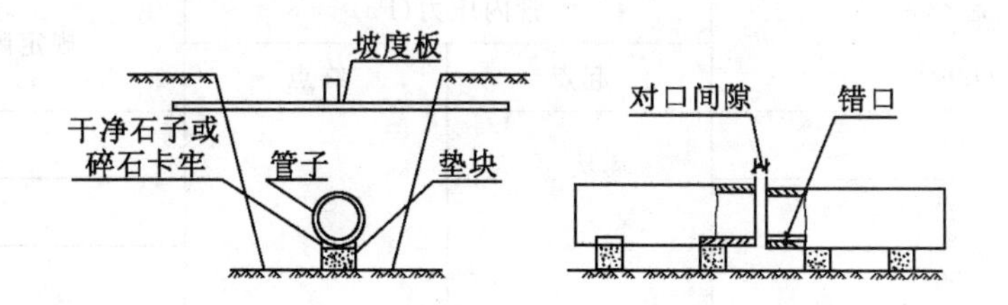

图3－18 垫块法安管示意图

3）管道其他做法同本条3款平基法施工。

(6) 闭水试验或闭气试验

1）一般规定：管道闭水或闭气试验必须在沟槽回填土前进行。井室砌筑完成后，进行闭水试验的管段两头应用砖砌管堵，在养护3～4d达到一定强度后方可进行闭水试验。闭水试验的水位，应为试验段上游管内顶以上2m。闭水过程中同时检查管堵、管道、井身，无漏水和渗水，再浸泡1～2d后进行闭水试验。

2）允许渗水量应符合表3－39的规定。

表3－39 允许渗水量

序号	管径(mm)	允许渗水量(m^3/24h·km)	序号	管径(mm)	允许渗水量(m^3/24h·km)
1	150以下	6	15	1500	42
2	200	12	16	1600	44
3	300	18	17	1700	46
4	400	20	18	1800	48
5	500	22	19	1900	50
6	600	24	20	2000	52
7	700	26	21	2100	54
8	800	28	22	2200	56
9	900	30	23	2300	58
10	1000	32	24	2400	60
11	1100	34	25	2600	64
12	1200	36	26	2800	68
13	1300	38	27	3000	72
14	1400	40			

3）混凝土管闭气检验方法：在缺水地区可采用闭气试验代替闭水试验对承插式柔性接口钢筋混凝土管道进行检验。管道密封后，向管道内充气至2000Pa以上，用喷雾器喷洒发泡液检查管堵对管口的密封时，不得出现气泡。管堵充气胶圈达到规定压力值后2～3min，应无压力降。

4）混凝土排水管道闭气试验规定闭气时间，应符合表3－40的规定。

表3－40 排水管道闭气试验标准

序号	管径(mm)	管内压力(Pa)		规定闭气时间(s)
		起点	终点	
1	300	2000	≥1500	105
2	400			135
3	500			160
4	600			180
5	700			210
6	800			240
7	900			275
8	1000			320
9	1100			385
10	1200			480

(7) 沟槽回填

1) 回填前具备的条件：预应力钢筋混凝土排水管道铺设后应在混凝土基础强度、接口抹带的接缝水泥强度达到5MPa，闭水试验或闭气试验合格后进行。

2) 回填土料的要求：回填土料宜优先利用基槽内挖出的土，但不得含有有机杂质，不得采用淤泥或淤泥质土作为填料。回填土料应符合设计及施工规范要求，最佳含水率应通过试验确定。

3) 工作坑回填：管道安装就位后，应及时对管体两侧同时进行回填，以稳定管身，防止接口回弹，宜用最佳含水率的过筛细土填塞，采用人工方式夯打密实，当设计另有规定时，按设计要求填实两侧。管道承口部位下的工作坑，应填入中粗砂或砂砾，用人工方式夯打密实。管道基础为弧土基础时，管道与基础之间的三角区应填实。

4) 回填按基底排水方向由高至低管腔两侧同时分层进行，填土不得直接扔在管道上。沟槽底至管顶以上500mm的范围均应采用人工还土，超过管顶500mm以上可采用机械还土，还土时分层铺设夯实。

5) 回填土虚铺厚度：回填土压实的每层虚铺厚度根据设计要求进行，如设计无要求，可通过试验段确定，也可参照表3－13执行。

6) 夯实：回填土的夯实采用人工夯实和机械夯实两种方法。夯实时，管道两侧同时进行，不得使管道位移或损伤。回填压实应逐层进行，管道两侧和管顶以上500mm范围内采用薄铺轻夯夯实，管道两侧夯实面的高差不大于300mm，管顶500mm以上回填应分层整平和夯实。采用木夯、蛙式夯等压实工具时，应夯夯相连，采用压路机时，碾压的重叠宽度不得小于200mm。

7) 压实度的确定：沟槽回填土的压实度符合设计规定，如设计无规定，可通过试验段确定，也可参照表3－14执行。

3. 季节性施工

(1) 冬期施工

1) 挖槽及砂垫层：挖槽捡底及砂垫层施工，下班前应根据气温情况及时覆盖保温材料，覆盖要严密，边角要压实。

2) 管道安装

① 为了保证管口具有良好的润滑条件，最好在正温度时施工，以减少在低温下涂润滑剂的难度。在管道安装后，管口工作坑及管道两侧及时覆盖保温，避免砂基受冻。

② 施工人员在管上进行安装作业时，应采取有效的防滑措施。

③ 冬期施工进行石棉水泥接口时，应采用热水拌合接口材料，水温不应超过50℃。

④ 管口表面温度低于－3℃时，不宜进行石棉水泥接口施工。冬期施工不得使用冻硬的橡胶圈。

3) 闭水试验：闭水试验应在正温度下进行，试验合格后应及时将管内积水清理干净，以防止受冻。管身应填土至管顶以上约0.5m，暴露的接口及管段用保温材料覆盖。

4) 回填土：胸腔回填土前，应清除砂中冻块，然后分层填筑，每天下班前均应覆盖保温，当气温低于－10℃时，应在已回填好的土层上虚铺300mm松土，再覆盖保温，以防土层受冻，在进行回填前如发现受冻，应先除掉冻壳，再进行回填。当最高气温低于0℃时，回填土不宜施工。

(2) 雨期施工

1) 雨天不宜进行接口施工。如需施工时，应采取防雨措施，确保管口及接口材料不被雨淋。

2）沟槽两侧的堆土缺口，如运料口、下管马道、便桥桥头均应堆叠土埂，使其闭合，防止雨水流入基坑。

3）堆土向基坑的一侧边坡应铲平拍实，并加以覆盖，避免雨水冲刷。

4）回填土时要从两集水井中间向集水井分层回填，保证下班前中间高于集水井，有利于雨水排除，下班时必须将当天的虚土压实，分段回填，防止漂管。

5）采用井点降水的槽段，特别是过河段在雨季施工时，要准备好发电机，防止因停电造成水位上升出现漂管现象。

6）应在基槽底两侧挖排水沟，每40m设一个集水坑，及时排除槽内积水。

3.2.2.4 质量标准

1. 基本要求

(1) 严禁扰动槽底土壤，不得受水浸泡或受冻。

(2) 管材不得有裂缝、破损。

(3) 管道基础必须垫稳，管底坡度不得倒流水，缝宽应均匀，管道内不得有泥土、砖石、砂浆、木块等杂物。

(4) 平基、管座混凝土应密实，表面应平整、直顺，管座混凝土与管子结合不得有空洞。

(5) 接口应平直，环形间隙应均匀、密实、饱满，不得有裂缝、空鼓等现象。抹带接口表面应光洁密实，厚度均匀，不得有间断和裂缝、空鼓。

(6) 闭水试验或闭气试验必须满足设计和规范要求。

(7) 在管顶以上500mm之内，不得回填大于100mm的土块及杂物。

2. 允许偏差项目

(1) 沟槽开挖允许偏差应符合表3－41的规定。

表3－41 沟槽允许偏差

项次	检查项目		规定值或允许偏差(mm)	检验频率		检验方法
				范围	点数	
1	槽底高程	设基础的重力流管道	±10	两井之间	3	用水准仪测
		非重力流有压管道基础	±20			
2	槽底中心线每侧宽		不小于施工规定	两井之间	6	挂中心线用尺量，每侧3点

(2) 砂平基及管座允许偏差应符合表3－42的规定。

表3－42 砂平基及管座允许偏差

项次	检查项目		规定值或允许偏差(mm)	检验频率		检验方法
				范围	点数	
1	垫层	中线每侧宽度	不小于设计规定	10m	2	挂中心线用尺量，每侧计1点
		高程	0，－15	10m	1	用水准仪测量
2	平基	中心线每侧宽度	不小于设计规定	10m	2	挂中心线用尺量，每侧计1点
		高程	0，－10	10m	1	用水准仪测量
		厚度	±10	10m	1	用尺量

续表

项次	检查项目		规定值或允许偏差(mm)	检验频率		检验方法
				范围	点数	
3	管座	肩宽	+10 −5	10m	2	挂边线用尺量,每侧计1点
		肩高	±10	10m	2	用水准仪测量,每侧计1点
		混凝土抗压强度	不低于设计规定	—	—	试验测定
		蜂窝面积	≤1%	20m	1	用尺量蜂窝总面积与该侧面总面积比较
4	砂、砂砾	厚度	不小于设计规定	10m	1	用尺量
		支承角侧边高程	不小于设计规定	10m	1	用水准仪测量

(3) 安管允许偏差应符合表3−43的规定。

表3−43 安管允许偏差

项次	检查项目	规定值或允许偏差(mm)		检验频率		检验方法
		刚性接口	柔性接口	范围	点数	
1	中心位移	≤10	≤10	两井之间	2	挂中心线用尺量
2	管内底高程	±10	D≤1000 ±10 D>1000 ±15	两井之间	2	用水准仪测量
3	相邻管内底错口	≤3	D≤1000 ≤3 D>1000 ≤5	两井之间	3	用尺量

注:1. D≤700mm时,其相邻管内底错口在施工中控制,不计点数。

2. 表中D为管道内径(mm)。

3.2.2.5 成品保护

1. 管道回填土时,应防止管道中心线位移或损坏管道,管道两侧用人工同步回填,直至管顶0.5m以上,在不损坏管道的情况下,可用蛙式打夯机夯实。

2. 管线留口端要用彩条布包好,防止泥土、杂物进入管内,待重新施工时撤除彩条布。必要时也可砌砖进行封堵。

3.2.2.6 应注意的质量问题

1. 管道接口开裂、脱落、漏水

(1) 根据不同的地质条件选择适宜的管接口形式,并按设计要求做好管基处理。

(2) 抹带接口施工前,应将管子与管基相接触的部分做接茬处理;抹带范围的管外壁应凿毛;抹带应分三次完成,即第一次抹20mm厚度的水泥砂浆,第二次抹剩余的厚度,第三次修理压光成活。

(3) 抹带施工完毕应及时覆盖养护。

2. 管道反坡

(1) 加强测量工作的管理,严格执行复测制度。对于新管线接入旧管线,还是旧管线的水引入新管时,必须将旧管线的流水面标高通过实测的方法来确定。

(2) 认真熟悉与掌握设计要点和施工图纸。

(3) 施工中应加强与土建施工单位的协调配合，及时解决施工中问题。

3. 闭水试验不合格

(1) 严格选用管材，污水管不得使用挤压管。外观检查有裂纹、裂缝的管材，不得使用。

(2) 在浇筑混凝土管座时，管节接口处要认真捣实。大管径(ϕ700 以上)在浇筑混凝土管座及抹带的同时，应进入管内将接口处管缝勾抹密实。对“四合一”(管基、管座、安管、抹带四工序合一同步进行)施工的小管径管，在浇筑管基管座混凝土时，管口部位应铺适量的水泥砂浆，以防接口处漏水。

(3) 砖砌闭水管堵和砖砌检查井及抹面，应做到砂浆饱满。砖砌体与管皮接触处、安踏步根部、制作脚窝处砂浆应饱满密实。对于管材、管带、管堵、井墙等有少量渗水，一般可用防水剂配制水泥浆，或水泥砂浆涂刷或勾抹于渗水部位即可。涂刷或勾抹前，应将管道内的水排放干净。

3.2.2.7 环境、职业健康安全管理措施

1. 环境管理措施

(1) 在旧路破除期间，配备专用洒水车，及时洒水降尘。

(2) 在施工过程中随时对场区和周边道路进行洒水降尘，降低粉尘污染。

(3) 水泥、细颗粒散体材料等，应尽可能在库内存放或采用篷布覆盖，运输时要采取防遗洒措施。

(4) 土方运输车辆采取遮盖等措施，出场时清洗轮胎防止污染周围环境。

(5) 在居民区施工时，采取隔音降噪措施，并应尽可能避开夜间施工。

2. 职业健康安全管理措施

(1) 操作人员应根据工作性质，配备必要的防护用品。

(2) 电工必须持证上岗。配电系统及电动机具按规定采用接零或接地保护。

(3) 机械操作人员必须持证上岗。机械设备的维修、保养要及时，使设备处于良好的状态。

(4) 在地上建筑物、电杆及高压塔附近开挖基槽时，对有可能危及安全的因素应事先采取预防措施。

(5) 基槽开挖必须自上而下，分层开挖，严禁掏挖，并按规定放坡。

(6) 沟槽外侧临时堆土时，堆土距沟槽上口线不能小于 1.0m，堆土高度一般不得大于 1.5m。堆土不得覆盖消火栓、测量点位等标志。若安装轻型井点降水设备，堆土距槽边不应小于 1.5m。

(7) 沟槽外围搭设不低于 1.2m 的护栏，道路上要设警示牌和警示灯。

(8) 在高压线、变压器附近堆土及吊装设备等应符合有关安全规定。

(9) 现况管线拆除、改移，必须有专人进行指挥，严禁非施工人员进入现场。

(10) 蛙式打夯机操作人员必须穿戴好绝缘用品，操作必须有两人，一人扶夯一人提电线。蛙式打夯机必须按照电气规定，在电源首端装设漏电保护器，并对蛙夯外壳做好保护接地。蛙夯的电气开关与入接线处的连接，要随时进行检查，避免入接线处因振动、磨损等原因导致松动或绝缘失效。

(11) 2 台以上蛙夯同时作业时，左右间距不小于 5m，前后不小于 10m，相互间的胶皮电缆不要交叉缠绕。蛙夯搬运时，必须切断电源，不准带电搬运，以防造成误动作。

(12) 吊装下管时，必须有专人指挥，严禁任何人在已吊起的构件下停留或穿行，对已吊起的管道不准长时间停在空中。禁止酒后操作吊车。

(13) 在高压线或裸线附近吊装作业时，应根据具体情况停电或采取其他可靠防护措施后，方准进行吊装作业。

3.2.3 高密度聚乙烯(PE)排水管道施工

3.2.3.1 适用范围

适用于新建、改建和扩建的埋地(PE)排水管道施工。

3.2.3.2 施工准备

1. 技术准备

(1) 施工前做好施工图纸的会审,编制施工组织设计及交底工作。

(2) 完成施工交接桩、复测工作,并进行护桩及加密桩点布置。

(3) 对管材检验试验工作已完成。

2. 材料要求

(1) 管材、管件及电热熔带进场应有产品合格证和出厂质量检验报告。

(2) 管材质量应符合表3-44的要求。

表3-44 管材质量指标

项目		指标	试验方法
环刚度	s_1	≥4kN/m²	GB/T 9647
	s_2	≥8kN/m²	
扁平试验(40%)		不分裂、龟裂、破损、两壁不脱开	GB/T 9647
纵向尺寸收缩率(%)		≤3	GB/T 6671.2
落锤冲击		管内壁不破裂,两壁不脱开	GB/T 14152
液压试验		不破裂、不渗漏	GB/T 6111
连接部位密封试验		无泄漏现象	GB/T 6111
环境应力龟裂时间(50%龟裂时)(h)		≥240	—

(3) 电热熔带标准见表3-45。

表3-45 电热熔带标准

牌号	片长度(mm)	片宽度 (±5)(mm)	片厚度 (±1)(mm)
150	650～690	200	7
200	893～939	200	7
250	1056～1103	200	7
300	1236～1287	200	7
350	1411～1466	200	7
400	1585～1642	200	7
450	1816～1876	350	9
500	1984～2047	350	9
600	2348～2412	350	9

续表

牌号	片长度(mm)	片宽度（±5)(mm)	片厚度（±1)(mm)
700	2684～2768	350	9
800	3032～3123	350	9
900	3431～3528	450	9
1000	3780～3882	450	9
1200	4583～4699	450	9
1500	5641～5777	450	9

（4）管材规格及几何尺寸允许偏差见表3－46。

表3－46　　管材规格及几何尺寸允许偏差

公称直径(mm)	平均内径极限偏差(mm)	最小厚度		定长(m)
		$s_2 \geqslant 8kN/m^2$	$s_1 \geqslant 4kN/m^2$	
200	±5.1	14	12	4、6、8、9
250	±5.1	16	14	
300	±5.1	19	14	
315	±5.1	19	14	
350	±5.1	22	15	
400	±5.1	25	19	
450	±5.1	29	22	
500	±5.1	31	25	
600	±5.1	39	31	
630	±5.1	39	31	
700	±6.4	44	39	
710	±6.4	44	39	
800	±6.4	50	44	
900	±6.4	55	50	
1000	±6.4	62	56	
1200	±6.4	75	62	
1250	±6.4	75	62	
1350	±7.6	85	70	
1500	±7.6	95	75	

3. 机具设备

（1）机具：电熔焊机、便携式切割锯、平板振动夯、蛙夯、夹钳、扣带、水平垫木或沙袋、清洁布等。

(2) 检测设备:水准仪、经纬仪、小线、直尺、卷尺等。

4. 作业条件

(1) 施工交通疏导方案经有关主管部门批准。地下管线和其他设施物探和坑探调查清楚,地上、地下管线设施拆迁或加固措施已完成。

(2) 现场"三通一"平已完成,地下水位降至槽底 0.5m 以下。

(3) 施工技术方案已完成审批手续。

3.2.3.3 施工工艺

1. 工艺流程

测量放线→沟槽开挖→柔性基础→管道铺设与连接→密闭性检验→管道回填→管道变形检验

2. 操作工艺

(1) 测量放线

施工测量放线参照"6.3 管线工程施工测量"进行。

(2) 沟槽开挖

1) 沟槽开挖、边坡设置及沟槽支护等参照"3.1.1 管线基坑明挖土方"进行施工。

2) 沟槽开挖后,应将沟底的岩石、砾石等坚硬物体铲除至设计标高以下 150mm~200mm,然后铺上砂土整平夯实。

3) 基底标高、轴线位置、基底土质应符合设计要求。管道每侧工作宽度若设计无要求时,可参照表 3-47 执行。

表 3-47 管道每侧工作宽度

管径 (mm)	每侧工作宽度(mm)	
	无排水沟	有排水沟
200~500	300	450
600~1000	400	550
≥1100	600	750

(3) 柔性基础

1) 管道基础应按照设计要求铺设。设计无规定时,对一般土质,基底可铺设一层厚度为 100mm 的粗砂基础;对软土地基,且槽底处在地下水位以下时,铺筑厚度不小于 200mm 的柔性基础,分两层铺设,下层用粒径为 5mm~40mm 的碎石,上层铺砂,厚度不小于 50mm。

2) 管道基础根据设计要求确定,一般分为三种形式,如表 3-48。

表 3-48 管道基础形式

基础形式	设计支承角 $2a$	基础设置要求
A	90	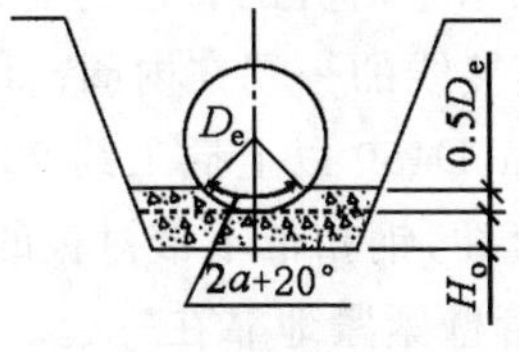 D_e, $0.5D_e$, $2a+20°$, H_o

续表

基础形式	设计支承角 $2a$	基础设置要求
B	120	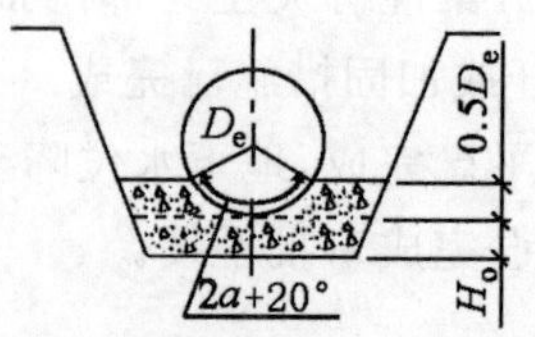
C	180	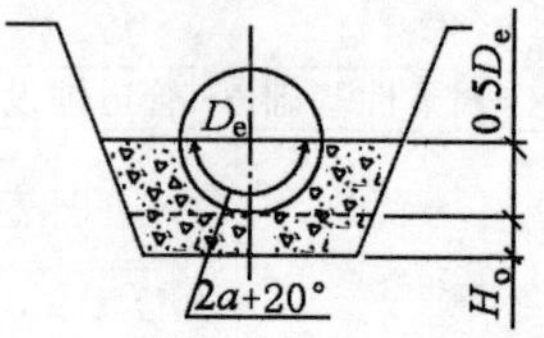

注：D_e 表示(PE)排水管外径。H_0 表示(PE)排水管砂基厚度。

(4) 管道铺设与连接

1) 电源或交流发电机的准备见表 3－49。

表 3－49 交流发电机及电缆选择

项目	标准	用途	其他
电源或交流发电机	功率 3kW(D200/400) 功率 5kW(D450/700) 功率 10kW(D800/1200) 功率 20kW(D1200 以上)	为电熔焊机供电	交流电：AC220V/380V
电缆	$6mm^2$(D200/400) $10mm^2$(D450/1200) $16mm^2$(D1000 以上)	向电熔焊机输送电流	橡套电缆

2) 电热熔带的连接

① 检查管道和电热熔带是否有损伤。

② 对齐管道和清除杂物。

a. 通过水平杆或砂袋将要连接的管道放置在离地面 200mm～300mm 处(地基上挖有操作凹槽的可将管道直接放置在地基上),并水平对齐。

b. 用布彻底将管道的外表面和电热熔带内壁上的杂物清除干净(包括水汽),油类污物可用甲醇擦拭。

③ 用夹钳和扣带紧固焊接片

a. 用电热熔带将已水平对齐的管道的要连接部分紧紧包住,电热熔带接头应重叠 100mm～200mm。包的时候有连接线的一端在内圈。PE 棒也应插在此端,从两侧分别插入,紧靠此端头。D400 以下插入约 50mm,D450 以上插入约 90mm～100mm。见图 3－19、图 3－20。

b. 外面用钢扣带套住,钢扣带不带衬板的端头应与电热熔带内圈同向并在同一位置。用夹钳上紧,使电热熔带与管壁紧紧地靠在一起。钢扣带边缘要与焊接片的边缘对齐。

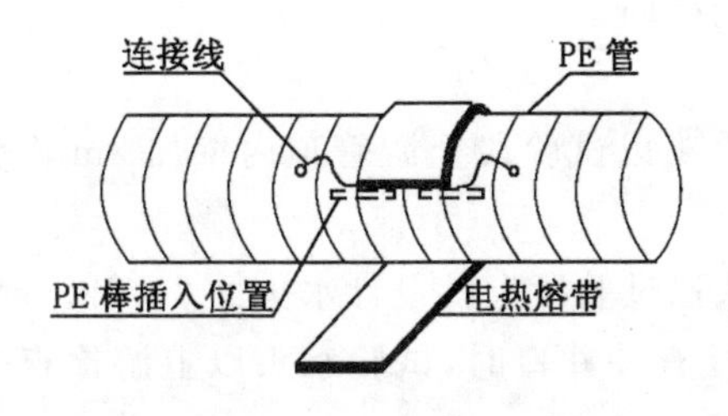

图 3－19　包电热熔带

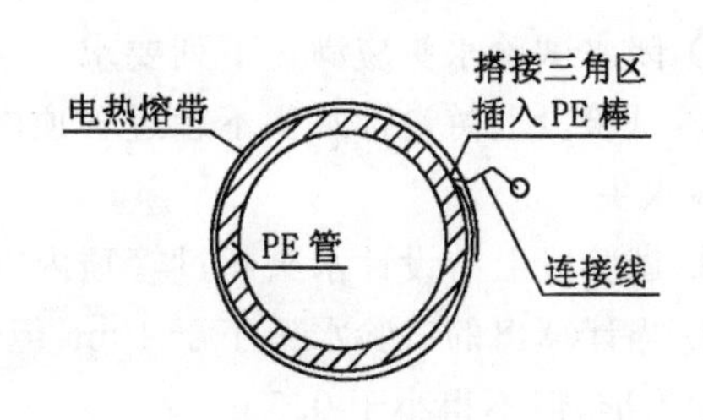

图 3－20　插入 PE 棒

④ 连接：将焊接器的输出线端的夹子与电热熔带的连接线头相连接。

⑤ 焊接：在焊接机上设定好时间和电压挡，根据操作规程进行焊接。焊接时间结束时，取下连接线夹子，再夹紧一次夹钳约 1/4～1/2 圈。

⑥ 冷却：焊接时间结束时风音器鸣响，电源自动断开，开始冷却。在接线被断开，钢扣带和夹钳夹紧的状态下，冷却时间在夏天一般为 20min，冬天为 10min。在冷却期间，可以进行下一个焊接。

⑦ 焊接检查：经过一定的冷却时间后，打开钢扣带，观察焊接状况。

3）管道与检查井的连接：管道与检查井的连接，一般采用中介层、混凝土圈梁加橡胶圈、特制管件，见图 3－21、图 3－22。

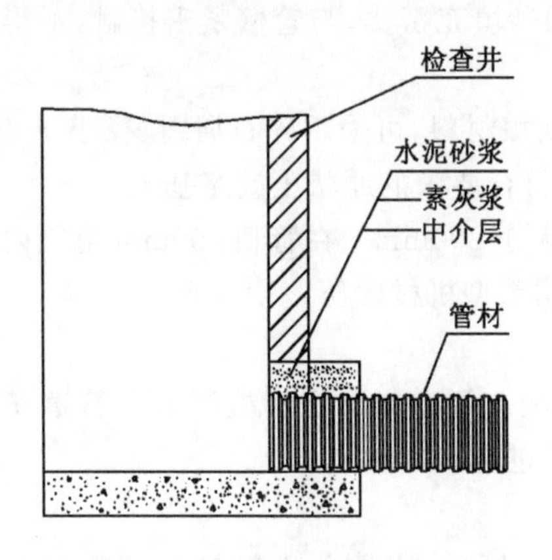

图 3－21　管道与检查井连接

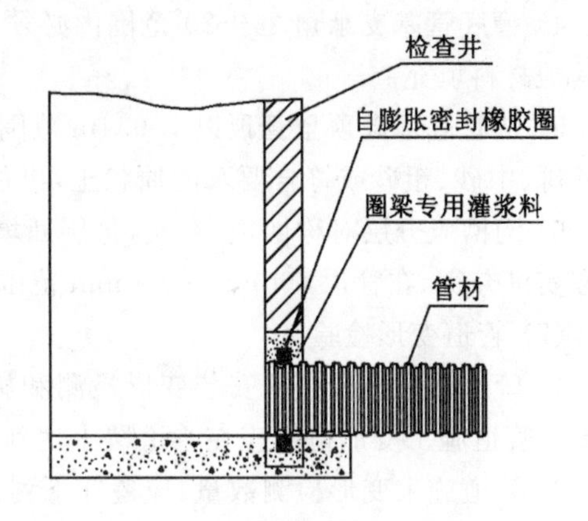

图 3－22　管道与检查井连接

① 采用中介层连接时，在管件或管材与井壁相连部位的外表面预先用粗砂做成中介层，然后用水泥砂浆灌入井壁与管道的孔隙，将孔隙填满。中介层的做法：先用毛刷或棉纱将管壁的外表面清理干净，然后均匀地涂一层塑料粘接剂，紧接着在上面撒一层干燥的粗砂，固化 10～20min，即形成表面粗糙的中介层。

② 采用现浇混凝土圈梁加橡胶圈连接时，圈梁的混凝土强度等级不应低于 20MPa。圈梁的内径按相应管外径尺寸确定，圈梁应与井壁同厚，其中心位置必须与管道轴线对准。安装时可将自膨胀橡胶密封圈先套在管端与管子一起插入井壁。

③ 对于软土地基，为防止不均匀沉降，与检查井连接的管子宜采用 0.5m～0.8m 的短管，后面宜再接一根或多根不大于 2m 的短管。

（5）密闭性检验

1）污水管道安装完毕经检验合格后，应进行管道的密闭性检验。可采用闭水试验方法检验。

2）管道密闭性检验应在管底三角区回填密实后、沟槽回填前进行。

3）闭水试验水头应满足下列要求

① 试验段上游设计水头不超过管顶内壁时，试验水头以试验段上游管顶内壁加 2m 作为标准试验水头。

② 试验段上游设计水头超过管顶内壁时，试验水头以试验段上游设计水头加 2m 计。

③ 当计算出的试验水头小于 10m，但已超过上游检查井井口时，试验水头以上游检查井井口高度为准，但不得小于 0.5m。

4）试验管段灌满水后的浸泡时间不应小于 24h。

5）管道密闭性检验时，外观检查，不得有漏水现象，管道 24h 的渗水量应满足下式计算结果：

$$Q \leqslant 0.0046d \qquad (3-5)$$

式中：Q——每 1km 管道长度 24h 的允许渗水量（$m^3/24h \cdot km$）；

d——管道内径（mm）。

（6）管道回填

1）管道隐蔽工程验收合格后，沟槽应立即回填至管顶以上 1 倍管径高度处。

2）沟槽回填应从管道、检查井等构筑物两侧对称回填，确保管道及构筑物不产生位移，必要时可采取限位措施。

3）回填时沟槽内应无积水，不得带水回填，不得回填淤泥、有机物及冻土。

4）槽底管基支承角 $2\alpha+20°$ 范围内必须用中砂或粗砂填充密实，与管壁紧密接触，不得用土或其他材料填充。

5）从管底基础顶至管顶以上 0.4m 范围内的沟槽回填材料，可采用碎石屑、粒径小于 40mm 的砂砾、中砂、粗砂或符合要求的原状土，再往上可回填符合要求的原状土或路基土。

6）沟槽应分层对称回填、夯实，每层回填高度不应大于 200mm。在管顶 400mm 范围内不得用夯实机夯实，在管顶 400mm～700mm 范围内不得使用重型机械碾压。

（7）管道变形检验

1）管道变形检验包括安装变形检测和施工变形检测。管道安装变形检测应在管道安装后进行。管道施工变形检测应在管道覆土达到设计要求后进行。

2）管道施工变形检测数量，应遵守下列规定：

① 每施工段最初 50m 不少于三处，每处平行测两个断面，在测量点管轴垂直断面测垂直直径。

② 相同条件下，每 100m 测三处，取起点、中间点、终点附近，每处平行测两个断面，在测量点垂直断面测垂直直径。

③ 在地质条件、填土材料、压实工艺或管径等因素改变时，应重复 1）的做法。

3）管道变形检测中，管道径向变形率 S_V。应按下式计算：

$$S_V = \Delta d_V/(d+2e) \times 100\% \quad S_V < 5\% \qquad (3-6)$$

式中：Δd_V ——管道径向直径变化量；

e ——管道纵截面形心高；

d ——管道处于自由状态的内径。

3. 季节性施工

（1）雨期施工

1）基坑（槽）周围应设置排水沟和挡水埝，对开挖马道应封闭，防止雨水流入基坑内。

2）沟槽开挖后若不立即铺管，应留沟底设计标高以上200mm的原土不挖，待到下管前再挖至设计标高。

3）电焊施工时，应搭设防雨设施。

4）管道施工完毕后应及时回填，防止漂管事故发生。

（2）冬期施工

1）基坑开挖后及时安管、回填，否则应采取覆盖等措施防止地基受冻。

2）在焊接前先清除管道上的冰雪霜。

3.2.3.4　质量标准

1. 管道安装

（1）基本要求

1）管材不得有裂缝、破损。

2）管道铺设平顺、稳固，管底坡度不得出现反坡。

3）有防渗漏要求的排水管须做密闭性检验，管道24h渗水量应满足3.6.3.2条5款(5)计算结果。

（2）管道安装允许偏差见表3－50。

表3－50　　管道安装允许偏差

项次	检查项目		规定值或允许偏差(mm)	检验频率		检验方法
				范围	点数	
1	中线位移		≤10	两井之间	2	挂中线用尺量
2	管内底高程	D≤1000	±10		2	水准仪测量
		D>1000	±15		2	水准仪测量
		倒虹吸管	±20	每道	4	水准仪测进出水井上、下游管口计2点

2. 检查井

（1）基本要求

1）砌筑砂浆配合比准确，灰浆饱满，灰缝平整，不得有通缝、瞎缝，抹面须压光，不得有空鼓、裂缝等现象。

2）井内流槽应平顺圆滑、踏步安装牢固、位置准确。

3）井室盖板尺寸及留孔位置应正确，压墙缝应整齐；井圈、井盖安装平稳、正确。

（2）允许偏差见表3－51。

表3－51　　检查井允许偏差

项次	检查项目		规定值或允许偏差(mm)	检验频率		检验方法
				范围	点数	
1	井室尺寸	长、宽	±20	每座	2	用尺量长、宽各计1点
		直径			2	
2	井筒直径		±20	每座	2	用尺量

续表

项次	检查项目		规定值或允许偏差(mm)	检验频率		检验方法
				范围	点数	
3	井口高程	非路面	±20	每座	1	用水准仪测量
		路面	与道路的规定一致	每座	1	
4	井底高程	$D\leqslant1000$	±10	每座	1	用水准仪测量
		$D>1000$	±15	每座	1	
5	踏步安装	水平及垂直间距、外露长度	±10	每座	1	用尺量计偏差最大者
6	脚窝	宽、高、深	±10	每座	1	用尺量计偏差最大者
7	流槽宽度		±10,0	每座	1	用尺量

3. 管道回填

(1) 回填土区域划分及材料要求见图 3－23。

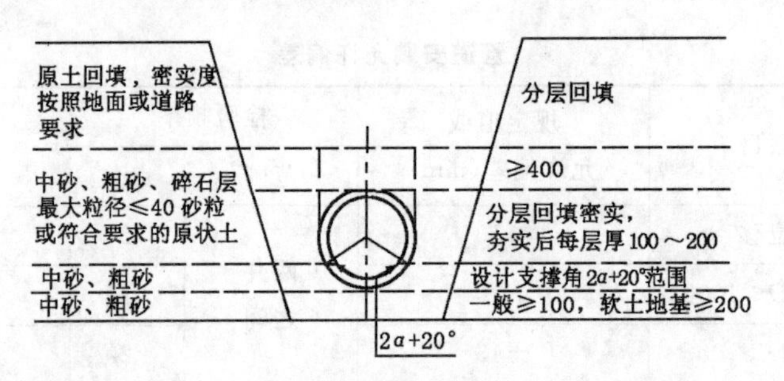

图 3－23 回填土区域划分及材料要求

(2) 基本要求

1) 回填土质应符合本条 1 款中规定。

2) 回填时槽内应无积水。

3) 分层回填、夯(压)实。

(3) 压实度标准见表 3－52。

表 3－52 管道回填土压实度标准

槽内部位		最佳密实度(%)	检验频率
超挖部分		≥95	每 50m 一处，每处做 2 个测定
管道基础	管底以下	≥90	
	管底腋角 $2\alpha+20°$范围	≥95	
管道两侧		≥95	
管顶以上 400mm	管道两侧	≥90	
	管道上部	≥85	
管顶 400mm 以上		按地面或道路要求但不小于 80	

3.2.3.5 成品保护

1. 缠绕管使用中应尽量避免阳光长期照射。施工过程中没有下槽的管材应避免在阳光下直接照射,以防发生热变形。

2. 管材存放、搬运和运输时,应采用皮带、吊带或吊绳进行装卸。吊装时应至少有两个节点,严禁穿管吊。

3. 管材、管件存放搬运时,应小心轻放,排列整齐,不得抛摔和沿地拖拽。

4. 下管过程中,严禁将管道从上往下自由滚放,应防止块石等重物撞击管身。

5. 回填土中不得含有石块、砖块及其他杂硬物体,避免划伤管道。

3.2.3.6 应注意的质量问题

1. 管道敷设“甩龙”

(1) 施工测量、定线严格加以控制,沟槽开挖后,应认真进行复测,基槽合格后方可铺管。

(2) 铺管前设置中线桩、高程桩等措施控制轴线和标高,其间距以10m为宜。

2. 渗漏

(1) 管道连接前应对管材、管件及附属设备按设计要求进行核对,并应在施工现场进行外观检查,不得有损伤。

(2) 电热熔带及管道连接部位必须保证清洁,保证热熔连接效果。

(3) 焊接过程中和焊接后的完全冷却前,不得扰动管口。

3. 管内积水

(1) 严格控制管道纵断面高程,加强测量复核。

(2) 柔性基础施工根据选用的夯(压)实机具,严格控制虚铺厚度,保证密实度均匀,标准符合规定要求,防止不均匀下沉。

(3) 严格控制工作坑回填的密实度。

4. 漂管

(1) 管道铺设后应及时回填。

(2) 雨季施工注意天气变化,突遇降雨时,在来不及回填的段落的检查井底部开设进水口等临时措施。

5. 管道变形

(1) 管道两侧回填,必须对称分层回填、夯实达到规定的密实度标准。

(2) 管道施工变形检测中,当管道径向变形率局部大于或等于5%时,可挖除管区填土,校正后重新填筑;当管道径向变形率大于5%时,应更换管道。

3.2.3.7 环境、职业健康安全管理措施

1. 环境管理措施

(1) 切削后的(PE)管道及余料及时回收,不得随意乱扔。

(2) 施工道路应经常洒水,防止扬尘。

2. 职业健康安全管理措施

(1) 使用电熔焊机时,应遵守电器工具操作规程,注意防水、防潮,保持机具清洁。

(2) 采用蛙式打夯机夯填土方时,操作人员应戴绝缘手套,必须两人进行操作。

3.2.4 钢筋混凝土管顶管施工

3.2.4.1 适用范围

适用于钢筋混凝土管顶管施工。

3.2.4.2 施工准备

1. 技术准备

(1) 测量交接桩完成,并对控制点、坐标点、水准点进行校测,拴桩、补桩等工作已完成。

(2) 顶管施工前,已认真审核图纸,组织图纸会审。编制施工方案,报有关单位审批,并做好技术交底。

(3) 通过沿线调查研究,结合现场地形及交通运输、水源、电源、排水条件,已制定出相应的技术措施。

2. 材料要求

(1) 钢筋混凝土成品管材:分为钢筋混凝土企口管和双插口式两种,其品种、规格、外观质量、强度等级必须符合设计要求,并具有出厂合格证及试验报告单。

(2) 橡胶垫应符合设计要求,具有出厂合格证。

(3) 其他材料:钢套环、密封胶、油麻、石棉、膨胀剂、水泥(少量)等,其质量应符合有关规定要求,水泥、膨胀剂应有产品合格证和出厂检验报告,进场后应取样试验合格。

3. 机具设备

(1) 主要设备:顶镐、液压油泵、卷扬机、滑轮、压浆泵、电焊机、气焊设备等。

(2) 辅助设备:吊管架、工作平台、棚架、触变泥浆设备、横铁、立铁、顶铁、导轨、测量仪器等。

(3) 工具:铁锹、水平尺、钢尺、锤球、小线、出土小车等。

4. 作业条件

(1) 施工占地范围内拆迁到位,地下管线已查明,并采取改移或加固措施,地上、地下障碍物清理完毕。

(2) 临时道路畅通,场地平整,水、电已安装完毕。

(3) 施工管线低于地下水位时,施工降水应低于开挖面 0.5m 以下。

3.2.4.3 施工工艺

1. 工艺流程

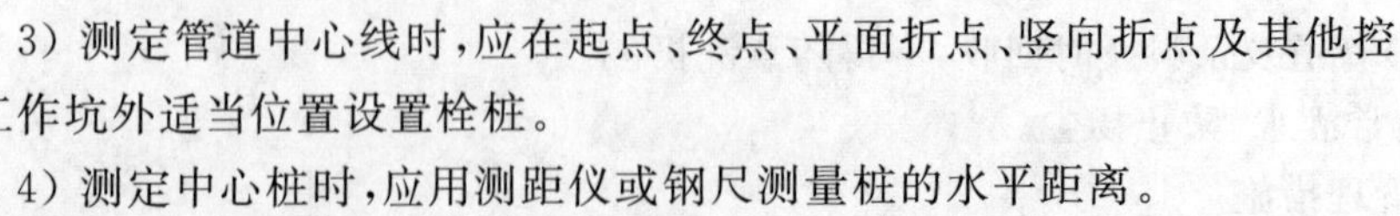

触变泥浆 ↓ (管道顶进)

测量放线 → 工作竖井开挖 → 后背安装 → 设备安装 → 管道顶进 → 管道接口

2. 操作工艺

(1) 测量放线

1) 应依据设计图纸进行测量放线,做好测量所需各项数据内业的收集、计算、复核工作。

2) 对原交桩进行复核测量,原测桩有遗失或变位时,应补桩校正。

3) 测定管道中心线时,应在起点、终点、平面折点、竖向折点及其他控制点测设中心桩,并应在工作坑外适当位置设置栓桩。

4) 测定中心桩时,应用测距仪或钢尺测量桩的水平距离。

(2) 工作竖井开挖

1) 顶管工作竖井位置的选定,应符合下列要求:

① 一般宜选在设计图中管道的检查井室位置。

② 工作坑处应便于设备、材料运输及下管、出土、排水,并具备有少量堆放管材及暂存土的场地。

③ 单向顶进,顶管段两端条件相近时,工作坑宜选在管线下游。

④ 工作竖井距铁路路基、公路路基较近时，必须保证足够的安全距离或有采取加固措施的条件。

⑤ 工作竖井应选择在地下管线较少部位。

2）顶管工作竖井的开挖断面，应根据检查井尺寸、工作面宽度、现场环境、土质、挖深、地下水位及支撑材料规格、管径、管长、顶管机具设备规格、顶力、下管及出土方法等条件确定。

3）工作竖井的支撑应根据开挖断面、挖深、土质条件、地下水状况及总顶力等进行施工设计，确定支撑形式，且符合下列要求：

① 工作竖井支撑宜形成封闭式框架，矩形工作竖井四角应设斜撑。

② 支护应根据场地环境采用钢木支护、喷锚混凝土支护等方法。

③ 有地下水时，根据管道埋深、土质类型、地下水深，采用轻型井点或管井降水方法。

4）工作竖井应有足够的工作面，竖井底尺寸应按下式计算：

底宽 $$B=D_1+2S+2C \tag{3-7}$$

底长 $$L=L_1+L_2+L_3+L_4+L_5 \tag{3-8}$$

式中：B——工作竖井底宽（m）；

L——工作竖井底长（m）；

S——管两侧操作宽度（m），一般为每侧1.2m～1.6m；

C——撑板厚度（m），一般采用0.2m；

D_1——管外径（m）；

L_1——管子顶进后，尾部压在导轨上的最小长度，顶钢筋混凝土管取0.3m～0.6m；机械挖土、挤压出土及管前使用其他工具管时，工具管长度如大于上述铺轨长度的要求，L_1应取工具管长度；

L_2——管节长度（m）；

L_3——出土工作间长度，根据出土工具而定，宜为1.0m～1.8m；

L_4——液压油缸长度（m）；

L_5——后背所占工作竖井长度，包括横木、立铁、横铁，取0.85m。

工作竖井深度应符合下式：

$$H_1=h_1+h_2+h_3 \tag{3-9}$$

$$H_2=h_1+h_2 \quad \text{（无基础及垫层时）}$$

式中：H_1——顶进竖井地面至竖井底的深度（m）；

h_1——接受竖井地面至竖井底的深度（m）；

h_2——管道外缘底部至导轨底面的高度（m）；

h_3——基础及其垫层的厚度，不应小于该处井室的基础及垫层厚度（m）。

5）顶管工作竖井及设备允许偏差见表3－53。

表3－53　　顶管工作竖井及设备允许偏差

项目		规定值或允许偏差（mm）	检验频率		检验方法
			范围	点数	
工作竖井每侧宽度、长度		不小于施工、设计规定	每座	2	用尺量
后背	垂直度	0.1%H	每座	1	用垂线与角尺量
	水平扭转度	0.1%L		1	

续表

项目		规定值或允许偏差(mm)	检验频率		检验方法
			范围	点数	
导轨	内距	±2	每座	1	用尺量
	中心线	≤3		1	用经纬仪
	顶面高程	0,+3		1	用水准仪

注:H 为后背的垂直高度(m);L 为后背的水平长度(m)。

6）工作竖井内的布置:一般工作竖井内的布置参见图 3－24。

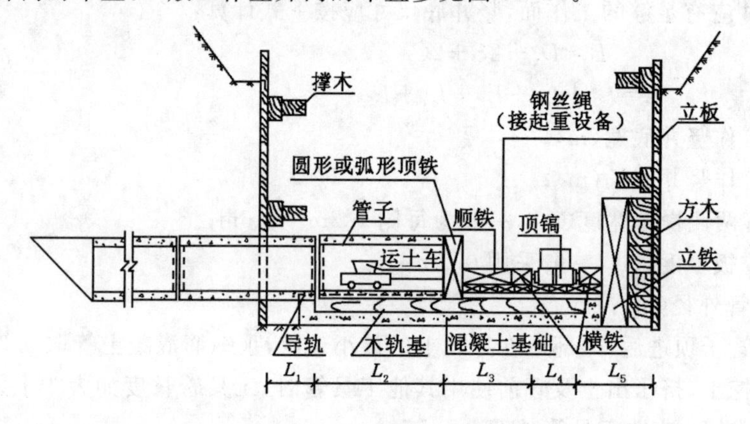

图 3－24　工作坑断面

(3) 后背安装

1）核算后背受力宽度,应根据需要的总顶力,使土壁单位宽度内受力不大于土壤的总被动土压力。后背每米宽度上土壤的总被动土压力(kN/m²)可按下式计算:

$$P = 1/2\gamma h^2 \tan^2(45° + \frac{\phi}{2}) + 2Ch\tan(45° + \frac{\phi}{2}) \quad (3-10)$$

式中:　P——总被动土压力;

γ——土壤的重度(kN/m³);

h——天然土壁后背的高度(m);

ϕ——土壤的内摩擦角(°);

C——土壤的粘聚力(kN/m²)。

后背长度可采用下式核算:

$$L = \sqrt{P/B} + L_a \quad (3-11)$$

式中:　L——后背长度(m);

P——顶管需要的总顶力(kN);

B——后背受力宽度(m);

L_a——附加安全长度(m),砂土可取 2;亚砂土可取 1;粘土取 0。

2）采用原土作后背时,后背墙的安装应符合下列要求:

① 后背土壁应铲修平整,并使壁面与管道顶进方向垂直。

② 后背墙宜采用方木、型钢、钢板等组装,组装后的后背墙应有足够的强度和刚度,其埋深

应低于工作坑底，不小于0.5m。

③ 后背土体壁面应与后背墙紧贴，孔隙应用砂石料填塞密实。

④ 根据后背施工设计安装后背，紧贴土体的后背材料，如型钢、预制后背、方木等应横放，在其前面放置立铁，立铁前放置横铁。

3）当无原土作后背时，应采用结构简单、稳定可靠、就地取材、拆除方便的人工后背墙；利用已完成顶进的管段作后背时，顶力中心宜与已完工管道中心重合，顶力应小于已顶完管道的抗顶力，后背钢板与管口间应垫缓冲材料，保护管口不受损伤。

（4）设备安装

1）导轨安装应符合下列要求：

① 导轨应选用钢质材料制作，宜根据管材质量选配钢轨作导轨。

② 应在检验合格的基础上安装枕铁或枕木，在检验合格的枕铁或枕木上安装导轨。

③ 当工作竖井底有水、土质松软、管径较大时，应浇筑水泥混凝土基础，将枕铁或枕木埋设于混凝土中。宜结合管道基础设计，确定混凝土面的高程及宽度，水泥混凝土基础的宽度宜比管径大400mm，厚度可采用200mm～300mm，混凝土基础顶面应低于枕铁或枕木面10mm～20mm。

④ 当工作竖井底无水，土质坚实，可挖土槽埋设枕铁或枕木。枕铁或枕木长度宜采用2m～3m，宜比导轨外缘两边各长出200mm～300mm，其埋设间距可根据管重、顶力和土质选取400mm～800mm。

⑤ 枕铁宜用型钢制成，并附有固定导轨的特制螺栓，枕铁应直顺、平整；采用枕木时，截面不小于150mm×150mm。

⑥ 两根导轨应顺直，两根导轨的内距按下式计算：

$$A_0 = A + a \tag{3-12}$$

$$A = 2\sqrt{(D-h+e)(h-e)}$$

式中：A_0——两导轨中距（mm）；

A——两导轨上部的净距（mm）；

a——导轨的上顶宽度（mm）；

D——管外径（mm）；

h——导轨高度（mm）；

e——管外底距枕铁（枕木）面的距离（一般为10mm～25mm）。

2）导轨及枕铁安装质量应符合下列规定：

① 枕铁或枕木的安装高程宜低于管外底高程10mm～20mm，间距均匀，其铺装纵坡应与管道纵坡一致。

② 两根导轨应直顺、平行、等高，导轨安装牢固，其纵坡与管道设计坡度一致。

③ 导轨高差允许偏差2mm，导轨内距允许偏差为±2mm；中心线允许偏差为3mm，顶面高程允许偏差为0mm～3mm。

3）工作平台安装应符合下列要求：

① 应在顶管工作坑开挖与支护完成后进行。

② 工作平台承重主梁应根据静载、活载及其他附加荷载计算选用，主梁两端伸出工作坑壁外不得小于1.2m。

③ 平台口的长度和宽度各大于管节长度及管外壁0.8m。

④ 根据起吊设备能力及吊重核算起重架；支搭于工作平台上的起重架宜与防雨、雪棚架结合成一体，并安装牢固。

⑤ 工作坑上的平台孔口必须安装护栏，上下人处设置牢固的爬梯。

4）顶铁安装应符合下列要求：

① 应有足够的刚度，无歪斜扭曲现象，顶铁上宜有锁定装置，顶铁单块旋转时应能保持稳定。

② 顶铁宜采用铸铁成型或型钢焊接成型。

③ 顶铁放置在管道两侧，且顶铁中心线应与管道中心线平行、对称直顺；顶铁与导轨和顶铁之间的接触面不得有泥土、油污。

④ 更换顶铁时，应先使用长度大的顶铁，以减少顶铁连接数量；顶铁的允许连接长度，应根据顶铁的截面尺寸确定。当采用顶铁截面为200mm×300mm时，单行顺向使用的长度不得大于1.5m；双行使用的长度不得大于2.5m，且应在中间加横向顶铁相连。

⑤ 顶铁与管口之间应采用缓冲材料衬垫。在顶力作用下，管节承压面应力接近其设计顶镐压力强度时，应采用U形或环形顶铁等措施，减少管节承压面应力。

5）顶进设备安装

① 安装前应对高压油泵、液压油缸、液压管路控制系统、顶铁和压力表标定等进行检查，设备完好，方可安装。

② 应根据顶管竖井的施工设计，安装高压油泵、管路及控制系统。油泵宜设置在液压油缸附近；油管应直顺、转角少；油泵应与液压油缸相匹配，并应有备用油泵。

③ 液压油缸的油路应并联，每台液压油缸应有进油、退油的控制系统。

④ 液压油缸的着力中心宜位于管子总高的1/4左右处，且不小于组装后背高度的1/3。

⑤ 使用一台液压油缸时，其平面中心应与管道中心线一致，使用多台液压油缸时，各液压油缸中心线应与管道中心线对称。

⑥ 多台液压油缸宜配置油缸台架，且应使油缸布置对称。

⑦ 千斤顶的安装高程，一般宜使千斤顶的着力点位于管端面垂直直径的1/4左右处。

6）顶进设备试车运行应符合下列要求：

① 设备试车运行及顶进时，工作人员不得在顶铁上方及侧面停留，并应随时观察顶铁有无异常迹象。

② 顶进开始时，应缓慢进行，待各接触部位密合后，再按正常顶进速度顶进。

③ 顶进中若发现油压突然增高，应立即停止顶进，检查原因并经过处理后，方可继续顶进。

④ 液压油缸活塞退回时，油压不得过大，速度不得过快。

7）顶管单元长度应根据设计要求的井室位置、地面运输与开挖工作坑的条件、顶管需要的顶力、后背与管口可能承受的顶力，以及支持性技术措施等因素综合确定。宜减少顶管工作坑设置数量。当穿越构筑物或河道时，应根据穿越长度，确定顶管单元长度。

8）顶管的顶力计算

总顶力经验公式（钢筋混凝土管）：

$$P = nGL \qquad (3-13)$$

式中：P——计算总顶力（kN）；

G——管子单位长度管体自重（kN/m）；

L——顶进管总长度（m）；

n——土质系数。

当土质为粘土及天然含水量较小的亚粘土，管前挖土能形成土拱者，n 可取 1.5～2。

当土质为密实的砂土及含水量较大的亚粘土，管前挖土不易形成土拱，但塌方尚不严重时，n 可取 3～4。

（5）管道顶进

1）顶进前应检查下列内容，确认条件具备时方可顶进。

① 全部设备经过检查，并经试运转确认正常；导轨的中心线、坡度、高程符合设计规定；

② 已具备防止流动性土或地下水由洞口进入工作坑的措施；

③ 已制定开启封门的措施。

2）初始顶进 5m～10m 范围内，增加测量密度，机头或首节管允许偏差为：轴线位置 3mm，高程 0～3mm。

3）顶进应连续施工，除不可抗拒情况下，不得中途停止作业。

4）人工挖土顶管应符合下列要求：

① 管前土质良好及正常顶管地段，管前开挖长度 300mm～500mm，铁路道轨下管前挖土长度不宜大于 100mm，并随挖随顶，在道轨以外管前挖土长度不得超过 300mm，同时应遵守管理单位对挖掘、顶进的有关规定；土质不良地段，管前开挖长度不得大于 300mm。

② 正常顶管地段管顶部位最大超挖量宜控制在 15mm 以内，管底部位 135°范围内不得超挖。在不允许土层下沉的顶管地段，管道周围不得超挖。

5）在顶进过程中遇到下列情况之一时，及时采取措施，方可继续顶进。

① 发生塌方或遇到障碍物。

② 后背倾斜或严重变形。

③ 顶铁发现扭曲迹象。

④ 管位偏差过大，且校正无效。

6）对顶施工时，在顶至两管端相距约 1m 时，宜从两端中心掏挖小洞，使两管能通视，校核两管中心线及高程，进行纠偏、对口。

7）顶进过程中，顶铁拆装及使用应符合下列要求：

① 顶铁应无歪斜扭曲现象，安装应直顺。

② 每次换放顶铁时，应换可能安放的最长顶铁。

8）测量与纠偏

① 工作竖井内的测量控制点应设在不易扰动、视线清楚、方便校核、易于保护处。

② 顶进过程中加强对中心线及高程要一镐测量一次，并及时纠偏。

③ 顶管纠偏采用渐近方式，可采用挖土法、支顶法等纠偏方式。

9）减阻方式可采用触变泥浆减阻。

（6）管道接口

顶管完成后，管道接口应按设计要求进行处理。

3. 季节性施工

（1）雨期施工工作坑内设积水坑；工作坑应搭设防雨篷。

（2）在工作坑四周设临时围堰，采取有效排水设施，防止雨水流入工作坑内。

3.2.4.4 质量标准

1. 基本要求

（1）接口必须密实、平顺、不脱落。

（2）内涨圈中心应对正管缝，填料密实。

（3）管内不得有泥土、石子、砂浆、砖块、木块等杂物。

2. 实测项目顶管允许偏差，见表3－54

表3－54　　顶管允许偏差

项次	检查项目		规定值或允许偏差（mm）	检验频率		检验方法
				范围	点数	
1	中线位移	D＜1500	≤30	每节管	1	测量并查阅测量记录，有错口时，测2点
		D≥1500	≤50			
2	管内底高程	D＜1500	＋10，－20	每节管	1	用水准仪测量有错口时测2点
		D≥1500	＋20，－40			
3	相邻管间错口	D＜1500	≤10	每个接口	1	用尺量
		D≥1500	≤20			
4	对顶时管节错口		≤30	对顶接口	1	用尺量

注：1. 表内D为管径（mm）。

2. 管内底高程：如管径小于1500mm的最大超差超过100mm；管径大于或等于1500mm的最大超差超过150mm时，均应返工重做。

3.2.4.5　成品保护

1. 在现场运输、存放和施工过程中保护好管口。

2. 同一顶坑向相反方向顶进时，先顶距离长管段，后顶距离短管段，用顶完管段做后背时，应在管端加护铁，保护管口。

3.2.4.6　应注意的质量问题

1. 管底标高偏差较大时，应严格执行测量放样复核制度，每次测量前，要先检查测量仪器是否移动，出洞口管节经测量后要垫实。

2. 为防止管端破损，应在顶进过程中认真控制好方向，纠偏不要大起大落。适当增加垫板的厚度或降低垫板硬度，尽量扩大在张角大时的受压面积。

3. 为防止管接口渗漏，在吊装过程中应采用专用吊具，严禁用钢丝绳直接套入管口吊运，以防损坏管口及钢套环。

4. 为防止管节飘移，在软土层中顶进混凝土管时，可将前3～5节管与工具管连成一体。

5. 为防止地面沉降应严禁超挖，顶进完成后要及时进行注浆。

3.2.4.7　环境、职业健康安全管理措施

1. 环境管理措施

（1）在油压系统下应设隔油层，以免造成污染。

（2）采取措施使机械噪声量控制在规定范围之内，防止噪声扰民。

（3）渣土分类堆放，及时消纳。

（4）在现场出入口设立清洗设备，对运土车辆进行冲洗和覆盖，避免运土车辆污染公共道路及扬尘。

2. 职业健康安全管理措施

（1）顶进时，顶铁上方及侧面不得站人，并应随时观察有无异常迹象，以防崩铁。

(2) 起重设备安装后在正式作业前应试吊，吊离地面100mm左右时，检查重物、设备有无问题，确认安全后方可起吊。

(3) 竖井支护要有专项施工技术方案。竖井四周要设安全护栏和上、下工作坑安全爬梯。

(4) 工作坑的总电源箱必须安装漏电保护装置，工作坑内一律使用36V以下的照明设备。

(5) 起重设备专人检验、安装，持证上岗，并必须遵守有关安全操作规程。

(6) 在出土和吊运材料时，起重设备下严禁站人。

3.3　燃气管道

3.3.1　钢质燃气管道施工

3.3.1.1　适用范围

适用于供气压力不大于300kPa的市政燃气输配工程室外埋地钢质燃气管道工程的施工。

3.3.1.2　施工准备

1. 技术准备

(1) 施工前做好施工图纸的会审，编制施工组织设计及交底工作。

(2) 施工测量完成施工交接桩、复测工作，并进行护桩及加密点布置。

(3) 原材料和半成品检验试验：管节、阀门的进场试验已完成。

2. 材料要求

(1) 钢管：钢管的材料、规格、压力等级应符合设计规定，应有出厂合格证，表面应无显著锈蚀、裂纹、斑疤、重皮和压延等缺陷，不得有超过壁厚负偏差的凹陷和机械损伤。钢管材质指标符合《低压流体输送用焊接钢管》(GB/T 3092)、《输送流体用无缝钢管》(GB/T 8163)或《承压流体输送管道用螺旋缝埋弧焊钢管》(SY/T 5036)的规定。

(2) 管件：弯头、三通、封头宜采用成品件，应具有制造厂的合格证明书。热弯弯管应符合《钢制弯管》(SY 52537)标准、三通应符合《钢制对焊无缝管件》(GB 12459)、封头应符合《钢制压力容器》(GB 150)的规定。管件与管道母材材质应相同或相近。管道附件不得采用螺旋缝埋弧焊钢管制作，严禁采用铸铁制作。

(3) 焊条、焊丝：应有出厂合格证。焊条的化学成分、机械强度应与管道母材相同且匹配，兼顾工作条件和工艺性；焊条质量应符合国家现行标准《碳素钢焊条》(GB/T 5117)、《低合金钢焊条》(GB/T 5118)的规定，焊条应干燥。

(4) 阀门、波形管：阀门规格型号必须符合设计要求，安装前应先进行检验，出厂产品合格证、质量检验证明书和安装说明书等有关技术资料齐全。

(5) 螺栓、螺母：应有出厂合格证，螺栓螺母的螺纹应完整，无伤痕、毛刺等缺陷，螺栓与螺母应配合良好，无松动或卡涩现象。

(6) 法兰：应有出厂合格证，法兰盘密封面及密封垫片，应进行外观检查，不得有影响密封性能的缺陷存在。

(7) 防腐材料

1) 钢质管道外防腐有挤压聚乙烯防腐层、熔结环氧粉末防腐层、聚乙烯胶带防腐层。按普通级和加强级基本结构应符合表3－55的规定。

表 3－55 防腐层基本结构

防腐层		防腐层基本结构		国家现行标准
		普通级	加强级	
挤压聚乙烯防腐层	二层	(70～250)μm 胶结剂＋聚乙烯厚 1.8mm～3.0mm	(70～250)μm 胶结剂＋聚乙烯厚 2.5mm～3.7mm	SY/T 0413
	三层	≥80μm 环氧＋(70～250)μm 胶结剂＋聚乙烯厚 1.8mm～3.0mm	≥80μm 环氧＋(70～250)μm 胶结剂＋聚乙烯厚 2.5mm～3.7mm	SY/T 0315
熔结环氧粉末防腐层		(300～400)μm	(400～500)μm	SY/T 0414
聚乙烯胶带防腐层		底漆＋内带＋外带 ≥0.7mm	底漆＋内带搭接 50%＋外带搭接 50% ≥1.4mm	SY/T 0414

2）防腐层各种原材料均应有出厂质量证明书及检验报告、使用说明书、出厂合格证、生产日期及有效期。

3）防腐层各种原材料应包装完好，按厂家说明书的要求存放。在使用前均应由通过国家计量认证的检验机构按国家现行标准《埋地钢质管道聚乙烯防腐层技术标准》(SY/T 0413)的有关规定进行检测，性能达不到规定要求的不能使用。

3. 机具设备

(1) 设备：根据埋设管线直径大小，选择满足施工要求的起重机、挖掘机、铲车、运输车辆、蛙式打夯机、切割机、发电机、空压机、电焊机、氩气瓶、焊炬、角向磨光机、烘干机、焊接保温桶、对口器、倒链、千斤顶、吊具、电火花检测仪、无损探伤仪、电动钢丝刷、风镐、空压机、全站仪、水准仪等。

(2) 工具：盒尺、角尺、水平尺、线坠、铅笔、扳手、钳子、螺丝刀、手锤、气焊、焊缝检测尺、钢刷、夜间交通警示灯等。

4. 作业条件

(1) 施工便桥经有关主管部门批准，地下管线和其他设施物探和坑探调查清楚，地上、地下管线设施拆迁或加固措施已完成。

(2) 现场条件：现场“三通一平”已完成，地下水位降至槽底 0.5m 以下。

(3) 施工技术方案已完成审批手续。

3.3.1.3　施工工艺

1. 工艺流程

测量放线 → 土方开挖 → 管内外清扫及检查外防腐 → 排管及挖工作坑 → 下管 → 管道试焊 → 管道对口 → 管道焊接 → 管道附件安装 → 固定口绝缘防腐 → 强度试验及严密性试验 → 沟槽回填 → 管道通球吹扫 → 竣工验收

2. 操作工艺

(1) 测量放线

根据设计图纸和交接桩测量资料，测设管道中线和高程控制桩，并放出基坑开挖上口线。具体操作方法参照“6.3　管线工程施工测量”进行。

（2）土方开挖

土方开挖参照“3.1.1　管线基坑明挖土方”施工。

（3）管内外清扫及检查外防腐

1）管内外清扫：首先对管材进行检验，管材检验可采用锤敲和外观检查，对裂纹、砂眼和有异常声音的管道，不得使用。对合格的管材，先将管内杂物清除，然后用清理工具在两端来回拖动，将管内清扫干净，再用钢刷把接口的两端刷出金属本色，并擦干净。

2）管道外防腐检查

① 先用目测观察外防腐是否有破损，然后用火花检测仪（检漏电压为15kV）检查有无漏点，发现漏处宜采用辐射交联聚乙烯补伤片修补。

② 补伤片的性能应达到收缩套（带）的规定，补伤片对聚乙烯的剥离强度应不低于35N/cm。

③ 补伤处应进行外观、漏点及粘力等逐个检查。

④ 每根管预留端头形成的裸露表面应涂刷硅酸锌涂料或无机可焊涂料，防止锈蚀。

（4）排管及挖工作坑

1）排管：钢管下沟前，用彩条布将检查合格的管道两端封好。在沟边把管道按型号和规格排好。排管时，钢管的纵向焊缝应位于中心垂线上半圆45°左右。管件连接处和阀门位置的短节管不宜小于管子的直径，且不得小于200mm。

2）挖工作坑：管子排列后，在钢管焊接固定口处，挖好工作坑，工作坑尺寸可参见表3－56和图3－25、图3－26。

表3－56　工作坑尺寸

公称直径(mm)	宽度 a(m)	长度(m)		深度(m)
		焊口前 b	焊口后 c	
150～200	500	300	600	400
250～700	600	300	900	500

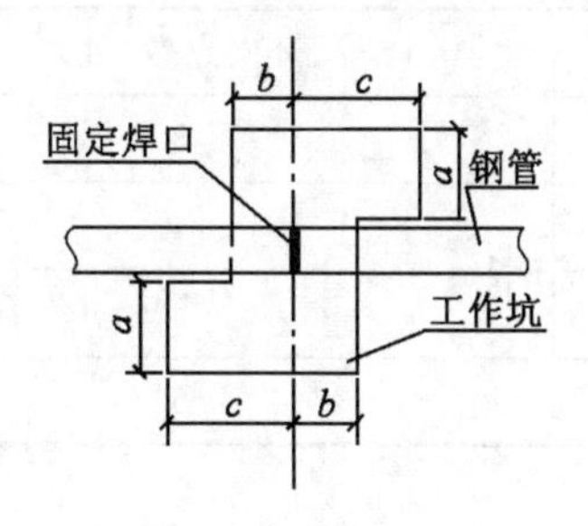

图3－25　直管工作坑平面图

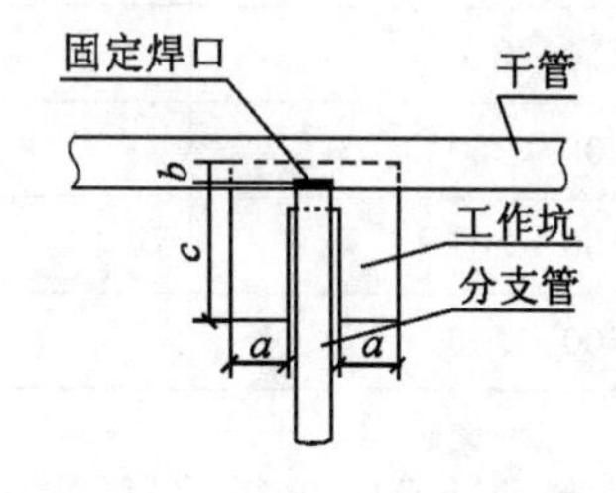

图3－26　分支管工作坑平面图

（5）下管

1）采用吊车配合下管时，严禁将管子沿槽帮滚放，吊管用软质吊带，防止损坏防腐层。吊点最大间距不得超过8m。

2）管沟尺寸应符合设计要求，沟底应平整，无碎石、砖块等硬物。沟底为硬层时，应铺垫细软土，垫层厚度应符合有关管道施工标准的规定。

（6）管道试焊

焊接前应通过试焊确定焊接材料和设备的性能、对口间隙、焊条直径、焊接层数、焊接电流、加强面宽度及高度等参数，作为指导施工的工艺方法。

(7) 管道对口

1) 管道坡口：管道对口前采用气割与手提电动坡口机相结合打坡口、清根，管端面的坡口角度、钝边、间隙应符合设计规定，如设计无规定，应符合表 3－57 的规定；不得在对口间隙夹焊帮条或用加热法缩小间隙施焊。打坡口后及时清理表面的氧化皮等杂物。

表 3－57　　　　电弧焊管端修口各部尺寸

坡口名称	修口形式		间隙 b (mm)	钝边 p (mm)	坡口角度 a (°)
	图示	壁厚 t(mm)			
V形		3～9	3±1	1±1	70±5
		10～26	4^{+1}_{-2}	2^{+1}_{-2}	60±5

2) 对口前将管口以外 100mm 范围内的油漆、污垢、铁锈、毛刺等清扫干净，检查管口不得有夹层、裂纹等缺陷。检查管内有无污物并及时清理干净。

3) 直管段接口的折角不得大于 22.5°。如超过 22.5°应采用机制弯头，弯曲半径不小于3.5D(D 为管子的直径)。

4) 采用倒链找正、对口器进行固定对口，不得强力对口。纵向焊缝应错开，错开的间距应大于 100mm，且应放在中心垂线上半圆 45°左右。内壁应平齐，其错边量应小于或等于 0.2 倍壁厚且不大于 2mm。对口间隙应符合表 3－59 的规定。

5) 点焊：管口对好后应立即进行点焊，点焊的焊条或焊丝应与接口焊接相同，点焊的厚度应与第一层焊接厚度相近且必须焊透。钢管的纵向焊缝及螺旋焊缝处不得点焊；点焊完毕方可拆掉对口器，点焊的长度和点数见表 3－58。

表 3－58　　　　点焊长度和点数

管径(mm)	点焊长度(mm)	环向点数(处)
150～200	20～30	3
200～350	30～50	4
350～500	50～60	5
600～700	60～70	6

6) 对口完成后及时进行编号，当天对好的口必须焊接完毕。

(8) 管道焊接

按照试焊确定的工艺方法进行焊接，一般采用氩弧焊打底，手工电弧焊填充、盖面，DN700mm 以下钢管采用单面焊、双面成型的方法。焊接层数应根据钢管壁厚和坡口形式确定，壁厚在 5mm 以下带坡口的接口焊接层数不得少于两层。

1) 焊条：氩弧焊的焊丝和手工电弧焊的焊条应与母材材质相匹配，焊条(丝)的直径应根据管道壁厚和接口形式选择。受潮生锈、掉皮的焊条(丝)不得使用。焊条在使用前应进行烘干，烘干后装入保温筒进行保温储存。

2) 分层施焊：第一层用氩弧焊焊接，焊接时必须均匀焊透，并不得烧穿，其厚度不应超过焊丝的直径。以后各层用手工电弧焊进行焊接，焊接时应将上一层的药皮、焊渣及金属飞溅物清理干净，经外观检查合格后，才能进行焊接。焊接时各层引弧点和熄弧点均应错开20mm以上，并不得在焊道以外的管道上引弧。每层焊缝厚度一般为焊条直径的0.8～1.2倍。

3）每道焊缝焊完后，应清除焊渣，并进行外观检查，如有气孔、夹渣、裂纹、焊瘤等缺陷，应将焊接缺陷铲除重新补焊。

（9）管道附件安装

1）各类阀门安装要点：阀门安装位置应符合设计要求。阀门在安装过程中不得使阀体承受意外应力。

2）法兰安装：遇有阀门等设备地段管道可用平焊钢法兰盘连接，法兰盘与管道装配时，管子穿入法兰，管子端面与法兰的密封面留出3mm，先焊内口，后焊外口，法兰内侧焊缝不得凸出法兰的密封面。

3）波形管安装

① 严格按照设计图纸，选择合适的产品。

② 严格按照产品说明书进行安装。

③ 波纹管安装在阀门的后面（按气流方向）。

④ 波纹管安装应根据补偿零点温度定位，根据设计要求进行预拉伸或压缩。

⑤ 波纹管预拉（预压）后，要用螺栓做临时定位。安装完毕后应将定位螺栓松开。

（10）固定口的绝缘防腐

1）表面预处理

① 在防腐层涂敷前，先清除钢管表面的油脂和污垢等附着物。并对钢管预热后进行表面预处理，钢管预热温度为40℃～60℃。表面预处理质量应达到《涂装前钢材表面锈蚀等级和除锈等级》（GB/T 8923）中规定的Sa等级的要求，锚纹深度达到50～75μm。钢管表面的焊渣、毛刺等应清除干净。

② 表面预处理后，应将钢管表面附着的灰尘及腐料清扫干净，并防止涂敷前钢管表面受潮、生锈或二次污染。表面预处理过的钢管应在4h内进行涂敷，超过4h或钢管表面返锈时，应重新进行表面预处理。

2）固定口外防腐

① 应用无污染的热源将固定口加热至合适的涂敷温度。

② 环氧粉末涂料应均匀地涂敷到钢管表面。

③ 胶粘剂的涂敷必须在环氧粉末胶化过程中进行。

④ 聚乙烯层涂敷时，应确保搭接部分的聚乙烯及焊缝两侧的聚乙烯完全辊压密实，不得损伤聚乙烯层表面，焊缝两侧不应出现空洞。

⑤ 聚乙烯层涂敷后，应用水冷却至钢管温度不高于60℃。涂敷环氧粉末至对防腐层开始冷却的间隔时间，应确保熔结环氧涂层固化完全。

⑥ 固定口可采用辐射交联聚乙烯热收缩套（带），也可采用环氧树脂辐射交联聚乙烯热收缩套（带）三层结构。

a. 固定口搭接部位的聚乙烯层应打磨至表面粗糙。

b. 按热收缩套（带）产品说明书的要求对固定口进行预热并进行补口施工。

c. 热收缩套（带）与聚乙烯层搭接宽度应不小于100mm；采用热收缩带时，应采用固定片固定，周间搭接宽度应不小于80mm。

⑦ 管件防腐的等级及性能应不低于固定口部位防腐层的要求。

⑧ 固定口质量应按国家现行标准《埋地钢质管道聚乙烯防腐层技术标准》(SY/T 0413)的有关规定逐个检验外观、漏点及粘结力等三项内容。

(11) 强度试验及严密性试验

1) 强度试验

① 试验介质:管道强度试验采用空气压缩机加压方式,强度试验介质为压缩空气。

② 试验准备:试压时采用量程不大于试验压力的2倍、精度不低于0.4级的弹簧压力表进行观测。试验阀门采用1.6MPa球阀。管道端头焊堵板,并应经过计算,确保试压安全。

③ 试验压力:强度试验压力为设计压力的1.5倍,且中低压钢管试验压力不得低于300kPa,次高压钢管试验压力不低于450kPa。

④ 试验过程:进行强度试验时,压力应逐步缓升,首先升至试验压力的50%,应进行初检,对管线焊口、打压设备、压力表、阀门连接处用肥皂水检查一遍,发现问题及时处理。如无泄漏、异常,继续升压至试验压力,然后宜稳压1h后,观察压力计不应少于30min,无压力降为合格。

2) 严密性试验

① 试验条件:管线球阀及附件全部安装完成,保证管顶上至少覆盖土层为500mm,待管道内空气温度与周围土壤温度一致(一般约6～12h),并在强度试验合格后,进行严密性试验。

② 严密性试验压力

次高压燃气管道,试验压力为300kPa(相当于$3kg/cm^2$),中低压燃气管道(管道输送压力$P \leqslant 150kPa$时,试验压力为100kPa相当于$1kg/cm^2$)。

试验介质为压缩空气,压力计采用2块不低于0.4级的弹簧压力表,最后以输配公司提供的电脑自动压降记录电子表为准,记录24h,每小时记录一次压力读数及地温、大气压的变化及试验情况。压力降必须符合《城镇燃气输配工程施工及验收规范》(CJJ 33)标准的规定。

(12) 沟槽回填

1) 回填前应具备的条件

① 回填时清除槽内积水、砖、石等杂物。

② 气压试验前除接口外,管道两侧及管顶以上回填高度不应小于0.5m,气压试验合格后,及时回填其余部分。

③ 管道回填后,应全线进行地面检漏,发现漏点应进行修补。

2) 土方回填:应用中、细砂或细粒土进行胸腔回填。两侧同时进行,不得直接扔在管道上。沟槽底至管顶以上500mm的范围均应采用人工填土,超过管顶500mm以上采用小型机械还土。还土时按分层铺设夯实的要求,每一层应采用人工摊平。

3) 胸腔回填:胸腔两侧填土必须同时进行,两侧回填高度不要相差一层(200mm～300mm)以上。胸腔填土是防止钢管竖向变形的关键工序。胸腔填土至管顶以上时,要检查管道变形与支撑情况,无问题时继续回填,否则采取措施处理好后再回填。

4) 敷设标志带:管顶以上500mm处铺设天然气标志带,标志带搭接长度不得小于200mm,并不得撕裂或扭曲。

5) 夯实:回填土的夯实采用人工夯实和机械夯实相结合的方式。夯实时,管道两侧同时进行,不得使管道位移或损伤。采用木夯、蛙式夯等压实工具时,应夯夯相连,人工回填至管顶500mm以上后,可用压路机碾压,碾压的重叠宽度不得小于200mm。控制土的最佳含水量,应达到设计压实度。

(13) 管道吹扫

1) 公称直径小于100mm或长度小于100m的钢质管道,可采用气体吹扫;公称直径大于或等于100mm的钢质管道,宜采用清管球进行清扫。

设专人负责通信和监视工作。

2) 气体吹扫

① 确认准备工作无误后方可向管内压气进行吹扫。吹扫气体流速不宜小于20m/s,吹扫口与地面的夹角应在30°～45°之间。

② 吹扫过程中要及时检查吹扫管段两端的压差,一般压差超过0.5MPa以上时,要分析原因及时处理。

③ 做好详细记录,一般每3～5min记录一次压力值。

④ 当目测排气无烟尘时,应在排气口设置白布或涂白漆木靶板检验,5min内靶上无铁锈、尘土等其他杂物为合格。

3) 清管球清扫

① 管道直径必须是同一规格,不同管径的管道应断开分别进行清扫。

② 对影响清管球通过的管件、设施,在清管前应采取必要措施。

③ 发球前必须检查收发球筒是否与管道焊接牢固,球体处于待发状态。

④ 清管球清扫完成后,应按(2)项中4)的规定进行检验,如不合格可采用气体再清扫至合格。

3. 季节性施工

(1) 雨期施工

1) 管道安装后在管身中部回填部分填土,做好基槽内排水,防止漂管事故。

2) 合理缩短开槽长度,及时砌筑检查井,暂时中断安装的管道、管口应临时封堵,已安装的管道验收合格后及时回填土。

3) 做好沟槽边雨水疏导路线的设计,开挖沟槽的土应放在沟槽两侧,挡住地面雨水进入沟槽内。若沟边没有余土堆放,应设挡水土埝,土埝与沟边之间设人行通道。对于沟槽距离长的,应每隔100m～200m留一个土堤,防止雨水流入沟槽后漫流全沟。

4) 沟槽开挖后若不立即铺管,应留沟底设计标高以上200mm的原土不挖,待到下管时再挖至设计标高。

5) 安装管道时,地面应做好防滑处理。在运管和下管的过程中,应采取必要的措施封闭管口,防止泥砂进入管内。

6) 管道安装焊接时,应准备盲板,每日在收工前和即将下雨前,在已做管线的端头焊临时盲板,防止雨水、泥砂进入管中。

7) 电焊施工时,应搭设防雨棚设施。

8) 打压合格后及时对焊口防腐,减少焊口裸露时间。雨天不得进行挤压聚乙烯防腐层、熔结环氧粉末防腐层、聚乙烯胶带防腐层施工。

(2) 冬期施工

1) 冬期焊接时,根据环境温度进行预热处理,可参照表3－27进行。

2) 在焊接前先清除管道上的冰、雪、霜等,刚焊接完的焊口没冷却前严禁接触冰雪。

3) 当工作环境的风力大于5m/s、雪天或相对湿度大于90%时,应采取保护措施进行施焊,做好防风防雪工作,避免管内空气流通。

4) 焊条使用前,必须先放在烘箱内烘干后,放保温筒中,随时取用。

5）焊接时，应使焊缝可自由伸缩，并使焊口缓慢降温。严禁在焊接的管道上敲打。

6）当环境温度低于5℃时，不宜采取环氧煤沥青涂料进行外防腐，当采用石油沥青涂料时，须采取措施，当温度低于－15℃或相对湿度大于85%时，未采取措施不得进行施工。

7）在雪、雾或5级以上大风中不得露天施工，如施工须搭设施工棚。

3.3.1.4 质量标准

1. 基本要求

(1) 钢质燃气管道的强度、严密性试验必须符合设计要求。

(2) 新建管道的阴极保护设计、施工应与管道的设计、施工同时进行，并同时投入使用。

(3) 防腐层涂敷必须保证完整性、连续性及与管体的牢固粘结。

(4) 管道交付使用前必须吹扫。

2. 实测项目

(1) 焊缝检查

1）管道焊后必须对焊缝进行外观检查，检查前应将妨碍检查的渣皮、飞溅物清理干净。

2）外观检查应在无损探伤、强度试验及气密性试验之前进行，外观检查符合表3－27。

(2) 无损检测

1）设计有要求进行无损探伤检验时，取样数量与要求等级按设计规定执行。设计无要求时，一般在要求所有焊缝中任意制取每个焊工当天完成全部焊缝的15%用射线照相对其进行全周长复验，并应达到国家现行标准《钢管环缝熔化焊对接接头射线透照工艺和质量分级》(GB/T 12605) Ⅱ级质量标准。

2）管线穿越铁路、公路、河流、重要交通干道等，所有焊缝全周长100%用射线照相，应达到Ⅱ级及Ⅱ级以上质量标准。

3）进行无损探伤的焊缝，其不合格部位必须返修，返修后仍需按原探伤方法进行检验。

(3) 外防腐的质量标准

1）外观：不得出现气泡、破损、裂纹、剥离缺陷。

2）厚度：采用相关测厚仪，在测量截面圆周上按上、下、左、右四个点测量，以最薄点为准。

3）粘结力：采用剥离法，在测量截面圆周上取一点进行测量。

4）连续性：采用电火花检测仪进行检漏，检漏电压按下列公式计算：

① 防腐层厚度大于0.5mm时：

$$u = 7900T/2 \qquad (3-14)$$

② 防腐层厚度小于等于0.5mm时：

$$u = 3300T/2 \text{ 或 } 5V/\mu m \qquad (3-15)$$

式中：T——防腐层平均厚度(mm)；

u——检漏电压(V)。

5）防腐层涂覆后质量的检验应符合国家现行标准《埋地钢质管道聚乙烯防腐技术标准》(SY/T 0413)、《钢质管道熔结环氧粉末外涂层技术标准》(SY/T 0315)、《钢质管道聚乙烯胶结带防腐技术标准》(SY/T 0414)的规定。

(4) 管道回填土：管道的回填土的密实度应符合表3－14的规定。

3.3.1.5 成品保护

1. 管道在运输中吊装、下管过程中须使用专用吊装带，不得使用钢丝绳捆绑管材。存放时下垫方木，两边用木楔子塞住，防止滚动。

2. 阀门等设备必须带包装箱运输；存放在料厂时，包装箱下垫方木，上遮盖塑料布，周围挖排水槽，避免雨淋、水泡。严格按照说明书安装。安装后用塑料布包裹，减少灰尘、水等污染。

3. 防腐管露天存放时，应用不透明的遮盖物对防腐管加以保护，避免日光暴晒、雨淋，并不得超过规定存放时间。

4. 井室内设备安装完毕后，应及时盖好井盖。

5. 安装好的管道不得用做吊拉负荷及支撑、蹬踩或在施工中当固定点。

3.3.1.6　应注意的质量问题

1. 防止管道堵塞

(1) 施工过程中，对临时敞口应及时进行临时封堵工作。

(2) 管道施工前对管腔进行清理，除去污物泥砂。

2. 接口焊缝达不到质量要求

(1) 咬肉：选择适当的电流，避免过大。保持运条速度均匀，电弧不要拉得过长或过短。焊条摆动到坡口边缘应稍缓慢，停留的时间应略长，在焊缝中间位置要快。焊接时焊条的角度位置要正确，并保持一定的电弧长度，焊条熔化终了的留置长度要适当。

(2) 凹陷：选择适宜的电流，手工焊接收弧时，应将焊条在熔池处作短时间的停留或作环形运动及断弧灭弧，使焊条熔化金属填满熔池后按施焊方向再将焊条略向后退回收、灭弧。

(3) 夹渣：焊前注意坡口及其边缘范围内的清理，多层焊接时，要认真清除每层焊的焊渣，防止金属层间夹渣。避免焊缝金属冷却太快，采用焊前进行预热，焊接过程加热，并在焊后采用绝热材料在焊缝处覆盖，使其缓慢冷却，以减少夹渣的存在。焊接操作时，要随时注意保护熔池，防止空气等杂质的侵入。

(4) 未焊透：正确确定坡口加工尺寸和对口时的对口间隙。焊前认真清理坡口区域的铁锈等污物。

焊接时注意起焊处的正确接头，起焊时用长弧在接头处按焊接方向反程3mm～5mm，先预热、后焊接，使接头处得到熔化焊透，才能保证牢固的熔合；当焊接终点时应马上压短电弧，先填满熔池后，可稍微停留一段时间，将焊条向后拉、再回转向前灭弧。可防止起焊的接头处和焊到终点端未熔合。焊接途中用打磨法清理焊层之间的氧化物等。

(5) 气孔：加强焊接材料的保管，防止变质或受潮，焊前烘干焊条，烘干后装入焊工保温筒内，随焊随取保持干燥。

3. 钢管焊口开裂、漏气

(1) 管道焊接时，宜选择在温差变化较小的时间进行。

(2) 焊接材料应符合规定，焊接操作人员必须有相应的操作合格证，并严格按照焊接技术规程进行施焊。

(3) 管道安装完毕后，应及时进行回填，并应使回填土的压实度(尤其是管道两侧)和覆土厚度达到设计要求。

(4) 认真做好管基处理，特别是坚硬岩石的管基，应铺设砂垫层。

4. 防腐层空鼓，粘接不牢

防腐施工前，应对表面预处理，先将管道、焊口表面清理干净，并彻底除锈，露出金属光泽，合理选择管道预热温度，严格按有关规范和设计要求施工。

5. 防止漂管

在雨天施工时，管道焊口检验合格后，立即进行回填土的施工，防止雨水泡槽引起漂管现象。

6. 钢管的闭合口焊接施工

钢管的闭合口焊接时，夏季应在夜间且管内温度20℃±3℃、冬季在中午且管内温度10℃±3℃的时候进行。

3.3.1.7 环境、职业健康安全管理措施

参见“3.1.3 钢质给水管道施工”相应内容。

3.3.2 聚乙烯天然气管道施工

3.3.2.1 适用范围

适用于聚乙烯天然气管道埋地施工。适用温度范围在－20℃～40℃之间，适用压力为不大于0.4MPa。

3.3.2.2 施工准备

1. 技术准备

(1) 认真审核施工图纸及设计文件并进行图纸会审和施工组织设计。

(2) 向操作人员进行安全技术交底，并熟悉设备操作要求。

2. 材料要求

(1) 聚乙烯燃气管道中的管材、管件应符合现行国家有关标准的规定。燃气工程中严禁采用低于PE80管材、管件。管道加设套管必须采用塑料材质的管材如PV管。

(2) 根据不同种类燃气的工作压力选用满足天然气使用压力要求的PE管。

(3) 施工时所用PE管管材及相应管件，均须有出厂合格证及试验证明、生产日期等相关文件。

公称外径为315mm和400mm规格的管材进场时除具有一般管材的材质证明外，还应有耐快速开裂扩展试验合格证书和生产厂家提供的壁厚检验报告。

(4) 管材、管件应设专门料场存放，并设专人看管，材料在户外堆放时，必须有遮蔽物，管材两端加盖进行封堵，堆放高度不得超过1.5m。管材从生产到使用的存放期不得超过一年。

(5) 管材、管件应按设计图纸核对其型号、规格。

(6) 管件进场后，暂不施工时，不得打开外包装。

(7) 管材在码放、运输过程中，严禁拉、拖损伤管材外壁。管材外壁如划痕深度超过1/10管壁厚度严禁使用。

(8) PE管应用平底车辆运输，管长超出车厢较长时应设支撑。运输盘管应捆扎固定，避免相互碰撞。

3. 机具设备

(1) 机具：热熔焊机、电熔焊机、蛙式打夯机等。

(2) 工具：龙门架、吊带、刮刀、割管器、卡尺、削边机、托架、卡具等。

(3) 检测工具：水准仪、经纬仪、焊缝检查尺、直尺、卷尺、小线等。

(4) 塑料焊接所用专用工具要经有关部门认证，备案统一编号后才可使用。

4. 作业条件

(1) 焊机操作人员要持证上岗。

(2) 聚乙烯燃气管道不得从建筑物和大型构筑物的下面穿越；不得在堆积易燃、易爆材料和

具有腐蚀性液体的场地下面穿越；不得与其他管道或电缆同沟敷设，管道严禁穿越热力方沟。

(3) 聚乙烯燃气管道与供热管之间水平净距与其他建筑物、构筑物的基础或相邻管道之间的水平净距应符合燃气管道施工技术行业标准。

(4) 聚乙烯燃气管道与其他地下管道或设施的垂直距离应符合燃气管道施工技术行业标准和有关地下设施规范的技术标准。

(5) 聚乙烯燃气管道埋设的最小管顶覆土厚度应符合燃气管道施工技术行业标准和国家标准。

(6) 聚乙烯燃气用户引入管道所设钢塑过渡接头和调压箱接管所设钢塑过渡接头及支线钢塑过渡接头的水平位置应符合燃气管道施工技术行业标准。

(7) 在寒冷气候(－5℃以下)和大风环境下操作要有相应防护措施。

3.3.2.3　施工工艺

1. 工艺流程

测量放线 → 沟槽开挖 → 基底处理 → 管道对口、焊接 → 管道敷设 → 吹扫、打压 → 回填 → 验收

2. 操作工艺

(1) 测量放线

可参照“6.3　管线工程施工测量”进行测放。

(2) 沟槽开挖

主要参照“3.1.1　管线基坑明挖土方”进行施工，其他要求如下：

1) 沟底宽度

① 单管沟边组装铺设：沟底宽＝管子外径＋0.15m×2。

② 双管同沟沟边组装铺设：沟底宽＝两管外径之和＋两管之间净距＋0.15m×2。

2) 机械开挖沟槽时，槽底应预留200mm原状土，进行人工捡底，严禁超挖。

(3) 基底处理

1) 管道可以直接敷在未经扰动的原状土基础上，如地基为岩石、砾石时，须铺设0.1m～0.15m厚的细土或砂垫层；凡可能引起管道系统不均匀沉降的地段，地基应进行处理或采取其他防沉降措施。

2) 沟底如有硬石、木头等尖硬物体，必须清除至设计标高以下0.15m～0.2m，然后铺砂土使沟底平整连续。

3) 管道系统中阀门或其他附属设施等节点处必须设单独基础，并与之固定并采取防沉降措施。

(4) 管道对口、焊接

1) 热熔焊接

① 热熔对接焊适用于管径大于110mm的管径连接。

② 热熔对接焊用于同种牌号，管材与管材、管材与管件的连接。不同牌号材质的连接需试验验证方可焊接。

③ 管材或管件对口时其外径和壁厚必须相同，错边量不得大于1/10管壁厚度。

④ 热熔焊机在施焊过程中要严格遵守热熔焊机的操作规程。

⑤ 使用半自动热熔焊机，吸热时间与冷却时间要按管材条码上的时间确定，不能随意变更。

⑥ 在使用焊机时要使热板保持干净，切割好的管材端面严禁用手或其他物品进行擦拭，并且管材两端 0.3m 之内也要清理干净，以保证焊接质量。

⑦ 热熔焊机要放置在水平地面上，焊接过程中不出现滑动，以免影响焊接质量。

⑧ 清理碎屑应在管材下方进行，不得在管材上方清理。

⑨ 焊接冷却过程中，不得选用风冷、水冷或其他方式进行强制冷却。

2）电熔焊接

① 电熔焊接适用于所有尺寸规格的管材，电熔焊接管件适用同种牌号的管件，管材与管件进行电熔焊接时适用于不同牌号。

② 电熔焊接机只能用 220V 电源，严禁接入 380V 三相动力电源，并且电压要稳定。

③ 一般当电源距焊机在 50m 内时需选用 2.5mm^2 输入电缆线，当电源距电机在 50m～100m 时需选用 4mm^2 输入电缆线。

④ 电熔焊接的管件必须在焊接准备工作完成后才能打开包装。

⑤ 在焊接过程中不能随意移动焊机或连接件。

（5）管道敷设

1）铺设管道遇障碍物时，管道可以有一定弯曲，允许弯曲半径应符合燃气管道施工技术行业标准和国家标准。

2）管道与其他管道最小垂直距离见表 3－59。

表 3－59 管道与其他管道最小垂直距离

项目	聚乙烯管和其他管最小垂直距离(m)
给排水管及其他燃气管	0.15
热力沟(顶部)	0.15
电缆直埋	0.5
导管内	0.15
人防工程顶部	0.5

注：如施工时遇到与上表不符时应与设计部门协商解决。如需加设套管应与设计部门协商解决。

3）聚乙烯燃气管道敷设时，随管道走向必须埋设金属警示带，警示带的搭接长度不小于 0.5m，距管顶 0.5m。警示带要与钢管警示带有区别，严禁混用。

4）管道敷设时，可预先在地面上将管材排放好，等到每个焊口充分冷却后，再用非金属绳将管材吊装下沟，管材两端安防尘帽。

5）PE 管道口使用钢塑转换接头时，可以采用电熔或热熔连接，但操作应符合相应管材的焊接规定。

6）PE 球阀闸门井为砖块砌筑，同钢管闸井砌筑方法。

（6）吹扫与试压

1）PE 管在回填前要进行强度与严密性试验，试验介质一般为空气。

2）在管道试压前进行管道吹扫，吹扫应分段进行，并应采取如下措施：

① 吹扫口需用长度不小于 4m 的钢管，且钢管上应设置吹扫阀。

② 吹扫口钢管必须做好接地装置，其接地电阻不大于 10Ω。

③ 吹扫气流与吹扫标准应符合相应规定。

3）PE管试压应挂电子压力显示表，强度试压压力为1.5倍工作压力，时间为4h；严密性试压为1.15倍工作压力，时间为28h。在强度试压时应使用洗涤剂或肥皂水进行检漏，检漏完成后将检漏用的洗涤剂或肥皂液用清水冲掉。

4）在吹扫与试压过程中，介质温度不宜超过40℃。

(7) 回填

1）聚乙烯管敷设下沟后应立即用细土或砂覆盖管道，厚度不小于300mm，以保证聚乙烯管不受外力损伤。

2）沟槽回填，应先填实管底，再填管道两侧。然后，回填至管顶以上0.5m处。如沟内有积水，必须全部排尽后，再进行回填。

3）管道两侧及管顶以上0.5m内的回填土，不得含有碎石、砖块、垃圾等杂物，不得用冻土回填。

4）回填土应分层夯实，每层200mm为宜，管顶0.5m以上可用机械夯，沟槽各部位的压实度应符合图3－27的要求。

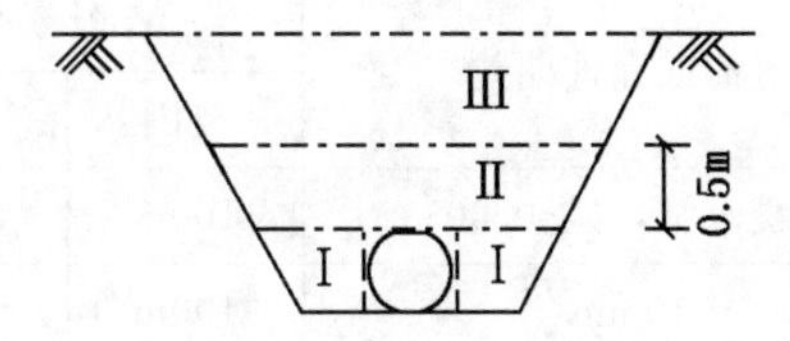

图3－27　回填土横断面示意图

A. 胸腔填土	(Ⅰ) 95%
B. 管顶以上0.5m范围内	(Ⅱ) 90%
C. 管顶0.5m以上至地面	(Ⅲ) 在城区范围内 95%
	耕地 90%

3. 季节性施工

(1) 遇雨天管段端口要加塑料进行封闭不让水流进管内。

(2) 如遇5级以上大风施工时要有遮风设施。

(3) 在寒冷季节(－5℃)以下时要有相应防护设施。

3.3.2.4　质量标准

1. 基本要求

(1) 热熔焊接中，接口应具有沿管材整个外圆平滑对称的焊缝环，所形成的凸缘应均匀一致。一般控制如下(见图3－28)：

环的宽度B：　B＝0.35～0.45s；

环的高度H：　H＝0.20～0.25s；

环缝高度h：　h＝0.10～0.25s；

注：s指管壁厚度。

上述数据的选取应遵循“小管径选较大值，大管径选较小值”的原则。

(2) 聚乙烯管与地下热力管道或其他管道水平、垂直间距应符合设计和规范的要求。

(3) 管道颜色均匀一致，无明显凹陷和明显的划痕(划伤深度不大于壁厚的10%)。

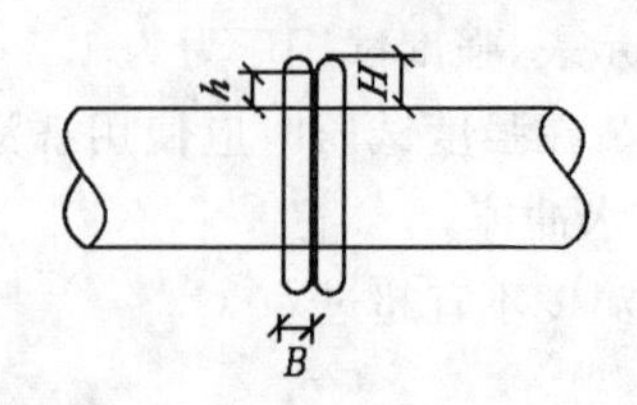

图 3－28 热熔焊接接口示意图

(4) 管道露出地面部分或穿越建筑物部分应采取硬度套管保护。

(5) 两对应连接的管材或管件应在同一轴线上。

(6) 采用钢塑连接件在金属端进行焊接时，不得对聚乙烯管端的接口造成影响。

2. 实测项目

见表 3－60。

表 3－60 实测项目

项次	检查项目	规定值或允许偏差	检验频率		检验方法
			范围	点数	
1	坡度	坡向凝水缸，且≥0.003	100m	4	水平尺
2	管顶高程	±10mm	100m	4	水准仪
3	热熔焊接口缺陷	不得有未熔合或裂纹	全数	—	目测
4	热熔对接错边	≤10%s	全数	—	尺量

注：1. s 指聚乙烯管壁厚(mm)。

2. 输送不含冷凝液的燃气，管道坡度可不作要求。

3.3.2.5 成品保护

管道焊好后，应在端口加设临时封堵并严禁往管道上乱扔杂物。

3.3.2.6 应注意的质量问题

1. 为防止热焊接压力不足造成焊环尖端没有与管壁接触，应按要求确定压力、吸热及冷却时间。

2. 为防止管道焊接两焊缝环高度不一致，应严格管材进场验收，不合格管材不得使用。

3. 为防止焊接时卡管不同心，造成两焊环不在同一轴线上，应加强管材截面尺寸的检验，并固定好卡具。

4. 管道焊接时，应掌握电压波动情况、熔接时间、环境温度和克服不良操作，保证管道接口质量。

3.3.2.7 环境、职业健康安全管理措施

1. 环境管理措施

(1) 切削后的管道余料应集中收集，不得随意丢弃。

(2) 施工现场堆土应遮盖或硬化处理，防止扬尘。

2. 职业健康安全管理措施

(1) 不宜在潮湿环境下使用焊机，如在此环境下操作，应使用 48V 输入电源或进行电气隔离。

(2) 应经常检查焊机接地漏电保护装置。电焊操作人员必须经培训，持证上岗。使用机电工具时，操作人员必须带绝缘手套，穿工作鞋。

(3) 焊机工作时应远离易燃易爆物品。

3.4 热力管道及构筑物

3.4.1 钢质热力管道施工

3.4.1.1 适用范围

适用于混凝土及砖混热力沟内供热钢质管道安装施工，其工作参数限定为：(1)工作压力 $P \leqslant 1.6$MPa，介质温度 $T \leqslant 350$℃的蒸汽管道；(2)工作压力 $P \leqslant 2.5$MPa，介质温度 $T \leqslant 200$℃的热力管道。

不适用于直埋蒸汽管道工程。

3.4.1.2 施工准备

1. 技术准备

(1) 编制管道安装施工方案，确定焊接工艺，并已经审批。

(2) 焊工应按国家现行标准规定进行培训和考试，取得合格证书。

2. 材料要求

(1) 按设计要求加工或购置供热管道管材、管道附件、阀门、标准件等。

(2) 焊接材料应有制造厂的质量合格证及材料质量复验报告；焊接材料应按设计规定选用；设计无规定时应选用焊缝金属性能、化学成分与母材相应且工艺性能良好的焊接材料；母材、焊接材料的化学成分和机械性能应符合有关国家现行标准规定。

焊接材料的材质和焊接工艺，应符合《城镇供热管网工程施工及验收规范》(CJJ 28－2004)和《现场设备、工业管道焊接工程施工及验收规范》(GB 50236)的规定。

(3) 管材及管件外观检查

1) 原材表面应光滑，无氧化皮、过烧、疤痕等。

2) 不得有深度大于公称壁厚的5%且不大于0.8mm的结疤、折叠、轧折、离层、发纹。

3) 不得有深度大于公称壁厚的12%且不大于1.6mm的机械划痕和凹坑。

4) 管材及管件尺寸允许偏差见表3－61。

表3－61 管材及管件尺寸允许偏差(mm)

项目	类型	公称直径							
		15～65	80～100	125～200	250～450	500～600	700～800	1000～1200	1400
端部外径 D	所有管件	±0.8	1.6，－0.8	2.4，－1.6	4.0，－3.2	6.4，－4.8			
端部内径 d		±0.8	±1.6		±3.2	±4.8			
端部壁厚 s		—							
中心至端面尺寸	45°、90°弯头	±1.6			±3.0		±3.2		±5
中心至中心尺寸	180°弯头	±6.4			±10				
中心至端面尺寸		±6.4							
端面之间尺寸	大小头	±1.6			±3.0	±3.2			
中心至端面尺寸	三能	±1.6			±3.0	±3.2			
顶部至端面尺寸	管帽	—						±6.4	

5）管件防腐漆膜应均匀，无气泡、皱褶和起皮，管件的焊接坡口处不得涂防腐漆，管件内部不得涂防腐漆。

6）热力管道工程所用的管道设备、补偿器、阀门等必须有制造厂家的产品合格证书及质量检测报告。

7）固定支架、导向支架、滑动支架材料符合设计要求。

3. 机具设备

（1）设备：吊车、运输拖车、电焊机、切割设备等。

（2）小型工具：倒链、运管车、手锤、电动磨光机、吊装带、电动钢丝刷、钢丝刷、换气扇等。

（3）测量检测设备：无损探伤设备、经纬仪、水准仪、水平尺、塞尺、焊缝尺、钢尺等。

4. 作业条件

（1）土建结构已施工完毕并经验收合格。

（2）结构内的障碍物已清理完毕。

（3）工作面照明符合作业要求，通风条件良好。

3.4.1.3　施工工艺

1. 工艺流程

安装准备 → 吊装下管 → 钢管对口 → 管道支架安装 → 钢管焊接 → 放气阀等安装 → 补偿器安装 → 管道试压 → 管道清洗 → 试运行

2. 操作工艺

（1）安装准备

1）滑动支架（座）、固定支架卡板（环）、导向支架导向板按设计图纸加工预制完毕。

2）测设管道中心线、高程线。

3）吊环、临时支墩安装完毕，符合吊装要求。

（2）吊装下管

1）采用吊车下管，吊装绳索采用足够强度的吊装带，以防破坏防腐。

2）吊装下管时宜采取两点吊，吊装时缓慢下放，以避免与井室墙壁、固定支架碰撞。

3）管沟内钢管的水平运输采取运管车进行，管体过重时，底板上应铺型钢为临时导轨。

（3）钢管对口

1）对口时纵、环向焊缝的位置应符合下列规定：

① 纵向焊缝应放在管道中心线上半圆的45°左右处。

② 纵向焊缝应错开，当管径小于600mm时，错开的间距不得小于100mm，当管径大于或等于600mm时，错开的间距不得小于300mm。

③ 有加固环的钢管，加固环的对焊焊缝与管带纵向焊缝错开，其间距不应小于100mm；加固环距管节的环向焊缝不应小于50mm。

2）环向焊缝距支架净距不应小于100mm。

3）直管管段两相邻环向焊缝的间距不应小于300mm。

4）不同壁厚的管节对口时，管壁厚度相差不宜大于3mm。不同管径的管节相连时，当两管管径大于小管管径的15%时，可用渐变管连接。渐缩管的长度不应小于两管径差值的2倍，且不小于200mm。

5）外径、壁厚相同的管子和管件对口，应与外壁平齐，对口错边量应小于表3－62的规定。

表3－62　钢管对口错边量允许偏差

壁厚(mm)	2.5～5	6～10	12～14	≥15
错边允许偏差(mm)	0.5	1.0	1.5	2.0

6）对口间隙和坡口形式应符合设计或《工业金属管道工程施工及验收规范》(GB 50235)附录B中的有关规定。

(4) 管道支架安装

1）管道支架的位置应正确、平整、牢固，坡度符合设计规定。

2）管道滑托、吊架的吊杆中心应处于与管道热位移方向相反的一侧。偏移量符合设计图纸要求。

3）导向支架的导向接合面应洁净、平整、接触良好，不得有歪斜和卡涩现象。

4）固定支架应严格按设计图纸施工。有补偿器装置的管道，在补偿器安装前，管道和固定支架不得进行固定连接。卡板和支架结构接触面应洁净、平整、贴实。

(5) 钢管焊接

1）焊件组对时的定位焊应符合下列规定：

① 焊接定位焊缝时，应采用与根部焊道相同的焊接材料和焊接工艺，并由合格焊工施焊。

② 在焊接前，应对定位焊缝进行检查，当发现缺陷时应处理后方可焊接。

③ 在焊件纵向焊缝的端部(包括螺旋管焊缝)不得进行定位焊。

④ 定位焊的焊缝长度、厚度及点数应保证焊缝在正式焊接过程中不开裂。可参照表3－63。

表3－63　焊缝长度和点数

管径(mm)	点焊长度(mm)	点　数
50～150	5～10	均布2～3点
200～300	10～20	4
350～500	15～30	5
600～700	40～60	6
800～1000	50～70	7
＞1000	80～100	一般间距300mm左右

2）手工电弧焊焊接有坡口的钢管及管件时，焊接层数不得少于两层。管道接口应考虑焊接顺序和方法，防止受热集中而产生附加应力。

3）多层焊接时，第一层焊缝根部应均匀焊透，不得烧穿。各层接头应错开，每层焊缝的厚度为焊条直径的0.8～1.2倍，不允许在焊件的非焊接表面引弧。

4）每层焊完后，应清除熔渣、飞溅物等并进行外观检查，发现缺陷，必须铲除重焊。

5）钢管公称直径大于或等于400mm的受压焊件，焊缝根部应进行封底焊接。封底焊接宜采用氩气保护焊。

(6) 放气阀、除污器、泄水阀、截止阀安装

1）放气阀、除污器、泄水阀安装应在无损探伤、强度试验前完成；截止阀门安装应在严密性试验前完成。

2）放气阀、泄水阀安装应朝向井壁，不得朝向通道。

3）除污器泄水阀门出水口要指向集水坑，不允许垂直向下安装。

4）泄水管不宜小于 *DN*80。

5）所有阀门手轮高于地面 1.6m 的需加设操作平台。

6）截止阀安装后不宜频繁开启。

（7）补偿器安装

1）安装前，应先检查该产品质量的要求并对补偿器的外观进行检查：

① 校对产品合格证，阅读《安装说明书》。

② 检查产品安装长度是否符合管网设计要求。

③ 检查接管尺寸是否符合管网设计要求。

2）按照管道设计图纸核对每个补偿器的型号和安装位置，确保无误。

3）需要进行预变形的补偿器，预变形量按照管道设计图纸要求执行。

4）严禁用补偿器变形的办法来调整管道的安装偏差。

5）安装操作时，严防各种不当的操作方式损伤补偿器。

6）补偿器安装完毕后，按要求拆除运输、固定装置或按《安装说明书》要求调整限位装置位置。

7）固定支架、导向支架、滑动支架等按设计图纸要求安装完毕、达到设计强度；锚固点、锚固段具有足够的摩擦阻力，安装管道补偿器完毕后，方可进行系统试压。

8）各种型号的补偿器的安装必须按照产品说明书和设计要求进行施工。

9）施工单位应做好补偿器的安装记录。

（8）试压

供热管道工程的管道和设备等均应按设计图纸要求及规范规定进行强度试验（分段试验）和严密性试验（总试压）。强度试验是对管道和焊缝进行的试验，严密性试验是对管道中设备和焊缝进行的总体试验。

1）试压前应具备的条件：

① 试压范围内的管道安装工程除涂漆、保温外，安装质量符合设计要求及有关规定，且有关材料、设备资料齐全。

② 管道各种支架已安装调整完毕，固定支架的混凝土已达到设计强度。

③ 焊接质量外观检查合格，焊缝无损检验合格。

④ 试压用的压力表已校验，精度不低于 1.5 级，表的满量程应达到试验压力的 1.5～2 倍，数量不少于 2 块，安装在试压泵出口和试验系统末端。

⑤ 进行压力试验前，划定工作区，并设标志，无关人员不得进入。

⑥ 检查室、地沟有可靠的排水系统，确保被试压管道及设备不被水淹。

⑦ 试压方案已征得建设（监理）单位和设计单位审核同意，试压前已对有关人员进行交底。

2）水压试验应符合下列规定：

① 管道水压试验以洁净水作为试验介质。

② 充水时，应排尽管道及设备中的空气。

③ 试验时，环境温度不宜低于 5℃，当环境温度低于 5℃时，应有防冻措施。

④ 当运行管道与试压管道之间的温度差大于 100℃时，应采取相应措施，确保运行管道和试压管道的安全。

⑤ 对高差较大的管道，应将试验介质的静压计入试验压力中。热水管道的试验压力应为最高点的压力，但最低点的压力不得超过管道及设备的承受压力。

3）管道强度（分段试压）试验

① 管道灌水时关闭泄水阀门，打开放气阀门；放气阀门溢水后关闭，此时灌水完毕。

② 强度试验前应检查更换泄水阀门的盘根。

③ 管道强度试验质量标准：见表3－66。

4）管道、设备及附件严密性试验（总试压）

① 管道严密性试验时，主干线蝶阀阀门应处于关闭状态；主干线旁通球阀阀门应处于开启状态。

② 管道自由端的临时加固装置已安装完成，经设计核算与检查确认安全可靠。

③ 安全阀、爆破片及仪表元件等已拆除或加盲板隔离，加盲板处有明显的标记作记录，阀门（旁通或球阀）全开，填料密实。

④ 管道总体试压应在管道、设备等均已安装完毕，固定支架等承受推力的部位达到设计强度后进行，试验压力为工作压力的1.25倍。

⑤ 严密性试验（总试压）标准：见表3－66。

（9）清洗

1）清洗管网及设备符合下列要求：

① 清洗方案经相关部门审批。

② 水力冲洗进水管的截面积不宜小于被冲洗管截面积的50％，排水管截面积不小于进水管截面积。

③ 冲洗水流方向应与设计的介质流向一致，严禁逆向冲洗。

④ 对具备扫膛的管线，宜在设备安装前进行人工清扫，以确保冲洗质量。

⑤ 冲洗应连续进行并尽量加大管道内的流量，一般情况下管内的平均流速不应低于1m/s，排水时，不得形成负压。

⑥ 蒸汽进行吹洗时，吹洗前，应缓慢升温暖管，暖管速度不宜超过300m/h，及时排水，并应检查管道热位移、所有法兰连接情况、补偿器及附属设备工作情况，恒温1h达到设计要求后进行吹洗。

⑦ 吹洗次数一般为2～3次，每次的间隔时间宜为20～30min。

2）管网清洗质量标准

水冲洗合格标准：应以排水水样中固形物的含量接近或等于清洗用水中固形物的含量为合格。当设计无明确规定时，入口水与排水的透明度相同即为合格。

蒸汽吹洗合格标准：以出口蒸汽为纯净气体为合格。

（10）试运行

1）试运行应在单位工程验收合格，热源已具备供热条件后进行。

2）试运行前，应编制试运行方案。在环境温度低于5℃进行试运行时，应制定可靠的防冻措施。试运行方案应由建设单位、设计单位进行审查同意并进行交底。

3）试运行应符合下列要求：

① 供热管线工程宜与热力站工程联合进行试运行。

② 供热管线的试运行应有完善、灵敏、可靠的通讯系统及其他安全保障措施。

③ 在试运行期间管道法兰、阀门、补偿器及仪表等处的螺栓应进行热拧紧。热拧紧时的运

行压力应为0.3MPa以下，温度宜达到设计温度，螺栓应对称，均匀适度紧固。在热拧紧部位应采取保护操作人员安全的可靠措施。

④ 试运行期间发现的问题，属于不影响试运行安全的，可待试运行结束后处理。属于必须当即解决的，应停止试运行，进行处理。试运行的时间，应从正常试运行状态的时间起计72h。

⑤ 供热工程应在建设单位、设计单位认可的参数下试运行，试运行的时间应为连续运行72h。试运行应缓慢地升温，升温速度不应大于10℃/h。在低温试运行期间，应对管道、设备进行全面检查，支架的工作状况应做重点检查。在低温试运行正常以后，可再缓慢升温到试运行参数下运行。

⑥ 试运行期间，管道、设备的工作状态应正常，并应做好检验和考核的各项工作及试运行资料等记录。

3. 季节性施工

(1) 在0℃以下的气温中焊接应符合下列规定：

① 清除管道上的冰、霜、雪等。

② 当工作环境的风速大于5m/s、雪天或相对湿度大于90%时，应采取保护施焊措施。

③ 焊接时，应使焊缝可以自由伸缩，并使焊口缓慢降温，焊缝在未完全冷却前，不得在焊缝部位进行敲打。

④ 冬期焊接时，应根据环境温度进行预热处理，并符合表3－26的规定。

(2) 雨期进行焊接时，应采取防雨和防潮措施，焊条应及时进行烘干，焊缝在冷却前严禁雨淋。

3.4.1.4 质量标准

1. 基本要求

(1) 钢管安装

1) 钢管的规格、材质应符合设计规定，并具有生产厂家的合格证明书。

2) 钢管表面应无显著腐蚀，管材应无裂纹、重皮和压延不良等缺陷。

(2) 钢管焊接

1) 在施工过程中，焊接质量检验应按下列次序进行：

① 对口质量检验。

② 表面质量检验。

③ 无损探伤检验。

④ 强度和严密性试验。

2) 对口质量应检验坡口质量、对口间隙、错边量、纵焊缝位置，检验标准应按《城镇供热管网工程施工及验收规范》(CJJ 28－2004)第4.2节要求执行。

3) 焊缝表面质量检验应符合下列规定：

① 检查前，应将焊缝表面清理干净。

② 焊缝尺寸应符合要求，焊缝表面应完整，高度不应低于母材表面，并与母材圆滑过渡。

③ 不得有表面裂纹、气孔、夹渣及熔合性飞溅物等缺陷。

④ 咬边深度应小于0.5mm，且每道焊缝的咬边长度不得大于该焊缝总长的10%。

⑤ 表面加强高度不得大于该管道壁厚的30%，且小于或等于5mm，焊缝宽度应焊出坡口边缘2mm～3mm。

⑥ 表面凹陷深度不得大于0.5mm，且每道焊缝表面凹陷长度不得大于该焊缝总长的10%。

⑦ 焊缝表面检查完毕应填写检测报告，检测报告内容应符合《城镇供热管网工程施工及验收规范》(CJJ 28－2004)附录A中表A.0.2的规定。

4) 焊缝无损探伤检验应符合下列规定：

① 管道的无损检验标准应符合设计或《城镇供热管网工程施工及验收规范》(CJJ 28－2004)表4.4.4的规定，且为质量检验的主要项目。

② 焊缝无损探伤检验必须由有资质的检验单位完成。

③ 应对每位焊工至少检验一个转动焊口和一个固定焊口。

④ 转动焊口经无损检验不合格时，应取消该焊工对本工程的焊接资格；固定焊口经无损检验不合格时，应对该焊工焊接的焊口按规定的检验比例加倍抽检，仍有不合格时，应取消该焊工焊接资格。对取消焊接资格的焊工所焊的全部焊缝应进行无损探伤检验。

⑤ 钢管与设备、管件连接处的焊缝应进行100%的无损探伤检验。

⑥ 管线折点处有现场焊接的焊缝，应进行100%的无损探伤检验。

⑦ 焊缝返修后应进行表面质量及100%的无损探伤检验，其检验数量不计在规定检验数中。

⑧ 穿越铁路干线的管道在铁路路基两侧各10m范围内，穿越城市主要干线的不通行管沟在道路两侧各5m范围内，穿越江、河、湖等的水下管道在岸边各10m范围内的全部焊缝及不具备水压试验条件的管道焊缝，应进行100%无损探伤检验。检验量不计在规定的检验数量中。

⑨ 现场制作的各种承压管件，数量按100%进行，其合格标准不得低于管道无损检验标准。

⑩ 焊缝的无损检验量，应按规定的检验百分数均布在焊缝上，严禁采用集中检验量来替代应检焊缝的检验量。

⑪ 当使用超声波和射线两种方法进行焊缝无损检验时，应按各自标准检验，均合格时方可认为无损检验合格。超声波探伤部位应采用射线探伤复检，复检数量应为超声波探伤数量的20%。

⑫ 焊缝不宜使用磁粉探伤和渗透探伤，但角焊缝处的检验可采用磁粉探伤或渗透探伤，检验完毕应按《城镇供热管网工程施工及验收规范》(CJJ 28－2004)附录A中表A.0.3－1填写检测报告。

⑬ 焊缝无损探伤记录应由施工单位整理，纳入竣工资料中。射线探伤及超声波探伤检测报告应符合《城镇供热管网工程施工及验收规范》(CJJ 28－2004)附录A中表A.0.3－2和表A.0.3－3的规定。

(3) 设备及附件安装

1) 滑动支架顶端距管道横向焊缝不小于150mm，并不得焊在管道纵向焊缝上。

2) 滑动支架的预制混凝土墩安装时，必须达到设计强度，滑板面应凸出墩面4mm～6mm。墩的纵向中心与管道中心偏差不应大于5mm，墩的前后位移不得大于0.5m。小室两侧洞口处墩的位置，应净距洞口内墙面0.5m。

3) 固定支架角板末端距管道横向焊缝应不少于0.5m。

4) 安装法兰时，管子应插入法兰厚度的2/3，法兰内径应大于管子外径2mm～4mm，一般应内外进行焊接牢固。

5) 法兰与附件组装时，垂直度最大允许偏差为2mm～3mm。

6) 各种伸缩器安装均应在管道的固定支架安装后进行，并按设计要求的预拉安装长度进行安装，偏差不得大于设计规定。

7) 套筒伸缩器的芯管与套管中心应重合，其坡度应与管道的坡度一致，芯管前10m以内不应有偏斜。

8）方型伸缩器安装时，外伸臂应保持水平，平行臂应与管道坡度一致，全部预拉伸长度偏差应不小于20mm。

（4）水压试验标准

1）分段试压（强度试验）应在试验段内的管道接口防腐、保温施工及设备安装前进行。

2）全段试压（严密性试验）应在试验范围内的管道工程全部安装完成后进行，其试验长度宜为一个完整的设计施工段。

3）当试验过程中发现渗漏时，严禁带压处理。消除缺陷后，应重新进行试验。

4）试压前应先校对试压用的弹簧压力表，以保证试验的压力准确和安全。

5）管道清洗应符合3.10.3.2条9款（2）项的规定。

2. 实测项目

（1）管材及管件加工应符合表3－61的规定。

（2）钢管安装的允许偏差及检验方法见表3－64。

表3－64 钢管安装允许偏差及检验方法

项次	检查项目	规定值或允许偏差(mm)			检验频率		检验方法
					范围	点数	
1Δ	高程	±10			50m	—	水准仪测量，不计点
2	中心线位移	每10m不超过5，全长不超过30			50m	—	挂边线用尺量，不计点
3	立管垂直度	每1m不超过2，全高不超过10			每根	—	垂线检查，不计点
4Δ	对口间隙	壁厚	间隙	偏差	每10个口	1	用焊口检测器量取最大偏差值，计1点
		4～9	1.5～2.0	±1.0			
		≥10	2.0～3.0	＋1.0，－2.0			

（3）焊缝质量标准见表3－65。

（4）水压试验的检验内容及检验方法见表3－66。

表3－65 焊缝质量标准

项次	检查项目	规定值或允许偏差(mm)		检验频率		检验方法
				范围	点数	
1	加强面高度	转动口	1.5mm～2.0mm，并不大于管壁厚30%	每10个口	1	用焊口检测器量取最大偏差值，计1点
		固定口	2.0mm～3.0mm并不大于管壁厚40%			
2	外观	表面光滑、宽窄均匀整齐、根部焊透，无裂缝、焊瘤、咬肉、焊口附近有焊工号码		每10个口	1	观察

表3－66 水压试验的检验内容及检验方法

项次	检查项目	试验方法及质量标准	检验范围
1Δ	强度试验	升压到试验压力稳压10min无渗漏，无压降后降至设计压力，稳压30min无渗漏、无压降为合格	每个试验段

续表

<table>
<tr><th>项次</th><th>检查项目</th><th colspan="2">试验方法及质量标准</th><th>检验范围</th></tr>
<tr><td rowspan="3">2Δ</td><td rowspan="3">严密性试验</td><td colspan="2">升压至试验压力，并趋于稳定后，应详细检查管道、焊缝、管路附件及设备等无渗漏，固定支架无明显的变形等</td><td rowspan="3">全 段</td></tr>
<tr><td>一级管网</td><td>稳压在 1h 内压降不大于 0.05MPa，为合格</td></tr>
<tr><td>二级管网</td><td>稳压在 30min 内压降不大于 0.05MPa，为合格</td></tr>
</table>

3.4.1.5 成品保护

1. 储运过程中的成品保护

(1) 吊运管材、管件时，应以吊装带吊装，防止破坏防腐。

(2) 钢管需露天码放时，应选择在地势较高地段，将管子垫起，管子码放不得超过 3 层。

(3) 冬、雨期施工应对管材、管件苫盖，必要时对管口封堵，防止泥水锈蚀。

(4) 设备进场检验合格后，应再次封闭包装箱，做到密封保管，不得露天码放。

2. 施工过程中成品保护

(1) 钢管安装时，手拉倒链应采取吊装带，以免破坏防腐。

(2) 施焊时不得在非施焊管材上引弧。

(3) 管道内的焊渣等杂物做到随焊随清。

(4) 阀门吊装时严禁将吊装点置于手轮上。

(5) 管沟内钢管水平运输时，不得将管身置于硬物上拖拉。

(6) 补偿器安装完毕后，及时用防火布覆盖，防止焊渣破坏补偿器。

3.4.1.6 应注意的质量问题

1. 为防止补偿器与管道不同轴。切管之前采取有效措施固定管道，安装时精心操作，对称施焊。

2. 安装滑动支墩与滑靴时，应注意滑动方向，严格按设计图纸偏心值安装，防止出现安装位置不准。

3. 焊接前应对焊条进行烘干，焊接时应根据焊接部位及时调整焊接电流，每层焊完后应及时清根打磨，防止出现焊缝夹渣、咬肉现象。

3.4.1.7 环境、职业健康安全管理措施

1. 环境管理措施

(1) 强噪声设备操作时，应搭设防噪隔音棚。

(2) 施焊作业面应保证良好通风，地沟、隧道内应有通风设施。

(3) 废弃的焊条头、焊渣、电池等集中堆放回收，不得作为一般建筑垃圾处理。

2. 职业健康安全管理措施

(1) 钢管吊装应选择地上、地下障碍物较少的部位，远离高压线、压力管线等。

(2) 施焊人员必须持证上岗，配备相应的安全防护用具，严禁违章操作。

(3) 施工中所使用的机械、电器设备必须达到国家安全防护标准，自制设备必须通过安全检验及性能检验合格后方可使用。

(4) 管沟内照明采用 36V 以下的安全电压供电。

(5) 电工带电作业时，必须有人监护。

(6) 金属平台、金属护栏、爬梯必须与保护零线连接,零线按规定做重复接地。

(7) 试压、吹洗、试运行过程中都应划定安全区域,并设专职安全人员巡视。

3.4.2 钢筋混凝土地下构筑物施工

3.4.2.1 适用范围

适用于城市自来水厂工程中现浇钢筋混凝土地下构筑物施工,其他现浇混凝土地下构筑物施工可参照执行。

3.4.2.2 施工准备

1. 技术准备

(1) 完成土建与各专业设计图纸的会审交圈工作;编制施工组织设计与主要分项工序的施工方案,明确关键部位、重点工序的做法;对有关人员做好书面技术交底。

(2) 认真核对结构坐标点和水准点,办理相关交接桩手续,并做好基准点的保护。

(3) 完成结构定位控制线、基坑开挖线的测放与复核工作。

(4) 根据工程具体要求,完成混凝土的配合比设计。

(5) 编制各项施工材料计划单,落实预制构件、止水带等的订货与加工。

2. 材料要求

(1) 钢筋

钢筋出厂时应有产品合格证和检验报告单,钢筋的品种、级别、规格应符合设计要求。钢筋进场时,应按国家现行标准《钢筋混凝土用热轧带肋钢筋》(GB 1499)等的规定抽取试件做力学性能试验,其质量必须符合有关标准的规定。当发现钢筋脆断、焊接性能不良或力学性能显著不正常等现象时,应对该批钢筋进行化学分析或其他专项检查。

(2) 模板

1) 模板选型:结构模板可选用组合钢模板、木模板、全钢大模板等多种形式,施工中应结合工程特点、周转次数、经济条件及质量标准要求等通过模板设计确定。

2) 支撑件:模板支撑所用方木、槽钢或钢管的材质、规格、截面尺寸偏差等应符合模板设计要求,应具有足够的承载力、刚度和稳定性。

3) 穿墙螺栓:模板穿墙螺栓宜优先采用三节式可拆型止水穿墙螺栓,螺杆中部加焊止水片。

4) 隔离剂:给水构筑物工程,隔离剂应无毒、无害,符合卫生环保标准;其他具有特殊要求的地下物,应满足相应的设计及使用功能需要。

(3) 水泥

水泥宜优先选用普通硅酸盐水泥,水泥强度等级不低于32.5级,水泥进场应有产品合格证和出厂检验报告,进场后应对强度、安定性及其他必要的性能指标进行取样复试,其质量必须符合国家现行标准《硅酸盐水泥、普通硅酸盐水泥》(GB 175)等的规定,并应有法定检测单位出具的碱含量检测报告。

(4) 石子

石子应采用具有良好级配的机碎石,石子粒径宜为5mm～40mm,含泥量不大于1%,吸水率不大于1.5%,其质量符合国家现行标准《普通混凝土用碎石或卵石质量标准及检验方法》(JGJ 53)的要求,并应有法定检测单位出具的集料活性检测报告。进场后应取样复试合格。

(5) 砂

砂应采用中、粗砂,含泥量不大于3%,泥块含量不大于1%,其质量应符合国家现行标准《普通混凝土用砂质量标准及检验方法》(JGJ 52)的要求,并应有法定检测单位出具的集料活性检测报告。进场后应取样复试合格。

(6) 粉煤灰:粉煤灰的级别不应低于二级,并应有相关出厂合格证和质量证明书和提供法定检测单位的质量检测报告,经复试合格后方可投入使用,其掺量应通过试验确定。

(7) 混凝土拌合水:宜采用饮用水。当采用其他水源时,其水质应符合《混凝土拌合用水标准》(JGJ 63)的规定。

(8) 外加剂:外加剂应根据施工具体要求选用,其质量和技术性能应符合国家现行标准《混凝土外加剂》(GB 8076)和《混凝土外加剂应用技术规范》(GB 50119)及有关环境保护的规定。外加剂应有产品说明书、出厂检验报告及合格证、性能检测报告,进场应取样复试,有害物含量检测报告应由有相应资质等级的检测部门出具,并应检验外加剂与水泥的适应性。

3. 机具设备

(1) 土方工程:挖土机、推土机、自卸汽车、翻斗车。

(2) 钢筋工程:钢筋弯曲机、卷扬机、钢筋调直机、钢筋切断机、电焊机、粗直径钢筋连接设备(电弧焊机、直螺纹连接设备等)、钢筋钩子、撬棍、扳子、钢丝刷子。

(3) 模板工程:圆锯机、压刨、平刨、斧子、锯、扳手、电钻。

(4) 混凝土工程:强制式混凝土搅拌机、计量设备、混凝土输送泵、插入式振动器、平板式振动器、翻斗车、汽车吊、空气压缩机、手推车、串筒(或溜槽)、铁锹、铁板。

4. 作业条件

(1) 施工前,应探明施工区域内地下现况管线和构筑物的实际位置,及时进行现况管线和构筑物的改移与保护工作,将施工区内的所有障碍物清除、处理完毕。

(2) 完成现场"三通一平"工作,修建临时供水、供电设施及临时施工道路,现场地表土层清理平整,挖设场区临时排水沟,搭设必需的临时办公、生活用房及加工棚。

(3) 开挖低于地下水位的基坑时,应根据当地工程地质资料、挖方尺寸等,采取相应降水措施降低地下水,保证地下水位低于开挖底面不少于0.5m。

(4) 预先确定弃土点或堆土场地。

(5) 做好施工机械的维修、检查与进场工作。各类施工机械应工作状态良好,能够满足施工生产的需要。

3.4.2.3　施工工艺

1. 工艺流程

(1) 整体施工工艺流程

施工准备 → 土方开挖 → 混凝土垫层施工 → 底板结构施工 → 墙体结构施工 → 顶板结构施工 → 满水试验 → 土方回填

(2) 主要部位施工工艺流程

1) 底板结构施工工艺流程

测量放线 → 底板钢筋绑扎 → 底板模板支设 → 底板混凝土浇筑 → 混凝土养护

2) 墙体结构施工工艺流程

测量放线 → 墙体钢筋绑扎 → 墙体模板支设 → 墙体混凝土浇筑 → 混凝土养护

3) 顶板结构施工工艺流程

测量放线 → 排架立杆搭设 → 梁板模板支设 → 梁板钢筋绑扎 → 梁板混凝土浇筑 → 混凝土养护

2. 操作工艺

(1) 土方开挖:参照“3.1.1　管线基坑明挖土方”进行。

(2) 混凝土垫层施工

1) 模板支设:基础垫层边模可采用槽钢或方木支设,模板背后打钢筋背撑顶紧,背撑间距500mm左右。

2) 混凝土浇筑:垫层混凝土采用平板振捣器振捣密实,根据标高控制线,进行表面刮杠找平,木抹子搓压拍实。待垫层混凝土强度达到1.2MPa后方可进行下道工序。

(3) 底板结构施工

1) 测量放线:在已施工完毕的垫层混凝土表面测放底板轴线及结构边线,并用水准仪抄出高程控制线,经检查无误后办理相关验收手续。

2) 底板钢筋绑扎

① 钢筋的接头型式与位置:钢筋接头型式必须符合设计要求;当设计无要求时,混凝土结构中凡直径大于22mm的钢筋接头宜采用焊接或机械连接;其余钢筋接头可采用绑扎搭接,其搭接长度应符合设计及规范规定。

② 钢筋绑扎:底板上、下层双向受力钢筋应逐点绑扎,不得跳扣绑扎。底板上层钢筋应设钢筋马凳支撑,马凳间距应根据底板厚度和钢筋直径大小确定,钢筋保护层厚度符合设计要求。

3) 底板模板支设

① 模板选择:基础底板模板可采用组合钢模板或多层木模板现场拼装。对于周转次数多或有特殊要求的部位(变形缝、后浇带等),也可采用加工专用或组合式钢模板与钢支架,以适应特殊需要。

② 底板吊模安装:墙体下部施工缝宜留于距底板面不少于300mm的墙身上,该部位宜采用吊模,吊模底部应采用细石混凝土垫块与钢筋三角架支顶牢固。

③ 变形缝橡胶止水带加固:当结构底板变形缝部位设计有橡胶止水带时,应特别注意橡胶止水带的加固与就位正确,在结构内的部分通过加设钢筋支架夹紧,结构外的部分可采用方木排架固定。具体详见图3—29。

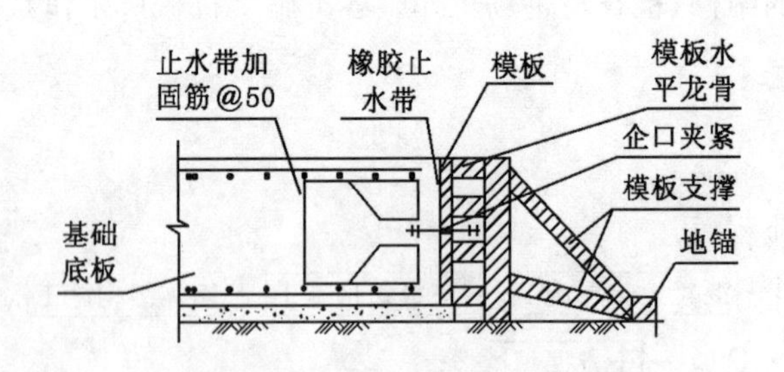

图3—29　底板变形缝止水带加固图

4) 底板混凝土浇筑

① 一般要求:底板混凝土应连续浇筑,不得留设施工缝;施工时宜采用泵送混凝土浇筑,对于厚度超过1m的混凝土底板施工应按大体积混凝土考虑。混凝土浇筑时应逐层推进,每层浇筑厚度控制在300mm以内,边浇筑边振捣。振捣棒插入点要顺序排列,逐点移动,均匀振实,移动间距宜为300mm～400mm,并插入下层混凝土50mm左右;每一振点的延续时间宜为10～30s,以表面呈现浮浆和不再沉落为达到要求。

② 结构变形缝部位的浇筑：当地下构筑物设有结构变形缝时，应以变形缝为界跳仓施工。变形缝浇筑过程中应先将止水带下部的混凝土振实后再浇筑上部混凝土；该部位宜采用同强度等级的细石混凝土进行灌筑，并采用ϕ30振捣棒细致振捣，以确保混凝土密实度；振捣过程中不得触动止水带。

③ 吊模部位的浇筑：吊模内混凝土需待其下部混凝土浇筑完毕且初步沉实后方可进行，振捣后的混凝土初凝前应给予二次振捣，以提高混凝土密实度。

④ 搓平抹光：混凝土浇筑完毕，及时用刮杠将混凝土表面刮平，排除表面泌水。待混凝土收水后用木抹子搓压平实，铁抹子抹光，终凝后立即养护。

5）混凝土养护：防水混凝土的养护应避免混凝土早期脱水和养护过程缺水。常温下，混凝土采用覆盖浇水养护，每天浇水次数应能保证混凝土表面始终处于湿润状态，养护时间不得少于14d。大体积混凝土应同时做好测温记录工作。控制混凝土内外温差不大于25℃。

(4) 墙体结构施工

1）测量放线：测放墙体轴线、结构边线、高程控制线及预埋管道位置线，经检查无误后办理相关验收手续。

2）墙体钢筋绑扎

① 一般要求：墙体钢筋绑扎前，应将预留插筋表面灰浆清理干净，并将钢筋校正到位，如有位移时应按1∶6坡度进行纠偏。钢筋绑扎应严格执行设计与施工规范的要求。

② 墙体双排钢筋的固定：墙体双排钢筋间净距通过定位架立筋控制，架立筋的间距不宜超过1000mm。钢筋垫块摆放位置要与架立筋相对应，架立筋端头不得直接接触模板面。

③ 钢筋保护层的控制：墙体钢筋保护层厚度符合设计要求。钢筋垫块绑扎时，每平方米不得少于一块，并呈梅花形布置；对于结构转角及腋角等边角部位应增加双倍数量的垫块。

④ 穿墙管道、预留洞口处的钢筋绑扎：钢筋绑扎过程中，必须优先保证预留洞口和预埋管道位置正确；当洞口直径或边长≤300mm时，钢筋应绕过洞口通过，不得截断。如遇较大洞口必须断筋处理时，应根据设计要求增设洞口加强筋，加强筋伸过洞口的长度不得低于该钢筋的锚固长度。

3）墙体模板支设

① 模板选择：由于地下构筑物多为清水混凝土结构，为达到这一标准，结构墙体模板宜采用大块多层胶合木模板或定型大模板。墙体模板施工前，应进行详细的模板设计与计算，确保模板及其支撑体系具有足够的刚度、强度和稳定性。

② 模板安装：当采用木模板施工时，面层模板可选用双面覆膜多层板或竹胶合板，所用多层板厚度不宜小于14mm，竹胶合板厚度不宜小于12mm，且模板背面宜满铺50mm厚松木大板，以增强刚度；木模板拼缝宜采用企口连接，并在接缝处粘贴细海绵胶条填实，防止漏浆。当采用定型大模板施工时，模板板面应采用4mm～6mm的钢板制作，模板接缝部位采用专用螺栓连接，螺栓、螺母下宜加设弹簧垫圈，以利于调整拼缝宽度，保证板缝拼接严密。

4）墙体混凝土浇筑

① 一般要求：墙体混凝土浇筑前，应在底部混凝土接茬处均匀浇筑一层50mm厚与墙体混凝土配比相同的减石子混凝土。墙体混凝土应分层连续浇筑，振捣密实，做到不漏振、不欠振，每层浇筑厚度不大于300mm；混凝土自由下落高度一般不超过2m，否则应用串筒、溜槽或侧壁开窗的方法浇捣，应防止混凝土浇筑过程中产生分层离析现象。

② 施工缝处理

a. 防水混凝土墙体一般只允许留设水平施工缝，其位置不应留在剪力与弯距最大处，下部施工缝宜留在高出底板面不小于 300mm 的部位，墙体有孔洞时，施工缝距孔洞边缘不宜小于 300mm；如必须留设垂直施工缝时，应留在结构变形缝处。

b. 墙体施工缝的基本构造形式见图 3－30。

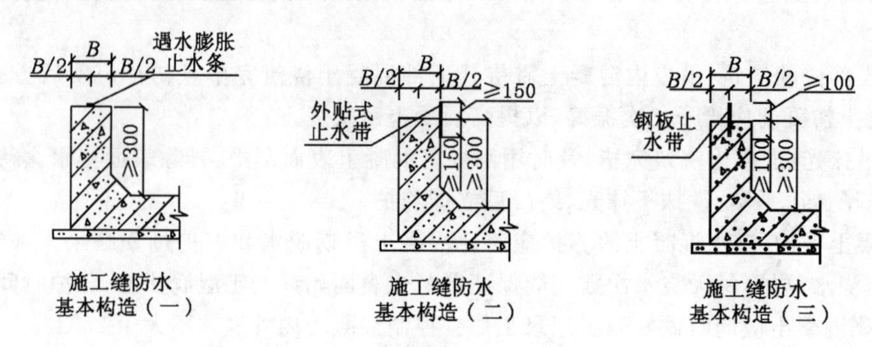

图 3－30　水平施工缝接缝形式

c. 在施工缝上继续浇筑混凝土前，已浇筑混凝土的强度不得小于 2.5MPa；先将混凝土表面浮浆和杂物清除，用水冲洗干净，并保持润湿，再铺一层 50mm 厚与所浇混凝土配合比相同的减石子混凝土后及时浇筑混凝土，确保新、旧混凝土紧密结合。

③ 预留孔洞、穿墙管件部位混凝土施工：地下构筑物结构预留孔洞、穿墙管件部位均为渗漏水的薄弱环节，应采取相应的施工措施。在预留孔洞、预埋管件部位需改用同强度等级、小粒径混凝土浇筑并加强振捣；预埋大管径的套管或面积较大的金属板时，应在其底部开设浇筑振捣口，以利排气、浇筑和振捣。预留洞口及管道下灰时严格按“先底部，再两侧，最后浇筑盖面混凝土”的顺序进行，其两侧下灰高度应基本保持一致并同时振捣。

④ 变形缝部位混凝土施工：变形缝止水带在混凝土浇筑前必须妥善地固定，变形缝两侧混凝土应间隔施工，不得同时浇筑。在一侧混凝土浇筑完毕，止水带经检查无损伤和位移现象后方可进行另一侧混凝土浇筑。混凝土浇筑时，应细致振捣，使混凝土紧密包裹止水带两翼，避免止水带周边骨料集中。

5）混凝土养护：墙体混凝土的养护同 3 款(5)项的规定。

(5) 顶板结构施工

1）测量放线：测放结构轴线与边线、顶板高程控制线及排架立杆布置线，经检查无误后办理相关验收手续。

2）排架立杆搭设：模板下支撑排架的立杆纵、横间距执行模板设计，立杆底部垫 50mm 厚通长木垫板，立杆搭设完毕后及时进行连接横杆的安装，并在支撑桁架各外立面设置十字剪刀撑，确保模板支撑体系的整体稳定。

3）梁板模板支设：顶板模板宜选用大块多层胶合木模板，顶板模板施工时采用梁侧模包底模，板模压梁侧模的方法。梁跨度≥4m 时，梁底模板应起拱，起拱高度为全跨长度 1‰～3‰。

4）梁板钢筋绑扎：顶板钢筋铺放前，应将模板面所有刨花、碎木及其他杂物彻底清理，并在模板表面弹好钢筋位置线，依线绑扎。当板为双层筋时，两层筋之间须加设钢筋马凳。梁主筋进支座长度要符合设计要求，弯起钢筋位置应准确。

5）梁板混凝土浇筑：梁板混凝土浇筑采用“赶浆法”施工。混凝土浇筑时呈阶梯形逐层连续推进，先用插入式振捣棒振捣，然后用平板振捣器振捣密实，平板振捣器的移动间距，应保证振捣器的平板已覆盖已振实部分的边缘。混凝土浇筑完毕先用木刮尺满刮一遍，待表干后用木抹子搓毛，铁抹子分三遍抹光压实，最后一遍抹光应在混凝土初凝前完成。

6）混凝土养护：顶板混凝土的养护同3款(5)项的规定。

(6) 满水试验

对于现浇钢筋混凝土地下水池，应在结构施工完毕及时进行满水试验，经满水试验合格后方可进行结构周边土方回填。

1）满水试验的前提条件及准备工作

① 结构混凝土的抗压强度、抗渗等级均符合设计及规范要求；混凝土表面局部蜂窝、麻面、螺栓孔、预埋筋在满水前均应修补完毕。

② 进行结构有无开裂、变形缝嵌缝处理等项目的检查，如有开裂和不均匀沉降等情况发生，应经设计等有关单位鉴定后再做处理。

③ 水池的防水层、防腐层施工以及沟槽回填土施工以前。

④ 工艺管道穿墙管口已堵塞完毕，且不得有渗漏现象。

⑤ 水池抗浮稳定性，满足设计要求。

⑥ 试验用水应采用清水，注水前应将池内杂物清扫干净，并做好注水和排空管路系统的准备工作。

⑦ 有盖结构顶部的通气孔、人孔盖应装备完毕。必要的安全防护设施和照明标志配备齐全。

⑧ 设置水位观测标尺，标定水池最高水位，安装水位测针。

⑨ 蒸发量设备准备齐全。

⑩ 对水池有沉降观测要求时，应事先布置观测点，测量记录水池各观测点的初始高程值。

⑪ 满足设计图纸中其他特殊要求。

2）满水试验步骤及检查测定方法

① 注水

a. 池内注水分三次进行，每次注入为设计水深的1/3，注水水位上升速度不超过2m/d，相邻两次充水的间隔时间不少于24h。

b. 每次注水后宜测读24h的水位下降值，同时应仔细检查池体外部结构混凝土和穿墙管道堵塞质量情况。

c. 池体外壁混凝土表面和管道堵塞有渗漏时，且水位降的测读渗水量较大时，应停止注水，经过检查、分析处理后，再继续注水。

d. 当水位降(渗水量)符合标准要求，但池体外表面出现渗漏现象，也被视为结构混凝土不符合规范要求。

② 水位观测

a. 注水时的水位用水位标尺观测。

b. 注水至设计深度进行渗水量测定时，应用水位测针测定水位降。水位测针安装形式见图3－31。

c. 池内水位注水至设计深度24h后开始测读水位测针初读数。

d. 测读水位的末读数与初读数的时间间隔，应不少于24h。

e. 水池水位降的测读时间，可依实际情况而定。如水池外观无渗漏，且渗水量符合标准，可继续测读一天；如前次渗水量超过允许渗水量标准，可继续测读水位降，并记录其延长的测读时间，同时，找出水位降超过标准的原因。

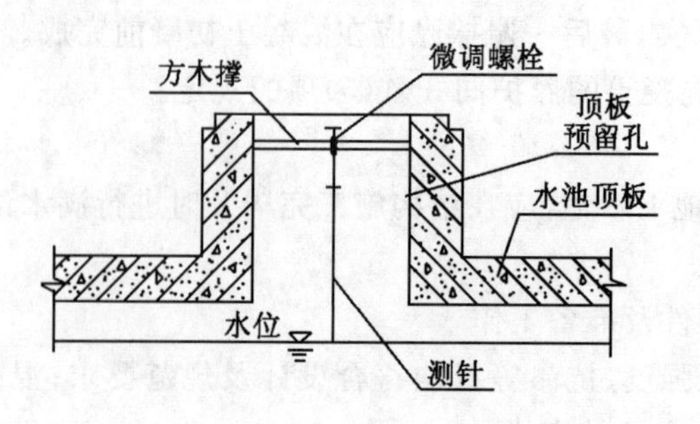

图 3－31　水位测针安装示意图

③ 蒸发量的测定

a. 有盖水池的满水试验，对蒸发量可忽略不计。

b. 无盖水池的满水试验的蒸发量，按国家标准《给水排水构筑物施工及验收规范》规定的方法进行。

c. 现场测定蒸发量的设备，可采用直径约 500mm、高约 300mm 的敞口钢板水箱，内设测定水位的测针。水箱应检验，不得渗漏。

d. 水箱固定在水池中，水箱中充水深度 200mm 左右。

e. 测定水池中水位同时，测定水箱中水位。

④ 水池渗水量按下式计算：

$$q=\frac{A_1}{A_2}\times[(E_1-E_2)-(e_1-e_2)] \tag{3－16}$$

式中：q——渗水量[L/(m^2·d)]；

A_1——水池的水面面积(m^2)；

A_2——水池的浸湿总面积(m^2)；

E_1——水池中水位测针的初读数(mm)；

E_2——测定 E_1 后 24h 水池中水位测针的末读数(mm)；

e_1——测读 E_1 时水箱中水位测针的读数(mm)；

e_2——测读 E_2 时水箱中水位测针的读数(mm)。

按上式计算结果，渗水量如超过规定标准，应检查、处理后重新进行测定。

3）满水试验标准：水池在满水试验中，应进行外观检查，不得有渗漏现象；钢筋混凝土水池渗水量不得超过 2L/(m^2·d)。

(7) 土方回填

1）填土前，应将基底表面上的垃圾、树根等杂物清理干净、抽除坑穴内积水、淤泥。

2）回填土料宜优先利用基槽内挖出的土，但不得含有有机杂质，不得采用淤泥质土作为回填土。回填土料含水量应控制在最佳含水量的－1%～2%范围内。

3）土方回填应分层进行，每层铺土厚度应根据土质、密实度要求和所用机具确定。每层土方回填完毕，及时进行密实度检验，合格后方可继续上层土方回填。

3. 季节性施工

(1) 雨期施工

1）土方工程：土方开挖与回填应分段进行，一旦开挖完毕及时组织验槽工作，及时浇筑垫层混凝土，防止雨水冲淋基础持力层。土方回填应尽快进行，连续作业，防止雨水浸泡基坑。

2）钢筋工程：钢筋原材及已加工的半成品用方木垫起，上面应有防雨措施；如钢筋因遇雨生锈，应在浇筑混凝土前用钢丝刷或棉丝将锈迹彻底清除干净。

3）模板工程：模板堆放场地搭设防雨棚，四周做好排水，模板表面涂刷的脱模剂，应采取有效覆盖措施，防止因雨水直接冲刷而脱落流失，影响脱模效果和混凝土表面质量。已搭设完毕的模板及其支撑，应在雨后进行重新检查，防止模板及其支撑体系雨后松动、失稳。

4）混凝土工程：浇筑混凝土前，注意天气变化情况，避免混凝土浇筑中突然受雨冲淋。混凝土浇筑完毕根据当时天气情况及时进行保湿保温养护，确保混凝土不出现干缩裂缝和温度裂缝。

（2）冬期施工

1）钢筋工程：钢筋焊接时，环境气温不宜低于－20℃，且应有防雪挡风措施，已焊接完毕的部位应及时覆盖阻燃草帘被保温；焊后未冷却的接头严禁碰到冰雪。

2）模板工程：模板使用前应将冻块、冰碴、积雪彻底清除干净，混凝土浇筑前模板表面覆盖保温层。结构模板拆除时间以相关混凝土试块强度报告为准，且混凝土结构表面的温度与环境温度差不得超过15℃。

3）混凝土工程：冬施期间，混凝土工程宜采用综合蓄热法施工，外加剂不得采用氯盐类防冻剂。混凝土搅拌时间取常温时的1.5倍；混凝土入模温度不得低于5℃。混凝土养护期内必须做好测温记录，并按要求留置足够数量的混凝土试块。

3.4.2.4　质量标准

1. 土方开挖

（1）基本要求：基槽标高、边坡坡度、开槽断面、基底土质必须符合设计要求，且基底严禁扰动。

（2）实测项目

见表3－67。

表3－67　土方开挖允许偏差

项次	检查项目	规定值或允许偏差(mm)	检查方法
1	标高	0，±20	用水准仪检查
2	长度、宽度	＋200，－50	由设计中心线向两边量，用经纬仪、尺量检查
3	边坡偏陡	不允许	观察或坡度尺检查
4	表面平整度	20	用2m靠尺和楔形塞尺量检查

2. 土方回填

（1）基本要求

1）基底处理必须符合设计要求或施工规范的规定。

2）回填土料，必须符合设计要求。

3）回填土必须按规定分层夯实，各层压实度符合设计要求。

（2）实测项目

见表3－68。

表3－68　土方回填允许偏差

项次	检查项目	规定值或允许偏差(mm)	检查方法
1	标高	0，－50	用水准仪或拉线尺量检查
2	分层厚度及含水量	设计要求	水准仪及抽样检查

3. 钢筋工程

(1) 基本要求

1) 钢筋质量必须符合有关标准规定。

2) 钢筋安装时,受力钢筋的品种、级别、规格和数量必须符合设计要求。

(2) 实测项目

见表3—69。

表3—69 钢筋安装位置允许偏差

检查项目			允许偏差(mm)	检查数量		检查方法
				范围	点数	
1	受力钢筋的间距		±10	每5m	1	用钢尺量测
2	受力钢筋的排距		±5	每5m	1	
3	钢筋弯起点位置		20	每5m	1	
4	箍筋、横向钢筋间距	绑扎骨架	±20	每5m	1	
		焊接骨架	±10	每5m	1	
5	圆环钢筋同心度(直径小于3m管状结构)		±10	每3m	1	
6	焊接预埋件	中心线位置	3	每件	1	
		水平高差	±3	每件	1	
7	受力钢筋的保护层	基础	0~±10	每5m	4	
		柱、梁	0~±5	每柱、梁	4	
		板、墙、拱	0~±3	每5m	1	

(3) 外观鉴定:钢筋应平直、无损伤,表面不得有裂纹、油污、颗粒状或片状老锈。

4. 模板工程

(1) 基本要求

1) 模板及其支撑架必须具有足够的刚度、强度、稳定性,能可靠承受浇筑混凝土的重量、侧压力以及施工荷载。

2) 预埋管件、预留孔洞及止水带的安装应位置正确,安装牢固,符合设计要求。

3) 模板拆除

① 侧模拆除

侧模板应在混凝土强度等级不低于2.5MPa,且能保证其表面及棱角不因拆除模板而受损坏时,方可拆除。

② 承重模板拆除

承重底模拆除时的混凝土强度应符合设计要求;当设计无具体要求时,混凝土强度应达到表3—70规定数值时,方可拆除。

(2) 实测项目

见表3—71。

(3) 外观鉴定:在涂刷模板隔离剂时,不得污染钢筋和混凝土接茬处。

表3－70　　整体现浇混凝土底模拆模时所需混凝土强度

结构部位	跨度(m)	达到设计的混凝土抗压强度标准值的百分率(%)
板	≤2	50
	>2,≤8	75
	>8	100
梁、拱、壳	≤8	75
	>8	100
悬臂构件	—	100

表3－71　　整体现浇混凝土水处理构筑物模板安装允许偏差

检查项目				允许偏差(mm)	检查数量		检查方法
					范围	点数	
1	相邻板差			2	每20m	1	用靠尺量测
2	表面平整度			3	每20m	1	用2m直尺配合塞尺检查
3	高程			±5	每10m	1	用水准仪测量
4	垂直度	池壁、柱	$H \leq 5$m	5	每10m(每柱)	1	用垂线或经纬仪测量
			5m$<H \leq$15m	0.1%H,且≤6		2	
5	平面尺寸	$L \leq 20$m		±10	每池(每仓)	4	用钢尺量测
		20m$\leq L \leq$50m		±L/2000		6	
		$L \geq 50$m		±25		8	
6	截面尺寸	池壁、顶板		±3	每池(每仓)	4	用钢尺量测
		梁、柱		±3	每梁柱	1	
		洞净空		±5	每洞	1	
		槽、沟净空		±5	每10m	1	
7	轴线位移	底板		10	每侧面	1	用经纬仪测量
		墙		5	每10m	1	
		梁、柱			每柱		
		预埋件、预埋管		3	每件	1	
8	中心位置	预留洞		5	每洞	1	用钢尺量测
9	止水带	中心位移		5	每5m	1	用钢尺量测
		垂直度		5	每5m	1	用垂线配合钢尺量测

注：1. L为混凝土底板和池体的长、宽或直径，H为池壁、柱的高度；

2. 止水带指设计为防止变形缝渗水或漏水而设置的阻水装置，不包括施工单位为防止混凝土施工缝漏水而加的止水板；

3. 仓指构筑物中由变形缝、施工缝分隔而成的一次浇筑成型的结构单元。

5. 混凝土工程

(1) 基本要求

1) 混凝土的原材料、配合比及坍落度必须符合有关规范及标准。混凝土中的氯化物和碱的总含量应符合国家现行标准《混凝土结构设计规范》(GB 50010)等的规定。

2) 防水混凝土的抗压强度和抗渗等级必须满足设计要求。

3) 防水混凝土必须密实,几何尺寸正确,施工缝、变形缝、后浇带、穿墙管道、埋设件等的设置和构造均须满足设计要求,严禁有渗漏。

(2) 实测项目

见表 3－72。

表 3－72　　混凝土结构水处理构筑物工允许偏差

检查项目			允许偏差(mm)	检查数量		检查方法
				范围	点数	
1	轴线位移	池壁、柱、梁	8	每池壁、柱、梁	2	用经纬仪测量纵横轴线各计 1 点
2	高程	池壁顶	±10	每 10m	1	用水准仪测量
		底板顶		每 $25m^2$	1	
		顶板		每 $25m^2$	1	
		柱、梁		每柱、梁	1	
3	平面尺寸(池体的长、宽或直径)	$L \leqslant 20m$	±20	长、宽各 2;直径各 4		用钢尺量测
		$20m \leqslant L \leqslant 50m$	$\pm L/1000$			
		$L > 50m$	±50			
4	截面尺寸	池壁	+10,－5	每 10m	1	用钢尺量测
		底板		每 10m	1	
		柱、梁		每柱、梁	1	
		孔、洞、槽内净空	±10	每孔、洞、槽	1	用钢尺量测
5	表面平整度	一般平面	8	每 $25m^2$	1	用 2m 直尺配合塞尺检查
		轮轨面	5	每 10m	1	用水准仪测量
6	墙面垂直度	$H \leqslant 5m$	8	每 10m	1	用垂线检查
		$5m < H \leqslant 20m$	$1.5H/1000$	每 10m	1	
7	中心线位置偏移	预埋件、预埋管	5	每件	1	用钢尺量测
		预留洞	10	每洞	1	
		水槽	±5	每 10m	2	用经纬仪测量纵横轴线各计 1 点
8	坡度		0.15%	每 10m	1	水准仪测量

注:1. H 为池壁全高,L 为池体的长、宽或直径;

2. 检查轴线、中心线位置时,应沿纵、横两个方向测量,并取其中的较大值;

3. 水处理构筑物所安装的设备有严于本条规定的特殊要求时,应按特殊要求执行,但在水处理构筑物施工前,设计单位必须给予明确。

(3) 外观鉴定:混凝土表面应平整,无露筋、蜂窝等缺陷。

3.4.2.5 成品保护

1. 钢筋绑好后,应及时搭设行走通道,不得在钢筋上面直接踩踏行走。

2. 模板拆除或物件吊运时,不得破坏施工缝接口或撞动止水带。

3. 注意保护好预留洞口、预埋件及预埋管线的位置,防止振捣时挤偏或凹入混凝土中。

4. 模板拆除必须在混凝土达到规定强度后进行,不得提前拆除或松动模板的连接件及螺栓。

5. 已浇筑完毕的底板或顶板混凝土上表面要加以覆盖保护,混凝土必须在其强度达到2.5MPa以后方准上人施工。

3.4.2.6 应注意的质量问题

1. 钢筋工程

(1) 为防止钢筋绑丝外露及返锈现象,钢筋绑扎时绑丝头一律扣向结构里侧。

(2) 为确保钢筋保护层厚度,现场制作的垫块必须在达到混凝土强度要求后方准投入使用。

(3) 为确保墙体钢筋就位准确,墙体钢筋绑扎时,墙体竖筋应采用加设斜向拉筋或搭设钢管支撑架的形式予以固定牢固,架立筋按要求加工和安放,经检查无误后再将水平钢筋与竖筋按照预先划好钢筋的位置线,拉水平通线逐根绑扎成型。

2. 模板工程

(1) 为确保底板侧墙吊模位置正确,该处吊模应按照规范要求的精度制作与安装,吊模安装时应在其下部安放细石混凝土垫块与钢筋支撑架。

(2) 为避免墙面出现错台、跑浆现象,墙面木模板间接缝宜采用企口连接,面板背后满铺大板加强刚度;如采用大模板施工时,大模板钢肋间应夹细海绵胶条嵌堵密实。

(3) 为防止穿墙螺栓处渗水及保证墙体平整度,模板穿墙螺栓拆下后,结构表面所留的锥形凹槽应采用干硬性防水膨胀砂浆分层填堵塞实,并做好养护。

3. 混凝土工程

(1) 为确保穿墙套管处混凝土的防水效果,穿墙套管必须带有止水环,止水环与套管间满焊,并应在浇筑混凝土前预埋固定牢固,止水环周围混凝土要振捣密实,防止漏振、欠振,主管与套管按设计要求用防水密封材料填实封严。

(2) 为保证结构变形缝、止水带位置正确,其周围混凝土要细致浇筑振捣,且施工时振捣棒不得触动止水带。

(3) 为防止后浇带混凝土出现裂缝,后浇带混凝土应在其两侧混凝土达到设计规定龄期后方可施工,后浇带浇筑混凝土前,应将基层混凝土表面清理冲刷干净,采用提高一个强度等级的补偿收缩混凝土浇筑补齐,混凝土养护时间不少于28d。

3.4.2.7 环境、职业健康安全管理措施

1. 环境管理措施

(1) 施工临时用道与大宗材料堆放场地应硬化处理。每天设专人对道路清扫、洒水。

(2) 现场搅拌站应尽量设在远离居民区的场地,搅拌机应搭设封闭棚,搅拌机应采取降尘降噪措施,减少污染。搅拌机前设二级沉淀池,做到排水通畅。

(3) 水泥及其他飞扬的细颗粒散体材料,应存放在专用库房或棚内。装卸这些材料时应轻搬轻放,避免扬尘。有毒、易燃物品全部盛入密闭容器内,并入库存放,严禁露天堆放。

(4) 施工运输车辆在出门前,应将车轮冲扫干净,避免带出的泥土污染周边环境。冲洗混凝

土运输车辆的污水，必须通过排水沟集中至沉淀池内经沉淀合格后方可排入市政管网。

2. 职业健康安全管理措施

(1) 施工前，对参施人员逐层做好安全生产教育。所有施工人员必须严格遵守现场各项规章管理制度。特种作业人员必须经培训后持证上岗。

(2) 用电安全

现场配电系统应实行分级配电。各类电气设备在使用中应实行两级漏电保护，所有电气设备的外露导电部分，均应做保护接零。

(3) 机械安全

1) 现场各类机械设备应设专人负责保养、维修和看管，使用中严格遵守机械安全操作规程。施工机电设备应放置在防雨、防砸的地点，周围不得堆放易燃、易爆物品及其他杂物。

2) 混凝土泵输送管道应有牢固支撑，尽量减少弯头，各接头连接牢固；输送前要试运行，检修时要卸压。

3) 木加工机械的安全防护装置应齐全可靠，各部件连接紧固。

(4) 安全防护

1) 基坑上口、水池上口及预留洞口的临边部位均需设置防护栏杆。基坑出入口和危险地段在夜间施工时，应派专人负责指挥，并设置警示灯或反光标志。

2) 在有盖水池内作业时，池内应保证良好通风。

3) 各工种进行上、下立体交叉作业时，不得在同一垂直方向上操作，应保持必要的安全距离或搭设临时护头棚防护，护头棚顶隔离层应满铺 50mm 厚松木大板或钢脚手板。

4) 进行高空作业时，作业人员必须系好安全带，穿防滑胶鞋，操作时安全带与固定结构可靠连接，避免人、物坠落事故的发生。

5) 大模板拆除及存放时，要有防倾覆措施；顶板模板拆除时，严格按照相关安全操作规程进行，严禁抛掷。

6) 进行钢材焊接或其他有毒、易燃材料施工时，作业人员必须按规定佩带保护手套及面罩，焊接人员施焊时必须戴好护目镜，并在现场配备灭火器。

(5) 吊装作业

吊车起吊重物前，应认真检查起吊物品是否捆绑牢固，索具和吊钩是否受力合理，松散材料必须采用密闭容器承装运送；吊车作业半径内不得有人逗留；5 级及 5 级以上大风应停止吊装作业。

(6) 满水试验

水池满水试验，测取池内液面读数时，现场应至少有两人同时在场，一人负责读数，一人负责记录与看护。

第4章

城市地下交通工程

4.1 浅埋暗挖

4.1.1 暗挖隧道小导管超前注浆

4.1.1.1 适用范围

适用于暗挖软弱围岩隧道开挖前的超前加固。

4.1.1.2 施工准备

1. 技术准备

(1) 已编制好注浆方案，并对有关人员进行技术交底。

(2) 导管布设测量放线工作已完成。

(3) 已根据地质条件选择浆液种类，并确定配比。

2. 材料要求

(1) 小导管：一般采用 $\phi30 \sim \phi50$mm 的焊接钢管或无缝钢管制作，长度 3m～5m。

(2) 水泥：宜采用强度等级为 32.5 级以上的硅酸盐水泥、普通硅酸盐水泥。水泥应有产品合格证和出厂检验报告，进场后应对强度、安定性及其他必要的性能指标进行取样复验。其质量必须符合国家现行标准《硅酸盐水泥、普通硅酸盐水泥》(GB 175)的规定。

(3) 水玻璃：浓度 40～45Be′的水玻璃。

(4) 硫酸：采用 98％的浓硫酸。

(5) 其他材料：改变浆液凝结时间的外加剂，如促凝剂、缓凝剂等。

3. 机具设备

(1) 空压机：应能提供持续风压，出风口压力不小于 3MPa，风量 1～3m^3/min。

(2) 注浆机：压力值应不小于 2MPa 的双液注浆机，泵量 80～150L/min，泵压 3～5MPa。

(3) 浆液拌浆机：能连续不断地对浆液进行搅拌，容量为 0.8～2m^3。

(4) 专用设备

钻机：宜选用体积小、重量轻的钻机，有效成孔长度不小于 5m。

(5) 其他机具

1) 高压浆管(输送浆液)一般采用钢丝缠绕液压胶管或铠装橡胶管，其工作压力不低于终压压力。

2) 压气胶管(输送压缩空气)用 3～8 层帆布缠裹浸胶制成，工作压力 1.0MPa 以上，内径 16mm～32mm。

3) 钻头：形状有圆锥形和平头形，前者适用于地层为透镜体或个别乱石层，后者适用于粘性土或砂性土地层。

4) 钻杆：可用 $\phi50$mm 或 $\phi42$mm 的地质钻杆。

5) 风镐、搅拌桶、压力表、量桶等。

4. 作业条件

(1) 注浆机压力表性能良好，高压管畅通。

(2) 工作面、用电满足施工要求，照明光线充足。

4.1.1.3 施工工艺

1. 工艺流程

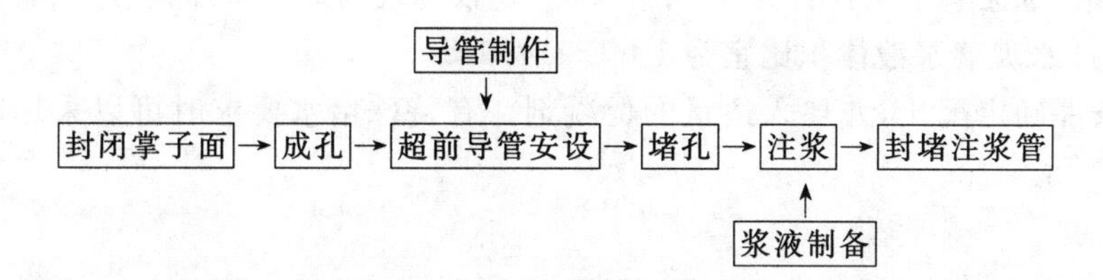

2. 操作工艺

(1) 封闭掌子面

喷射混凝土封闭掌子面，喷射混凝土厚度一般为50mm～100mm。

(2) 成孔

卵石含量较大的砾质土、粘性土层一般采用钻机钻孔，先用高压风清孔，然后用风镐将超前小导管打入孔内。自稳能力差的砂类土，一般采用吹管法成孔；有一定自稳能力且硬度不大的土层也可以直接将管打入。

(3) 导管制作

在管壁钻孔间距为100mm～150mm，孔径为6mm～8mm的花眼，梅花状布置。导管前端应加工成锥形，导管后部不小于600mm长不设出浆孔，后端部套丝扣。见图4－1。

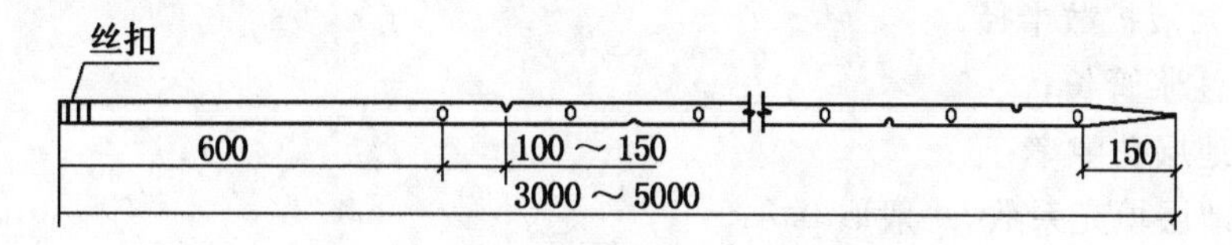

图4－1　超前小导管示意图

(4) 超前导管安设

超前小导管应按设计要求布置，如设计无明确要求时，平顶隧道一般设于顶部范围内，拱形隧道一般布置于拱部120°范围内，两排小导管纵向水平投影搭接长度宜不小于1m。小导管沿开挖轮廓线从格栅腹部穿过。小导管环向间距宜为每米3根，长度3m～5m，仰角8°～12°。

(5) 堵孔

超前小导管和孔壁之间的空隙应进行封堵，以防止浆液从管外溢出。

(6) 浆液制备

浆液一般分为改性水玻璃浆液、水泥—水玻璃浆液及水泥浆液。

1) 改性水玻璃浆液

① 改性水玻璃浆液为硫酸与水玻璃配制而成，首先将98%的浓硫酸缓缓倒入盛水的量桶中，并用玻璃棒搅拌，最终稀释成18%～20%的稀硫酸。

② 将浓度40～45Be′的水玻璃稀释成18～20Be′。

③ 根据现场地质条件和凝结时间要求，经过试验后按照一定比例将稀硫酸与水玻璃配制成改性水玻璃溶液，pH值控制在2.5～4.0。

④ 为防止浆液在未注入土层之前凝固，应用小型搅拌机不停地搅动，也可以用气泵从浆液底部送风使浆液翻动。

⑤ 改性水玻璃浆液初凝时间宜控制在8～10min，根据实际情况可加入少量的速凝剂或缓凝剂来调节。

2）水泥—水玻璃双液浆：水泥浆水灰比宜为1∶1～1.5∶1，根据现场地质条件，经过试验确定双液浆配比，水泥浆与改性水玻璃浆液体积比宜为1∶1～1∶0.5。

3）水泥浆：根据地层条件确定配比，并掺入适量的促凝剂。有特殊堵水要求时可以采用超细水泥。

（7）注浆

1）注浆方法

① 改性水玻璃浆液：主要适用于砂类土，因凝结较快，一次不宜大量配制，应根据每个注浆孔的注浆量逐孔配制，注入时宜采用吹管法，先将浆液倒入容器中。该容器一端接送风管，另一端接注浆管，采用瞬间高压风将浆液吹进土体。

② 水泥—水玻璃双液浆：由于水泥浆和水玻璃浆液混合后凝结速度极快，水泥浆和水玻璃浆液在注入土体前不能混合，注入时必须采用双液注浆泵。

③ 水泥浆：主要适用于空隙率比较大的地层，其特点是强度比较大，注入时宜采用泥浆泵。

2）注浆顺序：注浆时相邻孔位应错开，交叉进行。注浆顺序一般由下而上，以间隔对称注浆为宜。

3）注浆量：单根小导管注浆量

$$Q = \pi R^2 L n \alpha \beta \tag{4-1}$$

式中：R——浆液扩散半径；

L——注浆管长；

n——地层孔隙率；

α——地层填充系数，一般取0.8；

β——浆液消耗系数，一般取1.1～1.2。

4）注浆压力

① 注水泥浆或改性水玻璃浆液：初压宜为0.1～0.3MPa，砂质土终压一般应不大于0.5MPa，粘质土终压一般不应大于0.7MPa。

② 注水泥—水玻璃浆液：初压0.3～1.0MPa，终压1.2～1.5MPa。

5）注浆控制指标

① 单根结束标准：注浆过程中，压力逐渐上升，流量逐渐减少，当压力达到注浆终压，注浆量达到设计注浆量的80％以上，可结束该孔注浆；注浆压力未能达到设计终压，注浆量已达到设计注浆量，并无漏浆现象，亦可结束该孔注浆。

② 本循环结束标准：所有注浆孔均达到注浆结束标准，无漏注现象，即可结束本循环注浆。

（8）封堵注浆管

采用止浆塞封堵注浆管。

4.1.1.4　质量标准

1. 主控项目

（1）小导管所用钢管的品种、级别、规格和数量必须符合设计要求。

（2）注浆用水泥、外加剂等原材料必须符合设计要求及有关规范、标准的规定。

2. 一般项目

（1）超前小导管的纵向搭接长度应符合设计要求。

（2）浆液配比、注浆量及注浆压力应满足设计要求。

（3）开挖过程中应注意观察浆液扩散情况，观察地层是否达到了有效固结，有无漏水和流砂现象,以便修正下一循环注浆参数。

(4) 重要部位注浆效果可采取取芯的办法检查。

(5) 超前管注浆施工偏差应符合表4－1的要求。

表4－1 超前管注浆施工允许偏差

项次	检查项目	允许偏差(mm)	检查方法
1	管长	±40	用钢尺量
2	花眼间距	±15	用钢尺量
3	孔位偏差	±40	用钢尺量
4	孔位方向(°)	2°	经纬仪测钻杆或实测
5	孔深	0,＋50	用钢尺量

4.1.1.5 成品保护

1. 注浆完成后,不到规定固结时间不得开挖。

2. 开挖时应严格控制进尺在有效注浆范围内进行。

4.1.1.6 应注意的质量问题

1. 成孔前应核对点位,并控制安设角度和方向,确保浆液的渗透半径达到设计要求,防止加固体不均匀。

2. 应严格控制注浆压力,以防止破坏封堵面。

3. 应使用专用的计量器具,并按照设计要求进行配浆,以确保浆液配比准确。

4.1.1.7 环境、职业健康安全管理措施

1. 环境管理措施

(1) 应优先选用对环境影响小的浆液。

(2) 浓硫酸应存放于仓库中,并有专人看管,严防丢失。

(3) 超前小导管宜在后方基地加工,避免现场制作时的强噪声污染。

(4) 应采取有效措施防止浆液遗洒。

(5) 浆液的配制量应计算准确,随拌随用,剩余的浆液不得随意泼洒。

2. 职业健康安全管理措施

(1) 施工人员应戴安全帽,并根据所从事的工作穿戴相应的个人防护用品。设专人负责各种设备和施工过程中的安全隐患检查工作。

(2) 空压机、注浆机等应由持有上岗证的专职人员进行操作。

(3) 配制浆液时,应穿戴合格有效的防护用品,非专业配浆人员不得动用各种机具。

(4) 各种设备、设施应通过安全检验及性能检验合格后方可使用。

(5) 打管和注浆时,应注意调查地下管线和地下构筑物,采取有效的保护措施,若发现前方有异物,查明情况制定措施后方可继续施工。

(6) 采用浓硫酸稀释时,应先将浓硫酸缓缓倒入水中,严禁将水直接倒入浓硫酸中。

4.1.2 暗挖隧道大管棚超前支护

4.1.2.1 适用范围

适用于在软弱特殊地层并对地层变形有严格要求,且断面较大的暗挖隧道工程超前支护施工。

4.1.2.2 施工准备

1. 技术准备

(1) 编制施工方案经审批,并已做好技术交底。

(2) 已根据设计要求,放出管棚轴线及首个钻孔点和控制点。

2. 材料要求

(1) 钢管:无缝钢管,ϕ70～ϕ180mm,壁厚 4mm～8mm,每节管长 2m～6m(其中第一节管长 2m～3m)。第一根钢管在前端镶嵌 3～4 对合金,内外开刃,并留出 3 个水口,作为钻头使用。钢管质量应符合国家现行标准《地质钻探用管》(YB 235)的规定。

(2) 水泥:宜采用强度等级不小于 32.5 的普通硅酸盐水泥或矿渣硅酸盐水泥。水泥应有产品合格证和出厂检验报告,进场后应对强度、安定性及其他必要的性能指标进行取样复验。其质量必须符合国家现行标准《硅酸盐水泥、普通硅酸盐水泥》(GB 175)和《矿渣硅酸盐水泥、火山灰质硅酸盐水泥、粉煤灰硅酸盐水泥》(GB 1344)等的规定。

(3) 砂:宜采用中砂或粗砂,砂进场后应取样复验合格,其质量应符合国家现行标准《普通混凝土用砂质量标准及检验方法》(JGJ 52)的有关规定。

(4) 水:宜采用饮用水。当采用其他水源时,其水质应符合国家现行标准《混凝土拌合用水标准》(JGJ 63)的规定。

3. 机具设备

(1) 机械:管棚钻机、搅浆机、注浆泵及水泵等。

(2) 工具、检测仪器:水箱、铁锹、测斜仪、经纬仪、照明灯具等。

4. 作业条件

(1) 施工场地已清除障碍物,工作面已做好排水设施,水电供应满足施工需要。

(2) 已对隧道工作面进行喷射混凝土封闭处理,其喷射混凝土厚度宜为 80mm～100mm。

(3) 在隧道内应有扩宽、扩高不小于 300mm 的扩大断面,且沿隧道方向长度不小于 3m。

4.1.2.3 施工工艺

1. 工艺流程

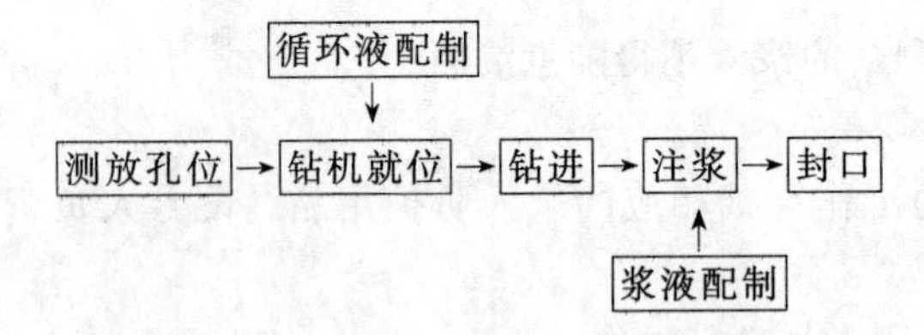

2. 操作工艺

(1) 测放孔位

根据设计要求,精确测定孔的平面位置、倾角、外插角,对每个孔进行编号,并安设套管。套管采用孔径略大于管棚钢管孔径,能穿过管棚钢管或硬质塑料管,长度 200mm～500mm。套管安装后应补喷混凝土,封闭工作面。

(2) 钻机就位

1) 调节钻机至设计高度,并调整钻机主轴使其与设计角度一致。

2) 钻孔方向一般都沿隧道掘进的方向,隧道两侧钢管可以适当向外侧偏斜,在钻孔前,要严格检查调整钻机主轴、钻杆、钢管方向一致,并使每根钢管符合设计方向。

3）钻机就位后检查钻孔外插角，应满足设计要求。

4）检查仪器采用测斜仪，首先测量钻机主轴的外插角度数，其次应检查首根钢管前端的外插角度数，均不得小于设计外插角度数，并应满足设计要求。

（3）循环液配制

循环液应具有冷却钻头、保护孔壁和携带泥土等作用。在粘土类地层中施工时可用清水作为循环液，其他地层中一般用水泥浆。施工中常采用 1∶1 的水泥浆作为循环液。

（4）钻进

1）管棚施工以钢管作为钻杆，钻进工艺参数主要包括液压给进、钻杆转速和循环液流量。

2）地层比较松软时，管棚钻进一般采取中压钻进、中速以及中量循环液。

3）钻孔宜由高孔位向低孔位间隔进行。

4）钻孔时应对准孔位，先使钻杆向前，钻头接触工作面，再使钻杆转动，不得晃动钻杆。在钻进前要首先给循环液。

5）钢管接头宜采用丝扣接头连接，必要时可进行焊接。

6）钻进过程中应经常检测钻进方向，根据钻机钻进的情况及时判断成孔质量，并及时处理钻进过程中出现的异常情况。

7）加接每一根钢管时，均要用测斜仪测量钢管的外插角，如发生较大倾斜时，应立即采取有效措施进行弥补和纠正。

（5）浆液配制

1）注浆浆液宜采用水泥浆或水泥砂浆，浆液配比根据实际地质情况通过试验确定，其水泥浆的水灰比宜为 0.5～1，水泥砂浆重量配合比宜为 1∶0.5～3。

2）在水泥浆中应掺入 5%～8%水玻璃作为速凝剂。水玻璃浓度由 35～42Be′稀释成 18～20Be′，模数 2.4。

（6）注浆

1）每完成 1～5 根钢管后，应开始进行注浆施工，遇有渗漏水管线或有水地层应打完一根管后立即进行注浆。

2）注浆压力应根据地层情况确定。管棚长度在 5m～15m 内，压力宜控制在 0.1～0.2MPa。管棚长度为 15m～40m 时，压力宜控制在 0.2～0.5MPa。

3）在规定压力下，注浆量小于 0.1L/min，稳压 10min 后即可停止注浆。

（7）封口

管棚注浆完毕要及时封堵管口，封口可用胶泥或木楔。

4.1.2.4　质量标准

1. 主控项目

（1）管棚所用钢管的品种、级别、规格、数量和质量等必须符合设计要求。

（2）管棚搭接长度应符合设计要求。

2. 一般项目

（1）钻孔的孔口位置、管棚外插角应符合设计要求。

（2）管棚钢管使用前应进行外观检查，钢管不得有弯折，表面不应有裂纹、机械损伤等，套丝部位不得有锈蚀等现象。

（3）管棚注浆用水泥应符合设计及规范要求。

（4）管棚注浆配合比、压力、注浆量和稳压时间应满足设计参数要求。

(5) 开挖过程中应注意观察管棚支护情况,如管棚间距是否过大、注浆浆液是否充满钢管周围的空隙及地层有无漏水、流砂等现象,为下一循环改进提供参考。

4.1.2.5 成品保护

1. 管棚钻机钻孔时,应保护好工作面的套管或已钻完孔的管棚。相邻的钢管应避免相互干扰。钻机与已完工隧道结构应保持一定的安全距离,防止钻机作业时摇摆、晃动等现象。

2. 搬运、安装钢管时,应小心,避免碰坏接头丝扣。

4.1.2.6 应注意的质量问题

1. 施工时应事先在管棚孔口位置埋设套管;钻机钻孔时应注意对准孔位,钻机平台应平稳,钻杆连接要牢固可靠,防止在钻进时产生不均匀下沉、摆动、位移。严格检查钻机主轴、钻杆与钢管方向一致性,防止孔位偏差。

2. 在松软地层或不均匀地层中钻进时,管棚应设一定外插角,角度一般不宜大于3°。避免管棚下垂侵入开挖面。每根管棚施工时应注意方向和角度与已施工完的管棚位置保持一致。

3. 成孔钻进过程中,应经常使用测斜仪量测钻孔的偏斜度,发现偏斜超过要求应及时纠正。钻进中如遇异常情况,应立即停钻查明原因。

4. 严格控制管棚间距与注浆质量,防止管棚出现间距过大、注浆效果不好、出现流泥等现象。必要时大管棚宜与小导管注浆相结合,开挖时可在大管棚之间设置小导管并注浆。

4.1.2.7 环境、职业健康安全管理措施

1. 环境管理措施

(1) 水泥和其他易飞扬的细颗粒散体材料,应安排在库内存放,若露天存放时应采取严密遮盖措施。

(2) 施工中的废水、废浆等应经沉淀后,方可排入市政管线。

(3) 水泥浆搅拌应搭防尘棚,减少粉尘对周围环境的污染。

(4) 应根据隧道长度、断面尺寸和地质条件等情况,采用自然通风或机械通风方式,保持作业面空气新鲜。

2. 职业健康安全管理措施

(1) 进场前应对施工人员做好技术、安全、环保等方面的书面交底。开工前应探明前方地下管网情况。

(2) 钻孔时若遇卡钻,应立即切断电源,停止进钻,未查明原因前不得强行启钻。

(3) 钻孔时出现机架晃动、移动、偏斜或钻头内发生有节奏声响时,应立即停钻,经处理后方可继续开钻。

4.1.3 暗挖隧道水平旋喷桩超前支护

4.1.3.1 适用范围

适用于软弱、含水等特殊地层,且对地层变形有严格要求的暗挖隧道工程超前支护加固。

4.1.3.2 施工准备

1. 技术准备

(1) 在制定水平旋喷注浆方案时,应掌握场地的工程地质、水文地质和邻近建筑、地下埋设物等资料。

(2) 编制的施工方案已经审批,并已做好技术交底。

(3) 旋喷注浆方案确定后,应进行现场试验、试验性施工或根据工程经验确定施工参数及工

艺。水平旋喷桩长度不宜太长,一次旋喷长度不超过 20m,拱顶外仰角 3°～8°。

(4) 根据设计要求,测放出水平旋喷桩轴线及首个钻孔点和控制点。

2. 材料要求

(1) 旋喷注浆材料及配方:旋喷注浆主要材料为水泥,对于无特殊要求工程,宜选用强度等级为 32.5 或 42.5 的普通硅酸盐水泥。根据地质条件或用途不同可加入适量速凝、悬浮或防冻等外加剂,用量应通过试验确定。

1) 普通型,适用于无特殊要求的一般工程。一般采用强度等级 32.5 及以上的普通水泥,不加添加剂,水灰比 0.8～1.2,常用 1.0。

2) 速凝早强型,适用于地下水丰富的工程,常用早强剂有水玻璃、氯化钙、三乙醇胺等。

(2) 浆液量计算

浆液量 $Q(m^3)$ 可按地基加固高压旋喷注浆喷量法进行计算:

$$Q = Lq(1+\beta)/v \tag{4-2}$$

式中: L——旋喷体长度(m);

q——单位时间喷浆量(m^3/min);

β——损失系数,一般取 0.2～0.4;

v——喷嘴上升速度(m/min)。

3. 机具设备

(1) 设备:工程钻机(或坑道钻机)、高压注浆泵、泥浆泵、排污泵、搅拌桶等。

(2) 专用工具:千斤顶、交流电焊机、水箱、铁锹、测斜仪、经纬仪及照明灯具等。

(3) 其他机具:高压胶管(一般采用钢丝缠绕液压胶管,其工作压力不低于喷射高压泵压力),电磁式液体流量计,高压注浆压力表等。

4. 作业条件

(1) 施工场地已清除障碍物,工作面已做好排水设施,水电供应满足施工要求。

(2) 隧道工作面已进行喷射混凝土封闭处理,封闭工作面混凝土厚度不小于 100mm。

(3) 在隧道内一般应有扩宽、扩高不小于 300mm 的扩大断面,扩大断面沿隧道方向长度不小于 6.0m 的施工操作室。

(4) 钻机操作作业平台已搭设,平台上已铺设木板和枕木。

(5) 机械设备已调试完毕,各设备均处于正常状态。

4.1.3.3 施工工艺

1. 工艺流程

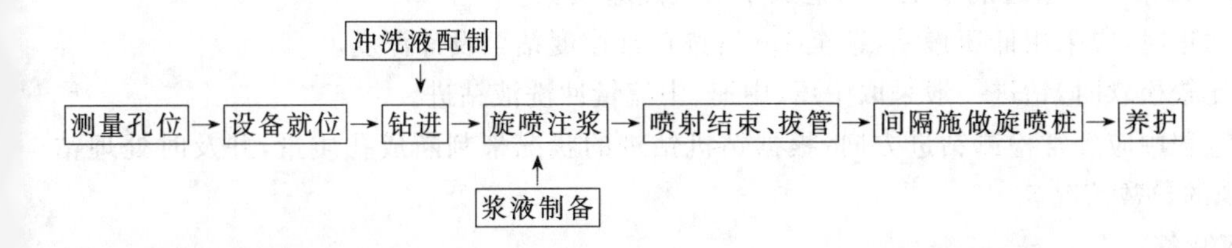

2. 操作工艺

(1) 测量孔位

沿隧道拱顶初支外皮环向布置水平旋喷桩,按设计的桩距确定环向布桩数量,并进行标识。

(2) 设备就位

1) 根据操作平台位置的净空情况，将钻机与操作控制柜布置在作业平台上，并按设计外插角，分孔计算每根桩的偏角和仰角，利用三维坐标，使钻机精确定位。

2) 高压泵、水泥搅拌机及其他设备就近布置在操作平台附近。

3) 钻孔方向一般都沿隧道掘进的方向，隧道肩部或两侧旋喷桩布置可以适当向外侧偏斜。钻孔前，要严格检查钻机桅杆起落架、钻杆的方向，并符合旋喷桩的设计方向(见图 4－2)。

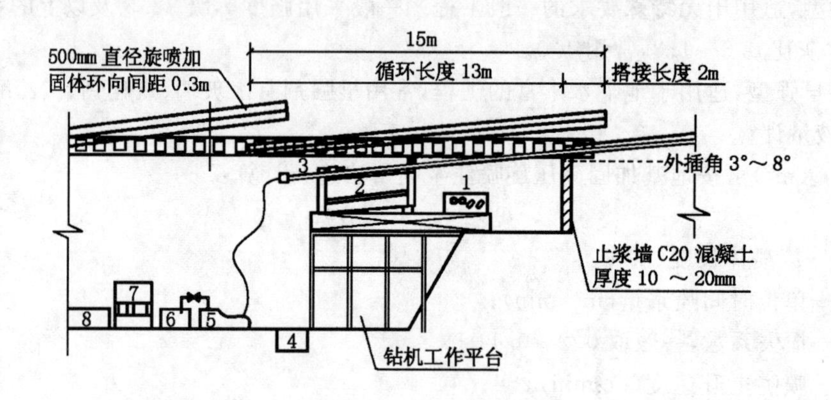

图 4－2 水平旋喷桩加固纵断面示意图

1—钻机控制系统；2—水平钻机；3—钻杆、高压注浆管；4—废浆池；
5—高压泵；6—贮浆桶(双层滤网)；7—拌浆机；8—存放水泥平台

(3) 钻进

1) 钻孔方法视地层的地质情况、旋喷深度、机具设备等条件而定，通常采用水平全液压钻机。施工时，应按设计桩位两步跳跃式钻孔旋喷。

2) 钻孔采用 ϕ42mm 水平钻杆、ϕ46mm～ϕ48mm 钻头或 ϕ60mm 水平钻杆、ϕ64mm～ϕ66mm 钻头，钻头上带有喷嘴，钻孔完成后钻杆作注浆管进行旋喷作业。

3) 在水平旋喷桩钻进前应先注冲洗液，在粘土类地层中施工时，可用清水作为冲洗液；其他地层中一般采用水泥浆，水泥浆常用比例为 1.2∶1。

4) 钻孔宜由高孔位向低孔位间隔进行。

5) 钻孔时应将钻头对准孔位，先用人工在混凝土作业面上凿比钻头直径大 20mm～30mm 先导孔，避免直接用钻头钻透混凝土层而造成钻头快速磨损。

6) 开始钻进时，应采用低压慢钻，钻至 1m 后按正常速度钻至设计深度。

7) 地层比较松软时，钻进一般采取中压、中速、中流量冲洗液钻进。

8) 钻进过程中应经常检测钻进方向，根据钻机钻进的状况来判断成孔质量，并及时处理钻进过程中出现的异常情况。

(4) 浆液制备

1) 旋喷注浆浆液宜采用水泥浆，浆液配比应根据地质情况确定，水泥使用普通硅酸盐或硅酸盐水泥，强度等级 32.5 或 42.5。

2) 根据地层与气候等情况，在水泥浆中掺入一定量的速凝剂、缓凝剂、防冻剂等。

3) 浆液应严格按设计配合比配制，充分拌和均匀，拌合时间不少于 3min，旋喷施工的水灰比宜为0.8～1.2。旋喷施工机具必须配置准确的计量仪表。当浆液超过规定初凝时间时，应停止使用。

(5) 旋喷注浆

1) 当钻杆钻至预定长度后，应首先进行清水试压，待设备与管路情况正常后，再开始高压注浆作业。

2) 旋喷时注浆管边旋转边向外退出，由里向外连续进行喷射，施工人员必须时刻注意检查注浆参数，并随时做好施工记录。

3) 旋喷注浆参数应根据试验确定。

① 流量：流量与注浆压力、地层情况和钻杆的转速及提升速度等因素有关，应通过现场旋喷试验来确定，旋喷流量一般为50～100L/min。每根旋喷桩水泥浆用量可按喷量法进行计算，如无条件时可参考表4－2。

表4－2　每米水平旋喷桩32.5级普通硅酸盐水泥单位用量参考表(kg/m)

桩径(mm)	桩长(m)	单管旋喷法水泥用量
ϕ300	1	50～70
ϕ400	1	80～100
ϕ500	1	120～150
ϕ600	1	200～250
ϕ800	1	300～350

② 压力：压力受高压泵能力和土层性质影响，压力愈高，桩体直径愈大。具体数值应通过成桩试验确定，旋喷施工压力一般为20～25MPa。

③ 速度：水平旋喷速度包括钻杆转动和提升(回提)速度两个方面。一般情况下水平旋喷转动速度为10～20r/min，提升速度为100～250mm/min。提升(回提)速度可根据单位时间喷射水泥浆量、旋喷长度及体积法公式计算出的水泥浆用量来计算。

为保证桩与桩之间相互咬合，可采用复喷工艺(即退一次，进一次，再退一次，共计三次旋喷作业)。在桩前端开喷时，原地旋喷时间不小于30s；当旋喷至孔口3m时应停止，并立即退出钻杆，用棉纱等塞堵孔口，以防浆液外泄。

(6) 喷射结束、拔管

1) 旋喷注浆达到设计要求后应停止注浆，快速拔出注浆管，并用清水及时将管内残存水泥浆全部冲洗干净。

2) 注浆管拔出后，应及时对旋喷桩孔进行封堵，减少浆液向外溢出。

(7) 间隔施做旋喷桩

移动钻机至新孔位上，新注浆孔应与已注浆孔相隔一孔位以上。按照先拱顶，后两侧顺序进行旋喷施工，拱顶采用间隔法施工，孔位从上到下，左右交替进行，跳跃式成桩，使隧道两边地层加固强度基本一致。

(8) 养护

隧道断面旋喷注浆全部完成自然养护24h后，即可进行隧道暗挖施工。

4.1.3.4　质量标准

施工质量允许偏差见表4－3。

表 4-3　　水平旋喷注浆质量检验标准表

项目	检查项目	规定值或允许偏差	检查方法
主控项目	水泥及外掺剂质量	符合出厂要求	查产品合格证或抽样送检
	水泥用量	符合设计要求	查看流量表及水泥水灰比
	桩体强度或完整性	符合设计要求	开挖检查、取样
一般项目	钻孔位置(mm)	≤30	用钢尺量
	钻孔外插角(°)	≤1.2	经纬仪测钻杆或实测
	钻孔长度(mm)	≤±200	用钢尺量
	桩体搭接(mm)	>50	开挖后用钢尺量
	桩体允许偏差(mm)	≤0.2D	开挖后用钢尺量,D为桩径
	注浆压力	按设计参数指标	查看压力表

注:开挖检查方法:水平旋喷桩检验点数量按施工循环段进行确定,每一循环施工段至少要检验 3 个点,并根据桩体支护范围前、中、后分三部分进行检验。对检验不合格时,应在不合格处附近采取补救加固措施。

4.1.3.5　成品保护

1. 旋喷桩施工时必须采用 4.3.3.2 条 7 款方法施工,防止在水泥浆未凝固前将刚完成的相邻水泥桩体钻透,造成未凝固水泥浆流出。

2. 注浆完成后,不到规定养护时间不得开挖。

3. 开挖进尺应严格控制在有效注浆范围内。

4.1.3.6　应注意的质量问题

1. 在桩前端开始喷射时,应在旋喷注浆参数达到规定值后,随即按旋喷、定喷、摆喷的工艺要求,由里向外喷射,保证桩间的搭接长度。

2. 在旋喷过程中出现压力骤然下降、上升或大量冒浆等异常情况时,应查明原因,并及时采取措施,防止出现旋喷质量事故。

3. 隧道开挖时,在隧道直墙段增设 ϕ32、壁厚 3.25mm@200(L=2m)、步距为 1m 的超前小导管,预注改性水玻璃加固土体,防止侧向土体滑落。

4. 隧道开挖至距旋喷桩桩端 8.0m 时,应开始做下一旋喷施工段操作室,其中操作室长度为 6.0m,相邻旋喷段搭接长度为 2.0m。防止超长开挖出现塌方现象。

4.1.3.7　环境、职业健康安全管理措施

1. 环境管理措施

(1) 旋喷注浆前,必须做好防、排水设施,对于现场产生的废浆、垃圾应按要求弃卸堆放,并采取防流失的措施;禁止向河、沟、渠内排弃超标废水等。

(2) 注浆排出的废泥浆应经过过滤池、沉淀池后再生利用,并将沉渣运至指定的弃渣场所堆放。场地出口设洗车槽,并设专人对所有出场地的车辆进行认真冲洗达到标准方可出场。运土及垃圾的车辆,应用苫布覆盖,防止遗撒污染道路。

(3) 旋喷水泥浆配方不宜采用对环境有污染的化学外加剂。

(4) 装卸、运输、贮存易产生粉尘、扬尘的材料时,采用专用车辆,采取覆盖措施。

(5) 现场使用液压油等,必须进行防渗漏处理,防止液压油跑、冒、滴、漏,污染环境和水体。

2. 职业健康安全管理措施

(1) 施工前,应对施工人员进行安全施工教育,并结合旋喷桩施工进行安全交底。

(2) 电工、电焊工、操作手、架子工等特殊工种必须经培训考试合格,持证上岗。

(3) 施工现场临时用电,必须严格遵守国家现行标准《施工现场临时用电安全技术规范》(JGJ 46)的有关规定。

(4) 机械、设备的布局应合理,且要装设安全防护装置,操作者要严格遵守安全操作规程,操作前要对设备进行全面检查,严禁带故障运行。

(5) 检查、调整钻机动力头等回转部件时,必须停车,并将操作手柄置于空挡位置,钻机回转运行时,严禁蹬踏钻机。

(6) 装卸钻杆时,必须首先停机,由两人同时操作拧卸钻杆,拧卸钻杆应听从钻机操作员指挥。

(7) 钻机操作员与高压注浆泵操作员必须密切配合,设备启动、停止应互相传递信息,严禁擅自开机作业。

(8) 在高压旋喷时,施工人员与喷嘴之间的距离不应小于600mm,以防高压水泥浆喷出伤人。高压注浆管连接时,应认真检查压力管、管接头等情况,发现问题应及时更换。防止使用过程中接头断开,软管破裂,导致浆液飞散、软管甩出等安全事故。

(9) 在钻孔前应事先做好地下管线的调查工作,以免地下埋设物因钻机成孔而受到损坏。

(10) 施工时如遇到涌砂漏水,应及时采用摆喷、定喷方法补漏,同时在水泥浆中加入适量快凝剂,及时堵漏。

(11) 施工时不得在作业平台下站人和攀登上下平台。

(12) 贮浆罐、高压注浆泵等注浆设备以及管路必须经常清洗定期检查。各类密封圈必须完整良好,无泄漏现象。

(13) 安全阀应定期测定,压力表应定期检修。

(14) 高压胶管不能超压使用,使用时弯曲不应小于规定弯曲半径,防止胶管破裂。

4.1.4 暗挖隧道土方开挖

4.1.4.1 适用范围

适用于暗挖土质隧道的开挖。

土方开挖方法:根据地质条件、隧道长度、断面大小、埋置深度及地面环境条件,并综合考虑安全、经济、工期等要求,开挖可选择下列基本方法:全断面开挖法、台阶法、环形开挖预留核心土法、中隔壁法(CD法)、交叉中隔壁法(CRD法)、双侧壁导洞法等。

4.1.4.2 施工准备

1. 技术准备

(1) 隧道开挖前已核对地质资料,调查沿线地下管线、构筑物及地面建筑物基础等,并制定保护措施。

(2) 隧道开挖前,已根据建设单位交付的测量资料进行核对和交接,测设平面控制点和高程控制点等隧道测量。

(3) 施工组织设计和施工方案已经审批,并对有关人员进行技术交底。

2. 机具设备

(1) 机具:小型挖掘机、装载机、风镐、空压机、风枪、矿车等有轨设备;提升架、手推车、自卸车、镐、铁锹、电钻、吊桶、罐笼等。

(2) 测量设备:经纬仪、水准仪、全站仪、激光指向仪等。

3. 作业条件

(1) 隧道开挖面必须保持在无水条件下施工,遇有地下水时,应采取降水、注浆止水等措施加以防治。

(2) 竖井施工完毕,马头门已加固完成。

(3) 暗挖隧道开挖前地层超前支护及预加固措施已完成。采用中隔壁法等方法时,两侧超前支护应分阶段完成。

(4) 开挖和运输设备准备应绪。

4.1.4.3　施工工艺

1. 全断面开挖法

全断面开挖法适用于土质稳定、断面较小的隧道施工。

(1) 工艺流程

全断面开挖土方 → 支立格栅 → 喷射混凝土 → 下一循环

(2) 操作工艺

1) 全断面开挖采取自上而下一次开挖成形,沿着轮廓线开挖,一次开挖进尺应按照方案要求进行,并及时进行初期支护。

2) 适宜人工开挖或采用小型机械作业,机械开挖时为防止扰动周边土体,在周边预留200mm余土,人工清理。

2. 台阶法

台阶法适用于土质较好的隧道。见图4－3(图中数字表示开挖先后顺序,以下各图同)。

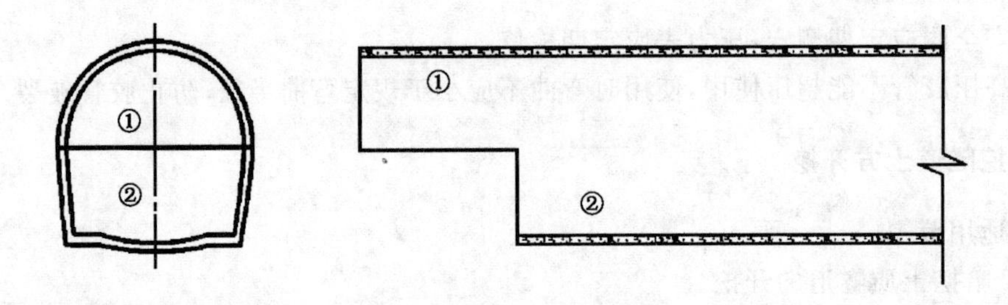

图4－3　台阶法开挖示意图

(1) 工艺流程

开挖上台阶土方 → 支立拱部格栅 → 喷射混凝土 → 开挖下台阶土方 → 支立边墙和仰拱格栅 → 喷射混凝土 → 下一循环

(2) 操作工艺

1) 先开挖①部土方,开挖后应及时施工初期支护结构。土质隧道一般采用短台阶(1～1.5B)(B为隧道开挖跨度)或超短台阶(3m～5m)开挖。上台阶的底部位置应根据地质和隧道开挖高度确定,一般情况下,宜在起拱线及以下。当拱部围岩条件发生较大变化时,可适当延长或缩短台阶长度,确保开挖、支护质量及施工安全。

2) 进行②部土方开挖时,下台阶开挖后应及时施工边墙、仰拱。

3）每循环开挖长度宜为0.5m～1.0m。

3. 环形开挖预留核心土法

环形开挖预留核心土法适用于地质较差、断面较大的土质隧道。见图4－4。

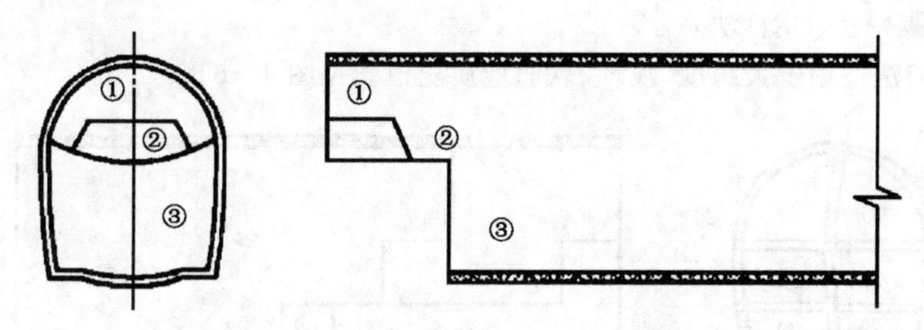

图4－4　环形开挖预留核心土法开挖示意图

（1）工艺流程

开挖上台阶环形拱部土方→支立拱部格栅→喷射混凝土→开挖核心土→开挖下台阶土方→支立墙体和仰拱格栅→喷射混凝土→下一循环

（2）操作工艺

1）先开挖上台阶的环形拱①部土方，环形拱部根据地质情况可分为一块或几块开挖，及时支护。当围岩地质条件差，自稳时间较短时，开挖前应在拱部设计开挖轮廓线以外，进行超前支护。

2）在拱部初期支护的保护下再开挖②部核心土。核心土应留坡度，并不得出现反坡，核心土面积不应小于开挖断面50％。

3）上台阶施工完成后，应按台阶法施工下台阶及仰拱③部。

4）环形开挖每循环开挖长度宜为0.5m～1m。

4. 中隔壁法（CD法）

中隔壁法适用于较大跨度、浅埋、软弱地质隧道。见图4－5。

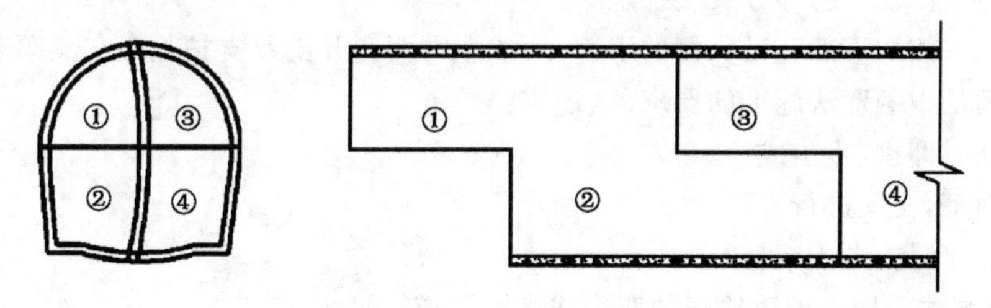

图4－5　中隔壁法开挖示意图

（1）工艺流程

开挖左侧上台阶土方→支立拱部格栅和中隔壁→喷射混凝土→开挖左侧下台阶土方→支立墙底格栅和中隔壁→喷射混凝土→开挖右侧上台阶土方→支立拱部格栅→喷射混凝土→开挖右侧下台阶土方→支立墙底格栅→喷射混凝土→下一循环

（2）操作工艺

1）开挖时应将隧道断面分成左右两部分，先沿左侧自上而下分为两部进行开挖，开挖方法同台阶法。每开挖一步均应及时施做初期支护。各部开挖时，周边轮廓应尽量圆顺，以减小应力集中。

2）中隔壁墙依次分步连接，中隔壁设置宜为弧形或圆弧形。

3）开挖中隔壁墙的右侧，其分部次数及支护形式与先开挖的左侧相同。左、右两侧纵向间距应拉开一定距离，一般不应小于15m。

5．交叉中隔壁法（CRD法）

交叉中隔壁法适用于大跨度、浅埋、软弱地质隧道。见图4－6。

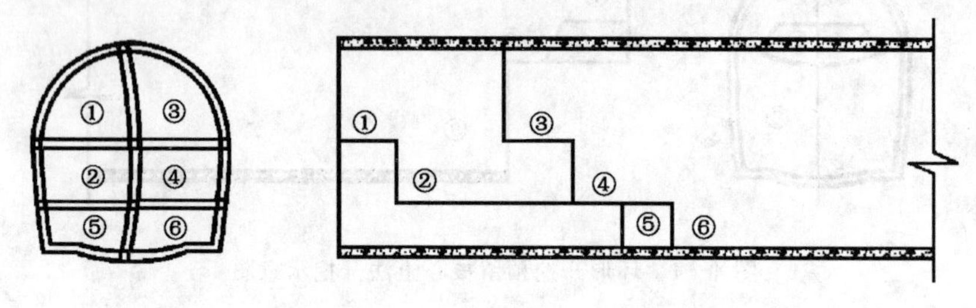

图4－6 交叉中隔壁法开挖示意图

（1）工艺流程

开挖左侧上台阶土方→支立拱部格栅、中隔壁、临时仰拱→喷射混凝土→开挖左侧中台阶土方→支立侧墙格栅、中隔壁、临时仰拱→喷射混凝土→开挖右侧上台阶土方→支立拱部格栅、临时仰拱→喷射混凝土→开挖右侧中台阶土方→支立侧墙格栅、临时仰拱→喷射混凝土→开挖左侧下台阶土方→支立墙、底板格栅和中隔壁→喷射混凝土→开挖右侧下台阶土方→支立墙、底板格栅→喷射混凝土→下一循环

（2）操作工艺

1）交叉中隔壁法开挖时，采取自上而下分两步或多步台阶法开挖中隔壁的一侧，并及时支护，完成①～②部分。

2）开挖另一侧③～④部分及支护。

3）再开挖一侧的下部和另一侧的下部，形成左右两侧开挖及支护相互交叉顺利进行。

4）除应满足中隔壁法施工的要求外，还应：

① 设置临时仰拱，步步成环。

② 自上而下，交叉进行。

6．双侧壁导洞法

双侧壁导洞法适用于地质软弱的双线或多线隧道。见图4－7。

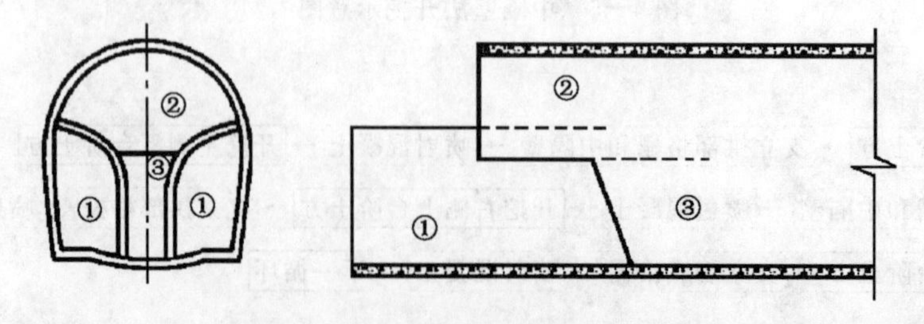

图4－7 双侧壁导洞法开挖示意图

（1）工艺流程

开挖两侧导坑土方 → 支立两侧导坑格栅 → 喷射混凝土 → 开挖拱部土方 → 支立拱部格栅 → 喷射混凝土 → 开挖下台阶土方 → 支立墙、底板格栅 → 喷射混凝土 → 下一循环

(2) 操作工艺

1) 先开挖两侧壁导坑①，侧壁导坑形状应近似于椭圆形，导坑断面宜为整个断面的 1/3，导坑开挖后应及时进行支护。

2) ①部进尺一定长度(根据现场实际情况确定)后开挖②部和③部，开挖方法同台阶法。

4.1.4.4 质量标准

1. 主控项目

(1) 隧道应按设计尺寸严格控制开挖断面，不得欠挖。中线、高程必须符合设计要求。

(2) 边墙基础和隧底地质情况应满足设计要求。基底土体严禁扰动。

(3) 隧道预留变形量应根据土质情况、隧道宽度、埋置深度、施工方法和支护情况等条件，采用工程类比法确定，当无类比资料时，单线土质隧道预留变形量取 30mm～70mm。

2. 一般项目

(1) 隧道允许超挖值应符合表 4－4 的规定。

(2) 中线贯通允许偏差为：平面位置 30mm，高程±20mm。

表 4－4　隧道允许超挖值(mm)

开挖部位	平均超挖	最大超挖
拱部	≤100	≤150
边墙	≤100	≤150
仰拱	≤100	≤150

4.1.4.5 成品保护

1. 为减少地层沉降，隧道土方开挖后应及时进行支护。

2. 超挖或小规模塌方处理时，必须采用耐腐蚀材料回填，必要时喷射混凝土封闭掌子面。

4.1.4.6 应注意的质量问题

1. 同一隧道相对开挖时，当两工作面相距 20m 时应停挖一端，另一端继续开挖，并做好测量工作，及时纠偏。防止隧道纵轴线出现偏差。

2. 两条平行隧道，相距小于 1 倍隧道开挖跨度时，其开挖面前后错开距离不得小于 15m。

3. 为防止围岩不稳造成超挖现象，开挖时应预留 50mm～100mm 厚的人工清理量，土方开挖后立即进行初期支护。

4. 地层降水不到位或存在地层滞水时，应采取降水措施，若降水不能满足要求时，应在土方开挖前进行堵水处理。

5. 加强地质的超前预报工作，可采取打设超前探管等措施，发现开挖面前方有异常情况出现时，应暂停施工，及时研究并采取相应措施，避免出现塌方情况。

4.1.4.7 环境、职业健康安全管理措施

1. 环境管理措施

(1) 隧道掘进应根据断面尺寸大小，采取适宜的通风措施。

(2) 通风机运转中应采取消声措施。

(3) 土方集中存放时，存放处四周应严密围挡，土方堆积不得超过规定高度，未及时清运的

土方应予以覆盖。

2. 职业健康安全管理措施

(1) 土方作业时作业人员必须根据作业要求,佩戴防护用品。

(2) 土方垂直运输时,作业人员必须立即撤至竖井边缘安全位置,待土斗落稳时方可靠近作业。

(3) 挖土作业时,必须按照安全技术交底要求操作,服从带班人员指挥。发现异常时必须立即处理,确认安全后方可继续作业;出现危险征兆时,应按照应急预案执行。

(4) 作业中发现地下管道等构筑物、文物、不明物时,必须立即停止作业,并按要求处理或保护。在现况电力、通讯电缆 2m 范围内和现况燃气、热力、给排水等管道 1m 范围内挖土时,必须在主管单位人员的监护下方可进行开挖。

(5) 开挖作业期间应做好量测、地质核对和掌子面描述,必要时应进行超前地质勘探,并根据实际情况提出变更意见,修改开挖方法和技术参数。

4.1.5　城市暗挖隧道爆破

4.1.5.1　适用范围

适用于城市暗挖隧道围岩级别为Ⅰ～Ⅴ级,岩系主要为玄武岩、花岗岩、砂岩、页岩、石灰岩的爆破施工。

4.1.5.2　施工准备

1. 技术准备

(1) 爆破设计方案已经审批,并向有关人员进行技术、安全交底。

(2) 爆破设计的内容应包括炮眼布置、数量、孔深、角度,爆破器材选用,装药量与装药结构,起爆方法与起爆顺序,钻眼机具与钻眼要求,爆破有害效应(振动、飞石、有害气体、冲击波)控制,爆破监测等。

1) 岩石隧道的爆破作业,应采用光面爆破或预裂爆破。

2) 隧道爆破应选用适当的炸药品种和型号,并应采用导爆管或电力起爆,不宜采用火花起爆。

3) 爆破开挖方法:爆破开挖方法应依据隧道爆破的地质条件、覆盖层厚度、环境条件、断面大小、所据有的机械设备、技术水平及工期等确定。一般采用全断面法、半断面法或台阶法、分部开挖法等。

4) 炮眼布置:隧道爆破各部位炮眼如图 4－8 所示。

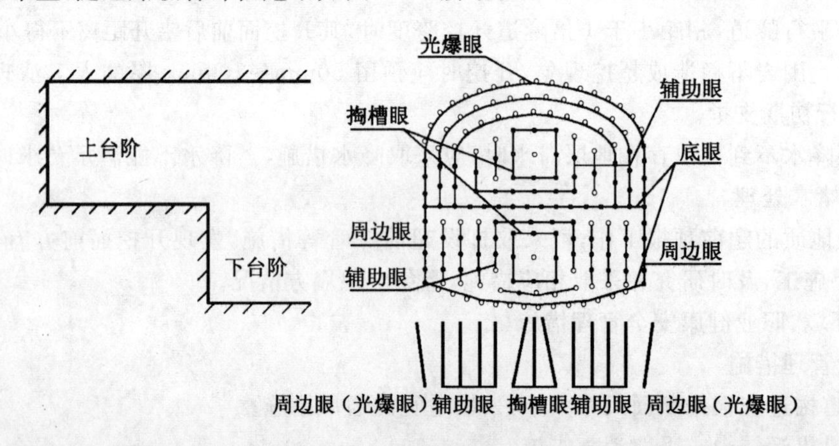

图 4－8　隧道爆破炮眼示意图

① 原则上先布置掏槽眼、周边眼，然后是底板眼，最后是辅助眼。光爆孔与预裂孔的外侧角根据机械的操作空间确定。

② 炮眼深度和间距：炮眼深度主要根据循环进尺（1m～1.5m，软弱破碎岩石取小值、坚硬完整岩石取大值）与岩石类型决定，掏槽眼之外的其他炮眼深度可按循环进尺的1.1倍控制，掏槽眼比其他炮眼深100mm，炮眼间距根据炮眼类型及爆破单耗计算确定。

③ 炮眼直径：$D=35mm\sim50mm$，直眼掏槽中空眼直径根据液压掘进台车的规格确定。

5）爆破器材选定：炸药根据岩石类型、炮眼的直径、炮眼类型、炮眼中有水无水等选定，雷管选用非电导爆管或电即发与毫秒雷管。隧道中有沼气涌出时，选用煤矿许用安全炸药与安全雷管。

6）起爆顺序：光面爆破时，从掏槽眼开始，一环一环地往外进行，最后是光爆眼。预裂爆破时先周边眼预裂，后掏槽，然后辅助眼依次向外爆破、最后是底板眼。光爆孔、预裂孔经爆破振动验算后，尽可能同段起爆或成规模同段起爆。

7）爆破参数确定：爆破参数应由爆破工程师根据爆破开挖方法、岩石类型、炮眼类型、循环进尺等，依照浅孔、密布、弱爆、循序渐进的原则，通过计算和工程比选确定，并根据爆破效果及时进行修正。表4－5可供参考。

表4－5　　爆破参数表

爆破类别	岩石种类	岩石单轴和抗压强度（MPa）	周边眼间距 E(mm)	周边眼抵抗线 W(mm)	周边眼密集系数 E/W	周边眼至内排崩落眼间距（mm）	装药集中度 q(g/m)
光面爆破	硬岩	＞60	550～700	600～800	0.7～1.0	—	300～350
	中硬岩	30～60	450～650	600～800	0.7～1.0	—	200～300
	软岩	＜30	350～500	450～600	0.5～0.8	—	70～120
预裂爆破	硬岩	＞60	400～500	—	—	400	300～400
	中硬岩	30～60	400～450	—	—	400	200～250
	软岩	＜30	350～400	—	—	350	70～120
预留光面层的爆破	硬岩	＞60	600～700	700～800	0.7～1.0	—	200～300
	中硬岩	30～60	400～500	500～600	0.8～1.0	—	100～150
	软岩	＜30	400～500	500～600	0.7～0.9	—	70～120

8）起爆网路：电雷管可采用串联网路、串并联网路、并串联网路或并串并联网路。非电导爆管雷管可采用簇联起爆网路、接力起爆网路、复式起爆网路或闭合起爆网路。

9）最大一段起爆药量：根据爆破点与测点间的距离及要求的振速，可计算出微差爆破的最大一段的药量。根据萨道夫斯基公式：

$$Q=R^3\cdot(V/K)^{\frac{3}{a}} \tag{4-3}$$

式中：Q——炸药量，微差爆破最大一段药量；

V——地震安全速度（cm/s）；

R——爆破点与测点之间的距离；

K——地质参数；

a——衰减系数。

K、a 取值参照表 4－6。

表 4－6　　爆区不同级别围岩的 K、α 取值

岩性	K	α
坚硬岩石	50～150	1.3～1.5
中硬岩石	150～250	1.5～1.8
软岩石	250～350	1.8～2.0

地震安全速度 V 选定如下：

a. 土窑洞、土坯房、毛石房屋 1.0cm/s；

b. 一般砖房、非抗震的大型砌块建筑物 2.0～3.0cm/s；

c. 钢筋混凝土框架房屋 5.0cm/s；

d. 水工隧洞 10cm/s；

e. 交通隧洞 15cm/s；

f. 矿山巷道：围岩不稳定有良好支护 10cm/s；围岩中等稳定有良好支护 20cm/s；围岩稳定无支护 30cm/s。

2. 材料要求

(1) 爆破材料：2# 岩石硝铵、乳化、水胶炸药、非电导爆管即发与毫秒雷管、即发毫秒电雷管、导爆管、导爆索等。当隧道开挖中有瓦斯涌出时，应根据瓦斯浓度级别，对应选用 1#、2# 或 3# 煤矿许用安全炸药和安全雷管。

(2) 其他材料：四通接头、电工胶布、炮泥等。

3. 机具设备

(1) 凿岩机械：湿式气腿式风动凿岩机、液压掘进台车、风动或液压潜孔钻机。

(2) 钻杆：与凿岩机配套的钻杆。

(3) 钻头：与钻机钻杆配合选用。

(4) 空压机、通风机：根据现场计算宜选用符合城市环保要求的经济机型。

(5) 起爆器：电容式起爆器、动力电源、导爆管激发笔等。

(6) 其他爆破仪表：爆破欧姆表、杂散电流测试仪、爆破振动测试仪等。

4. 作业条件

(1) 爆破用"三管两线"(水管、高压风管、通风管、低压照明电线、道路)已到位并可正常运行，凿岩机、钻杆、钻头、各种监测设备、爆破器材等已到位并保管好。

(2) 工程已办理爆破许可证。从事爆破人员已经培训，考试合格，持证上岗。

4.1.5.3　施工工艺

1. 工艺流程

起爆药卷准备 → 测量布眼 → 钻孔清眼 → 装药连线 → 爆破 → 通风、处理危石 → 出渣运输

2. 操作工艺

(1) 起爆药卷准备

一般情况下，工厂已按工程的要求把导爆管和雷管装配并标注好，只需按设计要求把不同分段的雷管装入药卷中，并标注清楚分别存放。

(2) 测量布眼

钻眼前应划出开挖断面中线、水平线和断面轮廓线，并按设计图标出的炮眼位置把掏槽眼、周边眼、光爆眼和辅助眼划到掌子面上，经检查符合设计要求后方可钻眼。

(3) 钻孔清眼

1) 根据开挖断面中线、水平及外轮廓线所标注的炮眼位置、设计角度和深度进行钻孔。

2) 钻眼前，先将支架放到钻眼的适当位置，支架的支脚应安放牢固，防止打滑或移动。

3) 开动阻塞阀风门时，按程序从小风门，经中风门，再过渡到全负荷。小风门开动约 10min 过渡到中风门，中风门开动约 30s，无其他故障时，再进行全负荷运行。

4) 钻眼开始时，先用较低钻速，待孔深至 10mm～15mm 后，再逐渐提高转速。

5) 待钻至预定深度后，停止钻眼时，先关闭水路，后关闭风路，降低转速慢慢退出钻杆。

6) 当开挖面凹凸较大时，应按实际情况调整炮眼深度，使周边眼和辅助眼底在同一垂直面上。

7) 当采用凿岩台车开挖时，对钻眼的要求根据台车的构造性能结合实际情况另行规定。

8) 液压钻眼应严格按照机械操作说明书要求进行钻眼作业。

9) 清眼：钻眼全部完毕后应进行清眼，用风管将孔内的岩粉或泥浆吹洗干净。

(4) 装药连线

1) 各个炮眼经检查符合设计要求后才能装药。

2) 装药前，药串和起爆药卷应按设计在加工房内加工好，盘好脚线分段号放在箱内，确保装药作业有秩序地进行。

3) 装药作业应分片分组按炮眼设计图规定的装药量、雷管段号"对号入座"。

4) 用炮棍将炸药卷一个紧接一个按分段先后顺序分别进行连续或间隔装药。每眼内眼底先装半卷药然后再装有雷管的起爆药包，再装其他药包。

5) 周边眼与光爆眼连续装药或空气柱间隔装药。见图 4－9。

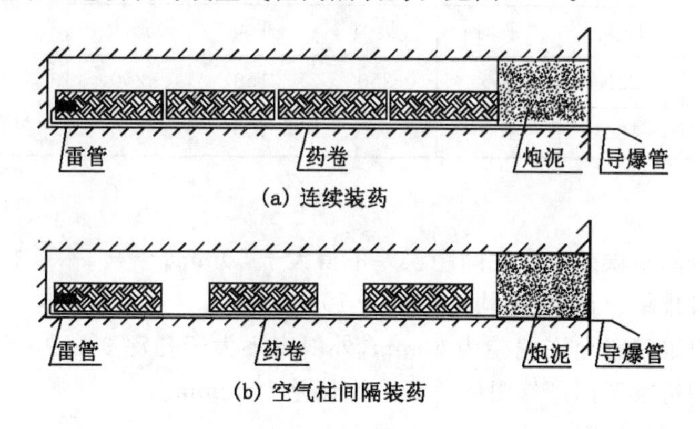

图 4－9 炮眼装药结构示意图

6) 掏槽眼采用连续装药。

7) 其他炮眼连续装药或间隔装药(根据实际情况决定)。

8) 堵塞：所有炮眼必须从装药顶端密实堵塞，周边眼的堵塞长度不应小于 200mm。

9) 起爆网路连接：根据爆破设计进行起爆网路连接。电起爆网路必须注意以下几点：

① 同一网路中的电雷管必须为同厂家、同批、同型号，使用前必须使用爆破电表进行电阻值测试，电阻值误差应满足爆破有关安全规定。

② 使用串并联或并串并联网路时，应进行电路平衡计算，使各支路的电阻值接近相等。在

网路连接完成后，对各支路电阻值进行检测，电阻值相差较大时应采取措施平衡电阻。

③ 为避免杂散电流或感应电的影响，起爆前不得闭合网路，并使各接头采用绝缘胶布包扎好，确保与大地及周围导电体绝缘。非电导爆管起爆网路连接时，应注意引爆导爆管雷管的聚能穴应与导爆管传爆方向相反，以避免聚能射流切断导爆管，同时导爆管不得打折和出现死弯。

(5) 爆破

全部人员撤至警戒线外后，由警戒人员进行警戒，警戒负责人发出允许起爆信号后，由起爆手起爆。

(6) 通风、处理危石

待起爆 15min 后，先通风后洒水，由专业爆破技术人员进入查看爆破效果和有没有瞎爆，是否解除警戒，然后派有经验、动作灵活、敏捷的人员进入爆破工作面对作业面危石进行处理，待周边围岩稳定后再进行下道工序作业。

(7) 出渣运输

采用有轨、无轨或人工出渣。如围岩较破碎，应先进行必要的喷锚支护，封闭稳定岩层，然后再出渣；如围岩较稳定，可先出渣，然后再根据设计进行喷锚支护。

4.1.5.4　质量标准

1. 开挖

开挖允许偏差见表 4－7。不得欠挖。

表 4－7　　隧道允许超挖值(mm)

隧道开挖部位	岩层分类							
	爆破岩层						土质和不需爆破岩层	
	硬岩		中硬岩		软岩		平均	最大
	平均	最大	平均	最大	平均	最大		
拱部	100	200	150	250	150	250	100	150
边墙及仰拱	100	150	100	150	100	150	100	150

2. 钻眼

(1) 掏槽眼：眼口间距误差和孔底间距误差不得大于 50mm。

(2) 辅助眼：眼口排距、行距误差均不得大于 100mm。

(3) 周边眼：周边眼间距允许偏差为 50mm，外斜率不大于孔深 3%～5%，眼底不应超过开挖轮廓线 100mm。周边眼至内圈炮眼的排距允许偏差为 50mm。

(4) 除掏槽眼外，其他炮眼的孔底应位于同一垂直面上。

3. 周边眼的眼痕率

硬岩应大于 80%，中硬岩应大于 70%，软岩应大于 50%，并在轮廓面上均匀分布。

4. 两茬炮眼衔接台阶

两茬炮眼衔接台阶的最大尺寸不应大于 150mm。

5. 爆破岩面

爆破岩面最大块度不大于 300mm。

4.1.5.5　成品保护

爆破危石处理后，及时打锚杆、安装钢格栅、挂网、喷射混凝土，防止隧道周边围岩坍塌。

4.1.5.6　应注意的质量问题

1. 炮眼的深度和角度应符合设计要求，钻眼时严禁钻残眼，如有局部未爆或效果不理想时，在本时间段内不能补炮的情况下，在旁边钻眼，下次爆破时一同起爆。

2. 布置雷管段号时，应注意合理的段间隔时间；同一段炮眼的装药量应小于最大单段的允许装药量；前一段的起爆要尽量为后段爆破创造良好的临空面。

3. 根据爆破监测结果，应及时修改设计，反馈施工。如果爆破效果不理想，要分析原因，切不可盲目爆破。

4. 如果爆破面不齐时，应按实际情况调整炮眼深度，面部进行加深或减浅，使周边眼和辅助眼眼底在同一垂直面上，保证下一断面平整。

5. 开挖作业中，不得损坏支护、衬砌和设备，并保护好量测用的测点。

6. 装药量不得超过设计药量。

4.1.5.7　环境、职业健康安全管理措施

1. 环境管理措施

(1) 选用炸药时，尽量选用零氧平衡或正氧平衡的炸药，尽量减少有毒有害气体的排出，爆破后对排出的有害气体进行监测。

(2) 隧道在整个施工过程中，应符合卫生和安全有关标准。

1) 空气中氧气含量，按体积计不得小于20%。

2) 粉尘允许浓度，每立方米空气中含有10%以上的游离二氧化硅的粉尘不得大于2mg。

3) 有害气体的最高允许浓度：

① 一氧化碳最高允许浓度为30mg/m^3；

② 二氧化碳按体积计不得大于0.5%；

③ 氮氧化物(换算成NO_2)为5mg/m^3 以下。

4) 隧道内气温不得高于28℃。

5) 隧道内噪声不得大于90dB。

(3) 所有的机械设备选用应符合城市环保要求，其作业周围的噪声应昼间不大于70dB，夜间不大于55dB。

(4) 选择合理的起爆时间段，尽量减少扰民。

2. 职业健康安全管理措施

(1) 爆破组织

1) 使用的各种爆破器材必须符合国家标准，不达标的不准使用。

2) 凡推广使用爆破新技术、新工艺、新器材和仪表时，必须经爆破作业的主管部门鉴定批准。

3) 进行爆破工作时，必须建立健全组织机构，由爆破工作领导、爆破工程技术人员、爆破班(组)长、爆破员和爆破器材库负责人组成。

4) 爆破前，做好现场防护警戒工作，现场安全管理人员应进行安全检查，除操作人员外，所有其他人员及设备必须退到安全区范围内，并通知相邻工地及当地居民，严禁穿越危险区。爆破危险区域内各种建筑物内的人员，爆破时应组织妥善撤离。经现场安全、技术人员检查同意后，方可起爆。

5) 爆破完毕之后，在规定时间内，非直接操作人员不得擅自进入爆破区。专业操作人员经检查确认安全后，方可撤除警戒。

(2) 爆破器材的运输和搬运规定(自药库至工地)

1) 领取爆破器材时,应认真检查爆破器材的包装、数量和质量,如不符合要求时,应立即退换或报告领导处理。

2) 禁止用翻斗车、自卸汽车、拖车、拖拉机、机动三轮车、人力三轮车、自行车和摩托车运输爆破器材。

3) 装卸爆破器材的地点应有明显的信号:白天应悬挂红旗或警标,夜晚应有足够的照明,并悬挂红灯。

4) 爆破器材从总库到分库运送时,包装箱(袋)及铅封必须完整无损。

5) 起爆器材与炸药不得同车装运。

6) 雷管箱(盒)内的空隙部分,应由泡沫塑料之类的柔软材料塞满。装卸和运输爆破器材时,严禁烟火和携带发火物品。

7) 运输炸药汽车应状况良好,由有经验的司机驾驶,行车速度在气候能见度良好时不超过40km/h,能见度低时速度减半。在平坦的道路上行驶时,两辆汽车距离不小于50m,上山或下山时不少于300m。

(3) 爆破器材的管理

1) 炸药的管理必须严格控制,炸药库的位置、爆破设计及炸药的运输方法必须符合国家有关规定。

2) 炸药必须存放在距离工地或生活区有一定安全距离的仓库内,炸药与爆破器材不准混放,入库领取使用应严格按手续办理。

3) 在施工中进行爆破作业时,应严格按经监理工程师批准的爆破施工方案进行。

(4) 进行爆破时,为避免飞石、冲击波、有害气体危害,所有人员应撤至安全警戒线以外,安全警戒距离根据设计要求,并满足爆破有关安全规定。

4.1.6 暗挖隧道钢筋格栅制作安装

4.1.6.1 适用范围

适用于暗挖隧道初期支护钢筋格栅的制作与安装。

4.1.6.2 施工准备

1. 技术准备

(1) 已熟悉相关图纸,编制施工方案经审批,并向有关人员进行技术交底。

(2) 焊工已培训,经考试合格后持证上岗。

(3) 钢筋焊接试件力学性能检验已合格。

2. 材料要求

(1) 钢筋:钢筋进场应有产品合格证和出厂检验报告,进场后,应按国家现行标准《钢筋混凝土用热轧带肋钢筋》(GB 1499)等的规定抽取试件做力学性能试验,其品种、级别、规格和质量应符合设计和有关规范要求。

当采用进口钢筋或加工过程中发生脆断等特殊情况,还需做化学成分检验。钢筋外表应无老锈和油污。

(2) 型钢:宜采用牌号Q235－B、C、D级的碳素结构钢,以及牌号Q345－B、C、D、E级的低合金高强度结构钢,其质量标准应分别符合国家现行标准《碳素结构钢》(GB 700)和《低合金高强度结构钢》(GB/T 1951)的规定,型钢进场必须有出厂质量证明书,其品种、型号、规格必须符合设计要求。

（3）焊接材料

1）手工焊接用焊条，应有产品出厂合格证，其质量应符合国家现行标准《碳素钢焊条》（GB/T 5117）或《低合金钢焊条》（GB/T 5118）的规定，焊条的选用应符合设计要求。

2）自动焊接或半自动采用的焊丝和焊剂，应与主体金属强度相适应。焊丝应符合国家现行标准《熔化焊用钢丝》（GB/T 14957）或《气体保护焊用钢丝》（GB/T 14958）的规定。

3. 机具设备

（1）主要设备：切筋机、卷扬机、弯曲机、冲剪机、直线切割机、交流弧焊机或气体保护焊机、烘焙箱，垂直运输设备等。

（2）检测工具：测绳、线坠、靠尺、塞尺、钢卷尺、经纬仪和激光仪。

4. 作业条件

（1）钢筋加工平台已搭设，制作模具经验收合格。

（2）工作面土方已根据要求开挖到位。

4.1.6.3　施工工艺

1. 钢筋格栅加工制作

（1）工艺流程

钢筋、型钢加工 → 焊接成型 → 验收

（2）操作工艺

1）钢筋、型钢加工

应根据加工料表切出所需钢筋格栅的钢筋和型钢。根据平台、钢筋格栅模具调整主筋的钢筋加工形状。

2）焊接成型

应根据图纸要求组装焊接格栅各部件，端部型钢必须用连接螺栓与钢板孔紧固，以确保格栅各部件的连接孔位的准确。钢筋格栅各部件在模具内初步焊接固定后，将钢筋格栅各部分从模具内均匀对称取出，以避免钢筋格栅扭曲变形。根据焊接规范及设计要求将钢筋格栅部件焊接成型，焊接时应均匀对称焊接，减少应力变形。

3）验收

钢筋格栅各组成部件焊完后，进行试拼装，以检验钢筋格栅的几何尺寸、各部件的螺栓节点以及焊接质量等。首榀试拼合格后，进行验收，签署钢筋格栅首榀验收合格记录。而后进行批量生产，并按规定抽样进行批量验收。

2. 钢筋格栅安装

（1）工艺流程

格栅架设 → 外侧网片安装 → 纵向连接钢筋的焊接 → 内层网片安装

（2）操作工艺

1）格栅架设

① 现场抽样试拼：钢筋格栅必须按批进行抽样地面试拼，地面应平整、宽敞，试拼合格后方可安装。

② 现场试拼合格后，将格栅安放在设计位置，并进行预固定，格栅标高、位置必须用激光仪控制定位。

③ 格栅安装定位后,应先紧固拱顶外侧螺栓,再紧固内侧两个螺栓,必要时也可用与主筋同型号的钢筋帮焊。

2）外侧网片安装

格栅安装后,应根据设计要求安设外侧网片,钢筋网片的加工宽度应与格栅施工步距相同,钢筋网片纵向和环向搭接长度应不小于两个网格宽度。网片之间、网片与钢筋格栅、纵向连接钢筋应焊接绑扎牢固。

3）纵向连接钢筋的焊接

① 格栅安装定位后,应按图纸要求设置纵向连接钢筋。

② 纵向连接筋沿格栅主筋环向分布,分为内外两排,每排连接筋环向间距符合设计要求,并焊接牢固。

4）内层网片安装

内层网片沿格栅内侧弧主筋和纵向连接筋上铺设,并绑扎牢固。

3. 季节性施工

(1) 雨期施工,进入现场的钢筋格栅应避免堆放在低洼处,露天存放时应垫高并加盖塑料布,竖井周围应有排水措施,防止雨水流入隧道内。

(2) 冬期焊接时,当风力超过 5 级时应采取挡风措施,温度低于－20℃时应停止焊接施工。

4.1.6.4 质量标准

1. 主控项目

(1) 制作格栅和钢筋网的钢材的品种、级别、规格、数量和质量必须符合设计要求。

(2) 格栅安装的位置、接头连接、纵向连接应符合设计要求,格栅拱脚下不得是虚土。

(3) 沿格栅外缘每隔 2m 应有钢楔或混凝土预制块与围岩顶紧,格栅与围岩间的间隙应采用喷射混凝土喷填密实。

(4) 在施工现场,应按国家现行标准《钢筋机械连接通用技术规程》(JGJ 107)、《钢筋焊接及验收规程》(JGJ 18)的规定抽取钢筋机械连接接头、焊接接头试件做力学性能检验,其质量应符合有关规程的规定。

2. 一般项目

(1) 钢筋格栅外观质量符合设计要求。

(2) 钢筋格栅加工允许偏差见表 4－8。

表 4－8 钢筋格栅加工允许偏差

项 目	允许偏差(mm)	检查方法和频率
格栅矢高与弧长	0,＋20	钢尺量:按批量抽检
组装高度	±30	钢尺量:按批量抽检
组装宽度	±20	钢尺量:按批量抽检
墙架长度	±20	钢尺量:按批量抽检
钢筋格栅组装扭曲度	20	线坠及钢尺量:按批量抽检
辅筋(箍筋、八字环、U 型筋、Z 字筋)	±10	钢尺量:分组检测

(3) 钢筋格栅安装允许偏差见表4－9。

表4－9　钢筋格栅安装允许偏差

项　目	允许偏差(mm)	检查方法和频率
钢筋格栅安装步距	±50	钢尺量:全频率
钢筋格栅横向位移	±30	钢尺量:全频率
钢筋格栅纵向位移	±50	钢尺量:全频率
安装高程	±30	钢尺量:全频率
安装钢筋格栅垂直度	5‰H	线坠、钢尺量:全频率
混凝土保护层厚度	－5	钢尺量

注:H为格栅高度(mm)。

(4) 钢筋网片加工允许偏差见表4－10。

表4－10　钢筋网片加工允许偏差

项　目	允许偏差(mm)	检查方法和频率
钢筋网间距	±10	钢尺量:抽查
钢筋网搭接长度	≥200	钢尺量:抽查

4.1.6.5　成品保护

1. 加工成型的钢筋格栅在运输、安装中禁止抛摔,避免变形。

2. 成型的钢筋格栅构件应归类码放整齐,防止变形或安装错误。

4.1.6.6　应注意的质量问题

1. 钢筋格栅加工

(1) 焊渣必须清理干净,焊缝表面应平整,不得有凹陷和焊瘤。

(2) 焊接电流应根据焊条的大小进行调节,以免烧伤钢筋。

(3) 钢筋格栅焊接模具的下平面必须用水平尺抄平并从两端对称焊接,减少焊接应力变形。

(4) 钢筋格栅焊件应对称均匀地从模具内取出,以减少外力变形。

(5) 应对施工模具进行定期检查,防止模具松动变形。

2. 钢筋格栅安装

(1) 上台阶格栅安装时,拱脚处基底应清除扰动土,必要时可采取预加固,防止拱顶下沉。

(2) 格栅安装定向的激光仪应定期检查校正,激光仪到掌子面超过一定的距离应重新安装,以保证测量精度。

(3) 施工期间应定期复核隧道轴线桩及高程控制点,防止出现测量错误。

(4) 应做好土方开挖、格栅安装、初支混凝土喷射工序的协调配合,减少工序交叉时间,使隧道开挖后及时封闭成环,保证隧道的初支稳定性。

4.1.6.7　环境、职业健康安全管理措施

1. 环境管理措施

(1) 施工中应保持空气流通,必要时应进行强制通风以降低焊接烟尘。

(2) 焊接施工宜选用环保焊机,减少产生有害气体对环境的污染。

2. 职业健康安全管理措施

(1) 进入施工现场必须穿戴安全帽和必要的劳动保护用品。

(2) 特殊工种包括卷扬机司机、天车司机、电焊工、电工、信号工等必须持证上岗。

(3) 在电焊及氧气焊周围，严禁堆放易燃、易爆物品。

(4) 钢筋格栅码放高度不得超过 1.5m，并禁止抛摔。

(5) 使用梯子时，必须搭在坚固的支持物上，不准立在凳子或台子上，梯脚要有防滑措施，梯子过高时应设专人扶持。

4.1.7 暗挖隧道喷射混凝土

4.1.7.1 适用范围

适用于暗挖隧道混凝土结构干喷或潮喷施工。

4.1.7.2 施工准备

1. 技术准备

(1) 喷射混凝土的施工配合比已通过试验确定并符合下列规定：水泥与砂、石的重量之比宜为1∶4～1∶4.5；水灰比宜为0.4～0.5；砂率宜为45％～55％；外加剂和外掺料的掺量已通过试验确定。

(2) 施工技术交底已完成。

2. 材料要求

(1) 水泥：水泥的品种、级别、厂别等应符合混凝土配合比通知单的要求，应优先选用硅酸盐水泥、普通硅酸盐水泥，强度等级不低于 32.5 级。水泥进场应有产品合格证和出厂检验报告，进场后应对其强度、安定性及其他必要的性能指标进行取样复验，其质量符合国家现行标准《硅酸盐水泥、普通硅酸盐水泥》(GB 175)等的规定。当对水泥质量有怀疑或出场超过 3 个月时，应进行复验，并按复验结果使用。

(2) 骨料：细骨料应采用坚硬耐久的中砂或粗砂，细度模数宜大于 2.5，含水率宜控制在 5％～7％。粗骨料应采用坚硬耐久的卵石或碎石，粒径不宜大于 15mm。细骨料的质量应符合国家现行标准《普通混凝土用砂质量标准及检验方法》(JGJ 52)的规定，粗骨料的质量应符合国家现行标准《普通混凝土用碎石或卵石质量标准及检验方法》(JGJ 53)的规定，进场后应取样复验合格。

骨料级配应控制在表 4－11 所规定的范围内。

表 4－11 骨料通过各筛径的累计重量百分比(％)

项目 \ 骨料粒径(mm)	0.15	0.30	0.60	1.20	2.5	5	10	15
优	5～7	10～15	17～22	23～31	34～43	50～60	78～82	100
良	4～8	5～22	13～31	18～41	26～54	40～70	62～90	100

(3) 外加剂：包括速凝剂、减水剂、防水剂等。外加剂的质量、选用和使用应符合国家现行标准《混凝土外加剂》(GB 8076)、《混凝土外加剂应用技术规范》(GB 50119)、《喷射混凝土用速凝剂》(JC 477)等和有关环境保护的规定。所用外加剂的品种、生产厂家和牌号应符合混凝土配合比通知单的要求，外加剂应有产品说明书、出厂检验报告及合格证、性能检测报告，进场应复验。

速凝剂应根据水泥品种、水灰比等，通过不同掺量的混凝土试验选择最佳掺量，使用前应做与水泥的相容性试验及水泥净浆凝结效果试验，初凝时间不应超过5min，终凝时间不应超过10min。当使用其他外加剂时应做相应的试验。

(4) 掺合料：混凝土中掺用矿物掺合料的质量应符合国家现行标准《用于水泥和混凝土中的粉煤灰》(GB 1596)等的规定。所用掺合料的品种、级别和生产厂家应符合混凝土配合比通知单的要求，掺合料应有出厂合格证或质量证明书、质量检测报告，进场应取样复验合格。

(5) 其他要求：水泥、外加剂必须有法定检测单位出具的碱含量检测报告，砂、石必须有法定检测单位出具的集料活性检测报告。混凝土中的氯化物和碱的总含量应符合国家现行标准《混凝土结构设计规范》(GB 50010)的规定。

3. 机具设备

(1) 喷射机：喷射机性能应符合下列要求：

1) 密封性能良好，输料连续均匀。

2) 生产能力(混合料)为$3\sim5m^3/h$，允许输送的骨料最大粒径为25mm。

3) 输送距离(混合料)，水平不小于100m，垂直不小于30m。

(2) 空压机：选用的空压机应满足喷射机工作风压和耗风量的要求，排风量不应小于$9m^3/min$。

(3) 搅拌机：宜采用强制式搅拌机。

(4) 辅助施工设备

1) 输料管应能承受0.8MPa以上的风压，并有良好的耐磨性。

2) 供水设施应保证喷头处的水压力为0.15～0.20MPa。

3) 手推车、铁锹、台秤、计量器皿若干。

4. 作业条件

(1) 钢格栅、网片安装完成并经隐检合格。

(2) 对机械设备、风、水管路，输料管路、电缆线路等已进行全面检查及试运转。

(3) 作业区有良好的通风和足够的照明装置。

(4) 受喷面有滴水、淋水时，喷射前已按下列方法进行处理：

1) 有明显出水点时，可埋设导管排水。

2) 降水效果不好的含水层，可设盲沟排水。

(5) 已埋设好控制喷射混凝土厚度的标志。

4.1.7.3 施工工艺

1. 工艺流程

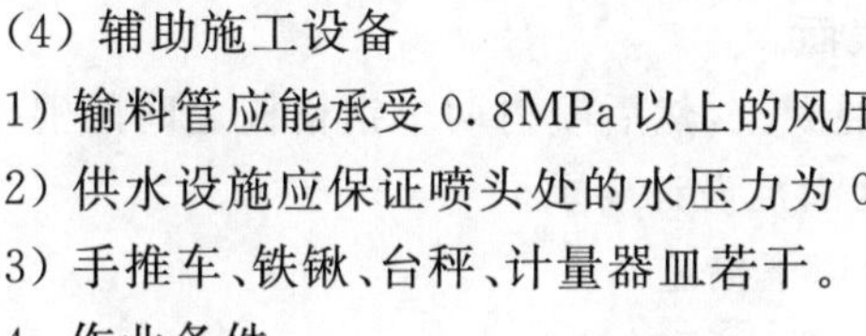

水（↓）
配料 → 拌和 → 喷射混凝土 → 混凝土养护
压缩空气（↑）

2. 操作工艺

(1) 配料

原材料应严格按施工配合比要求进行称量，现场计量器具应定期进行校核。配料时应按砂、水泥、外掺料、外加剂、石子的顺序将原材料放入搅拌机的料斗。

(2) 拌和

1) 采用容量小于400L的强制式搅拌机时，搅拌时间不得少于60s。

2）采用自落式或滚筒式搅拌机时，搅拌时间不得少于120s。

3）采用人工搅拌时，搅拌次数不得少于3次。

4）混合料掺有外加剂、掺合料时，搅拌时间应适当延长。

5）混合料应随拌随用。未掺入速凝剂的混合料，存放时间不应超过2h；干混合料掺速凝剂后，存放时间不应超过20min。混合料在运输、存放过程中应防止雨淋、滴水及大石块等杂物混入，装入喷射机前应过筛。

(3) 喷射混凝土

1）喷射混凝土时，应确保喷射机供料连续均匀，且在机器正常运转时料斗内应保持足够的存料。作业开始时，应先送风送水，后开机，再给料；结束时，应待料喷射完后再关机停风。喷射机工作时，喷头处的风压应在0.1MPa左右。喷射作业完毕或因故中断喷射时，应先停风停水，然后将喷射机和输料管内的积料清除干净。

2）混凝土喷射前应检查喷射机喷头的状况，使喷头保持良好的工作性能，同时应用高压风或人工清理受喷面。喷射时，喷头与受喷面应垂直，且保持在0.6m～1.0m的距离，喷射手应注意调整水量，控制好水灰比，保持混凝土表面平整、润泽光滑、无干斑或滑移流淌等现象。

3）喷射时应分片依次自下而上进行，混凝土一次喷射厚度为：边墙70mm～100mm；拱部50mm～60mm。混凝土厚度较大时，应采用分层喷射，后一层喷射应在前一层混凝土终凝后进行，终凝1h后再进行喷射时应先用风、水清洗喷层表面。

4）采用钢格栅支护时，应先喷格栅与围岩间的混凝土，然后喷射两个钢格栅之间的混凝土。钢格栅应全部被喷射混凝土覆盖，其主筋保护层厚度满足设计要求。

5）在遇水的地段进行喷射混凝土作业时应采取以下措施：

① 对渗漏水应先进行处理，可设导管排水引流后再进行喷射。

② 喷射时，应先从远离渗漏水处开始，逐渐向渗漏处逼近。

6）在砂层地段进行喷射作业时，应首先紧贴砂层表面铺挂钢筋网，并用钢筋沿环向压紧后再喷射。喷射时，应首先喷一层加大速凝剂掺量的水泥砂浆，并适当减小喷射机的工作风压，待水泥砂浆形成薄壳后方可正式喷射。

(4) 喷射混凝土终凝2h后应喷水养护，养护时间不得少于14d；当气温低于＋5℃时，可采用覆盖式养护。

3. 季节性施工

(1) 喷射作业区的气温和混合料进入喷射机的温度均不应低于＋5℃。

(2) 冬期喷射混凝土低于受冻临界强度前不得受冻，并应采取覆盖保温措施。

4.1.7.4 质量标准

1. 主控项目

(1) 水泥进场时应对其品种、级别、包装、出厂日期等进行检查，并应对其强度、安定性及其他必要的性能指标进行复验，其质量必须符合国家现行标准《硅酸盐水泥、普通硅酸盐水泥》(GB 175)等的规定。当在使用中对水泥质量有怀疑或水泥出厂超过3个月时，应进行复验，并按复验结果使用。

(2) 混凝土中掺用外加剂的质量及应用技术应符合国家现行标准《混凝土外加剂》(GB 8076)、《混凝土外加剂应用技术规范》(GB 50119)、《喷射混凝土用速凝剂》(JC 477)等和有关环境保护的规定。

(3) 喷射混凝土的强度等级必须符合设计要求。用于检验喷射混凝土强度的试件，应在喷射地点随机取样。取样和试件留置应符合有关标准规定。

(4) 每个检查断面上,断面检查点60%以上喷射厚度不小于设计厚度;最小值不小于设计厚度1/2;平均厚度不应小于设计厚度。可采用凿孔法或其他方法检查。

(5) 原材料称量允许偏差为:水泥、速凝剂和外掺量均为±2%;砂、石均为±3%。称量衡器应定期校验;当遇雨天或含水量有显著变化时应增加含水率的检测次数,并及时调整施工配合比。

(6) 喷射混凝土施工完成后,结构净空尺寸应符合设计要求。

2. 一般项目

(1) 混凝土中掺用矿物掺合料的质量应符合国家现行标准《用于水泥和混凝土中的粉煤灰》(GB 1596)等的规定。

(2) 混凝土中所用的粗、细骨料的质量应符合国家现行标准《普通混凝土用碎石或卵石质量标准及检验方法》(JGJ 53)、《普通混凝土用砂质量标准及检验方法》(JGJ 52)等的规定。

(3) 拌制混凝土宜采用饮用水。当采用其他水源时,水质应符合国家现行标准《混凝土拌合用水标准》(JGJ 63)的规定。

(4) 首次使用的混凝土配合比应进行开盘鉴定,其工作性应满足设计配合比的要求。开始喷射时应至少留置一组标准养护试件,作为验证配合比的依据。

(5) 混凝土拌和前,应测定砂、石含水率,并根据测试结果调整材料用量,提出施工配合比。

(6) 喷射混凝土应密实、平整、无裂缝、脱落、漏喷、露筋、空鼓、渗漏水等。平整度允许偏差为30mm,且矢弦比不应大于1/6。

4.1.7.5 成品保护

1. 底板喷射混凝土强度未达到1.2MPa前,应采取保护措施后方可上人作业。

2. 注浆管应采取保护措施,防止喷射混凝土堵管。喷射混凝土后应根据所埋设的混凝土喷射厚度标志,用铁锹或抹子将超过厚度标志的部分清除,严禁拍打。

4.1.7.6 应注意的质量问题

1. 喷射混凝土的疏松现象主要出现在墙脚、仰拱、拱顶、钢格栅连接处、施工缝等位置。喷射前应将施工缝进行清理,剔除疏松部分;拱顶喷射中出现的掉块应清除后方可继续喷射;对钢格栅连接位置、墙脚等钢筋密集处应采取不同的喷射角度以保证连接钢板或主筋后面混凝土的密实。必须严格控制混合料的质量,严禁使用回弹料。

2. 混凝土夹砂、夹土现象主要出现在施工缝等位置,特别是在砂层中施工时混凝土夹砂现象比较普遍。施工时应用风或人工将施工缝清理干净后方可喷射;喷射过程中出现掉土、砂时应控制喷射工作风压和喷射角度,同时将夹在混凝土中的砂、石清理干净后方可继续喷射。

3. 混凝土厚度不足常常出现在边墙和仰拱位置。喷射施工前应对开挖尺寸进行严格检查,确保喷射混凝土厚度满足设计要求。

4. 砂、石料应分开堆放,并进行覆盖;水泥、外加剂和外掺料应设材料库进行存放,宜架空放置,严防受潮。

4.1.7.7 环境、职业健康安全管理措施

1. 环境管理措施

(1) 喷射混凝土施工时应采取下列综合防尘措施:

1) 在保证顺利喷射的条件下,增加骨料含水率。

2) 在喷射机或混合料搅拌处,设置集尘器或除尘器。

3）在粉尘浓度较高的地段，设置除尘帷幕。

4）加强作业区的通风，通风方式宜采用吸风式。

（2）现场搅拌机、空压机等均应采取降噪措施，以降低机器噪声对周围环境的影响。

2. 职业健康安全管理措施

（1）施工中，应定期检查电源线路和设备的电器部件，确保用电安全。

（2）喷射机、风包、输水管等应进行密封性能和耐压试验，合格后方可使用。

（3）喷射混凝土施工作业中，要经常检查出料弯头、输料管和管路接头等有无磨损、击穿或松脱等现象，发现问题，应及时处理。

（4）处理机械故障时，必须使设备断电、停风。

（5）喷射作业中处理堵管时，应先停风，停止供料，顺着管路敲击，人工清理。

（6）喷射混凝土施工用的工作台架应牢固可靠，并应设置安全栏杆。

（7）喷射混凝土作业人员应穿戴防尘用具。

4.1.8 暗挖隧道塑料防水板防水层施工

4.1.8.1 适用范围

适用于暗挖隧道和竖井施工中铺设在初期支护与二次衬砌间的塑料防水板防水层的施工。

4.1.8.2 施工准备

1. 技术准备

（1）防水方案已审批，并对有关人员进行技术交底。

（2）塑料防水板经复验合格。

2. 材料要求

（1）塑料防水板：可选用乙烯—醋酸乙烯共聚物（EVA）、乙烯—共聚物沥青（ECB）、聚氯乙烯（PVC）、高密度聚乙烯（HDPE）、低密度聚乙烯（LDPE）类或其他性能相近的材料；应有产品合格证和质量证明文件。

塑料防水板还应符合下列规定：幅宽宜为 2m～4m；厚度宜为 1mm～2mm；耐刺穿性、耐久性、耐水性、耐腐蚀性、耐菌性好。

塑料防水板物理力学性能应符合表 4－12 的规定。

表 4－12 塑料防水板物理力学性能指标

项目	性能要求			
	EVA	ECB	PVC	PE
拉伸强度（MPa）≥	15	10	10	10
断裂延伸率（%）≥	500	450	200	400
不透水性 24h（MPa）≥	0.2	0.2	0.2	0.2
低温弯折性≤	－35	－35	－20	－35
热处理尺寸变化率（%）≤	2.0	2.0	2.0	2.0

（2）辅助材料：土工合成材料或 PE 泡沫塑料；射钉、热塑性垫圈、金属垫圈等。

3. 机具设备

半自动化温控热熔焊机、手持温控热熔焊枪、5# 注射针、压力表、打气筒等。

4. 作业条件

(1) 暗挖隧道初期支护基本稳定并经验收合格。

(2) 防水专业施工单位已确定,并具有相应资质等级。

4.1.8.3　施工工艺

1. 工艺流程

剪裁塑料防水板 ↓

基层表面处理 → 铺设缓冲层 → 铺设塑料防水板防水层 → 验收

2. 操作工艺

(1) 基层表面处理

1) 应先将初期支护外露的钢筋头、钢管头、锚杆头及突出的混凝土硬块凿除,凹凸不平处需补喷、抹平,局部漏水处需进行处理,然后将尘土、杂物清扫干净。

2) 在有地下水的地段,应将地下水位降至基底标高500mm以下,并保持到二衬混凝土施工完毕;对局部有渗漏水的地段,应进行排、堵水处理,使基层表面保持干燥。

(2) 铺设缓冲层

铺设塑料防水板前应先铺缓冲层。缓冲层应用暗钉圈固定在初期支护基层上,见图4－10。固定缓冲层宜用钢钉,射钉时应加垫圈并垂直于喷射混凝土基层表面,隧道拱部射钉间距一般为500mm,边墙射钉间距一般为1000mm,梅花状布置。钉与钉之间的缓冲层不得绷紧,缓冲层与基层表面应密贴。缓冲层间的搭接长度不小于50mm,并焊接牢固。

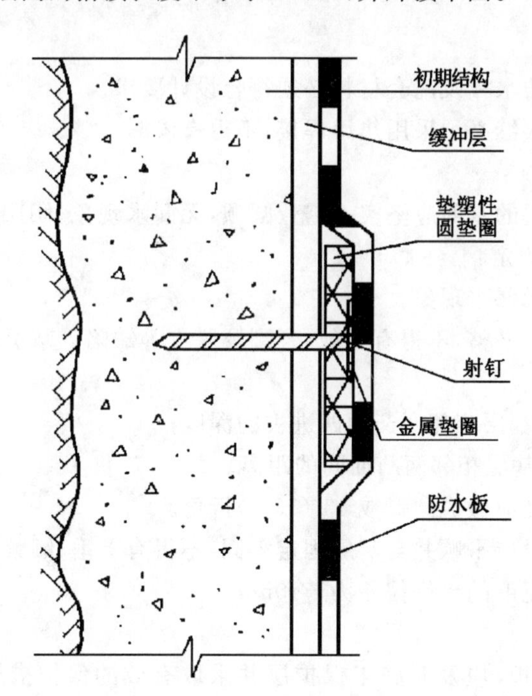

图4－10　暗钉圈固定缓冲层示意图

(3) 铺设塑料防水板防水层

1) 依据铺设面的形状进行实际丈量得出准确尺寸,必要时应进行试铺,并根据所选塑料防水板幅宽和铺设方案计算塑料防水板的剪裁尺寸,进行剪裁。注意计算剪裁尺寸时要考虑塑料防水板的搭接宽度。

2）塑料防水板防水层采用钉铺法施工。隧道内环向塑料防水板铺设时，长边应与隧道纵向结构垂直，先拱后墙，下部塑料防水板应压住上部塑料防水板。相邻两幅塑料防水板接缝应错开，错开位置距结构转角处不应小于600mm。

3）塑料防水板在阴阳角处和变形缝处应按设计要求做加强处理。铺设塑料防水板时，边铺边将其与暗钉圈焊接牢固。两幅塑料防水板的搭接宽度应不小于100mm。搭接缝宜采用双焊缝，每条焊缝的有效焊接宽度不应小于10mm，焊接严密，不得焊焦焊穿。

4）当塑料防水板在端头处不能与搭接塑料防水板焊接或仅在局部设置塑料防水板时，必须采取封闭措施。施工时可采用既能与塑料防水板焊接又能与混凝土粘结的材料作为过渡层，以保证塑料防水板封闭严密。

5）塑料防水板铺设应超前于内衬混凝土的施工，其距离不应小于5m。

（4）验收

1）塑料防水板铺设完成后，应采用充气法进行检查，即将5#注射针与压力表相接，用打气筒进行充气，当压力表达到0.25MPa时停止充气，保持15min，压力下降在10%以内，说明焊缝合格；如压力下降过快，说明有未焊好之处。用肥皂水涂在焊缝上，有气泡的地方重新补焊，直到不漏气为止。

2）塑料防水板施工完成后应按隐蔽工程办理隐检手续，并填写质量检查记录。

3）底板防水层应在塑料防水板铺设完成后铺40mm～50mm厚C20豆石混凝土保护层。

4.1.8.4 质量标准

1. 主控项目

（1）防水层所用塑料防水板及配套材料必须符合设计要求。

（2）塑料防水板的搭接缝必须采用热熔焊接，不得有渗漏。

2. 一般项目

（1）塑料防水板防水层的基面应坚实、平整、圆顺，无漏水现象；阴阳角处应做成圆弧形。基层表面处理后应符合下列规定：

1）基层表面应洁净、无漏水现象。

2）基层表面必须坚实、平整，不得有空鼓、开裂及脱皮等缺陷。基层表面平整度应符合 $D/L=1/6\sim1/10$ 的要求。

其中，D——初期支护基层相邻两凸面凹进去的深度；

L——初期支护基层相邻两凸面间的距离。

3）基层表面阴、阳角处应做成圆弧或45°(135°)折角。

（2）塑料防水板的铺设应平顺并与基层固定牢固，不得有下垂、绷紧和破损现象。

（3）塑料防水板搭接宽度的允许偏差为－10mm。

4.1.8.5 成品保护

1. 已铺好的塑料防水板，应及时施工保护层并采取有效的保护措施，不得损坏，以免造成后患。

2. 内衬钢筋绑扎或焊接时，应设临时挡板以防止机械损伤和电火花灼伤塑料防水板，一旦发现塑料防水板被损坏，应及时采取焊贴覆盖等补救措施。

3. 内衬混凝土施工及模板安装时，应防止损坏塑料防水板。振捣棒不得直接接触塑料防水板；侧墙混凝土浇筑时，应注意混凝土的浇筑方法，防止破坏塑料防水板。

4. 降水施工地段，应待内衬混凝土达到设计强度后方可停止降水，以免地下水位回升破坏塑料防水板。

4.1.8.6　应注意的质量问题

1. 施工时应事先丈量，剪裁时应注意塑料防水板搭接要求，以防止搭接不足。

2. 提高操作人员的技术水平，加强工作责任心，防止出现漏焊、假焊、焊焦、焊穿等不良现象。

3. 焊接操作时应严格按照技术规程操作，严格控制焊接温度，防止塑料防水板在暗钉圈处出现烤焦、烤坏现象。

4. 隧道拱顶塑料防水板施工时，应适当减小暗钉圈的距离，适当增加固定点的数量，使塑料防水板与拱顶初支结构密贴，以避免塑料防水板绷紧甚至拉坏现象。

4.1.8.7　环境、职业健康安全管理措施

1. 环境管理措施

(1) 加强作业区的通风。

(2) 塑料防水板及缓冲层的施工废料应进行回收，妥善处理，不得随处堆放或就地焚烧。

2. 职业健康安全管理措施

(1) 塑料防水板属于易燃物，存放处及施工现场均应严禁烟火，且需备有消防器材，防止发生意外。

(2) 施工前应对所用机具进行检查，确保机具完好和使用安全。

(3) 高处作业时，爬梯和施工平台应安全可靠。

(4) 内衬钢筋焊接时，应设临时挡板，并有专人看管，防止焊渣或电火花点燃塑料防水板而引起火灾。

4.1.9　暗挖隧道二次模筑衬砌

4.1.9.1　适用范围

适用于暗挖隧道二次衬砌结构的施工。

4.1.9.2　施工准备

1. 技术准备

(1) 熟悉施工图，编制施工方案，已报监理单位审批，并对有关人员进行技术交底。

(2) 对预拌混凝土供应厂家合同已签订，并进行书面技术交底。

2. 材料要求

(1) 预拌混凝土：与预拌混凝土供应厂家签订供应合同，混凝土质量必须符合国家现行规范、标准及设计文件的要求，进场时应对混凝土质量进行严格检查验收。

(2) 钢筋：钢筋的品种、级别、规格和质量应符合设计要求，钢筋进场应有产品合格证和出厂检验报告，进场后应按国家现行标准《钢筋混凝土用热轧带肋钢筋》(GB 1499)等的规定抽取试件做力学性能检验。

当加工过程中发生脆断等特殊情况时，还需做化学成分检验。钢筋外表应无老锈和油污。

(3) 加工成型钢筋：必须符合加工单的规格、尺寸、形状、数量，外加工钢筋应有半成品出厂合格证。

3. 机具设备

(1) 机械：电葫芦、混凝土运输车、混凝土输送泵、空压机、注浆泵、电焊机、钢筋弯曲机、切割机、卷扬机、轴流风机、振捣器、全液压模板台车。

(2) 工具：刮杠、木抹子、铁抹子、手推车、尖锹、照明灯具等。

4. 作业条件

(1) 隧道应有良好的通风和足够的照明装置。

(2) 隧道防水层已验收完毕。

(3) 模板台车或定型模架已验收合格。

4.1.9.3 施工工艺

1. 工艺流程

基面清理、测量放线 → 底板钢筋绑扎 → 底板混凝土浇筑及养护 → 拱墙钢筋绑扎 → 模板支立 → 拱墙混凝土浇筑 → 拱墙模板拆除 → 拱墙混凝土养护 → 二衬背后注浆 → 验收

2. 操作工艺

(1) 基面清理、测量放线

将底板防水保护层杂物清理干净，然后放线弹出二衬两边墙位置线、底板控制线，控制点间距不大于5m，不得用铁钉或短钢筋，以免扎坏防水层。

(2) 底板钢筋绑扎

1) 底板钢筋保护层及定位控制：受力钢筋为双层布置时，底层钢筋保护层采用砂浆垫块控制；双层钢筋之间采用马凳控制保护层及定位。

2) 受力钢筋的接头方式：受力钢筋的接头方式应符合设计要求。当钢筋直径小于18mm时可采用绑扎连接；当大于或等于18mm时，宜采用焊接或机械连接。钢筋搭接长度应满足设计要求。

3) 受力钢筋接头位置要求：

① 受力钢筋的接头宜设置在受力较小处。

② 当受力钢筋采用焊接接头或机械连接时，设置在同一构件内的接头宜相互错开，钢筋接头面积的百分率应符合设计要求，当设计无具体要求时，在受拉区不宜大于50%；当受力钢筋采用绑扎接头时，同一构件中相邻各受力筋之间的绑扎接头位置应相互错开，接头钢筋的横向净距不应小于钢筋直径，且不应小于25mm，接头连接区段的长度为1.3L（L为搭接长度），同一连接区段内，受拉钢筋搭接接头面积百分率不宜大于25%。

4) 钢筋绑扎要求：

① 钢筋绑扎搭接时，中间和两端共绑扎三处，必须在单独绑扎后再和交叉钢筋绑扎。

② 主筋与分布筋，除变形缝处2～3列骨架全部绑扎外，其他可交叉绑扎，绑扎点的铁丝扣成八字型。

③ 箍筋与主筋交叉点应全部绑扎。

④ 墙立筋与底板水平筋交叉点应全部绑扎，如悬臂较长时，交叉点必须焊牢，必要时应加支撑。对于位置有偏移的钢筋，按1∶6倾斜调整到位。

(3) 底板混凝土浇筑及养护

1) 混凝土浇筑前应在钢筋及马凳上采用脚手板搭设浇筑马道，以防钢筋变形。

2) 混凝土宜采用输送泵浇筑，混凝土坍落度宜为100mm～160mm。

3) 当底板厚度不大于500mm时，可采用斜面分层法浇筑，由一端开始下灰，振捣手密切配合，用“赶浆法”保持混凝土沿板底向前推进，边振捣边用刮杠刮平，木抹子压实抹平，墙板节点钢筋较密，准备一些小钢钎人工辅助振捣。初凝前二次压面，以减少裂缝。

4）施工缝及变形缝处混凝土施工方法，详见10款、11款规定。

5）常温下混凝土浇筑后12h内应及时养护，养护时间不少于14d。

(4) 拱墙钢筋绑扎

钢筋保护层应采用塑料卡子或砂浆垫块控制；受力钢筋为双层布置时，对于拱墙钢筋在两层钢筋之间设置“S”型拉结筋控制钢筋净距，拉接筋间距为1m，梅花形布置。钢筋绑扎详见2款规定。

(5) 模板支立

直墙模板可采用市政钢模板，其支架体系宜采用多功能碗扣式支架或满堂红脚手架；曲墙及拱部模板宜采用异型钢模板拼装，其模板支架体系可采用模板台车或定型模架与多功能碗扣式（或满堂红）脚手架连成统一整体，以增强其整体稳定性。

1）采用模板台车

① 模板组装

a. 组装时，按拱顶、拱墙和下节模板顺序进行组装，并将模板侧放于平面上。

b. 各节模板连接铰页穿上铰轴逐节连为一体。

c. 每节模板应采用铰页连为一体后，各节连接板穿上螺栓并拧紧后，吊立于地面上。

② 全液压模板台车为工厂加工，现场组装成型时，可以整体支立和整体拆除。模板台车支模前，先在底板结构上施工导墙，再铺轨。模板台车施工时，台车运载模板行至安装地点，伸出垂直液压缸，将模板顶升至安装标高以上30mm～50mm，同时伸出左右水平液压缸将模板顶出，再用斜拉液压缸将下节模板顶出，当模板形成环型结构后，降落垂直液压缸，使模板落入安装位置并进行调试，位置正确后所有铰接处用螺栓拧紧，并与相邻模板连为整体。整段模板安装好后，加设水平横撑。

③ 拱部模板应预留10mm～30mm沉落量，拱墙模板应预留混凝土灌注及振捣口。

④ 安装拱墙模板及模板台车时，底板混凝土强度应达到设计强度的75%以上。

2）采用定型模架与脚手架相结合

① 拱墙采用定型模架与脚手架相结合组装模板时，先搭设脚手架，后安装定型模架，定型模架与脚手架之间采用顶丝调整其位置的准确性。待调整完毕后，按拱顶、拱墙和下节模板顺序组装模板。对侧墙模板为防止混凝土浇筑时模板上浮，应设置地锚，用钢丝绳加固。

② 拱部模板应预留10mm～30mm沉落量，拱墙模板应预留混凝土灌注及振捣口。

③ 安装拱墙模板及其支架体系时，底板混凝土强度应达到设计强度的75%以上，支架体系下部须铺设垫板。

(6) 拱墙混凝土浇筑

混凝土浇筑宜采用混凝土输送泵。混凝土坍落度要求：墙体：140mm～180mm，拱部：160mm～210mm。混凝土输送管的布置应尽量顺直，转弯处宜选用135°弯头，以减少管内阻力。

1）浇筑墙体混凝土前，底部先填以约50mm厚与墙体混凝土相同配比减石子混凝土，浇筑应水平分层、左右对称、连续进行。如必须间歇时应在前次混凝土初凝前灌注完上层混凝土。振捣时应快插慢拔，插点均匀排列，不得遗漏。

2）浇筑拱部混凝土前，在拱顶处留一个$\phi 200$圆孔作为灌注孔，顶板（或拱部）300mm厚以下时灌注孔间距为10m～15m，顶板（或拱部）300mm厚以上时灌注孔间距为5m～10m。混凝土分层浇筑应左右对称进行，采用泵送混凝土，并配合附着式振捣器振捣，封顶时先以两端浇筑口进料，最后用中间浇筑口封顶，同时应按设计要求预埋注浆管，以备背后注浆。混凝土是否灌满可通过排气孔和端头模板的漏浆状态来判断,应避免混凝土过满超压,损坏模板支架。

(7) 模板拆除

模板拆除按照先支后拆,后支先拆的原则进行。混凝土结构浇筑,达到拆模强度后,方可拆模。

1) 采用模板台车脱模时,台车行至脱模处,伸出垂直液压缸和水平、斜拉液压缸与模板铰连接好后,收缩斜拉液压缸,将下节模板脱开结构,然后同时收缩水平及垂直液压缸。二衬结构最后施工完毕后,将整个模板脱模后运至安装地点,先将模板侧放于平面上,拆除各节连接板的螺栓后,按下节模板、拱顶、拱墙顺序将铰页的连接轴拆下后,逐块拆除各节模板。

2) 采用定型模架与脚手架结合时,拱部模板拆除应由跨中向两端进行,其步骤按:降下可调顶托,先拆除模板,再拆除定型模架,最后拆除脚手架。

3) 拆模时对混凝土强度的要求:

① 墙体模板:在混凝土强度能保证其表面及棱角不因拆除模板而受损坏时,混凝土强度达到 2.5MPa 方可拆除。

② 拱部模板:在混凝土强度符合表 4-13 后,方可拆除。

表 4-13 顶板(或拱部)模板拆除时对混凝土强度的要求

结构类型	结构跨度(m)	按设计的混凝土强度标准值的百分率计(%)
拱部	≤2	50
	>2,≤8	75
	>8	100

(8) 混凝土养护

拱墙混凝土终凝后及时喷水养护。必须保持混凝土在养护期间处于湿润状态,结构混凝土养护应不少于 14d。

(9) 二衬背后注浆

根据设计要求,在防水层和二衬之间及环、纵向施工缝内设置有注浆管,在二衬混凝土浇筑完 14d 后应进行注浆,以加强防水。浆液为水泥净浆,采用泥浆泵注浆,先填后注,注浆压力控制在 0.1MPa 为宜。

(10) 施工缝

纵向水平施工缝中一般安设遇水膨胀止水条或钢板腻子止水带,环向施工缝中安设遇水膨胀止水条。其施工工艺要求如下:

1) 施工缝基面凿毛、清理:混凝土强度达到 2.5MPa 后,对基面凿毛处理,剔除表面混凝土露出新茬,确保混凝土界面良好结合。立模前,基面要认真清理,做到无砂石、尘土等杂物;浇筑混凝土前对基面洒水湿润,但基面上不许有积水,如有积水用棉纱擦吸干净。水平施工缝在混凝土浇筑前要在凿毛的基面上铺一层厚 30mm~50mm 的与结构混凝土相同强度等级的防水砂浆。

2) 遇水膨胀止水条安装

① 在先施工的施工缝止水条安装部位预留木条(木条尺寸略小于止水条断面尺寸),后剔除,人工将施工缝处混凝土凿毛修整,并铲除钢筋上混凝土积渣,但不得将止水条粘贴处的槽口凿毛。

② 止水条使用前先检查核实保质期,并在表面及切断口处涂刷厂方提供的缓膨胀剂,风干后待用。

③ 安排好相应施工段的结构混凝土灌注时间,止水条安装 8h 前停止施工缝处混凝土的养

护，并采取措施防止水进入粘贴止水条的槽口。板、墙施工缝止水条于相应部位混凝土灌注前4h安装。止水条安装时，要用高压风吹干净贴面，用氯丁胶或湿固性环氧树脂均匀地涂刷在槽口基面上，风干后立刻粘贴止水条，并根据粘贴情况用水泥钢钉或膨胀螺栓辅助固定。

3）钢板腻子止水带安装。采用短钢筋制作卡子卡紧钢板腻子止水带并与分布筋连接牢固，钢筋卡子沿止水带方向每0.5m一道。钢板腻子止水带搭接长度不小于100mm。

（11）变形缝施工

变形缝施工参见“4.1.10　暗挖隧道二次衬砌变形缝施工”的有关内容。

（12）验收

填写各种质量检查记录表，报监理单位，由建设单位组织设计、监理、施工单位进行质量验收。

3. 季节性施工

（1）雨期施工

1）现场钢筋的码放要用方木垫离地面，钢筋原材和钢筋成品加以覆盖，避免锈蚀。

2）在竖井上方搭设防雨棚。

（2）冬期施工

1）防水混凝土冬期施工时的入模温度不应低于计算要求，养护宜采用综合蓄热法。

2）预拌混凝土运输和泵送过程中需要采取保温措施，防止混凝土受冻。

4.1.9.4　质量标准

1. 主控项目

（1）混凝土所用的水泥、外加剂等必须符合规范规定和设计要求。

（2）混凝土应按国家现行标准《普通混凝土配合比设计规程》(JGJ 55)的有关规定，根据混凝土强度等级、耐久性和工作性等要求进行配合比设计。

（3）混凝土强度等级和抗渗等级必须符合设计要求，用于检查混凝土强度的试件和混凝土抗渗压力的试件，取样留置、制作、养护和试验应符合国家现行标准的规定。

（4）现浇结构的外观质量不应有严重缺陷。不应有影响结构性能和使用功能的尺寸偏差。严重缺陷的划分按照国家现行标准《混凝土结构工程施工质量验收规范》(GB 50204)中表8.1.1的规定执行。

对已经出现的严重缺陷，应由施工单位提出技术处理方案，并经监理（建设）单位签认后进行处理。对经处理的部位，应重新检查验收。

（5）混凝土的变形缝、施工缝、穿墙管道、埋设件等的设计和构造，均须符合设计要求，严禁有渗漏。

（6）钢筋进场时，应按国家现行标准《钢筋混凝土用热轧带肋钢筋》(GB 1499)等的规定抽取试件做力学性能检验，其质量必须符合有关标准的规定。

（7）受力钢筋的品种、级别、规格和数量必须符合设计要求。

（8）受力钢筋的连接方式应符合设计要求。

（9）在施工现场，应按国家现行标准《钢筋机械连接通用技术规程》(JGJ 107)、《钢筋焊接及验收规程》(JGJ 18)的规定抽取钢筋机械连接接头、焊接接头试件做力学性能检验，其质量应符合有关规程的规定。

（10）模板及其支架应根据工程结构形式、荷载大小、地基土类别、施工设备和材料供应等条件进行设计。模板及其支架应具有足够的承载能力、刚度和稳定性，能可靠地承受浇筑混凝土的重量、侧压力以及施工荷载。

(11) 模板及其支架拆除时的混凝土强度应符合设计要求;当设计无具体要求时,混凝土强度应符合表 4—13 的规定。

2. 一般项目

(1) 混凝土中掺用矿物掺合料的质量应符合国家现行标准《用于水泥和混凝土中的粉煤灰》(GB 1596)等的规定。矿物掺合料的掺量应通过试验确定。

(2) 普通混凝土所用的粗、细骨料的质量应符合国家现行标准《普通混凝土用碎石或卵石质量标准及检验方法》(JGJ 53)、《普通混凝土用砂质量标准及检验方法》(JGJ 52)的规定。

注:1. 混凝土用的粗骨料,其最大颗粒粒径不得超过构件截面最小尺寸的 1/4,且不得超过钢筋最小净间距的 3/4。

2. 混凝土实心板,骨料的最大粒径不宜超过板厚的 1/3,且不得超过 40mm。

(3) 拌制混凝土宜采用饮用水;当采用其他水源时,水质应符合国家现行标准《混凝土拌合用水标准》(JGJ 63)的规定。

(4) 首次使用的混凝土配合比应进行开盘鉴定,其工作性应满足设计配合比的要求。开始生产时应至少留置一组标准养护试件,作为验证配合比依据。

(5) 混凝土拌制前,应测定砂、石含水率并根据测试结果调整材料用量,提出施工配合比。

(6) 混凝土表面的裂缝宽度不应大于 0.2mm,并不得贯通。

(7) 现浇结构的外观质量不宜有一般缺陷。对已经出现的一般缺陷,应由施工单位按技术处理方案进行处理,并重新检查验收。

(8) 模板安装应满足下列要求:

1) 模板的接缝不应漏浆;在浇筑混凝土前,木模板应浇水湿润,但模板内不应有积水。

2) 模板与混凝土的接触面应清理干净并涂刷隔离剂,但不得采用影响结构性能或妨碍装饰工程施工的隔离剂。

3) 浇筑混凝土前,模板内的杂物应清理干净。

(9) 侧模拆除时的混凝土强度应能保证其表面及棱角不受损伤。

(10) 钢筋调直宜采用机械方法,也可采用冷拉方法。当采用冷拉方法调直钢筋时,HPB235 级钢筋的冷拉率不宜大于 4%,HRB335 级、HRB400 级和 RRB400 级钢筋的冷拉率不宜大于 1%。

(11) 钢筋加工的形状、尺寸应符合设计要求,其偏差应符合表 4—14 的规定。

表 4—14 钢筋加工的允许偏差

项目		允许偏差(mm)	检查方法
调直后局部弯曲		$d/4$	尺量
受力钢筋顺长度方向全长尺寸		±10	尺量
弯起成型钢筋	弯起点位置	±10	尺量
	弯起高度	0 −10	尺量
	弯起角度(°)	2	尺量
	钢筋宽度	±10	尺量
箍筋宽和高		+5 −10	尺量

(12) 钢筋安装位置尺寸的允许偏差见表4—15。

表4—15　钢筋安装的允许偏差

项　目		允许偏差(mm)	检查方法
箍筋间距		±10	尺量
主筋间距	列间距	±10	尺量
	层间距	±5	尺量
钢筋弯起点位移		±10	尺量
受力钢筋保护层		±5	尺量
预埋件	中心线位移	±10	尺量
	水平及高程	±5	尺量

(13) 模板支立的允许偏差及检验方法见表4—16。

表4—16　模板支立的允许偏差值及检查方法

项　目		允许偏差(mm)	检查方法
垫层	高程	+10 −20	尺量
	宽度	以中线为准,左右各±20	尺量
	变形缝不直顺度	在全长范围内不得大于0.1%	2m直尺、楔形塞尺
	里程	±20	尺量
顶板	设计高程加预留沉落量	+10 0	尺量
	中线	±10	
	宽度	+15 −10	
墙体	垂直度(%)	0.2	2m托线板
	平面位置	±10	尺量
变形缝端头	平面位置	±10	尺量
	垂直度(%)	0.2	2m托线板或2m靠尺
相邻两板表面高低差		2	直尺、楔形塞尺
阴阳角		2	5m直线尺
预留孔		5	尺量
预留洞		+5,0	尺量

(14) 混凝土结构的允许偏差及检查方法详见表4—17。

3. 其他要求

留置结构实体检验用同条件养护试块,留置及检验方法参见国家现行标准《混凝土结构工程施工质量验收规范》(GB 50204)附录D中的有关规定。

表 4－17　混凝土结构的允许偏差

项目		允许偏差(mm)	检查方法
平面位置	墙	±10	尺量或激光测距仪
	变形缝	±20	
	预埋件	±20	
	预留孔洞	±20	
垂直度	墙(%)	0.2	2m 托线板或 2m 靠尺
高程	底板防水保护层	＋5 －10	水准仪或激光测距仪
	底板	±10	
	仰拱	±15	
	拱部	＋30 －10	
直顺度	变形缝	5	2m 靠尺
平整度	底板防水保护层	3	2m 靠尺、楔形塞尺
	底板	10	
	墙	15	
	仰拱	20	
	拱部	15	

注：1. 本表不包括特殊要求项目的偏差要求。

2. 平面位置以隧道中线为准进行测量。

4.1.9.5　成品保护

1. 在安装钢筋时，应协调好各种预留洞、预埋件的埋设工作，并对这些部位的钢筋按设计要求进行处理，不得随意截断或挪动已安装好的成型钢筋。

2. 对已安装完的钢筋应加强保护，避免直接踩踏，特别应注意负弯矩筋部位钢筋的保护。

3. 底板钢筋安装完后，搭设施工马道作为浇筑混凝土用通道，以防踩坏钢筋。浇筑混凝土时，应派专人看护钢筋，发现移位立即调整。

4. 对于墙体钢筋，在浇完混凝土后禁止摇动伸出部分钢筋，以防根部挤压混凝土产生孔洞。

5. 施工中必须采取措施保证已支好的模板、钢筋、预埋件不发生位移。

6. 混凝土必须达到拆模强度，方可拆模。

7. 底板混凝土强度必须达到 1.2MPa 后方可上人施工，达到 2.5MPa 后方可进行下一步施工。

4.1.9.6　应注意的质量问题

1. 为防止混凝土出现蜂窝、麻面等质量问题，模板支设前应将表面清理干净，均匀涂刷脱模剂，模板要密封不漏浆，控制好混凝土振捣时间，既不能过振，也不能欠振，并按规定拆模。

2. 应选择合适的外加剂，混凝土要分层振捣，振捣时要用高频振捣棒，每层振捣至气泡排除为止，防止墙面出现气泡现象。

3. 钢筋垫块应放置正确、牢固、间距合理，振捣混凝土时避免直接冲击钢筋，并设专人调整钢筋位置，防止混凝土出现露筋等质量问题。

4. 为防止混凝土出现烂根，应将模板下口找平并对缝隙进行封堵，做到不漏浆。混凝土接茬处应冲洗干净，对水平接茬应先均匀浇筑50mm左右同配比减石子混凝土。

5. 为防止混凝土出现冷缝，混凝土浇筑时应制定详细的浇筑方案，保证混凝土连续浇筑，分层振捣密实。

6. 应在拱顶设观测孔，并控制好浇筑压力，防止拱部混凝土浇筑不实。

4.1.9.7 环境、职业健康安全管理措施

1. 环境管理措施

(1) 水泥和其他易飞扬的细颗粒散体材料，应安排在库内存放，若露天存放时应采取严密遮盖措施。

(2) 运输易飞扬的细颗粒散体材料或渣土时，必须封闭、包扎、覆盖，不得沿途泄漏、遗洒。

(3) 施工现场应配备洒水设备，并指定专人负责现场洒水降尘和及时清理浮土。

(4) 施工中的废水、废浆等应先排入沉淀池中进行二次沉淀处理，不得随意排放。

(5) 对噪声较大的设备，应在现场搭设隔音棚或隔声罩，减少噪声扰民。

(6) 隧道内应设置通风设备，并经常洒水降尘。

2. 职业健康安全管理措施

(1) 施工现场的临时用电必须严格遵守《施工现场临时用电安全技术规范》(JGJ 46)的有关规定。

(2) 所有进入隧道工地的人员，必须按规定佩戴安全防护用品，遵章守纪，听从指挥。

(3) 隧道内的照明灯光应保证亮度充足，均匀不闪烁，电线路均使用防潮绝缘导线，不得挂在铁件上或捆扎在一起；洞内作业地段电压应为12～36V。

(4) 隧道竖井提升用钢丝绳必须每天检查一次，每隔6个月试验一次，升降物料的安全系数必须大于6。钢丝绳锈蚀严重，外层钢丝松动时，必须更换。

(5) 采用模板台车施工时，混凝土浇筑必须两侧对称进行。拆除混凝土输送软管时，必须停止混凝土泵的运转。

(6) 用机械吊装下料时，应先检查机械设备和绳索的安全性和可靠性，起吊后下面不得站人或通行。

(7) 拆除模板不得双层作业。3m以上模板在拆除时，应用绳索拉住，缓慢送下，严禁用机械大面积拉倒。拆下带钉木料，应随即将钉子拔掉。

(8) 电焊机应设置单独的开关箱。在潮湿地点工作，电焊机应放在木板上，操作人员应站在绝缘胶板或木板上操作。

(9) 处理机械故障时必须断电、停风。向施工设备送电送风时须通知施工人员。

(10) 特殊工种人员必须持证上岗，非操作人员不得进入正在施工的作业区。

4.1.10 暗挖隧道二次衬砌变形缝施工

4.1.10.1 适用范围

适用于暗挖隧道二次衬砌变形缝的施工。

4.1.10.2 施工准备

1. 技术准备

(1) 熟悉施工图纸，编制变形缝施工方案，并已进行施工技术交底。

(2) 橡胶止水带现场抽样试验合格。

2. 材料要求

(1) 橡胶止水带

1) 橡胶止水带应有出厂合格证和性能检测报告,其尺寸偏差应符合表 4—18 的规定。

表 4—18 止水带尺寸偏差要求

止水带公称尺寸		极限偏差
厚度 B(mm)	4～6	+1, 0
	7～10	+1.3, 0
	11～20	+2, 0
宽度 L(%)		±3

2) 止水带的物理性能应符合表 4—19 的规定。

表 4—19 止水带物理性能指标

项目		性能要求
硬度(邵氏度)		60±5
拉伸强度(MPa)		≥15
扯断伸长率(%)		≥380
压缩永久变形	70℃×24h,%	≤35
	23℃×168h,%	≤20
撕裂强度(kN/m)		≥30
脆性温度(℃)		≤−45
热空气老化(70℃×168h)	硬度(邵氏,度)	+8
	拉伸强度(MPa)	≥12
	扯断伸长率(%)	≥300
臭氧老化 50pphm: 20%,48h		2 级
橡胶与金属粘合		断面在弹性体内

注:橡胶与金属粘合适用于钢边橡胶止水带。

3) 止水带表面不允许有开裂、缺胶、海绵状等影响使用的缺陷,表面允许有深度不大于 2mm、面积不大于 16mm^2 的凹痕、气泡、杂质、明疤等缺陷不超过 4 处。中心孔偏心不允许超过管状断面厚度的 1/3。

(2) 填缝材料:应选用浸透沥青油的松木板等作为填缝材料,按变形缝的形状加工成型。

(3) 嵌缝材料:嵌缝材料宜选用聚硫橡胶类、聚氨酯类等柔性密封材料,最大伸长强度不应小于 0.2MPa,最大伸长率应大于 300%。拉伸—压缩循环性能的级别不应小于 8020。

3. 机具设备

接头热压焊工具、嵌缝工具、手推车、剪刀、刷子等。

4. 作业条件

外层柔性防水结构验收完毕,二衬钢筋绑扎已在变形缝设计位置进行施工。

4.1.10.3　施工工艺

1. 工艺流程

钢筋骨架制作 ↓

测量放线 → 安装钢筋骨架 → 安装止水带和填充材料 → 安装模板 → 浇筑混凝土 → 嵌缝施工

2. 操作工艺

(1) 测量放线

根据设计要求，准确放出变形缝的位置。止水带安装位置应准确，结构顶、底板位置应安设成盆状，并妥善固定。见图4－11。

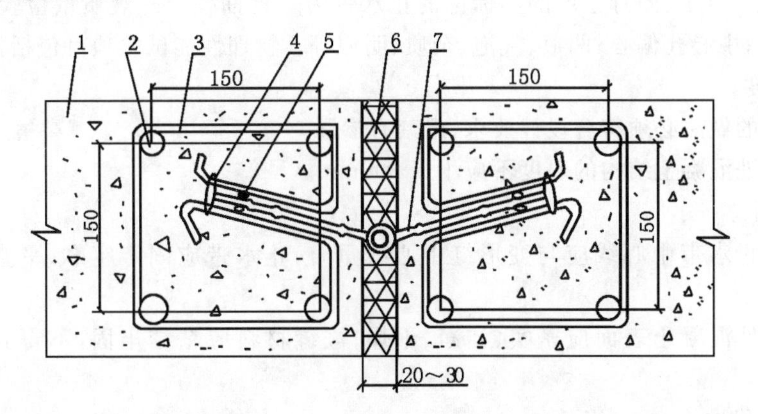

图4－11　中埋式止水带的固定方式

1—二衬混凝土结构；2—主筋，直径20mm；3—箍筋，直径6.5mm，间距250mm；4—22# 绑丝；5—固定用钢筋，直径6.5mm，两端加工应光滑；6—填缝材料；7—中埋式止水带

(2) 安装钢筋骨架

1) 制作固定止水带的钢筋骨架。安装止水带的钢筋骨架可预先分段制作成形，详见图4－11。制作时固定用钢筋之间应留置合适的缝隙宽度，确保能压紧止水带。

2) 钢筋骨架的连接宜采用连接板和螺栓，不宜进行现场焊接。

(3) 安装止水带和填充材料

1) 止水带宜根据结构变形缝的长度定制成环的止水带，尽量不设接缝；当止水带有接缝时，应设在边墙较高的位置上，不得设在结构转角处，接头宜采用热压焊。

2) 止水带中心线应和变形缝中心线重合，不得穿孔或用铁钉固定，损坏处应及时进行修补。

3) 变形缝先施工一侧混凝土时，应先固定该侧止水带，再安装填缝材料，填缝材料应根据二衬结构的截面尺寸进行准确下料、安装并固定好。

4) 止水带和填缝材料安装完毕后应及时进行隐蔽验收，合格后方可合模。

(4) 安装模板

端模支立时应支撑牢固，严防漏浆，安装完毕后应进行预检验收，合格后方可进行混凝土浇筑。

(5) 混凝土浇筑

拱顶和边墙变形缝两侧混凝土振捣应采用附着式振捣器振捣，确保混凝土密实。变形缝两侧拱顶位置的注浆孔可作为排气孔，混凝土浇筑饱满时排气孔应出现溢浆。底板混凝土振捣时，严禁振捣棒接触止水带，防止止水带出现位置偏离。

(6) 嵌缝施工

变形缝两侧二衬结构拆模后即可清理变形缝，缝内两侧应平整、清洁、无渗漏水。变形缝清理后，应先在缝底部嵌填嵌缝材料，嵌填应密实，与两侧粘结牢固，然后涂刷与嵌缝材料相容的基层处理剂；最后涂刷嵌缝涂料。

4.1.10.4 质量标准

1. 主控项目

(1) 止水带的质量必须符合设计要求。

现场抽样试验要求：同月生产的同标记的止水带为一批抽样。外观质量检验项目包括尺寸公差；开裂、缺胶；中心孔偏心；凹痕、气泡、杂质、明疤等。物理性能试验项目包括拉伸强度、扯断伸长率、撕裂强度。

(2) 变形缝的做法必须符合设计要求，严禁有渗漏。

(3) 变形缝处混凝土结构的厚度不应小于300mm。

2. 一般项目

(1) 中埋式止水带中心线应与变形缝中心线重合，止水带应固定牢靠、平直，不得有扭曲现象。

(2) 变形缝处混凝土表面应密实、洁净、干燥；嵌缝材料应粘结牢固，不得有开裂、鼓泡等现象。

4.1.10.5 成品保护

1. 变形缝止水带安装验收后应进行保护，防止在模板支立、拆除时或混凝土浇筑时造成止水带破损、移位或扭曲。

2. 变形缝两侧混凝土在拆模时和拆模后应注意保护，防止破坏。

4.1.10.6 应注意的质量问题

1. 施工时应选择简单可靠、易于施工的止水带固定方式，确保止水带位置准确、安装牢固；支立模板和混凝土浇筑前应对止水带进行检查，并在浇筑混凝土过程中密切观察，发现移位或扭曲应立即处理，防止出现变形缝质量问题。

2. 二衬混凝土浇筑至变形缝处时，应特别注意加强止水带两侧的振捣，防止因混凝土不密实而造成变形缝处出现渗漏水。

3. 止水带接头连接时，应确保其连接牢固、严密，防止因接头连接质量出现渗漏水现象。

4.1.10.7 环境、职业健康安全管理措施

1. 止水带属于易燃物，进场后应放在通风的仓库内，仓库及施工现场均应严禁烟火，且需备有消防器材，防止发生意外。

2. 高处作业时，爬梯和施工平台应安全可靠。

4.1.11 暗挖隧道初衬背后填充注浆

4.1.11.1 适用范围

适用于暗挖隧道或竖井初衬背后的填充注浆施工。

4.1.11.2 施工准备

1. 技术准备

(1) 对水泥、粉煤灰等主要材料的性能应进行试验。

(2) 注浆浆液的施工配合比和水玻璃的掺量应通过现场试验确定。

(3) 原材料粉体按重量计，液体按体积计，称量允许偏差为±5%。

2. 材料要求

(1) 注浆管：注浆管一般采用ϕ32的钢管，长0.5m左右，一端套丝。

(2) 水泥：宜选用硅酸盐水泥和普通硅酸盐水泥，水泥强度等级不低于32.5，水泥进场应有产品合格证和出厂检验报告，进场后应取样复验合格，其质量符合国家现行标准《硅酸盐水泥、普通硅酸盐水泥》(GB 175)的规定。

(3) 添加材料：粉煤灰、膨润土或粘土、水玻璃和砂等。

3. 机具设备

(1) 注浆机：采用小型单液注浆机，注浆压力不小于2MPa，移动方便。

(2) 拌浆设备：拌浆筒可根据隧道断面的大小和施工现场布置要求制作成圆筒形或槽形，搅拌容量应不小于0.5m^3，宜采用机械搅拌。

(3) 辅助施工设备：手推车、计量器具、高压注浆管等。

4. 作业条件

(1) 注浆前应清理预埋的注浆管，将管内杂物和丝扣位置的混凝土清理干净。

(2) 对机械设备、计量器具、水管路、电缆线路等进行全面检查及试运转。

(3) 作业区有良好的通风和足够的照明装置。

(4) 注浆应在衬砌混凝土达到设计强度的70%后进行。

4.1.11.3　施工工艺

1. 工艺流程

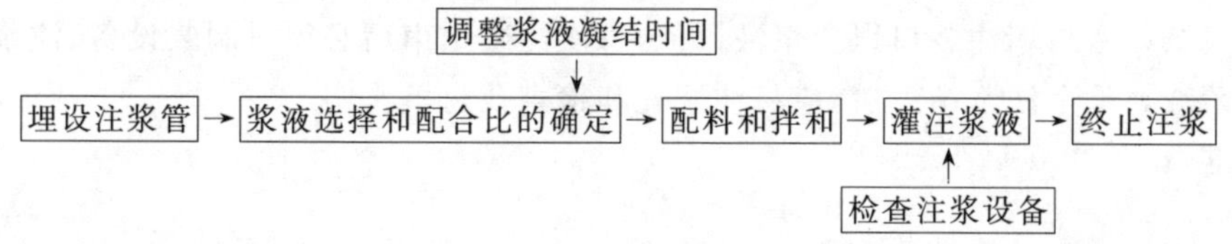

2. 操作工艺

(1) 埋设注浆管

1) 注浆管为一端套丝的ϕ32钢管，长0.5m左右，当有超挖时应适当加长，保证套丝位置距喷射混凝土结构面100mm以上，以方便注浆管的连接。安装时未套丝端应贴近围岩面，注浆管应与钢格栅主筋焊接或绑扎牢固。

2) 注浆管应在钢筋格栅安装时预先埋设。隧道开挖断面宽度小于2.5m时可仅在拱顶埋设1根注浆管，开挖断面宽度大于2.5m时应在拱顶和拱顶两侧埋设注浆管。注浆管的纵向埋设间距为2m～3m左右。

(2) 浆液的选择和配合比的确定

1) 浆液的选择受土质条件、施工条件、材料价格等的支配，注浆时应按实际条件选用最适合的浆液。

2) 背后注浆通常采用带填充剂的水泥浆液，常用的浆液类型有水泥＋粘土(或膨润土)浆液、水泥＋粉煤灰浆液、水泥砂浆浆液等，注浆时可掺加适量的水玻璃控制凝结时间和注入范围。

3) 浆液的性能与水泥品种、填充剂种类和水灰比$W/(B+C)$(其中：W是水的重量，B是填充剂的重量，C是水泥的重量)、搅拌时间、注入压力等因素有关。注浆浆液的施工配合比和水玻璃的掺量应通过现场试验确定。浆液的水灰比$W/(B+C)$宜为0.5～2；当填充剂为粘土(或膨润土)时，填充剂与水泥之比 B/C 为 0.05～0.2；当填充剂为粉煤灰时，填充剂与水泥之比 B/C 为 0.5～5。

(3) 配料和拌和

当采用粘土(或膨润土)作为填充剂时，应先按水：粘土(或膨润土)＝3：1 的重量比将粘土(或膨润土)与水混合均匀，再加入水泥混合，最后加水至要求的水灰比。浆液宜采用机械拌和，应在注浆位置就近处进行，避免二次运输。

(4) 灌注浆液

1) 背后注浆位置距离开挖面未封闭位置宜为 3m～6m。当地层软弱或隧道上方有重要建(构)筑物时，应适当缩短距离，但注浆前应喷射 50mm～100mm 混凝土封闭开挖面以避免漏浆。

2) 背后填充注浆的施工顺序应符合下列要求：

① 沿隧道轴线由低到高，由下而上，从少水到多水处。

② 在多水地段应先两头后中间。

③ 对竖井应由上向下分段注浆，在本段内应从下往上注浆。

3) 背后注浆可采用注浆压力和注浆量进行综合控制。注浆压力的选定应考虑浆液的性能、注入范围及结构强度等因素，一般为 0.1～0.4MPa。注浆时，要时刻观察压力和流量变化，压力逐渐上升，流量逐渐减少，当注浆压力达到设计终压，再稳定 3min，即可结束本孔注浆。当注浆压力和注浆量出现异常时，应调查、分析原因，采取措施，如调整浆液配比或进行多次重复注浆等。

(5) 终止注浆

每根注浆管注浆结束后封堵注浆口以免浆液回流，每次注浆结束后必须对制浆设备、注浆泵和注浆管进行彻底清洗。整个注浆结束后，应将注浆孔和检查孔封填密实。

4.1.11.4 质量标准

1. 主控项目

(1) 注浆用水泥、外加剂等原材料必须符合设计要求及有关规范、标准的规定。

(2) 浆液配合比应符合设计要求。

2. 一般项目

(1) 注浆量及注浆压力应满足设计要求。

(2) 注浆孔的数量、布置、间距、孔深应符合设计要求。

(3) 注浆后初衬背后的土体应密实，不得有空隙。注浆结束后应分析注浆资料，对有怀疑的地方可采取钻芯法对注浆效果进行检查。

4.1.11.5 成品保护

1. 注浆管埋设后应对套丝部位进行保护，应保持套丝部位的清洁，不得沾满混凝土或水泥浆。

2. 严禁在注浆管上进行焊接或悬挂重物。

4.1.11.6 应注意的质量问题

1. 施工时必须把好材料的质量关，选用供货质量稳定的供货商以保证材料质量。

2. 当采用粘土(或膨润土)作为填充剂时，应按制浆步骤进行制浆；当采用砂浆时应严格控制砂子的粒径，不得混入杂物或大粒径的石子。浆液应搅拌充分，拌和应连续，防止搅拌不充分等造成浆液流动性差、有固结块等。

4.1.11.7 环境、职业健康安全管理措施

1. 环境管理措施

(1) 浆液配制时应加强作业区的通风。

(2) 应采取有效措施防止浆液的遗洒和漏浆。

(3) 浆液应随配随用,剩余的浆液不得随意弃置。

2. 职业健康安全管理措施

(1) 施工中,应定期检查电源线路和注浆设备的电器部件,确保用电安全。

(2) 经常检查和清洗注浆管,防止堵塞,发现问题,应及时处理。

(3) 工作台架应牢固可靠。

(4) 制浆作业时,作业人员应使用防尘用具和胶皮手套。

(5) 当泵压出现异常增高,先松离合器,排除故障后方可继续施工。

4.1.12 逆筑法竖井施工

4.1.12.1 适用范围

适用于竖井逆筑施工。

4.1.12.2 施工准备

1. 技术准备

(1) 熟悉图纸,编制施工方案,经审批后进行技术交底。

(2) 测量桩位交接及复测。

2. 材料要求

(1) 水泥:水泥的品种、级别、厂别等应符合混凝土配合比通知单的要求,水泥进场应有产品合格证和出厂检验报告,进场后应对强度、安定性及其他必要的性能指标进行取样复验,其质量必须符合国家现行标准《硅酸盐水泥、普通硅酸盐水泥》(GB 175)等的规定。当对水泥质量有怀疑或出厂超过3个月,应进行复验,并按复验结果使用。

喷射混凝土应优先选用硅酸盐水泥、普通硅酸盐水泥。

(2) 骨料:砂石质量应符合国家现行标准《普通混凝土用砂质量标准及检验方法》(JGJ 52)、《普通混凝土用碎石或卵石质量标准及检验方法》(JGJ 53)的规定,进场后应取样复验合格。

喷射混凝土用骨料的粒径、级配应满足特定要求。

(3) 外加剂:外加剂的质量、选用和使用应符合国家现行标准《混凝土外加剂》(GB 8076)、《混凝土外加剂应用技术规范》(GB 50119)、《喷射混凝土用速凝剂》(JC 477)等和有关环境保护的规定。所用外加剂的品种、生产厂家和牌号应符合混凝土配合比通知单的要求,外加剂应有产品说明书、出厂检验报告及合格证、性能检测报告,进场应复验。使用前应做与水泥的相容性试验及水泥净浆凝结效果试验。

(4) 掺合料:混凝土中掺用矿物掺合料的质量应符合国家现行标准《用于水泥和混凝土中的粉煤灰》(GB 1596)等的规定。所用掺合料的品种、级别和生产厂家应符合混凝土配合比通知单的要求,掺合料应有出厂合格证或质量证明书、质量检测报告,进场应取样复验合格。

(5) 水泥、外加剂必须有法定检测单位出具的碱含量检测报告,砂、石必须有法定检测单位出具的集料活性检测报告。混凝土中的氯化物和碱的总含量应符合国家现行标准《混凝土结构设计规范》(GB 50010)的规定。

(6) 钢筋:钢筋进场必须有产品合格证和出厂检验报告,进场后,应按国家现行标准《钢筋混

凝土用热轧带肋钢筋》(GB 1499)等的规定抽取试件做力学性能试验。钢筋的品种、级别、规格和质量应符合设计要求。

(7) 外加工成型钢筋应有半成品钢筋出厂合格证。

(8) 型钢:工字钢、槽钢等,其质量应符合相应产品标准。

(9) 焊接用焊条,应有产品出厂合格证,其质量应符合国家现行标准《碳素钢焊条》(GB/T 5117)或《低合金钢焊条》(GB/T 5118)的规定。

(10) 防水材料的品种、质量应满足相关标准及设计要求。

3. 机具设备

(1) 土方设备、机具及垂直提升设备、机具应根据施工条件选用。

(2) 喷射机:喷射机性能应符合下列要求:

1) 密封性能良好,输料连续均匀。

2) 生产能力(混合料)为 3～5m^3/h,允许输送的骨料最大粒径为 25mm。

3) 输送距离(混合料),水平不小于 100m,垂直不小于 30m。

(3) 空压机:选用的空压机应满足喷射机工作风压和耗风量的要求,排风量不应小于9m^3/min。

(4) 搅拌机:宜采用强制式搅拌机。

(5) 辅助施工设备

1) 输料管应能承受 0.8MPa 以上的风压,并有良好的耐磨性。

2) 供水设施应保证喷头处的水压力为 0.15～0.20MPa。

3) 振捣器、手推车、铁铲、台秤、计量器皿等。

4. 作业条件

(1) 地下管线改移已完成。降水已满足施工要求。

(2) 外加工格栅、网片进场验收合格。

(3) 机械设备、风、水管路,输料管路、电缆线路等试运转正常。

4.1.12.3 施工工艺

1. 工艺流程

放线定位 → 开挖锁口圈梁以上土方 → 绑扎圈梁钢筋、浇筑混凝土 → 土方开挖 → 安装钢格栅

→ 喷射混凝土 → 加设支撑 → 下一循环开挖、支护,至墙体初支结构完成

→ 开挖底板土方、绑扎底板钢筋并浇筑底板初支混凝土 → 施做底板防水及二衬结构

→ 自下而上分部拆除支撑、施做防水、绑扎钢筋、安装模板及支撑体系并浇筑混凝土

2. 操作工艺

(1) 放线定位:按照施工图纸要求放出竖井平面控制点、水准控制点及开挖控制线。

(2) 开挖锁口圈梁以上土方:将锁口圈梁底标高以上的土方挖出。

(3) 绑扎圈梁钢筋、浇筑混凝土:按图纸要求将圈梁钢筋及预留竖向连接筋绑扎就位,并支立模板,此时应按要求留出保护层厚度,隐检、预检合格后即可浇筑混凝土。

(4) 土方开挖

1) 开挖竖井内部核心土,先开挖一步核心土,可以为下面的工序创造更好的作业条件,使墙体的钢筋安装和混凝土喷射工作操作起来比较容易。核心土的开挖应根据土质的情况与竖井墙体内壁保持一定距离,一般为 500mm～1000mm。

2）开挖墙体处土方，核心土以外的竖井土方统称为墙体处土方，竖井墙体处土方应分部开挖，开挖时尽量对称进行，宜先开挖一个对角，再开挖另一个对角，然后再开挖中间部分，分部的多少可以根据竖井的大小来确定。

(5) 安装钢格栅

1）检查墙体土方开挖轮廓线、标高和平整度，清理格栅下虚土。

2）安装格栅，格栅横向各分部之间可以设置螺栓接头，必要时进行帮焊连接；格栅竖向之间用网片和竖向钢筋连接，连接筋应采用单面焊。竖向连接筋下一循环的搭接长度应插入土体内预留。

3）格栅竖向间距一般为500mm～1000mm。

钢格栅的加工、安装详细做法参见"4.1.6　暗挖隧道钢筋格栅制作安装"有关内容。

(6) 喷射混凝土

1）受喷面有滴水、淋水时，喷射前应按下列方法做好治水工作：

① 有明显出水点时，可埋设导管排水。

② 降水效果不好的含水层，可设盲沟排水。

2）埋设好控制喷射混凝土厚度的标志，喷射混凝土。

喷射混凝土详细做法参见"4.1.7　暗挖隧道喷射混凝土施工"有关内容。

(7) 加设支撑

1）确定支撑种类：为便于土方开挖和主体结构施工，周边场地具有拉设锚杆的环境和地质条件时，可采用斜拉锚杆或土钉等支撑；没有斜拉锚杆支撑条件时，可采用型钢内撑或钢筋混凝土隔墙等支撑形式。见图4－12～图4－14。

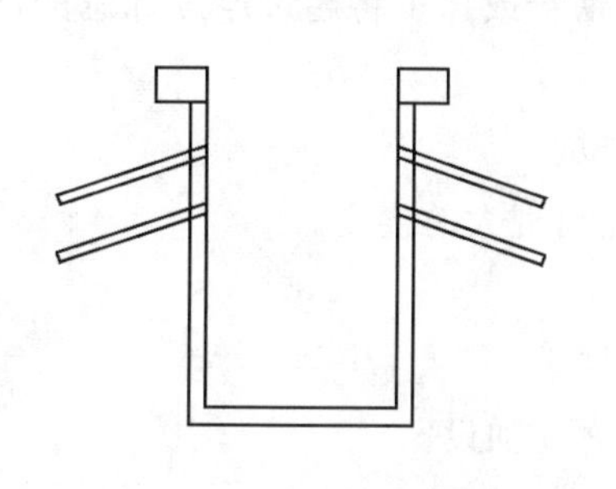

图4－12　竖井外部锚杆支撑示意图

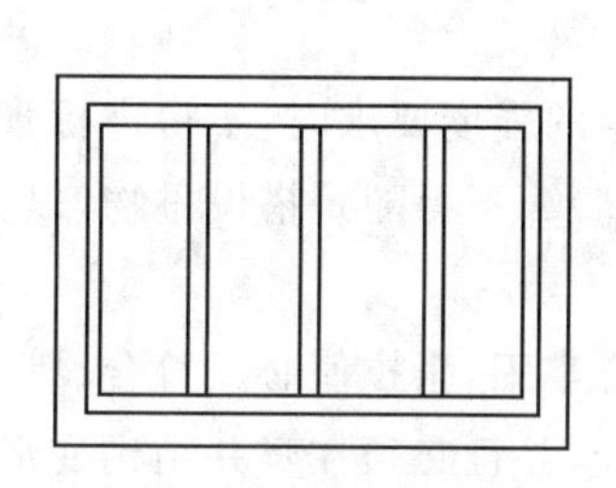

图4－13　竖井内部直撑示意图

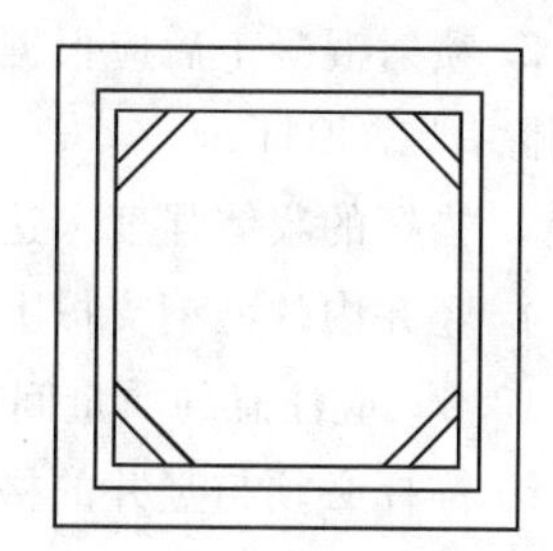

图4－14　竖井内部角撑示意图

2）确定支撑位置及数量：竖井支撑类型确定后，应根据竖井的尺寸、深度及结构厚度，计算支撑的数量、间距和设置位置，支撑应设在竖井结构的格栅处。

3）竖井内支撑宜采用直撑，但在竖井尺寸较小，井内操作空间较小时，可采用角撑，直撑及角撑宜与环撑配合使用，直撑及角撑也可以同时使用，支撑的支点宜设在竖井格栅处。竖井内最下面的一组支撑应尽量接近底板，但为便于结构施工，距底板的高度不宜小于600mm。环向支撑应与竖井结构密贴，以使支撑体系整体受力。

(8) 下一循环开挖、支护，至墙体初支结构完成

按以上步骤进行，直至完成全部竖井墙体初支，最后一步应预留与底板连接的水平预插钢筋。

(9) 开挖底板土方、绑扎底板钢筋并浇筑底板初支混凝土

将底板下底标高以上的土方全部开挖完毕,并将钢筋绑扎就位,隐检合格后即浇筑底板初支混凝土。

(10) 施做底板防水及二衬结构

施做底板防水并做混凝土保护层,然后绑扎底板二衬钢筋,隐检合格后浇筑底板二衬混凝土。

(11) 自下而上分部拆除临时内支撑、施做防水、绑扎钢筋、安装模板并浇筑混凝土

根据需要自下而上分部拆除竖井内支撑,拆除的高度应根据竖井的深度和尺寸计算后进行,分部支撑拆除后应尽快施做防水,并绑扎墙体钢筋,隐检合格后即可安装模板和支撑,预检合格后即可浇筑墙体混凝土。如此循环直至墙体二衬全部完成。

4.1.12.4 质量标准

1. 竖井尺寸应根据施工设备、土石方及材料运输、施工人员出入隧道和排水的需要确定。当竖井作为永久结构时,其尺寸尚应满足设计要求。

2. 钢筋加工、安装质量标准,参照"4.1.6 暗挖隧道钢筋格栅制作安装"。

3. 喷射混凝土的质量标准,参照"4.1.7 暗挖隧道喷射混凝土"。

4. 防水工程的质量标准应根据防水材料、类别符合设计要求及有关规范、标准的规定。

5. 二衬混凝土的质量标准应满足设计要求和有关规范、标准的规定。

4.1.12.5 成品保护

1. 底板混凝土强度未达到1.2MPa前,采取保护措施后方可上人作业。

2. 喷射混凝土后应根据所埋设的混凝土喷射厚度标志,用铁铲或抹子将超过厚度标志的部分刮除,严禁拍打。

3. 锚杆的浆体强度未达到预定的强度要求时,不得进行张拉。

4. 竖井内的型钢支撑上,未经验算不得随意搭设重物,以免出现大的挠度。

4.1.12.6 应注意的质量问题

1. 锚杆必须与竖井的格栅结合牢固,张拉值必须符合设计要求。

2. 型钢支撑的节点应焊接牢固,并且必须在竖井结构变形之前加设。

4.1.12.7 环境、职业健康安全管理措施

1. 环境管理措施

(1) 水泥和细颗粒等易飞扬散体材料应遮盖存放,防止扬尘。

(2) 运输细颗粒散体材料和渣土时,必须采取封闭或覆盖措施,以免沿途遗撒而污染周围环境。

(3) 施工中的废水、废浆等应先排入沉淀池中,经沉淀后再排放。

2. 职业健康安全管理措施

(1) 锚杆机必须由专业人员操作,电焊工必须经培训考试合格,持证上岗。

(2) 锚杆施工前,应注意调查地下管线和地下构筑物情况,并采取有效的保护措施,若发现有异常,应立即停止施工,妥善处理后方可继续施工。

(3) 型钢焊接施工时,应有可靠的操作平台,同时应注意避免焊渣烧坏下方设施。

(4) 各种自制设备、设施通过安全检验及性能检验合格后方可使用。

4.2 盾　构

4.2.1 土压平衡盾构掘进

4.2.1.1　适用范围

适用于地铁区间隧道工程的土压平衡盾构掘进施工。

4.2.1.2　施工准备

1. 技术准备

(1) 施工组织设计经审定批复，并做好施工技术及安全交底。

(2) 施工前仔细踏勘沿线情况，对重要管线和建(构)筑物进行布点监测。

(3) 技术人员根据设计文件，计算出隧道中线每延米的坐标，经复核后输入导向系统。

(4) 根据不同地质条件计算相应各掘进参数的理论值。

2. 材料要求

(1) 仓内土体添加材料：常用泡沫剂、膨润土等。

1) 泡沫剂：pH 值宜为中性，膨胀率 6～15 倍，泡沫寿命应满足施工需要。应有出厂合格证和材料性能检验证书。

2) 膨润土：宜采用钠土。细度应为 200～250 目，膨润率 5～10 倍。

(2) 油脂：盾尾密封油脂、主轴承密封润滑油脂和液压及循环系统润滑油脂。各种油脂应有出厂合格证和材料性能检验证书。

1) 盾尾密封油脂：其不溶性、稠度、蠕动性、可泵性及停滞性等均应符合盾构机使用要求。

2) 主轴承密封润滑油脂：针入度与基础油粘度应满足盾构机施工使用要求。

3) 液压及循环系统润滑油：应符合液压与循环系统机械设备的使用要求。

(3) 水：宜采用饮用水。当采用其他水源时，其水质应符合《混凝土拌合用水标准》(JGJ 63)的规定。

(4) 其他辅助材料：轨枕、道轨、道岔、电缆、风管、水管、照明用具、吊带等。

(5) 土压平衡盾构掘进施工所用材料，应满足各系统需要，且对钢材和混凝土无腐蚀性，无环境公害。

3. 机具设备

(1) 盾构机：土压平衡式，含盾构主机及后配套设备。

(2) 浆液站：生产能力应根据施工需要确定。

(3) 门式起重机、电瓶车：起重能力、爬坡及运输能力应根据实际施工需要确定。

(4) 浆液车：应满足每掘进循环的壁后注浆量需要。

(5) 平板车：大小应满足运输土斗及管片的需要。

(6) 土箱：根据施工需要确定。

(7) 风机：根据隧道长度、断面面积和冷却方式确定。

(8) 水泵：根据施工需要确定。

(9) 变电箱、配电柜：根据施工需要确定。

(10) PLC 系统、计算机、摄像头、放大器、显示器：用于施工数据的采集、处理及现场监控。

(11) 自卸汽车、装载机或挖掘机。

4. 作业条件

(1) 盾构机各系统试运转正常。

(2) 各辅助系统试运转正常。

4.2.1.3 施工工艺

1. 工艺流程

掘进准备 → 盾构启动 → 盾构掘进施工 → 各系统清理及维护

2. 操作工艺

(1) 掘进准备

1) 根据各项监测数据、盾构机姿态及盾构机与管片的姿态关系设定本环的掘进参数。

2) 应根据不同地层设定掘进土压值,其仓内土压力不应小于开挖面土压。

(2) 盾构启动

1) 刀盘转动

① 刀盘启动时,须先低速转动,待刀盘扭矩正常,且土仓内土压变化稳定后,再逐步提高刀盘转速到设定值。

② 刀盘起动困难时,应正、反转动刀盘,待刀盘扭矩正常后,开始正常掘进。

③ 在操作过程中,应严密监控刀盘扭矩等参数,若其中某参数报警时,应立即停机,查明原因,进行处理,待该参数恢复正常后方可继续掘进。

④ 刀盘转动时,盾构机会出现侧倾现象。当盾构机侧倾较大时,应反方向转动刀盘,使盾构机恢复到正常姿态。

2) 千斤顶顶进

① 在掘进过程中,各组千斤顶应保持均匀施力,严禁松动千斤顶。考虑到盾构机自重,掘进过程中盾构机下部千斤顶推力应略大于上部千斤顶推力。

② 在掘进施工中,千斤顶行程差宜控制在50mm内,单侧推力不宜过大,以防挤裂管片。

3) 排土系统的启动

① 出土时的操作顺序为先启动皮带传送机,然后启动螺旋输送机。当需要进行排土时开启出土口。出土口在刚开启时不宜过大,须先观察出土情况,如果无水土喷泄现象,可将出土口开启至正常施工状态。

② 螺旋输送机转速和敞口的大小应由土压决定,当仓内土压大于设定值时,方可进行出土作业。

③ 出土时,出土量应与千斤顶行程相匹配,若出土过量,会导致地表沉降量加大。

4) 注浆泵启动

当盾构机千斤顶开始顶进时,应立即进行同步注浆,注浆压力、注浆量应根据不同地质条件分别设定。

5) 添加剂的使用

① 刀盘启动和切削土体或刀盘扭矩过大时,需向刀盘前面和土仓内注入土体改良添加剂。

② 出土时出现水土分离或土质过干现象,需向螺旋输送机内注入土体改良添加剂。

(3) 盾构掘进施工

1) 始发段掘进施工

① 洞门清除后,在盾构机密封仓内填满粘土,盾构机在导轨上推进至贴近洞口掌子面,缩紧洞口密封止水装置,建立土压平衡,然后盾构机开始切削土体进行掘进。

② 在始发段施工时，一般转速小于1r/min，推进速度不宜过快，应控制在10～30mm/min。

③ 盾构机出加固区前，为克服地层土体强度的突变，有效控制地表沉降，必须将土压力的设定值随着地层的变化进行重新设定，并根据反馈的信息对土压力设定值及时做出调整。

2）正常段掘进施工

① 盾构进入正常段掘进施工后，土仓内土压力设定值应根据不同地质条件设置，应略大于开挖面土压力。

② 正常段掘进，应在盾构机各系统处于良好的状态下，实现高速推进。

③ 在掘进过程中，必须严格控制推进轴线的偏移量，使盾构机的轴线偏差控制在允许范围内，一般由自动测量导向系统自动分析和确定下一步施工的行进方向，亦可由人工根据纠偏的要求进行计算确定。

④ 在纠偏过程中要遵从"勤纠偏，小纠偏"的原则。

3）接收段掘进施工

① 盾构机接收前50m地段需加强盾构姿态控制和隧道线形测量，及时纠正偏差确保盾构机顺利地从到达口进入车站或接收井。盾构机进站时其切口中心偏差允许值：平面≤±20mm，高程≤±20mm。

② 盾构机临近洞门时，应逐渐减小推力、推进速度和刀盘转速，一般刀盘转速小于1r/min，推进速度应控制在10～30mm/min。控制出土量并时刻监视土仓压力值，土压的设定值应逐渐减小到0，避免推力过大影响洞门范围内土体的稳定。

③ 在接收段的最后10环，在管片环与环之间需利用吊装孔加设对拉螺栓，以保证管片间橡胶胶条的止水效果。

4）曲线段施工

① 盾构掘进时，应尽量将盾构机的位置控制在施工设计曲线的内侧，这样有利于盾构机方向的控制和进行纠偏。

② 在曲线段施工时，为保持设计曲线线形，应分区合理地使用千斤顶，在掘进时应尽量维持施工参数的平稳，尽量利用盾构机本身的超挖能力进行纠偏。

③ 通常情况下刀盘周边刀具的超挖即可满足一般曲线段的施工要求。在小半径曲线施工时一般需采用仿形刀或超挖刀。如需使用仿形刀或超挖刀时，其伸出长度的取值以能顺利实现转弯施工为原则。

④ 曲线段掘进时，应充分利用盾构机铰接装置。采用主动铰接时，铰接角度需进行设定。

（4）各系统清理及维护

1）当每日掘进完成后，须将各系统进行清理。特别是注浆管路、土体改良添加剂注入系统应及时清理避免堵塞。

2）每日需对盾构机进行维护保养，以保证盾构机在掘进施工中正常运转。维护保养包括掘进系统、电气系统、注浆系统、泡沫系统、拼装系统等。

4.2.1.4 质量标准

土压平衡盾构掘进质量检验标准见表4－20。

表4－20 土压平衡盾构掘进质量检验标准

项　目	检查项目	允许偏差	检查方法
主控项目	土压	不小于开挖面土压目标控制值	土压计

续表

项　目	检查项目	允许偏差	检查方法
一般项目	盾构机轴线偏差(mm)	±50（正常段）	导向系统
		±20（接收段）	
	盾构机俯仰姿态偏差(°)	0.25	导向系统
	盾尾间隙	根据盾构机情况设定	直尺
	盾构机侧倾(°)	0.025	导向系统

4.2.1.5　成品保护

1. 施工中严格控制土压，以维持开挖面的稳定。

2. 在掘进施工中，应严格控制千斤顶推力和行程差，以防管片被挤裂。

3. 在施工中应及时进行壁后注浆，并严格控制注浆施工工艺，以防成型隧道出现位移或变形。

4.2.1.6　应注意的质量问题

1. 为防止轴线偏差过大，在掘进过程中应按照“勤纠偏，小纠偏”的原则进行纠偏。

2. 为防止盾尾间隙过小，导致在盾构掘进过程中盾尾与已拼装成环的管片发生挤压、摩擦，进而造成管片及盾尾密封装置的损坏，在掘进过程中应严格控制盾尾间隙的均匀性。盾尾间隙主要应通过管片的选择来进行调整，辅以盾构机姿态的调整。

3. 为防止由于超排出土造成地层松弛变形，在掘进前应根据地质条件计算出盾构机掘进进尺与出土量的匹配值，掘进过程中应严格控制进尺与出土量两者的匹配，严禁超排。

4.2.1.7　环境、职业健康安全管理措施

1. 环境管理措施

(1) 施工中的渣土要倒入积土坑中，不得随意排放。渣土外运时，不得有遗撒现象。施工污水应集中排放处理。

(2) 在城镇居民区施工，应采取积极措施，控制施工噪声，减少噪声对居民的影响。

(3) 盾构机在隧道埋深较浅或砾石地层掘进时，会使地面产生一定的振动，应控制好掘进速度和添加剂的注入量，或调整作业时间把振动影响降低到最小。

(4) 盾构掘进施工必须设专人负责监控量测，开挖前应拟订方案，施工中应按规定进行量测，以确保盾构施工本身及其影响范围内的建(构)筑物、市政管线的安全。

2. 职业健康安全管理措施

(1) 土压平衡盾构掘进施工，必须执行国家现行标准《建筑机械使用安全技术规范》(JGJ 33)、《施工现场临时用电安全技术规范》(JGJ 46)并遵守盾构机及其配套设备的专项安全操作规程。

(2) 盾构工作竖井四周必须设立挡水墙和护栏，严禁向竖井内抛丢杂物。

(3) 施工现场设置专人指挥运输车辆。

(4) 土建工程师应根据地质情况，不断调整推进参数。

(5) 机电工程师应制定严格的检查制度，保证机械设备的正常运转。

4.2.2　盾构法隧道管片拼装

4.2.2.1　适用范围

适用于盾构法修建地铁区间隧道工程中，用螺栓连接的预制钢筋混凝土管片(以下简称“管

片”)的拼装施工。

4.2.2.2 施工准备

1. 技术准备

(1) 编制管片拼装方案。

(2) 对作业人员进行技术、安全交底。

2. 材料要求

(1) 管片:其品种、规格、外观、强度、抗渗等级等必须符合设计要求。管片应有出厂合格证、试验报告单。

(2) 防水材料:管片间接缝的防水材料,一般采用弹性橡胶密封垫或遇水膨胀橡胶密封垫。

1) 弹性橡胶密封垫:其压缩止水性能、邵氏硬度、拉伸强度、断裂长度、低温硬度变化、防霉等级、压缩永久变形、拉伸强度变化率、断裂伸长变化率及邵氏硬度变化等应符合设计要求。

2) 遇水膨胀橡胶密封垫:其抗腐蚀性、老化系数及遇水膨胀率应达到设计要求。

(3) 连接螺栓及配件:管片连接螺栓、螺母及垫片的强度、硬度应符合设计要求,其表面应做防腐处理。

(4) 螺栓孔密封圈:一般采用遇水膨胀橡胶制成,其邵氏硬度、拉伸强度、断裂伸长率、永久扯断变形、净水膨胀率、蒸发残留物、耐油性等应符合设计要求。

(5) 橡胶密封垫润滑剂:一般可采用水性润滑剂,其粘度应根据施工情况而定。

(6) 管片缓冲垫:一般采用丁腈软木橡胶板,其邵氏硬度、抗拉强度、防霉等级、永久压缩变形、断裂伸长率、老化系数及压缩率应符合设计要求。

3. 机具设备

(1) 管片拼装机:多采用液压驱动,为方便施工还可配备管片装载机等配套设备。

(2) 管片行车、门式起重机:其吊装、起重能力根据施工需要确定。

(3) 其他:电瓶车、平板车、吊带、管片吊具、扭矩扳手、靠尺(2m)、塞尺(最小可测 1mm)。

4. 作业条件

(1) 经质量检验合格的管片已进场。

(2) 管片连接螺栓和配件、螺栓孔密封圈、紧固工具、拼装工具等配备齐全,质量检验合格。

(3) 管片拼装机及其配套的设备试运转正常。

4.2.2.3 施工工艺

1. 工艺流程

管片类型的选择 → 管片清理 → 管片运输就位 → 管片拼装

2. 操作工艺

(1) 管片选择

根据管片和盾尾之间的相互位置关系及盾构进行纠偏施工的需要,对待拼管片及锁定块拼装位置进行选择。

(2) 管片清理

在管片型号确定后,对要吊装的管片表面进行清理时应特别注意将管片四周的橡胶密封垫表面擦拭干净,以保证管片拼装后的防水质量。

(3) 管片运输就位

1) 垂直运输:由门式起重机将管片从地面运至盾构工作井内,放置于管片运输平板车上。

2) 隧道内水平运输:用电瓶车将管片运至盾构后配套内。管片在盾构后配套等待期间,管片表面应覆盖苫布，以避免被渣土污染。

3）后配套内的运输：运输前须将管片吊点与管片行车连接牢固，再由管片行车将管片运输至管片拼装区。

（4）管片拼装

1）管片拼装前，先在每块管片螺栓孔位置做好标记，以便于管片的定位。

2）应按管片拼装方案确定的顺序进行拼装。一般先拼装底部管片，然后自下而上左右交叉安装，最后拼装锁定块。

3）管片拼装时，应先将待拼管片区域内的千斤顶油缸回缩，满足管片就位的空间要求。在进行管片初步就位过程中，应平稳控制管片拼装机的动作，避免待拼管片与相邻管片发生摩擦、碰撞，而造成管片或橡胶密封垫的损坏。

4）拼装中应严格控制每环管片环面高差。管片初步就位后，通过塞尺与靠尺对相邻管片相邻环面高差进行量测，根据量测数值对管片进行微调，当相邻管片环面高差达到要求后，及时靠拢千斤顶，防止管片移位。

5）千斤顶顶紧后进行管片连接螺栓的安装。

6）前一块管片拼装结束后，重复上一步骤，继续进行其他管片的拼装。

7）在拼装锁定块前应在橡胶密封垫表面涂抹润滑剂，以减小锁定块插入时与相邻管片间的摩阻力，防止橡胶密封垫被挤出、变形。

8）管片拼装成环时，其管片连接螺栓应先逐片初步拧紧，拧紧时要注意检查螺栓孔密封圈是否已全部穿入，不得出现遗漏。当管片脱出盾尾后再次拧紧管片连接螺栓。在进入下一环管片拼装作业前，应对相邻已拼装成型的3环范围内的隧道的管片连接螺栓进行全面检查并复紧。

4.2.2.4 质量标准

管片拼装质量检验标准见表4－21。

表4－21 管片拼装质量检验标准

项目	检查项目	允许偏差	检查方法
主控项目	管片	符合设计要求	检查出厂合格证及试验报告
	橡胶密封垫	符合设计要求	检查出厂合格证及试验报告
	螺栓质量	符合设计要求	检查出厂合格证及试验报告
一般项目	衬砌直径椭圆度（mm）	5‰D	尺量
	隧道圆环平面位置（mm）	±50	用经纬仪测中线
	隧道圆环高程（mm）	±50	用水准仪测高程
	隧道纵向误差（m）	S/5000	
	环向相邻环环面高差（mm）	5	尺量
	纵向相邻环环面高差（mm）	6	尺量

注：D为隧道直径；S为区间隧道长度。

4.2.2.5 成品保护

1. 在管片拼装时千斤顶推力应均匀，防止管片因局部受力过大而导致破裂。

2. 管片拼装中应严格控制盾尾间隙的均匀性。若盾尾间隙过小，易导致在盾构后续掘进过程中盾尾与已拼装成环的管片发生挤压、摩擦，进而造成管片及盾尾密封装置的损坏。

3. 管片脱离盾尾后，应及时进行壁后注浆，并严格控制注浆施工工艺，以防隧道出现位移或变形。

4. 在隧道中铺设轨枕时，应采取措施，防止轨枕损伤管片。

5. 在隧道内铺设管路及电缆需安装支架时，应尽量利用管片连接螺栓来进行固定，严禁在管片上打孔。

4.2.2.6　应注意的质量问题

1. 为了防止隧道偏差过大，在掘进中应经常进行纠偏，且每环纠偏量不宜过大。

2. 拼装中管片在与相邻管片贴近时应放缓拼装速度，避免因磕碰造成管片及橡胶密封垫的损坏。

3. 拼装时应保证管片纵向、环向及端部环面高差在规定范围内，以防止管片受力不均，而造成管片破损。

4. 管片在拼装时，橡胶密封垫不得松脱，以确保隧道结构的防水性能。

4.2.2.7　职业健康安全管理措施

1. 操作人员应熟悉所操作机械设备的性能和工艺要求，施工前应先接受岗位培训，施工中应严格遵守各专业设备使用规定和操作规程。

2. 管片拼装机必须由专人负责，严格执行三定制度（定机、定人、定岗位）和操作规程，其他人员禁止操作。所有动力设备在接通电源前，液压控制阀的手柄必须在中止位置上。

3. 在隧道内用管片吊车运输管片时，必须保证吊具与管片连接牢固。

4. 吊运管片时应注意检查吊具是否完好，防止吊具在吊装或拼装时脱落、断裂。

5. 管片在运至拼装区过程中，管片运输区内严禁站人。

6. 在拼装管片时，非拼装作业人员应退出管片拼装区。拼装机工作范围内严禁站人。

7. 应做好施工机械设备日常保养，保证机械安全使用。

8. 按责任制要求，施工前应逐级对操作人员作好技术、安全交底。施工时，安全员随时检查安全情况。

9. 操作中拼装机发生异常时应立即停止拼装作业，待查明原因并进行处理，使其恢复正常工作状态后方可继续施工。

10. 管片拼装机移动方向必须与千斤顶伸缩方向一致，以防损坏机具。

4.2.3　盾构法隧道同步注浆

4.2.3.1　适用范围

适用于采用盾构法修建地铁区间隧道的同步注浆施工。

4.2.3.2　施工准备

1. 技术准备

(1) 根据沿线工程及水文地质资料、邻近区域内的地下管线、地下构筑物及地面建筑物等的调查资料，确定注浆方案。

(2) 编制注浆工艺，进行技术交底。

2. 材料要求

盾构法隧道的同步注浆浆液一般采用单液型浆液或双液型浆液。

(1) 单液型浆液

1) 胶结料：生石灰粉、水泥或石膏等。

2) 骨料：细砂或中砂。

3）填充料：粉煤灰或粘性土。

4）润滑料：一般采用膨润土。

5）水：宜采用饮用水。当采用其他水源时，其水质应符合国家现行标准《混凝土拌合用水标准》（JGJ 63）的规定。

6）外加剂：可根据施工需要加入稳定剂、增粘剂，加入量应通过试验确定。外加剂的质量和应用技术应符合国家现行标准《混凝土外加剂》（GB 8076）和《混凝土外加剂应用技术规范》（GB 50119）及有关环境保护的规定。

（2）双液型浆液

1）A液系由水泥（一般采用普通硅酸盐水泥）、膨润土、水和外加剂组成。

2）B液为水玻璃溶液。水玻璃模数2.8～3.3，浓度30～40Be′。

3. 机具设备

（1）浆液站：主要包括各种浆液组成材料的各自独立的储料、计量、上料装置，浆液拌制装置和控制室等，以确保拌制浆液配比准确、混合均匀。

（2）浆液输送系统：主要包括管道、输送泵和浆液运输罐车等。浆液运输罐车应具备搅拌功能。

（3）注浆系统：主要包括储浆罐、注浆泵和控制系统。储浆罐应带有搅拌器。盾构机控制室可对同步注浆的最大和最小压力进行设定，可显示注浆压力、注浆泵的工作压力及注浆泵活塞的冲程数等参数，以方便对注浆泵的操作和控制为宜。

4. 作业条件

（1）浆液站已完成浆液的拌制。

（2）浆液已运送到储浆罐。

（3）盾构后配套台车储浆罐及盾尾同步注浆系统运转正常。

（4）盾构掘进工作准备就绪。

4.2.3.3　施工工艺

1. 工艺流程

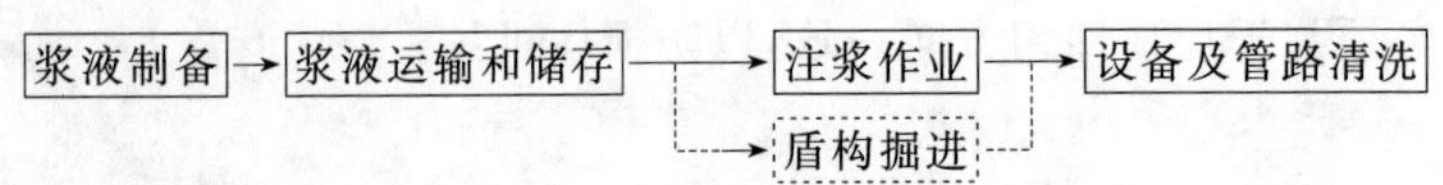

2. 操作工艺

（1）浆液制备

浆液正式制备前应取样进行配合比试验，以确定最终配合比。

1）浆液的拌制

① 单液型浆液的拌制：将经检验合格的原材料严格按配合比要求计量并按下列加料顺序加料拌制。加料时应待前一种料进入搅拌桶内完全搅拌均匀后才加入后一种料，浆液搅拌要连续，不宜中断，搅拌的最短时间不少于180s且必须均匀。

单液型浆液拌制加料顺序：

水→外加剂→膨润土→粉煤灰→生石灰粉→砂

② 双液型浆液的拌制：A、B液拌制后，单独存放。

双液型浆液A液拌制加料顺序：

水→外加剂→膨润土→水泥

双液型浆液B液拌制：

水 → 水玻璃

2）出料：出料时应先少许出料，目测拌合物的均匀性，只有拌合物搅拌均匀方可出料。每盘拌合物必须出尽。单液型浆液及双液型浆液A液的出浆口必须经网筛过滤。

3）留置试块：每班留置试块一组。

（2）浆液的运输和储存

浆液拌制好后，通过输料管送至盾构工作井底的带搅拌器的浆液运输罐车内，利用电瓶车运至注浆系统储浆罐处，再将浆液从运输罐车内泵送至带搅拌器的储浆罐内即可准备注入。也可直接用管道将浆液从搅拌站泵送至注浆系统的带搅拌器的储浆罐内。双液型浆液的B液一般用塑料桶运输至注浆系统的B液储浆罐处。

（3）注浆作业

1）开始注浆：管片拼装完成，注浆作业与盾构推进同步进行，其注入速率应与掘进速度相适应。

2）注浆压力及注浆量的控制：注浆作业时，严密注意注浆压力和注浆量变化，以注浆压力控制为主，注浆量控制为辅。注浆量按理论注浆量的1.3～2.5倍控制。施工中严格按照设定的注浆压力进行控制，其压力值不宜超过设定值。如果注浆压力、注浆量变化异常、设备异常以及注浆时隧道出现偏移、上浮或浆液从管片泄漏，应立即通知盾构操作手停止盾构推进，分析原因采取措施后方可继续正常作业。

3）结束注浆：盾构推进结束后，必须待注浆压力达到设定值，注浆量也在预定合理范围内方可停止注浆。停止注浆前应保持一定压力至关闭注浆口处截门，同时打开回路，停止注浆。

（4）设备及管路清洗

注浆结束应及时按盾构操作规程将注浆设备及管路清洗干净。

3．季节性施工

（1）冬期施工时，须对管路、水箱和储浆罐外包保温材料保温，确保浆液不受冻。

（2）雨期施工时，及时根据砂子的含水量调整浆液的配合比并防止浆液中灌入雨水。

4.2.3.4 质量标准

1．主控项目

（1）注浆压力应在设定的压力要求范围内。

（2）注浆量应严格控制不得低于设定值。

（3）浆液试块强度应满足设计要求。

2．一般项目

（1）试块收缩率应满足设计要求。

（2）浆液的稠度应符合配合比通知单的要求。

（3）浆液初凝时间应符合泵送的要求。

4.2.3.5 成品保护

浆液在运输及注浆过程中不得混入杂物，以保证浆液性能。

4.2.3.6 应注意的质量问题

1．为防止管片上浮或侧移，应使各注入孔注浆速率基本保持一致。

2．浆液的配合比与地层的工程特性不相适应时，必须及时调整。

3．为确保注入的浆液符合设计要求，残留或不合格的浆液严禁使用。

4.2.3.7 环境、职业健康安全管理措施

1. 环境管理措施

(1) 施工中的废水、废浆必须经沉淀后才能排放。注浆施工中产生的垃圾应集中堆放在指定地点，及时外运。

(2) 储存和运输生石灰粉、膨润土、粉煤灰等易飞扬的细颗粒材料应覆盖，以防扬尘。

(3) 施工现场应配备洒水器具，指定专人负责现场洒水降尘和清理浮土。

(4) 施工人员应遵守国家、行业或地区有关现场文明施工的规定。

2. 职业健康安全管理措施

(1) 在制浆、运输及注浆作业期间，必须执行相应动力机械、运输机械、注浆机械的安全技术操作规程。施工人员应遵守国家、行业或地区有关施工规定。

(2) 在制浆、运输及注浆过程中应戴好防护用品。

(3) 当管道内的压力未降至零时，严禁拆卸管路。

4.2.4 钢筋混凝土管片预制

4.2.4.1 适用范围

适用于盾构施工用钢筋混凝土管片的预制。

4.2.4.2 施工准备

1. 技术准备

(1) 图纸审核完毕。

(2) 施工组织设计及冬施方案(需要时)编制完毕并经审批。

(3) 对操作人员进行技术交底及培训，未经培训合格者，不得上岗。

(4) 原材料经试验合格，混凝土经试配并已确定配合比。

(5) 钢筋料表编制完毕并经过复核。

2. 材料要求

(1) 水泥：宜采用强度等级不低于 42.5 的硅酸盐水泥或普通硅酸盐水泥，碱含量不大于 0.6%。其质量应符合国家现行标准《硅酸盐水泥、普通硅酸盐水泥》(GB 175)的规定，进场应有合格证明，进场后应取样复验合格。

(2) 粉煤灰：可采用Ⅰ级或Ⅱ级粉煤灰。其质量应符合国家现行标准《用于水泥和混凝土中的粉煤灰》(GB 1596)的规定，进场应有合格证明，进场后应取样复试合格。

(3) 磨细矿渣：应采用不低于 S75 级，比表面积不小于 $400m^2/kg$ 的磨细矿渣。进场应有合格证明，进场后应取样复试合格。

(4) 减水剂：应采用高效减水剂，减水率不应低于 20%。其质量应符合国家现行标准《混凝土外加剂》(GB 8076)的规定，进场应有合格证明，进场后应取样复试合格。

(5) 砂：宜采用中砂，细度模数 2.3～3.0，含泥量不大于 3%。其质量应符合国家现行标准《普通混凝土用砂质量标准及检验方法》(JGJ 52)的规定，进场后应取样试验合格。

(6) 石子：宜采用 5mm～25mm 连续级配的碎(卵)石，含泥量不大于 1%。其质量应符合国家现行标准《普通混凝土用碎石或卵石质量标准及检验方法》(JGJ 53)的规定，进场后应取样试验合格。

(7) 水泥、外加剂、掺合料的碱含量，砂、石的集料活性等级及混凝土中的氯化物和碱的总含量应符合国家现行标准《混凝土结构设计规范》(GB 50010)等的规定。

(8) 钢筋：等级、规格应符合设计要求。其质量应符合国家现行标准《钢筋混凝土用热轧带肋钢筋》(GB 1499)等的规定,进场应有合格证明,进场后应取样复试合格。

(9) 吊装孔预埋件:可采用聚酰胺预埋件。使用前必须进行抗拉拔试验,抗拉拔力应符合设计要求。

(10) 吊装埋件延长套管:可采用聚酰胺套管,其直径应符合设计要求。

(11) 螺栓孔埋件:尺寸、形状应符合设计要求。

(12) 钢制螺栓孔垫圈:应符合设计要求,其表面必须进行防腐处理。

(13) 脱模剂:宜选用质量稳定、无气泡、脱模效果好的水质脱模剂,使用后构件外观应能达到颜色一致,表面光洁、气泡少。

(14) 管片缓冲垫:管片缓冲垫的技术性能指标应符合设计要求。

(15) 焊丝:焊丝进场应有合格证书。

(16) 保护层垫块:规格应符合设计要求并具有一定的强度,钢筋安装及合模后不得变形。

(17) 弹性密封垫:品种、规格、性能必须满足设计要求,当设计无明确规定时,必须满足《地下工程防水技术规范》(GB 50108)第8.1.5条要求。密封垫的环、纵向长度尺寸应由施工单位与密封垫供应厂家根据管片的实际尺寸结合橡胶特性安装后确定。产品进场应有合格证书和性能检测报告,进场后应逐一进行外观质量检验,并以每6个月同一厂家的密封垫为一批,取样进行物理性能检验。

(18) 胶粘剂:胶粘剂质量应符合设计要求。

3. 机具设备

(1) 常用机械设备

1) 混凝土设备及机具:强制式搅拌机组、附着式振捣器、混凝土吊斗等。

2) 钢筋加工设备及机具:钢筋弯曲机、钢筋弯弧机、钢筋调直机、切断机、电焊机等。

3) 起重设备及机具:吊车、管片翻身架、管片吊装用吊具等。

4) 养护设备及机具:锅炉、养护罩、苫布等。

5) 计量器具。

(2) 工具:脱模剂喷枪、管片模板拼装工具、管片出模吊具、各型扳手、抹面工具、弹性密封垫挤压机、毛刷等。

(3) 模板

1) 模板数量:应根据任务量、工期及管片规格型号情况确定模板数量。

2) 模板制作要求:

① 应采用按设计要求定制的专业厂家生产的钢模板。

② 模板应有足够的刚度,保证在规定的重复使用次数内不变形。

③ 应具有良好的密封性能、不漏浆。

④ 模板四角宜有合模尺寸快速校验刻痕及宽度快速检查点。

⑤ 模板应与地基可靠连接,地脚螺栓、模板支腿螺栓必须紧固。

⑥ 对新购置的模板,应进行首次管片试生产。在试生产的管片中,随机抽取组成三环进行水平拼装检验,其结果必须合格。

4. 作业条件

(1) 必须有符合要求的工业厂房,生产线布置符合工艺要求。

(2) 模板已经过验收。

(3) 混凝土、钢筋、起吊、养护设备安装调试完毕并经过安全检查。

(4) 计量器具检定完毕。

(5) 密封垫粘贴作业场所必须通风良好。

4.2.4.3 施工工艺

1. 工艺流程

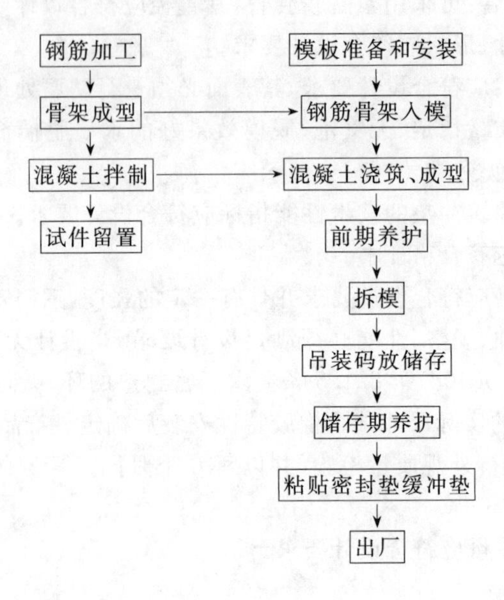

2. 操作工艺

(1) 模板准备和安装

1) 模板清理:按模板使用说明书清理模板,并对需要涂油脂的部位或零部件涂油。

2) 喷涂脱模剂:喷涂脱模剂应薄而匀,无积聚、流淌现象,模板夹角处不得漏涂。

3) 合模:按模板使用说明书规定的顺序合模,并用专用工具对模板进行检查。

4) 每套模板及其配件均应编号,组装时必须对号入座,禁止相互混用。

5) 模板侧边上定位、锁紧螺栓时均不能超过各自的限位。

6) 不得使用任何铁器敲击钢模和零件。

(2) 钢筋加工与骨架入模

1) 钢筋加工

① 按钢筋料表进行钢筋切断、弯曲。管片弧形主筋下料和成型尺寸必须准确,并在相应的胎具中定位、焊接。

② 钢筋进入弯弧机时应保持平稳、匀速,防止平面翘曲,成型后表面不得有裂纹。

2) 骨架成型

① 应在专用胎具上完成钢筋骨架成型。成型前应再次复核弧形钢筋几何尺寸,必要时应进行调整。

② 钢筋焊接前,必须进行试焊,合理选择焊接参数,焊工必须持证上岗。焊接骨架时,应按料表核对钢筋级别、规格、长度、根数及胎具型号,钢筋应平直,端面整齐。焊接骨架的焊点设置,应符合设计要求,当设计无规定时,骨架的所有钢筋相交点必须焊接(但钢筋骨架成型应采用对称跳点焊接法)。

③ 焊接前,焊点不应有水锈、油渍;焊后,焊点不应有缺口、裂纹及较大的金属焊瘤,用小锤敲击时,应发出与钢筋同样的清脆声。

④ 保护层垫块应绑扎牢靠。

⑤ 预埋件所用材料、加工精度、焊缝高度与长度应符合设计要求。

⑥ 钢筋骨架制作成型后，应进行实测检查并填写检查记录；检查合格后，分类堆放，并设明显标识牌。

3）骨架入模

① 骨架入模时应检查以下项目：

a. 所有弯螺栓应涂上油脂，密封圈应完好无损。

b. 螺栓孔埋件的尺寸应准确、安放位置应正确。

c. 弯螺栓孔和镀锌金属片间的橡胶垫位置应正确。

d. 吊装孔预埋件安放位置应正确且应有良好的密封性。

② 钢筋骨架入模后，应检查各部位保护层，内外弧面保护层厚度应符合设计要求。

② 检查模板密封圈的密封性，以防漏浆。

(3) 混凝土拌制与浇筑成型

1）混凝土拌制

① 每工作班至少测定1次砂石含水率，并据以调整施工配合比。

② 投料顺序及搅拌时间为：砂→水泥→外加剂→50%水搅拌30s，再加入石子及剩余水搅拌不少于1min。材料计量应准确。

③ 混凝土应搅拌均匀、色泽一致，和易性良好，满足配合比要求，应在搅拌和浇筑地点分别检测坍落度，并应逐盘目测检查混凝土粘聚性和保水性。

④ 混凝土若出现离析、泌水现象必须停用，并及时报技术人员进行处理。

2）混凝土浇筑、成型

① 混凝土的入模坍落度宜为50mm～70mm。

② 混凝土应连续浇筑成型，振捣时间以混凝土表面停止沉落或沉落不明显、混凝土表面气泡不再显著发生、混凝土将模板边角部位充实并有灰浆出现时为宜，不应漏振或过振。

③ 浇筑混凝土时不得扰动预埋件。

④ 在浇筑混凝土时，应设专人检查模板固定螺栓是否有松动脱落现象。

3）抹面

① 管片浇捣成型后，在初凝前应进行抹面，可用刮杠沿侧模表面刮除多余混凝土，用木抹子搓平、压实，用铁抹子压光。

② 抹面时严禁洒水或干灰，抹面应间隔进行3～5次，力求混凝土成型面光滑平整；混凝土抹面应派专人把关，保证表面质量和平整度。

③ 抹面时应清理模板上残留的混凝土。

4）试件留置：混凝土抗压强度试件留置应符合国家现行标准《混凝土结构工程施工质量验收规范》(GB 50204)的规定，抗渗试件每30环留置1组。所做试件应具有代表性，试件编号须与管片编号、模位相互对应。

(4) 管片养护

1）前期养护：指拆模前养护，可采用蒸汽或自然养护方式进行。

① 当采用蒸汽养护时，应经试验确定混凝土养护制度。升温速度不宜超过15℃/h，降温速度不宜超过10℃/h，恒温最高温度不宜超过50℃。

② 采用自然养护时，应注意覆盖保湿。

③ 养护时，应防止覆盖物、蒸汽凝结水滴等破坏混凝土压光表面。

④ 养护时应进行测温并记录。

2）贮存期养护：在贮存阶段应采取水养或喷淋方式进行养护，保持管片表面处于湿润状态；养护时间不应少于14d。

（5）拆模

1）同条件养护试块抗压强度达到施工组织设计中规定的强度时方可拆模。

2）拆模前应按养护制度的规定降温；拆模时，管片表面温度与环境气温之差不应大于15℃。

3）拆模时应注意拆除全部螺栓，防止因螺栓拆卸不完全破坏模板。

4）拆模后对管片外形尺寸、外观质量进行检查，做好记录，在指定位置（管片模板编号处）做好产品标记，内容包括管片型号、编号、厂名、生产日期。

（6）吊装、码放、储存

1）吊装前应检查设备、吊具是否满足使用要求；吊装时应设专人指挥。

2）堆放管片场地必须坚实平整。

3）管片应按型号分别码放。

4）管片宜内弧向上堆放整齐，堆放高度不应超过8层；垫木位置必须正确。

5）管片储存时间不应少于14d。

（7）粘贴密封垫与缓冲垫（当需要在工厂内粘贴时）

1）将经外观检验合格的管片吊装至弹性密封垫用挤压机上，吊装过程应平稳缓慢，保证安全。

2）密封垫与缓冲垫的粘贴面和粘贴基面必须干净、干燥、坚实、光滑平整。可用棉纱或毛刷进行清理，必要时用烯料处理。

3）将专用胶均匀喷涂在两个粘贴面上，第一遍喷涂后表面初干，再喷涂第二遍，喷涂应均匀、完整，无积聚、流淌现象，应特别注意管片四角处不得漏涂。

4）涂胶后约15min左右待溶剂挥发至用手轻触胶膜稍粘而不粘手时，将两个粘贴面合在一起压实。

5）压实后，置于弹性密封垫挤压机上压紧3～5min。缓冲垫粘贴后可用工具轻轻敲打，使之粘贴牢固。

（8）出厂

1）密封垫及缓冲垫粘贴后应继续储存2d后方可出厂。

2）出厂前检验合格后加盖合格章，合格章加盖在侧面最高段位置。

3. 季节性施工

（1）冬期施工拌制混凝土的各项材料温度应满足施工组织设计的规定，保证混凝土出机温度要求。水泥宜采取保温措施，但不得进行加热；当材料原有温度不能满足要求时，首先考虑对水进行加热，仍不能满足要求时，可考虑对砂、石进行预热，保证混凝土入模温度不低于5℃。材料加热温度应经热工计算确定，但不得超过表4－22的规定。

（2）气温低于－15℃时不应进行钢筋调直；－20℃以下应停止焊接。

（3）模板清理应注意不得在模内残留冰碴。

（4）混凝土搅拌宜先将砂子、石子和热水进行拌和然后再加水泥搅拌，搅拌时间应延长50％。

（5）遇有雨雪天气，应增加砂石含水率测定次数，并及时调整混凝土配合比。

表4－22 混凝土拌合水及骨料最高温度(℃)

项　目	拌合水	骨料
强度等级＜52.5的普通硅酸盐水泥、矿渣硅酸盐水泥	80	60
强度等级≥52.5的普通硅酸盐水泥、矿渣硅酸盐水泥	60	40

注：当骨料不加热时，水可加热到100℃，但水泥不应与80℃以上的热水直接接触。投料顺序为先投骨料和已加热的水，然后再投入水泥。

(6) 冬期，管片宜采用蒸汽养护。脱模后应喷涂养护剂在室内养护3d以上；室外储存的管片宜进行覆盖，不得喷淋或洒水。

(7) 雨期应加强储存管片地基的检查，防止出现不均匀沉降。

4.2.4.4 质量标准

混凝土盾构管片的质量检验，分为模板、钢筋、混凝土、管片成品和结构性能五个分项。检验内容包括主控项目和一般项目。

1. 模板

(1) 主控项目

1) 模板应具有足够的强度、刚度和稳定性。

2) 在喷涂模板脱模剂时，不得沾污钢筋。

3) 模板接缝不应漏浆。

4) 预埋件须安装牢固。

(2) 一般项目

1) 浇筑混凝土前，模板内的杂物应清理干净。

2) 侧模拆除时的混凝土强度应能保证其表面及棱角不受损伤。

3) 模板尺寸偏差应符合表4－23的规定。

当模板的尺寸偏差出现下列情况之一时，应进行返修：

① 出现超过允许负偏差值的检查点。

② 出现超过允许正偏差值1.2倍的检查点。

表4－23 模板尺寸允许偏差及检验方法

项　目	允许偏差(mm)	检查方法
宽度	±0.4	测微螺旋
弧弦长	±0.4	钢卷尺、刻度放大镜
边模夹角	≤0.2	靠模、塞尺
对角线	±0.8	钢卷尺、刻度放大镜
内腔高度	±1.0	游标卡尺

③ 出现3个或3个以上超过允许正偏差值的检查点。

2. 钢筋加工与成型

(1) 主控项目

1) 钢筋、焊条和预埋件的品种、规格和质量必须符合设计要求和现行有关钢筋、焊条标准的规定。

2）钢筋骨架主筋的规格、数量和位置必须符合设计规定。

3）在浇筑混凝土前应进行钢筋隐蔽工程验收。

4）受力钢筋的弯钩和弯折应符合下列规定：

① HPB 235 级钢筋末端应做 180°弯钩，其弯弧内直径不应小于钢筋直径的 2.5 倍，弯钩的弯后平直部分长度不应小于钢筋直径的 3 倍。

② 当设计要求钢筋末端需做 135°弯钩时，HRB 335 级、HRB 400 级钢筋的弯弧内直径不应小于钢筋直径的 4 倍，弯钩的弯后平直部分长度应符合设计要求。

③ 钢筋做不大于 90°的弯折时，弯折处的弯弧内直径不应小于钢筋直径的 5 倍。

5）除焊接封闭环式箍筋外，箍筋的末端应做弯钩，弯钩形式应符合设计要求；当设计无具体要求时，应符合下列规定：

① 箍筋弯钩的弯弧内直径除应满足 4)的规定外，尚应不小于受力钢筋直径。

② 箍筋弯钩的弯折角度应为 135°。

③ 箍筋弯后平直部分长度，不应小于箍筋直径的 10 倍。

（2）一般项目

1）钢筋应平直、无损伤，表面不应有裂纹、油污、颗粒状或片状老锈。

2）钢筋调直宜采用机械方法，也可采用冷拉方法。当采用冷拉方法调直钢筋时，HPB 235 级钢筋的冷拉率不宜大于 4%，HRB 335 级、HRB 400 级和 RRB 400 级钢筋的冷拉率不宜大于 1%。

3）钢筋加工的形状、尺寸应符合设计要求，其偏差应符合表 4－24 的规定。

表 4－24　　钢筋加工尺寸的允许偏差和检查方法

项　目		允许偏差(mm)	检查方法
剪切	用于主筋和构造筋	±10	钢卷尺量
折弯	主筋弯折点位置	±15	
	箍筋尺寸	±5	

4）焊接骨架的外观质量检查，每批抽查 10%，不得少于 3 件，并应符合下列要求：

① 焊点处熔化金属均匀。

② 焊点无裂纹、多孔性缺陷和明显烧伤。

③ 每件骨架的焊点脱落、漏焊数量不得超过焊点总数的 4%，且无相邻两点脱落、漏焊。

④ 当外观检查不符合上述要求时，则应逐件检查，并剔出不合格品。不合格品经整修后，可提交二次验收。

5）钢筋骨架的尺寸允许偏差应符合表 4－25 的规定。

3. 混凝土

（1）主控项目

1）混凝土的原材料质量必须符合现行有关标准的规定。

2）拌制混凝土所用原材料的品种及规格，必须符合混凝土施工配合比的规定。

3）混凝土配合比设计、抗压强度试验与抗渗试验用混凝土的取样、试件的制作养护和试验必须符合国家现行标准《地下铁道工程施工及验收规范》(GB 50299)的有关规定。

4）混凝土强度、抗渗等级必须符合设计要求。

表 4－25　钢筋骨架尺寸的允许偏差和检查方法

项目		允许偏差(mm)	检查方法
钢筋骨架	长	＋5 －10	用尺量
	宽	＋5 －10	
	高	＋5 －10	
受力主筋	间距	±10	用尺量
	层距	±5	
	保护层厚	＋5,－3	用尺量测一端及中部,取其中较大值
箍筋间距	点焊	±10	用尺量连续三档,取其中最大值
分布筋间距	点焊	±5	尺量
预埋件	中心位置偏移	±1	用尺量纵横两个方向,取其中较大值
钢筋弯起点位置偏移		±15	选取两处,用尺量弯起点至骨架端部,取其中较大值
环、纵向螺栓孔		畅通、内圆面平整	观察

(2) 一般项目

1) 首次使用的混凝土配合比应进行开盘鉴定,其工作性应满足设计配合比的要求。开始生产时应至少留置一组标准养护试件,作为验证配合比的依据。

2) 混凝土拌制前,应测定砂、石含水率并根据测试结果调整材料用量,提出施工配合比。

3) 拌制混凝土所用原材料的数量应符合混凝土施工配合比的规定。每盘按重量计的偏差,应符合表 4－26 的规定。

4) 混凝土拌合物的坍落度,应符合混凝土施工配合比的规定。

5) 混凝土的运输、浇筑和养护应符合施工组织设计和相关标准的规定。

表 4－26　原材料计量允许偏差

原材料	允许偏差(%)
水泥、掺合料	±1
骨料	±2
水、外加剂	±1

6) 季节性施工应符合施工组织设计和相关标准的规定。

4. 管片成品

(1) 主控项目

1) 管片的出池、起吊、出厂时的混凝土强度,必须符合设计要求。

2) 预埋件、预留孔洞、弹性密封垫、管片缓冲垫的规格、数量及质量必须符合设计的规定。

3) 弹性密封垫必须粘贴牢固、平整、严密。

4) 管片必须标志厂名(厂标)以及构件的型号、生产日期(年、月、日)和编号。

5）每生产50环应抽查1块管片做检漏测试，连续三次达到检测标准，则改为每生产100环抽查1块管片，再连续三次达到检测标准，最终检测频率为200环抽查1块管片做检漏测试。如出现一次不达标，则恢复每50环抽查1块管片的最初检测频率，再按上述要求进行抽检。检验方法按设计抗渗压力保持不小于2h，渗水深度不超过管片厚度的1/5为合格。

(2) 一般项目

1）管片的外形尺寸不得超出允许偏差值。管片单块检验，其外形尺寸偏差应满足设计要求。当设计未规定时，应符合表4－27的要求。

表4－27 钢筋混凝土管片尺寸允许偏差

项 目	允许偏差(mm)	检验范围	检验点数	检验方法
宽度	±1.0	每块	3	卡尺量
弧弦长	±1.0	每块	3	钢尺量
厚度	+3,－1	每块	3	卡尺量

2）管片水平拼装检验应符合下列规定：

① 对每套钢模，每生产200环后应进行水平拼装检验一次。

② 水平拼装检验标准，应符合表4－28的要求。

表4－28 管片水平拼装检验允许偏差值

项 目	允许偏差(mm)	检验频率	检验方法
		范围、点数	
环向缝间隙	2	每环测3点	塞尺量
纵向缝间隙	2	每条缝测3点	塞尺量
成环后内径	±2	测4条(不放胶条)	钢卷尺
成环后外径	±2	测4条(不放胶条)	钢卷尺

3）外观质量应按下列规定进行检验：管片应逐件观察检查，剔除有影响结构性能或安装使用性能缺陷的构件。逐件检查管片的外观质量应符合表4－29的规定。

表4－29 管片外观质量要求及检查方法

<table>
<tr><th colspan="2">项 目</th><th>质量要求</th><th>检查方法</th></tr>
<tr><td colspan="2">露筋</td><td>不应有</td><td>观察、用直尺量</td></tr>
<tr><td colspan="2">孔洞</td><td>不应有</td><td>观察、用直尺量</td></tr>
<tr><td colspan="2">蜂窝</td><td>不应有</td><td>观察</td></tr>
<tr><td rowspan="2">裂缝</td><td>影响结构性能和使用的裂缝</td><td>不应有</td><td rowspan="2">观察、用尺量
刻度放大镜量测</td></tr>
<tr><td>不影响结构性能和使用的裂缝</td><td>不宜有(裂缝宽度不应超过0.2mm,且不得贯通)</td></tr>
<tr><td colspan="2">外形缺陷</td><td>不应有</td><td>观察</td></tr>
<tr><td colspan="2">外表缺陷</td><td>不宜有</td><td>观察</td></tr>
<tr><td colspan="2">外表沾污</td><td>不宜有</td><td>观察</td></tr>
</table>

5. 结构性能

应按设计要求进行结构性能试验，试验结果必须符合设计规定。

4.2.4.5　成品保护

1. 管片拆模过程中严禁用铁锤敲击，防止损伤管片。

2. 管片吊装前应检查起重设备、吊具是否满足要求，吊装、翻转管片时应设专人指挥缓慢操作，防止摔坏或碰损管片。

3. 管片堆放高度不应超过8层；垫木放置位置必须正确，各层垫木应在同一竖直线上且前后对齐。

4. 管片运输要有专门车辆，专用垫衬，运输中要平稳行驶，堆放高度不应超过3层。

5. 粘贴完成的密封垫应防止高温曝晒。

4.2.4.6　应注意的质量问题

1. 应加强对模板进行检查，防止模板精度不足影响管片外形尺寸。

2. 应选用合适的脱模剂、合理的振捣时间以减少气泡。

3. 应严格控制混凝土原材料的质量、优化配合比，混凝土坍落度不宜超过70mm、混凝土养护严格执行养护制度、加强储存阶段的养护，保持管片表面处于润湿状态，控制裂缝的产生。

4. 必须达到规定的脱模强度方可拆模，应选用合适的吊运工具进行吊运且吊运过程要求操作人员缓慢起落以防损坏管片。

5. 密封垫粘贴时，接触面应保持干燥，应使用专用挤压设备对粘贴部件施力挤压，防止出现开缝、超长、起鼓和缺口等现象。

4.2.4.7　环境、职业健康安全管理措施

1. 环境管理措施

(1) 混凝土搅拌站必须配置降尘防尘装置，并采取措施降低噪声。

(2) 搅拌机前台必须设置沉淀池，并定期清理，以防污水污染环境。

(3) 散装水泥储存仓应有除尘设施，水泥进场时应严格控制"冒顶"现象发生。

(4) 搅拌站砂石储存场应封闭或经常洒水，以防扬尘。

(5) 混凝土搅拌站工作面必须保持清洁，对遗洒的水泥、砂子、石料必须及时清理。

(6) 现场施工垃圾应及时清除，并倒在指定垃圾堆放处，做到文明施工。

(7) 现场的生产、生活污水应经沉淀处理后方可排出。

(8) 合理组织施工，对噪声较大的工序，如混凝土浇筑振捣应尽量安排在白天进行，施工人员应佩戴耳塞。

(9) 未使用完的胶粘剂应加盖密封，注意使用完的容器应回收，不能洒落在地。

2. 职业健康安全管理措施

(1) 各种机械电器设备应严格按照安全规程操作，确保施工安全。施工人员应正确使用个人施工防护用品，遵守安全防护规定，进入现场必须戴安全帽。

(2) 吊车司机吊运混凝土斗、钢筋骨架、管片时，应注意力集中，防止伤人和磕碰模板。

(3) 应注意保护各类电线、管道和开关，防止意外损坏。

(4) 为保证安全，码放管片上下应整齐划一，防止倾翻。

(5) 粘贴弹性密封垫时操作人员应戴口罩、橡胶手套。

(6) 胶粘剂储存应避免高温；应有防火、防爆措施。喷涂胶粘剂作业场所应通风。

第 5 章

垃圾填埋工程

5.1 城市生活垃圾卫生填埋场

5.1.1 一般规定

5.1.1.1 本节适用于新建、改建、扩建的城市生活垃圾卫生填埋处理工程。

5.1.1.2 城市生活垃圾卫生填埋处理工程项目主体是城市生活垃圾卫生填埋处理场(以下简称填埋场),填埋场建设必须遵守国家有关的法律、法规,贯彻执行环境保护、节约土地、劳动保护、安全卫生和节能等有关规定。

5.1.1.3 城市生活垃圾卫生填埋处理工程项目的建设水平,应以本地区的经济发展水平和自然条件为基础,并考虑城市经济建设与科学技术的发展,按不同城市、不同建设规模,合理确定,做到技术先进、经济合理、安全可靠。

5.1.1.4 填埋场的建设规模,应根据垃圾产生量、场址自然条件、地形地貌特征、服务年限及技术、经济合理性等因素综合确定。填埋场建设规模分类和日处理能力分级宜符合下列规定:

1. 填埋场建设规模分类:

Ⅰ类 总容量为1200万m^3以上;

Ⅱ类 总容量为500～1200万m^3;

Ⅲ类 总容量为200～500万m^3;

Ⅳ类 总容量为100～200万m^3。

注:以上规模分类含下限值,不含上限值。

2. 填埋场建设规模日处理能力分级:

Ⅰ级 日处理量为1200t/d以上;

Ⅱ级 日处理量为500～1200t/d;

Ⅲ级 日处理量为200～500t/d;

Ⅳ级 日处理量为200t/d以下。

注:以上规模分级含下限值,不含上限值。

5.1.1.5 新建项目应与现有的垃圾收运及处理系统相协调,改建、扩建工程应充分利用原有设施。

5.1.1.6 填埋物

1. 填埋物应是下列生活垃圾:

(1) 居民生活垃圾。

(2) 商业垃圾。

(3) 集市贸易市场垃圾。

(4) 街道清扫垃圾。

(5) 公共场所垃圾。

(6) 机关、学校、厂矿等单位的生活垃圾。

2. 填埋物中严禁混入危险废物和放射性废物。

3. 填埋物应按重量吨位进行计量、统计与校核。

4. 填埋物含水量、有机成分、外形尺寸应符合具体填埋工艺设计的要求。

5.1.2　施工准备

5.1.2.1　填埋场选址

1. 填埋场选址应先进行下列基础资料的收集：

(1) 城市总体规划，区域环境规划，城市环境卫生专业规划及相关规划。

(2) 土地利用价值及征地费用，场址周围人群居住情况与公众反映，填埋气体利用的可能性。

(3) 地形、地貌及相关地形图，土石料条件。

(4) 工程地质与水文地质。

(5) 洪泛周期(年)、降水量、蒸发量、夏季主导风向及风速、基本风压值。

(6) 道路、交通运输、给排水及供电条件。

(7) 拟填埋处理的垃圾量和性质，服务范围和垃圾收集运输情况。

(8) 城市污水处理现状及规划资料。

(9) 城市电力和燃气现状及规划资料。

2. 填埋场不应设在下列地区：

(1) 地下水集中供水水源地及补给区。

(2) 洪泛区和泄洪道。

(3) 填埋库区与污水处理区边界距居民居住区或人畜供水点500m以内的地区。

(4) 填埋库区与污水处理区边界距河流和湖泊50m以内的地区。

(5) 填埋库区与污水处理区边界距民用机场3km以内的地区。

(6) 活动的坍塌地带，尚未开采的地下蕴矿区、灰岩坑及溶岩洞区。

(7) 珍贵动植物保护区和国家、地方自然保护区。

(8) 公园，风景、游览区，文物古迹区，考古学、历史学、生物学研究考察区。

(9) 军事要地、基地，军工基地和国家保密地区。

3. 填埋场选址应符合国家现行标准《生活垃圾填埋污染控制标准》(GB 16889)和相关标准的规定，并应符合下列要求：

(1) 当地城市总体规划、区域环境规划及城市环境卫生专业规划等专业规划要求。

(2) 与当地的大气防护、水土资源保护、大自然保护及生态平衡要求相一致。

(3) 库容应保证填埋场使用年限在10年以上，特殊情况下不应低于8年。

(4) 交通方便，运距合理。

(5) 人口密度、土地利用价值及征地费用均较低。

(6) 位于地下水贫乏地区、环境保护目标区域的地下水流向下游地区及夏季主导风向下风向。

(7) 选址应由建设项目所在地的建设、规划、环保、环卫、国土资源、水利、卫生监督等有关部门和专业设计单位的有关专业技术人员参加。

4. 填埋场选址应按下列顺序进行：

(1) 场址候选

在全面调查与分析的基础上，初定3个或3个以上候选场址。

(2) 场址预选

通过对候选场址进行踏勘，对场地的地形、地貌、植被、地质、水文、气象、供电、给排水、覆盖土源、交通运输及场址周围人群居住情况等进行对比分析，推荐2个或2个以上预选场址。

（3）场址确定

对预选场址方案进行技术、经济、社会及环境比较，推荐拟定场址。对拟定场址进行地形测量、初步勘察和初步工艺方案设计，完成选址报告或可行性研究报告，通过审查确定场址。

5.1.2.2　填埋场总体布置

1. 填埋库区的占地面积宜为总面积的70%～90%，不得小于60%。填埋场宜根据填埋场处理规模和建设条件做出分期和分区建设的安排和规划。

2. 填埋场类型应根据场址地形分为山谷型、平原型、坡地型。总体布置应按填埋场类型，结合工艺要求、气象和地质条件等因素经过技术经济比较确定。总平面应工艺合理，按功能分区布置，便于施工和作业；竖向设计应结合原有地形，便于雨污水导排，并使土石方尽量平衡，减少外运或外购土石方。

3. 填埋场总图中的主体设施布置内容应包括：计量设施，基础处理与防渗系统，地表水及地下水导排系统，场区道路，垃圾坝，渗沥液导流系统，渗沥液处理系统，填埋气体导排及处理系统，封场工程及监测设施等。

4. 填埋场配套工程及辅助设施和设备应包括：进场道路，备料场，供配电，给排水设施，生活和管理设施，设备维修、消防和安全卫生设施，车辆冲洗、通信、监控等附属设施或设备。填埋场宜设置环境监测室、停车场，并宜设置应急设施（包括垃圾临时存放、紧急照明等设施）。

5. 生活和管理设施宜集中布置并处于夏季主导风向的上风向，与填埋库区之间宜设绿化隔离带。生活、管理及其他附属建（构）筑物的组成及其面积，应根据填埋场的规模、工艺等条件确定，不宜超过表5－1所列指标。

表5－1　各级填埋场附属建筑面积指标（m^2）

日处理规模	生产管理用房	辅助设施用房
Ⅰ级	1200～2500	200～600
Ⅱ级	400～1800	100～500
Ⅲ级	300～1000	100～200
Ⅳ级	300～700	100～200

注：1. 生产管理用房包括：行政办公、维修间、计量间、门房、油站、化验室、变配电房等。

2. 辅助设施用房包括：住宿或值班宿舍、食堂、浴室等。

6. 场内道路应根据其功能要求分为永久性道路和临时性道路进行布局。永久性道路应按国家现行标准《厂矿道路设计规范》（GBJ 22）露天矿山道路三级或三级以上标准设计；临时性道路及作业平台宜采用中级或低级路面，并宜有防滑、防陷设施。场内道路应满足全天候使用。

7. 填埋场地表水导排系统应考虑填埋分区的未作业区和已封场区的汇水直接排放，截洪沟、溢洪道、排水沟、导流渠、导流坝、垃圾坝等工程应满足雨污分流要求。填埋场防洪应符合表5－2的规定，并不得低于当地的防洪标准。

8. 填埋场供电宜按三级负荷设计，建有独立污水处理厂时应采用二级负荷。填埋场应有供水设施。

9. 垃圾坝及垃圾填埋体应进行安全稳定性分析。填埋库区周围应设安全防护设施及8m宽度的防火隔离带，填埋作业区宜设防飞散设施。

表5－2　防洪要求

填埋场建设规模总容量(10^4m^3)	防洪标准(重现期:年)	
	设计	校核
>500	50	100
200～500	20	50

10. 填埋场永久性道路、辅助生产及生活管理和防火隔离带外均宜设置绿化带。填埋场封场覆盖后应进行生态恢复。

5.1.2.3　施工组织

1. 填埋场施工前应根据设计文件或招标文件编制施工方案和准备施工设备及设施，并合理安排施工场地。

2. 建立健全质量管理体系和质量检测制度；采用有效的劳动组织，运用科学方法，合理安排施工人员，施工人员数量根据工程规模和工程量的大小确定。

3. 熟悉及审查设计图纸及有关资料，摸清工程情况。

4. 明确提出施工的范围和质量标准，制定合理的施工工期（各类填埋场施工工期可按表6－3所列指标控制），并向施工人员交底。

表5－3　填埋场施工工期(月)

施工规模	施工工期	
	天然防渗	人工防渗
Ⅰ类	12～21	—
Ⅱ类	9～15	12～21
Ⅲ类	6～12	9～15
Ⅳ类	6	6～9

注：表中所列工期以破土动工起计，不包括非正常停工。

5. 施工安装使用的材料应符合国家现行相关标准及设计要求；对国外引进的专用填埋设备与材料，应按供货商提供的设备技术要求、合同规定及商检文件执行，并应符合国家现行标准的相应要求。

5.1.3　施工技术要求

5.1.3.1　填埋场地基与防渗

1. 填埋场必须进行防渗处理。防止对地下水和地表水的污染，同时还应防止地下水进入填埋区。

2. 天然粘土类衬里及改性粘土类衬里的渗透系数不应大于 1.0×10^{-7}cm/s，且场底及四壁衬里厚度不应小于2m。

3. 在填埋库区底部及四壁铺设高密度聚乙烯（HDPE）土工膜作为防渗衬里时，膜厚度不应小于1.5mm，并应符合填埋场防渗的材料性能和国家现行相关标准的要求。

4. 人工防渗系统应符合下列要求：

（1）人工合成衬里的防渗系统应采用复合衬里防渗系统，位于地下水贫乏地区的防渗系统也可采用单层衬里防渗系统，在特殊地质和环境要求非常高的地区，库区底部应采用双层衬里防渗系统。

(2) 复合衬里应按下列结构铺设：

1) 库区底部复合衬里结构(图5－1)。基础，地下水导流层，厚度应大于30cm；膜下防渗保护层，粘土厚度应大于100cm，渗透系数不应大于1.0×10^{-7}cm/s；HDPE土工膜；膜上保护层；渗沥液导流层，厚度应大于或等于30cm；土工织物层。

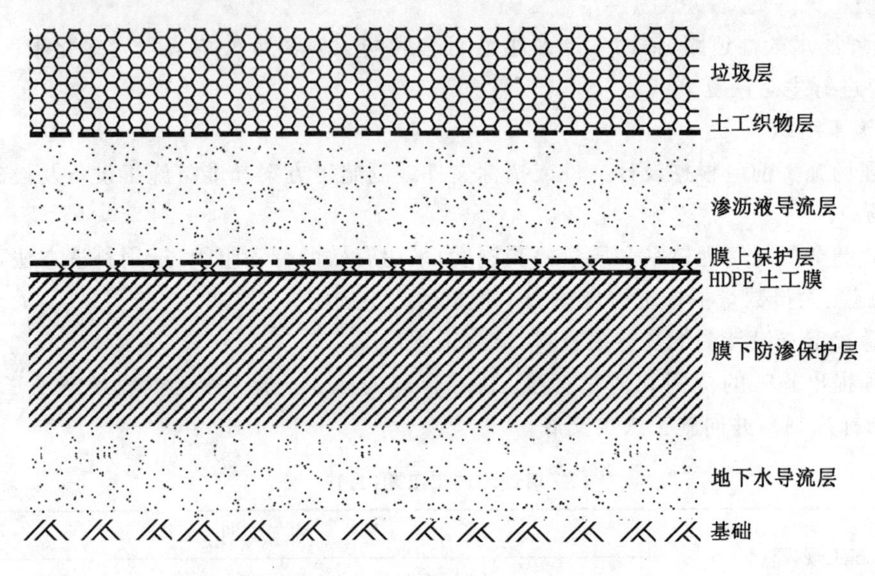

图5－1　库区底部复合衬里结构示意图

2) 库区边坡复合衬里结构(图5－2)。基础，地下水导流层，厚度应大于30cm；膜下防渗保护层，粘土厚度应大于75cm，渗透系数不应大于1.0×10^{-7}cm/s；HDPE土工膜；膜上保护层；渗沥液导流与缓冲层。

(3) 单层衬里应按下列结构铺设：

1) 库区底部单层衬里结构(图5－3)。基础，地下水导流层，厚度应大于30cm；膜下保护层，粘土厚度应大于100cm，渗透系数不应大于1.0×10^{-5}cm/s；HDPE土工膜；膜上保护层；渗沥液导流层，厚度应大于30cm；土工织物层。

2) 库区边坡单层衬里结构(图5－4)。基础，地下水导流层，厚度应大于30cm；膜下保护层，粘土厚度应大于75cm，渗透系数不应大于1.0×10^{-5}cm/s；HDPE土工膜；膜上保护层；渗沥液导流与缓冲层。

(4) 库区底部双层衬里应按下列结构铺设(图5－5)。基础，地下水导流层，厚度应大于30cm；膜下保护层，粘土厚度应大于100cm，渗透系数不应大于1.0×10^{-5}cm/s；HDPE土工膜；膜上保护层；渗沥液导流(检测)层，厚度应大于30cm；膜下保护层；HDPE土工膜；膜上保护层；渗沥液导流层厚度应大于30cm；土工织物层。

(5) 特殊情况下可采用钠基膨润土垫替代膜下防渗保护层。

5. 人工防渗材料施工应符合下列要求：

(1) 铺设HDPE土工膜应焊接牢固，达到强度和防渗漏要求，局部不应产生下沉拉断现象。土工膜的焊(粘)接处应通过试验检验。

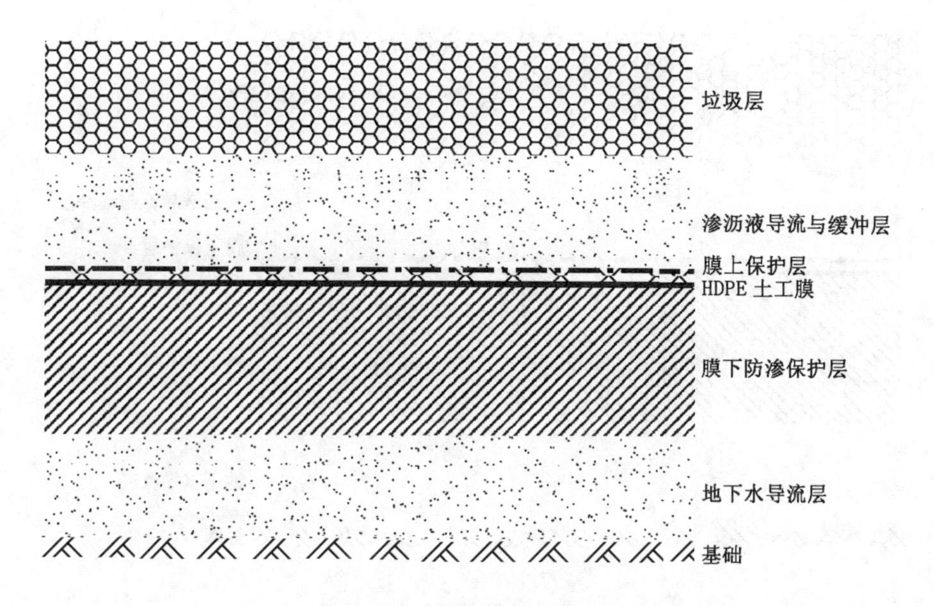

图 5－2　库区边坡复合衬里结构示意图

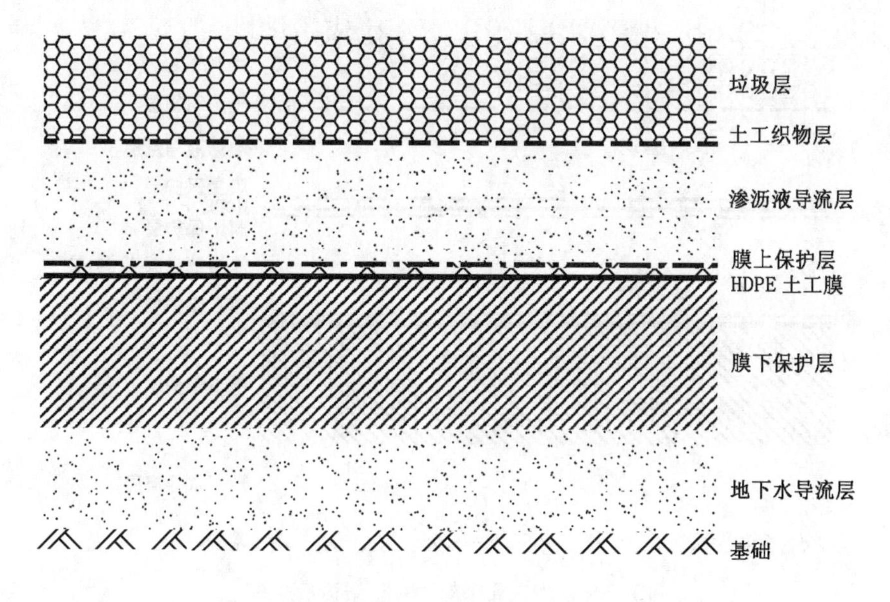

图 5－3　库区底部单层衬里结构示意图

(2) 在垂直高差较大的边坡铺设土工膜时，应设锚固平台，平台高差应结合实际地形确定，不宜大于 10m。边坡坡度宜小于 1∶2。

(3) 防渗结构材料的基础处理应符合下列规定：

1) 平整度应达到每平方米粘土层误差不得大于 2cm。

2) HDPE 土工膜的膜下保护层，垂直深度 2.5cm 内粘土层不应含有粒径大于 5mm 的尖锐物料。

3) 位于库区底部的粘土层压实度不得小于 93%；位于库区边坡的粘土层压实度不得小于 90%。

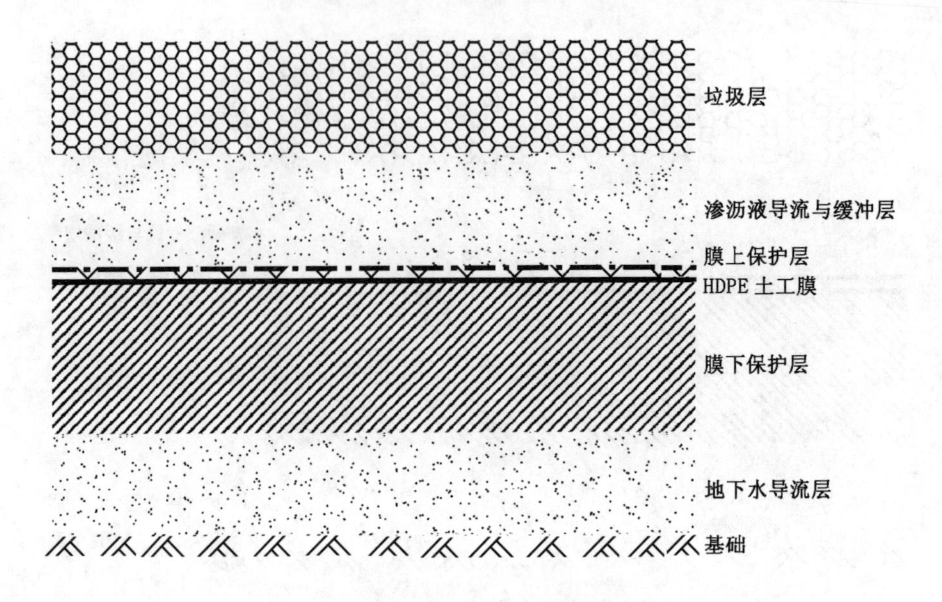

图 5－4 库区边坡单层衬里结构示意图

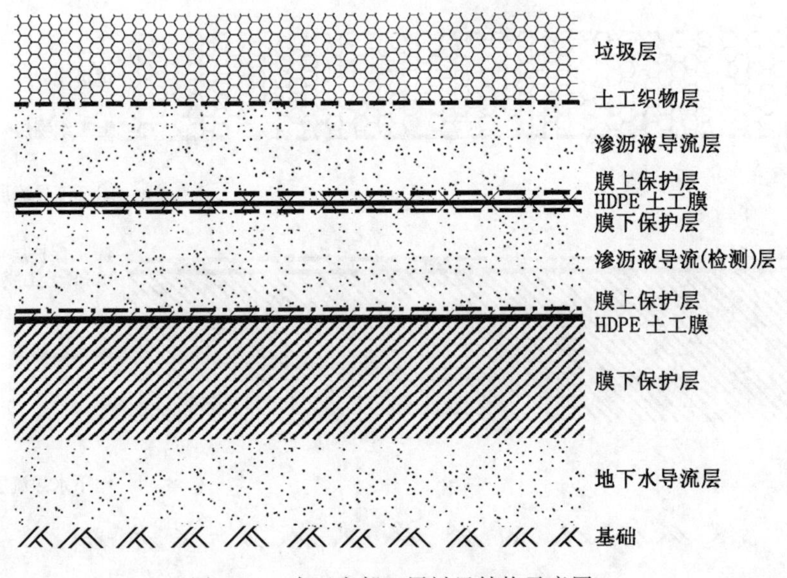

图 5－5 库区底部双层衬里结构示意图

6. 填埋库区地基应是具有承载填埋体负荷的自然土层或经过地基处理的平稳层，不应因填埋垃圾的沉降而使基层失稳。填埋库区底部应有纵、横向坡度，纵、横向坡度均宜不小于 2%。

5.1.3.2 渗沥液收集与处理

1. 填埋库区防渗系统应铺设渗沥液收集系统，并宜设置疏通设施。

2. 渗沥液产生量和处理量应按填埋场类型、填埋库区划分和雨污水分流系统情况、填埋物性质及气象条件等因素确定。

3. 渗沥液收集系统及处理系统应包括导流层、盲沟、集液井(池)、调节池、泵房、污水处理设施等。

4. 盲沟宜采用砾石、卵石、碴石($CaCO_3$ 含量应不大于 10%)、高密度聚乙烯(HDPE)管等材料铺设,结构应为石料盲沟、石料与 HDPE 管盲沟、石笼盲沟等。石料的渗透系数不应小于 1.0×10^{-3} cm/s,厚度不宜小于 40cm。HDPE 管的直径干管不应小于 250mm,支管不应小于 200mm。HDPE 管的开孔率应保证强度要求。HDPE 管的布置宜呈直线,其转弯角度应小于或等于 20°,其连接处不应密封。

5. 集液井(池)宜按库区分区情况设置,并宜设在填埋库区外部。

6. 调节池容积应与填埋工艺、停留时间、渗沥液产生量及配套污水处理设施规模等相匹配。

7. 集液井(池)、调节池及污水流经或停留的其他设施均应采取防渗措施。

8. 渗沥液应处理达标后排放。应优先选择排入城市污水处理厂处理方案,排放标准应达到《生活垃圾填埋污染控制标准》(GB 16889)中的三级指标。不具备排入城市污水处理厂条件时应建设配套完善的污水处理设施。

5.1.3.3　填埋气体导排与防爆

1. 填埋场必须设置有效的填埋气体导排设施,填埋气体严禁自然聚集、迁移等,防止引起火灾和爆炸。填埋场不具备填埋气体利用条件时,应主动导出并采用火炬法集中燃烧处理。未达到安全稳定的旧填埋场应设置有效的填埋气体导排和处理设施。

2. 填埋气体导排设施应符合下列规定:

(1) 填埋气体导排设施宜采用竖井(管),也可采用横管(沟)或横竖相连的导排设施。

(2) 竖井可采用穿孔管居中的石笼,穿孔管外宜用级配石料等粒状物填充。竖井宜按填埋作业层的升高分段设置和连接;竖井设置的水平间距不应大于 50m;管口应高出场地 1m 以上。应考虑垃圾分解和沉降过程中堆体的变化对气体导排设施的影响,严禁设施阻塞、断裂而失去导排功能。

(3) 填埋深度大于 20m 采用主动导气时,宜设置横管。

(4) 有条件进行填埋气体回收利用时,宜设置填埋气体利用设施。

3. 填埋库区除应按生产的火灾危险性分类中戊类防火区采取防火措施外,还应在填埋场设消防贮水池,配备洒水车,储备干粉灭火剂和灭火沙土。应配置填埋气体监测及安全报警仪器。

4. 填埋库区防火隔离带应符合 5.1.2.2 条第 9 款的要求。

5. 填埋场达到稳定安全期前的填埋库区及防火隔离带范围内严禁设置封闭式建(构)筑物,严禁堆放易燃、易爆物品,严禁将火种带入填埋库区。

6. 填埋场上方甲烷气体含量必须小于 5%;建(构)筑物内,甲烷气体含量严禁超过 1.25%。

5.1.3.4　填埋作业与管理

1. 填埋作业准备

(1) 填埋场作业人员应经过技术培训和安全教育,熟悉填埋作业要求及填埋气体安全知识。运行管理人员应熟悉填埋作业工艺、技术指标及填埋气体的安全管理。

(2) 填埋作业规程应制定完备,并应制定填埋气体引起火灾和爆炸等意外事件的应急预案。

(3) 应根据地形制定分区分单元填埋作业计划,分区应采取有利于雨污分流的措施。

(4) 填埋作业分区的工程设施和满足作业的其他主体工程、配套工程及辅助设施,应按设计要求完成施工。

(5) 填埋作业应保证全天候运行,宜在填埋作业区设置雨季卸车平台,并应准备充足的垫层材料。

(6) 装载、挖掘、运输、摊铺、压实、覆盖等作业设备,应按填埋日处理规模和作业工艺设计要求配置。在大件垃圾较多的情况下，宜设置破碎设备。

2. 填埋作业

(1) 填埋物进入填埋场必须进行检查和计量。垃圾运输车辆离开填埋场前宜冲洗轮胎和底盘。

(2) 填埋应采用单元、分层作业，填埋单元作业工序应为卸车、分层摊铺、压实，达到规定高度后应进行覆盖、再压实。

(3) 每层垃圾摊铺厚度应根据填埋作业设备的压实性能、压实次数及垃圾的可压缩性确定，厚度不宜超过 60cm，且宜从作业单元的边坡底部到顶部摊铺；垃圾压实密度应大于 600kg/m^3。

(4) 每一单元的垃圾高度宜为 2m～4m，最高不得超过 6m。单元作业宽度按填埋作业设备的宽度及高峰期同时进行作业的车辆数确定，最小宽度不宜小于 6m。单元的坡度不宜大于 1∶3。

(5) 每一单元作业完成后，应进行覆盖，覆盖层厚度宜根据覆盖材料确定，土覆盖层厚度宜为 20cm～25cm；每一作业区完成阶段性高度后，暂时不在其上继续进行填埋时，应进行中间覆盖，覆盖层厚度宜根据覆盖材料确定，土覆盖层厚度宜大于 30cm。

(6) 填埋场填埋作业达到设计标高后，应及时进行封场和生态环境恢复。

3. 填埋场管理

(1) 填埋场应按建设、运行、封场、跟踪监测、场地再利用等程序进行管理。

(2) 填埋场建设的有关文件资料，应按《中华人民共和国档案法》的规定进行整理与保管。

(3) 在日常运行中应记录进场垃圾运输车辆数量、垃圾量、渗沥液产生量、材料消耗等，记录积累的技术资料应完整，统一归档保管，填埋作业管理宜采用计算机网络管理。填埋场的计量应达到国家三级计量认证。

(4) 填埋场封场和场地再利用管理应符合 5.1.3.5 条的有关规定。

(5) 填埋场跟踪监测管理应符合 5.1.5 条的有关规定。

5.1.3.5　填埋场封场

1. 填埋场封场设计应考虑地表水径流、排水防渗、填埋气体的收集、植被类型、填埋场的稳定性及土地利用等因素。

2. 填埋场最终覆盖系统应符合下列规定：

(1) 粘土覆盖结构(图 5－6)：排气层应采用粗粒或多孔材料，厚度应大于或等于 30cm；防渗粘土层的渗透系数不应大于 1.0×10^{-7}cm/s，厚度应为 20cm～30cm；排水层宜采用粗粒或多孔材料，厚度应为 20cm～30cm，应与填埋库区四周的排水沟相连；植被层应采用营养土，厚度应根据种植植物的根系深浅确定，厚度不应小于 15cm。

(2) 人工材料覆盖结构(图 5－7)：排气层应采用粗粒或多孔材料，厚度大于 30cm；膜下保护层的粘土厚度宜为 20cm～30cm；HDPE 土工膜，厚度不应小于 1mm；膜上保护层、排水层宜采用粗粒或多孔材料，厚度宜为 20cm～30cm；植被层应采用营养土，厚度应根据种植植物的根系深浅确定。

3. 填埋场封场顶面坡度不应小于 5%。边坡大于 10%时宜采用多级台阶进行封场，台阶间边坡坡度不宜大于 1∶3，台阶宽度不宜小于 2m。

4. 填埋场封场后应继续进行填埋气体、渗沥液处理及环境与安全监测等运行管理，直至填埋堆体稳定。

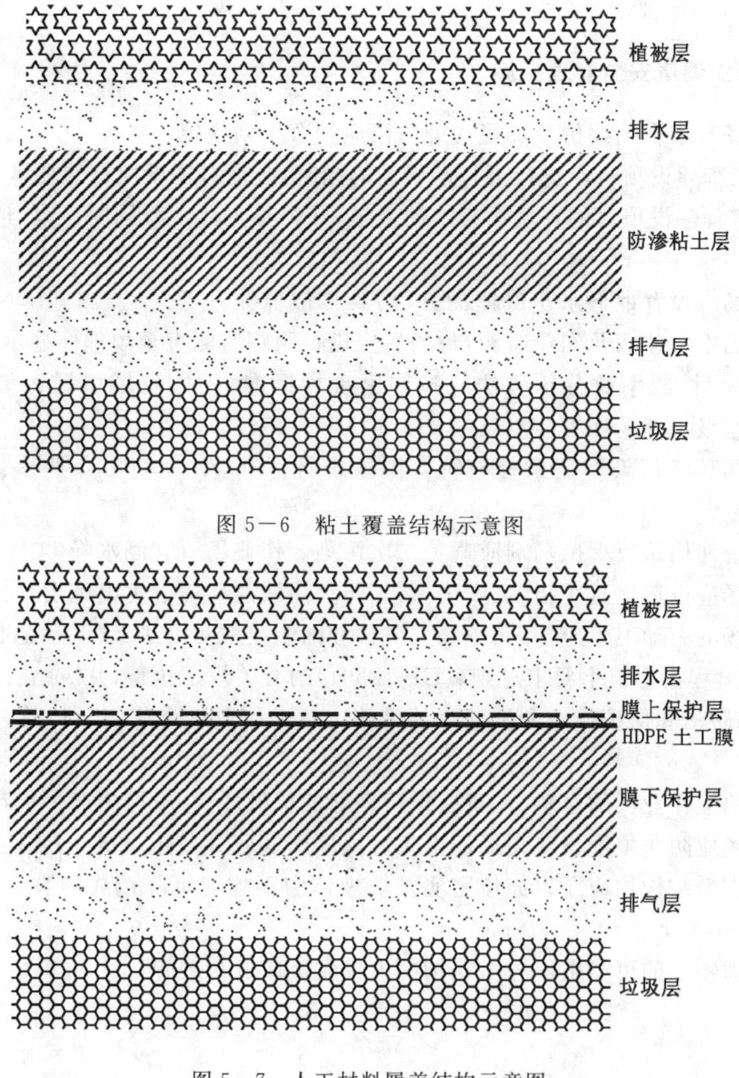

图5－6　粘土覆盖结构示意图

图5－7　人工材料履盖结构示意图

5. 填埋场封场后的土地使用必须符合下列规定：

(1) 填埋作业达到设计封场条件要求时，确需关闭的，必须经所在地县级以上地方人民政府环境保护、环境卫生行政主管部门鉴定、核准。

(2) 填埋堆体达到稳定安全期后方可进行土地使用，使用前必须做出场地鉴定和使用规划。

(3) 未经环卫、岩土、环保专业技术鉴定之前。填埋场地严禁作为永久性建(构)筑物用地。

5.1.4　质量标准

5.1.4.1　填埋场工程应根据工程设计文件和设备技术文件进行施工和安装。

5.1.4.2　填埋场工程施工变更应按设计单位的设计变更文件进行。

5.1.4.3　填埋场各项建筑、安装工程应按国家现行相关标准及设计要求进行施工。

5.1.4.4　填埋场工程验收应按照国家规定和相应专业现行验收标准执行，有关填埋场地基与防渗，填埋场渗沥液收集与处理，填埋场气体导排与防爆，填埋场封场应符合第5.1.3.1、5.1.3.2、

5.1.3.3、5.1.3.5 条的要求。

5.1.5 环境、职业健康安全管理措施

5.1.5.1 填埋场环境影响评价及环境污染防治应符合下列规定：

1. 填埋场工程建设项目在进行可行性研究的同时，必须对建设项目的环境影响做出评价。

2. 填埋场工程建设项目的环境污染防治设施，必须与主体工程同时设计、同时施工、同时投产使用。

5.1.5.2 填埋场应设置地下水本底监测井、污染扩散监测井、污染监测井。填埋场应进行水、气、土壤及噪声的本底监测及作业监测，封场后应进行跟踪监测直至填埋体稳定。监测井和采样点的布设、监测项目、频率及分析方法应按国家现行标准《生活垃圾填埋污染控制标准》(GB 16889)和《生活垃圾填埋场环境监测技术要求》(GB/T 18772)执行。

5.1.5.3 填埋场环境污染控制指标应符合国家现行标准《生活垃圾填埋污染控制标准》(GB 16889)的要求。

5.1.5.4 填埋场使用杀虫灭鼠药剂应避免二次污染。作业场所宜洒水降尘。

5.1.5.5 填埋场应设道路行车指示、安全标识、防火防爆及环境卫生设施设置标志。

5.1.5.6 填埋场的劳动卫生应按照《中华人民共和国职业病防治法》、《工业企业设计卫生标准》(GBZ 1)、《生产过程安全卫生要求总则》(GB 12801)的有关规定执行，并应结合填埋作业特点采取有利于职业病防治和保护作业人员健康的措施。填埋作业人员应每年体检一次，并建立健康登记卡。

5.1.5.7 进入填埋作业区的车辆、设备应保持良好的机械性能，应避免产生火花。

5.1.5.8 填埋场应防止填埋气体在局部聚集。填埋库区底部及边坡的土层 10m 深范围内的裂隙、溶洞及其他腔型结构均应予以充填密实。填埋体中不均匀沉降造成的裂隙应及时予以充填密实。

5.1.5.9 对填埋物中的可能造成腔型结构的大件垃圾应进行破碎。

第6章

市政测量工程

6.1 公路与城市道路工程施工测量

6.1.1 适用范围

适用于公路与城市道路工程施工测量，其他等级道路工程施工测量可参照执行。

6.1.2 施工准备

6.1.2.1 技术准备

1. 熟悉施工图纸，掌握有关测量规范；编写测量方案；进行现场踏勘及各项审核手续的报验。

2. 准确计算道路中线、边线坐标、设计高程等内业数据。

6.1.2.2 仪器设备

1. 精度不低于±6″、±(5mm+5ppm·D)全站仪或测距仪。

2. 精度不低于J_6经纬仪、不低于S_3水准仪。

6.1.2.3 辅助工具和材料

1. 与全站仪或测距仪相配套的单棱镜、三棱镜、对中杆棱镜、三脚架、水准尺等。

2. 常用工具设备：可编程计算器、对讲机、12磅锤、4磅锤、羊角锤、可调式托盘、铝合金导梁、ϕ3钢丝绳、1t倒链、ϕ20以上钢钎、皮尺、测绳、花杆、遮阳(雨)伞；木桩、油漆、石灰、小线、钢钉、红蓝铅笔、排笔、绘图铅笔等。

3. 全站仪、经纬仪、水准仪、钢尺等必须经有资质的计量检测部门检定合格。

6.1.2.4 作业条件

1. 建设单位已提供施工图纸，并完成控制点的测设。

2. 所有人员已经培训并持证上岗。

6.1.3 施工工艺

6.1.3.1 工艺流程

测量桩位交接 → 桩拉复测 → 布设施工控制网 → 现况调查及原地貌测量 → 路基施工测量

→ 路面基层施工测量 → 路面面层施工测量 → 路缘石、边坡与边沟施工测量 → 竣工测量

6.1.3.2 操作工艺

1. 测量桩位交接

(1) 测量桩位交接工作一般由建设单位组织，设计或勘测单位向施工单位测量工程师交桩。交桩要有桩位平面布置图。桩位交接后办理交接手续。

(2) 交接桩数量应根据工程的大小确定。如果与另外施工段连接，应在连接处向界外多交至少一个坐标点和水准点。

(3) 接桩时应察看点位是否松动或被移动，若已松动或被移动，应及时向勘测单位提出补桩的申请。

(4) 施工单位应逐一记录现场点位，并做好桩位标记，桩标不突出的应用钢尺拴桩，做好标记，便于寻找复测。

(5) 接桩后应及时进行标桩保护，采取混凝土加固、砌保护井和钉设标志牌等措施，容易被

车撞轧的控制点应钉设防护栏杆。

2. 桩位复测

(1) 接桩后依据设计图纸和交桩资料进行内业校核,检查成果表中的各项计算是否正确。

(2) 桩位的坐标复测宜采用附合导线测法进行,高程复测宜采用附合水准测法。

(3) 复测中发现问题应及时与交桩单位联系解决。复测合格后及时向监理工程师或建设单位提交复测报告,以使复测成果得到确认后使用。

3. 布设施工控制网

(1) 在桩位交接工作结束后,按照要求的精度等级进行施工控制网的布设。鉴于公路线形的特点,平面控制网的布设宜采用沿线路方向的附合导线;高程控制宜采用附合水准线路或三角高程测量。

(2) 外业观测应选在能见度高、无风的清晨或傍晚进行,以减小大气折光及气压、温度的变化对观测的影响。

(3) 水准测量可采用一组往返或两组单程进行,往返测或两组单程测高差不符值在限差以内时采用平均值。

(4) 水准点电磁波三角高程测量可与平面控制测量同时进行。当采用电磁波三角高程测量时应满足相应测量等级的技术要求,观测时采取相应的技术措施。

(5) 内业计算必须使用监理工程师认可的表式。计算步骤应清晰、有条理,成果合格后必须报监理工程师确认。

(6) 控制桩必须采取拴桩等有效保护措施。

4. 现况调查及原地貌测量

(1) 在施工前,应先放出路基征地线(红线),并调查与记录征地线范围内需拆迁或改移的建(构)筑物、树木、文物古迹、各类地下管线等。若征地线范围不能满足施工需要,应及时以书面形式报告监理及建设单位。

(2) 应放出设计图纸中过路箱涵、管涵等结构物的中心线位置,并调查其平面位置与高程是否与现况相符。若不相符,应及时向监理及建设单位提出,经其确认后再由设计单位进行变更设计。

(3) 在现况调查结束后,应计算每一桩号中心坐标与对应的路基宽度,放出路基中线与边线。为保证填方段路基边坡的压实度,在每侧路基设计边线外加宽500mm作为填筑边线。如遇到路基范围内有不适宜材料需挖除、换填,必须在开挖之前与换填之前测量其范围及深度,并经监理工程师确认。

(4) 路基清表前,均应按纵向50m测设一断面,横断方向6～10点测量原地面高程。若地形复杂,可以按纵向10m～20m测设一断面,所有点位及高程数据应记录在册。在清表后,恢复所有点位并测量此时地面高程作为清表后的地面高程。

5. 路基施工测量

(1) 填方段路基每填一层恢复一次中线、边线并进行高程测设。在距路床顶1.5m内,应按设计纵、横断面数据控制;达到路床设计高程后应准确放样路基中心线及两侧边线,并将路基顶设计高程准确测设到中心及两侧桩位上,按设计中线、宽度、坡度、高程控制并自检,自检合格并报监理工程师确认后,方可进行下道工序施工。

(2) 路基挖方段应按设计高程及边坡坡度计算并放出上口开槽线;每挖深一步恢复一次中线、边线并进行高程测设;高程点应布设在两侧护壁处或其他稳定可靠的部位。挖至路床顶1m左右时,高程点应与附近的高级水准点联测。

（3）直线上中桩测设的间距不应大于50m，平曲线上宜为20m；当地势平坦且曲线半径大于800m时，其中桩间距可为40m。当公路曲线半径为30m～60m、缓和曲线长度为30m～50m时，其中桩间距不应大于10m。当公路曲线半径和缓和曲线长度小于30m或采用回头曲线时，中桩间距不应大于5m。

（4）根据工程需要，可测设线路起终点桩、百米桩、平曲线控制桩和断链桩，并应根据竖曲线的变化情况加桩。

（5）在桥台两侧台背回填范围内，应在台背上标出分层填筑标高线。

（6）对于管涵等构筑物应首先测设其开槽中心线及边线；达到槽底高程后，检测高程并恢复中心线；管基础完成后，检测管基顶面高程，在管基顶面精确测设并弹出中心线或结构边线。

6. 路面基层施工测量

（1）路面基层施工前，应实测所有桥面铺装层高程，并与设计高程对比。若相差较大，应向监理及建设、设计单位提出，以确定高程调整量。

（2）路面基层施工测量重点在控制各层厚度与宽度。平面测设时，应定出该层的中心与边线桩位。边线桩位放样时应比该层设计宽度大100mm，以保证压实后该层的设计宽度。

（3）高程测设时，应将设计高程按一定下反数测设到中线与边线高程控制桩上；在使用摊铺机作业时，此时高程控制桩应采用可调式托盘；且桩位间距不应大于10m，在匝道处可加密至5m。高程控制桩上平置铝合金导梁或ϕ3钢丝绳；当采用钢丝绳时，每100m将ϕ20以上钢钎砸入牢固的地面，其上固定1t倒链将钢丝绳绷紧，使其平稳置于已测设好高程的可调式托盘上。在摊铺机行进中，应有专人看管托盘，若发现托盘移动或钢丝绳从托盘掉下时，应立即重测该处高程。

（4）当分段施工时，平面及高程放样应进入相邻施工段50m～100m，以保证分段衔接处线型的平顺美观。

（5）在匝道出入口或其他不规则地段，高程放样应根据设计提供的方格网进行。

7. 路面面层施工测量

（1）路面下面层施工测量：在使用摊铺机进行路面下面层施工测量时，其施工测量方法同6款(3)项。只是应在摊铺压实后及时复测，以保证摊铺厚度。必要时，应适当调整压实系数。

（2）路面中、上面层施工测量：当摊铺机采用与下面层同样的方法作业时，其施工测量方法同6款(3)项。若采用浮动基准梁作业时，在摊铺机起步阶段应测量熨平板的平整度及高度；进入正常摊铺后，应在摊铺压实后及时复测高程，以保证摊铺厚度。

（3）在匝道出入口或其他不规则地段，高程放样应根据设计提供的方格网进行。

8. 路缘石、边坡与边沟施工测量

（1）路缘石放样时，直线上桩位测设的间距不应大于10m，平曲线上宜为5m；当公路曲线半径和缓和曲线长度小于30m或采用回头曲线时，桩位间距不应大于3m。高程控制桩的间距与上述一致。

（2）边坡与边沟的施工测量应满足以下要求：

1）边坡放样时，应每隔20m在上口线定一点位，计算并放出相应桩号下口线位置，两者之间用细线绷紧。

2）边沟放样应每隔20m～40m放出边沟中线及上口线；至沟底时每隔10m测设一高程桩。

3）锥坡的施工测量应按照曲线设计形式计算坡脚轮廓线的放样数据，并按设计的坡度要求计算长、短半径。锥坡放样一般采用支距法。

9. 竣工测量

竣工测量由建设单位委托有相应资质的专业单位进行。其内容包括:中心线、高程、横断面图示、附属结构和地下管线的实际位置与高程。

6.1.4　质量标准

6.1.4.1　导线测量的主要技术要求应符合表6－1的规定。

表6－1　导线测量的主要技术要求

等级	导线长度(km)	平均边长(km)	测角中误差(″)	测距中误差(mm)	测回数			方位角闭合差(″)	相对闭合差
					DJ_1	DJ_2	DJ_6		
一级	4	0.5	5	15	—	2	4	$10\sqrt{n}$	≤1/15000
二级	2.4	0.25	8	15	—	1	3	$16\sqrt{n}$	≤1/10000
三级	1.2	0.1	12	15	—	1	2	$24\sqrt{n}$	≤1/5000

注:n为测站数。

6.1.4.2　水准测量的主要技术要求应符合表6－2的规定。

表6－2　水准测量的主要技术要求

等级	每公里高差中误差(mm)	路线长度(km)	水准仪型号	水准尺	观测次数		高差闭和(mm)	
					与高级点联测	附合或环线	平地	山地
四等	10	≤16	DS_3	双面	往返测	往测一次	$20\sqrt{L}$	$6\sqrt{n}$
五等	15	—	DS_3	单面	往返测	往测一次	$30\sqrt{L}$	—

注:L为水准路线长度,n为测站数。

6.1.4.3　光电测距三角高程测量限差的要求应符合表6－3的规定。

表6－3　光电测距三角高程测量限差

距离测回数	竖　直　角					边长范围(m)
	测回数		最大角值(°)	测回间(三丝法为半测回间 较差(″)	指标差互差(″)	
	中丝法	三丝法				
往返各一测回	往返各两测回	往返各一测回	20	8	15	200～600

6.1.4.4　中桩桩位测量限差的要求应符合表6－4的规定。

表6－4　中桩桩位测量的限差要求

线路名称	纵向误差(cm)	横向误差(cm)
高等级公路	$s/2000+0.1$	10
一般公路	$s/1000+0.1$	10

注:s为控制点到中桩的距离(m)。

6.1.5　成品保护

6.1.5.1　所有测量成果、资料应有专人保存、管理,不得涂改、遗弃或丢失。

6.1.5.2　测量控制点应选在不易被破坏的位置且应做明显标识，并采取有效保护措施。

6.1.5.3　已测设完的高程、中线桩应标识清晰，由专人负责，不得改动或破坏。一旦发现被改动或破坏，应立即停止使用，由测量人员重新测量。

6.1.6　应注意的质量问题

6.1.6.1　在施工过程中，应定期对测量仪器设备进行校核并应记录在册。

6.1.6.2　定期将施工控制点与高级控制点进行联测，避免使用误差超限的控制点。

6.1.6.3　应及时、准确掌握工程设计变更或其他情况的变化，建立健全技术交底与测量交底签字制度，避免因资料或数据交接的错误而导致测量质量事故的发生。

6.1.6.4　所有内业计算成果应建立复核制度。

6.1.6.5　为防止或减小因测量与施工误差的累积致使桥头搭板处高程不顺接，导致桥头搭板出现“跳车”现象，在基层与面层各层施工时，在桥头搭板两侧 30m 范围内可将设计高程视误差大小做适当调整，保证在桥头搭板处高程的精确衔接。

6.1.7　职业健康安全管理措施

6.1.7.1　测量人员施测时，应设专人指挥过往车辆、机械。交通繁忙的路口应设置明显标志，并由专人指挥交通。

6.1.7.2　测量人员在爬山、下沟槽作业时，应配备安全帽、安全绳等设备；在通行道路上作业时，测量人员要穿着反光背心；如在高压输电线或其他易燃、易爆品仓库附近作业时，应保持安全距离，并谨慎使用对讲机等带电设备。

6.1.7.3　仪器应由专人使用、保养和保管，架设的仪器禁止离人，危险地区设专人负责安全监护。在使用仪器前要仔细阅读说明书，了解仪器各部位的性能和使用要求；使用中要采取防撞、防雨和防晒措施；远距离或复杂地区迁站应装入仪器箱内搬运。仪器的长途运输要采取防震措施，存放仪器要采取防盗、防火和防潮措施。

6.2　桥梁工程施工测量

6.2.1　适用范围

适用于新建、改建公路及城市桥梁工程施工测量。

6.2.2　施工准备

6.2.2.1　技术准备

1. 审核设计图纸，勘查施工现场。

2. 编制施工测量方案，履行审批手续，并对相关人员进行技术交底。

6.2.2.2　仪器设备

1. 主要测量仪器：全站仪（测角精度不低于 6″、测距精度不低于 5mm＋5ppm · D）。

2. 经纬仪（不低于 J_6）、水准仪（不低于 S_3）。

6.2.2.3　辅助工具和材料

1. 工具及材料：对讲机、棱镜组、对中杆、水准尺、塔尺、钢卷尺、盒尺、大锤、斧头、木锯、墨斗、木桩、红漆、墨汁、铁钉、小线等。

2. 全站仪、经纬仪、水准仪、钢卷尺等必须经有资质的计量检测部门检定合格。

6.2.2.4 作业条件

1. 工程定位依据的平面控制点不得少于3个，水准点不得少于2个，资料齐全、有效。

2. 具备施工设计图纸及与测量相关的设计文件。

3. 测量人员必须具有测量职业资格证书，持证上岗。

6.2.3 施工工艺

6.2.3.1 工艺流程

测量桩位交接 → 桩位复测 → 建立桥区控制网 → 桥梁墩、台定位 → 基础施工测量 → 墩、台施工测量 → 上部结构施工测量 → 竣工测量

6.2.3.2 操作工艺

1. 测量桩位交接

(1) 交接桩工作一般由建设单位组织，设计或勘测单位向施工单位交桩，施工单位应由测量负责人接桩。

(2) 交接桩应在现场进行，并附有桩位平面布置图、坐标和高程成果表等交桩资料，交接桩后办理交接手续。

(3) 接桩时应检查桩位是否完好，交接桩数量能否满足定位测量需要，如果桥梁与在施道路连接时，应在连接处向桥区外多交至少一个坐标点，以便于和道路进行联测，并根据现场通视情况，向相关单位提出补桩加密的要求。

(4) 接桩时应在现场进行桩位标注，并做好标记。

(5) 接桩后应及时进行桩位保护，必要时可采取混凝土加固、砌井、钉设防护栏杆等措施。

2. 桩位复测

(1) 接桩后依据设计图纸和交桩资料进行内业校核，检查成果表中的各项计算是否合格。

(2) 控制桩的坐标复测应采用附合导线测量方法，高程复测应采用附合水准测量方法。复测精度不应低于原控制桩的测量精度等级。

(3) 复测后发现问题应及时与交桩单位联系解决，并向监理或建设单位提交复测报告，复测成果得到确认后方可使用。

3. 建立桥区控制网

(1) 平面控制测量

1) 平面控制网应根据地形、地貌和桥梁形状布设，小型桥梁可在原有导线网的基础上做适当加密形成桥区加密平面控制网，但应尽量形成直伸导线，以保障测量精度。特大桥、跨河桥或跨高速公路桥的平面控制网，可根据桥形和地形及施工要求布设成三角网或导线网。

2) 符合国家技术标准规定的三角点、二级以上的导线点及相应精度的GPS点，均可作为桥梁工程的首级控制。

3) 平面控制网通常采用导线测量、GPS测量和三角测量等方法测设。水平角测量采用方向观测法，距离测量宜采用电磁波测距，并应选用与控制网精度要求相应的等级。

4) 点位应设置稳定，控制点间通视良好，便于施测和长期保留。

5) 桥区平面控制网测设后应与道路平面控制网进行联测，并绘制点位布置图，标注必要的

点位数据。

（2）高程控制测量

1）首级高程控制网应布设成环形或附合水准路线，并与道路高程控制网联测。

2）2000m 以上的特大桥一般为三等水准测量，1000m～2000m 的特大桥为四等，1000m 以下的桥梁为五等。

3）在多丘或山地不便于进行水准测量时，可采用电磁波测距三角高程测量，其精度应满足相应等级水准测量的技术要求。

4）高程控制点应布设在土质坚实、便于施测的地方，并定期复测。

4. 桥梁墩、台定位

（1）桥梁墩、台平面定位控制应依据桥区平面控制网，在墩、台的轴线上布设控制点或引桩。也可直接用桥区控制点作为墩、台定位的控制点。

（2）桥梁墩、台高程控制点一般直接采用桥区高程控制网上的控制点。

（3）桥梁墩、台定位一般采用极坐标等方法，定位后应对墩、台实际位置与设计的相关数据进行校核。

（4）墩、台定位控制点测设后应绘制平面控制桩定位图，标注点号及与墩、台各部位的数据关系。

5. 基础施工测量

（1）明挖基础的施工放样应根据墩、台平面控制点，按设计图纸先测放出墩、台位置控制线，再进行细部放样。

（2）明挖基础的高程控制采用水准测量，必要时利用悬吊钢尺，将高程引测至基槽内，并在距槽底 1m 处稳定的坑壁两侧布设临时水准点。

（3）桩基放样应根据墩、台控制点，用轴线交会法或极坐标法进行定位。施工前应对各桩基分别定出十字控制桩，以便于施工过程中进行检查。

（4）沉井下沉过程中的平面位置应用极坐标法或角度交会法进行检测。采用角度交会法测量时交会角应尽量接近 60°，同时，必须用三个控制点进行交会。

（5）桩基施工过程中的高程控制可采用十字高程桩控制。

（6）在水准测量条件不允许的情况下，沉井下沉前的高程测放和在下沉过程中的监控一般采用电磁波三角高程测量。

6. 墩、台施工测量

（1）墩、台施工放样采用借线法投测轴线控制线，也可用极坐标方法或角度交会法进行施工放样。

（2）墩、台高程控制测量采用附合水准测量方法，高差较大时用钢尺悬吊法配合观测。

（3）墩、台垂直度可采用经纬仪、铅直仪或垂线法进行控制。

7. 上部结构施工测量

（1）垫石的施工放样一般先根据轴线控制点测设梁台中线和墩柱中心点，检查同一梁台的墩柱间距以及与相邻梁台的跨距，符合设计要求后再根据梁台中线和墩柱中心点进行垫石放样。

（2）上部结构施工前应根据墩（台）的垫石（支座）中心检查跨度和全长，并复测支座顶面的高程和平整度。

（3）桥梁护栏安装前应根据桥梁中线进行放样，分别弹上护栏边线或控制线。沿护栏边线测设高程点，直线段点间距 10m 测设一点，曲线段点间距 2m～5m。根据测设的高程点控制护栏顶面的安装标高。

(4) 桥面铺装前应复测桥梁中线的高程，并在护栏内侧的立面上测设桥面标高控制线。

8. 竣工测量

(1) 竣工测量应由建设单位委托具有相应资质等级的测绘单位进行。

(2) 竣工测量完成后，由承接竣工测量的单位编制《竣工测量成果报告书》，由建设单位留存并报送规划部门。

6.2.4　质量标准

6.2.4.1　导线测量的主要技术要求应符合表 6－5 的规定。

表 6－5　导线测量的主要技术要求

等级	导线长度(km)	平均边长(km)	测角中误差(″)	测距中误差(mm)	测距相对中误差	测回数			方位角闭合差(″)	相对闭合差
						DJ_1	DJ_2	DJ_6		
一级	4	0.5	5	15	≤1/30000	—	2	4	$10\sqrt{n}$	≤1/15000
二级	2.4	0.25	8	15	≤1/14000	—	1	3	$16\sqrt{n}$	≤1/10000
三级	1.2	0.1	12	15	≤1/7000	—	1	2	$24\sqrt{n}$	≤1/5000

6.2.4.2　GPS 测量控制网的设置精度和作业方法应符合《公路全球定位系统(GPS)测量规范》的规定，其主要技术指标应符合表 6－6 的规定。

表 6－6　GPS 控制网的主要技术指标

级别	每对相邻点平均距离 d(km)	固定误差 a (mm)	比例误差 b (mm/km)	最弱相邻点点位中误差 m(mm)
一级	4.0	5	1	10
二级	2.0	5	2	10
三级	1.0	5	2	10

6.2.4.3　平面控制网三角测量等级的确定应符合表 6－7 的规定。

表 6－7　平面控制网测量等级

等　级	桥位控制测量
四等三角	1000m～2000m 的特大桥
一级小三角	500m～1000m 的特大桥
二级小三角	＜500m 的大、中桥

6.2.4.4　三角测量的技术要求应符合表 6－8 的规定。

6.2.4.5　电磁波测距的主要技术要求应符合表 6－9 的规定。

6.2.4.6　水准测量的主要技术要求应符合表 6－10 的规定。

6.2.4.7　电磁波测距三角高程测量的技术要求应符合表 6－11 的规定。

表 6－8 **三角测量的技术要求**

等级		平均边长(km)	测角中误差(″)	起始边边长相对中误差	最弱边边长相对中误差	测回数			三角形最大闭合差(″)
						DJ_1	DJ_2	DJ_6	
四等	首级	1.0	±2.5	≤1/100000	≤1/40000	4	6	—	±9.0
	加密			≤1/70000					
一级小三角		0.5	±5.0	≤1/40000	≤1/20000	—	3	4	±15.0
二级小三角		0.3	±10.0	≤1/20000	≤1/10000	—	1	2	±30.0

表 6－9 **电磁波测距的主要技术要求**

平面控制网等级	测距仪精度等级	观测次数		总测回数	一测回读数较差(mm)	单程各测回较差(mm)	往返较差
		往	返				
四等	Ⅰ	1	1	4～6	≤5	≤7	$\leqslant\sqrt{2}(a+b\cdot D)$
	Ⅱ			4～8	≤10	≤15	
一级	Ⅱ	1	—	2	≤10	≤15	—
	Ⅲ			4	≤20	≤30	
二级	Ⅱ	1	—	1～2	≤10	≤15	
	Ⅲ			2	≤20	≤30	

表 6－10 **水准测量的主要技术要求**

等级	每公里高差中数中误差(mm)		水准仪的型号	水准尺	观测次数		往返较差、附合或环线闭合差(mm)	
	偶然中误差 M_Δ	全中误差 M_W			与已知点联测	附合或环线	平地	山地
三等	±3	±6	DS_3	双面	往返各一次	往返各一次	$\pm12\sqrt{L}$	$\pm4\sqrt{n}$
四等	±5	±10	DS_3	双面	往返各一次	往一次	$\pm20\sqrt{L}$	$\pm6\sqrt{n}$
五等	±8	±16	DS_3	单面	往返各一次	往一次	$\pm30\sqrt{L}$	$\pm10\sqrt{n}$

注：L 为水准测段长度(km)，n 为往返测的水准路线测段数。

表 6－11 **电磁波测距三角高程测量的主要技术要求**

等级	仪器	测回数		指标差较差(″)	竖直角较差(″)	对向观测高差较差(mm)	附合或环形闭合差(mm)
		三丝法	中丝法				
四等	DJ_2	—	3	≤7	≤7	$\pm40\sqrt{D}$	$\pm20\sqrt{\Sigma D}$
五等	DJ_2	1	2	≤10	≤10	$\pm60\sqrt{D}$	$\pm30\sqrt{\Sigma D}$

注：D 为电磁波测距边长度(km)。

6.2.4.8 各项施工测量定位后应进行验线，其限差应符合表 6－12 的规定。

表6－12　施工测量定位限差

施工部位	平面位置允许偏差(mm)	高程允许偏差(mm)
墩、台定位	±5	±3
桩基定位	±15	±10
沉井定位	±15	±10
支座定位	±5	±3

6.2.5　成品保护

6.2.5.1　桥区控制网的桩位和桥梁轴线控制桩种类应根据工期长短确定。合同工期在2年以内的用木桩、桩顶钉小钉作标志；合同工期在2年以上的用混凝土桩、桩顶用钢筋断面划十字线作标志。桩底的埋深应在当地冻土层以下。

6.2.5.2　各种控制桩一律用水泥加固和砌砖围护；在桩位旁钉设标志牌、标注桥名和点号；特殊桩位应钉设三角架或搭设围护栏进行保护。

6.2.5.3　桥区控制网应每年复测一次，雨水多的地区应增加复测次数。

6.2.5.4　做好桩位保护的宣传教育工作，使施工人员和当地群众高度重视，做到不碰撞桩位、不在桩位上堆压物品、不遮挡桩位之间视线。

6.2.5.5　施工中测放好的临时点位应及时交付施工人员保管使用，需要进行复测或报验时应有专人在现场负责保管。

6.2.5.6　测量资料应及时整理，原始测量数据应保留原件，需要使用时可采用复印件。

6.2.6　应注意的质量问题

6.2.6.1　测量作业前要严格审核起始依据的正确性，测量中坚持测量作业与计算工作步步有校核的工作方法，以保证测量成果的正确可靠。

6.2.6.2　水准测量前要对仪器严格检校，观测中注意消除视差，尽量使前后视线等长和选择奇偶测站的操作方法，必要时采用上午往测、下午返测的方法进行观测，以避免闭合差超限。

6.2.6.3　极坐标定位所选择的测角仪器与测距设备要匹配，如缺少高精度测距设备时可采用角度交会法进行定位，以提高定位精度。

6.2.6.4　角度交会法定位时应尽量使交会角接近60°。除了布设控制网时考虑这一因素外，交会时也不能将仪器始终固定在某控制点上，而应根据交会点的位置选择合适的控制点。必要时也可在控制网上增设插点，以保证定位精度。

6.2.7　职业健康安全管理措施

6.2.7.1　测量仪器使用过程中禁止离人，严防碰撞，不得将仪器架设在不稳固的基础上及易坍塌的沟槽边，架设仪器的场地应清除杂物。在堤岸上作业时应注意保持安全的距离。

6.2.7.2　尽量避免在交通繁杂的路口或通道架设仪器，遇有特殊情况时应设专人负责安全监护和疏导交通。

6.2.7.3　立体交叉作业时，应避免高空坠落物体，在高空作业时应系好安全带，上下施工作业面应走安全通道，不得翻越公路护栏或攀爬脚手架。

6.2.7.4　夜间作业时，测量人员应穿着带有荧光反射标志的作业服。

6.2.7.5　在泄洪河道中作业时，应注意天气变化和上游泄洪的信息。

6.3　管线工程施工测量

6.3.1　适用范围

适用于明挖法市政管线工程施工测量，建筑小区管线工程可参照执行。

6.3.2　施工准备

6.3.2.1　技术准备

1. 熟悉设计文件，明确设计意图及要求。

2. 进行现场踏勘，了解作业现场情况。

3. 依据建设单位提交的各种平面、高程控制点资料，制定具体工程测量技术方案，并经审批。

4. 依据设计图提供的定线条件、结合工程施工的需要，做好测量所需各项数据的内业搜集、计算、复核工作。

6.3.2.2　仪器设备

1. 主要测量设备：全站仪（测角精度不低于6″，测距精度不低于5mm+5ppm・D）。

2. 经纬仪（不低于J_6）、水准仪（不低于S_3）。

6.3.2.3　辅助工具和材料

1. 工具及材料：水准尺、钢尺、盒尺、大锤、水泥钉、小钉、木桩、白灰、混凝土标桩、标志牌、红漆。

2. 全站仪、经纬仪、水准仪、钢尺等必须经有资质的计量检测部门检定合格。

6.3.2.4　作业条件

1. 给定的测量平面控制点不得少于3个，高程控制点不得少于2个。

2. 具有施工设计图纸及与测量有关的设计变更。

3. 施工测量人员应具有职业资格证书，持证上岗。

4. 已核对新建管线与现状管线平面位置和高程与设计相符。

6.3.3　施工工艺

6.3.3.1　工艺流程

测量桩位交接 → 桩位复测 → 控制网测设 → 管线开挖测量 → 管线基础测量 → 管线安装测量 → 回填过程测量 → 竣工测量

6.3.3.2　操作工艺

1. 测量桩位交接

测量桩位交接由建设单位主持，在现场由勘测单位向施工单位进行交桩，施工单位由测量主管人员负责接桩，依照资料在现场指认移交；交接桩时，各桩位应完整稳固，交接桩测量资料必须齐全，现场标桩应与书面资料相吻合；如与相邻施工段相接时，应在相邻施工段多交接一个平面控制点和一个高程控制点；接桩后应做好护桩工作，同时做好标识便于寻找。

2. 桩位复测

接桩后，应立即组织测量人员进行内业校核及外业复测，平面控制点复测采用附合导线测量方法进行，高程控制点复测采用附合水准测量或三角高程测量方法；复测的技术要求不应低于原来控制桩的测量精度等级；如发现问题，应及时与业主及交桩单位研究解决；复测合格后及时向监理工程师或业主提交复测报告，以使复测成果得到确认后使用。

3. 控制网测设

(1) 控制网布设形式

1) 平面控制网布设形式：管线工程平面控制测量方法采用附合导线方法。

2) 高程控制网布设形式：高程控制测量宜采用附合水准测量方法，高程控制点每100m左右布设一点，施工期间应定期复测。

(2) 控制网测量

1) 选点、埋石：加密控制点应选在距沟槽边20m～50m，点位应通视良好、便于施测和长期保存，控制点应埋设混凝土桩或现浇混凝土，中心预埋$\phi 6$钢筋作为中心点(钢筋中设十字中心线)，如控制点在现况沥青混凝土路面上也可直接钉水泥钉作为点位。

2) 外业观测：控制网测设应符合国家控制测量相应等级及相关技术要求。

3) 内业计算

①计算所用全部外业资料与起算数据，应经两人独立校核，确认无误后方可使用。

②各级控制点的计算，可根据需要采用严密平差法或近似平差方法。

③平差时，使用程序必须可靠，对输入数据进行校对，输出数据应满足相应精度要求。

4. 管线开挖测量

(1) 开挖前测量

1) 沟槽开挖前根据设计图纸及施工方案进行中线定位，采用极坐标方法测放管线中线桩时，应在起点、终点、平面折点、竖向折点及直线段的控制点等位置测设中心桩。

2) 管线中线桩每10m一点，桩顶钉中心钉，并应在沟槽外适当位置设置栓桩；根据中线控制桩及放坡方案测放沟槽上口开挖位置线，现场撒白灰线标注。然后在上口线外侧对称钉设一对高程桩，每对高程桩上钉一对等高的高程钉。高程桩的纵向间距宜为10m。

(2) 开挖过程测量：开挖过程中，测量人员必须对中线、高程、坡度、沟槽下口线、槽底工作面宽度等进行检测，并在人工清底前测放高程控制桩。

(3) 人工清底后测量：沟槽检底后，采用极坐标方法或依据定位控制桩采用经纬仪投点法向槽底投测管线中线控制桩；采用水准测量或钢尺悬吊法将地面高程引测至沟槽底。

(4) 井室开挖测量：井室开挖与沟槽开挖同时进行，根据井室桩号坐标及控制点坐标采用极坐标方法测放结构中心位置，依设计或相应图集测放结构开挖上口线及开挖高程控制桩，同时进行栓桩。

5. 管线基础测量

根据检底后管线中线桩及设计基础宽度测放管线基础结构宽度，同时测放管线基础高程控制桩。管线基础施工后复测基础中线偏差、宽度及高程。

6. 管道安装测量

管道基础施工后恢复中线，根据不同管线结构形式及附属设施分别进行安装放线。

7. 回填过程测量

根据设计要求或规范规定测放回填土不同区域及分层高程控制桩，标出每层回填土压实厚度。

8. 竣工测量

(1) 竣工测量应由建设单位委托具有相应资质等级的测绘单位进行测量。

(2) 竣工测量完成后,由承接竣工测量的单位编制《建设工程竣工测量成果报告书》,由建设单位留存并报送规划部门。

6.3.4 质量标准

6.3.4.1 导线测量的主要技术要求见表6—13。

表6—13 导线测量的主要技术要求

等级	导线长度(km)	平均边长(km)	测角中误差(″)	测距中误差(mm)	测距相对中误差	测回数			方位角闭合差(″)	相对闭合差
						DJ_1	DJ_2	DJ_6		
一级	4	0.5	5	15	≤1/30000	1	2	4	$10\sqrt{n}$	≤1/15000
二级	2.4	0.25	8	15	≤1/14000	—	1	3	$16\sqrt{n}$	≤1/10000
三级	1.2	0.1	10	15	≤1/7000	—	1	2	$24\sqrt{n}$	≤1/5000

注:n 为测站数。

6.3.4.2 水准测量的主要技术要求应符合表6—14中的规定。

表6—14 水准测量的主要技术要求

等级	每千米高差全中误差(mm)	水准仪的型号	水准尺	观测次数		往返较差、附合或环线闭合差
				与已知点联测	附合或环线	
二等	2	DS_1	铟瓦	往返各一次	往返各一次	$4\sqrt{L}$
三等	6	DS_1	铟瓦	往返各一次	往一次	$12\sqrt{L}$
		DS_3	双面		往返各一次	
四等	10	DS_3	双面	往返各一次	往测	$20\sqrt{L}$
等外	15	DS_3	单面	往返各一次	往测	$30\sqrt{L}$

注:1. 结点之间或结点与高级点之间,其路线的长度,不应大于表中规定的0.7倍。

2. L 为往返测段、附合或环线的水准路线长度(km)。

3. 三等水准测量可采用双仪器高法单面尺施测。

6.3.4.3 施工测量的允许偏差,应符合表6—15、表6—16的规定。

表6—15 管线起点、终点、井位允许偏差表

类 型	点位允许偏差(mm)
沟槽内及架空	10
埋地	25

表6—16 管线高程允许偏差

类 型	点位允许偏差(mm)
自流管	±3
压力管	±10

6.3.5 成品保护

6.3.5.1 控制点应选在不易破坏的地方。

6.3.5.2 对测量桩点进行标识,并对控制点采用护栏进行保护。

6.3.6　应注意的质量问题

6.3.6.1　必须坚持测量复核制度，测量复核后方可施工。

6.3.6.2　内业计算必须由两人独立计算、互相复核。

6.3.6.3　永久施工控制点，必须埋设在施工变形区以外，如管线施工采取降水，永久控制点必须远离降水区，降水后降水区内的控制点必须与永久控制点联测。

6.3.6.4　在阳光下测量时，仪器应在测伞下支设，防止因脚架受热不均而使仪器偏移，造成测量不准。

6.3.6.5　雨期施工必须加强对控制点的复测，以便及时发现控制点是否有变动。

6.3.7　职业健康安全管理措施

6.3.7.1　在现状道路进行施工测量时，应设警示标志或安排专人警戒。

6.3.7.2　测量人员进入施工现场必须戴安全帽，遵守施工现场的安全规定。

6.3.7.3　测量人员在使用仪器施测过程中，必须坚守岗位，应有专人看护，避免仪器受震、碰撞及倾倒。

6.3.7.4　在基坑内测量时，应在大型施工机械作业范围之外的安全区域内操作。

6.4　地铁工程施工测量

6.4.1　适用范围

适用于地下铁道工程施工测量工作。

6.4.2　施工准备

6.4.2.1　技术准备

1. 编制地铁施工测量方案并经审批。

2. 按《计量法》的规定进行测量仪器的检定和检校。检定合格的仪器若经过长途运输或存放3个月以上，使用前应按精度要求自行检验校正。

3. 熟悉设计图纸，了解设计意图。审核各专业图纸中的隧道线路、车站及出入口的平面位置和高程、轴线关系、几何尺寸，并掌握有关设计变更，确保定位条件准确可靠。

4. 组织测量人员进行地铁工程现场踏勘，熟悉施工现场。

5. 依据施工测量方案和设计图纸计算测放数据，并绘制草图。所有数据与草图均应独立校核，并应及时整理成册，以便妥善保管。

6.4.2.2　仪器设备

1. 全站仪（测角精度不低于±2″，测距精度不低于3mm＋2ppm·D），水准仪（不低于DS_1级，±1mm/km），陀螺经纬仪（一次定向误差不大于±20″），投点仪及其他设备。

2. 对所配备的测量仪器应按《计量法》的规定进行周期性检定，所使用测量仪器应在检定的周期内。

6.4.2.3　辅助工具和材料

1. 混凝土标桩、木标桩、标志牌，红漆、白漆、墨汁、钉子、小线、白灰。

2. 钢卷尺、盒尺、对讲机、大锤、斧头、木锯、墨斗、画笔。

6.4.2.4　作业条件

1. 已从设计单位及勘测单位接收平面和高程控制网点实地桩及相关测量成果资料。

2. 人员资质:地铁工程施工测量应由测量工程师主持;配备富有观测经验、精通仪器操作和校验的测量技师、技工数人。以上人员应持证上岗并在整个工期内保持稳定。

6.4.3　施工工艺

6.4.3.1　工艺流程

控制桩交接 → 控制桩复测 → 施工控制网加密测量 → 施工竖井联系测量 → 地铁隧道掘进测量 → 隧道线路中线调整测量 → 隧道结构断面测量 → 竣工测量

6.4.3.2　操作工艺

1. 控制桩交接

(1) 交接桩工作一般由建设单位组织,由设计或勘测单位向施工单位交桩。交桩应有桩位平面布置图,并附坐标和高程成果表。交接桩后办理交接手续。

(2) 交接的地铁工程测量GPS控制点、精密导线点、精密水准点的数量应覆盖所施工的车站、隧道线路区段,并注意两端与另外施工段衔接的控制点。

(3) 施工单位应派测量工程师和有经验的测工参加接桩,查看点位是否松动或被移动,并根据测量需要和现场通视情况,决定是否向交桩单位提出补桩加密的要求。

(4) 交接桩应在现场点交。施工单位应逐一记录现场点位,并做好桩位点之记,以便于以后寻找使用。

2. 控制桩的复测

(1) 接桩后测量主管先对交桩成果进行内业校核,检查各项计算是否合格,各点的坐标和高程是否有误。发现问题和不明之处及时与交桩单位联系解决。

(2) 复测平面及高程控制点。由于受施工和地面沉降等因素的影响,地面控制点可能发生变化,所以应进行复测确定其可靠性。平面坐标复测一般用全站仪,采用附合导线测法进行,高程复测采用附合水准路线法进行。

(3) 复测合格后向监理工程师或建设单位提交复测报告,复测成果得到确认后使用。

3. 施工控制网加密测量

(1) 施工平面控制网加密测量:通常地面精密导线点的密度不能满足施工测量的要求,因此根据现场的实际情况,应进行施工控制网的加密。

施工平面控制网加密采用Ⅰ级全站仪进行测量,测角四测回(左、右角各二测回,左、右角平均值之和与360°的较差应小于4″),测边往返观测各二测回,用严密平差进行数据处理。

(2) 施工高程控制网加密测量:根据实际情况,将高程控制点引入施工现场,并沿线路走向加密高程控制点。水准基点(高程控制点)必须布设在沉降影响区域外且保证稳定。

水准测量采用二等精密水准测量方法和闭合差为$\pm 8\sqrt{L}$mm(L为水准路线长,以km计)的精度要求进行施测。

4. 施工竖井联系测量

联系测量是将地面测量数据传递到隧道内,以便指导隧道施工。具体方法是将施工控制点通过布设趋近导线和趋近水准路线,建立近井点,再通过近井点把平面和高程控制点引入竖井下，为隧道开挖提供井下平面和高程依据。

联系测量是联接地上与地下的一项重要工作，为提高地下控制测量精度，保证隧道准确贯通，应根据工程施工进度进行多次复测，复测次数应随贯通距离的增加而增加，一般 1km 以内进行 3 次。

（1）趋近导线和趋近水准测量：地面趋近导线应附合到 GPS 点或施工控制点上。近井点应与 GPS 点或施工控制点通视，并应使定向具有最有利的图形。

趋近导线测量执行 3 款(1)项技术要求，点位中误差小于±10mm。

地面趋近水准测量是为测定趋近近井水准点高程，趋近水准测量路线应附合到地面相邻的精密水准点上。趋近水准测量执行 3 款(2)项技术要求。

（2）竖井定向测量：地铁隧道内基线边一般采用吊钢丝联系三角形法或投点仪和陀螺经纬仪定向方法为主要手段进行定向。

1）联系三角形定向

①联系三角形定向均应独立进行三次，取三次的平均值作为一次的定向成果。“独立进行”是指每测回完成后，变更两条钢丝位置重新进行定向测量，而不是钢丝位置不动连续三次观测数据，目的是为检核粗差，保证成果可靠。

②井上、井下联系三角形应满足下列要求：

a. 两悬吊钢丝间距不应小于 5m。

b. 定向角 α 应小于 3°。

c. a/c 及 a'/c' 的比值应小于 1.5 倍。

③联系三角形边长测量应采用检定过的钢尺，并估读至 0.1mm。每次应独立测量三测回，每测回往返三次读数，各测回较差在地上应小于 0.5mm，在地下应小于 1.0mm。地上与地下测量同一边的较差应小于 2mm。

④角度观测应采用Ⅱ级全站仪，用全圆测回法观测四测回，测角中误差应在±4″之内。

⑤各测回测定的地下起始边方位角较差不应大于 20″，方位角平均值中误差应在±12″之内。

2）投点仪和陀螺经纬仪定向，见图 6－1。

①定向应满足下列要求：

a. 全站仪标称精度不应低于 2″，3mm＋2ppm・D；

b. 陀螺经纬仪一次定向误差应小于 20″；

c. 投点仪投点中误差应在±3mm 之内；

d. 全站仪测定铅垂仪纵轴坐标的中误差应在±3mm 之内；

e. 从地面近井点通过竖井定向，传递到地下近井点的坐标相对地面近井点的允许误差应在±10mm 之内。

②投点仪投点应满足下列要求：

a. 投点仪的支承台(架)与观测台应严格分离，互不影响作业；

b. 投点仪的基座或旋转纵轴应与棱镜旋转纵轴同轴，其偏心误差应小于 0.2mm；

c. 全站仪三测回测定投点仪的纵轴坐标互差应小于 3mm。

③陀螺经纬仪定向应符合下列规定：

a. 独立三测回零位较差不应大于 0.2 格，绝对零位偏移大于 0.5 格时，应进行零位校正，观测中的零位读数大于 0.2 格时应进行零位改正；

b. 测前、测后各三测回测定的陀螺经纬仪两常数平均值较差不应大于 15″；

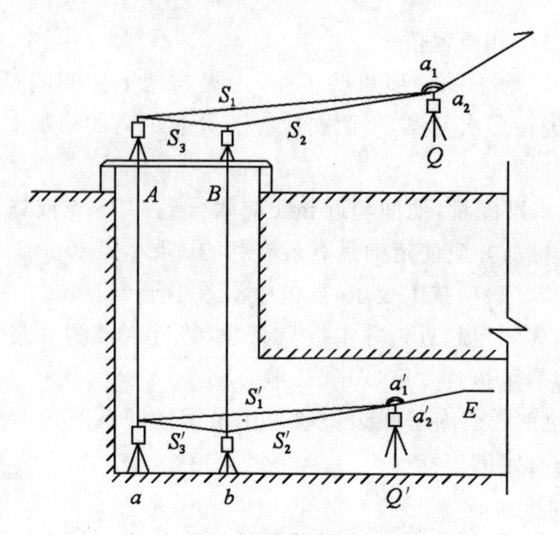

图 6－1　投点仪和陀螺经纬仪定向

A,B,Q,a,b,Q'表示竖井联系测量控制点的点号；

$S_1,S_2,S_3,S_1',S_2',S_3'$ 表示竖井联系测量控制点的测距边长；

$\alpha_1,\alpha_2,\alpha_1',\alpha_2'$ 表示竖井联系测量控制点的观测角度

c. 三测回间的陀螺方位角较差不应大于 25″；

d. 两条定向边陀螺方位角之差的角值与全站仪实测角较差应小于 10″；

e. 每次独立三测回测定的陀螺方位角平均值较差应小于 12″；

f. 独立三次定向陀螺方位角平均值中误差应在±8″之内。

(3) 高程传递测量

1) 在竖井中悬吊挂有 10kg 重锤并检定过的钢尺，井上井下 2 台水准仪同时读数，将高程传递至井下的水准控制点。在井下应建立 2～3 个水准控制点。高程传递测量见图 6－2。

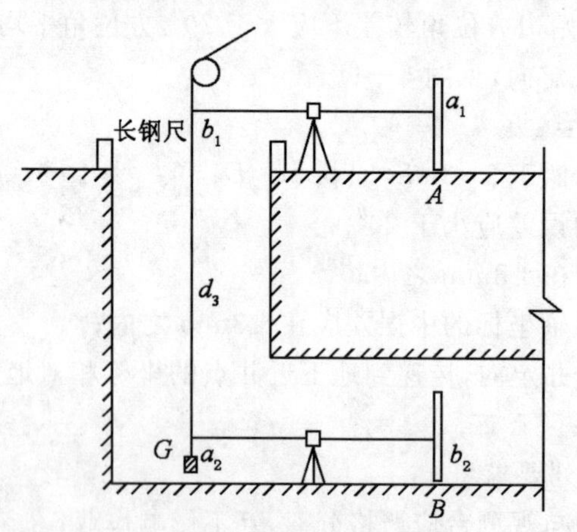

图 6－2　高程传递测量

A,B 表示高程传递测量控制点的点号；

a_1,b_2 分别表示地上、地下测量控制点水准尺的读数；

b_1,a_2 分别表示悬挂钢尺地上、地下的读数；

d_3 表示悬挂钢尺地上、地下的读数差值；G 表示悬挂的重锤

2) 传递高程时，每次应独立观测三测回，每测回应变动仪器高度，三测回测得地上、地下水

准点的高差较差应小于 3mm。

三测回测定的高差应进行温度、尺长改正。

5. 地铁隧道掘进测量

(1) 隧道内平面控制点测量

1) 隧道内控制导线点应在通视条件允许的情况下，每 100m 布设一点。以竖井定向建立的基线边为坐标和方位角起算依据，观测采用 Ⅰ 级全站仪进行测量，测角四测回(左、右角各两测回，左、右角平均值之和与 360°的较差应小于 4″)，测边往返观测各二测回。施工控制导线最远点相对于起始点的横向中误差应小于±25mm。

2) 为提高测量精度，考虑到井下观测条件差，短边多，在测量工作中应采用多次对中和长短边分开测量的方法减弱测量误差影响。另外，地下施工场地不稳定，埋设在其上面的测量控制点稳定性必然受到影响，因此，随着导线的延伸应进行重复测量，以便确定数据可靠性。如重复测量验证数据稳定，则取其平均值作为最终成果。

3) 隧道内导线点宜采用 100mm×100mm×10mm 的钢板，埋设在底板上，在上面钻 2mm 小孔镶铜丝作为点的标志。导线点如设置在结构边墙上，应安装放置仪器的支架。

(2) 隧道内高程控制测量

1) 隧道内水准测量以竖井高程传递水准点为起算依据，采用二等精密水准测量方法和闭合差为 $\pm 8\sqrt{L}$mm 的精度进行施测。

2) 地下水准点可与导线设在一起，在设置导线点的钢板上焊一突出的金属标志，作为水准点，也可以在边墙上设置水准点。

(3) 暗挖隧道施工测量

1) 车站隧道施工测量

①车站采用分层开挖施工时，宜在各层测设施工控制点或基线，各层控制点或基线的测量允许误差为±3mm，方位角测量允许误差为±8″。有条件时各层间还应进行贯通测量。

②采用导洞法施工，上层边孔拱部隧道和下层边孔隧道两侧各开挖到 100m 时，应进行上下层边孔的贯通测量，其上下层边孔贯通中误差应在±30mm 之内。贯通测量后必须进行上、下层线路中线的调整，并标定出隧道下层底板上的线路左、右线中线点和站中心点。

③采用眼镜法、桩柱法等施工时，应根据施工导线测设桩柱的位置，其测量允许误差为±5mm。

④车站钢管柱的位置，应根据车站线路中线点测定，其测设允许误差为±3mm。钢管柱安装过程中应监测其垂直度，安装就位后应进行检核测量。

⑤进行车站隧道结构二衬施工测量时，应先恢复上、下层底板上的线路中线点和水准点，下层底板上恢复的线路中线点和水准点应与车站两侧区间隧道的线路中线点进行贯通误差测量和线路调整。

⑥车站站台的结构和装饰施工应使用已调整后的线路中线点和水准点。站台沿边线模板测设应以线路中线为依据，其间距误差应为“正号”，最大不大于＋5mm。站台模板高程测设误差宜低于设计高程，最大不小于－5mm。

2) 区间隧道施工测量

①直线隧道施工应安置激光指向仪指导隧道掘进，曲线隧道施工应视曲线半径的大小和曲线长度及施工方法，选择切线支距或弦线支距法测设线路中线点。

②宜以线路中线为依据，安装超前导管、管棚、钢拱架和边墙格栅，以及控制喷射混凝土支护

的厚度。

③采用弦线支距法测设曲线时，弦线与相对应的曲线矢距不超过下列数值时可以弦线代替曲线：

a. 混凝土结构施工，矢距不应大于 10mm。

b. 开挖土方和进行导管、管棚、格栅等混凝土支护施工，矢距不应大于 20mm。

④隧道施工使用的高程点宜利用施工水准点用普通水准测量方法测定，水准测量应往返或两次仪器高观测，其两次测量的高程较差不应大于 10mm。

⑤用台车浇筑隧道边墙结构二衬混凝土，台车长度与其相应曲线的矢距值不大于 5mm 时，台车长度可代替该段的曲线长度。台车两端的中心点与线路中心点定位允许误差在±5mm 之内。台车两端隧道结构断面中心的高程，应采用直接水准测设，与其相应里程的高程较差不应大于 5mm。

(4) 明挖隧道施工测量

1) 基坑围护结构施工测量

①采用地下连续墙围护基坑时，其施工测量技术要求应符合下列规定：

a. 地下连续墙的地面中心线应依据线路中线控制点进行放样，放样误差应在±5mm 之内。

b. 内外导墙应平行于地下连续墙中线，其放样允许误差为±5mm。

②采用围护桩围护基坑时，其施工测量技术要求应符合下列规定：

a. 护坡桩地面位置放样，依据线路中心控制点进行，放样允许误差纵向不应大于 100mm，横向应在 0mm～+50mm 之内。

b. 桩孔成孔过程中，应测量孔深、孔径及其铅垂度。

2) 基坑开挖施工测量

①采用自然边坡的基坑，其边坡线位置应根据线路中线控制点进行放样，其放样允许误差为±50mm。

②基坑开挖过程中，应使用坡度尺或采用其他方法检测边坡坡度，坡脚距隧道结构的距离应满足设计要求。

③基坑开挖至底部后，应采用附合路线将线路中线引测到基坑底部。基底线路中线纵向允许误差为±10mm，横向允许误差为±5mm。

④可采用水准测量方法，也可采用光电测距三角高程测量方法将高程传入基底。光电测距三角高程测量垂直角对向观测各二测回，距离往返测距各二测回，仪器高和觇标高量至毫米。水准测量和光电测距三角高程测量精度要求同水准控制测量。

3) 隧道结构施工测量

①结构底板绑扎钢筋前，应依据线路中线，在底板垫层上放钢筋线。

②底板混凝土模板的位置与高度、预埋件和变形缝的位置放样后，必须在混凝土浇筑前进行检核测量。

③结构边、中墙模板支立前，应按设计要求，依据线路中线测放边墙内侧和中墙中心线，放样允许偏差为±10mm。

④顶板模板安装过程中，应将线路中线点和顶板宽度测设在模板上，并应测量模板高程，其高程测量允许误差为+10mm～0mm 之内，中线测量允许误差为±10mm，宽度测量允许误差应在+15mm～-10mm 之内。

⑤隧道结构完成后，应对设置在底板上的线路中线点和高程控制点进行复测。

(5) 隧道贯通误差测量

1) 隧道贯通前约50m左右应增加施工测量的次数，并进行控制导线的全线复测。贯通测量包括平面贯通测量和高程贯通测量。暗挖隧道贯通后及时进行贯通误差测量，以证实所有测量工作是否满足精度要求，地铁隧道是否按设计准确就位。

2) 隧道的纵、横向贯通误差可根据隧道两侧控制导线测定的贯通面上同一临时点坐标闭合差确定，也可利用两侧中线延伸在贯通面上同一里程处各自临时点的间距确定，方位角贯通误差可利用两侧控制导线测定与贯通面相邻的同一导线边的方位角较差确定。实测的贯通面上同一临时点的坐标闭合差应分别投影到线路和线路的法线方向上，计算纵、横向贯通误差值。

3) 隧道高程贯通误差应由两侧控制水准点测定贯通面附近同一水准点的高程较差确定。

(6) 地下控制网的联测

随着隧道的贯通，相向测量的地下支导线和支水准路线，可以联测成附合导线和附合水准路线。为提高测量精度，增加路线检核条件，以竖井定向建立的陀螺基线边、车站等处的坚强点作为已知数据，进行统一平差，平差成果可作为下一步结构二衬施工的依据。

6. 隧道线路中线调整测量

(1) 施工完成后，车站和区间留有控制点或线路中线点，因此，以车站的施工控制导线点为依据，利用区间施工控制中线点组成附合导线，并进行左右线附合导线测量，一般中线点间距，直线上平均150m，曲线上除曲线元素处不应小于60m。

(2) 对中线点组成的导线应采用Ⅱ级全站仪左、右角各测二测回，左、右角平均值之和与360°较差小于5″，测距往返各二测回，往返二测回平均值之差小于7mm。

(3) 数据处理采用严密平差，各相邻点间纵横向中误差不应超过下述限值：直线：纵向为±10mm，横向为±5mm。曲线：纵向为±5mm，横向，当曲线段小于60m时为±3mm，大于60m时为±5mm。

(4) 平差后的线路中线点应依据设计坐标进行归化改正，归化改正后对线路中线各折角应进行检测，中线直线上其与180°较差不应大于8″，曲线折角与相应的设计值较差，中线点间距小于60m时不应大于15″，中线点间距大于60m，应在15″～8″之间。线路中线点检测合格后，应钻$\phi 2$深为5mm的小孔，并镶入黄铜心标志点位。

(5) 利用车站控制水准点对区间水准点重新进行附合水准测量，水准测量按二等精密水准测量的方法及$\pm 8\sqrt{L}$mm的精度要求进行施测。

7. 隧道结构断面测量

地铁隧道结构形式有直拱形、圆形、马蹄形和矩形等，根据隧道不同的断面形状，在断面上选择与行车密切相关的位置测定其与线路中线的距离。

(1) 以调整的线路中线点为依据，直线段每6m，曲线上包括曲线要素点，每5m测设一个结构横断面。

(2) 断面方向必须与线路的法面方向保持一致。

(3) 结构断面测量采用全站仪、断面仪进行，测量断面里程允许误差在±50mm，断面测量精度允许误差为±10mm，矩形断面高程误差应小于20mm，圆形断面高程误差应小于10mm。

(4) 计算断面点与线路中线点的横向距离，编制净空断面测量成果表。

8. 竣工测量

(1) 工程竣工后由承接竣工测量的单位进行竣工测量，编制《建设工程竣工测量成果报告书》，由建设单位留存并报送规划部门。

(2) 竣工测量主要包括与线路相关的线路轨道竣工测量、线路轨道结构竣工测量、沿线线路设备竣工测量以及地下管线竣工测量。

(3) 竣工测量的起始依据,地面应以控制测量的GPS点、精密导线点、精密水准点以及定测的中线控制点为依据;地下应以辅轨控制基标为依据。

6.4.4 质量标准

6.4.4.1 控制点坐标和高程复核的技术要求应不低于原控制点的精度等级。

6.4.4.2 地铁施工控制网的有关技术和精度要求

1. 平面控制网

(1) GPS平面控制网主要技术指标应符合表6－17的规定。

表6－17 GPS平面控制网主要技术指标

平均边长(km)	最弱点的点位中误差(mm)	相邻点的相对点位中误差(mm)	最弱边的相对中误差	与原有控制点的坐标较差(mm)
2	±12	±10	1/90000	≤50

(2) GPS平面控制测量作业的基本技术指标应符合表6－18的规定。

表6－18 GPS平面控制测量作业的基本技术指标

项目	要求	项目	要求
接收机类型	双频或单频	观测时段长度(min)	短边≥60,长边≥90
观测量	载波相位	数据采集间隔	10～60
接收机标称精度	≤(10mm+2×$10^{-6}D$)	几何图形强度因子(PDOP)	≤6
卫星高度角(°)	≥15	重复设站数	≥2
有效观测卫星数	≥4	闭合环或附合路线边数(条)	≤6

(3) 精密导线测量主要技术要求应符合表6－19的规定。

表6－19 精密导线测量主要技术要求

平均边长(m)	导线总长度(km)	每边测距中误差(mm)	测距相对中误差	测角中误差(″)	测回数		方位角闭合差(″)	全长相对闭合差	相邻点的相对点位中误差(mm)
					DJ_1	DJ_2			
350	3～5	±6	1/60000	±2.5	4	6	$5\sqrt{n}$	1/35000	±8

(4) 水平角方向观测法的技术要求应符合表6－20的规定。

(5) 电磁波测距的主要技术要求应符合表6－21的规定。

2. 高程控制网

(1) 精密水准测量主要技术要求,应符合表6－22的规定。

表6－20　**水平角方向观测法的技术要求**

仪器型号	光学测微器两次重合读数之差(″)	半测回归零差(″)	一测回中2倍照准差较差(″)	同一方向值各测回较差(″)
DJ_1	1	6	9	6
DJ_2	3	8	13	9

表6－21　**电磁波测距的主要技术要求**

平面控制网等级	测距仪精度等级	观测次数		总测回数	一测回读数较差(mm)	单程各测回较差(mm)	往返较差
		往	返				
三等	Ⅰ	1	1	4	≤5	≤7	≤2 $(a+b\cdot D)$ a—标定精度中的固定误差(mm)； b—标定精度中的比例误差系数(mm/km)； D—测距长度(km)
	Ⅱ			6	≤10	≤15	
四等	Ⅰ	1	1	2	≤5	≤7	
	Ⅱ			4	≤10	≤15	

表6－22　**精密水准测量主要技术要求**

每千米高差中数中误差(mm)		路线长度(km)	水准仪型号	水准尺	观测次数		往返较差、附合或环线闭合差	
偶然中误差(mm)	全中误差(mm)				与已知点联测	附合或环线	平地(mm)	山地(mm)
±2	±4	2～4	DS_1	因瓦尺	往返各一次	往返各一次	$\pm8\sqrt{L}$	$\pm2\sqrt{n}$

注：1. L为往返测段、附合或环线的路线长度(以km计)。

2. n为单程的测站数。

(2) 精密水准测量观测视线长度、视距差、视线高应符合表6－23的规定。

表6－23　**水准观测主要技术要求**

水准尺	水准仪型号	视线长度(m)	前后视较差(m)	前后视累积差(m)	视线离地面最低高度(m)	
					视线长度20m以上	视线长度20m以下
因瓦尺	DS_1	≤60	≤1	≤3	0.5	0.3

(3) 精密水准测量测站观测限差应符合表6－24的规定。

表6－24　**精密水准测量测站观测限差**

基辅分划读数差(mm)	基辅分划所测高差之差(mm)	上下丝读数平均值与中丝读数之差(mm)	检测间歇点高差之差(mm)
0.5	0.7	3.0	1.0

6.4.5 成品保护

6.4.5.1 产品标识

做好所属区域内技术产品和实物产品的标识，根据工程性质和类别进行统一编号，以便查找和使用。

6.4.5.2 产品保护

1. 技术类产品保护

(1) 作业记录、测量手簿等由记录员妥善保存，工程外业结束后立即上交工程主持人。

(2) 设计图纸文件、测绘技术报告、工程施工测量报告等在工程施工阶段应建立相应资料文件柜，由工程主持人妥善保存。工程结束后交资料员统一存档保管。

2. 实物类产品保护

(1) 首级测量控制桩点GPS控制点、精密导线点、精密水准点；平面及高程控制网加密测量控制点；地铁隧道掘进平面及高程测量控制点，在实地应做好相应的点位标记，用水泥加固和砌砖围护，在标桩旁钉设标志牌，标注点号；特殊点位应钉设三角架或搭设围护栏进行保护。

(2) 控制网应按检测周期做好复测工作，一般每年复测一次，雨水多的地区应增加复测次数。

(3) 做好护桩教育，使所有施工人员高度重视。做到不碰撞点位、不在点位上堆压物品、不遮挡点位之间视线。

6.4.6 应注意的质量问题

6.4.6.1 施工测量人员必须阅读地铁线路平面图、剖面图、明挖基坑的断面图、连续墙、支护桩和其他围护结构的图纸，并对线路里程、坐标、曲线、坡度、高程等以及设计图上的有关尺寸进行核算，改正错误，确保测量顺利进行。

6.4.6.2 地铁测量控制网从开始修建到竣工往往相隔较长时间，有可能位移，因此应对原有控制点进行复测，检查其可靠程度。

6.4.6.3 定向和高程传递，在隧道贯通前均应进行三次测量，以提高定向点和高程传递的精度。由于受隧道结构自身不稳定和施工的影响，隧道中的导线点易于变动，应注意对隧道内支导线的测量检核。

6.4.6.4 铅垂仪、陀螺经纬仪定向中所采用的仪器、标牌和测距棱镜必须互相配套，否则应加工精度符合要求的异型连接螺杆。

6.4.6.5 施工控制支导线成果应经平差和调整，方可用作隧道二衬结构施工的依据。

6.4.6.6 地铁工程一般由多单位施工，各单位施工的隧道线路中线不会准确的在设计位置上，因此必须进行线路中线的调整测量。当线路中线实际位置与设计位置偏移量较小时，将其调整到设计位置即可；当偏移量超限时，调整后往往入侵限界，影响行车安全，必须进行隧道线路平面和剖面的设计变更。

6.4.7 职业健康安全管理措施

6.4.7.1 城市道路上测量

1. 作业员应穿戴橘黄色衣帽，遵守城市交通规则。

2. 白天应打红、黄相间面料的遮阳伞，仪器周围2m范围内并应摆放红色安全标志。

3. 夜间作业，在红色安全标志上应安装黄色反光材料，在距测站 50m 远处摆放黄色反光安全标志，并设专人用红色信号灯指挥。

4. 请交通民警协助，做好交通疏导。

6.4.7.2　登高测量

1. 作业员应系安全带，冬天应戴防冻工作手套。

2. 高处作业，应先绑扎遮阳帆布后安置仪器；收工时应先将仪器装箱，后拆除遮阳帆布。

6.4.7.3　进入隧道内测量

1. 作业人员应戴安全帽，穿安全鞋。

2. 照明电压应低于 36V 或用手电筒照明。

3. 作业员和仪器不得乘提升罐笼上下，仪器必须人背沿着扶梯上、下竖井和出入隧道。

4. 防止机械碰撞作业人员和仪器。

6.4.7.4　地下管线检查井测量

1. 打开井盖后，井周围应设红色防护标志，并设专人看管，作业完后，盖好井盖方可离去。

2. 下井或进入地下巷道前，应进行通风，污水或工业管道应测量有害气体浓度，超标时需进行处理后方可入内。

3. 地下照明宜用安全灯，禁止用明火。

4. 严禁在易燃、易爆管道上进行直接作业和充电法探测。

5. 地下作业的电气外壳应接地，仪器工作电压超过 36V 时，作业人员应使用绝缘防护用品，雷电时禁用电气和仪器作业。

6. 作业人员应具备安全用电，触电（或中毒）急救的知识。

6.4.7.5　测量仪器安全操作要求

1. 测量仪器应专人使用和专人保管。使用中的仪器禁止离人，危险地区另设专人负责指挥交通和险情观察。

2. 仪器在使用前应仔细阅读说明书，了解仪器各部位的性能和使用要求；使用中应采取防撞、防雨和防晒措施；远距离或复杂地区迁站时应装箱搬运。

6.5　盾构施工测量

6.5.1　适用范围

适用于地铁区间隧道采用盾构掘进和拼装钢筋混凝土管片衬砌的施工测量。

6.5.2　施工准备

6.5.2.1　技术准备

1. 测量仪器的检定和校验：所使用的测量仪器和计量器具必须进行检定，具有有效的合格证书。若检定合格后经过长途运输或存放 3 个月以上的测量仪器，使用前应按精度要求自行检校。

2. 完成设计图纸审核和现场踏勘：对有关设计图纸应认真会审，特别是曲线线路部分，应核算其曲线要素、某些特征点的坐标和高程，确保定位条件的准确可靠。图纸会审后，应到现场进行实地察看，重点察看是否具备施工竖井放线条件，隧道经过沿线的地面建筑物、地下管道的情况。

3. 编写盾构施工测量方案，经审批后，向相关人员进行交底。

6.5.2.2 仪器设备及辅助工具、材料

1. 仪器设备：全站仪（±2″，2mm＋2ppm·D）、DS_1 水准仪、1/200000 的铅垂仪、DS_3 水准仪。

2. 辅助工具：钢尺、隧道内收敛计、1.5m 水平尺、盒尺、对讲机、贴片、单棱镜组、三棱镜组、对中杆、铟钢水准尺和普通水准尺。

3. 主要材料：强制对中螺栓、钢板、支架、混凝土标桩、膨胀螺栓、重锤等。

6.5.2.3 作业条件

1. 具备勘测单位提供的平面和高程控制网的相关测量成果及设计单位提供的设计施工图，以及沿线建筑物和地下管线现状分布图。

2. 测量人员必须持证上岗。

6.5.3 施工工艺

6.5.3.1 工艺流程

控制桩交接 → 控制桩复测 → 工作竖井施工测量 → 竖井联系测量 → 盾构始发测量 → 隧道内平面和高程控制测量 → 盾构机姿态测量 → 衬砌环片测量 → 内业资料整理 → 贯通测量

6.5.3.2 操作工艺

1. 控制桩交接、控制桩复测的操作方法详见“6.4 地铁工程施工测量”的相关内容。

2. 工作竖井施工测量

(1) 工作竖井的地面放样应采用极坐标法进行，其测量中误差应在±10mm 之内。

(2) 竖井在施工过程中，利用全站仪和水准仪进行高程和位置的测量控制。

3. 竖井联系测量的操作方法详见“6.4 地铁工程施工测量”的相关内容。

4. 盾构始发测量

(1) 盾构机始发设施的定位测量，主要是对盾构始发基座的定位测量。

(2) 盾构机组装测量，指对盾构机的组装进行定位测量，指导盾构机的组装。

(3) 盾构机内参考点复测，指盾构机拼装竣工后，应进行的测量工作，其主要测量工作应包括盾构机各主要部件几何关系测量等。

(4) SLS－T 导向系统的正确性与精度复核，主要包括对 SLS－T 导向系统中的 TCA 仪器和棱镜位置测量。

5. 隧道内平面和高程控制测量

(1) 一般将导线控制点埋设在盾构机后 60m 趋于稳定的隧道两侧环片上，交叉向前延伸。为了提高测量精度，控制点采用强制归心装置，点位设在隧道两侧环片上。

(2) 隧道内导线控制点一般 150m 左右布设一个点。

(3) 隧道内水准控制点以基标的形式布设在隧道侧面稳定的环片上。隧道内水准控制测量的方法和精度要求同地面精密水准测量，往返闭合差在$\pm 8\sqrt{L}$mm 之内。

6. 盾构机姿态测量

(1) 盾构机掘进时，姿态测量应包括其与线路中线的平面偏离、高程偏差、纵向坡度、横向旋转和刀口里程的测量。

(2) 盾构掘进时，盾构机后面有几十米长的后配套，控制点无法设在隧道两侧，故可以吊篮的形式固定在隧道的顶部，仪器和后视棱镜依然采用强制归心。观测精度达到精密导线的技术要求。

(3) 盾构机自身有一套自动导向系统，该系统通过测量、计算、比较，将结果以图文的形式在操作室内显示出来，以指导盾构机的掘进施工。

(4) 人工进行盾构机姿态复核时，主要通过测量，计算出盾构机机头中心点的三维坐标，再根据线路的设计参数，计算得出盾构机姿态。

(5) 为了得到机头中心点的坐标，在盾构机上半部分人闸附近做几个特殊点，这些点与盾构机中心的几何关系已确定，观测其中至少 3 个点的三维坐标，通过这些点与盾构机中心的位置关系，计算出机头中心的三维坐标。

(6) 依据机头三维坐标，通过计算，推算出此时盾构机所对应的线路里程，偏离设计线路的值，即得出盾构机的姿态。

(7) 测量精度应满足盾构机姿态测量误差技术要求。

7. 衬砌环片测量

(1) 衬砌环片测量应包括测量衬砌环的中心偏差、环的椭圆度和环的姿态，测量时每环都应测。环片平面和高程测量允许误差为±15mm。

(2) 环片测量主要是利用全站仪和辅助工具测定环片上的一些特征点，从而通过几何计算确定环片安装位置的正确性，并为环片安装人员提供操作校正参数。

8. 内业资料整理

(1) 每一步测量工作都应有原始记录，填写相应的表格，需报验的还应填写报验表，报监理工程师验线合格后方可进行下步工作。

(2) 资料应字迹清晰，内容齐全，无涂改。

9. 贯通测量

(1) 隧道贯通后，利用贯通面两侧的平面和高程控制点进行贯通测量。

(2) 在贯通面上取同一点，从两侧测量其三维坐标，从而得到线路纵向、横向和高程的贯通误差。

(3) 将线路地下控制点进行联测，进行平差，调整隧道内控制点，为后续工作做准备。

6.5.4　质量标准

6.5.4.1　平面控制网精密导线测量主要技术要求见表 6－25。

表 6－25　精密导线测量主要技术要求

平均边长(m)	导线总长度(km)	每边测距中误差(mm)	测距相对中误差	测角中误差(″)	测回数		方位角闭合差(″)	全长相对闭合差	相邻点的相对点位中误差(mm)
					Ⅰ级全站仪	Ⅱ级全站仪			
350	3～5	±6	1/60000	±2.5	4	6	$5\sqrt{n}$	1/35000	±8

注：1. n 为导线的角度个数。

2. 全站仪的分级：Ⅰ级测角中误差为 1″，Ⅱ级测角中误差为 2″。

6.5.4.2　高程控制网主要技术

1. 精密水准测量主要技术要求，应符合表 6－22 的规定。

2. 精密水准测量观测视线长度、视距差、视线高应符合表6—23的规定。

3. 精密水准测量测站观测限差应符合表6—24的规定。

6.5.4.3 盾构机姿态测量误差技术要求见表6—26

表6—26 盾构机姿态测量误差技术要求

测量项目	测量误差
平面偏离值（mm）	±5
高程偏离值（mm）	±5
纵向坡度（%）	1
横向旋转角（′）	±3
切口里程（mm）	±10

6.5.5 成品保护

6.5.5.1 为避免隧道内折光差以及隧道环片的不稳定影响，导线点应布置在隧道的两侧。

6.5.5.2 施工控制桩应进行编号、标识。

6.5.5.3 设在隧道底部的控制桩，应采用混凝土浇筑、砖砌护，以防施工机械或人为误碰。

6.5.5.4 做好护桩教育，施工人员应高度重视测量控制桩，做到不碰撞点位，不在点位上堆压物品，不遮挡点位之间视线。

6.5.5.5 联系测量应经常复测，一般3个月复测一次。

6.5.6 应注意的质量问题

6.5.6.1 测量工作应做到步步有校核。

6.5.6.2 使用钢尺进行高程传递时，钢尺必须稳定，并且使用与标准拉力相当的重锤。

6.5.6.3 隧道内控制点的平台必须接近水平，稳定，强制对中标志应牢固。

6.5.7 职业健康安全管理措施

6.5.7.1 进隧道测量必须戴安全帽。

6.5.7.2 尽量在盾构机停止作业时进行测量。

6.5.7.3 测量仪器应专人保管和使用，使用中要采取防撞、防雨措施。

6.5.7.4 自动导向系统应由专业工程师进行操作，其他人员不得随意操作。

参考文献

1 北京市政建设集团有限责任公司编.CJJ 1－2008 城镇道路工程施工与质量验收规范.北京:中国建筑工业出版社,2009
2 北京市政建设集团有限责任公编.CJJ 2－2008 城市桥梁工程施工与质量验收规范.北京:中国建筑工业出版社,2009
3 中华人民共和国建设部编.GB 50268－2008 给水排水管道工程施工及验收规范.北京:中国建筑工业出版社,2009
4 城市建设研究院编.CJJ 33－2005 城镇燃气输配工程施工及验收规范.北京:中国建筑工业出版社,2005
5 北京市热力集团有限责任公司编.CJ 28－2004 城镇供热管网工程施工及验收规范.北京:中国建筑工业出版社,2005
6 北京市建设委员会编.GB 50299－1999 地下铁道工程施工及验收规范.北京:中国计划出版社,2003
7 中国有色金属工业总公司编.GB 50026－2007 工程测量规范.北京:中国计划出版社,2007
8 中华人民共和国建设部编.城市生活垃圾卫生填埋处理工程项目建设标准.北京:中国计划出版社,2001
9 华中科技大学编.CJ 17－2004 生活垃圾卫生填埋技术规范.北京:中国建筑工业出版社,2004
10 王秉云主编.路桥市政工程施工工艺标准.北京:中国计划出版社,2004
11 刘国琦主编.城市快速轨道交通工程施工工艺标准.北京:中国计划出版社,204
12 孙承万主编.桥梁工程施工工艺规范.北京:中国建筑工业出版社,2009
13 苏河修主编.管道工程施工工艺规程.北京:中国建筑工业出版社,2009